KB216931

설비보전기능사

필기 실기

설비보전시험연구회 엮음

일진사

머리말

오늘날 산업 현장에서는 기술·기능의 발전이 급속히 이루어지고 있으며, 안전을 기본으로 하면서 저비용으로 고품질 및 다기능화된 제품의 생산성 향상을 추구할 수 있는 능력의 기능인을 요구하고 있다. 이에 따라 2024년 한국산업인력공단에서는 공유압기능사와 기계정비기능사를 설비보전기능사로 통폐합하면서 필기시험 및 실기시험의 출제 기준을 대폭 변경하여 2025년부터 새롭게 자격 검정을 실시하게 되었다.

특히 프로세스화되어 있는 생산 설비 업체 및 발전소, 제철소 등이 대형화, 전문화되면서 신입 사원 선발 시 설비보전기능사 자격 취득자에게 가산점을 주는 산업체가 늘어가고 있어 그 중요성이 더욱 커지고 있다.

이러한 요구와 환경에 따라 이 책은 설비보전기능사 자격시험을 준비하는 수험생들에게 실질적인 도움을 주는 지침서가 될 수 있도록 다음과 같은 사항에 중점을 두어 구성하였다.

첫째, 새로운 출제 기준에 따라 과목별(기계구동장치/공유압장치/전기전자장치/용접 및 안전관리) 핵심 이론을 일목요연하게 정리하였다.

둘째, 이론을 학습하고 이어서 연관성 있는 문제를 풀어볼 수 있도록 과년도 출제문제를 과목별, 단원별로 세분하여 예상문제를 수록하였으며, 각 문제마다 상세한 해설을 곁들여 이해를 도왔다.

셋째, 출제 기준에 맞게 구성한 CBT 대비 실전문제를 수록하여 줌으로써 출제 경향을 파악하여 필기시험에 충분히 대비할 수 있도록 하였다.

넷째, 실기 공개문제(공유압 회로 구성/가스 절단 및 용접/기계장치 분해 및 조립) 도면과 이에 대한 이론적 배경 및 작업 방법을 자세하게 설명하였다.

끝으로 이 책을 통하여 설비보전기능사 자격을 취득하여 산업 사회의 유능한 기술인으로서의 소질을 기르고, 설비 보전 분야에 대한 지식과 기술의 발전에 이바지하기를 바라며, 이 책을 출판하기까지 여러모로 도와주신 도서출판 **일진사** 직원 여러분께 감사드린다.

저자 씀

출제기준(필기)

직무 분야	기계	중직무 분야	기계장비설비·설치	자격 종목	설비보전기능사	적용 기간	2025.1.1.～ 2028.12.31.

○ 직무내용 : 설비(장치)의 효율적 보전을 위해 예방 및 사후 정비 등을 수행하는 직무이다.

필기검정방법	객관식	문제수	60	시험시간	1시간

필기 과목명	문제수	주요항목	세부항목	세세항목
기계구동장치, 공유압장치, 전기전자장치, 용접 및 안전관리	60	1. 기계구동 장치	1. 기계구동장치 조립	1. 조립 및 공기구 2. 기계도면 기초
			2. 기본 측정기 사용	1. 측정기 선정 2. 기본 측정기 사용
		2. 기계장치 보전	1. 설비보전 및 윤활관리	1. 설비보전의 용어 2. 윤활제의 종류 및 급유방법
			2. 기계요소 보전	1. 체결용 기계요소 2. 축 기계요소 3. 전동용 기계요소 4. 제어용 기계요소 5. 관계 기계요소
			3. 기계장치 보전	1. 밸브의 점검 및 정비 2. 펌프의 점검 및 정비 3. 송풍기의 점검 및 정비 4. 압축기의 점검 및 정비 5. 감속기의 점검 및 정비 6. 전동기의 점검 및 정비
		3. 공기압 제어	1. 공기압 제어 방식 설계	1. 공기압 기초
			2. 공기압 제어 회로 구성	1. 공기압 제어 회로
			3. 시험 운전	1. 공기압 기기 관리
		4. 공기압 장치 조립	1. 공기압 회로 도면 파악	1. 공기압 회로 기호
			2. 공기압장치 조립 및 장치 기능	1. 공기압축기 2. 공기압 밸브 3. 공기압 액추에이터 4. 공기압 기타 기기
		5. 유압 제어	1. 유압 제어 방식 설계	1. 유압 기초
			2. 유압 제어 회로 구성	1. 유압 제어 회로
			3. 시험 운전	1. 유압 기기 관리

필기 과목명	문제수	주요항목	세부항목	세세항목
		6. 유압 장치 조립	1. 유압 회로 도면 파악	1. 유압 회로 기호
			2. 유압장치 조립 및 장치 기능	1. 유압 펌프 2. 유압 밸브 3. 유압 액추에이터 4. 유압 기타 기기
		7. 전기전자 장치	1. 전기전자장치 조립	1. 전기 기초 2. 전기배선 요소 3. 전기전자 회로도 및 요소부품 기초
			2. 센서 활용 기술	1. 센서 선정
			3. 모터 제어	1. 모터의 구조와 특성 2. 모터 유지보수
		8. 아크 용접 장비 준비 및 정리 정돈	1. 용접장비 설치, 용접설비 점검, 환기장치 설치	1. 용접 및 산업용 전류, 전압 2. 용접기 설치 주의사항 3. 용접기 운전 및 유지보수 주의사항 4. 용접기 안전 및 안전수칙 5. 용접기 각부 명칭과 기능 6. 전격방지기 7. 용접봉 건조기 8. 용접 포지셔너 9. 환기장치, 용접용 유해가스 10. 피복 아크 용접 설비 11. 피복 아크 용접봉, 용접 와이어 12. 피복 아크 용접 기법
		9. 아크 용접 가용접 작업	1. 용접 개요 및 가용접 작업	1. 용접의 원리 2. 용접의 장·단점 3. 용접의 종류 및 용도 4. 측정기의 측정원리 및 측정방법 5. 가용접 주의사항
		10. 아크 용접 작업	1. 용접 조건 설정, 직선 비드 및 위빙 용접	1. 용접기 및 피복 아크 용접 기기 2. 아래보기, 수직, 수평, 위보기 용접 3. T형 필릿 및 모서리 용접
		11. 수동·반자동 가스 절단	1. 수동·반자동 절단 및 용접	1. 가스 및 불꽃 2. 가스 용접 설비 및 기구 3. 산소, 아세틸렌 용접 및 절단 기법 4. 가스 절단 장치 및 방법 5. 플라스마, 레이저 절단 6. 특수 가스 절단 및 아크 절단 7. 스카핑 및 가우징
		12. 조립 안전관리	1. 조립안전관리	1. 기계작업 안전 2. 용접 및 가스작업 안전 3. 전기취급 안전 4. 산업시설 안전 5. 안전보호구 6. 산업안전보건법령

출제기준(실기)

직무 분야	기계	중직무 분야	기계장비설비·설치	자격 종목	설비보전기능사	적용 기간	2025.1.1.~ 2028.12.31.

○ 직무내용 : 설비(장치)의 효율적 보전을 위해 예방 및 사후 정비 등을 수행하는 직무이다.

○ 수행준거 : 1. 기계장치의 정확한 동작과 동력 전달 조건을 만족시키기 위하여 구동부품을 분해 및 조립할 수 있다.
2. 공기압장치를 설치 및 조립하여 작동시킬 수 있다.
3. 유압장치를 설치 및 조립하여 작동시킬 수 있다.
4. 기계장치 제어를 위한 전기전자장치의 요소별 특성을 이해하고 조립에 필요한 요소를 선정할 수 있다.
5. 강판을 절단하기 위해 절단기를 조작할 수 있다.
6. 제품의 형상, 특성에 따른 기준면을 선정하고 탭, 드릴, 보링 작업을 수행할 수 있다.
7. 용접절차사양서에 따라 용접 조건을 설정하고, 작업에 필요한 용접부 온도 관리를 하며 필릿 용접 작업을 수행할 수 있다.
8. 작업을 안전하게 수행하기 위하여 안전기준을 확인하고 안전수칙을 준수하며 안전예방 활동을 할 수 있다.

실기검정방법	작업형	시험시간	3시간 정도

실기 과목명	주요항목	세부항목	세세항목
설비보전 기본 실무	1. 기계구동 장치 조립	1. 기계구동장치 조립 준비하기	1. 조립작업의 순서 및 절차를 파악하여 기계 조립 계획을 수립할 수있다. 2. 도면에 명시된 기계 구동부품을 확인하고 조립 순서에 따라 정리 정돈을 할 수 있다. 3. 도면에 따라 조립 치공구를 활용하여 조립 준비를 할 수 있다.
		2. 기계구동장치 조립하기	1. 도면에 명시된 구동부품을 검사할 수 있다. 2. 구동부품 조립을 위하여 규격에 맞는 공구를 사용할 수 있다. 3. 도면에 명시된 조건을 확인하여 기계구동장치 부품을 조립할 수 있다.
		3. 기계구동장치 조립 상태 확인하기	1. 구동장치 조립 상태를 확인할 수 있다. 2. 기계조립장치의 정확한 구동 상태를 측정하고 검사한 데이터를 기록하고 관리할 수 있다. 3. 조립된 기계장치의 이상 발생 시 수정을 위하여 기계장치의 동작 상태를 확인하고 수정하여 보완할 수 있다.
	2. 공기압장치 조립	1. 공기압 회로 도면 파악하기	1. 공기압 회로도를 파악하기 위하여 도면을 해독할 수 있다. 2. 공기압 회로도에 따라 부품의 규격을 파악할 수 있다.

실기 과목명	주요항목	세부항목	세세항목
			3. 공기압 회로도에 따라 고장 원인과 비정상 작동 원인을 파악할 수 있다.
		2. 공기압장치 조립하기	1. 작업표준서에 따라 공기압장치 부품의 지정된 위치를 파악하고 정확히 조립할 수 있다. 2. 공기압장치를 조립하기 위하여 규격에 적합한 조립 공구와 장비를 사용할 수 있다. 3. 공기압장치 조립 작업의 안전을 위하여 공기압장치 조립 시 안전사항을 준수할 수 있다.
		3. 공기압장치 기능 확인하기	1. 공기압장치의 기능을 확인하기 위하여 조립된 공기압장치를 검사하고 조립도와 비교할 수 있다. 2. 조립된 공기압장치를 구동하기 위하여 동작 상태를 확인하고 이상 발생 시 수정할 수 있다. 3. 공기압장치의 기능을 확인하기 위하여 측정한 데이터를 기록하고 관리할 수 있다.
	3. 유압장치 조립	1. 유압 회로 도면 파악하기	1. 유압 회로도를 파악하기 위하여 도면을 해독할 수 있다. 2. 유압 회로도에 따라 부품의 규격을 파악할 수 있다. 3. 유압 회로도에 따라 고장 원인과 비정상 작동 원인을 파악할 수 있다.
		2. 유압장치 조립하기	1. 작업표준서에 따라 유압장치 부품의 지정된 위치를 파악하고 정확히 조립할 수 있다. 2. 유압장치를 조립하기 위하여 규격에 적합한 조립 공구와 장비를 사용할 수 있다. 3. 유압장치 조립 작업의 안전을 위하여 유압장치 조립 시 안전사항을 준수할 수 있다.
		3. 유압 장치 기능 확인하기	1. 유압장치의 기능을 확인하기 위하여 조립된 유압장치를 검사하고 조립도와 비교할 수 있다. 2. 조립된 유압장치를 구동하기 위하여 동작 상태를 확인하고 이상 발생 시 수정할 수 있다. 3. 유압장치의 기능을 확인하기 위하여 측정한 데이터를 기록하고 관리할 수 있다.
	4. 전기전자 장치 조립 준비	1. 전자회로 요소 선정하기	1. 전기전자회로도를 파악하기 위해 기호를 해독할 수 있다. 2. 전기전자 부품의 규격을 파악할 수 있다. 3. 전기전자장치에 적합한 전자회로 부품을 선정할 수 있다.

실기 과목명	주요항목	세부항목	세세항목
		2. 전기배선 요소 선정하기	1. 전기전자장치 조립 시 전기배선을 파악하기 위한 전기배선 요소 부품별 기호를 해독할 수 있다. 2. 전기배선도에 따라 정확한 전기전자 부품의 규격을 파악할 수 있다. 3. 전기배선도를 통하여 전기전자장치에 적합한 전기배선 요소 부품을 선정할 수 있다.
		3. 전기전자회로 도면 해독하기	1. 전자회로도를 기초로 전자회로 연결 상태 및 전자회로 부품을 정확하게 해독할 수 있다. 2. 전기배선도를 기초로 전기배선 연결 상태 및 전기배선 요소 부품을 정확하게 해독할 수 있다. 3. 전기회로도 및 전기배선도를 통하여 전기전자기기의 동작 상태와 고장 원인을 파악할 수 있다.
	5. 수동·반자동 가스절단	1. 수동·반자동 절단기 조작 준비하기	1. 매뉴얼에 따라 절단기 이상 유무를 확인할 수 있다. 2. 제작사 작업안전절차에 따라 가스 및 전기 등 유틸리티 상태를 점검하고, 이상 유무를 확인할 수 있다. 3. 도면 확인 후 절단 형상을 확인하고, 용접 가능성 및 방법에 있어 작업자가 어려움이 없는지 확인할 수 있다.
		2. 수동·반자동 절단기 조작 하기	1. 사용 매뉴얼을 숙지하여 절단기를 조작할 수 있다. 2. 작업안전절차에 따라 절단작업을 수행할 수 있다. 3. 절단기 이상 발견 시, 제작사 절차에 따라 작업 수리를 의뢰할 수 있다. 4. 강판 두께에 따라 불꽃 세기를 조정하고, 육안으로 확인할 수 있다. 5. 강판 두께에 따라 예열시간, 절단속도를 확인·조정할 수 있다.
		3. 수동·반자동 가스 절단 측정·검사 하기	1. 절단기 부속품을 검사·측정하여 불량 시, 제작사 절차에 따라 교체·수리할 수 있다. 2. 결과물 절단부위에 대한 작업표준 준수 여부를 검사할 수 있다. 3. 제작사 절차에 따른 절단부위 검사항목을 측정하여 기록할 수 있다.
	6. 탭·드릴·보링 가공	1. 작업 준비 하기	1. 제품의 형상에 적합한 공구를 선택할 수 있다. 2. 공작물의 설치방법에 따라 공작물을 설치할 수 있다.

실기 과목명	주요항목	세부항목	세세항목
			3. 작업순서를 고려하여 절삭공구를 설치할 수 있다. 4. 도면에 의해서 제품의 형상, 특성에 따른 기준면을 설정할 수 있다.
		2. 본가공 수행하기	1. 작업요구사항에 따라 장비를 설정하고, 가공작업을 수행할 수 있다. 2. 수동작업 시 절삭조건을 충족할 수 있도록 이송속도, 이송범위, 절삭 깊이를 조절할 수 있다. 3. 이상 발생 시 조치를 취하고, 보고할 수 있다. 4. 절삭조건이 부적합한 경우 수정할 수 있다. 5. 절삭칩으로 인한 안전사고, 공구의 파손, 제품의 불량을 방지할 수 있다. 6. 보링작업 시 열, 진동에 의한 치수 변화를 최소화할 수 있다. 7. 도면에 따른 가공을 하기 위해 각 좌표축의 기준점을 설정할 수 있다.
		3. 검사·수정하기	1. 측정 대상별 측정방법과 측정기의 종류를 파악하여 측정오차가 생기지 않도록 측정할 수 있다. 2. 공구 수명 단축 원인과 가공 치수 불량의 원인을 파악하고 적절한 대처방안을 강구할 수 있다. 3. 측정 후 불량부위 발생 시 수정 여부를 결정할 수 있다.
	7. 피복 아크 용접 필릿 용접	1. T형 필릿 용접하기	1. 용접절차사양서에 따라 용접기의 종류를 선정하고 용접조건을 설정할 수 있다. 2. 용접절차사양서에 따라 T형 필릿 용접작업을 수행할 수 있다. 3 용접절차사양서에 따라 용접 전후 처리를 할 수 있다.
	8. 조립안전관리	1. 안전기준 확인하기	1. 작업장에서 안전사고를 예방하기 위해 안전기준을 확인할 수 있다. 2. 정기 또는 수시로 안전기준을 확인하여 보완할 수 있다.
		2. 안전수칙 준수하기	1. 안전기준에 따라 안전보호장구를 착용할 수 있다. 2. 안전기준에 따라 작업을 수행할 수 있다. 3. 안전기준에 따라 준수사항을 적용할 수 있다. 4. 안전사고를 방지하기 위한 예방활동을 할 수 있다.

차 례

PART 1 핵심이론 및 예상문제

4장 공기압 장치 조립

5장 유압 제어

6장 유압 장치 조립

7장 전기 전자 장치

8장 아크 용접 장비 준비 및 정리정돈

9장 아크 용접 가용접 작업

10장 아크 용접 작업

11장 수동·반자동 가스 절단

12장 조립 안전관리

PART 2 CBT 대비 실전문제

PART 3 실기 공개문제 해설

1과제 공기압 회로 구성

2과제 유압 회로 구성

3과제 가스 절단 및 용접

4과제 기계 장치 분해 및 조립

설비보전기능사

PART 1 핵심이론 및 예상문제

1장 기계 구동 장치
2장 기계 장치 보전
3장 공기압 제어
4장 공기압 장치 조립
5장 유압 제어
6장 유압 장치 조립
7장 전기 전자 장치
8장 아크 용접 장비 준비 및 정리정돈
9장 아크 용접 가용접 작업
10장 아크 용접 작업
11장 수동·반자동 가스 절단
12장 조립 안전관리

1장 기계 구동 장치

1. 기계 구동 장치 조립

1-1 조립 및 공기구

(1) 체결용 공구

① 양구 스패너(open end spanner) : 나사 분해, 체결용 공구로 쓰이며 규격은 입의 너비(입에 맞은 볼트 머리, 너트)의 대변 거리로 규정한다.

② 편구 스패너(single spanner) : 입이 한쪽에만 있는 것으로 규격은 양구 스패너와 동일하다.

③ 타격 스패너(shock spanner) : 입이 한쪽에만 있고 자루가 튼튼하여 망치로 타격이 가능하다. 규격은 양구 스패너와 동일하다.

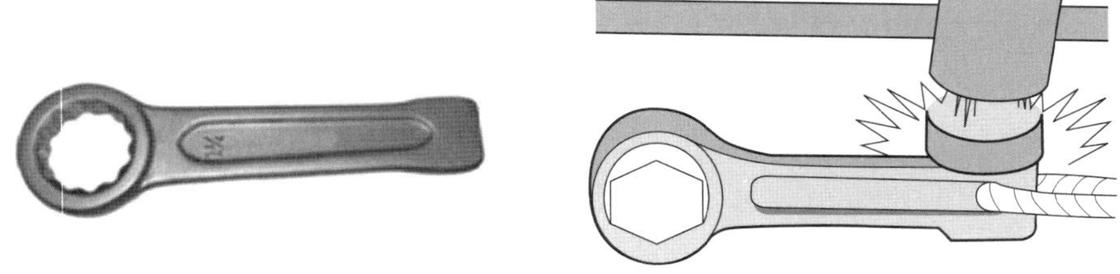

타격 스패너

④ 더블 오프셋 렌치(double off-set wrench, ring spanner)

(가) 종류 : 6 point, 12 point, 15°, 45°

(나) 규격 : 사용 볼트, 너트의 대변 거리

(다) 장점 : 볼트 머리, 너트 모서리를 마모시키지 않고 좁은 간격에서 작업이 용이하다.

⑤ 조합 스패너(combination spanner) : 편구 스패너와 오프셋 렌치의 겸용으로 사용된다.

⑥ 훅 스패너(hook spanner) : 둥근 너트 등 원주 면에 홈이(notch) 파져 있는 둥근 나사 등을 체결할 때 사용하는 공구이다.

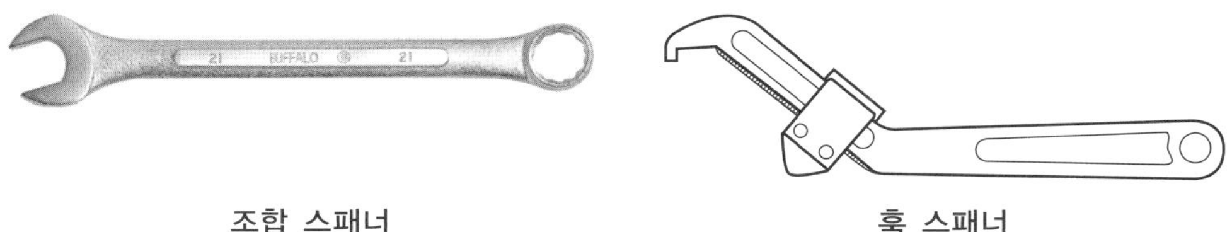

조합 스패너 훅 스패너

⑦ 소켓 렌치(socket wrench)

(가) 종류 : 6 point, 12 point, 6.4 mm 각, 9.5 mm 각, 12.7 mm 각, 19 mm 각, 25.4 mm 각

(나) 핸들 : 래칫 핸들, T형 플렉시블 핸들, 슬라이딩 T 핸들, 스피드 핸들

(다) 부속 공구 : 연장 봉, 소켓 어댑터, 팁 소켓, 유니버설 조인트

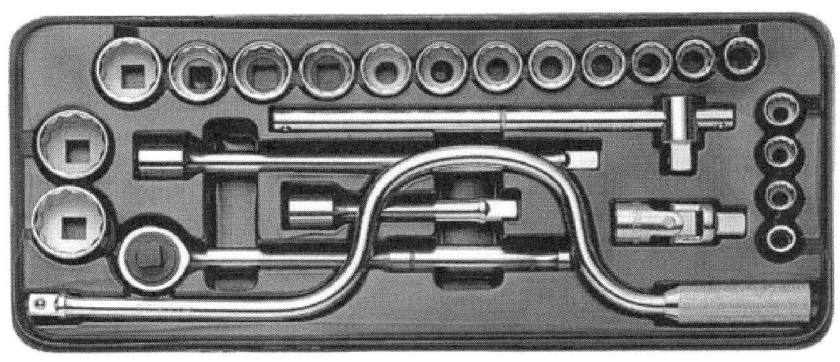

소켓 렌치 세트

⑧ 멍키 스패너(monkey spanner) : 입의 크기를 조정할 수 있는 공구로 규격은 전체의 길이로 규정한다.

⑨ L-렌치(hexagon bar wrench) : 육각 홈이 있는 둥근 머리 볼트를 빼고 끼울 때 사용하고, 6각형 공구강 막대를 L자 형으로 굽혀 놓은 것으로 크기는 볼트 머리의 6각형 대변 거리이며, 미터계는 1.27~32 mm, 인치계는 1/16″~1/2″로 표시한다. 이외에 볼 포인트 L 렌치도 있다.

(2) 분해용 공구

① 기어 풀러(gear puller) : 축에 고정된 기어, 풀리, 커플링 등을 빼낼 때 사용된다.

② 베어링 풀러(bearing puller) : 축에 고정된 베어링을 빼내는 공구이다.

③ 스톱 링 플라이어(stop ring plier) : 스냅 링(snap ring) 또는 리테이닝 링(retaining ring)의 부착이나 분해용으로 사용하는 플라이어이다.

④ 집게

(가) 조합 플라이어(combination plier) : 일반적으로 말하는 플라이어로 재질은 크롬강이고 규격은 전체의 길이로서 150, 200, 250 mm 등이 있다.

(나) 라운드 노즈 플라이어(round nose plier) : 전기 통신기 배선 및 조립 수리에 사용하며 규격은 전체 길이로 표시한다.

조합 플라이어　　라운드 노즈 플라이어

(다) 워터 펌프 플라이어(water pump plier) : 이빨이 파이프 렌치처럼 파여져 둥근 것을 돌리기에 편리하다.

(라) 콤비네이션 바이스 플라이어(combination vise plier, grip plier) : 쥐면 고정된 채 놓질 않도록 되어 있는 것으로 사용 범위가 넓다. 또한 물건을 집는 턱의 옆날을 이용해서 와이어를 절단할 수도 있다. 크기는 몸통의 크기에 따른 대소로 나누어진다.

워터 펌프 플라이어　　콤비네이션 바이스 플라이어

(마) 롱 노즈 플라이어(long nose plier) : 끝이 가늘어 전기 제품 수리나 좁은 장소에서 작업에 적합한 것으로 규격은 전체 길이로 표시한다.

(바) 와이어 로프 커터(wire rope cutter) : 와이어 로프 절단에 사용하며, 규격은 전체의 길이로 표시한다.

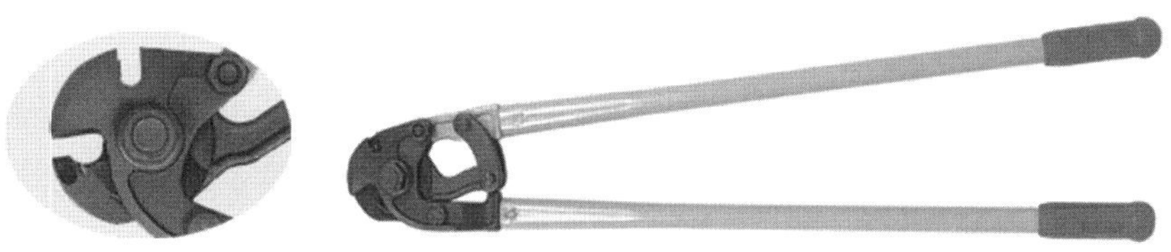

와이어 로프 커터

(3) 배관용 공기구

① 파이프 렌치(pipe wrench) : 파이프를 쥐고 회전시켜 조립 분해하는 데 사용한다.
② 파이프 커터(pipe cutter) : 파이프 절단용 공구이다.
③ 파이프 바이스(pipe vise) : 파이프를 고정할 때 사용한다.
④ 오스터(oster) : 파이프에 나사를 깎는 공구이다.

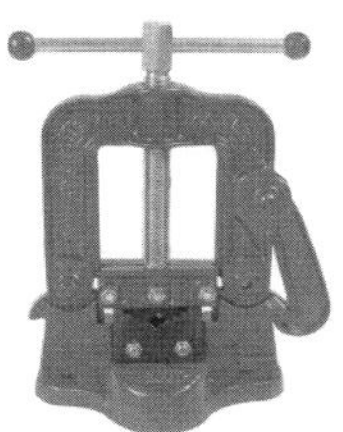
파이프 바이스

오스터

⑤ 플레어링 툴 세트(flaring tool set) : 파이프 끝을 플레어링하는 기구로서 플레어 툴(flare tool), 콘 프레스(cone press), 파이프 커터(pipe cutter)로 구성되어 있다.
⑥ 파이프 벤더(pipe bender) : 파이프를 구부리는 공구로 180° 이상도 벤딩이 가능하다.
⑦ 유압 파이프 벤더 : 지름이 큰 파이프 굽힘에 사용하며, 유압 작동을 이용한 공구이다.

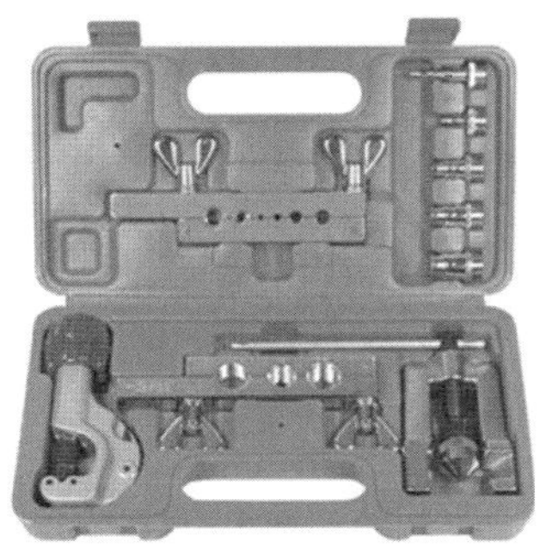
플레어링 툴 세트

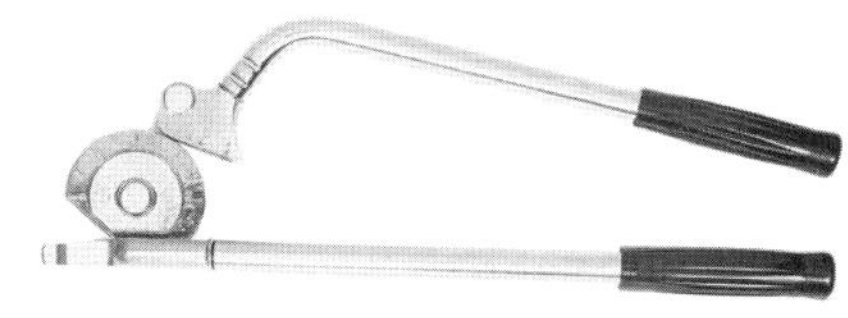
파이프 벤더

(4) 보전용 측정 기구

① 베어링 체커(bearing checker) : 베어링의 윤활 상태를 측정하는 측정 기구로서 운전 중에 베어링에 발생하는 윤활 고장을 알 수 있다. 안전, 주의, 위험 3단계로 표시하며, 그라운드 잭은 기계 장치 몸체에 부착하고 입력 잭은 베어링에서 제일 가까운 회전체에 회전을 시키면서 접촉하여 측정한다.
② 진동계(tele-vibro meter) : 전동기, 터빈, 공작 기계, 각종 산업 기계, 건설 기계, 차량 등의 여러 가지 진동을 측정하는 것으로 휴대용 진동 측정기, 머신 체커 등이 있으

며 주파수 분석까지 필요할 경우 FFT 분석기로 측정 및 분석을 한다.

③ 지시 소음계(sound level meter) : 소리의 크기를 측정하는 계기로서 일반 목적에 사용되는 측정기이다. 40~140 dB이고 주택 및 산업체에서 소음의 크기를 측정한다.

④ 회전계(tachometer) : 기계의 회전축 속도를 측정하는 장치로 접촉식과 비접촉식 및 공용식이 있다.

⑤ 표면 온도계(surface thermo meter) : 열전대(thermo couple)를 이용하여 물체의 표면 온도를 측정한다.

1-2 기계 도면 기초

(1) 제도 통칙 및 제도용지

① 제도의 통칙

(가) 제도의 정의 : 기계나 구조물의 모양 또는 크기를 일정한 규격에 따라 점, 선, 문자, 숫자, 기호 등을 사용하여 도면을 작성하는 과정을 말한다.

(나) 제도의 목적 : 설계자의 의도를 도면 사용자에게 확실하고 쉽게 전달하는 데 있다. 그러므로 도면에 물체의 모양이나 치수, 재료, 표면 정도 등을 정확하게 표시하여 설계자의 의사가 제작·시공자에게 확실하게 전달되어야 한다.

② 도면의 종류와 크기

(가) 도면의 종류

㉮ 도면의 성질에 따른 분류

㉠ 원도(original drawing) : 켄트지나 와트만지 위에 연필로 그린 도면을 말한다. 또한 컴퓨터로 작성된 최초의 도면으로, 트레이스도의 원본이 된다.

㉡ 트레이스도(traced drawing) : 원도 위에 트레이싱 페이퍼나 미농지를 놓고 연필 또는 먹물로 그린 도면이다. 일명 사도(tracing)라고도 한다.

㉢ 복사도(copy drawing) : 트레이스도를 원본으로 하여 복사한 도면으로, 청사진(blue print), 백사진(positive print) 및 전자 복사도 등이 있다.

㉯ 사용 목적 및 내용에 따른 분류

㉠ 사용 목적에 따른 분류 : 계획도(scheme drawing), 제작도(manufacture drawing), 주문도(drawing for order), 승인도(approved drawing), 견적도(estimation drawing), 설명도(explanation drawing), 공정도(process drawing)

㉡ 내용에 따른 분류 : 전체 조립도(assembly drawing), 부분 조립도(part

assembly drawing), 부품도(part drawing), 접속도(connection diagram), 배선도(wiring diagram), 배관도(piping diagram), 기초도(foundation drawing), 설치도(setting diagram), 배치도(layout drawing), 장치도(plant layout drawing)

㉢ 표면 형식에 따른 분류 : 외형도(outside drawing), 구조선도(skeleton drawing), 계통도(system diagram), 곡면선도(lines drawing), 전개도(development drawing)

(나) 도면의 크기 및 양식

㉮ 기계 제도에 사용되는 도면은 기계 제도(KS B 0001) 규격과 도면의 크기 및 양식(KS A 0106)에서 정한 크기를 사용하며, A열 사이즈를 사용한다. 단, 표시할 도형이 길 경우 연장 사이즈를 사용한다.

㉯ 도면에는 반드시 도면의 윤곽, 표제란 및 중심 마크를 마련해야 한다.

㉰ 도면의 크기는 폭과 길이로 나타내는데, 그 비는 $1 : \sqrt{2}$ 가 되며 A0~A4를 사용한다.

㉱ 도면은 길이 방향을 좌, 우로 놓고 그리는 것이 바른 위치이나, A4 이하의 도면에서는 세로방향을 좌, 우로 놓고서 사용해도 좋다.

㉲ 큰 도면을 접을 때에는 A4의 크기로 접는 것을 원칙으로 하되 도면 우측 하단부에 있는 표제란이 겉으로 나오게 접는 것을 원칙으로 한다.

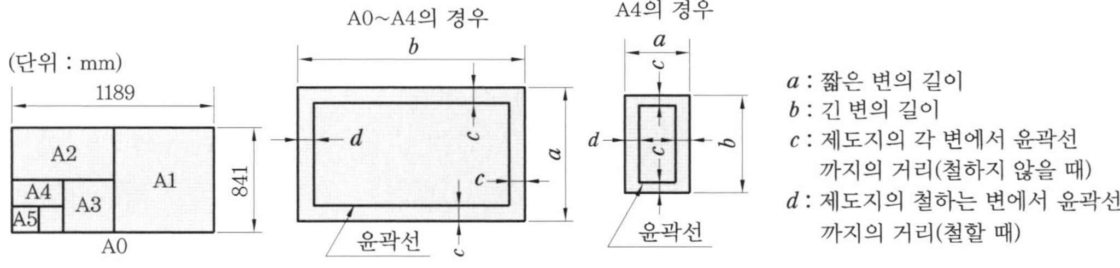

㊟ d의 부분은 도면을 접었을 때, 표제란의 좌측이 되는 쪽에 설치한다.

A열 도면 크기의 종류 및 윤곽의 치수

구분 / 사이즈	호칭 방법	치수 $a \times b$	c(최소)	d(최소)	
				철하지 않을 때	철할 때
A열	A0	841×1189	20	20	25
	A1	594×841			
	A2	420×594	10	10	
	A3	297×420			
	A4	210×297			

(다) 윤곽선, 표제란 및 부품란 : 제작도에서는 윤곽선을 긋고 그 안에 표제란과 부품란을 그려 넣는다.

㉮ 윤곽선 : 도면에 담아 넣는 내용을 기재하는 영역을 명확히 하고, 또 용지의 가장자리에서 생기는 손상으로 기재 사항을 해치지 않도록 그리는 테두리선을 말한다.

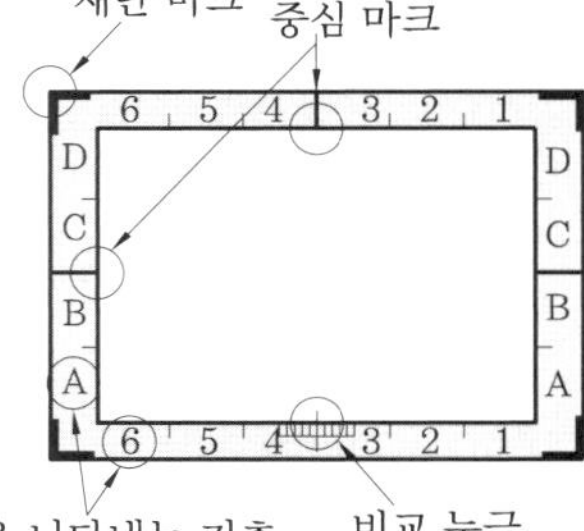

도면의 윤곽, 비교 눈금 및 중심 마크(KS A 3007 ISO 5457)

㉯ 표제란 : 도면의 오른쪽 아래에 표제란을 두어 여기에 도면 번호, 도명, 척도, 투상법, 제도한 곳, 도면 작성 연월일, 제도자 이름 등을 기입하도록 한다.

㉰ 부품란 : 부품란의 위치는 도면의 오른쪽 위의 부분, 또는 도면의 오른쪽 아래일 경우에는 표제란의 위에 위치하며, 품번, 품명, 재질, 수량, 무게, 공정, 비고란 등을 기입한다.

(라) 중심 마크 : 윤곽선으로부터 도면의 가장자리에 이르는 굵기 0.5 mm의 직선으로 표시한다.

(마) 비교 눈금 : 도면을 축소 또는 확대했을 경우, 그 정도를 알기 위해 도면의 아래쪽에 10 mm 간격의 눈금을 그려 놓은 것이다.

(바) 척도 : 도면에서 그려진 길이와 대상물의 실제 길이와의 비율로 나타낸다. 도면에 그려진 길이와 대상물의 실제 길이가 같은 현척이 가장 보편적으로 사용되고, 실물보다 축소하여 그린 축척, 실물보다 확대하여 그린 배척이 있다.

㉮ 척도의 표시 방법 : 척도의 표시법은 다음과 같다. 현척의 경우에는 A, B 모두를 1로 나타내고, 축척의 경우에는 A를 1, 배척의 경우에는 B를 1로 나타낸다.

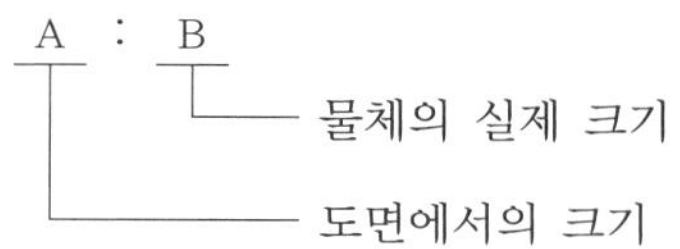

㉯ 척도 기입 방법 : 척도는 표제란에 기입하는 것이 원칙이나, 표제란이 없는 경우에는 도명이나 품번의 가까운 곳에 기입한다. 같은 도면에서 서로 다른 척도를 사용하는 경우에는 각 그림 옆에 사용된 척도를 기입해야 한다. 또, 그림의 형태가 치수와 비례하지 않을 때에는 치수 밑에 밑줄을 긋거나 '비례가 아님' 또는 NS(not to scale) 등의 문자를 기입해야 한다.

(사) 재단 마크 : 복사한 도면을 재단하는 경우의 편의를 위해서 원도의 네 구석에 'ㄱ' 자 모양으로 표시해 놓은 것이다.

(2) 선과 문자

① 선(line)

(가) 선의 종류 : 선은 모양과 굵기에 따라 다른 기능을 갖게 된다. 따라서 제도에서는 선의 모양과 굵기를 규정하여 사용하고 있다.

㉮ 모양에 따른 선의 종류

㉠ 실선(continuous line) ——— : 연속적으로 그어진 선

㉡ 파선(dashed line) --------- : 일정한 길이로 반복되게 그어진 선(선의 길이 3~5 mm, 선과 선의 간격 0.5~1 mm 정도)

㉢ 1점 쇄선(chain line) -·-·-·- : 길고 짧은 길이로 반복되게 그어진 선(긴 선의 길이 10~30 mm, 짧은 선의 길이 1~3 mm, 선과 선의 간격 0.5~1 mm)

㉣ 2점 쇄선(chain double-dashed line) —··—··— : 긴 길이, 짧은 길이 두 개로 반복되게 그어진 선(긴 선의 길이 10~30 mm, 짧은 선의 길이 1~3 mm, 선과 선의 간격 0.5~1 mm)

㉯ 굵기에 따른 선의 종류

㉠ 가는 선 ——— : 굵기가 0.18~0.5 mm인 선

㉡ 굵은 선 ——— : 굵기가 0.35~1 mm인 선(가는 선의 2배 정도)

㉢ 아주 굵은 선 ——— : 굵기가 0.7~2 mm인 선(가는 선의 4배 정도)

㉰ 용도에 따른 선의 종류

㉠ 외형선 : 굵은 실선

㉡ 치수선, 치수 보조선, 지시선, 회전 단면선, 중심선, 수준면선 해칭선 : 가는 실선

㉢ 숨은선 : 가는 파선 또는 굵은 파선

㉣ 중심선, 기준선, 피치선 : 가는 1점 쇄선

㉤ 특수 지정선 : 굵은 1점 쇄선

㉥ 가상선, 무게 중심선 : 가는 2점 쇄선

㉦ 파단선 : 불규칙한 파형의 가는 실선 또는 지그재그선

㉧ 절단선 : 가는 1점 쇄선으로 끝부분 및 방향이 변하는 부분을 굵게 한 것

㉨ 특수한 용도의 선 : 가는 실선, 아주 굵은 실선

(나) 선의 굵기 : 선의 굵기는 0.18 mm, 0.25 mm, 0.35 mm, 0.5 mm, 0.7 mm 및 1 mm로 한다.

(다) 선 긋는 법

㉮ 수평선 : 왼쪽에서 오른쪽으로 단 한번에 긋는다.

㉯ 수직선 : 아래에서 위로 긋는다.

㉰ 사선 : 오른쪽 위로 향한 것은 아래에서 위쪽으로, 왼쪽 위로 향한 것은 위쪽에서 아래로 긋는다.

② 문자

㈎ 글자는 명백히 쓰고 글자체는 고딕체로 하여 수직 또는 15° 경사로 씀을 원칙으로 한다.

㈏ 문자의 크기는 문자의 높이로 나타내고, 문장은 왼편에서 가로쓰기를 원칙으로 한다.

㈐ 한글의 크기는 호칭 2.24 mm, 3.15 mm, 4.5 mm, 6.3 mm, 9 mm의 5종류로 한다. 단, 특히 필요할 경우에는 다른 치수를 사용해도 좋으나, KS A 0107에 의거 12.5 mm와 18 mm의 사용도 가능하다.

㈑ 아라비아 숫자의 크기는 호칭 2.24 mm, 3.15 mm, 4.5 mm, 6.3 mm, 9 mm의 5종으로 한다. 다만, 특히 필요한 경우에는 이에 따르지 않아도 좋다(KS A 0107의 기준).

(3) 투상도 및 단면도법

① 투상법의 종류 : 어떤 입체물을 도면으로 나타내려면 그 입체를 어느 방향에서 보고 어떤 면을 그렸는지 명확히 밝혀야 한다. 공간에 있는 입체물의 위치, 크기, 모양 등을 평면 위에 나타내는 것을 투상법이라 한다. 이때 평면을 투상면이라 하고, 투상면에 투상된 물건의 모양을 투상도(projection)라고 한다.

㈎ 정투상법 : 물체를 네모진 유리 상자 속에 넣고 바깥쪽에서 들여다보면 물체를 유리판에 투상하여 보고 있는 것과 같다. 이때 투상선이 투상면에 대하여 수직으로 되어 투상하는 것을 정투상법(orthographic projection)이라 한다.

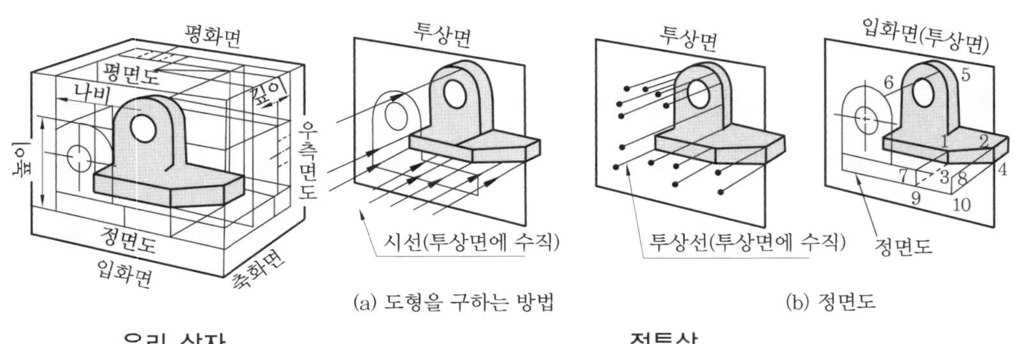

(a) 도형을 구하는 방법

(b) 정면도

유리 상자

정투상

(나) 축측 투상법 : 정투상도로 나타내면 평행 광선에 의해 투상이 되기 때문에 경우에 따라서는 선이 겹쳐서 이해하기가 어려울 때가 있다. 이를 보완하기 위해 경사진 광선에 의해 투상하는 것을 축측 투상법이라 한다. 축측 투상법의 종류에는 등각 투상도, 부등각 투상도가 있다.

(다) 사투상법 : 정투상도에서 정면도의 크기와 모양은 그대로 사용하고, 평면도와 우측면도를 경사시켜 그리는 투상법을 사투상법이라 한다. 사투상법의 종류에는 카발리에도와 캐비닛도가 있다.

(라) 투시도법 : 시점과 물체의 각 점을 연결하는 방사선에 의하여 그리는 것으로, 원근감이 있어 건축 조감도 등 건축 제도에 널리 쓰인다.

② 투상각 : 서로 직교하는 투상면의 공간을 그림과 같이 4등분한 것을 투상각이라 한다. 기계 제도에서는 3각법에 의한 정투상법을 사용함을 원칙으로 한다. 다만, 필요한 경우에는 제1각법에 따를 수도 있다. 그때 투상법의 기호를 표제란 또는 그 근처에 나타낸다.

(가) 제1각법 : 물체를 제1상한에 놓고 투상하며, 투상면의 앞쪽에 물체를 놓는다. 즉, 순서는 그림과 같이 눈 → 물체 → 화면이다.

(나) 제3각법 : 물체를 제3상한에 놓고 투상하며, 투상면의 뒤쪽에 물체를 놓는다. 즉, 순서는 그림과 같이 눈 → 화면 → 물체의 순서이다.

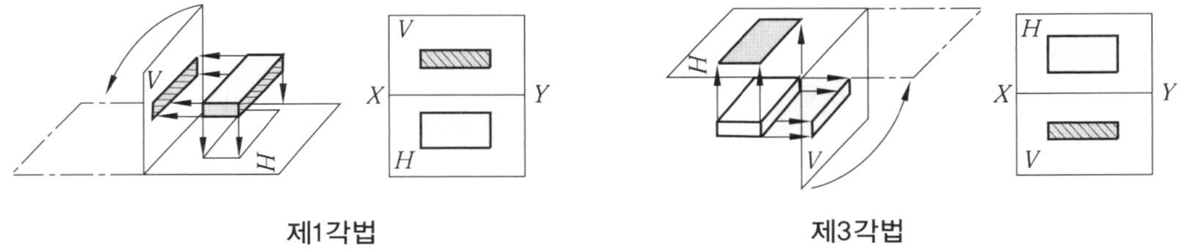

제1각법 제3각법

(다) 제1각법과 제3각법의 비교와 도면의 기준 배치

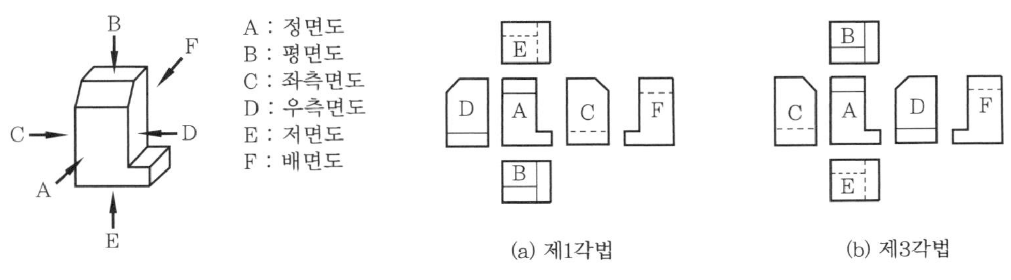

(a) 제1각법 (b) 제3각법

도면의 표준 배치

(라) 투상각법의 기호 : 제1각법, 제3각법을 특별히 명시해야 할 때에는 표제란 또는 그 근처에 1각법 또는 3각법이라 기입하고 문자 대신 기호를 사용한다.

③ 투상도 그리기

(가) 필요 투상도 선정 방법

㉮ 3면도 : 3개의 투상도로 완전하게 도시할 수 있는 것을 3면도라 하며 정면도, 평면도, 측면도(좌 또는 우)를 선정한다.

㉯ 2면도 : 원통형 또는 평면형인 간단한 물체는 정면도와 평면도, 정면도와 우측면도의 두 개의 도면으로 완전하게 도시할 수 있는 것을 2면도라 한다.

㉰ 1면도 : 정면도 한 면으로 충분히 도시할 수 있을 때는 1면도로 나타낸다.

(나) 투상도의 선택 방법

㉮ 주투상도에는 대상물의 모양 기능을 가장 명확하게 표시하는 면을 그린다. 또한, 대상물을 도시하는 상태는 도면의 목적에 따라 따로 정한다.

㉯ 주투상도를 보충하는 다른 투상도는 되도록 적게 하고, 주투상도만으로 표시할 수 있는 것에 대하여는 다른 투상도는 그리지 않는다.

㉰ 서로 관련되는 그림의 배치는 되도록 숨은선을 쓰지 않도록 한다. 다만, 비교대조하기 불편할 경우에는 예외로 한다.

(다) 기타 보조적인 투상도

㉮ 보조 투상도 : 경사면부가 있는 물체는 정투상도로 그리면 그 물체의 실형을 나타낼 수가 없으므로 그 경사면과 맞서는 위치에 보조 투상도를 그려 경사면의 실형을 나타낸다. 도면의 관계 등으로 보조 투상도를 경사면에 맞서는 위치에 배치할 수 없는 경우에는 그 뜻을 화살표와 영자의 대문자로 나타낸다.

㉯ 회전 투상도 : 투상면이 어느 각도를 가지고 있기 때문에 그 실형을 표시하지 못할 때에는 그 부분을 회전해서 그 실형을 도시할 수 있다. 또한, 잘못 볼 우려가 있을 경우에는 작도에 사용한 선을 남긴다.

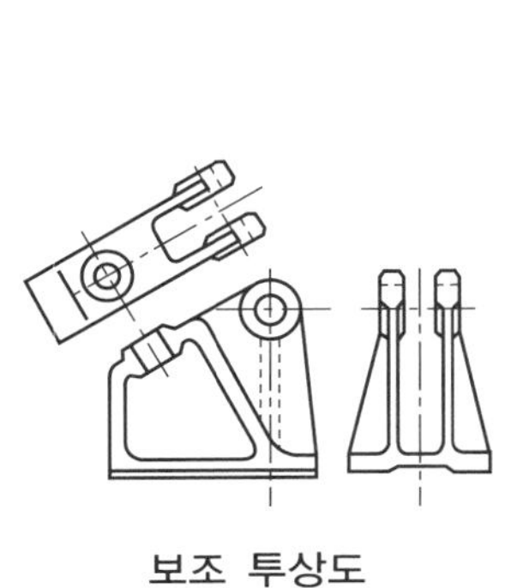

보조 투상도

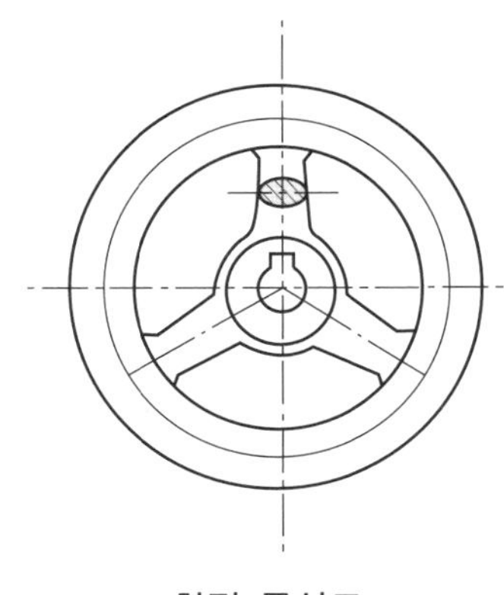

회전 투상도

㉰ 부분 투상도 : 그림의 일부를 도시하는 것으로 충분한 경우에는 그 필요 부분만을 부분 투상도로써 표시한다. 이 경우에는 생략한 부분과의 경계를 파단선으로 나타낸다. 다만, 명확한 경우에는 파단선을 생략해도 좋다.

㉱ 국부 투상도 : 대상물의 구멍, 홈 등 한 국부만의 모양을 도시하는 것으로 충분한 경우에는 그 필요 부분을 국부 투상도로써 나타낸다. 투상 관계를 나타내기 위하여 원칙으로 주된 그림에 중심선, 기준선, 치수 보조선 등으로 연결한다.

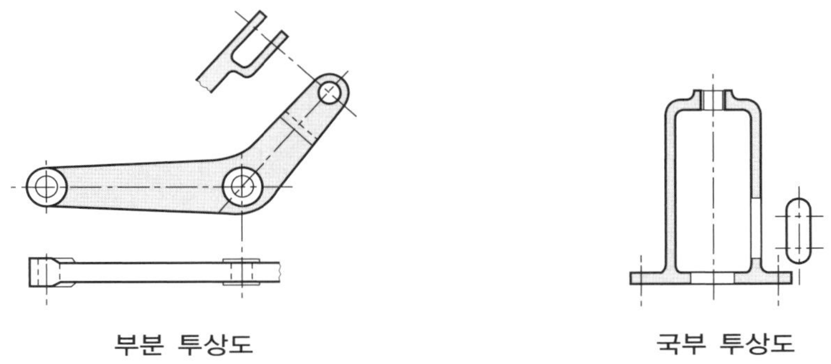

부분 투상도　　　　국부 투상도

㉲ 부분 확대도 : 특정 부분의 도형이 작아서 그 부분의 상세한 도시나 치수 기입을 할 수 없을 때에는 그 부분을 가는 실선으로 에워싸고, 영자의 대문자로 표시함과 동시에 그 해당 부분을 다른 장소에 확대하여 그리고, 표시하는 글자 및 척도를 기입한다.

㉳ 전개 투상도 : 구부러진 판재를 만들 때는 공작상 불편하므로 실물을 정면도에 그리고 평면도에 전개도를 그린다.

㉴ 가상선에 의한 도형의 도시 : 이 도형은 상상을 암시하기 위하여 그리는 것으로, 도시된 물품의 인접부, 어느 부품과 연결된 부품, 또는 물품의 운동 범위, 가공 변화 등을 도면상에 표시할 필요가 있을 경우에 가상선을 사용하여 표시한다.

④ 단면 표시와 종류

㈎ 단면 표시 : 단면도는 물체 내부와 같이 볼 수 없는 것을 도시할 때, 숨은 선으로 표시하면 복잡하므로 이와 같은 부분을 절단하여 내부가 보이도록 하면, 대부분의 숨은 선이 없어지고 필요한 곳이 뚜렷하게 도시된다. 이와 같이 나타낸 도면을 단면도(sectional view)라고 하며 다음 법칙에 따른다.

㉮ 단면도와 다른 도면과의 관계는 정투상법에 따른다.

㉯ 절단면은 기본 중심선을 지나고 투상면에 평행한 면을 선택하되, 같은 직선상에 있지 않아도 된다.

㉰ 투상도는 전부 또는 일부를 단면으로 도시할 수 있다.

㉣ 단면에는 절단하지 않은 면과 구별하기 위하여 해칭(hatching)이나 스머징(smudging)을 한다. 또한 단면도에 재료 등을 표시하기 위해 특수한 해칭 또는 스머징을 할 수 있다.

㉤ 단면 뒤에 있는 숨은 선은 물체가 이해되는 범위 내에서 되도록 생략한다.

㉥ 절단면의 위치는 다른 관계도에 절단선으로 나타낸다. 다만, 절단 위치가 명백할 경우에는 생략해도 좋다.

(나) 단면도의 종류

㉮ 온 단면도(full sectional view) : 물체를 기본 중심선에서 전부 절단해서 도시한 것으로 그림과 같다. 이때, 원칙적으로 절단면은 기본 중심선을 지나도록 한다.

㉯ 한쪽 단면도(half sectional view) : 기본 중심선에 대칭인 물체의 1/4만 잘라 내어 절반은 단면도로, 다른 절반은 외형도로 나타내는 단면법이다. 이 단면도는 물체의 외형과 내부를 동시에 나타낼 수가 있으며, 절단선은 기입하지 않는다.

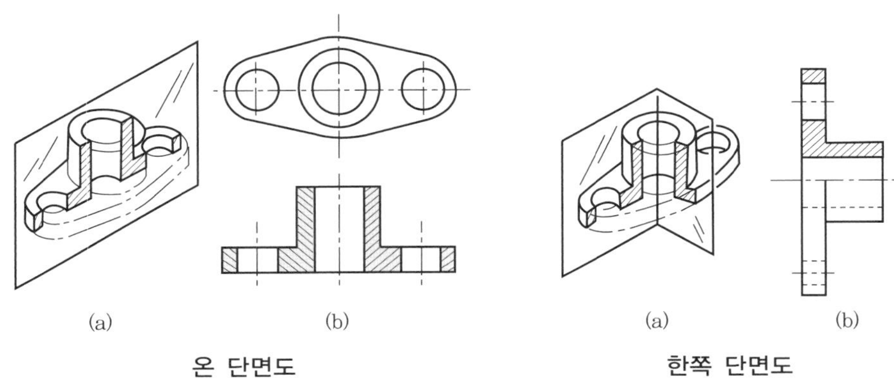

(a) (b) (a) (b)

온 단면도 한쪽 단면도

㉰ 부분 단면도(local sectional view) : 외형도에 있어서 필요로 하는 요소의 일부분만을 부분 단면도로 표시할 수 있다. 이 경우 파단선에 의하여 그 경계를 나타낸다.

㉱ 회전 도시 단면도(revolved section) : 핸들이나 바퀴 등의 암 및 림, 리브, 훅, 축, 구조물의 부재 등의 절단면은 다음에 따라 90° 회전하여 표시한다.

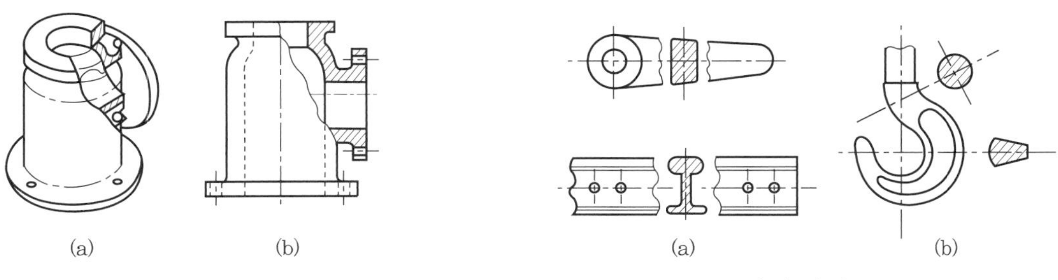

(a) (b) (a) (b)

부분 단면도 회전 단면도

㈒ 계단 단면(offset section) : 2개 이상의 평면을 계단 모양으로 절단한 단면이다.

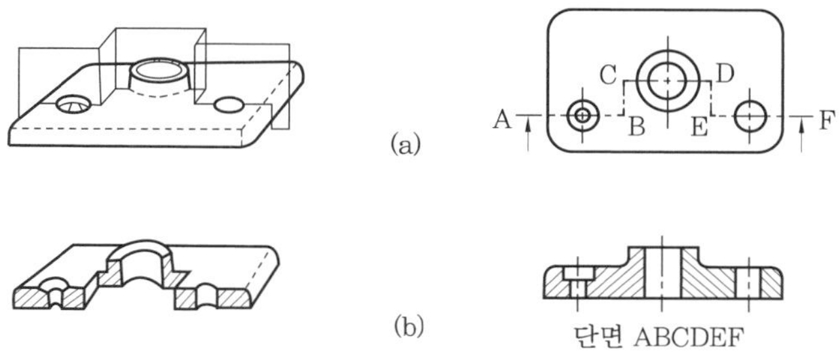

계단 단면

㈓ 다수의 단면도에 의한 도시

㉠ 복잡한 모양의 대상물을 표시하는 경우, 필요에 따라 다수의 단면도를 그려도 좋다.

㉡ 일련의 단면도는 치수의 기입과 도면의 이해에 편리하도록 투상의 방향을 맞추어서 그리는 것이 좋다. 이 경우 절단선의 연장선상 또는 주 중심선상에 배치하는 것이 좋다.

㈔ 얇은 두께 부분의 단면도 : 개스킷, 박판, 형강 등과 같이 절단면이 얇은 경우에는 절단면을 검게 칠하거나, 실제 치수와 관계없이 1개의 아주 굵은 실선으로 표시한다.

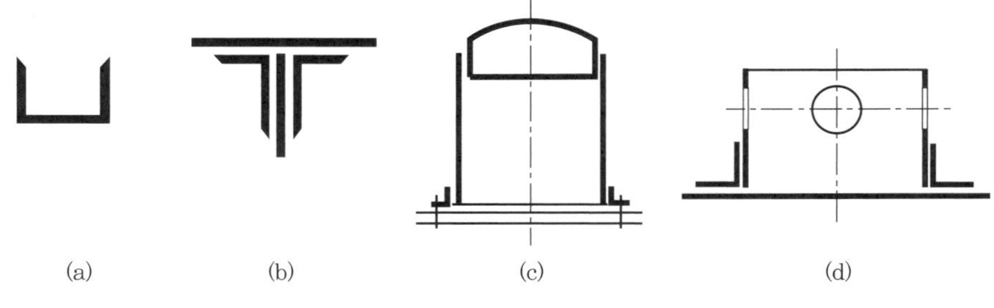

얇은 두께 부분의 단면도

㈐ 해칭과 스머징

㈎ 해칭(hatching)이란 단면 부분에 가는 실선으로 빗금선을 긋는 방법이며, 스머징(smudging)이란 단면 주위를 색연필로 엷게 칠하는 방법이다.

㈏ 중심선 또는 주요 외형선에 45° 경사지게 긋는 것이 원칙이나, 부득이한 경우에는 다른 각도(30°, 60°)로 표시한다.

㈐ 해칭선의 간격은 도면의 크기에 따라 다르나, 보통 2~3 mm의 간격으로 하는 것이 좋다.

㈑ 2개 이상의 부품이 인접할 경우에는 해칭의 방향과 간격을 다르게 하거나 각

도를 틀리게 한다.

㉤ 간단한 도면에서 단면을 쉽게 알 수 있는 것은 해칭을 생략할 수 있다.

㉥ 동일 부품의 절단면 해칭은 동일한 모양으로 해칭해야 한다.

㉦ 해칭 또는 스머징을 하는 부분 안에 문자, 기호 등을 기입하기 위하여 해칭 또는 스머징을 중단한다.

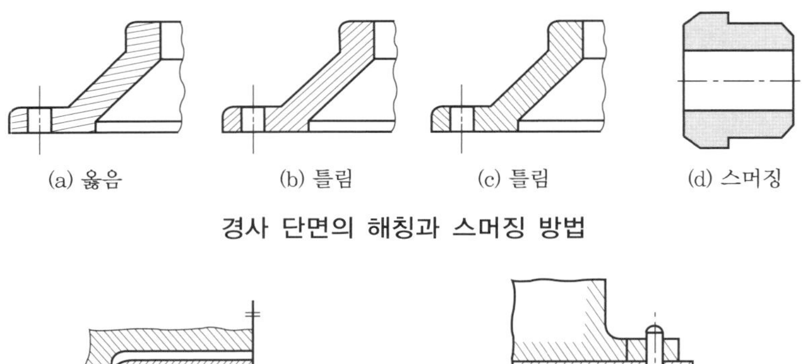

(a) 옳음 (b) 틀림 (c) 틀림 (d) 스머징

경사 단면의 해칭과 스머징 방법

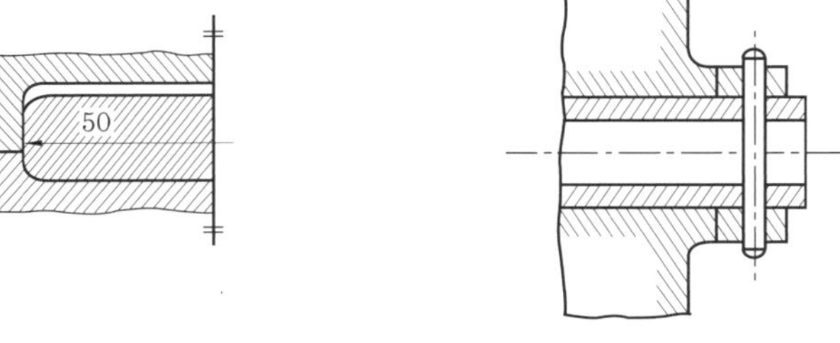

인접한 단면의 해칭

㈑ 절단하지 않는 부품 : 그림과 같이 절단함으로써 이해에 지장이 있는 것(보기 1) 또는 절단해도 의미가 없는 것(보기 2)은 긴 쪽 방향으로 절단하여 도시하지 않는다.

[보기]

1. 리브, 바퀴의 암, 기어의 이
2. 축, 핀, 볼트, 너트, 와셔, 작은 나사, 키, 강구, 원통 롤러

⑤ 특수 모양의 도시법

㈎ 평면의 표시 : 도형 내의 특정한 부분이 평면이란 것을 표시할 필요가 있을 경우에는 가는 실선으로 대각선을 기입한다.

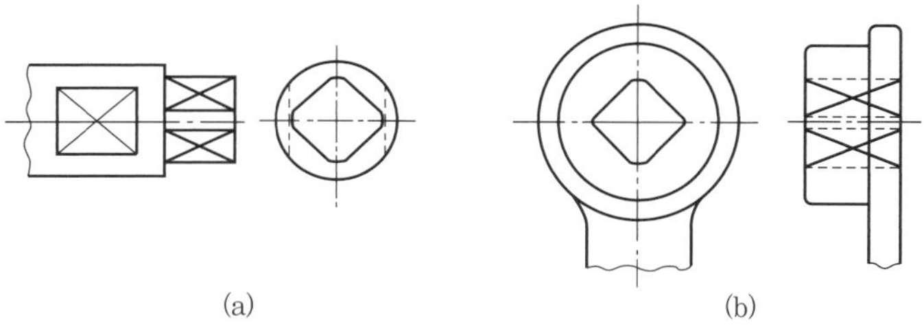

(a) (b)

평면의 표시

(나) 무늬 등의 표시 : 널링 가공 부분, 철망, 줄무늬 있는 강판 등은 그 일부분에만 무늬나 모양을 넣어서 도시한다.

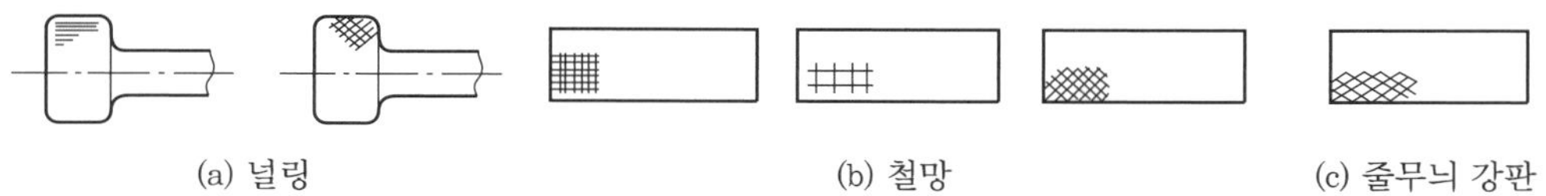

널링, 철망, 줄무늬 강판의 도시법

(다) 특수한 가공 부분의 표시 : 대상물의 면의 일부를 특수한 가공을 하는 경우에는 그 범위를 외형선에 평행하게 약간 띄어서 굵은 1점 쇄선으로 나타낼 수 있다.

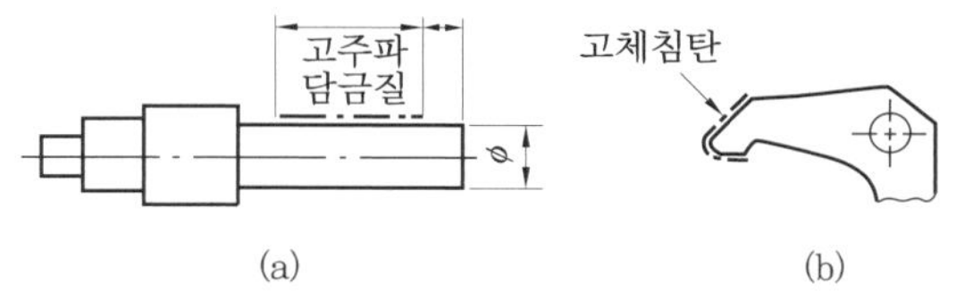

특수 가공 부분의 도시법

(라) 비금속 재료를 특별히 나타낼 필요가 있을 경우에는 그림과 같이 표시하며, 이 경우 부품도에는 별도로 재질을 글자로 기입한다.

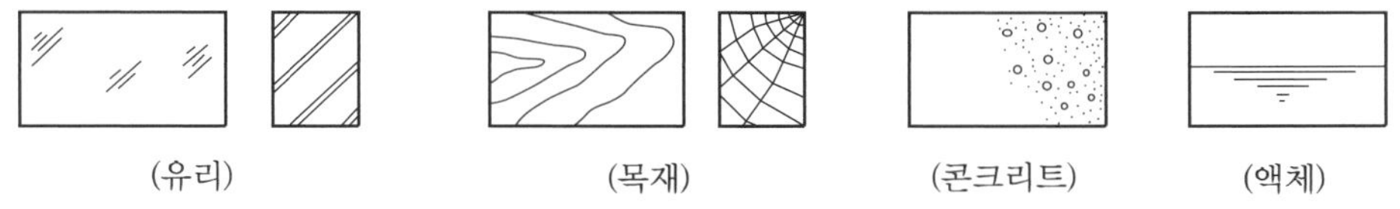

비금속 재료의 단면 표시

(4) 치수 기입법

① 치수 기입의 원칙 : 도면에 기입한 치수는 작업자가 가공 완성한 치수이다. 도면에 치수를 기입하는 경우에는 다음 사항에 유의하여 기입한다.

(가) 대상물의 기능 · 제작 · 조립 등을 고려하여 필요하다고 생각되는 치수를 명료하게 도면에 지시한다.

(나) 치수는 대상물의 크기, 자세 및 위치를 가장 명확하게 표시하는 데 필요하고 충분한 것을 기입한다.

(다) 도면에 나타내는 치수는 특별히 명시하지 않는 한, 그 도면에 도시한 대상물의 다듬질 치수를 표시한다.

(라) 치수에는 기능상 필요한 경우 치수의 허용 한계를 기입한다. 다만, 이론적으로 정확한 치수는 제외한다.

㈎ 치수는 되도록 주투상도에 기입한다.

㈏ 치수는 중복 기입을 피한다.

㈐ 치수는 되도록 계산해서 구할 필요가 없도록 기입한다.

㈑ 치수는 필요에 따라 기준으로 하는 점, 선 또는 면을 기준으로 하여 기입한다.

㈒ 관련되는 치수는 되도록 한곳에 모아서 기입한다.

㈓ 치수는 되도록 공정마다 배열을 분리하여 기입한다.

㈔ 치수 중 참고 치수에 대하여는 치수 수치에 괄호를 붙인다.

② 치수에 사용되는 기호

기호	설명	기호	설명
ϕ	지름	Sϕ	구면의 지름
R	반지름	SR	구면의 반지름
C	45° 모따기	□	정사각형
P	피치	t	두께

예상문제

1. 정비용 공기구 중 체결용 공기구가 아닌 것은? [06-5, 14-1]

① 양구 스패너 ② L-렌치
③ 기어 풀러 ④ 타격 스패너

해설 체결용 공구 : 양구 스패너(open end spanner), 편구 스패너(single spanner), 타격 스패너(shock spanner), 더블 오프셋 렌치(double off-set wrench), 조합 스패너(combination spanner), 훅 스패너(hook spanner), 박스 렌치(box wrench), 멍키 스패너(monkey spanner), L-렌치(hexagon bar wrench)

2. 정비용 공구의 규격이 잘못 설명된 것은?

① 양구 스패너(open end spanner) : 볼트의 머리 또는 너트의 대변거리
② L-렌치(hexagon bar wrench) : 볼트 머리의 대변거리
③ 조합 플라이어(combination plier) : 전체의 길이
④ 소켓 렌치(socket wrench) : 전체의 길이

해설 ④ 소켓 렌치(socket wrench) : 볼트의 머리 또는 너트의 대변거리

(1) 조합 스패너(combination spanner) : 한쪽은 편구 스패너, 또 다른 한쪽은 오프셋 렌치로 되어 있는 스패너로 규격은 사용볼트, 너트의 대변거리이다.

(2) 조합 플라이어(combination plier) : 일반적으로 말하는 플라이어이며 재질은 크롬강이고 규격은 전체의 길이로서 150, 200, 250 mm 등이 있다.

(3) 공구 전체의 길이로 규격을 나타내는

정답 1. ③ 2. ④

것 : 멍키 스패너(monkey spanner), 롱 노즈 플라이어(long nose plier), 조합 플라이어(combination plier)

3. 정비용 공구 중 집게에 속하며 쥐면 고정된 채 놓지 않는 것은?

① 조합 플라이어
② 롱 노즈 플라이어
③ 라운드 노즈 플라이어
④ 콤비네이션 바이스 플라이어

해설 콤비네이션 바이스 플라이어(combination vise plier) : 크기는 몸통의 크기에 따른 대소 이외에 두꺼운 것과 얇은 것이 있다.

4. 주택 및 산업체에서 소음의 크기를 측정하며 측정범위는 40~140 dB인 측정기기는?

① FFT 분석기 ② 진동계
③ 지시 소음계 ④ 청음봉

해설 지시 소음계(sound level meter) : 소리의 크기를 측정하는 계기

5. 운전 중 베어링에 발생하는 윤활 고장을 검지할 수 있는 것으로 베어링의 그리스 윤활 상태를 측정하는 기구는? [16-1]

① 콘 프레스(cone press)
② 그리스 펌프(grease pump)
③ 베어링 체커(bearing checker)
④ 핸드 버킷 펌프(hand bucket pump)

해설 베어링 체커 : 베어링의 윤활 상태를 측정하는 측정 기구

6. 한국 산업 규격(KS) 중에서 "KS B"로 분류되는 부문은? [07-5, 14-2]

① 기계 ② 섬유
③ 전기 ④ 수송기계

해설 • KS A : 기본(통칙)
• KS B : 기계
• KS C : 전기
• KS D : 금속

7. 도면의 종류 중 사용 목적에 따른 분류에 속하지 않는 것은?

① 계획도 ② 제작도
③ 조립도 ④ 주문도

해설 용도에 따른 분류에 속하는 도면으로는 계획도, 제작도, 주문도, 승인도, 설명도, 견적도 등이 있다.

8. 도면의 종류 중 제작도를 만드는 기초가 되는 도면은 무엇인가? [12-5]

① 계획도 ② 견적도
③ 설명도 ④ 주문도

해설 내용에 따른 도면의 분류
• 계획도 : 설계자가 제작하고자 하는 물품의 계획을 나타내는 도면
• 제작도 : 요구하는 제품을 만들 때 사용되는 도면
• 주문도 : 주문서에 첨부되어 주문하는 물품의 모양, 정밀도, 기능도 등의 개요를 주문 받는 사람에게 제시하는 도면
• 승인도 : 주문자 또는 기타 관계자의 승인을 얻은 도면
• 견적도 : 견적서에 첨부되어 주문자에게 제품의 내용과 가격 등을 설명하기 위한 도면
• 설명도 : 사용자에게 제품의 구조, 기능, 작동 원리, 취급법 등을 설명하기 위한 도면
• 공정도 : 제조 과정의 공정별 처리 방법, 사용 용구 등을 상세히 나타내는 도면

정답 3. ④ 4. ③ 5. ③ 6. ① 7. ③ 8. ①

9. **주문할 사람에게 물품의 내용 및 가격 등을 설명하기 위한 도면은?** [09-5]

① 제작도 ② 주문도
③ 견적도 ④ 승인도

10. **플랜트 배관에서 관의 지름, 부속품, 흐름 방향 등을 명시하고 장치, 기기 등의 접속 계통을 간단하고 알기 쉽게 평면적으로 배치해 놓은 도면으로 맞는 것은?**

① 평면 배관도 ② 장치도
③ 계통도 ④ 부분 배관도

해설 표면 형식에 따른 도면의 분류
- 외형도 : 기계나 구조물의 외형만을 나타내는 도면
- 구조선도 : 기계나 구조물의 골조를 나타내는 도면
- 계통도 : 배관 전기 장치의 결선 등 계통을 나타내는 도면
- 곡면선도 : 자동차, 항공기, 배의 곡면 부분을 단면 곡선으로 나타내는 도면
- 전개도 : 구조물, 물품 등의 표면을 평면으로 나타내는 도면

11. **판금 제품을 만드는 데 필요한 도면으로 입체의 표면을 한 평면 위에 펼쳐서 그리는 도면은?** [15-5]

① 회전 평면도 ② 전개도
③ 보조 투상도 ④ 사투상도

12. **배관도를 표시할 때 기호와 굵은 실선을 사용하여 파이프, 파이프 이음, 밸브 등의 배치, 부착품 등을 나타내는 단면 도시법이 아닌 것은?** [16-1]

① 등각 배관도 ② 복선 배관도
③ 투상 배관도 ④ 스케치 배관도

해설 내용에 따른 도면의 분류
- 전체 조립도 : 물품의 전체 조립 상태를 나타내는 도면으로서 물품의 구조를 알 수 있다.
- 부분 조립도 : 전체 조립 상태를 몇 개의 부분으로 나누어 각 부분마다 자세한 조립 상태를 나타내는 도면
- 부품도 : 부품을 개별적으로 상세하게 그린 도면
- 접속도 : 전기 기기의 내부, 상호간 접속 상태 및 기능을 나타내는 도면
- 배선도 : 전기 기기의 크기와 설치 위치, 전선의 종별, 굵기, 배선의 위치 등을 나타내는 도면
- 배관도 : 펌프 및 밸브의 위치, 관의 굵기와 길이, 배관의 위치와 설치 방법 등을 나타내는 도면
- 기초도 : 콘크리트 기초의 높이, 치수 등과 설치되는 기계나 구조물과의 관계를 나타내는 도면
- 설치도 : 보일러, 기계 등을 설치할 때 관계되는 사항을 나타내는 도면
- 배치도 : 건물의 위치나 기계 등의 설치 위치를 나타내는 도면
- 장치도 : 각 장치의 배치와 제조 공정 등의 관계를 나타내는 도면

13. **기계 제도에서 도면을 그 성질에 따라 분류한 것이 아닌 것은?** [15-2]

① 복사도(copy drawing)
② 원도(original drawing)
③ 스케치도(sketch drawing)
④ 트레이스도(traced drawing)

14. **도면에 표제란과 부품란이 있을 때, 부품란에 기입할 사항으로 가장 거리가 먼 것은 어느 것인가?** [15-3]

정답 9. ③ 10. ③ 11. ② 12. ② 13. ③ 14. ①

① 제도 일자　② 부품명
③ 재질　④ 부품 번호

해설 표제란에 도면 번호, 도명, 척도, 투상법, 제도한 곳, 도면 작성 연월일, 제도자 이름 등을 기입하고, 부품란에 품번, 품명, 재질, 수량, 무게, 공정, 비고란 등을 기입한다.

15. 도면의 마이크로 사진 촬영, 복사 등의 작업을 편리하게 하기 위하여 표시하는 것과 가장 관계가 깊은 것은? [12-2]

① 윤곽선　② 중심 마크
③ 표제란　④ 재단 마크

해설 중심 마크는 도면의 4변 각 중앙에 표시하며, 그 허용차는 ±0.5mm로 한다.

16. 다음 중 도면에 반드시 설정해야 되는 양식이 아닌 것은?

① 윤곽선　② 표제란
③ 중심마크　④ 재단 마크

해설 재단 마크는 강제적인 양식보다는 권장하는 양식이다.

17. 도면에서 척도의 표시가 "1 : 2"로 표시된 것은 무엇을 의미하는가? [16-2]

① 배척　② 현척
③ 축척　④ 비례척이 아님

해설 척도의 종류
(1) 현척 : 실물과 같은 크기로 그림
(2) 축척 : 실물보다 작게 그림
(3) 배척 : 실물보다 크게 그림

18. 다음과 같은 척도의 표시 중에서 배척에 해당하는 것은? [08-5, 10-5]

① 1 : 1　② 1 : 5
③ 2 : 1　④ 1 : $\sqrt{2}$

해설 축척, 현척 및 배척의 값

척도의 종류	난	척도값
축척	1	1 : 2, 1 : 5, 1 : 10, 1 : 20, 1 : 50, 1 : 100, 1 : 200
	2	1 : $\sqrt{2}$, 1 : 2.5, 1 : 2$\sqrt{2}$, 1 : 3, 1 : 4, 1 : 5$\sqrt{2}$, 1 : 25, 1 : 250
현척	–	1 : 1
배척	1	2 : 1, 5 : 1, 10 : 1, 20 : 1, 50 : 1
	2	$\sqrt{2}$: 1, 25$\sqrt{2}$: 1, 100 : 1

19. 도면의 척도란에 5 : 1로 표시되었을 때의 의미로 올바른 설명은? [07-5, 13-5]

① 축척으로 도면의 형상 크기는 실물의 $\frac{1}{5}$이다.
② 축척으로 도면의 형상 크기는 실물의 5배이다.
③ 배척으로 도면의 형상 크기는 실물의 $\frac{1}{5}$이다.
④ 배척으로 도면의 형상 크기는 실물의 5배이다.

해설 척도에는 축척, 실척, 배척과 비례척이 아닌 NS가 있다.

20. 기계 제도에서 전체의 그림을 정해진 척도로 그리지 못한 경우에 표시하는 방법은 어느 것인가? [05-5 외 3회 출제]

① 척도 1 : 1
② 배척이 아님
③ 비례척이 아님
④ 기재하지 않는다.

정답 15. ② 16. ④ 17. ③ 18. ③ 19. ④ 20. ③

해설 그림의 형태가 치수와 비례하지 않을 때에는 치수 밑에 밑줄을 긋거나 '비례척이 아님' 또는 NS(not to scale) 등의 문자를 기입해야 한다.

21. 선은 굵기에 따라 가는 선, 굵은 선, 아주 굵은 선의 세 종류로 구분하는데 굵기의 비율로 가장 올바른 것은? [11-5]

① 1 : 2 : 3　② 1 : 2 : 4
③ 1 : 3 : 5　④ 1 : 2 : 5

해설 선의 굵기 비율은 1 : 2 : 4이다.

22. 기계 제도에 사용하는 선의 분류에서 가는 실선의 용도가 아닌 것은? [09-5]

① 치수선　② 치수 보조선
③ 지시선　④ 외형선

해설 가는 실선의 용도
- 치수선 : 치수를 기입하기 위하여 쓴다.
- 치수 보조선 : 치수를 기입하기 위하여 도형으로부터 끌어내는 데 쓰인다.
- 지시선 : 기술·기호 등을 표시하기 위하여 끌어내는 데 쓰인다
- 회전 단면선 : 도형 내에 그 부분의 끊은 곳을 90° 회전하여 표시하는 데 쓰인다.
- 중심선 : 도형의 중심선을 간략하게 표시하는 데 쓰인다.
- 수준면선 : 수면, 유면 등의 위치를 표시하는 데 쓰인다.

23. 기계 제도에서 가는 2점 쇄선을 사용하는 것은? [12-2]

① 중심선　② 지시선
③ 가상선　④ 피치선

해설 • 지시선 : 가는 실선
• 가상선, 무게 중심선 : 가는 2점 쇄선

24. 선의 종류 중 대상물이 보이는 부분의 모양을 표시하는 것은? [04-5 외 9회 출제]

① 1점 쇄선　② 가는 실선
③ 굵은 파선　④ 굵은 실선

해설 선의 종류와 용도
(1) 굵은 실선 : 외형선
(2) 굵은 파선 : 숨은선
(3) 가는 실선 : 치수선, 치수 보조선, 지시선, 회전 단면선, 중심선, 파단선, 해칭선, 수준면선
(4) 가는 1점 쇄선 : 중심선, 기준선, 피치선, 절단선
(5) 굵은 1점 쇄선 : 표면 처리 부분 등 특수 지정선

25. 투상도에서 선의 우선순위는 어떻게 되는가? [10-5]

① 외형선 → 중심선 → 치수선 → 숨은선 → 해칭선
② 외형선 → 치수선 → 해칭선 → 숨은선 → 중심선
③ 외형선 → 해칭선 → 치수선 → 중심선 → 숨은선
④ 외형선 → 숨은선 → 중심선 → 치수선 → 해칭선

해설 선의 우선순위 : 외형선 → 숨은선 → 절단선 → 중심선 → 무게 중심선 → 치수 보조선

26. 다음 그림에서 "가"와 "나"의 용도에 의한 명칭과 선의 종류(굵기)가 바르게 연결된 것은 어느 것인가? [14-2]

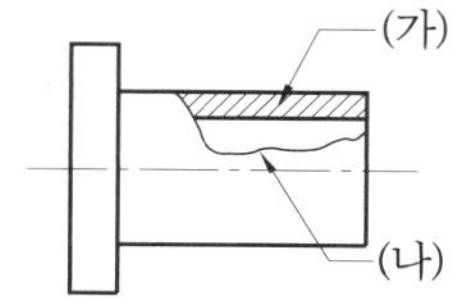

정답 21. ② 22. ④ 23. ③ 24. ④ 25. ④ 26. ④

① ㈎ 해칭선－가는 실선, ㈏ 가상선－가는 실선
② ㈎ 해칭선－굵은 실선, ㈏ 파단선－굵은 실선
③ ㈎ 해칭선－가는 실선, ㈏ 파단선－굵은 실선
④ ㈎ 해칭선－가는 실선, ㈏ 파단선－가는 실선

해설 해칭선과 파단선은 가는 실선으로 작도한다.

27. 다음 중 숨은선 그리기의 예로 적절하지 않은 것은? [16-2]

① 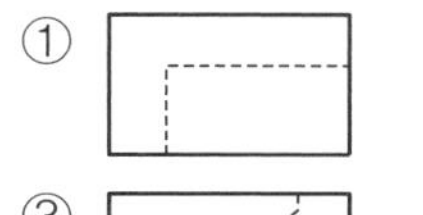
② 
③ 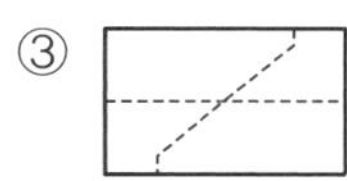
④ 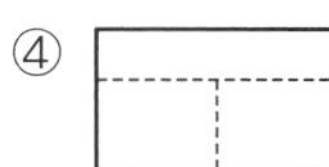

해설 숨은선 : 가는 파선 또는 굵은 파선을 사용하며 대상물의 보이지 않는 부분의 모양을 표시하는 데 쓰인다.

28. 다음 중 지그재그 선을 사용하는 경우는 어느 것인가? [03-5]

① 도면내 그 부분의 단면을 90° 회전하여 나타내는 선
② 제품의 일부를 파단한 곳을 표시하는 선
③ 인접을 참고로 표시하는 선
④ 반복을 표시하는 선

해설 제품의 일부를 파단할 경우에는 가는 실선으로 프리(free)하게 그린다.

29. 기계 제도에서 대상물의 일부를 떼어 낸 경계를 표시하는 데 사용하는 선의 명칭은 어느 것인가? [08-5, 12-2]

① 가상선 ② 피치선
③ 파단선 ④ 지시선

해설 파단선 : 대상물의 일부를 파단한 경계 또는 떼어낸 경계를 표시할 때 사용하며 불규칙한 파형의 가는 실선 또는 지그재그 선이다.

30. 기계 제도에서 물체의 투상에 관한 설명 중 잘못된 것은? [13-2]

① 주투상도는 대상물의 모양 및 기능을 가장 명확하게 표시하는 면을 그린다.
② 보다 명확한 설명을 위하여 주투상도를 보충하는 다른 투상도는 되도록 많이 그린다.
③ 특별한 이유가 없는 경우 대상물을 가로길이로 놓은 상태로 그린다.
④ 서로 관련된 그림의 배치는 되도록 숨은선을 쓰지 않도록 한다.

31. 기계 제도 치수 기입법에서 정정 치수를 의미하는 것은? [06-5]

① ~~50~~ ② $\underline{50}$
③ (50) ④ 〈50〉

해설 치수에 밑줄은 비례척이 아님을 나타내고, 괄호 안에 있는 숫자는 참고 치수이다.

32. 도면에서 특정 치수가 비례 척도가 아닌 경우를 바르게 표기한 것은? [13-2]

① (24) ② 24
③ $\boxed{24}$ ④ $\underline{24}$

33. 다음 도면에서 전체 길이인 (　)의 치수는? [07-5]

정답 27. ③ 28. ② 29. ③ 30. ② 31. ① 32. ④ 33. ②

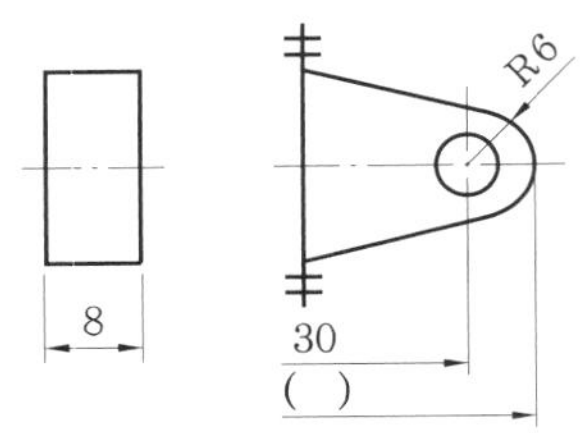

① 36　② 42
③ 66　④ 72

해설 전체 길이는 R6+30+R6=42

34. 다음 그림에서 A부의 치수는 얼마인가? [11-5]

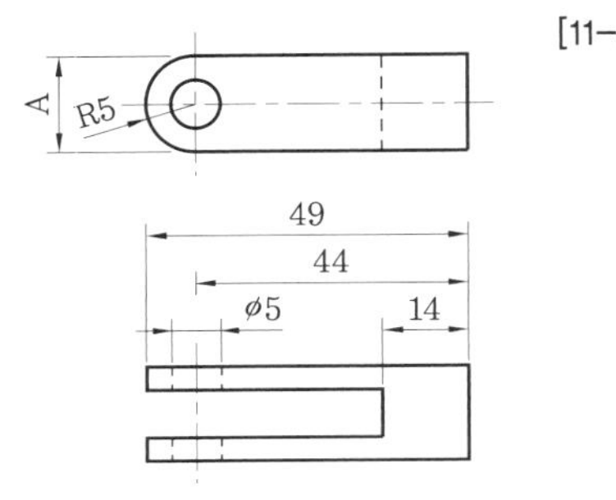

① 5　② 10
③ 15　④ 14

해설 반지름이 5이므로 지름은 10이다.

35. 강판을 말아서 그림과 같은 원통을 만들고자 한다. 다음 중 가장 적합한 강판의 크기(가로×세로)는? [14-2]

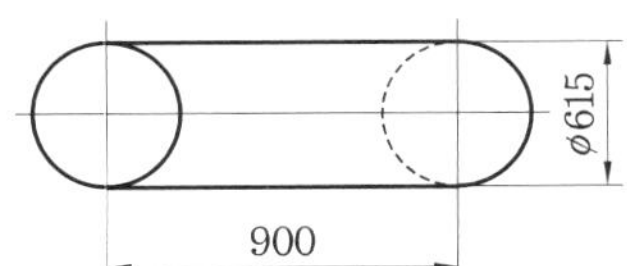

① 966×900　② 1932×900
③ 2515×900　④ 3864×900

해설 원통의 면적은 원주(πd)×길이(l)로 표시된다. 가로는 $\pi d = \pi \times 615 ≒ 1932$, 세로는 900이다.

36. 기계 제도에서 척도 및 치수 기입법 설명으로 잘못된 것은? [14-5]

① 치수는 되도록 주투상도에 집중하여 기입한다.
② 치수는 특별한 명기가 없는 한 제품의 완성 치수이다.
③ 현의 길이를 표시하는 치수선은 동심 원호로 표시한다.
④ 도면에 NS로 표시된 것은 비례척이 아님을 나타낸 것이다.

해설 현의 길이 치수는 원칙적으로 측정할 방향으로 현의 직각에 치수 보조선을 긋고, 현에 평행한 치수선을 그어 치수를 기입한다.

37. 다음 중 설명용 도면으로 사용되는 캐비닛도를 그릴 때 사용하는 투상법으로 옳은 것은? [15-5]

① 정투상　② 등각투상
③ 사투상　④ 투시투상

해설 사투상도의 종류에는 캐비닛도(cabinet projection drawing)와 카발리에도(cavalier projection drawing)가 있다.

38. 물체의 앞에서 바라본 모양을 도면에 나타낸 것으로 그 물체의 가장 주된 면, 즉 기본이 되는 면의 투상도 명칭은 다음 중 어느 것인가? [08-5, 14-5]

① 정면도　② 평면도
③ 우측면도　④ 좌측면도

해설 정면도 : 투상도 중에서 물체의 가장 주된 면을 나타내는 투상도

39. 투상도를 보는 방향에 따라 분류할 때 투상 물체의 가장 주된 면, 즉 기본이 되는 투상도를 무엇이라 하는가? [12-5]

정답 34. ② 35. ② 36. ③ 37. ③ 38. ① 39. ①

① 정면도 ② 평면도
③ 우측면도 ④ 후면도

해설 부품을 되도록 안정적이고 사용되는 상태를 정면도로 보여준다. 도면 배치가 되도록 옆으로 펴져서 안정된 구도로 잡는다.

40. 정투상도에 대한 설명으로 올바르지 않은 것은? [10-5, 14-2]

① 어떤 물체의 형상도 정확하게 표현할 수 있다.
② 물체를 보는 방향에 따라 3종류로 분류하며 이것을 기준 투상도라 한다.
③ 물체 전체를 완전히 표현하려면 두 개 이상의 투상도가 필요할 때가 있다.
④ 정면도는 물체의 앞에서 바라본 모양을 나타낸 도면이다.

41. 그림과 같이 직육면체를 나타낼 수 있는 투상도는? [03-5, 14-5]

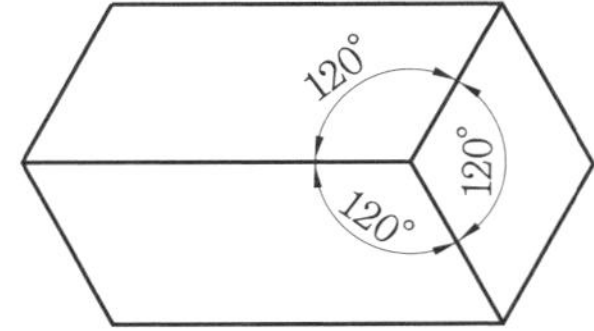

① 정투상도 ② 사투상도
③ 등각 투상도 ④ 부등각 투상도

해설 등각 투상도 : 투상법 중 같은 각도로 기선에서 평면, 측면, 정면을 하나의 투상면 위에 동시에 볼 수 있도록 그려진 도법

42. 대상물의 좌표면이 투상면에 평행인 직각 투상법은? [15-1]

① 정투상법 ② 축측투상법
③ 사투상법 ④ 투시투상법

해설 정투상법은 물체의 각 면과 바라보는 위치에서 시선을 평행하게 연결하면 물체와 보는 사람 사이에 설치해 놓은 투상면에서 실제의 면과 같은 크기의 투상도를 얻게 되는 원리이다. 정투상법은 각 투상면에서 얻은 물체 각각의 투상도를 배열하는 방법에 따라 제1각법과 제3각법으로 나눈다.

43. 기계 제도에서 투상도의 종류가 아닌 것은?

① 정투상도 ② 사투상도
③ 삼각 투상도 ④ 등각 투상도

해설 투상법의 종류

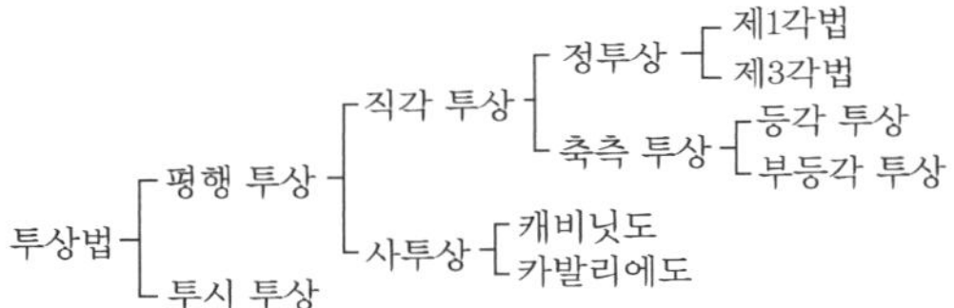

44. 상면도라고도 하며 물체의 위에서 내려다 본 모양을 나타낸 투상도의 명칭은? [15-2]

① 정면도 ② 배면도
③ 평면도 ④ 저면도

45. 다음 그림의 기호가 표시하는 것은 어느 것인가? [04-5 외 3회 출제]

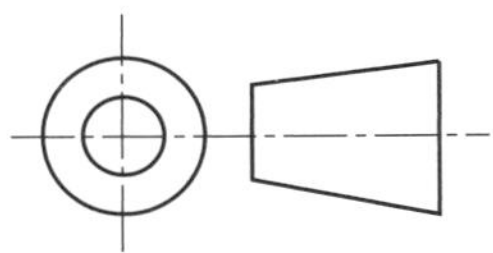

① 제1각법 ② 정투상법
③ 제3각법 ④ 등각투상법

해설 제1각법의 기호 : 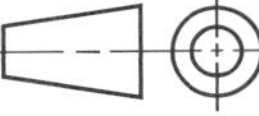

정답 40. ② 41. ③ 42. ① 43. ③ 44. ③ 45. ③

46. 다음 투상도법 중 제1각법과 제3각법이 속하는 투상도법은? [02-6]

① 정투상법 ② 등각 투상법
③ 사투상법 ④ 부등각 투상법

해설 정투상법은 1각법과 3각법으로 구분한다.

47. 기계 제도에서 제3각법에 대한 설명으로 틀린 것은? [13-2]

① 눈 → 투상면 → 물체의 순으로 나타낸다.
② 평면도는 정면도의 위에 그린다.
③ 배면도는 정면도의 아래에 그린다.
④ 좌측면도는 정면도의 좌측에 그린다.

해설 배면도는 우측면도 우측에 그린다.

48. 한국산업규격(KS)에서는 도면을 작성할 때 제3각법으로 표현함을 기본으로 한다. 제3각법으로 도면을 작성할 때 평면도는 정면도의 어느 쪽에 위치하는가? [09-5]

① 위쪽 ② 오른쪽
③ 왼쪽 ④ 아래쪽

해설 정면도 오른쪽은 우측면도, 왼쪽은 좌측면도, 아래쪽은 저면도를 배치한다.

49. 제3각법에서 좌측면도는 정면도의 어느 쪽에 위치하는가? [11-5, 15-5]

① 상측 ② 하측
③ 좌측 ④ 우측

50. 제3각법에서 정면도의 왼쪽에 배치되는 투상도는? [16-1]

① 평면도 ② 좌측면도
③ 우측면도 ④ 저면도

해설

명칭	배치
정면도	기준
평면도	정면도의 위쪽
좌측면도	정면도의 왼쪽
우측면도	정면도의 오른쪽
저면도	정면도의 아래쪽
배면도	우측면도의 오른쪽

51. 다음 그림 중 가~라의 ( )에 들어갈 투상도의 명칭이 바르게 구성된 것은 어느 것인가? [06-5, 07-5, 14-1]

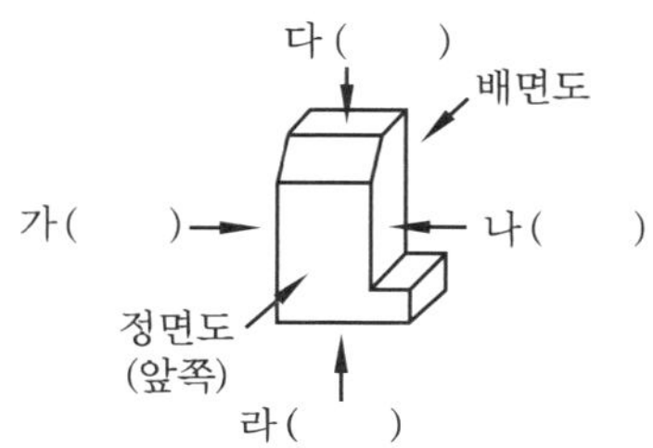

① 가 : 우측면도, 나 : 좌측면도, 다 : 저면도, 라 : 평면도
② 가 : 우측면도, 나 : 좌측면도, 다 : 평면도, 라 : 저면도
③ 가 : 좌측면도, 나 : 우측면도, 다 : 저면도, 라 : 평면도
④ 가 : 좌측면도, 나 : 우측면도, 다 : 평면도, 라 : 저면도

해설 물체의 모양을 투상하기 위하여 바라보는 방향

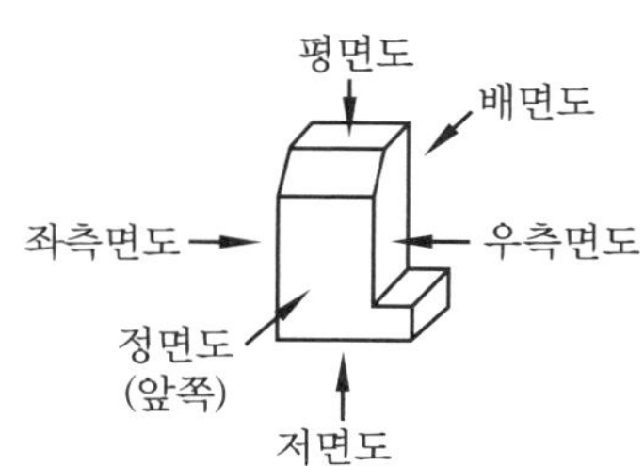

정답 46. ① 47. ③ 48. ① 49. ③ 50. ② 51. ④

52. 그림과 같은 솔리드 모델링에 의한 물체의 형상에서 화살표 방향의 정면도로 가장 적합한 투상도는? [12-2]

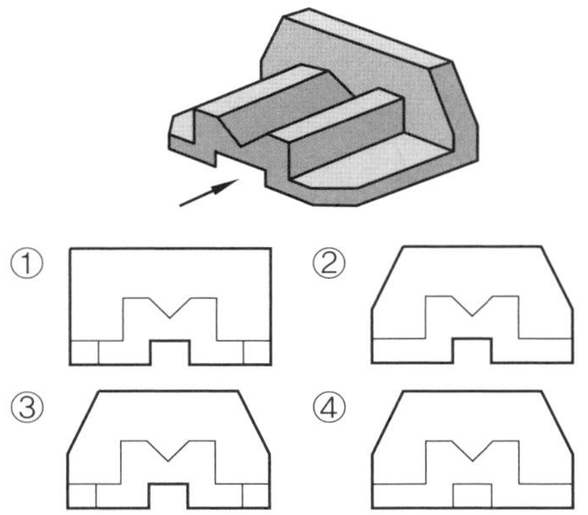

53. 정사각뿔의 중심에 직립하는 원통의 구조물에 대해 보기 그림과 같이 정면도와 평면도를 나타내었다. 여기서 일부 선이 누락된 정면도를 가장 정확하게 완성한 것은 어느 것인가? [16-4]

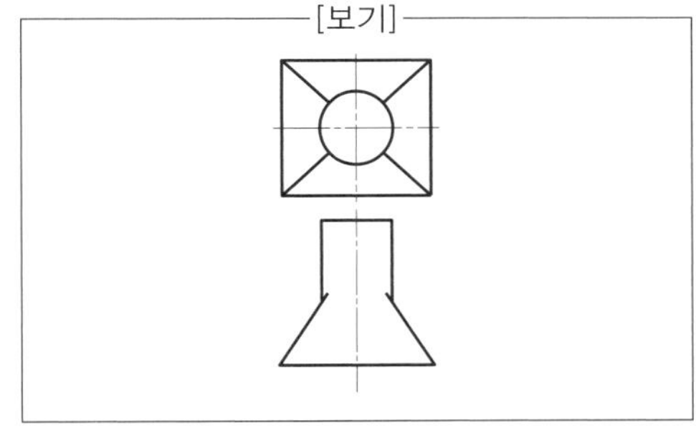

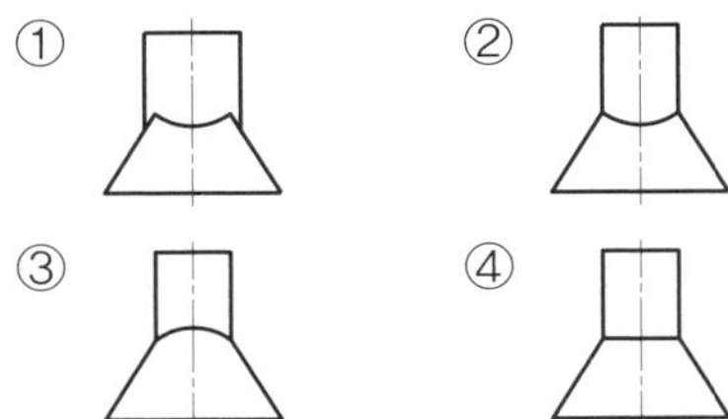

54. 보기와 같은 제 3 각 정투상도인 정면도 평면도에 가장 적합한 우측면도는? [07-5]

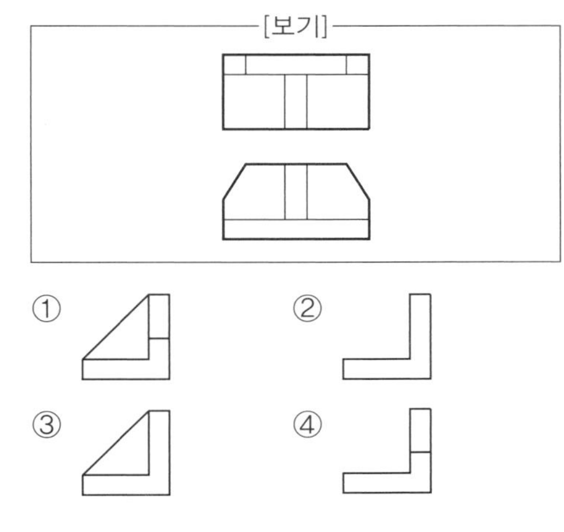

55. 보기 입체도의 화살표 방향이 정면일 때, 좌측면도로 적합한 것은? [05-5]

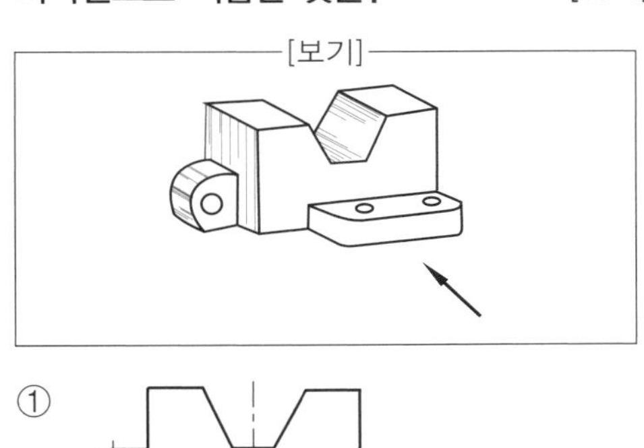

②

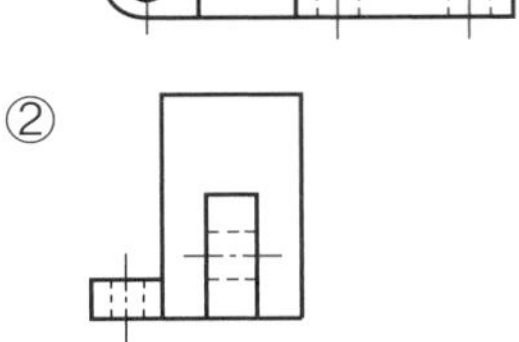

③

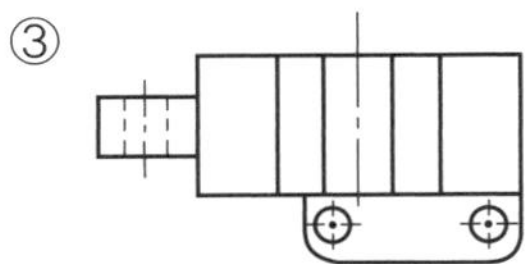

④

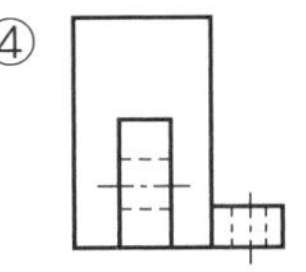

정답 52. ③ 53. ① 54. ① 55. ④

56. 보기 입체도에서 화살표 방향이 정면으로 좌우 대칭일 때 평면도의 형상으로 가장 적합한 것은? [04-5]

[보기]

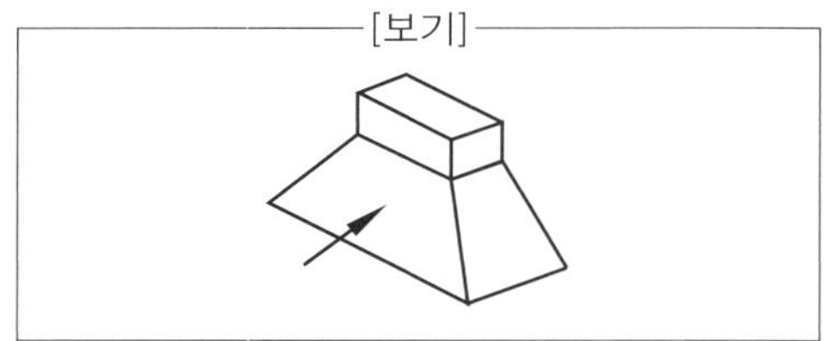

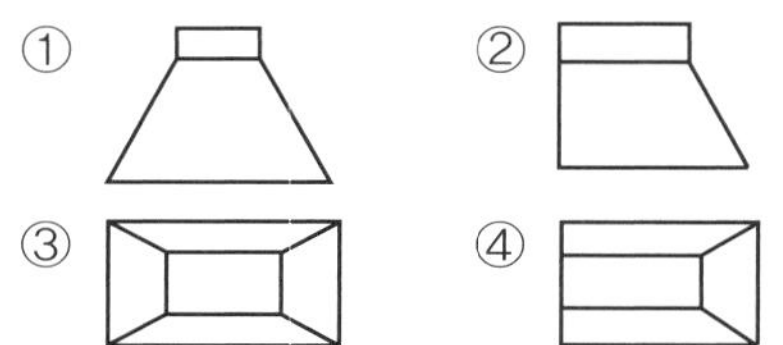

해설 정면도와 우측면도는 같은 그림으로 이다.

57. 그림과 같은 입체도에서 화살표 방향을 정면도로 했을 때 평면도로 가장 적합한 것은? [09-5]

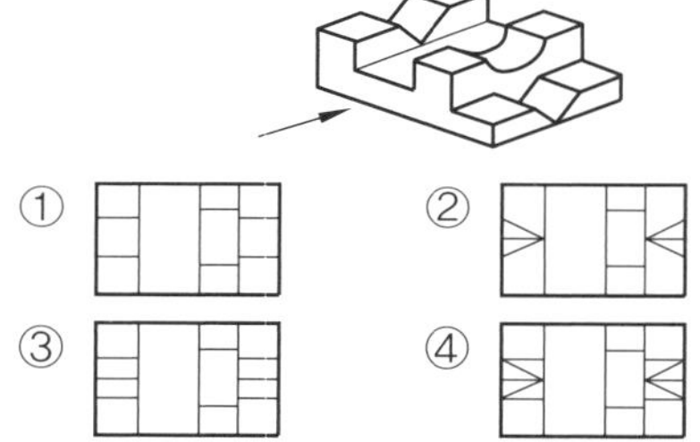

해설 평면도는 물체를 위에서 본 모양을 나타낸 도면이다.

58. 그림과 같은 투상도의 평면도와 우측면도에 가장 적합한 정면도는? [11-5]

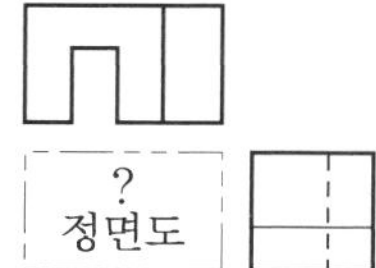

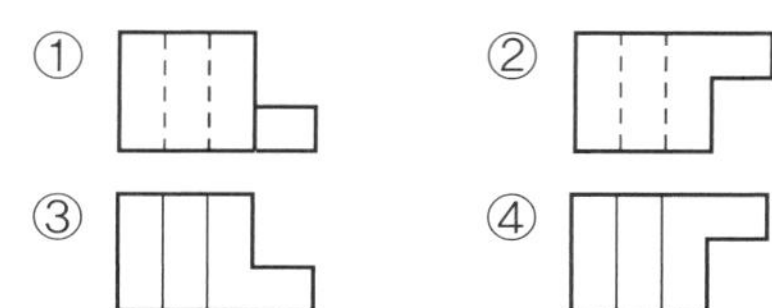

59. 보기와 같은 정면도와 평면도의 우측면도로 가장 적합한 투상은? [03-5]

[보기]

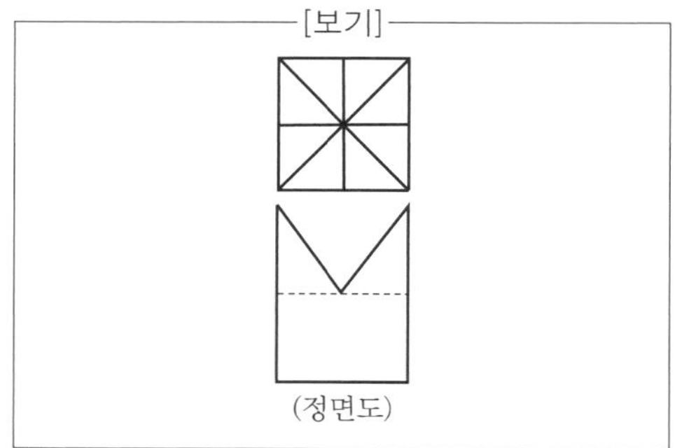

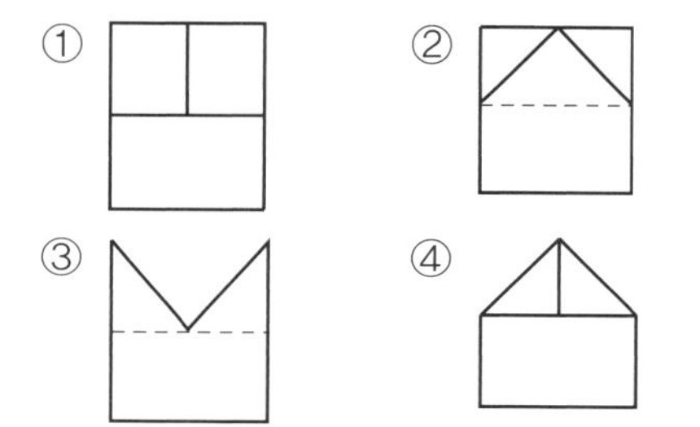

60. 그림의 도면은 제3각법으로 정투상한 정면도와 우측면도일 때 가장 적합한 평면도는? [12-2]

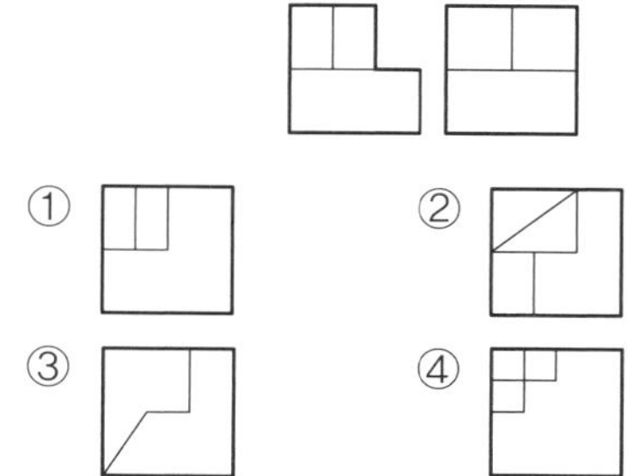

정답 56. ③ 57. ③ 58. ③ 59. ③ 60. ③

61. 그림과 같은 3각법으로 정투상한 정면도와 우측면도에 가장 적합한 평면도는? [12-2]

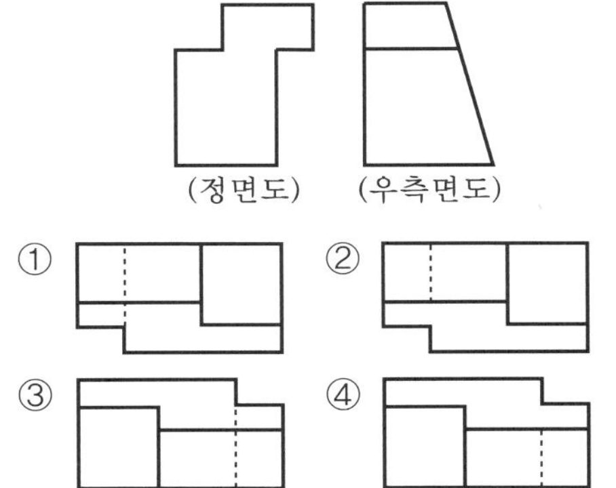

62. 우측의 정면도와 평면도에 가장 적합한 좌측면도는? [02-6]

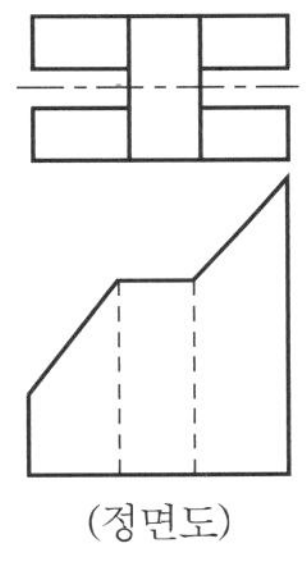

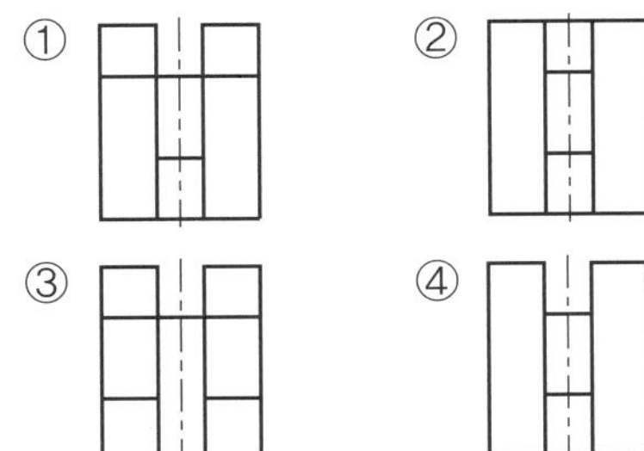

63. 다음 입체도에서 화살표 방향을 정면으로 한 제3각 정투상도로 가장 적합한 것은 어느 것인가? [08-5, 14-5]

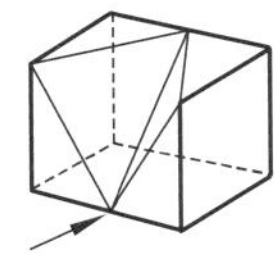

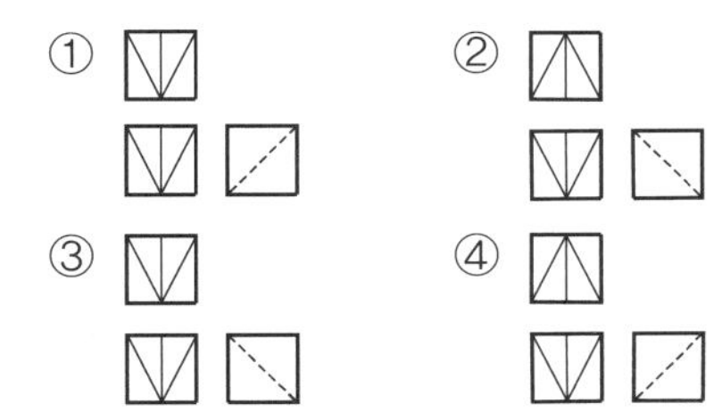

해설 ①은 정면도, ②는 우측면도, ③은 정면도와 우측면도가 잘못되어 있다.

64. 그림과 같은 입체도를 화살표 방향을 정면으로 하여 3각법으로 정투상한 도면으로 가장 적합한 것은? [10-5]

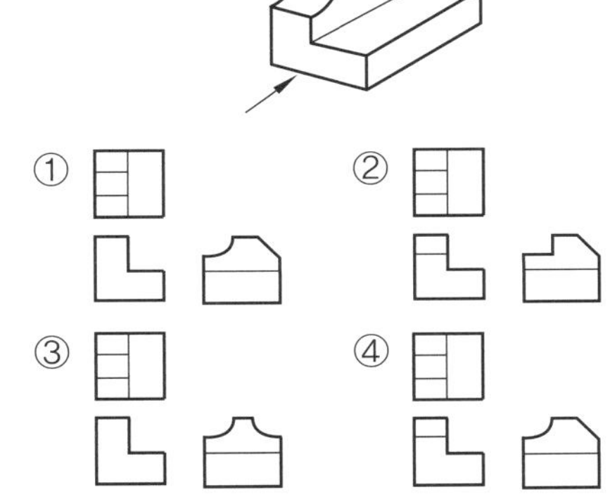

해설 ① : 평면도 오류
② : 우측면도 오류
③ : 정면도, 우측면도 오류

65. 보기의 제3각법 정투상도의 3면도를 기초로 한 입체도로 가장 적합한 것은? [02-6]

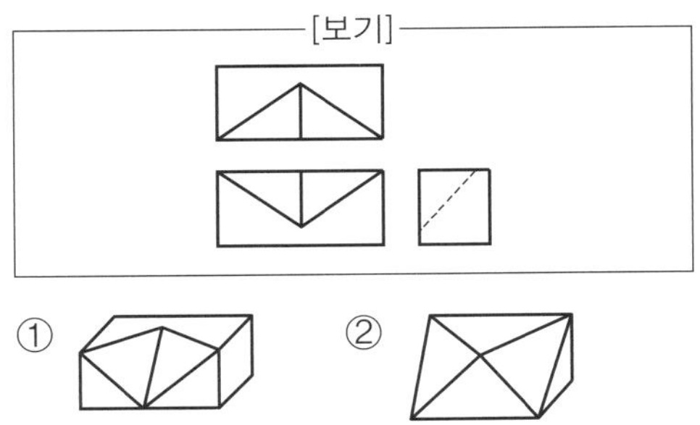

정답 61. ③ 62. ③ 63. ④ 64. ④ 65. ③

66. 3각법으로 투상한 보기의 도면에 가장 적합한 입체도는? [04-5]

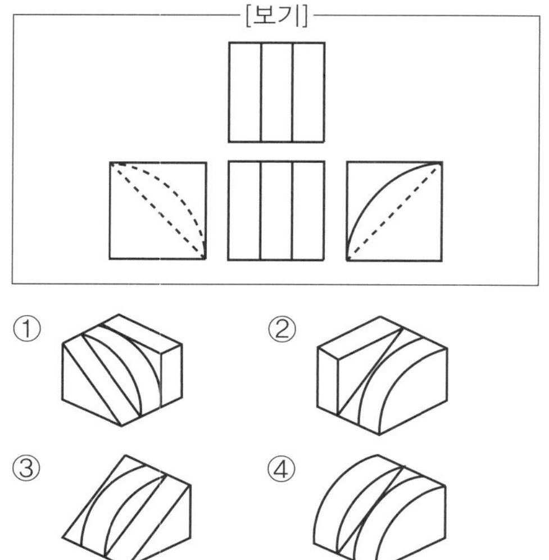

67. 입체도의 화살표 방향이 정면이고 좌우 대칭일 때 우측면도로 가장 적합한 것은 어느 것인가? [06-5]

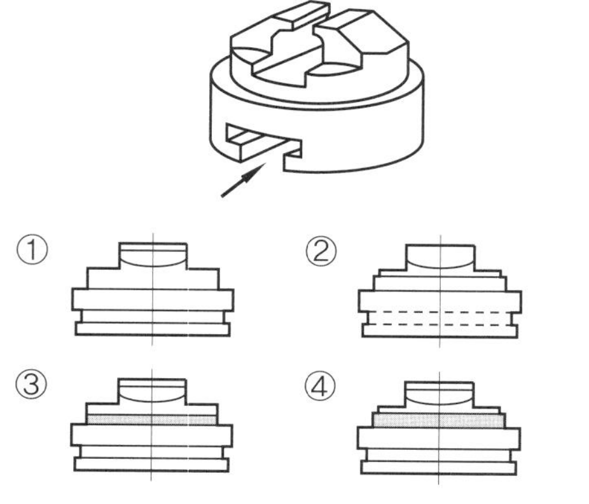

68. 그림의 A 부분과 같이 경사면부가 있는 대상물에서 그 경사면의 실형을 표시할 필요가 있는 경우 사용하는 투상도는 어느 것인가? [09-5, 12-2]

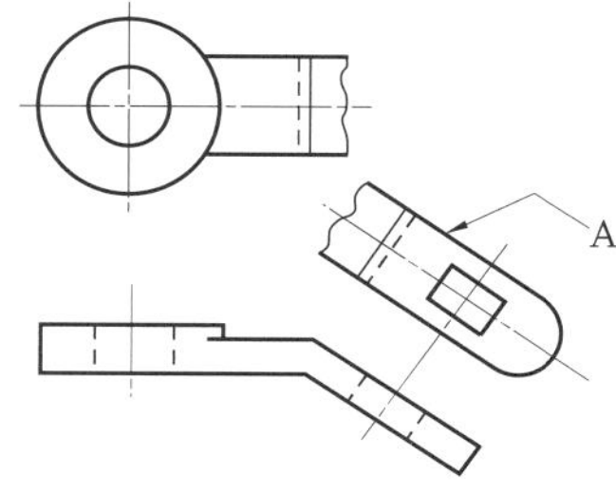

① 국부 투상도
② 전개 투상도
③ 회전 투상도
④ 보조 투상도

해설 보조 투상도(auxiliary view) : 물체의 경사면을 투상하면 축소 및 모양이 변형되어 실제 길이나 모양이 나타나지 않을 때 경사면에 나란하게 보조 투상면을 두고 필요 부분만 투상하여 실형을 도시하는 것

69. 보기에서와 같이 입체도를 제3각법으로 그린 투상도에 관한 설명으로 올바른 것은 어느 것인가? [03-5, 14-2]

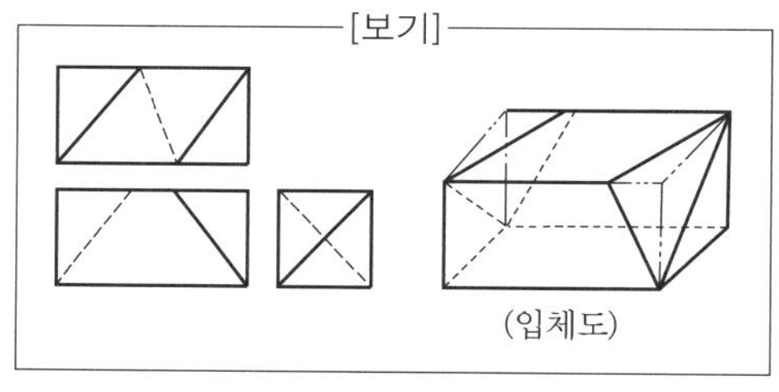

① 평면도만 틀림
② 정면도만 틀림
③ 우측면도만 틀림
④ 모두 올바름

해설 평면도

정답 66. ② 67. ② 68. ④ 69. ①

70. 그림과 같이 경사면부가 있는 물체에서 경사면의 실제 형상을 나타낼 수 있도록 그리는 투상도는? [14-2]

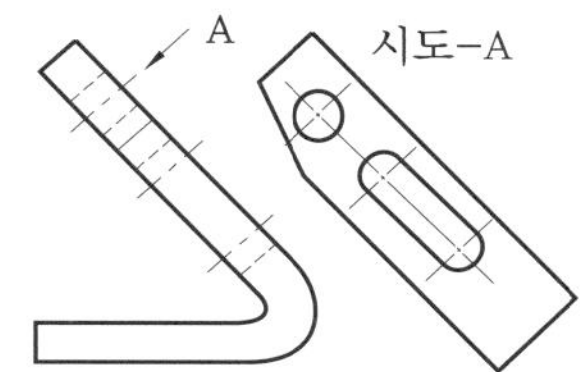

① 보조 투상도 ② 국부 투상도
③ 회전 투상도 ④ 부분 투상도

71. 다음 중 투상도에 대한 설명으로 옳지 않은 것은? [09-5]

① 투상도 중 정면도, 평면도, 측면도를 3면도라 한다.
② 정면도는 물체의 특징이 가장 잘 나타내는 면을 그린다.
③ 보조 투상도는 경사부가 있는 물체의 경사면을 실형으로 나타낼 필요가 있을 때 그린다.
④ 회전 투상도는 투상의 일부만을 도시하여 충분한 경우에 그 필요한 부분만을 나타낼 때 사용된다.

해설 회전 투상도 : 각도를 가지고 있는 물체의 그 실제 모양을 나타내기 위해 그 부분을 회전하여 실제 모양을 나타내는 투상도

72. 투상면이 각도를 가지고 있어 실형을 표시하지 못할 때에는 그림과 같이 표시할 수 있다. 무슨 투상도인가? [08-5]

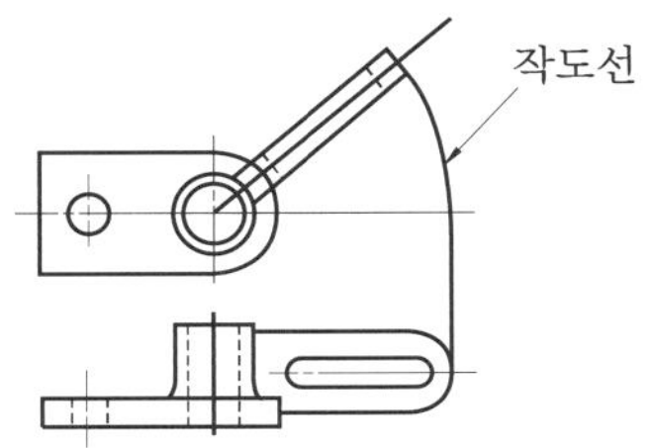

① 보조 투상도 ② 회전 투상도
③ 부분 투상도 ④ 국부 투상도

해설 문제 71번 해설 참조

73. 다음과 같은 투상도를 무엇이라 하는가?

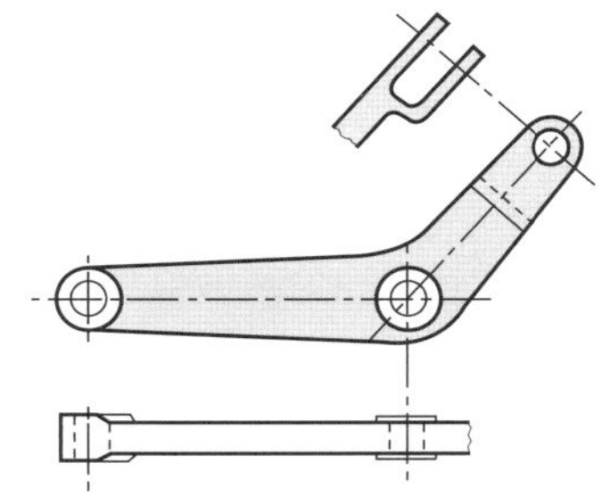

① 부분 투상도 ② 생략 투상도
③ 국부 투상도 ④ 단면 투상도

74. 투상도에 대한 설명 중 옳지 않은 것은?

① 투상도 중 정면도, 평면도, 우측면도를 3면도라 한다.
② 정면도는 물체의 특징이 가장 잘 나타나는 쪽을 잡는다.
③ 보조 투상도는 경사부가 있는 물체 등 정투상도로 그려서는 그 물체의 실형을 나타낼 수 없을 때 경사면과 맞서는 위치에 그린다.
④ 국부 투상도는 투상의 일부만을 도시하여 충분한 경우에 그 필요한 부분만을 나타낼 때 사용된다.

해설 투상의 일부만을 도시하여 충분한 경우에 그 필요한 부분만을 나타낼 때 사용되는 것은 부분 투상도이다.

75. 그림과 같이 대상물의 구멍, 홈 등과 같이 한 부분의 모양을 도시하는 것으로 충분한 경우에는 그 필요한 부분만을 나타내는 투상도의 종류는? [16-2, 16-4]

정답 70. ① 71. ④ 72. ② 73. ① 74. ④ 75. ①

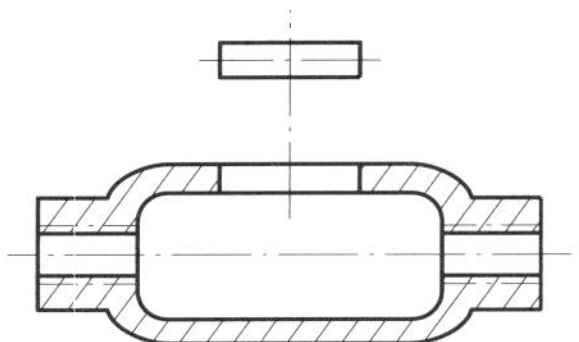

① 국부 투상도　② 부분 투상도
③ 보조 투상도　④ 회전 투상도

76. 물체의 구멍, 홈 등 특정 부분만의 모양을 도시하는 것으로 다음 그림과 같이 그려진 투상도의 명칭은? [07-5, 15-3]

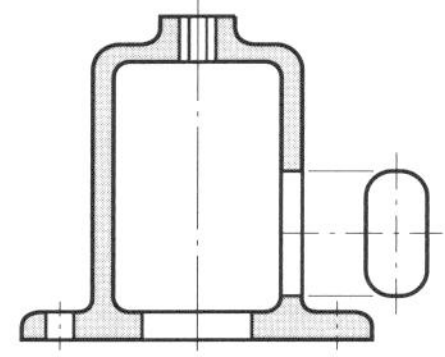

① 회전 투상도　② 보조 투상도
③ 부분 확대도　④ 국부 투상도

해설 전체는 온 단면도이나 우측은 국부 투상도로 나타낸 것이다.

77. 다음 중 단면도의 표시 방법으로 옳지 않은 것은? [15-5]

① 잘린 면만을 단면으로 나타낸다.
② 단면은 기본 중심선에서 절단한 면으로 표시한다.
③ 숨은선은 이해하는 데 지장이 없는 한 단면도에는 나타내지 않는다.
④ 단면으로 나타낸 것을 분명하게 나타낼 필요가 있을 경우에는 단면으로 잘린 면에 해칭을 한다.

해설 단면도의 표시 방법
(1) 단면도와 다른 도면과의 관계는 정투상법에 따른다.
(2) 절단면은 기본 중심선을 지나고 투상면에 평행한 면을 선택하되, 같은 직선상에 있지 않아도 된다.
(3) 투상도는 전부 또는 일부를 단면으로 도시할 수 있다.
(4) 단면에는 절단하지 않은 면과 구별하기 위하여 해칭이나 스머징을 한다. 또한 단면도에 재료 등을 표시하기 위해 특수한 해칭 또는 스머징을 할 수 있다.
(5) 단면 뒤에 있는 숨은선은 물체가 이해되는 범위 내에서 되도록 생략한다.

78. 기계 부품의 단면 표시법 중 옳지 않은 것은? [14-2]

① 단면부에 일정 간격으로 경사선을 그은 것을 해칭(hatching)이라 한다.
② 단면 표시로 색칠한 것을 스머징(smudging)이라 한다.
③ 단면 표시는 치수, 문자 및 기호보다 우선하므로 중단하지 않고 해칭이나 스머징을 한다.
④ 개스킷(gasket)이나 철판 등 극히 얇은 제품의 단면은 투상선을 1개의 굵은 실선으로 표시한다.

해설 단면 표시는 치수, 문자 및 기호와 중첩이 될 경우 이 부분은 띄어서 해칭이나 스머징을 한다.

79. 기계 제도에서 단면의 해칭법에 대한 설명으로 틀린 것은? [16-2]

① 기본 중심선에 대하여 대략 45°의 가는 실선으로 일정한 간격으로 그린다.
② 서로 인접한 다른 단면의 해칭은 선의 방향 또는 각도를 바꾸거나 해칭선의 간격을 바꾸어 구별한다.
③ 필요에 따라 해칭하지 않고 채색을 할 수 있으며 이것을 스머징(smudging)이라 한다.

정답 76. ④ 77. ① 78. ③ 79. ④

④ 해칭한 곳에 치수를 기입할 때는 해칭을 중단하지 않고 치수를 기입해야 한다.

해설 해칭한 곳에 치수를 기입할 때는 해칭을 중단하고 치수를 기입해야 한다.

80. 다음 중 주로 대칭인 물체의 중심선을 기준으로 내부 모양과 외부 모양을 동시에 표시하는 단면도는? [05-5, 16-1]

① 한쪽 단면도 ② 회전 단면도
③ 계단 단면도 ④ 국부 단면도

해설 한쪽 단면도는 대칭형 물체의 1/4을 잘라내고 도면의 반쪽을 단면으로 나타낸 것이며, 온 단면도는 물체를 1/2로 잘라낸 단면이다.

81. 다음 중 한쪽 단면도에 대한 설명으로 올바른 것은? [10-5]

① 대칭형의 물체를 중심선을 경계로 하여 외형도의 절반과 단면도의 절반을 조합하여 표시한 것이다.
② 부품도의 중앙 부위 전후를 절단하여 단면을 90° 회전시켜 표시한 것이다.
③ 도형 전체가 단면으로 표시된 것이다.
④ 물체의 필요한 부분만 단면으로 표시한 것이다.

해설 한쪽 단면도는 주로 대칭 모양의 물체를 중심선을 기준으로 내부 모양과 외부 모양을 동시에 표시한 것이다.

82. 다음과 같은 물체의 한쪽 단면도로 가장 적합한 것은? [06-5]

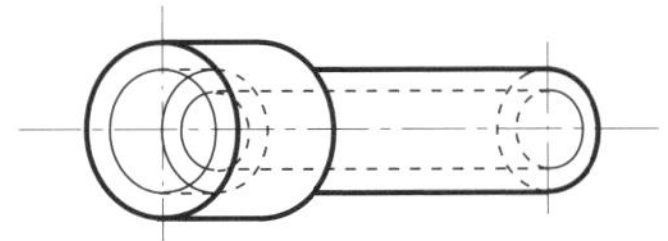

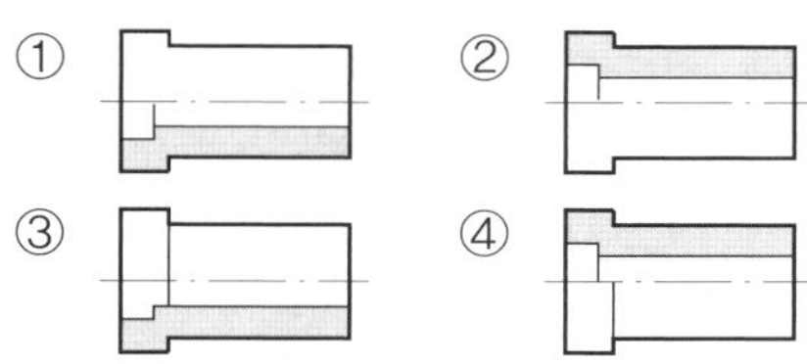

해설 한쪽 단면도 : 물체의 $\frac{1}{4}$은 단면 표시, 물체의 $\frac{1}{4}$은 외형을 삼각법으로 도시한다.

83. 필요한 내부 모양을 그리기 위한 방법으로 파단선을 그어서 단면 부분의 경계를 표시하는 것은? [12-5, 15-2]

① 한쪽 단면도 ② 부분 단면도
③ 회전 단면도 ④ 계단 단면도

해설 부분 단면도는 일부분을 잘라내고 필요한 내부 모양을 그리기 위한 방법으로 파단선을 그어서 단면 부분의 경계를 표시한다.

84. 기계 제도에서 패킹, 박판 등 얇은 물체의 단면 표시 방법은? [06-5 외 4회 출제]

① 1개의 가는 실선으로 표시
② 1개의 굵은 실선으로 표시
③ 1개의 굵은 파선으로 표시
④ 1개의 가는 일점 쇄선으로 표시

해설 개스킷(gasket), 박판, 형강 등과 같이 절단면이 얇은 경우에는 절단면을 검게 칠하거나 1개의 굵은 실선으로 표시한다.

85. 다음 중 회전 도시 단면도를 그리는 방법으로 틀린 것은? [07-5]

① 절단한 단면적이 클 경우는 적절하게 줄여 그린다.
② 절단할 곳의 전후를 끊어서 그 사이에 그린다.
③ 절단선의 연장선 위에 그린다.
④ 도형 내의 절단한 곳에 겹쳐서 가는 실선으로 그린다.

정답 80. ① 81. ① 82. ④ 83. ② 84. ② 85. ①

86. 핸들, 바퀴의 암, 리브, 축 구조물 부재 등의 절단면을 나타내는 단면도는? [15-1]

① 전단면도 ② 회전 단면도
③ 반단면도 ④ 부분 단면도

해설 • 회전 단면도 : 절단한 단면의 모양을 90°로 회전시켜서 투상도의 안이나 밖에 그리는 것
• 계단 단면도 : 절단면이 투상면에 평행 또는 수직하게 계단 형태로 절단된 것

87. 암이나 리브 등의 단면을 회전 도시 단면도를 사용하여 나타낼 경우 절단한 곳의 전후를 끊어서 그 사이에 단면의 형상을 나타낼 때 사용하는 선은? [12-2]

① 굵은 실선 ② 가는 1점 쇄선
③ 가는 파선 ④ 굵은 1점 쇄선

해설 계단 단면 등 일부 절단된 면을 끊어 표시할 때에는 굵은 실선으로 단면을 표시한다.

88. 단면도의 해칭 방법에 관한 설명으로 옳은 것은? [13-5]

① 해칭을 하는 부분 속에는 문자나 기호 등을 삽입할 수 없다.
② 기본 중심선에 대하여 굵은 실선으로 같은 간격의 평행선으로 그린다.
③ 서로 인접하는 다른 단면의 해칭은 해칭선을 동일한 각도로 한다.
④ 동일한 부품의 단면은 떨어져 있어도 해칭의 각도와 간격을 같게 한다.

해설 해칭을 하는 부분 속에도 문자나 기호 등을 삽입하고, 기본 중심선에 대하여 가는 실선으로 같은 간격의 평행선으로 그리되 서로 인접하는 다른 단면의 해칭은 해칭선을 다른 각도 또는 다른 방향으로 그린다.

89. 다음 중 단면법의 표기 방법이 올바른 것은 어느 것인가?

① 계단 단면

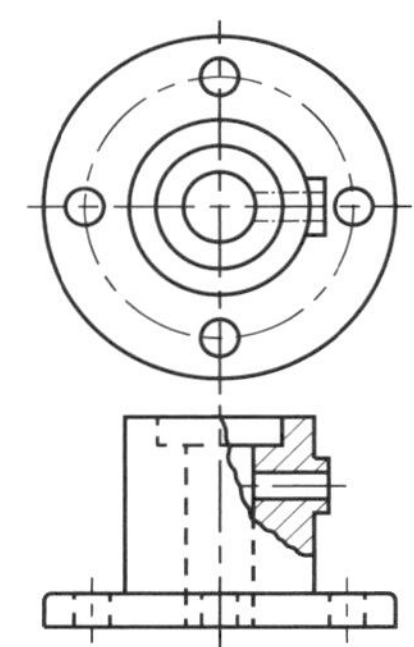

② 온단면

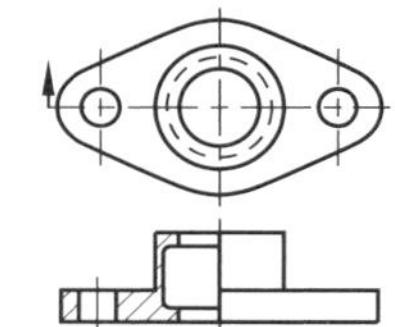

③ 반단면

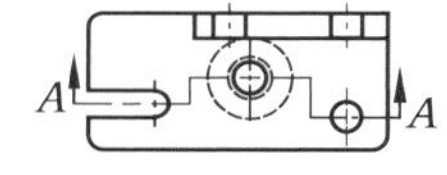

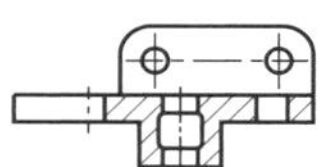

④ 회전 단면

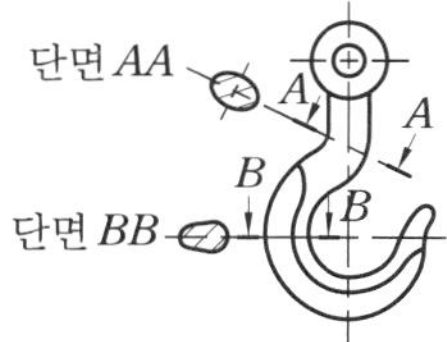

90. 도형의 표시 방법에서 단면으로 나타낸 것을 분명하게 할 필요가 있을 때 하는 것은? [06-5, 15-2]

① 해칭 ② 확대
③ 중심선 ④ 지시선

해설 단면 표시 방법에는 해칭과 스머징이 있다.

정답 86. ② 87. ① 88. ④ 89. ④ 90. ①

91. 단면임을 나타내기 위하여 단면 부분의 주된 중심선에 대해 45° 정도로 경사지게 나타내는 선들을 의미하는 것은? [12-2]

① 호핑 ② 해칭
③ 코킹 ④ 스머징

해설 단면 부분의 표시
- 단면을 표시하기 위하여 해칭(hatching) 또는 스머징(smudging)을 한다.
- 중심선 또는 주된 외형선에 대해 45°로 가는 실선으로 등간격으로 긋는다.
- 해칭선의 간격은 단면의 크기에 따라 선택한다.
- 스머징을 할 때 연필 또는 색연필로 구분한다.

92. 단면도에서 복잡한 도형의 내부 형상을 분명히 하기 위하여 단면 부분을 얇게 색칠하여 표시한 것은? [14-1]

① 커팅(cutting) ② 해칭(hatching)
③ 툴링(tooling) ④ 스머징(smudging)

해설 해칭이란 단면 부분에 가는 실선으로 빗금선을 긋는 방법이며, 스머징이란 단면 주위를 색연필로 엷게 칠하는 방법이다.

93. 길이 방향으로 단면 표시를 하는 것은? [15-5]

① 핀과 나사
② 리브와 키
③ 기어의 이
④ 커버와 플랜지 커플링

해설 길이 방향으로 도시하면 이해하기에 지장이 있는 것(리브, 바퀴의 암, 기어의 이) 또는 절단하여도 의미가 없는 것(축, 핀, 볼트, 너트, 와셔, 작은 나사, 키, 강구, 원통 롤러)은 길이 방향으로 절단하여 도시하지 않는다.

94. 기계 제도에서 길이 방향으로 절단하면 오히려 이해하는 데 지장을 초래하기 쉬운 기계요소들만 짝지어진 것은? [08-5, 10-5]

① 축, 훅, 림
② 리벳, 얇은 판, 형강
③ 리브, 암, 기어 이
④ 풀리, 체인, 벨트

해설 길이 방향으로 단면하지 않는 기계요소의 예는 다음 그림과 같다.

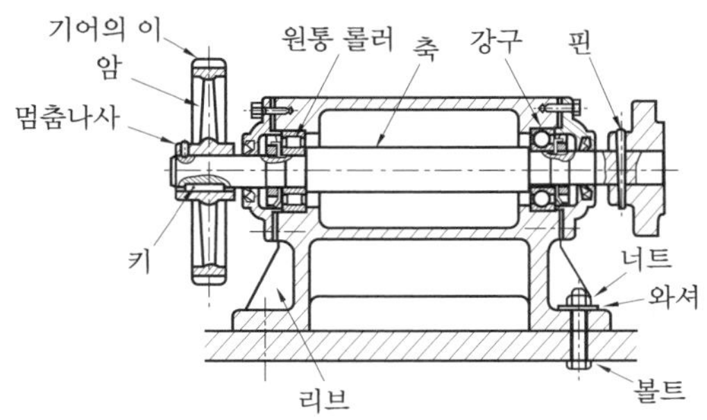

95. 길이 방향으로 단면하여 도면에 표시해도 관계없는 것은? [11-5, 14-5]

① 핸들의 암 ② 구부러진 배관
③ 베어링의 볼 ④ 조립 상태의 볼트

해설 리브, 바퀴의 암, 기어의 이, 축, 핀, 볼트, 너트, 와셔, 키, 강구, 원통 롤러는 길이 방향으로 절단하여 도시하지 않는다.

96. 도면에서 판의 두께를 표시하는 방법을 정해놓고 있다. 두께 3mm의 표현 방법으로 옳은 것은? [10-5, 15-3]

① P3 ② C3
③ t3 ④ □3

해설
- P3 : 피치 3 mm
- C3 : 모따기 3 mm
- □3 : 평면이 정사각형으로 한 변의 길이가 3 mm

정답 91. ② 92. ④ 93. ④ 94. ③ 95. ② 96. ③

97. 모떼기의 각도가 45°일 때 치수 수치 앞에 넣는 모떼기 기호는? [13-5]

① D ② C ③ R ④ ϕ

해설 C는 모떼기(chamfer)의 첫 글자를 딴 기호이며, 모떼기란 제품의 모서리를 깎아 주는 것을 말한다.

98. 구의 반지름을 나타내는 치수 보조 기호는? [08-5, 12-2, 15-5]

① Sϕ ② R ③ ϕ ④ SR

해설 Sϕ : 구의 지름, SR : 구의 반지름
R : 반지름, ϕ : 지름

99. 보기 도면과 같이 지시된 치수 보조 기호의 해독으로 옳은 것은? [16-4]

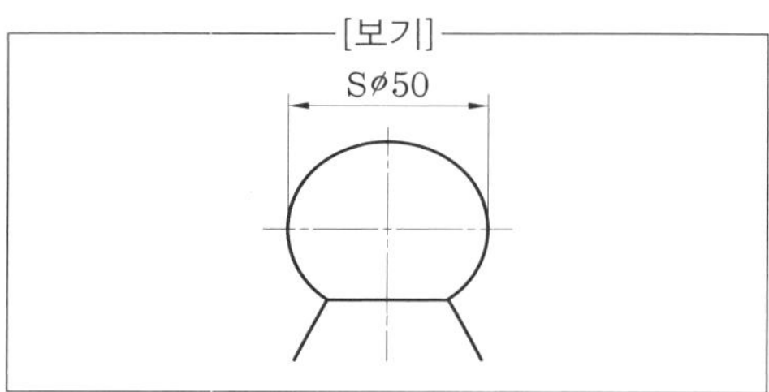

① 호의 지름이 50 mm
② 구의 지름이 50 mm
③ 호의 반지름이 50 mm
④ 구의 반지름이 50 mm

해설 원호는 길이 치수 위에 "⌒"를 표시하며 반지름은 R, 지름은 ϕ, 구의 반지름은 SR, 구의 지름은 Sϕ로 표시한다.

100. 가공 방법의 보조 기호 중에서 리밍(reaming) 가공에 해당하는 것은? [16-4]

① FS ② FL ③ FF ④ FR

해설 ① : 스크레이핑, ② : 래핑
③ : 줄 다듬질

101. 그림의 치수선은 어떤 치수를 나타내는 것인가? [12-2]

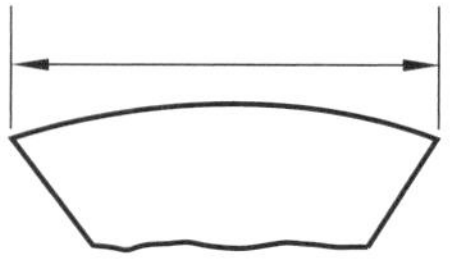

① 각도의 치수
② 현의 길이 치수
③ 호의 길이 치수
④ 반지름의 치수

102. 원호의 반지름이 커서 그 중심 위치를 나타낼 필요가 있을 경우, 지면 등의 제약이 있을 때는 그 반지름의 치수선을 구부려서 표시할 수 있다. 이때 치수선의 표시 방법으로 맞는 것은? [14-2]

① 중심점의 위치는 원호의 실제 중심 위치에 있어야 한다.
② 중심점에서 연결된 치수선의 방향은 정확히 화살표로 향한다.
③ 치수선의 방향은 중심에 관계없이 보기 좋게 긋는다.
④ 치수선에 화살표가 붙은 부분은 정확한 중심 위치를 향하도록 한다.

103. 그림과 같은 도면에서 대각선으로 표시한 가는 실선이 나타내는 뜻은? [13-2]

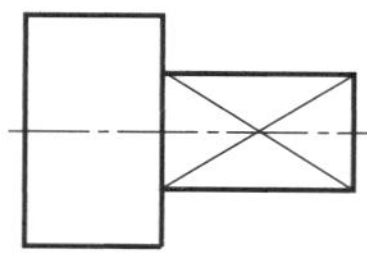

① 평면
② 열처리할 면
③ 가공 제외 면
④ 끼워맞춤하는 부분

정답 97. ② 98. ④ 99. ② 100. ④ 101. ② 102. ④ 103. ①

2. 기본 측정기 사용

2-1 측정기 선정

(1) 측정의 종류

① 직접 측정(direct measurement) : 측정기로부터 직접 측정치를 읽을 수 있는 방법으로 눈금자, 버니어 캘리퍼스, 마이크로미터 등이 있다.

② 비교 측정(relative measurement) : 피측정물에 의한 기준량으로부터의 변위를 측정하는 방법으로 다이얼 게이지, 내경 퍼스 등이 있다.

③ 절대 측정(absolute measurement) : 피측정물의 절대량을 측정하는 방법이다.

④ 간접 측정(indirect measurement) : 나사 또는 기어 등과 같이 형태가 복잡한 것에 이용되며, 기하학적으로 측정값을 구하는 방법이다. 측정하고자 하는 양과 일정한 관계가 있는 양을 측정하여 간접적으로 측정값을 구한다.

(2) 공차와 정도

어떠한 제품을 설계할 경우에는 그 제품에 요구되는 기능과 경제성 등이 고려되어야 한다. 허용차가 작아지면 생산 원가가 높아지게 되므로 적절한 허용차를 부여하게 된다. 제품의 허용차에 따라 측정기의 선택도 달라져야 한다.

2-2 기본 측정기 사용

(1) 길이 측정의 분류

길이 측정은 측정의 기초이며, 측정 빈도가 가장 많다.

① 선도기 : 도구에 표시된 눈금선과 눈금선 사이의 거리로 측정

② 단도기 : 도구 자체의 면과 면 사이의 거리로 측정

길이 측정
- 선도기
  - 직접 측정기 : 강철자, 버니어 캘리퍼스, 마이크로미터, 하이트 게이지 등
  - 비교 측정기 : 다이얼 게이지, 미니미터, 옵티미터, 전기 마이크로미터, 공기 마이크로미터, 오르토 테스터, 패소미터, 패시미터, 측미 현미경 등
- 단도기 : 블록 게이지, 한계 게이지, 틈새 게이지 등

길이 측정의 분류

(2) 직접 측정기

① 버니어 캘리퍼스

(가) 구조와 명칭 : 길이 측정 및 안지름, 바깥지름, 깊이, 두께 등을 측정할 수 있다. 측정 정도는 0.05 또는 0.02 mm로 피측정물을 직접 측정하기에 간단하여 널리 사용된다.

(나) 버니어 캘리퍼스의 종류

㉮ M1형 버니어 캘리퍼스

㉠ 슬라이더가 홈형이며, 내측 측정용 조(jaw)가 있고 300 mm 이하에는 깊이 측정자가 있다.

㉡ 최초 측정치는 0.05 mm 또는 0.02 mm(19 mm를 20등분 또는 39 mm를 20 등분)이다.

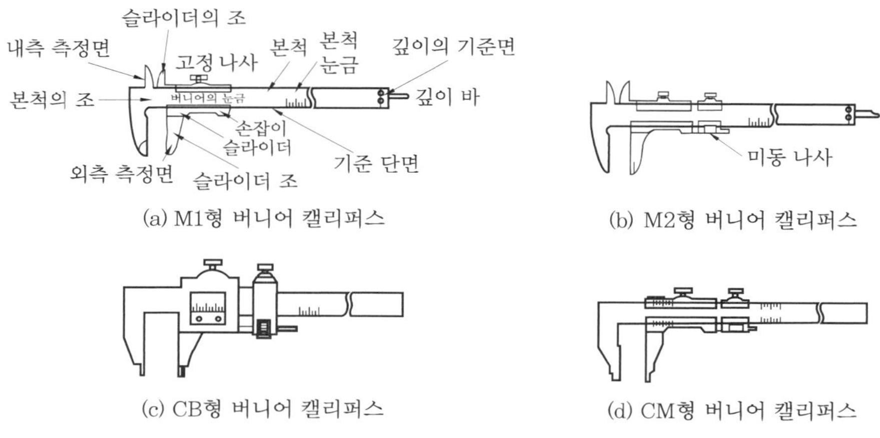

(a) M1형 버니어 캘리퍼스

(b) M2형 버니어 캘리퍼스

(c) CB형 버니어 캘리퍼스

(d) CM형 버니어 캘리퍼스

버니어 캘리퍼스의 종류

㉯ M2형 버니어 캘리퍼스

㉠ M1형에 미동 슬라이더 장치가 붙어 있는 것이다.

㉡ 최소 측정치는 0.02 mm(24.5 mm를 25등분)(1/50 mm)이다.

㉰ CB형 버니어 캘리퍼스 : 슬라이더가 상자형으로 조의 선단에서 내측 측정이 가능하고 이송바퀴에 의해 슬라이더를 미동시킬 수 있다.

㉱ CM형 버니어 캘리퍼스 : 슬라이더가 홈형으로 조의 선단에서 내측 측정이 가능하고 이송바퀴에 의해 미동이 가능하다.

㉲ 기타 버니어 캘리퍼스의 종류 : 오프셋 버니어, 정압 버니어, 만능 버니어, 이 두께 버니어, 깊이 버니어 캘리퍼스 등이 있다.

② 마이크로미터(micrometer) : 마이크로 캘리퍼스 또는 측미기라고도 불리며, 나사가 1 회전하면 1피치 전진하는 성질을 이용한 것으로, 용도는 버니어 캘리퍼스와 같다.

㈎ 구조 : 다음 그림은 외측 마이크로미터로서 스핀들과 같은 축에 있는 1중 나사인 수나사(mm 식에서는 피치 0.5 mm가 많음)와 암나사가 맞물려 있어서 스핀들이 1회전하면 0.5 mm 이동한다.

㉮ 딤블은 슬리브 위에서 회전하며, 50등분되어 있다.

㉯ 딤블과 수나사가 있는 스핀들은 같은 축에 고정되어 있으며, 딤블의 한 눈금은 $0.5\text{ mm}\times\frac{1}{50}=\frac{1}{100}=0.01\text{ mm}$이다. 즉, 최소 0.01 mm까지 측정할수 있다.

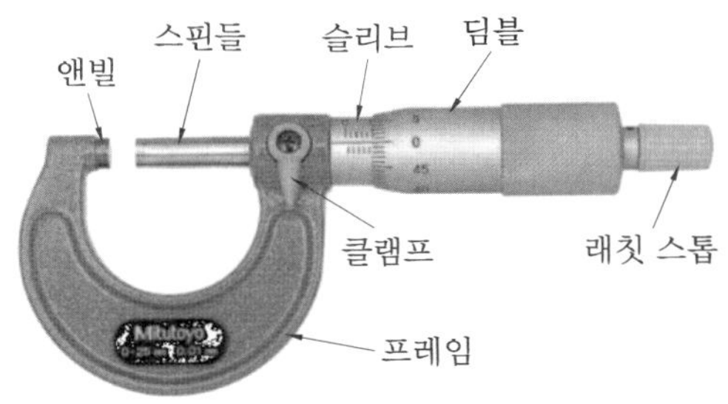

외측 마이크로미터의 구조

㈏ 측정 범위 : 외경 및 깊이 마이크로미터는 0~25, 25~50, 50~75 mm로 25 mm 단위로 측정할 수 있으며, 내경 마이크로미터는 5~25 mm, 25~50 mm와 같이 처음 측정 범위만 다르다.

㈐ 마이크로미터의 종류

㉮ 표준 마이크로미터(standard micrometer)

㉯ 버니어 마이크로미터(vernier micrometer) : 최소 눈금을 0.001 mm로 하기 위하여 표준 마이크로미터의 슬리브 위에 버니어의 눈금을 붙인 것이다.

㉰ 다이얼 게이지부 마이크로미터(dial gauge micrometer) : 0.01 mm 또는 0.001 mm의 다이얼 게이지를 마이크로미터의 앤빌측에 부착시켜서 동일 치수의 것을 다량으로 측정한다.

㉱ 지시 마이크로미터(indicating micrometer) : 인디케이트 마이크로미터라고도 하며, 측정력(測定力)을 일정하게 하기 위하여 마이크로미터 프레임의 중앙에 인디케이터(지시기)를 장치하였다. 이것은 지시부의 지침에 의하여 0.002 mm 정도까지 정밀한 측정을 할 수 있다.

㉲ 기어 이 두께 마이크로미터(gear tooth micrometer) : 일명 디스크 마이크로미터라고도 하며 평기어, 헬리컬 기어의 이 두께를 측정하는 것으로서 측정 범

위는 0.5~6모듈이다.

㉳ 나사 마이크로미터(thread micrometer) : 수나사용으로 나사의 유효 지름을 측정하며, 고정식과 앤빌 교환식이 있다.

㉴ 포인트 마이크로미터(point micrometer) : 드릴의 홈 지름과 같은 골경의 측정에 쓰이며, 측정 범위는 (0~25 mm)~(75~100 mm)이고, 최소 눈금 0.01 mm, 측정자의 선단 각도는 15°, 30°, 45°, 60°가 있다.

㉵ 내측 마이크로미터(inside micrometer) : 단체형, 캘리퍼형, 삼점식이 있다.

③ 하이트 게이지(hight gauge)

(가) 구조 : 스케일(scale)과 베이스(base) 및 서피스 게이지(surface gauge)를 하나로 합한 것이 기본 구조이며, 여기에 버니어 눈금을 붙여 고정도로 정확한 측정을 할 수 있게 하였으며, 스크라이버로 금긋기에도 쓰인다. 일명 높이 게이지라고도 한다.

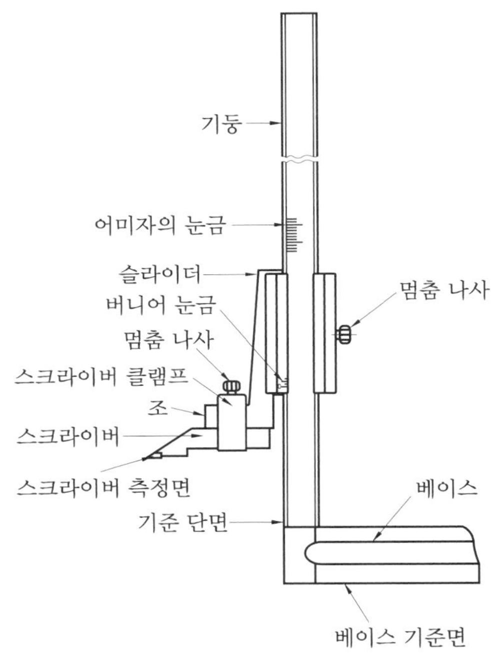

하이트 게이지

(나) 하이트 게이지의 종류

㉮ HM형 하이트 게이지 : 견고하여 금긋기에 적당하며, 비교적 대형이다. 0점 조정이 불가능하다.

㉯ HB형 하이트 게이지 : 경량 측정에 적당하나 금긋기용으로는 부적당하다. 스크라이버의 측정면이 베이스면까지 내려가지 않는다. 0점 조정이 불가능하다.

㉰ HT형 하이트 게이지 : 표준형이며 본척의 이동이 가능하다.

㉱ 다이얼 하이트 게이지 : 다이얼 게이지를 버니어 눈금 대신 붙인 것으로 최소 눈금은 0.01 mm이다.

㉲ 디지털 하이트 게이지 : 스케일 대신 직주 2개로 슬라이더를 안내하며, 0.01 mm까지의 치수를 숫자판으로 지시한다.

㉳ 퀵세팅 하이트 게이지 : 슬라이더와 어미자의 홈 사이에 인청동판이 접촉하여 헐거움 없이 상하 이동이 되며 클램프 박스의 고정이 불필요한 형으로 원터치 퀵세팅이 가능하고 0.02 mm까지 읽을 수 있다.

㉴ 에어플로팅 하이트 게이지 : 중량 20 kgf, 호칭 1000 mm 이상인 대형에 적용되는 형으로 베이스 내부에 노즐 장치가 있어 일정한 압축 공기가 정반과 베이스 사이에 공기막을 형성하여 가벼운 이동이 가능한 측정기이다.

④ 측장기(measuring machine) : 마이크로미터보다 더 정밀한 정도를 요하는 게이지류의 측정에 쓰이며, 0.001 mm(μ)의 정밀도로 측정된다. 일반적으로 1~2 m에 달하는 치수가 큰 것을 고정밀도로 측정할 수 있다.

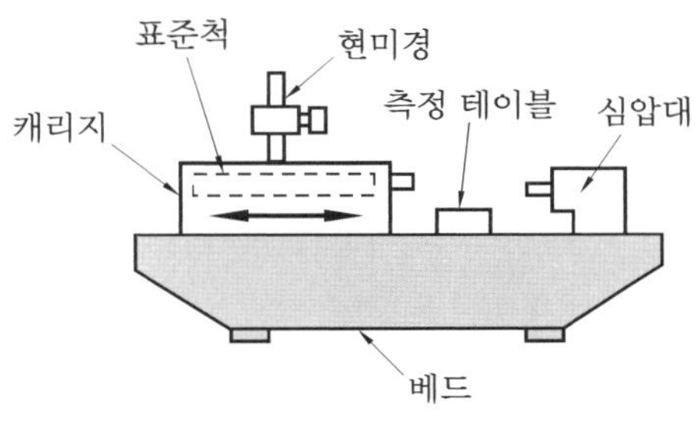

횡형 측장기 형식

㈎ 블록 게이지나 표준 게이지 등을 기준으로 피측정물의 치수를 비교 측정하여 그 치수를 구하는 비교 측장기(측미기, 콤퍼레이터)

㈏ 측장기 자체에 표준척을 가지고 이와 비교하여 치수를 직접 구할 수 있는 측장기

㈐ 빛의 파장을 기준으로 빛의 간섭에 의해 피측정물의 치수를 구하는 간섭계

(3) 비교 측정기(comparative measuring instrument)

① 다이얼 게이지(dial gauge) : 기어 장치로서 미소한 변위를 확대하여 길이 또는 변위를 정밀 측정하는 비교 측정기이다.

[특징]

㈎ 소형이고 경량이라 취급이 용이하며 측정 범위가 넓다.

㈏ 연속된 변위량의 측정이 가능하다.

㈐ 다원 측정(많은 곳 동시 측정)의 검출기로서 이용이 가능하다.
㈑ 읽음 오차가 적다.
㈒ 진원도 측정이 가능하다(3점법, 반경법, 직경법).
㈓ 어태치먼트의 사용 방법에 따라서 측정 범위가 넓어진다.

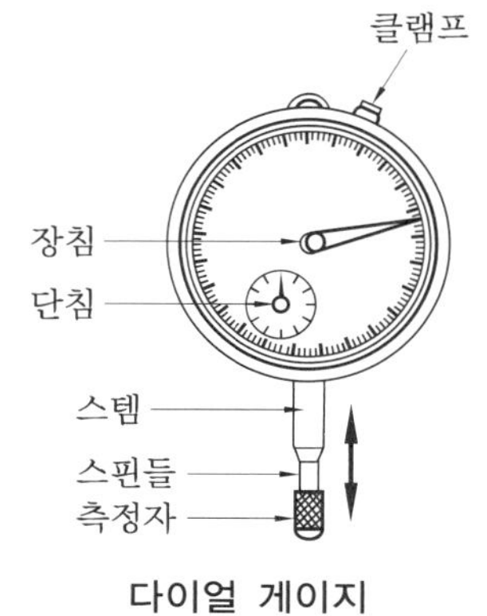

다이얼 게이지

② 기타 비교 측정기

㈎ 측미 현미경(micrometer microscope) : 길이의 정밀 측정에 사용되는 것으로서 대물렌즈(對物 lens)에 의해서 피측정물의 상을 확대하여 그 하나의 평면 내에 실상을 맺게 해서 이것을 접안렌즈로 들여다보면서 측정한다.

㈏ 공기 마이크로미터(air micrometer, pneumatic micrometer) : 보통 측정기로는 측정이 불가능한 미소한 변화를 측정할 수 있는 것으로서 확대율 만 배, 정도 ±0.1~1μ이지만 측정 범위는 대단히 작다. 일정압의 공기가 두 개의 노즐을 통과해서 대기 중으로 흘러 나갈 때의 유출부의 작은 틈새의 변화에 따라서 나타나는 지시압의 변화에 의해서 비교 측정이 된다. 공기 마이크로미터는 노즐 부분을 교환함으로써 바깥지름, 안지름, 진각도, 진원도, 평면도 등을 측정할 수 있다. 또 비접촉 측정이라서 마모에 의한 정도 저하가 없으며, 피측정물을 변형시키지 않으면서 신속한 측정이 가능하다.

㈐ 미니미터(minimeter) : 지렛대를 이용한 것으로서 지침에 의해 100~1000배로 확대 가능한 기구이다. 부채꼴의 눈금 위를 바늘이 180° 이내에서 움직이도록 되어 있으며, 지침의 흔들림은 미소해서 지시 범위는 60μ 정도이고, 최소 눈금은 보통 1μ, 정도(精度)는 ±0.5μ 정도이다.

㈑ 오르토 테스터(ortho tester) : 지렛대와 1개의 기어를 이용하여 스핀들의 미소한 직선 운동을 확대하는 기구로서, 최소 눈금 1μ, 지시 범위 100μ 정도이지만 확대율을 배로 하여 지시 범위를 ±50μ로 만든 것도 있다.

(마) 전기 마이크로미터(electric micrometer) : 길이의 근소한 변위를 그에 상당하는 전기치로 바꾸고, 이를 다시 측정 가능한 전기 측정 회로로 바꾸어서 측정하는 장치로서 0.01μ 이하의 미소의 변위량도 측정 가능하다.

(바) 패소미터(passometer) : 마이크로미터에 인디케이터를 조합한 형식으로서 마이크로미터부에 눈금이 없고, 블록 게이지로 소정의 치수를 정하여 피측정물과의 인디케이터로 읽게 되어 있다. 측정 범위는 150 mm까지이며, 지시 범위(정도)는 0.002~0.005 mm, 인디케이터의 최소 눈금은 0.002 mm 또는 0.001 mm이다.

(사) 패시미터(passimeter) : 기계 공작에서 안지름을 검사·측정할 때 사용되며, 구조는 패소미터와 거의 같다. 측정두는 각 호칭 치수에 따라서 교환이 가능하다.

(아) 옵티미터(optimeter) : 측정자의 미소한 움직임을 광학적으로 확대하는 장치로서 확대율은 800배이며 최소 눈금 1μ, 측정 범위 ±0.1 mm, 정도(精度) ±0.25μ 정도이다. 원통의 안지름, 수나사, 암나사, 축 게이지 등과 같이 고정도를 필요로 하는 것을 측정한다.

(4) 단도기

① 게이지 블록(gauge block) : 면과 면, 선과 선의 길이의 기준을 정하는 데 가장 정도가 높고 대표적인 것이며, 이것과 비교하거나 치수 보정을 하여 측정기를 사용한다.

(가) 종류 : KS에서는 장방형 단면의 요한슨형(Johansson type)이 쓰이지만, 이 밖에 장방형 단면(각면의 길이 0.95″)으로 중앙에 구멍이 뚫린 호크형(hoke type), 얇은 중공원판 형상인 캐리형(Cary type)이 있다.

(나) 특징

㉮ 광(빛) 파장으로부터 직접 길이를 측정할 수 있다.

㉯ 정도가 매우 높다(0.01μ 정도).

㉰ 손쉽게 사용할 수 있으며, 서로 밀착하는 특성이 있어 여러 치수로 조합할 수 있다.

(다) 치수 정도(dimension precision) : 게이지 블록의 정도를 나타내는 등급으로 K, 0, 1, 2급의 4등급을 KS에서 규정하고 있다.

(라) 밀착(wringing) : 측정면을 청결한 천으로 닦아낸 다음 돌기나 녹의 유무를 검사한다.

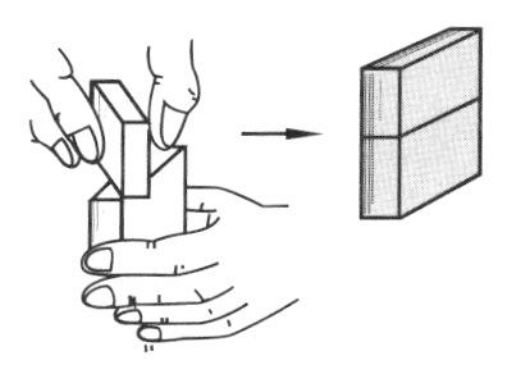
(a) 두꺼운 것의 조합

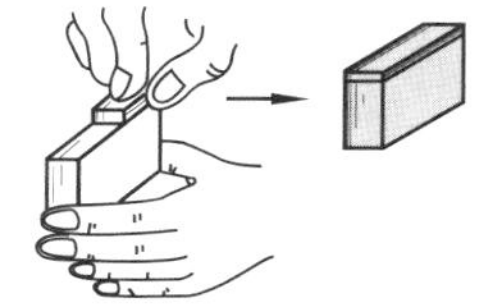
(b) 두꺼운 것과 얇은 것의 조합

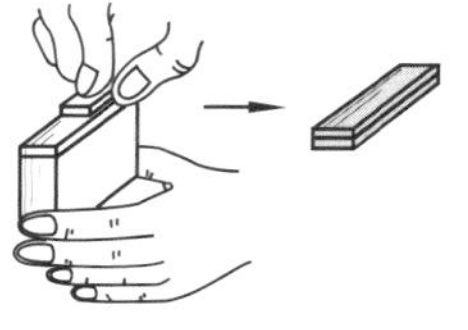
(c) 얇은 것의 조합

게이지 블록 밀착

② 한계 게이지(limit gauge)

(가) 제품을 정확한 치수대로 가공한다는 것은 거의 불가능하므로 오차의 한계를 주게 되며 이때의 오차 한계를 특정하는 게이지를 한계 게이지라고 한다.

(나) 한계 게이지는 통과측(go side)과 정지측(no go side)을 갖추고 있는데, 정지측으로는 제품이 들어가지 않고 통과측으로 제품이 들어가는 경우 제품은 주어진 공차 내에 있음을 나타내는 것이다.

(다) 한계 게이지에는 그 용도에 따라서 공작용 게이지, 검사용 게이지, 점검용 게이지가 있다.

③ 기타 게이지류

(가) 틈새 게이지(thickness gauge, clearance gauge, feeler gauge)

㉮ 미세한 간격, 틈새 측정에 사용된다[그림 (a)].

㉯ 박강판으로 두께 0.02~0.7 mm 정도를 여러 장 조합하여 1조로 묶은 것이다.

㉰ 몇 가지 종류의 조합으로 미세한 간격을 비교적 정확히 측정할 수 있다.

(나) 반지름 게이지(radius gauge)

㉮ 모서리 부분의 라운딩 반지름 측정에 사용된다.

㉯ 여러 종류의 반지름으로 된 것을 조합한다[그림 (b)].

㉰ 드릴 게이지(drill gauge) : 직사각형의 강판에 여러 종류의 구멍이 뚫려 있어서 여기에 드릴을 맞추어 보고 드릴의 지름을 측정하는 게이지이다. 번호로 표시하거나 지름으로 표시하며, 번호 표시의 경우는 번호가 클수록 지름이 작아진다[그림 (f)].

(다) 센터 게이지(center gauge)

㉮ 선반의 나사 바이트 설치, 나사깎기 바이트 공구각을 검사하는 게이지이다.

㉯ 미터 나사용(60°)과 휘트 워드 나사용(55°) 및 애크미 나사용이 있다[그림 (d)].

(라) 피치 게이지(나사 게이지 : pitch gauge, thred gauge) : 나사산의 피치를 신속하게 측정하기 위하여 여러 종류의 피치 형상을 한데 묶은 것이며 mm계와 inch계

가 있다.

(마) 와이어 게이지(wire gauge)

㉮ 철사의 지름을 번호로 나타낼 수 있게 만든 게이지이다.

㉯ 구멍의 번호가 커질수록 와이어의 지름은 가늘어진다[그림 (c)].

(바) 테이퍼 게이지(taper gauge) : 테이퍼의 크기를 측정하는 게이지이다.

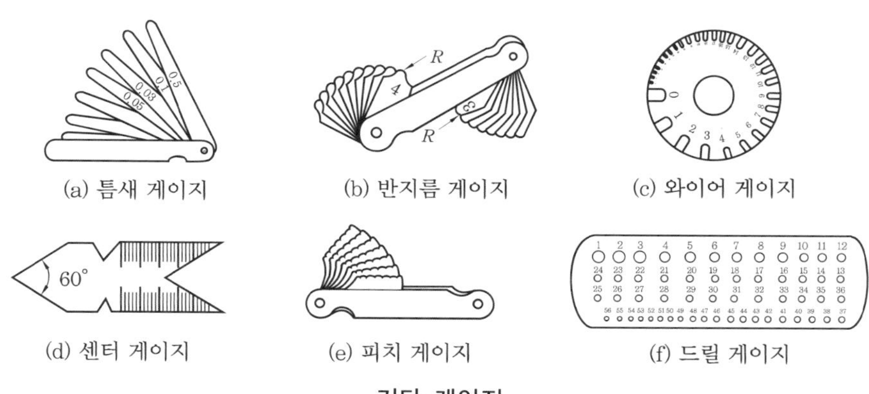

(a) 틈새 게이지 (b) 반지름 게이지 (c) 와이어 게이지

(d) 센터 게이지 (e) 피치 게이지 (f) 드릴 게이지

기타 게이지

예상문제

1. **압력을 U자관 압력계로 수은주의 높이, 밀도, 중력 가속도를 측정해서 유도하여 압력의 측정값을 결정하였다. 이와 같은 측정의 종류는?**

① 직접 측정 ② 간접 측정
③ 비교 측정 ④ 절대 측정

해설 절대 측정 : 정의에 따라서 결정된 양을 사용하여 기본량만의 측정으로 유도하는 측정 방법

2. **곧은자를 제품에 대고 실제 길이를 알아내는 측정법으로 옳은 것은?** [16-2]

① 비교 측정 ② 직접 측정
③ 한계 측정 ④ 간접 측정

해설 직접 측정 : 측정기를 직접 제품에 접촉시켜 실제 길이를 알아내는 방법으로 버니어 캘리퍼스(vernier calipers), 마이크로미터(micrometer), 측장기, 각도자 등이 사용된다.

3. **직접 측정에 사용되는 측정기가 아닌 것은?** [12-5]

① 버니어 캘리퍼스
② 마이크로미터
③ 다이얼 게이지
④ 측장기

해설 다이얼 게이지는 비교 측정기이다.

정답 1. ④ 2. ② 3. ③

4. 다음 중 직접 측정의 장점이 아닌 것은?

① 제품의 치수가 고르지 못한 것을 계산하지 않고 알 수 있다.
② 양이 적고 종류가 많은 제품을 측정하기에 적합하다.
③ 측정물의 실제 치수를 직접 잴 수 있다.
④ 측정 범위가 다른 측정 범위보다 넓다.

5. 측정기를 측정 방법에 따라 분류할 때 미니미터, 옵티미터, 공기 마이크로미터는 어디에 포함되는가?

① 직접 측정
② 비교 측정
③ 한계 게이지 측정
④ 계량 측정

해설 간접 측정 : 표준 치수의 게이지와 비교하여 측정기의 바늘이 지시하는 눈금에 의하여 그 차이를 읽는 것이다. 비교 측정에 사용되는 측정기에는 다이얼 게이지(dial gauge), 미니미터, 옵티미터, 공기 마이크로미터, 전기 마이크로미터 등이 있다.

6. 다음 중 길이 측정에서 비교 측정기에 속하지 않는 것은? [07-5, 10-5]

① 다이얼 게이지 ② 버니어 캘리퍼스
③ 미니미터 ④ 옵티미터

해설 문제 2번 해설 참조

7. 측정 방법 중 비교 측정의 장점으로 맞는 것은?

① 측정 범위가 넓다.
② 측정물의 치수를 직접 잴 수 있다.
③ 소량 다종의 제품 측정에 적합하다.
④ 길이뿐 아니라 면의 모양 측정 등 사용 범위가 넓다.

8. 측정하고자 하는 양과 일정한 관계가 있는 다른 종류의 양을 각각 직접 측정으로 구하여, 그 결과로부터 계산에 의해 측정량의 값을 결정하는 측정방법은?

① 일반 측정 ② 비교 측정
③ 절대 측정 ④ 간접 측정

해설 간접 측정(indirect measurement) : 측정량과 일정한 관계가 있는 몇 개의 양을 측정하고 이로부터 계산에 의하여 측정값을 유도해 내는 경우를 말하며, 예로서 변위와 이에 소요된 시간을 측정하여 속도를 구하는 경우와 사인 바에 의한 각도 측정 등이 있다.

9. 계측기가 미소한 측정량의 변화를 감지할 수 있는 최소 측정량의 크기를 무엇이라 하는가?

① 감도 ② 분해능
③ 과도 특성 ④ 정밀도

해설 • 분해능 : 계측기가 미소한 측정량의 변화를 감지할 수 있는 최소 측정량의 크기
• 감도 : 계측기가 측정량의 변화를 감지하는 민감성의 정도

10. 계량 단위 종류 중 면적, 체적, 속도는 어느 단위에 속하는가? [15-1]

① 기본 단위 ② 유도 단위
③ 보조 계량 단위 ④ 특수 단위

해설 • SI 기본 단위 : 길이, 질량, 시간, 전류, 온도, 광도, 물질량
• SI 유도 단위 : 면적, 체적, 점도, 전계 강도, 저항률, 속도, 가속도, 각속도

11. 아베의 원리(Abbe's principle)에 어긋나는 측정기는?

정답 4. ① 5. ② 6. ② 7. ④ 8. ④ 9. ② 10. ② 11. ②

① 외측 마이크로미터
② 내측 마이크로미터
③ 나사 마이크로미터
④ 깊이 마이크로미터

해설 아베의 원리 : 측정 대상 물체와 측정 기구의 눈금은 측정 방향의 동일선 상에 있어야 한다.

12. 나사의 회전각과 딤블(thimble) 지름의 눈금으로 확대하여 측정하는 측정기는?

① 게이지 블록
② 다이얼 게이지
③ 버니어 캘리퍼스
④ 마이크로미터

해설 마이크로미터의 원리는 길이의 변화를 나사의 회전각과 딤블의 지름에 의해서 확대한 것이다.

13. 마이크로미터에서 측정압을 일정하게 하기 위한 장치는?

① 스핀들　② 프레임
③ 딤블　④ 래칫 스톱

14. 버니어 캘리퍼스의 종류 중 부척(vernier)이 홈형으로 되어 있으며 외측 측정용 조(jaw), 내측 측정용 조(jaw), 깊이 바(depth bar)가 붙어 있는 것은?

① M형　② CB형
③ CM형　④ MT형

해설 • M형 : 내외측용 조가 붙어 있는 것
• M1형 : 슬라이드가 홈형
• M2형 : M1형에 미동 슬라이드 장치 부착

15. CM형 버니어 캘리퍼스에 관한 설명으로 틀린 것은? [15-1]

① 최소 측정 단위는 0.02 mm이다.
② 독일형 또는 모젤형이라고 한다.
③ 내측 측정이 가능하며 미동 장치가 있다.
④ 원척의 1눈금은 1 mm, 부척의 눈금은 12 mm를 25등분한 것이다.

해설 CM형 버니어 캘리퍼스 : 독일형 또는 모젤형이라고 하며, CB형 버니어 캘리퍼스와 동일한 구조로 제작되어 있고 홈형 슬라이더에 미세 조절 장치가 있다. 어미자의 최소 눈금은 1 mm이며 어미자의 49 mm를 50등분하여 아들자의 눈금을 만들었고 최소 측정 단위는 0.02 mm이다.

16. 다음 중 회전체나 회전축의 흔들림 점검, 공작물의 평행도 및 평면 상태의 측정에 사용하는 공구는? [13-5]

① 필러 게이지　② 다이얼 게이지
③ 피치 게이지　④ 마이크로미터

해설 다이얼 게이지 : 래크와 기어의 운동을 이용하여 작은 길이를 확대하여 표시하게 된 비교 측정기로 회전체나 회전축의 흔들림 점검, 공작물의 평행도 및 평면 상태의 측정, 표준과의 비교 측정 및 제품 검사 등에 사용된다.

17. 다음 중 원통 및 구멍의 내경 측정에 사용하는 측정기는? [14-5]

① 블록 게이지
② 실린더 게이지
③ 스트레이트 에지
④ 옵티컬 플레이트

18. 다음 블록 게이지 등급 중에서 특수 검교정 실험실에서 사용되는 것은?

① K급　② 0급
③ 1급　④ 2급

정답 12. ④　13. ④　14. ①　15. ④　16. ②　17. ②　18. ①

해설 게이지 블록은 KS B 5201에 규정되어 있으며 그 측정면이 정밀하게 다듬질된 블록으로 되어 있다. 정밀도 등급은 K, 0, 1, 2가 있다.

19. 제품에 주어진 허용차 중 최대허용치수와 최소허용치수의 두 허용한계치수를 정하여 통과와 정지의 두 가지만으로 합격·불합격을 판정하는 측정기는?

① 측장기
② 미니미터
③ 한계 게이지
④ 앤빌 교환식 마이크로미터

20. 통과측 및 정지측을 공작물에 접촉시켜 통과측은 통과하고, 정지측은 통과하지 않으면 합격으로 판정하는 게이지는?

① 실린더 게이지 ② 다이얼 게이지
③ 한계 게이지 ④ 틈새 게이지

21. 강재의 얇은 판으로 홈의 간극을 점검하고 측정하는 데 사용하는 측정기는?

① 틈새 게이지
② 높이(height) 게이지
③ 블록 게이지
④ 실린더 게이지

22. 수평도나 수직도 측정 및 수평이나 수직으로부터의 약간의 기울기를 측정하는 액체식 측정기는? [08-5, 15-2]

① 수준기 ② 마이크로미터
③ 다이얼 게이지 ④ 버니어 캘리퍼스

해설 수준기는 수평 또는 수직을 정하는 데 사용되며, 그 외에 수평 또는 수직으로부터 약간의 경사를 측정하는 데 사용한다.

23. 다음 그림과 같은 센터 게이지의 용도는 어느 것인가? [14-2]

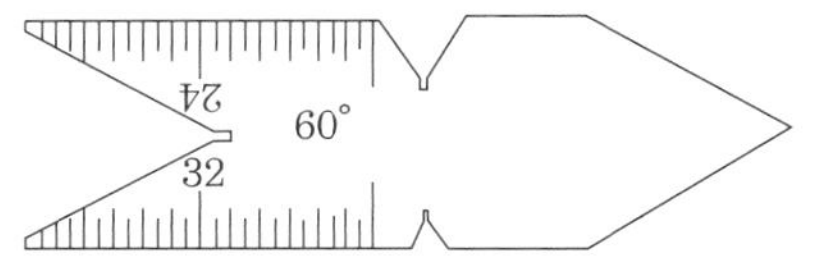

① 나사의 길이 측정
② 나사의 강도 측정
③ 나사산의 피치 측정
④ 나사 절삭 바이트의 각도 측정

해설 센터 게이지는 나사 바이트의 각도 측정 및 나사 바이트 설치에 사용한다.

24. 정비용 측정 기구가 아닌 것은?

① 오스터 ② 진동 측정기
③ 베어링 체커 ④ 지시 소음계

해설 오스터는 측정 기구가 아니고 배관용 작업 공구이다.

25. 정반 위에 올려놓고 정반면을 기준으로 하여 높이를 측정하거나 스크라이버 끝으로 금긋기 작업을 하는 데 사용하는 것은? [06-5]

① 틈새 게이지
② 센터 게이지
③ 하이트 게이지
④ 다이얼 게이지

해설 높이 게이지(height gauge)
- 측정의 정밀도가 높으며 평면에서 수직 거리의 금긋기도 할 수 있다.
- 정반 위에서 사용하기에 알맞은 풋 블록(foot black)이 붙은 일종의 캘리퍼스이다.
- 정반 위에서 측정할 수 있는 치수에 의하여 구분되며 $\frac{1}{20}$mm 또는 $\frac{1}{50}$mm까지 읽을 수 있다.

정답 19. ③ 20. ③ 21. ① 22. ① 23. ④ 24. ① 25. ③

26. 마이크로미터 나사의 피치가 p[mm], 나사의 회전각이 α[rad]일 때, 스핀들의 이동거리 x[mm]는?

① $p\frac{\alpha}{2\pi}$　② $\frac{\alpha}{2\pi p}$
③ $\frac{2\pi p}{\alpha}$　④ $p\frac{\alpha}{\pi}$

27. 마이크로미터의 나사 피치가 0.5 mm이고, 딤블(thimble)의 원주를 50등분하였다면 최소 측정값은 몇 mm인가?

① 0.1　② 0.01
③ 0.001　④ 0.0001

해설 $0.5\text{mm} \times \frac{1}{50} = \frac{1}{100} = 0.01\text{mm}$

28. 아래의 그림에서 버니어 캘리퍼스의 측정값은 얼마인가?

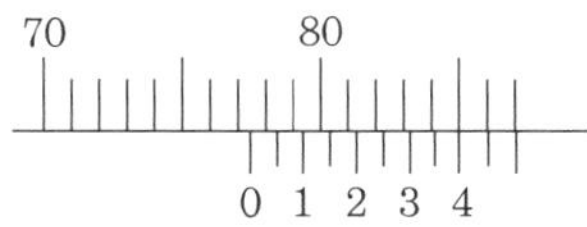

① 77.0 mm　② 77.4 mm
③ 7.04 mm　④ 77.14 mm

해설 측정값 $77 + 0.4 = 77.4$ mm

29. 선반 척에 환봉을 고정하고 다이얼 게이지로 편심을 측정하였다. 척을 1회전시켰을 때 다이얼 게이지 눈금의 최대 이동값이 0.5 mm이었다면 편심량은 몇 mm인가? [15-5]

① 0.1　② 0.25
③ 0.5　④ 1

해설 편심량$= \frac{0.5\text{mm}}{2} = 0.25\text{mm}$

30. V블록 위에 측정물을 올려놓고 회전하였을 때, 다이얼 게이지의 눈금이 0.5 mm 차이가 있었다면 진원도는 얼마인가?

① 0.25 mm　② 0.5 mm
③ 1.0 mm　④ 5 mm

31. 1 m에 대하여 감도 0.05 mm의 수준기로 길이 3 m 베드의 수평도 검사 시 오른쪽으로 3눈금 움직였다면 이때 베드의 기울기는 얼마인가?

① 오른쪽이 0.15 mm 높다.
② 왼쪽이 0.3 mm 높다.
③ 오른쪽이 0.45 mm 높다.
④ 왼쪽이 0.75 mm 높다.

해설 기울기$=$감도(mm)$\times$눈금수$\times$전길이(m)
$= 0.05 \times 3 \times 3 = 0.45$ mm

정답 26. ① 27. ② 28. ② 29. ② 30. ① 31. ③

2장 기계 장치 보전

1. 설비 보전 및 윤활 관리

1-1 설비 보전의 용어

(1) 설비 보전의 목적

설비 보전(plant maintenance)의 목적은 설비물에 대하여 항상 완전한 상태로 유지하고, 고장을 사전에 방지하며 고장의 범위를 가능한 적게 하는 것이다.

(2) 보전 시스템

보전 시스템은 예방 보전(PM : Preventive Maintenance), 사후 보전(BM : Breakdown Maintenance), 개량 보전(CM : Corrective Maintenance), 보전 예방(MP : Maintenance Prevention)으로 분류된다.

① 예방 보전(PM) : 고장, 불량이 발생하지 않도록 하기 위하여 평소의 점검, 정밀도 측정, 정기적인 정밀 검사(부분적·전체적), 급유 등의 활동을 통하여 열화 상태(劣化狀態)를 측정하고, 그 상태를 판단하여 사전에 부품 교환, 수리를 하는 보전을 말하며, 최근에는 설비의 상태를 검사, 진단하는 설비 진단 기술에 의한 보전을 예지 보전(豫知整備)이라 한다.

㈎ 일상 보전 : 고장의 유무에 관계없이 급유, 점검, 청소 등 점검 표(check list)에 의해 설비를 유지 관리하는 보전 활동

㈏ 순회(petrol) 보전 : 모든 기계에 예방 보전을 행하면 비경제적이므로 설비의 이상 유무를 예지(豫知)하여 정기적으로 순회하며 간이 보전을 함으로써 고장을 미연에 방지하는 보전 활동

㈐ 정기 보전 : 부분적인 분해 점검, 조정, 부품 교체, 정밀도 검사 등을 월간, 분기 등의 주기로 정기적인 보전을 함으로써 돌발 사고를 미연에 방지하는 보전 활동

㈑ 재생(再生) 보전 : 설비 전체 분해, 각부 점검, 부품 교체, 정밀도 검사 등을 함으로써 설비 성능의 열화를 회복시키는 보전 활동

② 사후 보전(BM) : 설비에 고장이 발생한 후에 보전하는 것으로서 고장이 나는 즉시 그 원인을 정확히 파악하여 수리하는 것

③ 개량 보전(CM) : 고장 난 설비를 수리할 경우 단순히 원상의 상태로 수리하는 것이 아니라 고장, 불량이 발생하기 쉬운 설비의 약점을 파악하여 고장이 일어나지 않도록 개량하거나 또는 평소의 점검, 급유, 부품 교환을 하기 쉽도록 하여 작업 준비 및 조작이 편리하도록 설비를 개량하는 것

④ 보전 예방(MP) : 새로운 설비를 도입할 경우 설계 단계에서 고장이 나지 않고 불량이 발생하지 않으며 보전하기 쉽고, 작업 준비 및 조정하기 편리하도록 설계하는 것

⑤ 종합적 생산 보전(TPM : Total Productive Maintenance) : 설비의 효율을 최고로 높이기 위하여 설비의 라이프 사이클을 대상으로 한 종합 시스템을 확립하고, 설비의 계획 부문, 사용 부문, 보전 부문 등 모든 부문에 걸쳐 최고 경영자로부터 제일선의 작업자에 이르기까지 전원이 참가하여 동기 부여 관리, 다시 말해서 소집단의 자주 활동에 의하여 생산 보전을 추진해 나가는 것을 말한다.

1-2 윤활제의 종류 및 급유 방법

(1) 윤활제의 종류

외관 형태로 분류하면 액상의 윤활유, 반고체상의 그리스 및 고체 윤활제로 분류된다.

윤활제의 종류

윤활제의 분류		종류
액체 윤활제 (윤활유)	광유계	순광유 및 순광유에 첨가제가 함유된 윤활유
		유압작동유, 기어, 엔진 오일 등
	합성계	광유에 지방유를 합성한 윤활유
		PAO, 에스테르 등
		특수 엔진유, 항공용 윤활유 등
	천연 유지계	동식물 유지(에스테르 화합물), 압연유, 절삭유용
	동식물계	지방유
반고체 윤활제	그리스	윤활유로 적합하지 않은 곳, 기어, 베어링 등
고체 윤활제	고체 자체	MoS, PbO, 흑연, 그라파이트 등
	반고체 혼합	그리스와 고체 물질의 혼합
	액체와 혼합	광유와 고체 물질의 혼합

(2) 윤활유의 급유법

윤활유의 급유법은 크게 비순환 급유법과 순환 급유법으로 분류된다.

① 비순환 급유법 : 윤활유의 열화가 쉽게 발생되는 경우나 고온으로 인하여 윤활유의 증발이 쉽게 생길 경우 또는 기계의 구조상 순환 급유법을 채용할 수 없는 경우 등에 사용된다.

(가) 손 급유법(hand oiling) : 사람의 손으로 윤활 장소에 오일을 급유하는 간단한 방법으로 기계적 급유법을 사용할 수 없는 곳 또는 마찰면의 미끄럼 속도가 낮고 경하중인 경우에 사용하며, 자주 급유해야 한다.

(나) 적하 급유법(drop-feed oiling)

㉮ 사이펀(siphon) 급유법

㉯ 바늘 급유법(needle oiling)

㉰ 가시 적하 급유법(sight feed oiling)

㉱ 실린더용 적하 급유법(cylinder feed oiling)

(다) 가시 부상 유적 급유법(可視 浮上 油滴 給油法)

② 순환 급유법 : 윤활유를 반복하여 마찰면에 공급하는 방식으로 기름 용기 속에서 기름을 반복하여 사용하는 급유법과 펌프에 의해 강제 순환시켜 도중에서 오일을 여과하여 세정(洗淨) 또는 냉각하는 방법이다.

(가) 패드 급유법(pad oiling) : 패킹을 가볍게 저널에 접촉시켜 급유하는 방법으로 모사(毛絲) 급유법의 일종으로 패드의 모세관 현상에 의하여 각 윤활 부위에 직접 접촉하여 공급하는 형태의 급유 방식으로 경하중용 베어링에 많이 사용된다.

(나) 체인 급유법(chain oiling) : 점도가 높은 오일을 필요로 할 때 비교적 저속의 큰 하중을 받는 베어링에 사용된다. 오일 탱크의 유면과 축이 떨어져 있을 경우에 편리하며 공작기계 등에 사용된다.

(다) 유륜식 급유법(ring oiling) : 축에 끼운 오일 링이 축의 회전에 따라 마찰면에 오일을 운반시켜 윤활 작용을 하는 원리를 이용한 방법으로 마찰면에서 열을 제거시킨 후 오일 탱크로 되돌아오는 방법이다.

(라) 칼라 급유법(collar oiling) : 너비 두께가 큰 링을 축에 고정시킨 것으로 오일을 기름 탱크에서 운반하여 올리는 것은 유륜식과 같으나, 칼라는 축에 고정되어 있어 기름의 운반이 쉽고, 윤활유의 점조성(粘稠性)에 의해 급유가 방해되는 일이 없다. 유면의 높이는 칼라 두께의 1/2이 잠길 정도로 유지하며, 분해기 등의 베어링에 사용된다.

(마) 버킷 급유법(bucket oiling) : 칼라 급유법과 비슷한 방법으로 주로 저속 고하중의

베어링에 있어서 축의 끝이 베어링 일단에서 끝나는 부분에 사용된다. 고점도의 오일을 사용하는 경우와 고온도로 사용되고 있는 베어링에서 냉각으로 인하여 다량의 오일을 필요로 하는 경우에 적합하며 볼 밀(ball mill) 등 베어링의 급유법에 이용되고 있다.

(바) 비말 급유법(splash oiling) : 기계 일부의 운동부가 기름 탱크 내의 유면에 접촉하여 기름의 미립자 또는 분무 상태로 오일 단지에서 떨어져 마찰면에 튀겨 급유하는 방법으로 여러 개의 다른 마찰면에 동시에 자동적으로 급유할 수 있는 특징이 있다.

(사) 롤러 급유법(roller oiling) : 오일 탱크에 있는 롤러를 설치하여 롤러에 부착되는 오일로 윤활하는 급유법이다.

(아) 유욕 급유법(bath oiling) : 마찰면이 기름 속에 잠겨서 윤활하는 방법으로 윤활이 원활하고 냉각 효과도 크다.

(자) 원심 급유법(centrifugal oiling) : 원심력을 이용한 방법으로 엔진 종류의 크랭크 핀 급유에 사용된다. 금속제의 바퀴를 크랭크 축에 붙이고 그 바퀴로 하여금 원심력에 의하여 오일을 공급한다.

(차) 나사 급유법(screw oiling) : 축면에 나선 홈을 만들고 축을 회전시키면 축의 회전에 따라 기름이 홈을 따라 올라가 축면에 급유되는 방법으로 일종의 나사 펌프 급유이며 저속에는 이용되지 않는다.

(카) 중력 순환 급유법(gravity circulating oiling) : 임의의 높은 곳에 있는 오일 탱크에서 분배관을 통해 오일을 흘려보내는 방법으로 각 분배관에는 유적 가시 유리가 구비되어 유량을 조절하며, 각 베어링으로 보낸 후 다시 아래 탱크로 모여 여과기에서 여과 후 기름 펌프를 통해 최초의 오일 탱크로 돌아간다. 고급 기계의 저속 기관에 사용되며 점도가 비교적 낮은 오일을 사용할 수 있으므로 동력의 소비가 적은 장점이 있다.

(타) 강제 순환 급유법(forced circulation oiling) : 고압 고속으로 회전하는 베어링에 윤활유를 펌프에 의하여 강제적으로 밀어 공급하는 방법으로 내연기관, 고속의 비행기, 자동차 엔진 및 공작기계 등에 사용된다.

(파) 분무 급유법(fog lubrication) : 롤링 베어링에 사용되며 공기 압축기, 감압 밸브, 공기 여과기, 분무 장치 등으로 구성된다. 연삭기 휠 스핀들과 같이 열악한 조건에서 고속으로 사용되는 베어링에 대해서 이상적인 윤활법이다. 내면 연삭기의 숫돌 축은 매분 10000회전 이상의 고속으로 운전되므로 보통 윤활 방법에 의하면 사용하는 공기의 온도에 따라서 실온 또는 그 이하로 유지하는 것도 가능하다.

(3) 그리스 급유법

① 그리스 급유 : 그리스 윤활은 유 윤활에 비해 몇 가지 장단점이 있으며, 장점으로는 급유 간격이 길고, 누설이 적으며, 밀봉성이 우수하여 먼지 등의 침입이 적다. 단점으로는 냉각 작용이 적고 질의 균일성이 떨어진다.

② 그리스 충진 베어링 : 슬라이딩 베어링의 메탈 상부에 그리스를 충진하여 뚜껑을 덮어 두는 방식으로 저속의 베어링과 선박의 저널 베어링 및 압연기의 롤 베어링 등에 사용된다. 이 베어링은 뚜껑을 닫아 불순물의 침입을 방지하고 베어링이 발열하여 그리스가 적하점(dropping point) 이상의 온도로 되면 그리스가 유출되므로 유의해야 한다.

③ 그리스 컵 : 플라스틱 용기인 그리스 컵에 원판과 스프링이 달려 있다. 스프링의 장력으로 인해 컵 속의 그리스가 마찰면으로 공급되며 최근에는 소형 모터가 부착되어 정량, 적기가 이루어지는 것을 많이 사용하고 있다.

그리스 컵

④ 그리스 건 : 베어링에 그리스를 충진하는 휴대용 그리스 펌프로서 1회의 공급으로 적정 시간 운전에 적합할 경우 그리스 건이 사용된다.

⑤ 그리스 펌프 : 여러 개의 펌프 유닛을 가지고 상당수의 마찰면에 자동적으로 일정량의 그리스를 압송할 수 있으므로 그리스 건보다 훨씬 우수한 방법이다.

⑥ 집중 그리스 윤활 장치 : 강압 그리스 펌프를 주체로 하여 이로부터 관지름이 2인치 정도의 주관을 시공하고 분배관을 배열하여 다수의 베어링에 동시 일정량의 그리스를 확실히 급유하는 방법이다. 자동으로 전동기의 스위치가 제어되어 규정된 시간대로 간헐적으로 급유된다.

예상문제

1. 고장이 나서 설비의 정지 또는 유해한 성능 저하를 가져온 후에 수리를 행하는 보전 방식은? [10-5]

① 사후 보전 ② 예방 보전
③ 개량 보전 ④ 보전 예방

해설 사후 보전(BM) : 설비에 고장이 발생한 후에 보전하는 것으로서 고장이 나는 즉시 그 원인을 정확히 파악하여 수리하는 것

2. 대수리(overhaul)는 다음 중 어디에 해당되는가?

① 사후 정비(BM)
② 예방 정비(PM)
③ 종합적 생산 정비(TPM)
④ 개량 정비(CM)

해설 대수리(overhaul)는 설비 전체 분해, 각부 점검, 부품 교체, 정밀도 검사 등을 하는 것을 말하며, 예방 정비 활동에 속한다.

3. 새로 설치한 설비의 도입 단계에서 고장이 나지 않고, 불량이 발생되지 않도록 설비를 설계하는 것을 무엇이라 하는가?

① FM(Functional Maintenance) 설계
② PM(Phenomena Maintenance) 설계
③ 예지(condition based) 설계
④ MP(Maintenance Prevention) 설계

4. 공장의 보전 요원을 각 제조 부분의 감독자 밑에 배치하여 행하는 보전 방식은?

① 절충 보전(combination maintenance)
② 부분 보전(departmental maintenance)
③ 집중 보전(central maintenance)
④ 지역 보전(area maintenance)

5. 종합적 생산 보전(TPM : Total Productive Maintenance)이란?

① 설비의 고장, 정지 또는 성능 저하를 가져온 후에 수리를 행하여 완전한 설비로 만드는 설비 보전
② 설비의 고장이 없고 보전이 필요하지 않은 설비를 설계 및 제작하거나 구입하여 사용하는 설비 보전
③ 설비의 고장, 정지 또는 성능 저하를 예방하기 위한 설비의 주기적인 검사로 고장, 정지, 성능 저하를 제거하거나 복구시키는 설비 보전
④ 설비 효율을 최고로 하는 것을 목표로 기업의 전 직원이 참여하여 생산의 경제성을 높이고 설비의 계획, 사용, 보전 등의 전 부문에 걸쳐 행하는 설비 보전

6. 설비 열화 측정, 열화 진행 방지 및 열화 회복을 위한 제조건의 표준은?

① 설비 성능 표준 ② 설비 보전 표준
③ 보전 작업 표준 ④ 설비 검사 표준

해설 설비 보전 표준 : 설비 열화 측정(점검 검사), 열화 진행 방지(일상 보전) 및 열화 회복(수리)을 위한 조건의 표준이다.

7. 보전비를 투입하여 설비를 원활한 상태로 유지하여 막을 수 있었던 생산상의 손실은?

① 생산 손실 ② 기회 손실
③ 설비 손실 ④ 보전 손실

정답 1. ① 2. ② 3. ④ 4. ② 5. ④ 6. ② 7. ②

해설 기회 손실 : 설비의 고장 정지로 보전비를 들여서 설비를 만족한 상태로 유지하여 막을 수 있었던 제품의 판매 감소에 이어지는 경우의 손실로 기회 원가라고도 한다. 생산량 저하 손실, 휴지 손실, 준비 손실, 회복 손실, 납기 지연 손실, 안전 재해에 의한 재해 손실 등이 있다.

8. 기업 내에서 설비를 가장 유효하게 활용하여 기업 생산성을 향상시키는 데 목적이 있는 것은?

① 설비 진단 ② 설비 보전
③ 설비 계획 ④ 설비 공사

9. 설계 불량, 제작 불량에 의한 고장이 나타나는 기간은? [16-1]

① 초기 고장기 ② 우발 고장기
③ 마모 고장기 ④ 중기 고장기

해설 부품의 수명이 짧은 것, 설계 불량, 제작 불량에 의한 약점 등이 초기 고장기의 고장 원인이 된다.

10. 접촉하고 있는 두 물체가 상대 운동을 하고 있을 때 그 접촉면에서 운동을 방해하려는 저항이 생기는 것을 무엇이라 하는가?

① 마모 ② 마찰 ③ 윤활 ④ 마멸

11. 마찰에 관한 설명 중 옳은 것은? [06-5]

① 마찰력의 방향은 물체의 운동 방향과 반대 방향이다.
② 운동 마찰력은 정지 마찰력보다 크다.
③ 마찰력의 크기는 마찰계수와 수직항력의 합이다.
④ 양질의 에너지는 효율의 100%를 다른 에너지로 전환시킬 수 있다.

12. 윤활의 목적으로 옳지 않은 것은? [13-5]

① 금속 간 접촉에 의한 마모 방지
② 이물질 침입을 막고 녹과 부식 방지
③ 냉각 작용으로 윤활유 자신의 열화 방지
④ 금속 표면에 접촉하여 금속의 산화 현상 촉진

해설 금속의 산화 현상 방지가 윤활의 목적 중의 하나이다.

13. 다음 중 윤활 관리의 목적에 해당하지 않는 것은?

① 원가, 제경비의 상승
② 고장 감소
③ 동력비 절감
④ 윤활제의 반입과 반출의 합리적 관리

해설 윤활 관리의 목적 : 원가, 제경비의 감소

14. 기계 윤활에서 윤활 작용이 아닌 것은 어느 것인가? [15-1]

① 알파 작용 ② 감마 작용
③ 세정 작용 ④ 응력 분산 작용

해설 윤활유의 작용
(1) 감마 작용
(2) 냉각 작용
(3) 응력 분산 작용
(4) 밀봉 작용
(5) 청정 작용
(6) 녹 방지 및 부식 방지
(7) 방청 작용
(8) 방진 작용
(9) 동력 전달 작용

15. 윤활제의 작용 중 마찰면의 직접 접촉에 의해서 생기는 건조면 마찰을 해소하기 위하

정답 8. ② 9. ① 10. ② 11. ① 12. ④ 13. ① 14. ① 15. ②

여 건조면 마찰을 유제 마찰로 바꿔 마찰을 최소화시키는 작용은? [15-5]

① 냉각 작용 ② 감마 작용
③ 밀봉 작용 ④ 응력 분산 작용

해설 감마 작용 : 윤활 개소의 마찰을 감소하고 마모와 소착을 방지하며, 그 결과로서 소음도 방지한다.

16. 윤활유의 기능 중 공기 중의 산소나 물 또는 부식성 가스 등에 의해 윤활면에 녹이 발생되는 것을 방지하는 작용은?

① 방수 작용 ② 방청 작용
③ 감마 작용 ④ 방진 작용

17. 윤활 부위에 혼입된 이물질을 무해한 형태로 바꾸든가, 배출하는 윤활유의 작용을 무엇이라 하는가? [08-5]

① 감마 작용 ② 냉각 작용
③ 밀봉 작용 ④ 청정 작용

18. 다음 중 윤활유의 역할로서 옳지 않은 것은 어느 것인가? [15-2]

① 냉각 작용
② 부식 작용
③ 청정 작용
④ 마찰 및 마모의 감소

해설 문제 14번 해설 참조

19. 윤활제의 구비 조건으로 틀린 것은? [09-5]

① 금속의 부식성이 적어야 한다.
② 열전도가 좋고 내하중성이 커야 한다.
③ 압력 변화에 따른 점도 변화가 커야 한다.
④ 화학적으로 안정되어야 한다.

20. 액상 윤활유가 갖추어야 할 성질이 아닌 것은? [07-5, 12-5]

① 충분한 점도를 가질 것
② 청정하고 균질하지 않을 것
③ 화학적으로 불활성일 것
④ 산화나 열에 대한 안정성이 높을 것

해설 윤활유는 균질해야 한다.

21. 다음 중 윤활 관리의 효과와 거리가 먼 것은? [11-5]

① 윤활 사고의 방지
② 동력 비용의 증대
③ 제품 정도의 향상
④ 보수 유지 비용의 절감

해설 윤활 관리의 효과
- 기계나 설비의 유지 관리비 절감
- 부품의 수명 연장과 교환 비용 감소에 의한 경비 절약
- 마찰 감소에 의한 에너지 소비량의 절감

22. 윤활유를 분류할 때 석유계 윤활유에 속하지 않는 것은?

① 파라핀계 ② 나프텐계
③ 혼합계 ④ 동식물계

해설 석유계 윤활유는 파라핀계, 나프텐계, 혼합계로 분류되며 동식물계는 비석유계 윤활유에 속한다.

23. 난연성이 우수한 작동유에 비해 값이 싸고 사용하기 용이한 석유계 작동유에 속하는 것은? [09-5]

① 수중 유형 유화유
② 내마모성형 작동유
③ 물-글리콜형 작동유
④ 인산 에스테르형 작동유

정답 16. ② 17. ④ 18. ② 19. ③ 20. ② 21. ② 22. ④ 23. ②

24. 윤활제로서 가장 많이 사용되는 윤활유는? [11-5]

① 고체 윤활유 ② 반고체 윤활유
③ 액상 윤활유 ④ 기상 윤활유

해설 윤활제로서 가장 많이 사용되는 것은 액상의 윤활유이다.

25. 다음 중 석유계 윤활유가 아닌 것은 어느 것인가? [16-2]

① 파라핀기 윤활유
② 나프텐기 윤활유
③ 혼합 윤활유
④ 합성 윤활유

해설 • 석유계 윤활유 : 파라핀계 윤활유, 나프텐계 윤활유, 혼합 윤활유
• 비광유계 윤활유 : 동식물계 윤활유, 합성 윤활유

26. 액체의 내부 마찰에 기인하는 점성의 정도를 무엇이라 하는가? [08-5, 14-5]

① 비열 ② 점도 ③ 비중 ④ 주도

해설 윤활에서 가장 중요한 성질이며 마찰에 영향을 주는 것은 점도이다.

27. 윤활유 선정 시 제일 먼저 결정해야 할 사항은?

① 점도 ② 첨가제
③ 사용기계 ④ 급유장치

해설 점도 : 기름의 끈끈한 정도

28. 윤활유 선정 시 적정 점도 선정을 고려한 운전 조건이 아닌 것은?

① 하중 ② 주도 ③ 속도 ④ 온도

해설 주도 : 그리스의 굳은 정도

29. 다음 기름의 점도에 대해 설명한 것 중 옳은 것은?

① 기름의 점도는 주도로 나타낸다.
② 점도란 기름의 유동성을 나타내는 척도이다.
② 점도가 높은 기름일수록 쉽게 흐른다.
③ 기름의 점도는 온도의 영향을 받지 않는다.

해설 • 점도 : 기름의 끈끈한 정도를 나타내는 것으로 윤활유 선정 시 제일 먼저 결정해야 하는 요소이다.
• 주도 : 그리스가 가지는 요소 중 제일 중요시 여기는 것으로 그리스의 무르고 단단한 정도를 나타내며 수치가 클수록 연하다.

30. 다음 중 유압 작동유의 점도를 나타내는 단위는? [15-1]

① 토크 ② 디그리
③ 리스크 ④ 푸아즈

해설 점도의 단위
• 절대점도 : 푸아즈(poise : g/cm · s)
• 동점도를 CGS 단위로 표시한 것을 스토크스(stockes : cm^2/s)라 하며, 그 1/100을 취하여 센티스토크스(cSt : centistockes)라 한다.

31. 다음 중 온도 변화에 따른 점도 변화가 가장 적은 점도 지수는? [16-2]

① 1 ② 32
③ 46 ④ 90

해설 점도 지수가 큰 것이 온도 변화에 따른 점도 변화가 적은 것이다.

32. 유압 작동유의 구비 조건으로 옳지 않은 것은? [14-5]

정답 24. ③ 25. ④ 26. ② 27. ① 28. ② 29. ② 30. ④ 31. ④ 32. ③

① 윤활 특성이 좋을 것
② 화학적으로 안정될 것
③ 거품이 잘 일어날 것
④ 파라핀 성분이 없을 것

33. 유압 작동유의 구비 조건으로 틀린 것은? [11-5]

① 화학적으로 안정할 것
② 압축성이 좋을 것
③ 방열성이 좋을 것
④ 적절한 점도가 유지될 것

해설 유압 작동유의 구비 조건
(1) 비압축성이어야 한다(동력 전달 확실성 요구 때문).
(2) 장치의 운전 유온 범위에서 회로 내를 유연하게 유동할 수 있는 적절한 점도가 유지되어야 한다(동력 손실 방지, 운동부의 마모 방지, 누유 방지 등을 위해).
(3) 장시간 사용하여도 화학적으로 안정하여야 한다(노화 현상).
(4) 녹이나 부식 발생 등이 방지되어야 한다(산화 안정성).
(5) 열을 방출시킬 수 있어야 한다(방열성).
(6) 외부로부터 침입한 불순물을 침전 분리시킬 수 있고, 또 기름 중의 공기를 속히 분리시킬 수 있어야 한다.

34. 유압유의 구비 조건으로 옳은 것은? [15-5]

① 유동성이 낮을 것
② 방청성이 좋을 것
③ 방열성이 낮을 것
④ 온도에 대한 점도 변화가 클 것

해설 유압유를 선택할 때 고려되어야 할 성질
• 윤활성이 우수하고, 휘발성이 적을 것
• 점도 지수가 크고, 밀도가 작을 것
• 화학적 안정성이 높고, 열전도율이 좋을 것
• 장치와의 결합성이 좋을 것
• 체적 탄성 계수가 클 것
• 내연성이 크고, 독성이 적을 것
• 거품성 기포가 잘 발생되지 않을 것
• 방청성이 좋을 것

35. 유압유의 필요 조건이 아닌 것은? [07-5]

① 동력을 유효하게 전달하기 위해 압축되기 힘들고 고온 고압에서 용이하게 유동될 것
② 적당한 윤활성을 가지고 섭동부의 실 역할을 하고 내마모성일 것
③ 물, 공기, 먼지와 잘 융화되어 회로 내에 침전물이 없을 것
④ 인화점이 높고 온도 변화에 대해 점도 변화가 적을 것

해설 유압유에는 물이나 공기, 먼지 등 이물질이 있어서는 안 된다.

36. 작동유가 장치 내에서 할 수 있는 기능으로 가장 거리가 먼 것은? [16-1]

① 열 흡수
② 유압 기기의 윤활
③ 동력의 전달 기능
④ 기기의 강도 증가

해설 문제 33번 해설 참조

37. 윤활유가 수분과 혼합하여 유화액을 만들어 윤활유가 열화되는 현상은? [07-5]

① 산화 ② 탄화
③ 유화 ④ 희석

38. 유압 작동유에서 오일과 물의 분리하기 쉬운 정도를 나타내는 것은? [14-1]

① 소포성 ② 방청성
③ 항유화성 ④ 산화 안정성

정답 33. ② 34. ② 35. ③ 36. ④ 37. ③ 38. ③

해설 시험관에 기름과 물을 같은 양으로 넣고 심하게 교반한 후 방치해서 기름과 물이 완전히 분리할 때까지 시간을 측정하여 항유화성을 조사한다.

39. 내연 기관의 윤활유에 연료유가 혼입되어 윤활유의 점도가 변화하는 현상은? [12-5]

① 윤활유의 산화 ② 윤활유의 탄화
③ 윤활유의 유화 ④ 윤활유의 희석

해설 희석 : 내연 기관에 있어서 연료의 연소 잔류물과 수분이 많으면 연료가 크랭크 케이스로 침입해 윤활유를 희석하여 윤활 작용을 방해한다.

40. 다음 중 윤활유가 유동성을 잃기 직전의 온도를 무엇이라고 하는가? [08-5]

① 유동점 ② 점도
③ 노점 ④ 인화점

해설 윤활유를 냉각시켜 온도를 낮추게 되면 유동성을 잃어 마침내 응고된다. 윤활유가 이와 같이 유동성을 잃기 직전의 온도, 즉 유동할 수 있는 최저의 온도를 유동점(pour point)이라고 한다.

41. 유압유의 첨가제 중 거품성 기포의 발생 억제 및 기포의 분리가 잘 되도록 하는 것은? [13-5]

① 점도 지수 향상제
② 유동점 강하제
③ 내마모제
④ 소포제

42. 금속과 반응해서 저융점 물질을 형성하여 금속 표면의 요철을 고르게 하고 미끄러지기 쉽게 하는 물질로서 그리스에 첨가하는 첨가제로 옳은 것은? [14-1]

① 극압제
② 유동점 강하제
③ 부식 방지제
④ 점도 지수 향상제

해설 극압제 : EP유라고 하며 큰 하중을 받는 베어링의 경우 유막이 파괴되기 쉬우므로 이를 방지하기 위하여 극압 첨가제가 사용된다.

43. 윤활유의 열화 중 외부 요인에 의한 것이 아닌 것은?

① 희석 ② 유화
③ 이물질 혼입 ④ 탄화

해설 탄화는 내부 변화에 의한 열화이다.

44. 윤활유의 열화 방지법으로 옳지 않은 것은? [15-2]

① 고온을 피한다.
② 기름의 혼합 사용을 완전히 제거한다.
③ 교환 시는 열화유를 완전히 제거한다.
④ 신기계 도입 시는 세척하지 않고 사용한다.

해설 윤활유의 열화 방지책
(1) 고온은 가능한 피한다.
(2) 기름의 혼합 사용은 극력 피한다.
(3) 신기계 도입 시는 충분히 세척(flushing)을 행한 후 사용한다.
(4) 교환 시는 열화유를 완전히 제거한다.
(5) 협잡물(수분, 먼지, 금속, 마모분, 연료유) 혼입 시는 신속히 제거한다.
(6) 연 1회 정도는 세척을 실시하여 순환 계통을 청정하게 유지한다.
(7) 사용유는 가능한 원심 분리기 백토 처리 등의 재생법을 사용하여 재사용한다.
(8) 경우에 따라 적당한 첨가제를 사용한다.
(9) 급유를 원활히 한다.

정답 39. ④ 40. ① 41. ④ 42. ① 43. ④ 44. ④

45. 다음 중 윤활유의 열화 방지책으로 고려하지 않는 것은? [15-5, 16-1]

① 고온은 가급적 피한다.
② 자주 혼합하여 사용한다.
③ 새 기계는 세척 후 사용한다.
④ 교환 시 열화유를 완전히 제거한다.

해설 문제 44번 해설 참조

46. 윤활유가 산화되었을 때 나타나는 현상과 거리가 먼 것은? [10-5, 14-1]

① 점도의 증가
② 중축합물 생성
③ 표면장력의 저하
④ 다량의 잔류 탄소 발생

해설 윤활유의 산화 : 윤활유는 사용 중 공기 중의 산소를 흡수하여 화학적 반응을 일으켜 산화한다. 이때 산화를 촉진시키는 조건은 온도, 사용 시간, 촉매 등이며, 유분자의 산화를 일으키는 원인이 된다. 윤활유가 산화되면 물리적으로 우선 색의 변화를 가져옴과 동시에 점도의 증가, 산의 증가, 그리고 표면장력의 저하 등을 초래한다.

47. 다음 중 반고체 윤활제로 맞는 것은?

① 흑연 ② 그라파이트
③ 그리스 ④ 에스테르

해설 흑연, 그라파이트는 고체 윤활제, 에스테르는 액체 윤활제이다.

48. 그리스 윤활법과 오일 윤활법을 비교, 설명한 것으로 옳지 않은 것은? [15-1]

① 이물질 여과는 오일 윤활 방식이 쉽다.
② 냉각 작용은 오일 윤활 방식이 우수하다.
③ 윤활제 교환은 그리스 윤활 방법이 간단하다.
④ 밀봉 장치 및 하우징의 구조는 그리스 윤활 방법이 간단하다.

해설 유 윤활 교환이 그리스 윤활보다 용이하다.

49. 액체 윤활제에 비해 그리스 윤활제의 장점이라 할 수 있는 것은? [14-2]

① 밀봉성이 좋다.
② 냉각 효과가 크다.
③ 순환 급유가 쉽다.
④ 이물질의 연속 제거가 가능하다.

해설 윤활유와 그리스 윤활의 비교

특성	윤활유	그리스
회전 속도	범위가 넓다.	초고속에는 곤란하다.
회전 저항	작다.	초기 저항이 크다.
냉각 효과	크다.	작다.
누설	많다.	적다.
밀봉 장치	복잡	용이
순환 급유	용이	곤란
먼지 여과	용이	곤란
교환	용이	곤란

50. 윤활유와 비교할 때 그리스 윤활의 장점으로 옳지 않은 것은? [13-5, 16-2]

① 누설이 적다.
② 급유 간격이 길다.
③ 냉각 작용이 우수하다.
④ 밀봉성이 좋고 먼지 등의 칩입이 적다.

해설 액상 윤활의 냉각성이 더 우수하다.

51. 윤활유의 점도에 해당하는 것으로 그리스의 굳은 정도를 나타내는 성질은 다음 중 어느 것인가? [08-5, 09-5, 14-5]

정답 45. ② 46. ④ 47. ③ 48. ③ 49. ① 50. ③ 51. ④

① 중화가 ② 황산회분
③ 산화안정도 ④ 주도

해설 그리스의 주도는 윤활유의 점도에 해당하는 것으로서 그리스의 굳은 정도를 나타내며, 이것은 규정된 원추를 40 mm 위에서 그리스 표면에 떨어뜨려 일정 시간(5초)에 들어간 깊이를 측정하여 그 깊이(mm)에 10을 곱한 수치로서 나타낸다.

52. 다음 그리스 시험 방법 중 기계적 안정성을 평가하는 시험은?

① 주도 ② 적점
③ 혼화 안정도 ④ 이유도

53. 그리스를 생산하는 데 기유에 섞어 겔 상태로 만들어내는 것을 무엇이라 하는가?

① 첨가제 ② 산화안정제
③ 증주제 ④ 혼화안정제

54. 그리스를 장시간 사용하지 않고 저장할 경우 또는 사용 중 그리스를 구성하고 있는 기름이 분리되는 현상은?

① 적점 ② 이유도
③ 분리도 ④ 유화도

해설 이유도 : 그리스를 장기간 보관하면 오일이 점차 분리되어 그리스 표면에 나오는 현상

55. 그리스가 온도 상승에 의해 액상으로 변하는 최저 온도는?

① 적점 ② 산화안정성
③ 적수 ③ 침투점

해설 적하점(적점) : 그리스를 가열했을 때 반고체 상태의 그리스가 액체 상태로 되어 떨어지는 최초의 온도를 말한다.

56. 다음 중 비순환 급유법에 해당하는 것은?

① 비말 급유법 ② 유욕 급유법
③ 패드 급유법 ④ 바늘 급유법

해설 비순환 급유법의 적하 급유법에는 사이펀 급유법, 가시 적하 급유법, 바늘 급유법, 실린더용 적하 급유법 등이 있다.

57. 윤활제의 급유에서 사이펀(syphon) 급유 방법은 어느 방식인가? [14-2]

① 손 급유법
② 적하 급유법
③ 패드 급유법
④ 가시 부상 유적 급유법

해설 사이펀(syphon) 급유법 : 베어링의 컵에 기름을 저축하는 기름 탱크에 뚜껑을 씌우고 그 속에는 가는 털실 또는 무명실을 감아서 만든 끈을 넣어 기름이 모세관 작용에 의하여 일단 올라가고 다음에 사이펀 작용에 의하여 적하하는 것으로서 기름 탱크의 유면은 되도록 일정하게 유지할 필요가 있다. 소규모의 급유 장치에만 사용된다.

58. 윤활유의 소비량이 많은 마찰면이 넓은 윤활 개소나 기관차 등에서 일반적으로 사용되는 급유법은?

① 적하 급유법 ② 체인 급유법
③ 패드 급유법 ④ 가시 부상 급유법

해설 적하 급유법(drop-feed oiling)은 비순환 급유법으로 급유할 마찰면이 넓은 경우 윤활유를 계속 공급하기 위하여 사용되는 방법으로, 기름의 소비가 많아 대체로 기관차 등에 사용된다.

59. 다음은 윤활유 급유 방법과 윤활제, 윤활 장치를 연결한 것이다. 틀리게 연결한 것은?

정답 52. ③ 53. ③ 54. ② 55. ① 56. ④ 57. ② 58. ① 59. ③

① 수동 급유 – 그리스 – 그리스 건
② 적하 급유 – 윤활유 – 심지급유기
③ 자기 순환 급유 – 윤활유 – 분무 장치
④ 강제 순환 급유 – 그리스 – 집중 급유 장치

해설 분무 급유법(oil mist oiling) : 공기 압축기, 감압 밸브, 공기 여과기, 분무 장치 등으로 구성된다.

60. 윤활제의 급유 방법 중 순환 급유법에 해당하지 않는 것은? [08-5 외 7회 출제]

① 비말 급유법 ② 적하 급유법
③ 원심 급유법 ④ 유륜식 급유법

해설 윤활제의 급유 방법

- 비순환 급유법 : 손 급유법, 적하 급유법(사이펀 급유법, 바늘 급유법, 가시 적하 급유법, 실린더용 적하 급유법), 가시 부상 유적 급유법
- 순환 급유법 : 패드 급유법, 체인 급유법, 유륜식 급유법, 칼라 급유법, 버킷 급유법, 비말 급유법, 롤러 급유법, 유욕 급유법, 원심 급유법, 나사 급유법, 중력 순환 급유법, 강제 순환 급유법, 분무 급유법

61. 기어나 회전링을 이용하여 윤활유를 튀겨 날려서 베어링에 윤활유를 공급하는 방법으로 변속기 및 기어 박스 등에 널리 사용되는 윤활유 급유 방법은? [14-5]

① 유욕법 ② 적하 급유법
③ 제트 급유법 ④ 비산 급유법

62. 마찰면이 기름 속에 잠겨서 윤활하는 급유법은? [10-5, 14-1]

① 원심 급유법 ② 롤러 급유법
③ 유욕 급유법 ④ 나사 급유법

해설 유욕 급유법(bath oiling) : 마찰면이 기름 속에 잠겨서 윤활하는 방법으로 윤활이 원활하고 냉각 효과도 크다.

63. 순환 펌프를 이용하는 윤활제의 급유 방법은? [07-5]

① 핸드 급유법
② 오일링 급유법
③ 강제 순환 급유법
④ 담금 급유법

해설 강제 순환 급유법(forced circulation oiling) : 고압·고속의 베어링에 윤활유를 기름 펌프에 의해 강제적으로 밀어 공급하는 방법이며, 고압 ($1\sim4\ kgf/cm^2$)으로 몇 개의 베어링을 하나의 계통으로 하여 기름을 강제순환시키는 것이다.

64. 다음은 강제 순환 급유 장치의 특징을 열거한 것이다. 틀린 것은?

① 냉각 효과가 크고, 윤활 부위에서 발생한 마찰열을 윤활유가 냉각시킨다.
② 금속면의 마멸 입자, 윤활유의 열화 생성물, 외부 혼입 이물질을 제거하고 깨끗한 윤활유를 장기간 반복적으로 사용할 수 있다.
③ 다수의 윤활 부위에 적정 유량을 쉽게 배분할 수 있다.
④ 장치의 구성이 간단하므로 관리가 쉽다.

해설 강제 순환 급유법은 기어 펌프가 내장되어 있는 등 장치의 구성이 복잡하다.

65. 순환 급유법으로서 모세관 현상에 의하여 기름을 마찰면에 보내며 이때 털실이 직접 마찰면에 접속하게 되는 급유법은? [06-5]

① 패드 급유법 ② 모세관 급유법
③ 중력순환 급유법 ④ 적하 급유법

정답 60. ② 61. ④ 62. ③ 63. ③ 64. ④ 65. ①

66. 모세관 현상에 의해 마찰면에 급유하는 방법으로 맞는 것은? [14-2]

① 패드 급유법(pad oiling)
② 버킷 급유법(bucket oiling)
③ 비말 급유법(splash oiling)
④ 유륜식 급유법(ring oiling)

해설 패드 급유법(pad oiling) : 패킹을 가볍게 저널에 접촉시켜 급유하는 방법으로 모사(毛絲) 급유법의 일종이며 패드의 모세관 현상을 이용하여 각 윤활 부위에 공급하는 형태의 급유 방식으로 경하중용 베어링에 많이 사용된다.

67. 윤활유를 미립자 또는 분무 상태로 급유하는 급유법은?

① 적하 급유법 ② 비말 급유법
③ 원심 급유법 ④ 버킷 급유법

해설 비말 급유법(splash oiling) : 기계 일부의 운동부가 기름 탱크 내의 유면에 접촉하여 기름의 미립자 또는 분무 상태로 오일 단지에서 떨어져 마찰면에 튀겨 급유하는 방법으로 여러 개의 다른 마찰면에 동시에 자동적으로 급유할 수 있는 특징이 있다.

68. 다음 그림과 같이 압축 공기를 사용하여 윤활유를 안개 모양으로 만들어 급유하는 방식은?

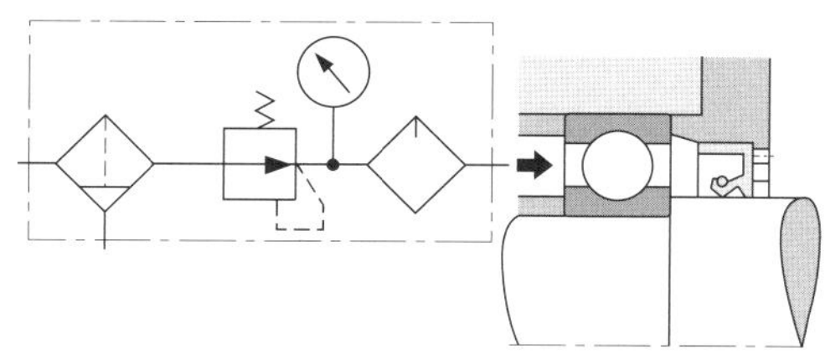

① 적하 급유법 ② 심지 급유법
③ 분무 급유법 ④ 수동 급유법

69. 급유 간격이 길고 누설이 적으며 밀봉성이 우수하여 먼지 침입이 적은 장점을 가진 급유법은?

① 사이펀 급유법 ② 패드 급유법
③ 손 급유법 ④ 그리스 패킹

해설 그리스 급유
- 장점 : 급유 간격이 길고, 누설이 적으며, 밀봉성이 우수하여 먼지 등의 침입이 적다.
- 단점 : 냉각 작용이 적고 질의 균일성이 떨어진다.

70. 슬라이딩 메탈 상부에 그리스를 충전한 후 뚜껑을 닫아 주는 급유 방식은?

① 그리스 충전 ② 사이펀 급유법
③ 패드 급유법 ④ 비말 급유법

71. 회전 기기의 베어링에 윤활을 하는 목적으로 옳지 않은 것은? [14-5]

① 마모를 방지하고 베어링 수명을 연장한다.
② 축을 지지하고 부품의 위치를 일정하게 유지한다.
③ 외부로부터 먼지 또는 이물질의 침입을 방지한다.
④ 동력 손실을 작게 하고 마찰에 의한 발열을 제어한다.

해설 베어링 윤활의 목적
(1) 금속류의 직접 접촉에 의한 소음을 방지한다.
(2) 베어링의 마모를 방지하고 베어링 수명을 연장시킨다.
(3) 마모를 적게 하여 동력 손실을 줄이고 마찰에 의한 발열을 억제한다.
(4) 윤활유의 냉각 효과로서 열을 제거하고 베어링 온도 상승을 억제한다.

정답 66. ① 67. ② 68. ③ 69. ④ 70. ① 71. ②

(5) 윤활유가 먼지와 이물질의 침입을 방지한다.

72. 베어링 윤활의 목적이 아닌 것은? [14-2]

① 금속류의 직접 접촉에 의한 소음을 방지
② 마모를 막고 베어링 수명을 연장
③ 동력 손실이 늘어나고 마찰에 의한 온도 상승 효과
④ 먼지 또는 이물질의 침입을 방지

해설 베어링 윤활은 동력 손실 절감 및 온도 상승 억제 효과가 있다.

73. 박리 현상(flaking)에 대한 설명으로 옳은 것은? [11-5]

① 윤활이 부족하여 과열로 인하여 베어링이 손상되는 현상
② 피로 현상으로 궤도나 전동체 표면에서 비늘 모양의 입자가 떨어져 나가는 현상
③ 베어링 그리스를 과다하게 주유하여 마찰열로 인하여 베어링이 과열되어 손상되는 현상
④ 베어링 조립을 잘못하여 축에서 베어링 내륜이 회전하여 축과 베어링 내륜이 손상되는 현상

74. 기어가 회전할 때 이의 면에 반복되는 접촉 압력에 의해 균열이 발생하고 균열 속에 윤활유가 침투하여 이의 면의 일부가 떨어져 나가는 현상은? [07-5, 09-5]

① 플래팅 ② 리플링
③ 절손 ④ 피팅

해설 • 피팅(pitting) : 기어가 회전할 때 이의 접촉 압력이 사용 초기에는 이의 면의 높은 부분에 집중, 반복, 접촉 압력에 의해 표면에서 어떤 깊이의 부분에 최대 전단 응력이 발생해 표면에 가는 균열이 생기게 되고 그 균열 속에 윤활유가 들어가면서 유체역학적인 고압을 받아 균열을 진행시켜 이의 면의 일부가 떨어져 나가는 것
• 스폴링(spalling) : 피팅보다 더욱 넓은 부분이 어느 정도의 두께를 갖고 최종적으로는 박리되는 형태로 이의 면의 경화 기어에 많다. 때로는 이 끝에 금이 가는 것도 있고 또 진행성 피팅의 구멍과 구멍이 연결되어 크게 박리되는 경우도 있다.

정답 72. ③ 73. ② 74. ④

2. 기계요소 보전

2-1 체결용 기계요소

(1) 나사

① 볼트 너트의 이완 방지

(가) 홈 붙이 너트 분할 핀 고정에 의한 방법(KS B 1015)

(나) 절삭 너트에 의한 방법

(다) 로크 너트에 의한 방법

(라) 특수 너트에 의한 방법

(마) 와셔를 이용한 풀림 방지

② 고착(固着)된 볼트 너트 빼는 방법

(가) 고착의 원인 : 그림과 같이 너트를 조였을 때 나사 부분에 반드시 틈이 발생하고 이 틈새로 수분, 부식성 가스, 부식성 액체가 침입해서 녹이 발생하여 고착의 원인이 된다. 녹은 산화철로 원래 체적의 몇 배나 팽창하기 때문에 틈새를 메워서 너트가 풀리지 않게 된다. 또 고온 가열됐을 때도 산화철이 생기므로 풀라지 않게 된다.

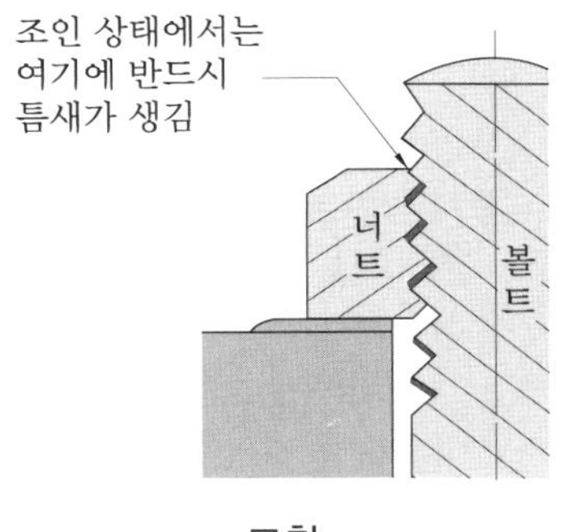

고착

(나) 고착 방지법 : 녹에 의한 고착을 방지하려면 우선 나사의 틈새에 부식성 물질이 침입하지 못하게 하는 산화 연분을 기계유로 반죽한 페인트를 나사 부분에 칠해서 죄는 방법이 쓰인다.

(다) 고착된 볼트의 분해법

㉮ 너트를 두드려 푸는 방법 : 해머 두 개를 사용, 한 개의 해머는 너트의 각에 강하게 밀어대고 반대쪽을 두드렸을 때 강하게 튀어나게끔 지지한다. 또 한편의 해머로 몇 번씩 순차적으로 위치를 바꾸어가며 두드리면 상당히 녹이 많이 난 너트도 풀 수 있다.

㉯ 너트를 잘라 넓히는 방법 : 너트를 두드려 푸는 방법으로 너트가 풀리지 않는 경우 너트를 정으로 잘라 넓힌다.

㉰ 죔용 볼트를 빼는 방법 : 죔용 볼트가 고착된 경우 보통은 볼트의 목 밑의 구멍 부분에 녹이 나서 잘 빠지지 않을 때가 많다. 이 경우 너트를 두드려 푸는 방법으로 뺄 수 있다.

㉱ 부러진 볼트 빼는 방법 : 죔용 볼트가 밑부분에서 부러져 있을 경우 스크루 익스트랙터를 사용한다.

③ 볼트 너트의 적정한 죔 방법

(가) 적정한 토크(torque)로 죄는 방법 : 볼트, 너트의 대다수의 죔은 스패너로 죄지만 힘이 작용하는 점까지의 길이 l과 돌리는 힘 F로부터 죔 토크 $T=l\times F$ [N·m]를 구할 수 있다.

(나) 스패너에 의한 적정한 죔 방법 : 자동차, 전기전자용 제품 등 대량 생산 현장에서는 볼트, 너트를 신속하고 확실히 죄기 위해 토크 렌치(torque wrench), 임팩트 렌치(impact wrench)가 많이 쓰이고 있다.

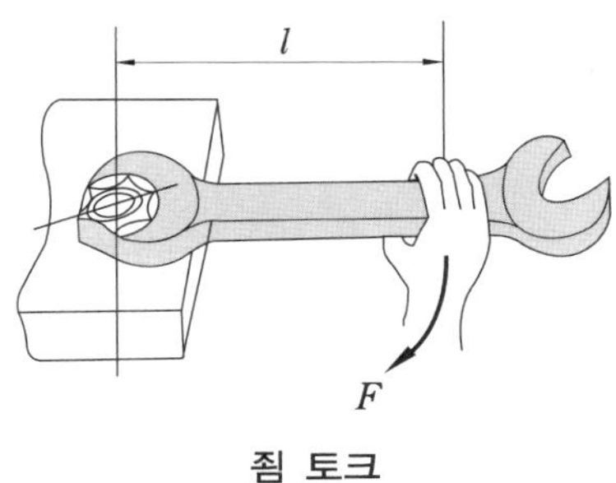

죔 토크

(2) 키의 맞춤 방법(KS B 1311, KS B ISO 2491)

① 키의 치수, 재질, 형상, 규격 등을 참조하여 충분한 강도를 검토해서 규격품을 사용한다.

② 축과 보스의 끼워 맞춤이 불량한 상태에서는 키 맞춤을 하지 않는다.

③ 키는 측면에 힘을 받으므로 폭(h7), 치수의 마무리가 중요하다.

④ 키 홈은 축, 보스 모두 기계 가공에 의해 축심과 완전히 평행으로 깎아내고 축의 홈 폭은 H9, 보스 측의 홈 폭은 D10의 끼워 맞춤 공차로 한다.

⑤ 키의 각(角)모서리는 면 따내기를 하고 또한 양단은 타격에 의한 밀림 방지 때문에 큰 면 따내기를 한다.

⑥ 키의 재료로는 인장강도가 600 MPa인 KS D 3752 (기계 구조용 탄소강)의 S42C이나 S55C를 사용한다.

(3) 핀(pin)

① 테이퍼 핀의 사용법(KS B 1308) : 테이퍼 핀은 밑에서 때려 뺄 수 없을 경우에는 핀의 머리에 나사를 내고 너트를 걸어서 뺀다.

② 평행 핀의 사용법(KS B 1310, 1320) : 평행 핀도 사용 방법의 기본은 테이퍼 핀과 같으며 관통 구멍에 넣고 핀 펀치로 밑으로 때려 빠지게끔 해서 사용한다. 핀 구멍은 드릴로 구멍을 낸 다음 스트레이트 리머로 관통시켜 정확한 구멍 지름으로 다듬질하며, 핀과의 끼워 맞춤은 m6로 한다.

2-2 축 기계요소

(1) 축의 보전

① 축의 고장 원인과 대책

(가) 조립, 정비 불량 : 보스 안지름을 절삭하고 축을 덧살 붙이기 또는 교체하여 정확한 끼워 맞춤을 함, 곧게 수리 또는 교체, 적당한 유종 선택, 유량 및 급유 방법 개선

(나) 설계 : 재질 변경(주로 강도), 크기 변경, 노치부 형상 개선

(다) 기타 : 외관 검사로 판명, 수리 또는 교체

② 축의 점검

점검 항목	점검	점검 방법	판단 기준	조치 방법
조립 보전 불량	정지	풀리, 기어, 베어링 등의 끼워 맞춤 상태, 외관 점검	풀리, 기어, 베어링의 끼워 맞춤 상태가 양호할 것	끼워 맞춤 불량하면 축의 바깥지름 수정 또는 베어링 선택 변경
		축의 정렬 상태, 다이얼 게이지로 점검	맞춤 상태 양호할 것	정렬 재조정
		축 손상 여부, 외관 점검	수리 후 사용	연삭기로 표면 재가공
	운전	축 흔들림이 없는지 5감 점검 또는 축 진동계로 점검	휜 축의 사용 (축 흔들림) 없을 것	축 정렬 교정
	운전 정지	베어링부 급유 상태, 외관 점검	급유 상태 양호할 것	급유 실시
축의 편심	정지	다이얼 게이지 사용	눈금차가 나지 않을 것	축의 휨 수정
커플링부 축 사이의 편심	정지	커플링부 양축의 편심을 스트레이트 게이지로 점검	편심 없을 것	중심 확보를 위한 높이 조정
키 홈의 마모	정지	외관 점검	키 홈에 마모·타흔 등이 없을 것	축의 교환 또는 보수 가능하면 수리

③ 축의 고장 방지

(가) 정확한 끼워 맞춤 공차의 설정

(나) 억지 끼워 맞춤에서 조립·분해 : 조립할 때에는 전용 유압 너트로 밀어 넣고, 분해할 때는 축의 중심부의 구멍에 유압 펌프를 접속하여 끼워 맞춤부에 높은 유압을 걸어 그 반작용에 의해 베어링의 내륜을 빼낸다. 이와 같은 방법을 오일 인젝션이라고 한다.

④ 축과 보스의 수리법

(가) 끼워 맞춤부 보스의 수리법

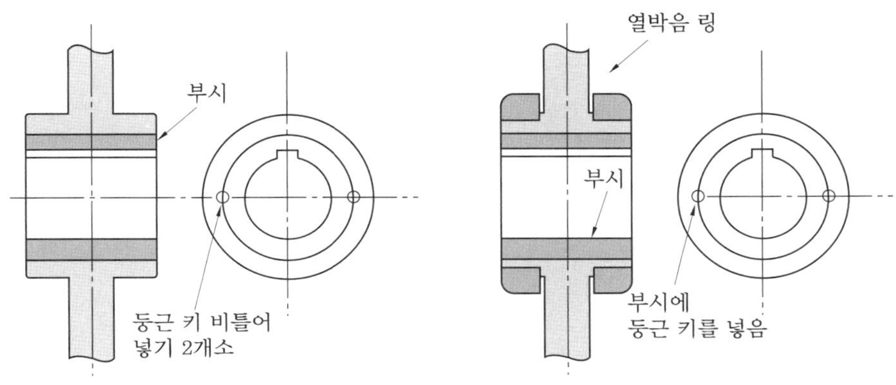

보스 내부의 부시 부착 평행 핀 **슈링키지 피트로 보스 보강**

(나) 축 끼워 맞춤부의 수리법

축의 수리 방법	단점	장점
신작(新作) 교체	비용과 시간이 걸림	원래대로 수리됨
마모부의 덧살 붙임 용접	용접 열 때문에 굽어질 염려가 있고 축 중앙부는 불량이다.	신작 교체보다 비용, 시간이 적게 든다.
마모부를 잘라 맞춰 용접	용접 기술이 좋지 않으면 신뢰성 낮다.	위와 같음
마모 부위를 잘라 버리고 비틀어 넣어 용접	용접 완성 여분 **축의 일부가 기어일 경우 적당**	
마모 부분 금속 용사	용사 열 때문에 굽어질 염려가 있으며	강도가 좋고 자체 시공일 때 비용 및 시간이 경제적이다.
마모 부분 경질 크롬 도금해서 연삭 마무리	마모량이 한쪽 면 0.05 mm 이하 정도일 때	도금 연삭 비용과 시간이 절약될 때에 한한다. 보스와의 끼워 맞춤이 아니고 베어링과의 끼워 맞춤 마모일 때 새로운 베어링에 맞춘다.

마모 부분 다시 깎기	축 지름이 작아져도 상용할 수 있을 때만 적용	축 수리 간단
마모부에 로렛 수리	응급적인 방법에 불과하지만 급한 대로 회복시켜 운전하고 단기간 정도 축을 새로 제작해서 교체할 때까지 활용하는 방법	

(다) 축의 구부러짐의 수리 : 바닥 면에 V블록을 2개 놓고 그 위에 축을 올려놓고 손으로 돌리면서 다이얼 게이지로 그 정도를 확인한 후 흔들림이 제일 심한 곳에 짐크로(jim crow)를 대고 약간씩 힘을 가하면서 구부러짐을 수정하는 것이다. 이 방법으로 신중히 하면 0.1~0.2 mm 정도까지 수정할 수 있다.

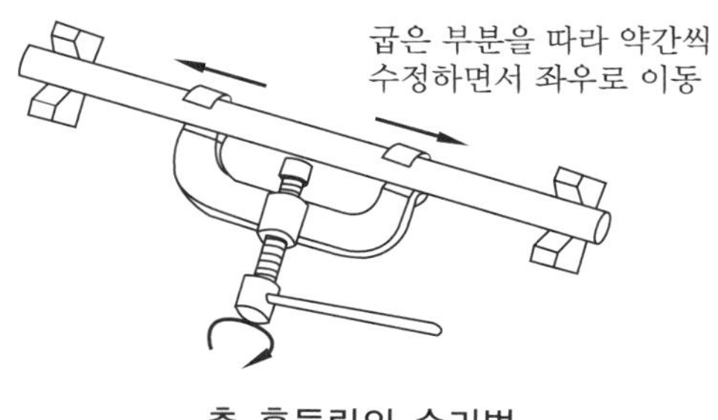
굽은 부분을 따라 약간씩
수정하면서 좌우로 이동

축 흔들림의 수리법

(2) 축 이음(shaft coupling) 보전

① 커플링의 점검 기준

센터링(centering)의 기준

A, B, C (A : 원주 방향, B : 면간 차, C : 면간)	RPM	1800까지	3600까지
	A	0.06 mm/m	0.03 mm/m
	B	0.03 mm/m	0.02 mm/m
	C	3~5 mm/m	3~5 mm/m

② 이음에서 중요한 중심내기 : 센터링(centering) 작업은 기계가 운전 중에 가장 양호한 동심(同心) 상태를 유지하기 위한 것으로서 진동, 소음을 최소한으로 억제하고 기계의 손상을 적게 하여 설비의 수명을 연장하려는 것이다.

(가) 센터링 방법

㉮ 두 축을 동시에 회전하여 센터를 측정하는 방법

㉯ 축 하나를 회전하여 센터를 측정하는 방법

(나) 센터링이 불량할 때의 현상

㉮ 진동이 크다.

㉯ 축의 손상(절손 우려)이 심하다.

㉰ 베어링부의 마모가 심하다.

㉱ 구동의 전달이 원활하지 못하다.

㉲ 기계 성능이 저하된다.

(다) 플렉시블 커플링의 중심내기 : 플렉시블 축이라고 해도 정확한 중심내기가 돼 있어야 수명이 길어지므로 최적의 점을 찾아내야 한다.

(3) 베어링(bearing) 점검 및 정비하기

① 베어링의 점검

(가) 일상 점검

베어링의 일상 점검

점검 항목	내용	판정 기준	점검 주기
베어링	온도	기온+40℃ 또는 70℃ 이하(일반적)	1회/일
		이상한 발열이 없을 것	1회/일
	소리	이상음이 없을 것	1회/일
	진동	허용 범위 내일 것 이상한 진동이 없을 것	1회/일
윤활유	양	규정 레벨일 것, 연락관이 정상일 것	1회/일
	압력·유량	규정 압력·유량일 것	1회/일
	색·이물	심한 변색, 물·혼입물 없을 것	1회/주
	오일링 등 작동 상황	윤활유가 확실히 급유되고 있을 것	1회/일

(나) 정기 점검

베어링의 정기 점검(주기 2~6년)

베어링의 종류	손상 요인	판정 기준
구름 베어링	전동체·레이스 흠	유해한 흠이 없을 것
	전동체·레이스 마모	심한 마모가 없을 것
	소부	소부형적이 없을 것
	발청	심한 발청 없을 것
	지지 기기 파손	파손이 없을 것
	베어링 상자·축과의 감합	허용 범위에 있을 것

미끄럼 베어링	마모·박리	결함 제거 끝처리 후 허용값 내에 있을 것
	흠	결함 제거 끝처리 후 허용값 내에 있을 것
	소부	결함 제거 끝처리 후 허용값 내에 있을 것
	오일링 벗겨짐 변형	벗어지는 일이 없을 것 변형이 허용값 내일 것

② 베어링의 조립

㈎ 베어링 조립의 요점 : 일반적으로 내륜과 축은 억지 끼워 맞춤을, 또 외륜과 하우징은 헐거운 끼워 맞춤이 사용된다.

㈏ 베어링의 장착 방법

㉮ 가열에 의한 방법 : 축에 내륜을 억지 끼워 맞춤할 때 베어링을 가열하여 조립한다. 가열 온도는 80~100℃가 적절하며 이 온도에서 충분한 팽창이 얻어진다. 가열에 의한 방법으로 베어링을 조립하는 경우 정확한 온도 제어가 필요하다. 온도가 130℃를 초과하게 되면 베어링 재질의 입자 구조가 변화하고 이로 인하여 경도가 저하되고, 치수가 불안정하게 된다. 실드형 베어링이나 실형 베어링은 제작할 때 그리스가 주입된 상태이므로 80℃ 이하로만 가열해야 하고 오일 배스(oil bath)를 사용한 가열은 하지 않는다.

• 열판에 의한 가열
• 오일 욕조에 의한 가열
• 열풍 캐비닛에 의한 가열
• 유도 가열기에 의한 가열

㉯ 기계적인 방법 : 원통 안지름 베어링의 조립에 있어서 기계적인 방법은 유압 프레스 또는 전용 지그를 이용하는 방법으로 베어링의 안지름이 80 mm 이하일 때 냉간 조립하는 방법이다.

• 유압에 의한 방법(오일 인젝션법)
• 프레스 압입에 의한 방법

2-3 전동용 기계요소

(1) 기어의 보전

① 기어의 손상 : 사용 중의 기어 손상은 이의 피팅(pitting), 파손(breakage), 장시간의 마모(long-range wear), 소성 변형(plastic deformation), 스코어링(scoring) 그리고 비정상적인 파괴적인 마모(destructive wear) 등을 원인으로 볼 수 있다.

기어 손상의 분류

손상 부위	분류	손상의 원인
Ⅰ. 이면의 열화	1. 마모(wear)	정상 마모, 습동 마모, 과부하 마모, 줄 흔적 마모
	2. 소성 항복	압연 항복(ridging), 피닝 항복(case crushing), 파상 항복(rippling)
	3. 용착	가벼운 스코어링, 심한 스코어링
	4. 표면 피로	초기 피팅, 파괴적 피팅, 피팅(스폴링)
	5. 기타	부식 마모, 버닝, 간섭, 연삭 파손
Ⅱ. 이의 파손		과부하 절손(over load breakage), 피로 파손, 균열, 소손

② 이면에 일어나는 주요 손상과 대책

(가) 이 접촉과 백래시(backlash) : 정확한 이 접촉은 이의 축 방향 길이의 80 % 이상, 유효 이 높이의 20 % 이상 닿거나, 이의 축 방향 길이의 40 % 이상, 유효 이 높이의 40 % 이상이 닿아야 한다. 이때에 두 가지 조건 어느 것이나 피치원을 중심으로 유효 이 높이의 1/3 이상 강하게 닿아야 한다. 이 접촉과 백래시는 적색 페인트를 칠해 두면 모두 측정할 수 있다.

(나) 이면의 초기 마모

㉮ 초기 마모의 체크 : 새 기어는 운전 개시 후 대략 500시간이 경과했을 때 이면의 상태를 체크한다. 이의 접촉 기준에 합치된 가벼운 마모 상태는 적색 페인트로 접촉면이 부각된 상태보다 약간 작으면 초기 마모로서 양호한 것이다.

㉯ 초기 이상과 이면의 수정 : 산업용 기계는 기어의 제작, 조립 불량과 윤활 불량이 주원인이 되어 운전 초기에 접촉 마모, 스코어링(scoring), 진행성 피팅(pitting)이나, 스폴링(spalling)을 일으킬 때가 있다. 접촉 면적의 대소는 제작상의 문제이며 윤활은 정비 부문에서 취급해야 한다. 이면의 열화가 가벼울 때는 소형의 기름 숫돌로 이가 닿는 면을 수정하는 방법으로 수리를 하고 이후의 경과를 보면서 500~1000시간마다 2~3회 같은 방법으로 수리를 하면 안전하게 운전시킬 수 있다. 그러나 이 경우 이 폭의 거의 양 끝에서 백래시를 측정했을 때 그 차가 50μm 이내이어야 하고 그 이상이면 교체해야 한다.

(다) 소성 유동(plastic flow) : 과부하 상태에서 접촉면이 항복이나 변형될 때 높은 접촉 응력하에 맞물림의 구름과 미끄럼 동작으로 발생한다. 이런 소성 유동은 기어 이의 끝과 가장자리 부분에서 얇은 금속의 돌출 상태로 나타나며, 작용하중을 줄이고 접촉 부분의 경도를 높이면 줄일 수 있다.

(라) 표면 피로(surface fatigue) : 일반적으로 기어 재질이 견딜 수 있는 치면 용량을 초과했을 때 나타나는 피로 파괴 현상이다.

(마) 파손(breakage) : 기어의 전체나 일부분의 피로 현상은 설계 및 가공 단계에서 잘못된 초과 하중, 호브 자국, 노치, 금속 함유물, 열처리 크랙, 정열 오차 등에서 발생한다. 또한 과도한 마모나 피팅 파손의 2차적인 결과이다.

(바) 스코어링 : 운전 초기에 자주 발생하는 현상으로 가장 많이 일어나는 것은 이뿌리 면과 이끝면의 맞물리는 시초와 끝부분이다. 이의 면은 회전할 때의 접촉 압력에 의해 휨이 일어나고 또 제작 시에 발생하는 피치 오차, 이 형태의 오차 등에 의해 이 끝에서 상대측의 이뿌리에 버티는 작용(간섭)을 일으키고 국부적인 고온 때문에 윤활막이 파단되어서 완전한 금속 접촉이 되게 한다. 이 접촉 압력은 헤르츠 압력이라고 하지만 대단히 높으며 기어 재질 자신의 용융점보다 월등히 낮은 온도(그러나 유막이 끊어질 정도의 고온)라도 순간적으로 표면의 극소 부분에 용착이 발생하게 된다. 그것이 또 미끄럼 때문에 할퀸 상처로 진전 균열을 발생시켜 차차 확대되어 피치원을 경계로 이뿌리면이 도려내져 치명적인 스코어링이 된다.

(2) 벨트의 보전

① 평벨트의 동력 전달 : 두 축에 고정된 평벨트 풀리에 벨트를 거는 방법에는 바로걸기 방법(open belting)과 엇걸기 방법(crossed belting)이 있다. 벨트가 원동차로 들어가는 쪽을 인장 쪽(tension side), 원동차로부터 풀려 나오는 쪽을 이완 쪽(loose side)이라 한다. 이완 쪽이 원동차의 위쪽으로 오게 하거나 인장 풀리를 사용하면 접촉각이 크게 되어 미끄럼이 적게 된다.

② 평벨트의 성능 : 벨트를 부착할 때의 기준 장력은 약 2% 정도의 늘어남을 허용하지만 최종적으로는 사용 조건에 따라 경험적인 장력을 찾아내서 적용하면 1.5~2년 이상의 수명을 유지할 수 있다. 풀리에 종래의 가죽 벨트와 마찬가지 감각으로 크라우닝을 하여 치우침을 방지하려고 하면 오히려 항장체를 열화시킨다.

③ V 벨트의 정비

(가) V 벨트 종류 : M, A, B, C, D, E의 여섯 가지가 있다.

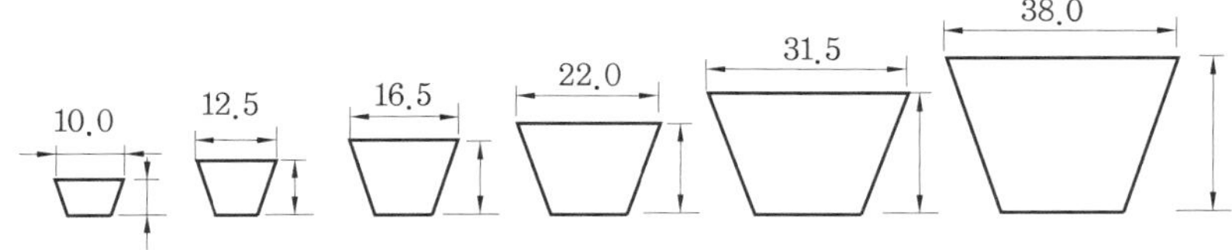

V 벨트의 규격

(나) V 벨트의 정비 요점

㉮ 2줄 이상을 건 벨트는 균등하게 처져 있어야 한다.

㉯ 풀리의 홈 마모에 주의한다. 홈 상단과 벨트의 상면은 거의 일치되어 있는데, 벨트가 어느 정도 밑으로 내려가 있는 것은 홈이 마모되어 있기 때문이다. 홈 저면이 마모되어 번뜩이는 것은 미끄럼이 일어난다.

㉰ V 벨트는 합성고무라 해도 장기간 보관하면 열화된다. 보관품의 구입 년 월을 정확히 하고 오래된 것부터 쓰는 것이 좋다.

㉱ V 벨트 전동 기구는 설계 단계에서부터 벨트를 거는 구조로 되어 있다. 원동부에서는 전동기의 슬라이드 베이스나 이동할 수 없는 축 사이에서 장력 풀리를 쓴다.

④ 타이밍 벨트의 정비

(가) 타이밍 벨트의 특징 : 기어 대신 이에 해당하는 돌기를 지닌 고무 벨트로 만들어져 있다.

(나) 중심내기 방법

㉮ 타이밍 벨트도 V 벨트와 같이 정 장력을 기본으로 하고 있으므로 장력 풀리는 타이밍 풀리를 사용하고 또한 3축 평행이 필요하므로 중심내기도 어렵다.

㉯ 타이밍 벨트도 평벨트의 일종이므로 반드시 장력을 고려한다.

㉰ 간단한 원통형의 장력 풀리를 써서 벨트의 도피 방향에 따라 접촉 각도가 조절되는 가대(架臺)를 설치하여 풀리의 스파이럴 작용에 의해 벨트의 도피를 방지하게끔 반대 장력을 준다.

㉱ 일반적으로 벨트 수명은 3개월 이하이나 이 장치를 사용하면 벨트 수명이 1년 이상 연장된다.

(3) 체인 전동(chain)의 보전

① 체인의 사용상 주의점

(가) 용량에 맞는 체인을 사용한다.

(나) 무게 중심을 맞추고 모서리는 피한다.

(다) 과부하는 피하고 작업 전에 이상 유무를 확인한다.

(라) 정격하중의 70~75 %, 충격하중은 $\frac{1}{4}$ 이하로 사용한다.

(마) 체인 블록을 2개 사용 시 무게 중심이 한곳으로 쏠리지 않도록 한다.

(바) 물건을 장시간 걸어두지 않는다.

(사) 비꼬임이나 비틀림이 없어야 한다.

② 체인의 검사 시기

㈎ 체인의 길이가 처음보다 5% 이상 늘어났을 때

㈏ 롤러 링크 단면의 지름이 10% 이상 감소했을 때

㈐ 균열이 발생했을 때

③ 체인을 거는 방법과 스프로킷의 중심내기

㈎ 체인을 거는 방법

㉮ 체인을 푸는 방법 : 연결된 체인에는 반드시 이음 링크가 붙어 있다. 체인을 풀 경우에는 연결부로 되어 있는 이 이음 링크를 한 후 링크의 클립 또는 분할 핀을 빼면 핀 링크 플레이트는 손끝으로 가볍게 뺄 수 있다. 이음 링크가 스프로킷을 지나 중간 위치에 있을 경우에는 당기는 힘이 걸려 있으므로 풀기가 힘이 든다.

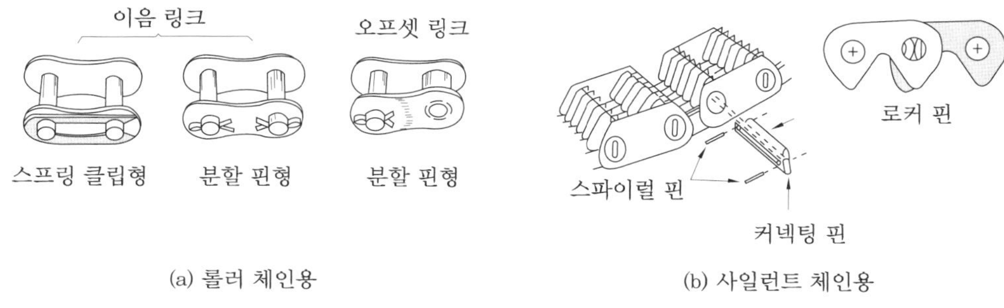

여러 가지 이음 링크

㉯ 긴 체인을 짧게 하는 방법 : 작업 현장에서는 긴 롤러 체인을 적당한 길이로 짧게 하는 작업도 때때로 발생한다. 롤러 체인은 제일 마지막의 핀 양단이 코킹에 의해 고정되어 있다. 체인은 담금질되어 있으므로 톱으로는 절단되지 않는다. 또 그라인더로 연삭하면 다시 사용할 수 없게 된다. 그러므로 사용하지 못하는 너트 등을 놓고 위에서 핀을 해머로 때린다. 이와 같이 하면 핀의 코킹 부분이 플레이트 상면까지 빠진다. 다음에는 핀 펀치로 때려서 빼면 된다. 또는 때리지 않아도 되는 체인 커터를 사용해도 된다. 사일런트 체인도 핀에 와셔를 넣고 양단을 코킹했으므로 같은 방법으로 작업한다.

㉰ 체인을 거는 방법 : 체인을 걸 때는 체인을 푸는 방법과 거의 반대의 순서로 작업을 한다. 오프셋 링크를 쓰면 1피치 이내의 조절도 되므로 이것들의 이음 링크를 끼워 보는 등 임시 고정시켜 체인의 느슨함을 조사하면서 해야 한다.

㈏ 체인 스프로킷의 중심내기 : 기계의 전동축은 보통 수평 또는 수직이고 서로 연동하는 것은 거의 모든 경우 평행으로 부착되어 있다. 체인의 경우 적어도 두 축을 포함한 평면상에서 두 개의 축이 평행이 아니면 체인 전동을 할 수 없다. 또 스프로킷은 그 두 축을 포함한 평면에 대하여 동일 수직면상에 있어야 한다.

2-4 제어용 기계요소

(1) 클러치 및 브레이크 용어

클러치는 동심축상에 있는 구동측에서 피동측으로 기계적 접촉에 의해 동력을 전달·차단하는 기능을 가진 요소, 브레이크는 운동체와 정지체와의 기계적 접촉에 의해 운동체를 감속하고 정지 또는 정지 상태로 유지하는 기능을 가진 요소라고 정의할 수 있다.

(2) 클러치·브레이크의 분류

클러치·브레이크에는 기계 다판 클러치, 유압 다판 클러치(습식), 습식 전자 클러치 등 3종류가 있다.

① 마찰 클러치·브레이크 : 마찰식은 자동차의 클러치와 같이 마찰판(디스크)에 의해 구동축과 피동축을 개폐하는 것이다. 마찰판의 조작 형식에 따라 기계식과 공압식, 전자식으로 구별된다. 또한 브레이크 전용의 원판을 축에 부착하여 마찰력을 주는 디스크 브레이크가 있다.

(가) 건식과 습식 : 마찰력 클러치·브레이크는 동력을 전달할 때 발생하는 마찰열을 냉각하는 방식에 따라 건식과 습식으로 분류한다. 건식은 공랭 방식, 습식은 유랭 방식이다.

(나) 단판식과 다판식 : 단판식은 마찰판(디스크)이 1장, 다판식은 2장 이상이다.

(다) 습식 다판과 건식 단판의 특징 : 마찰 클러치·브레이크는 건식·습식과 단판·다판을 조합해서 4종류가 있으나 습식 다판식과 건식 단판식이 많이 사용되고 있으며, 최근에는 전자 방식이 많이 사용된다.

② 전자 클러치·브레이크 : 조작 방식에 전자력을 이용한 전자 클러치·브레이크는 습식 다판식과 건식 단판식이 사용된다.

2-5 관계 기계요소

(1) 관 이음의 종류

① 관의 종류

(가) 주철관 : 강관보다 무겁고 약하나, 내식성이 풍부하고, 내구성이 우수하며, 가격이 저렴하여 수도, 가스, 배수 등의 배설관과 지상과 해저 배관용으로 미분탄, 시멘트 등을 포함하는 유체 수송에 사용된다. 호칭은 안지름으로 하고 길이는 보통

3~4 m이나 원심주조법의 개발로 안지름 1500 mm, 길이 8~10 m 정도까지 생산된다.

(나) 강관 : 제조에 의한 이음매 없는 강관과 이음매 있는 강관으로 구별하고 이음매 없는 강관은 바깥지름이 500 mm까지 있으며, 이음매 있는 강관에서 500 mm 이상의 큰 지름관은 이음매가 나선형인 스파이럴 용접 강관으로 구조용 및 강관 갱목용 등에 사용된다. 강관의 내식성을 증가시키기 위하여 아연 도금, 모르타르, 고무, 플라스틱 등을 라이닝(lining)하기도 한다.

㉮ 가스관(배관용 강관) : 저압용의 증기, 물, 공기 등의 수송 등에 사용되며 이음매 없는 강관, 단접관, 전기 저항 용접관 등이 해당된다. 호칭 지름은 안지름을 인치로 표시하며 보통 5.5 m가 최대이다.

㉯ 압력 배관용 강관 : 주로 150~1000 N/mm^2, 350℃를 넘지 않는 각종 압력 배관에 사용된다.

(다) 동관 : 냉간 인발로 제작된 이음매 없는 관으로 내식성, 굴곡성이 우수하고 전기 및 열 전도성이 좋고 내압성도 상당히 있어 열교환기용, 급수용, 압력계용 배관, 급유관 등 화학공업용으로 사용된다. 길이는 보통 3~5 m, 호칭은 바깥지름×두께로 한다. 값이 비싸고, 고온강도가 약한 결점이 있다.

(라) 황동관 : 냉간 인발로 제작된 이음매 없는 관으로 작은 지름이 많다. 특징은 동관과 거의 같고, 가격이 싸며 강도가 커 가열기, 냉각기 복수기, 열교환기 등에 사용된다. 호칭은 바깥지름×두께로 보통 3~7 cm 정도이다.

(마) 연관 및 연합금관 : 연관은 압출제관기로 이음매 없는 제작을 하며 내산성이 강하고 굴곡성이 우수하여 공작이 용이하므로 상수도, 가스의 인입관, 산성 액체, 오수송용관에 사용된다. Sb 6%를 함유한 경연관은 특히 내산성과 강도를 요하는 곳에 사용한다. 호칭은 안지름×두께로 한다.

(바) 알루미늄관 : 냉간 인발로 제작된 이음매 없는 관으로 비중이 작고 동, 황동 다음으로 열과 전기 전도도가 높다. 고순도일수록 내식성과 가공성이 우수하여 화학공업용, 전기기기용, 건축용 구조재로 널리 사용된다. 가공을 연하게 하려면 300℃ 정도로 가열하면 된다. 호칭은 바깥지름×두께로 한다.

(사) 염화비닐관 : 압출제관기로 이음매 없는 제작을 하며 연질과 경질이 있다. 연질은 내약품성, 내알칼리성, 내유성, 내식성이 우수하여 고무 호스 대신 사용된다. 또 전기 절연성이 우수하고, 불연성이므로 연관, 가스관 대신 화학공장, 식품공장용 배관, 절연 부품으로도 사용된다. 열가소성 수지이므로 고온에서는 기계적 강도가 저하되므로 −10~60℃ 범위에서 사용한다.

(아) 고무 호스 : 진공용은 압궤 방지를 위하여 코일상으로 강선을 넣은 흡입 호스가 있다. 호칭은 안지름으로 한다. 수송 물체에 따라 증기 호스, 물 호스, 공기 호스, 산소 호스, 아세틸렌 호스 등이 있다.

(자) 특수관 : 강관의 내면에 고무 또는 유리를 라이닝한 라이닝관은 내약품, 내산, 내알칼리용으로 널리 사용된다. 토관, 목관, 콘크리트관은 배기·배수용으로 사용된다. 원심 유입법에 의한 철근 콘크리트관인 흄관은 강도가 크다. 목관은 내산성의 배기·배수관으로 화학공장에서 사용된다.

(차) KD관 : 자외선(UV) 안정제를 혼합한 고밀도 합성수지(HDPE)를 원료로 외부를 파형으로 한 관벽과 평활한 내부 관벽을 압출 성형으로 일체적 접착시킨 역학적 이중 구조로 된 관이다.

② 관 이음

(가) 관 이음의 종류

㉮ 영구 이음(용접 이음) : 파이프의 이음부를 용접하여 사용하는 것으로서, 고압관 이음에서와 같이 이음부를 되도록 적게 하여 누설이 발생하지 않도록 할 때에 사용하며, 설비비와 유지비가 적게 든다. 용접 이음을 할 때에는 수리에 편리하도록 플랜지 이음(flange joint)을 병용하는 것이 좋으며, 이음부는 V형 맞대기 용접으로 하여, 안쪽에 이면 비드가 나오지 않도록 한다.

㉯ 분리 가능 이음

- 나사 이음 : 파이프의 끝에 관용 나사를 절삭하고 적당한 이음쇠를 사용하여 결합하는 것으로, 누설을 방지하고자 할 때에는 접착 콤파운드나 접착 테이프를 감아 결합한다. 수나사 부분은 관 끝에 암나사를 내고 비틀어 넣는 것이 아니라 다른 이음쇠나 소형 밸브를 비틀어 넣어서 사용한다.
- 패킹 이음 : 생 이음이라고도 하며, 파이프에 나사를 절삭하지 않고 이음하는 것으로 숙련이 필요하지 않고, 시간과 공정이 절약된다.
- 턱걸이 이음 : 파이프의 한 끝을 크게 하여 여기에 다른 한 끝을 끼우고, 그 사이에 대마나 목면 등의 패킹을 넣고 그 위에 납이나 시멘트를 유입한 다음 코킹하여 누설이 방지되도록 결합하는 것으로, 정확성을 필요로 하지 않는 상수, 배수, 가스 등의 지하 매설용에 많이 사용된다.
- 플랜지 이음 : 관의 끝부분에 플랜지를 나사 이음 용접 등의 방법으로 부착하고 볼트, 너트로 죄어서 관을 접합하거나 기기 용기 밸브류와 접속하는 것이다. 이것은 관의 지름이 비교적 클 경우, 내압이 높을 경우 사용되며, 분해, 조립이 편리하여 산업 배관에 많이 사용된다.
- 고무 이음 : 진동 흡수용 이음으로 냉동기, 펌프의 배관에 사용된다.

- 신축 이음 : 온도에 의해 관의 신축이 생길 때 양단이 고정되어 있으면 열응력이 발생한다. 관이 길 때는 그 신축량도 커지면서 굽어지고, 관뿐만 아니라 설치부와 부속 장치에도 나쁜 영향을 끼쳐 파괴되거나 패킹을 손상시킨다. 따라서 적당한 간격 및 위치에 신축량을 조정할 수 있는 이음이 필요한데, 이것을 신축 이음이라 한다.

㈏ 관 이음쇠 : 관과 관을 연결시키고, 관과 부속 부품과의 연결에 사용되는 요소를 관 이음쇠라 부르며 관로의 연장, 관로의 곡절, 관로의 분기, 관의 상호 운동, 관 접속의 착탈의 기능을 갖는다.

㉮ 영구 관 이음쇠 : 주로 용접, 납땜에 의하여 관을 연결하는 것으로, 고장 수리와 관내의 청소가 필요 없는 경우와 빌딩과 땅속의 매설관 접속에 많이 사용된다. 플랜지 이음이나 유니언 이음이 많이 사용된다.

㉯ 착탈 관 이음쇠 : 정기적으로 배관을 해체, 검사, 보수하는 곳에 가단주철제가 많이 사용된다. 대형관 또는 주철, 주강, 청동 등의 관 이음에도 사용되며, 종류에는 나사관 연결쇠, 플랜지관 연결쇠, 소켓관 연결쇠 등이 있다.

(2) 배관 정비

① 나사 이음부의 누설

㈎ 누설 방지 요점 : 반복 사용으로 인한 나사부 착탈에 의한 마모, 증기, 물 등의 나사부 누설은 관의 나사 부분을 부식시켜 강도 저하, 균열, 파단의 원인이 된다.

㈏ 더 죄기로 인한 누설 방지 : 배관에서 나사부 누설이 생겼을 경우 그 상태로 밸브나 관을 더 죄면 반드시 반대 측의 나사부에 풀림이 발생되므로 플랜지로부터 순차적으로 비틀어 넣기부를 분리하여 교체 여부를 확인한다. 교체가 불필요할 때는 실 테이프를 감고 순차적으로 비틀어 넣어 최후에 플랜지부를 접속한다. 또 그러기 위해서는 플랜지나 유니언 이음쇠가 적당히 설치되어야 한다.

② 누설의 발견 : 증기, 액체의 경우는 쉬우나 압축 공기의 경우는 대단히 어렵다. 그러므로 1~2년에 한 번 정도 공장이 가동되지 않을 때 공기 압축기를 운전하여 공장 내의 공기 누설 소리를 발견하고, 또 각 이음부에 비눗물 칠을 하여 거품으로 누설의 여부를 본다.

③ 배관 지지 장치의 정비

㈎ 배관 지지 장치의 종류 : 배관 지지 장치는 고정식과 가동식으로 분류된다. 상온의 물, 공기, 기름, 가스 등의 일반 배관에서는 고정식이 많으며 열팽창이나 수축을 고려해야 할 증기 배관에서는 대부분의 개소에 가동식을 사용하고 있다.

(나) 보수 점검의 방법 : 장기간 운전되는 발전소 배관 및 지지 장치는 장기간에 걸친 열 변형, 변동하중, 노화, 부식, 지지하중의 불평형 등에 의한 응력 집중 및 피로(fatigue)로 조기 파손될 우려가 있으며 단순 육안 점검 및 비파괴 검사 방법에만 의존할 경우 근원적인 문제 해결이 어려워 정밀 진단 기술이 필요하다. 일상 점검에 해당되지 않고 다른 관이나 이음쇠의 수리, 교체, 도장, 보온관의 보수 등 관계에 보수할 경우 부근의 지지 장치와 함께 점검 보수를 한다.

④ 배관의 부식

(가) 방식이 필요한 배관 : 지하에 매몰된 배관이나 200 A 이상 되는 큰 지름의 파이프 라인 등에서 관의 부식은 안전성, 경제성 차원에서 매우 중요한 문제이며 관의 내외면에 방식 도장, 라이닝, 전기 도금 방식 등 각종의 부식 방지 처치를 해야 한다.

(나) 배관 재료에 의한 방식 대책 : 아연 도금 이외의 배관은 옥내외 관계없이 다른 철강 구조물과 같이 외면을 도장해서 녹 부식으로부터 보호한다. 또 도장의 박리(剝離) 손상 오염 등에 대해서도 정기적인 점검과 보수를 한다.

예상문제

1. 다음 나사의 그림에서 A는 무엇을 나타내는가? [16-2]

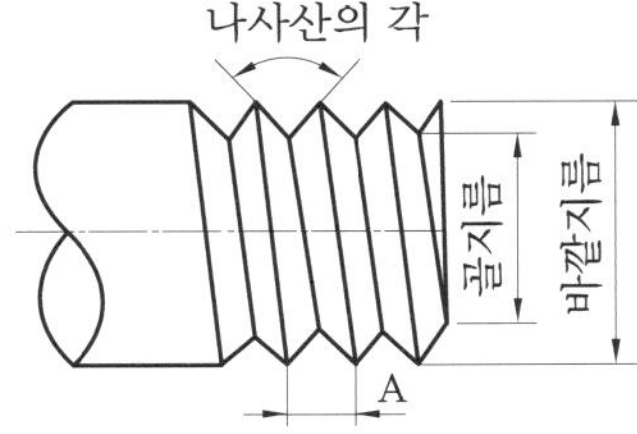

① 리드(lead) ② 피치(pitch)
③ 호칭지름 ④ 모듈(module)

해설 • 리드 : 나사를 한 바퀴 돌렸을 때 축 방향으로 이동한 거리
• 피치 : 나사산과 나사산 사이의 축 방향의 거리

2. 다음 중 나사에 관한 설명으로 틀린 것은 어느 것인가?

① 나사에서 피치가 같으면 줄 수가 늘어나도 리드는 같다.
② 미터계 사다리꼴 나사산의 각도는 30° 이다.
③ 나사에서 리드라 하면 나사축 1회전당 전진하는 거리를 말한다.
④ 톱니 나사는 한 방향으로 힘을 전달시킬 때 사용한다.

해설 리드(l)=나사 줄 수(n)×피치(p)이므로 피치가 같을 때 줄 수가 늘어나면 리드는 커진다.

정답 **1.** ② **2.** ①

3. 그림과 같은 미터 나사에서 나사산의 각도는 얼마인가? [14-5]

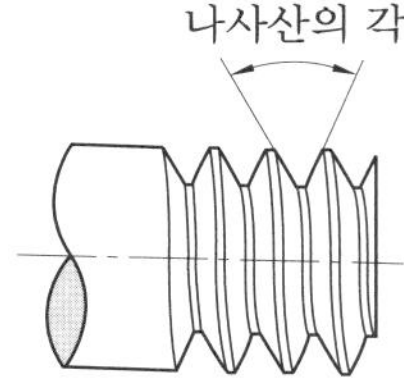

① 45° ② 55°
③ 60° ④ 65°

해설 삼각 나사인 미터 나사와 유니파이드 나사는 나사산의 각도가 60°이며, 관용 나사는 테이퍼 나사로 나사산의 각도가 55°이다.

4. 그림과 같은 기계 바이스의 나사로 가장 적합한 것은? [06-5, 16-1]

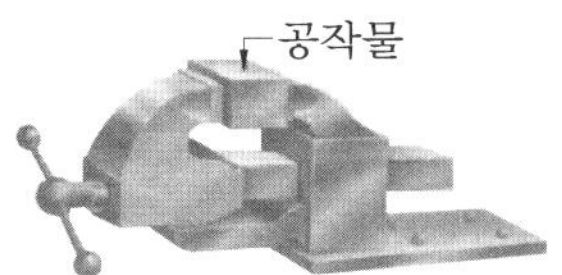

① 볼 나사 ② 삼각 나사
③ 둥근 나사 ④ 톱니 나사

해설 톱니 나사(buttress screw thread)는 힘을 한 방향으로만 받는 부품에 이용되는 나사로 힘을 받는 쪽에는 사각 나사, 반대쪽에는 삼각 나사로 깎아서 두 나사의 장점을 구비한 것이다.

5. 다음 중 볼 나사(ball screw)의 장점이 아닌 것은? [15-2]

① 먼지에 의한 마모가 적다.
② 백래시를 크게 할 수 있다.
③ 높은 정밀도를 오래 유지할 수 있다.
④ 윤활에 그다지 주의하지 않아도 좋다.

해설 볼 나사는 먼지에 의한 마모가 적고, 백래시가 작으며, 높은 정밀도를 유지할 수 있고, 윤활에 그다지 주의하지 않아도 좋으나 고가이고, 기계 장치의 크기가 커지는 단점이 있다.

6. 다음 중 백래시(back lash)가 현저하게 감소되는 나사는? [06-5, 14-1]

① 볼 나사 ② 미터 나사
③ 톱니 나사 ④ 휘트워드 나사

해설 볼 나사는 나사의 효율이 좋고, 백래시를 작게 할 수 있으며, 윤활에 주의가 없어도 된다. 또한 먼지에 의한 마모가 적고, 높은 정밀도를 장시간 유지할 수 있다. 그러나 자동 체결이 곤란하고, 가격이 비싸며, 피치를 작게 할 수 없어 너트의 크기가 크게 된다.

7. 원형 나사 또는 둥근 나사라고도 하며, 나사산의 각(α)은 30°로 산마루와 골이 둥근 나사는?

① 톱니 나사 ② 너클 나사
③ 볼 나사 ④ 세트 스크루

해설 너클 나사(knuckle thread)는 나사산 각이 30°로 나사 봉우리와 골은 크고 둥글게 되어 있다. 먼지, 모래 등이 많은 곳에 사용되며, 박판의 원통을 전조하여 제작한다.

8. 두 개의 너트를 사용하여 최초의 너트로 조이고 두 번째 너트를 조인 후 두 번째 너트를 잡고 최초의 너트를 약간 역회전시켜서 볼트, 너트의 풀림을 방지하는 이완 방지법은? [12-5]

① 홈달린 너트 분할 핀 고정에 의한 방법
② 절삭 너트에 의한 방법

정답 3. ③ 4. ④ 5. ② 6. ① 7. ② 8. ③

③ 로크 너트에 의한 방법
④ 특수 너트에 의한 방법

해설 로크 너트를 15~20° 역전을 시킨다.

9. 로크 너트에 관한 설명으로 옳지 않은 것은? [11-5, 15-1]

① 주로 풀림 방지에 사용된다.
② 로크 너트를 먼저 삽입하여 체결한다.
③ 정규 너트를 먼저 삽입하여 체결한다.
④ 두께가 얇은 너트를 로크 너트라 한다.

해설 로크 너트는 주로 풀림 방지에 사용되는 것으로 두께가 얇은 너트를 로크 너트라 하며, 로크 너트를 먼저 삽입하고 정규 너트를 체결한다.

10. 볼트의 고착 방지법으로 옳지 않은 것은? [14-1]

① 유성 페인트를 칠한다.
② 볼트에 커버를 덮는다.
③ 나사의 틈새에 부식성 물질 침투를 방지한다.
④ 산화 연분을 기계유로 반죽한 적색 페인트를 도포한다.

해설 고착 방지법 : 녹에 의한 고착을 방지하려면 우선 나사의 틈새에 부식성 물질이 침입하지 못하게 해야 한다. 그 방법으로서 조립 현장에서 산화 연분을 기계유로 반죽한 적색 페인트를 나사 부분에 칠해서 죄는 방법이 쓰인다. 이 방법은 수분이나 다소의 부식성 가스가 있어도 침해되지 않고 2~3년은 충분히 견딘다. 또 유성 페인트를 나사 부분에 칠해서 조립하는 방법도 효과적이며 공장 배수관의 플랜지나 구조물의 볼트, 너트에도 이 방법이 효과적이다.

11. 부러진 볼트를 빼내기 위해서 사용하는 공구는? [07-5, 09-5, 16-1]

① 조합 스패너
② 테이퍼 핀
③ 임팩트 렌치
④ 스크루 익스트랙터

해설 죔용 볼트가 밑부분에서 부러져 있을 경우 스크루 익스트랙터를 사용한다. 분해용 구멍 지름은 볼트 지름의 60% 정도가 적당하다.

12. 부러진 볼트를 빼기 위해 사용하는 스크루 익스트랙터의 분해용 구멍 지름과 볼트 지름과의 관계로 가장 적절한 것은? [15-5]

① 분해용 구멍 지름은 볼트 지름과 같게 한다.
② 분해용 구멍 지름은 볼트 지름의 40% 정도로 한다.
③ 분해용 구멍 지름은 볼트 지름의 50% 정도로 한다.
④ 분해용 구멍 지름은 볼트 지름의 60% 정도로 한다.

13. 볼트, 너트의 죔 토크를 구하는 식으로 옳은 것은? (단, l은 죔이 작용하는 점까지의 길이, F는 힘이다.) [08-5, 13-5]

① lF　　② l^2F
③ $\frac{l}{F}$　　④ $\frac{F}{l}$

14. 무거운 물체를 달아 올리기 위하여 훅(hook)을 걸 수 있는 고리가 있는 볼트는 어느 것인가? [14-2]

① 아이 볼트
② 나비 볼트
③ 리머 볼트
④ 간격 유지 볼트

정답 9. ③ 10. ② 11. ④ 12. ④ 13. ① 14. ①

15. 다음 중 와셔(washer)의 용도가 아닌 것은 어느 것인가? [11-5, 14-1, 14-2]

① 볼트 구멍이 볼트 지름보다 너무 클 때
② 볼트와 너트의 자리면이 고르지 못할 때
③ 볼트 자리면 재료의 강도가 강할 때
④ 너트의 풀림을 방지하고자 할 때

해설 자리면의 재료가 너무 연하여 볼트의 체결 압력을 견딜 수 없을 때 와셔를 사용한다.

16. 분할 핀의 사용법 중 옳지 않은 것은?

① 한 번 사용한 것은 다시 사용하지 않아야 한다.
② 결합이나 위치 결정 용도로 사용된다.
③ 볼트, 너트의 풀림 방지에 사용된다.
④ 이음 핀의 빠짐 방지에 사용된다.

17. 다음 중 우드러프 키라고도 하며, 일반적으로 60 mm 이하의 작은 축에 사용되고, 특히 테이퍼 축에 편리한 키는?

① 평 키 ② 반달 키
③ 성크 키 ④ 원뿔 키

해설 반달 모양의 반달 키(woodruff key)는 축에 키 홈이 깊게 파지므로 축의 강도가 약하게 되는 결점이 있으나, 키와 키 홈 등이 모두 가공하기 쉽고 키와 보스를 결합할 때 자동으로 키가 자리를 잡는 자동 조심 작용을 하는 장점이 있어 자동차, 공작 기계 등에 널리 사용된다. 일반적으로 ϕ60 mm 이하의 작은 축에 사용하며 테이퍼 축에 사용하면 편리하다.

18. 회전비의 변화 없이 회전 운동을 직접적으로 전달하는 것은? [15-5]

① 회전축 ② 정지축
③ 고정축 ④ 크랭크축

19. 축이 구부러졌을 때 교환하지 않고 정비 현장에서 수리 여부를 판단하여 수리를 진행할 수 있는 경우로 가장 거리가 먼 것은 어느 것인가? [15-1]

① 베어링 중간부의 풀리 스프로킷이 흔들려 소리를 낼 때
② 500 rpm 이하이며 베어링 간격이 비교적 긴 축이 휘어져 있을 때
③ 경하중 기계에서 축 흔들림 때문에 진동이나 베어링의 발열이 있을 때
④ 감속기가 부착된 고속 회전축이나 단달림부에서 급하게 휘어져 있을 때

해설 축이 구부러졌을 때 현장에서 수리할 수 있는 판단 기준
(1) 500 rpm 이하이며 베어링 간격이 비교적 긴 축이 휘어져 있을 때
(2) 경하중 기계에서 축 흔들림 때문에 진동이나 베어링의 발열이 있을 경우
(3) 베어링 중간부의 풀리 스프로킷이 흔들려 소리를 낼 때

20. 축의 고장 원인 중 차지하는 비율이 가장 큰 것은?

① 끼워 맞춤 불량 ② 재질 불량
③ 치수 강도 부족 ④ 형상 구조 불량

해설 축은 손상이나 파손이 많아 기계 장치 고장의 약 30 %를 차지하고 있다. 이 고장 중 약 60 %가 조립 정비 불량(풀리, 베어링, 기어 등 끼워 맞춤 불량)이다.

21. 회전기계에서 구동축과 종동축 중심의 편차를 측정하여 수정하는 작업은?

① 축 정렬 작업 ② 백래시 작업
③ 런아웃 작업 ④ 열박음 작업

정답 15. ③ 16. ② 17. ② 18. ① 19. ④ 20. ① 21. ①

22. 축의 센터링(centering) 불량 시 발생하는 현상이 아닌 것은? [14-2]

① 진동이 크다.
② 축의 손상(절손 우려)이 크다.
③ 베어링부의 마모가 심하다.
④ 기계 성능이 향상된다.

해설 센터링 불량 시 발생하는 현상
(1) 진동이 크다.
(2) 축의 손상(절손 우려)이 심하다.
(3) 베어링부의 마모가 심하다.
(4) 구동의 전달이 원활하지 못하다.
(5) 기계 성능이 저하된다.

23. 미끄럼 베어링과 구름 베어링을 비교했을 때 구름 베어링에 대한 설명으로 옳지 않은 것은? [10-5, 14-2]

① 기동 토크가 작다.
② 설치가 간편하다.
③ 공진 속도 이내에서 운전해야 한다.
④ 감쇠력이 우수하고 충격 흡수력이 크다.

해설 내충격성 비교

미끄럼 베어링	구름 베어링
비교적 강하다.	약하다.

24. 롤링 베어링의 호칭 번호가 6305P라면 호칭에 따른 설명이 잘못된 것은?

① 6 – 형식 번호로서 단열 홈형이다.
② 3 – 지름 기호로서 중간 하중용이다.
③ 05 – 안지름 번호로서 안지름이 5 mm 이다.
④ P – 베어링의 등급으로서 정밀급이다.

해설 (1) 안지름이 1~9 mm, 500 mm 이상 : 번호가 안지름
(2) 안지름 10 mm : 00, 12 mm : 01, 15 mm : 02, 17 mm : 03, 20 mm : 04
(3) 안지름이 20~495 mm : 5 mm 간격으로 안지름을 5로 나눈 숫자로 표시

25. 수동 유압 펌프를 이용하여 베어링 내륜의 내측에 높은 유압을 걸어 그 반작용에 의해 베어링을 빼내는 방법으로 맞는 것은 어느 것인가?

① 오일 프레스법 ② 오일 잭(jack)법
③ 오일 인젝션법 ④ 오일 압하법

26. 깊은 홈형 볼 베어링 조립에 관한 설명으로 옳지 않은 것은? [09-5, 15-2]

① 끼워 맞춤을 할 때 치수 공차를 확인한다.
② 열박음은 베어링을 가열 팽창시켜 축에 끼우는 방법이다.
③ 일반적으로 외륜과 하우징은 억지 끼워 맞춤을 사용한다.
④ 열박음을 할 때 베어링의 가열 온도는 100℃ 정도로 한다.

해설 일반적으로 베어링을 조립할 때 내륜과 축은 억지 끼워 맞춤, 외륜과 하우징은 헐거운 끼워 맞춤을 사용한다.

27. 베어링의 적절한 끼워 맞춤을 선정하기 위해서 고려해야 할 사항으로 잘못 설명한 것은?

① 베어링의 내·외륜은 반드시 잘 지지되어야 한다.
② 내·외륜은 설치부에서 움직이지 않아야 한다.
③ 충격하중이 작용할 때는 작은 간섭량이 필요하다.
④ 자유측 베어링은 길이 변화에 대응할 수 있어야 한다.

정답 22. ④ 23. ④ 24. ③ 25. ③ 26. ③ 27. ③

해설 충격하중이 작용할 때는 큰 간섭량과 작은 형상 공차가 필요하다.

28. 베어링의 예압 관리법에 해당되지 않는 것은?

① 베어링의 기동 마찰 모멘트의 측정에 의한 관리법
② 베어링의 미스 얼라인먼트를 측정하는 관리법
③ 베어링의 축 방향 변위량을 측정하는 관리법
④ 너트의 조임 토크(체결력)를 측정하는 관리법

해설 예압의 관리법
(1) 베어링의 기동 마찰 모멘트의 측정에 의한 관리법
(2) 스프링 변위량의 측정에 의한 관리법
(3) 베어링의 축 방향 변위량을 측정하는 관리법
(4) 너트의 조임 토크(체결력)를 측정하는 관리법

29. 롤러 베어링의 점검 내용에 따른 처치 방법으로 옳지 않은 것은? [14-5]

① 베어링에서 이상음 발생 – 베어링을 교환한다.
② 2시간 운전 후 이상 발열 현상 – 분해 점검을 한다.
③ 이상 마모 및 동력 전달 불량 – 윤활유를 보충한다.
④ 베어링의 고정 볼트 풀림 – 토크 렌치를 이용하여 규정 토크로 조인다.

30. 다음 중 베어링 장착 방법으로 맞지 않는 것은? [10-5]

① 열박음에 의한 압입 방법
② 프레스를 이용한 압입 방법
③ 해머를 이용한 압입 방법
④ 핀 펀치로 때려 넣는 방법

해설 베어링 장착 방법
(1) 가열에 의한 방법
- 열판에 의한 가열
- 오일 욕조에 의한 가열
- 열풍 캐비닛에 의한 가열
- 유도 가열기에 의한 가열

(2) 기계적인 방법
- 유압에 의한 방법(오일 인젝션법)
- 프레스 압입이나 해머로 때려 넣기

31. 베어링의 마모 현상 중 간섭량 부족으로 발생하는 것은?

① 압흔 ② 크리프
③ 전식 ④ 깨짐

해설 ① 압흔 : 설치 시 충격하중, 정지 시 과대하중에 의해 발생
② 크리프 : 간섭량이 거의 없어 내·외륜이 이동하여 맞춤면의 발열, 긁힘, 마모가 발생하는 현상
③ 전식 : 통전에 의한 스파크로 용융
④ 깨짐 : 과대충격하중, 간섭량 과다로 발생

32. 다음 중 웜 기어(worm gear)의 특징이 아닌 것은?

① 웜과 웜 휠에 스러스트 하중이 생긴다.
② 중심 거리에 오차가 있을 때는 마멸이 심하다.
③ 역전을 방지할 수 있다.
④ 큰 용량으로 적은 감속비를 얻을 수 있다.

해설 작은 용량으로 큰 감속비를 얻을 수 있다.

정답 28. ② 29. ③ 30. ④ 31. ② 32. ④

33. 기어의 일상 점검을 설명한 것 중 옳지 않은 것은?

① 이면이 마모되면 소음이 발생한다.
② 베어링이 손상되면 열이 발생된다.
③ 축이 휘어지면 진동이 발생된다.
④ 이가 결손되면 열이 발생된다.

34. 기어 손상에서 이 부분이 파손되는 주원인이 아닌 것은?

① 과부하 절손 ② 피로 파손
③ 마모 ④ 균열

해설 마모는 이의 열화 현상이다.
(1) 이의 파손 : 과부하 절손, 피로 파손, 균열, 소손
(2) 피로 파손 : 기어 이면의 열화에 의한 기어의 손상
(3) 기어 조립 후 운전 초기에 발생하는 트러블 현상 : 진행성 피팅, 스코어링, 접촉 마모

35. 기어 손상의 분류 중 피팅과 관련이 있는 것은? [13-5]

① 마모 ② 융착
③ 소성 항복 ④ 표면 피로

36. 기어 구동에서 이가 상대측 이뿌리에 간섭을 일으켜 발열하고 윤활막 파괴로 금속 접촉을 하는 것을 무엇이라 하는가? [15-1]

① 피팅
② 스폴링
③ 스코어링
④ 백래시(back lash)

해설 스코어링은 운전 초기에 자주 발생하는 현상으로 이뿌리 면과 이끝 면의 맞물리는 시초와 끝부분에서 가장 많이 일어난다.

37. 기어 재료의 연질, 충격, 고하중의 원인으로 표면 아래 피로, 균열이 상당히 크게 결락되는 손상은 무엇인가?

① 피팅 ② 스폴링
③ 스코어링 ④ 어브레이전

해설 ① 피팅 : 이면이 조잡하거나 고하중일 때 발생
③ 스코어링 : 급유량 부족, 윤활유 점도 부족, 내압 성능 부족일 때 발생
④ 어브레이전 : 기어 자체의 마모분, 외부 먼지 침입에 의해 발생

38. 기어 이의 접촉 표면에 가는 균열이 생겨 접촉면의 일부가 떨어져 나가는 현상은? [14-1]

① 피팅(pitting)
② 리프팅(lifting)
③ 스코어링(scoring)
④ 백래시(back lash)

해설 기어가 회전할 때 이의 접촉 압력이 발생하고, 사용 초기에는 이의 면의 높은 부분에 집중되며 반복, 접촉 압력에 의해 최대 전단 응력이 발생하여 표면에 가는 균열이 생겨 그 균열 속에 윤활유가 들어가 고압을 받아 균열을 진행시켜 이의 면의 일부가 떨어져 나가는 것을 피팅이라고 한다.

39. 다음 중 기어 치면의 표면 피로에 해당되는 것은? [15-5]

① 박리 ② 습동 마모
③ 스코어링 ④ 피닝 항복

해설 피팅(pitting) : 이면에 높은 응력이 반복 작용된 결과 이면상에 국부적으로 피로된 부분이 박리되어 작은 구멍을 발생하는 현상으로 운전 불능의 위험이 생기는데, 이 현상은 윤활유의 성상, 이면의 거칠음 등과는 거의 무관하다.

정답 33. ④ 34. ③ 35. ④ 36. ③ 37. ② 38. ① 39. ①

40. 다음 중 기어의 손상에서 이면의 열화에 해당되는 손상의 원인으로 옳은 것은 어느 것인가? [14-5]

① 피로 파손
② 이면의 균열
③ 소성 항복
④ 과부하 절손

해설 ①, ②, ④는 이의 파손 원인이다.

41. 기어의 치면 손상 중 소성 항복에 의해 발생하는 현상은 어느 것인가?

① 마모(wear)
② 스코어링(scoring)
③ 리징(ridging)
④ 스폴링(spalling)

해설 리징(ridging)은 과부하상태에서 접촉면이 항복이나 변형될 때 높은 접촉 응력하에 맞물림의 구름과 미끄럼 동작이 발생되어 이로 인해 치면에 주름이 형성되는 소성 유동 중 하나이다. 스폴링은 치면의 표면 피로에 의해 나타나는 현상이고, 스코어링은 윤활막의 파괴로 용착되는 현상이다.

42. 접촉 마모, 스코어링, 진행성 피팅, 스폴링을 일으킬 때, 이것의 주된 원인으로 보기에 가장 거리가 먼 것은? [14-5]

① 기어의 제작 불량
② 기어의 조립 불량
③ 기어의 청소 불량
④ 기어의 윤활 불량

43. 기어를 조립할 때 이 접촉, 백래시를 조정하는 방법으로 올바른 것은?

① 잇수가 적은 기어에 광명단을 바르고 접촉을 조정한다.
② 2개의 기어에 광명단을 바르고 접촉을 조정한다.
③ 원주상 백래시 조정은 피치 게이지로 한다.
④ 잇수가 같을 때는 종동측 기어에 광명단을 칠한다.

44. 다음 중 마찰력으로 동력을 전달시킬 수 있는 전동용 요소는? [16-1]

① 벨트(belt)
② 펌프(pump)
③ 기어(gear)
④ 체인(chain)

해설 마찰력으로 동력을 전달시킬 수 있는 전동용 요소로는 마찰차, 벨트가 있다.

45. 벨트가 회전하기 시작하여 동력을 전달하게 되면 인장측의 장력은 커지고, 이완측의 장력은 작아지게 되는데 이 차이를 무엇이라 하는가? [07-5]

① 이완 장력
② 허용 장력
③ 초기 장력
④ 유효 장력

해설 유효 장력 = 인장 장력 − 이완 장력

46. 벨트 내측과 풀리 외측에 같은 피치의 사다리꼴 또는 원형 모양의 돌기를 만들어 회전 중에 벨트와 벨트 풀리가 이 물림이 되어 미끄럼이 없이 정확한 회전 각속도 비가 유지되는 벨트는? [08-5, 12-5]

① 평 벨트
② V 벨트

정답 40. ③ 41. ③ 42. ③ 43. ① 44. ① 45. ④ 46. ③

③ 타이밍 벨트
④ 사일런트 체인

해설 타이밍 벨트(timing belt)는 미끄럼을 방지하기 위하여 안쪽 표면에 이가 있는 벨트로서, 정확한 속도가 요구되는 경우의 전동 벨트로 사용된다.

47. 평 벨트와 비교하여 V 벨트의 장점으로 틀린 것은?

① 속도 비를 크게 할 수 있다.
② 짧은 거리의 운전이 가능하다.
③ 미끄럼이 적고 능률이 높다.
④ 축간거리 조절 장치가 필요 없다.

해설 V 벨트도 벨트 풀리의 축간거리를 조절할 수 있는 중심거리 가감 장치가 필요하다.

48. V 벨트 수명 연장 방법이 아닌 것은?

① 2줄 이상을 건 벨트는 균등하게 처져 있어야 한다.
② V 풀리의 홈 마모에 주의한다.
③ V 벨트 풀리의 지름이 작을수록 홈 각도를 크게 한다.
④ 장력 풀리를 이용하여 텐션을 조정한다.

해설 풀리의 홈 마모에 주의한다. 홈 상단과 벨트의 상면은 거의 일치되어 있는데, 벨트가 어느 정도 밑으로 내려가 있는 것은 홈이 마모되어 있는 증거이다. 홈 저면이 마모되어 번뜩이는 것은 틀림없이 미끄럼이 일어난다.

49. V 벨트의 정비에 관한 사항이다. 가장 거리가 먼 것은? [06-5, 10-5]

① 2줄 이상을 건 벨트는 균등하게 처져 있지 않아도 된다.
② 풀리의 홈 마모에 주의한다.
③ V 벨트는 장기간 보관하면 열화되므로 구입 연월일을 확인한 후 사용하는 것이 좋다.
④ V 벨트 전동 기구는 설계 단계에서부터 벨트를 거는 구조로 되어 있다.

해설 2줄 이상을 건 벨트는 균등하게 처져 있어야 한다.

50. V 벨트의 종류 중 단면이 가장 작은 것은 어느 것인가?

① A형 ② B형
③ D형 ④ M형

해설 V 벨트의 종류에는 M, A, B, C, D, E의 여섯 가지가 있다. 단면 크기 순서는 M<A<B<C<D<E이다.

51. 마찰저항을 역학적으로 유효하게 이용하는 장치가 아닌 것은?

① 브레이크 장치
② 마찰 클러치 장치
③ V-벨트 전동 장치
④ 체인 전동 장치

52. 다음 중 체인 전동의 특징으로 틀린 것은 어느 것인가?

① 유지 및 수리가 간단하고 수명이 길다.
② 롤러 체인의 전동 효율은 95 % 이상이다.
③ 진동, 소음이 없고 고속 회전에 적합하다.
④ 미끄럼이 없고 확실한 전동이 가능하다.

해설 진동, 소음이 많고 저속 회전에 적합하다.

정답 47. ④ 48. ③ 49. ① 50. ④ 51. ④ 52. ③

53. 체인(chain) 전동 장치 중 오프셋 링크에서 링크판과 부시를 일체화시킨 것으로 오프셋 링크와 이음 핀으로 연결되어 있으며, 저속 중용량의 컨베이어, 엘리베이터에 사용하는 체인은? [14-2]

① 롤러 체인(roller chain)
② 부시 체인(bush chain)
③ 핀틀 체인(pintle chain)
④ 사일런트 체인(silent chain)

해설 핀틀 체인은 일체로 된 오프셋 링크와 핀으로 이루어진 체인이다.

54. 체인의 고속, 중하중용에 적합한 급유 방법은?

① 강제 펌프 윤활
② 회전판에 의한 윤활
③ 적하 급유
④ 유욕 윤활

55. 다음 중 체인을 거는 방법으로 잘못된 것은 어느 것인가?

① 수평으로 체인을 걸 때는 긴장측이 위로 오도록 한다.
② 수직으로 체인을 걸 때는 큰 스프로킷이 아래에 오도록 한다.
③ 수평으로 체인을 걸때 이완측이 위로 오면 접촉각이 커서 벗겨지지 않는다.
④ 이완측에는 긴장 풀리를 쓰는 경우도 있다.

해설 수평으로 체인을 걸 때 이완측이 위로 오면 벗겨지기 쉽다.

56. 체인 전동 장치에서 체인의 검사 시기 중 옳지 않은 것은?

① 체인의 길이가 처음보다 5 % 이상 늘어났을 때
② 롤러 링크 단면의 직경이 10 % 이상 감소했을 때
③ 체인에 과다한 윤활이 되었을 때
④ 균열이 발생했을 때

해설 체인의 검사 시기
(1) 체인의 길이가 처음보다 5 % 이상 늘어났을 때
(2) 롤러 링크 단면의 직경이 10 % 이상 감소했을 때
(3) 균열이 발생했을 때

57. 다음 그림과 같은 체인의 명칭은?

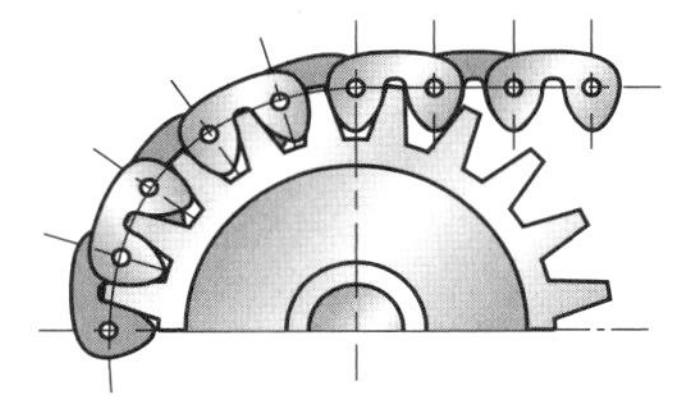

① 롤러 체인(roller chain)
② 사일런트 체인(silent chain)
③ 타이밍 체인(timing chain)
④ 블록 체인(block chain)

58. 축간 동력의 거리가 길거나 큰 동력을 전달하기가 쉬워 엘리베이터나 크레인 등에 사용하는 동력 전달 방식은?

① 체인 전동 ② 벨트 전동
③ 로프 전동 ④ 기어 전동

해설 로프와 로프 풀리 : 섬유 또는 와이어 등으로 만든 로프를 2개의 바퀴에 감아 이들 사이의 마찰력에 의하여 동력을 전달하는 장치를 로프 전동 장치라 한다. 먼 거리 또는 큰 동력을 전달할 때에 수십 개를 연이어 걸어서 사용할 수 있으므로 경제적이며, 권양기, 크레인, 엘리베이터 등의 동력 전달 장치로 쓰인다.

정답 53. ③ 54. ① 55. ③ 56. ③ 57. ② 58. ③

59. 스프링의 용도로 가장 적합하지 않은 것은 어느 것인가? [13-2]

① 충격 완화용 ② 무게 측정용
③ 동력 전달용 ④ 에너지 축적용

60. 다음 중 브레이크(brake)의 역할이 아닌 것은? [12-5]

① 기계 운동 부분의 에너지를 흡수한다.
② 기계 운동 부분의 속도를 감소시킨다.
③ 기계 운동 부분을 정지시킨다.
④ 기계 운동 부분의 마찰을 감소시킨다.

해설 브레이크는 기계의 운동 부분의 에너지를 흡수해서 속도를 낮게 하거나 정지시키는 장치이다.

61. 드럼 외주의 밴드에 고정된 브레이크 라이닝의 마찰에 의하여 제동 작용을 하며 선반 등에 사용되는 브레이크는?

① 디스크 브레이크 ② 밴드 브레이크
③ 원추 브레이크 ④ 자동 브레이크

62. 제동 장치에서 작동 부분의 구조에 따라 분류하였을 때 해당되지 않는 것은? [14-2]

① 밴드 브레이크 ② 전자 브레이크
③ 블록 브레이크 ④ 디스크 브레이크

63. 윈치 또는 크레인으로 물건을 올리고 내릴 때 물건 자중에 의한 제동 작용으로 속도를 조절하거나 정지시키는 장치로 맞는 것은 어느 것인가?

① 밴드 브레이크
② 자동 하중 브레이크
③ 클러치형 브레이크
④ 내부 확장식 브레이크

64. 디스크와 브레이크의 동심도는 얼마 이내이어야 하는가?

① ±0.1 mm 이내
② ±0.2 mm 이내
③ ±0.3 mm 이내
④ ±0.4 mm 이내

해설 디스크 브레이크는 디스크와 패드가 밀착됨으로써 제동하는 것이므로 캘리퍼의 부착은 디스크와의 동심도와 평행도를 정확히 해야 한다. 디스크와 브레이크의 동심도는 ±0.2 mm 이내, 평행도는 4개소의 a, b개소이며 a, b값의 차가 0.3 mm 이내이어야 한다.

65. 브레이크 드럼의 지름이 450 mm, 브레이크 드럼에 작용하는 힘이 200 kgf인 경우 드럼에 작용하는 토크는 얼마인가? (단, 마찰 계수(μ)는 0.2이다.) [15-1]

① 900 kgf·mm ② 9000 kgf·mm
③ 900 kgf·m ④ 9000 kgf·m

해설 $T = \mu \cdot f \cdot \frac{D}{2} = 0.2 \times 200 \times \frac{450}{2}$
$= 9000 \text{ kgf} \cdot \text{mm}$

66. 강관보다 무겁고 약하지만 내식성이 강하고 값이 저렴하여 주로 매설관으로 많이 사용하는 것은? [15-1]

① 강관 ② 구리관
③ 주철관 ④ 염화비닐관

해설 주철관은 강관보다 무겁고 약하나, 내식성이 풍부하고, 내구성이 우수하며 가격이 저렴하여 수도, 가스, 배수 등의 배설관과 지상과 해저 배관용으로 미분탄, 시멘트 등을 포함하는 유체 수송에 사용된다. 호칭은 안지름으로 하고 길이는 보통 3~4 m이나 원심주조법의 개발로 안지름 1500 mm, 길이 8~10 m 정도까지 생산된다.

정답 59. ③ 60. ④ 61. ② 62. ② 63. ② 64. ② 65. ② 66. ③

67. 다음 중 관 이음 방법의 종류가 아닌 것은? [09-5, 13-5]

① 나사 이음 ② 올덤 이음
③ 용접 이음 ④ 플랜지 이음

해설 관 이음의 종류 : 영구 이음(용접 이음), 나사 이음, 패킹 이음(생 이음), 턱걸이 이음, 플랜지 이음, 고무 이음, 신축 이음
※ 올덤 이음은 두 축이 평행할 때 사용되는 이음이다.

68. 관 이음쇠의 기능이 아닌 것은? [07-5]

① 관로의 연장
② 관로의 분기
③ 관의 상호 운동
④ 관의 진동 방지

해설 관 이음쇠 : 관과 관을 연결시키고, 관과 부속 부품과의 연결에 사용되는 요소를 말하며 관로의 연장, 관로의 곡절, 관로의 분기, 관의 상호 운동, 관 접속의 착탈의 기능을 갖는다.

69. 배관을 분기하지 않고 방향만 180°로 바꿔주는 배관용 이음쇠는? [12-5]

① 티(T) ② 와이(Y)
③ 크로스(cross) ④ U형 밴드

70. 배관 계통의 정비를 위하여 분해할 필요가 있는 곳에 사용하는 관 이음쇠로 적당한 것은? [14-2]

① 엘보 ② 유니언
③ 소켓 ④ 밴드

71. 고온의 유체가 흐르는 관의 팽창 수축을 고려하여 축 방향으로 과도의 응력이 발생하지 않도록 한 관 이음 방법은 다음 중 어느 것인가? [08-5, 16-1]

① 용접 이음 ② 나사형 이음
③ 신축 이음 ④ 플랜지 이음

해설 온도에 의해 관의 신축이 생길 때 양단이 고정되어 있으면 열응력이 발생한다. 관이 길 때는 그 신축량도 커지면서 굽어지고, 관뿐만 아니라 설치부와 부속 장치에도 나쁜 영향을 끼쳐 파괴되거나 패킹을 손상시킨다. 따라서 적당한 간격 및 위치에 신축량을 조정할 수 있는 이음이 필요한데, 이것을 신축 이음이라 한다.

72. 관계 이음 중 신축 이음이 아닌 것은 어느 것인가? [14-5]

① 파형관 이음
② 루프형 이음
③ 유니언 이음
④ 쇼밴드형 이음

73. 관경이 비교적 크거나 내압이 높은 배관을 연결할 때 나사 이음, 용접 등의 방법으로 부착하고 분해가 가능한 관 이음쇠는 어느 것인가? [16-1]

① 신축 이음쇠
② 유니언 이음쇠
③ 주철관 이음쇠
④ 플랜지 이음쇠

해설 플랜지관 이음쇠 : 관지름이 크고 고압관 또는 자주 착탈할 필요가 있는 경우에 사용된다.

74. 관의 플랜지 이음에서 기밀을 유지하기 위한 고압용 개스킷 재료가 아닌 것은? [15-5]

① 납 ② 구리
③ 연강 ④ 파이버

정답 67. ② 68. ④ 69. ④ 70. ② 71. ③ 72. ③ 73. ④ 74. ④

75. 생 이음이라고도 하는 분리가 가능한 배관 이음으로 파이프에 나사를 절삭하지 않고 이음하는 것으로 숙련이 필요하지 않고, 시간과 공정이 절약되는 것은?

① 턱걸이 이음 ② 고무 이음
③ 패킹 이음 ④ 플랜지 이음

76. 다음 중 배관 지지 장치의 역할이 아닌 것은? [10-5, 16-2]

① 관의 중량을 지지한다.
② 관의 수축, 팽창을 흡수한다.
③ 외력에 의한 배관 이동을 제한한다.
④ 배관의 누설을 방지한다.

해설 누설의 방지는 밀봉 장치인 개스킷이나 패킹 등이 한다.

77. 배관 설비 중 나사 이음부의 누설이 발생했을 때 정비 내용으로 잘못된 것은 어느 것인가? [12-5]

① 나사 이음부 누설이 발생했을 경우 그 상태로 밸브나 관을 더 죈다.
② 플랜지부터 순차적으로 누설 부위까지 분해하여 상태를 확인한다.
③ 누설 부위의 교체 여부를 판단한 후 교체가 불필요할 때에는 실(seal) 테이프를 감고 다시 조립한다.
④ 관의 분해, 교체가 용이하게 플랜지나 유니언 이음쇠가 적당히 배치되도록 한다.

해설 나사 이음부 누설이 발생했을 경우 그 상태로 밸브나 관을 더 조이면 누설이 더 발생될 수 있다.

정답 75. ③ 76. ④ 77. ①

3. 기계 장치 보전

3-1 밸브의 점검 및 정비

(1) 밸브

유체 흐름의 단속과 유체의 흐름 변경, 유량, 온도, 압력 등을 조절하기 위하여 유체 통로의 개폐를 행하는 관계 기계요소를 밸브라 한다.

① 리프트 밸브(lift valve) : 유체 흐름의 차단 장치로 가장 널리 사용되는 스톱 밸브이다. 유체의 에너지 손실이 크나 작동이 확실하고, 개폐를 빨리 할 수 있으며, 밸브와 밸브 시트의 맞댐도 용이하고 가격도 저렴하다. 이음매 형상에 따라 나사 박음형과 플랜지형이 있고, 시트에는 평면 시트, 원추 시트, 구면 시트, 삽입 시트가 있다.

㈎ 글로브 밸브(globe valve) : 유체의 입구 및 출구가 일직선상에 있는 달걀형으로 흐름의 방향이 동일한 밸브

㈏ 앵글 밸브(angle valve) : 흐름의 방향이 90° 변화하는 밸브

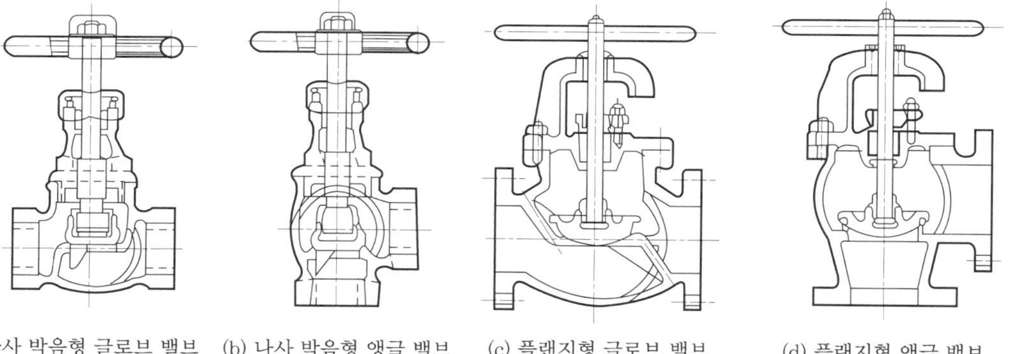

(a) 나사 박음형 글로브 밸브 (b) 나사 박음형 앵글 밸브 (c) 플랜지형 글로브 밸브 (d) 플랜지형 앵글 밸브

리프트 밸브

② 게이트 밸브 : 밸브 봉을 회전시켜 열 때 밸브 시트면과 직선적으로 미끄럼 운동을 하는 밸브로 밸브 판이 유체의 통로를 전개하므로 흐름의 저항이 거의 없다. 그러나 1/2만 열렸을 때는 와류가 생겨서 밸브를 진동시킨다. 밸브를 여는 데 시간이 걸리고 높이도 높아져 밸브와 시트의 접합이 어렵고 마멸이 쉽고 수명이 짧다.

③ 플랩 밸브와 나비형 밸브

㈎ 플랩 밸브(flap valve)는 관로에 설치한 힌지로 된 밸브판을 가진 밸브로 밸브판을 회전시켜 개폐를 한다. 스톱 밸브 또는 역지 밸브로 사용된다.

㈏ 나비형 밸브는 원형 밸브판의 지름을 축으로 하여 밸브판을 회전함으로써 유량

을 조절하는 밸브이나 기밀을 완전하게 하는 것은 곤란하다.

④ 다이어프램 밸브 : 산성 등의 화학 약품을 차단하는 경우에 내약품, 내열 고무제의 격막 판을 밸브 시트에 밀어 붙이는 다이어프램 밸브(diaphragm valve)가 사용된다. 유체 흐름 저항이 적고 기밀 유지에 패킹이 필요 없으며 부식의 염려도 없다.

⑤ 체크 밸브 및 자동 밸브

㈎ 체크 밸브는 밸브의 무게와 밸브의 양면에 작용하는 압력차로 자동적으로 작동하여 유체의 역류를 방지하여 한쪽 방향에만 흘러가게 하는 밸브이다.

㈏ 자동 밸브는 펌프 등의 흡입, 배출을 행하여 피스톤의 왕복운동에 의한 유체의 역류를 자동적으로 방지하는 밸브이다.

⑥ 감압 밸브 : 유체 압력이 사용 목적에 비하여 너무 높을 경우 자동적으로 압력을 감소시키고 감소된 압력을 일정하게 유지시키는 데 사용되는 밸브이다.

(2) 콕

콕은 구멍이 뚫려 있는 원통 또는 원뿔 모양의 플러그(plug)를 0~90° 회전시켜 유량을 조절하거나 개폐하는 용도로 사용된다. 플러그는 보통 원뿔형이 많으며, 신속한 개폐 또는 유로 분배용으로 구조가 간단하고 만들기 쉬우며 가격이 싸 널리 사용되고 있다.

① 유로 방향수 : 이방 콕, 삼방 콕, 사방 콕

② 접속 방법 : 나사식, 플랜지식

(3) 밸브의 정비

① 공통 취급 주의사항

㈎ 핸들의 회전 방향을 정확히 확인한다.

㈏ 밸브를 여는 방법 : 처음에 약간 열고 유체가 흐르기 시작하는 소리 및 약간 진동을 느끼면 흐름 방향의 관이나 기기에 이상이 없음을 확인한 다음 핸들바퀴가 정지될 때까지 회전시킨 후 약 1/2 회전을 닫음 방향으로 역전시켜 둔다.

㈐ 밸브를 닫는 방법 : 서서히 닫지만 밸브 누르개의 부분이 마모된 글로브 밸브나 슬루스 밸브에서는 전폐에 가까워지면 밸브체가 내부에서 진동을 일으킬 때가 있다. 이 경우에는 빨리 닫아야 한다.

㈑ 이종(異種) 금속으로 만든 밸브 : 열팽창 차이에 주의한다.

② 글로브 밸브의 구조와 취급 : 글로브 밸브는 보통 밸브 박스가 구형으로 만들어져 있으며, 주로 밸브의 개도를 조절해서 교축 기구로 이용된다. 구조상 유로가 S형이고 유체의 저항이 크므로 압력 강하가 큰 결점이 있다. 그러나 전개까지의 밸브 리프트가 적으므로 개폐가 빠르고 또 구조가 간단해서 싸므로 많이 사용되고 있다.

③ 앵글 밸브의 구조와 취급 : 앵글 밸브는 글로브 밸브의 일종으로 L형 밸브라고도 하며, 관의 접속구가 직각으로 되어 있어 취급법이 글로브 밸브와 같다.

④ 슬루스 밸브의 구조와 취급 : 슬루스 밸브는 칸막이 밸브라고도하며, 밸브체는 밸브 박스의 밸브 자리와 평행으로 작동하고 흐름에 대해 수직으로 개폐한다. 일직선으로 흐르기 때문에 유체 저항이 가장 적고, 죄임 힘은 글로브 밸브에 비해 적다.

⑤ 체크 밸브의 구조

㈎ 리프트 체크 밸브 : 수평 배관용 그림 (a)와 같이 화살표 A방향의 유체에 대해서는 밸브체가 자동적으로 열려 흐름을 허용하고 B방향에 대해서는 밸브체가 자중과 유체 압력에 의해 자동적으로 닫힌다.

㈏ 스윙 체크 밸브 : 리프트식과 마찬가지로 A방향에서 개로하고, B방향에서는 폐로 작용하도록 밸브체는 힌지 핀에 의해 지지된다.

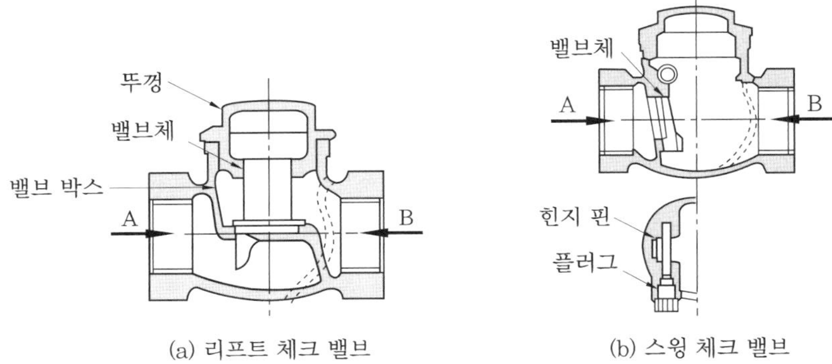

(a) 리프트 체크 밸브　　(b) 스윙 체크 밸브

수평 배관용 체크 밸브

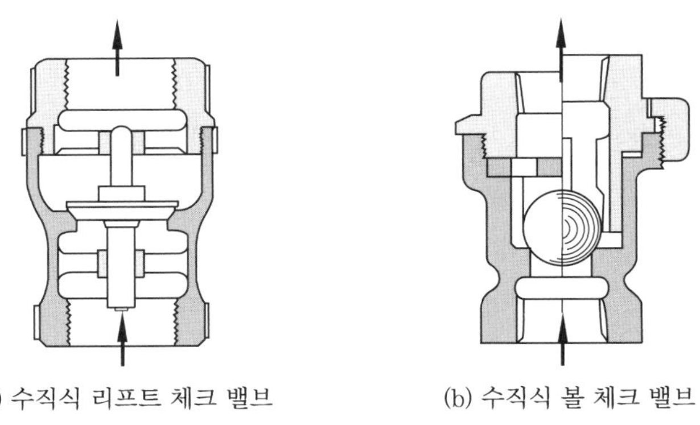
(a) 수직식 리프트 체크 밸브　　(b) 수직식 볼 체크 밸브

수직 배관용 체크 밸브

3-2 펌프의 점검 및 정비

(1) 펌프의 종류

① 원리 구조상에 의한 분류

(가) 비용적식 펌프 : 임펠러의 회전에 의한 반작용에 의하여 유체에 운동 에너지를 주고 이를 압력 에너지로 변환시키는 것으로 토출되는 유체의 흐름 방향에 따라 원심형과 축류형 및 혼류형이 있는 프로펠러형으로 구분된다.

(나) 용적식 펌프 : 왕복식과 회전식으로 구분되며 왕복식은 원통형 실린더 안에 피스톤 또는 플런저를 왕복 운동시키고 이에 따라 개폐하는 흡입 밸브와 토출 밸브의 조작에 의해 피스톤의 이동 용적만큼의 유체를 토출하는 것이다.

② 사용되는 재질에 따른 분류

(가) 주철제 펌프 : 일반 범용 펌프는 대부분 이에 속하나 일부 임펠러 샤프트 메탈 등에 다른 재질을 사용한 것도 있다.

(나) 전 주철제 펌프 : 특별히 접액부에 쇠 이외의 것을 사용해서는 안 되는 액인 경우 구별하고 있다.

(다) 요부 청동제 펌프, 요부 스테인리스 펌프 : 펌프의 특별히 중요한 부분에 예를 들면 임펠러 베어링 기어 샤프트에 포금 또는 스테인리스를 사용한다.

(라) 접액부 청동제 펌프, 접액부 스테인리스 펌프 : 액이 접촉되는 곳 전부를 포금 또는 스테인리스로 제작한 펌프이다.

(마) 전 청동제 펌프, 전 스테인리스 펌프 : 펌프 본체 전부를 포금 또는 스테인리스로 제작한 펌프이다.

(바) 경질 염비제 펌프 : 경질 염화비닐 또는 동일한 수지로 만든 펌프이며 내식성이 우수하나 일반적으로 온도에 약하고 외력에 약한 결점이 있다.

(사) 주강제 펌프 : 대단히 고압용에 사용된다. 이에 준하여 덕타일 주철제도 사용한다.

(아) 고규소 주철제 : 규소를 많이 함유한 내식성 있는 특수 주철제 펌프이다.

(자) 고무 라이닝 펌프 : 내식 또는 내마모를 위해 접액부에 고무 라이닝한 펌프

(차) 경연 펌프 : 경연 또는 경연 라이닝한 펌프

(카) 자기제 펌프 : 도자기로 접액부를 만든 펌프

(타) 티탄 하스텔로이 탄탈 펌프 : 특수 금속제 펌프

(파) 테플론 플라스틱 펌프

③ 취급액에 의한 분류

(가) 청수용 펌프 : 얕은 우물용, 깊은 우물용

(나) 오수용 펌프(오물용) : 수세식 정화조

(다) 온수용, 냉수용 펌프 : 난방용 온수 순환 펌프

(라) 특수 액용 펌프

(마) 오일 펌프

(바) 유압 펌프

④ 실에 의한 분류

(가) 글랜드(gland) 방식 펌프

(나) 메커니컬 실(mechanical seal) 방식 펌프

(다) 오일 실(oil seal) 방식 펌프

(2) 펌프의 구조

① 원심 펌프(centrifugal pump)

(가) 원심 펌프의 구조와 특징 : 원심 펌프는 흡입관, 펌프 케이싱, 안내 깃, 와류실, 축, 패킹상자, 베어링, 토출관으로 구성되어 있다.

㉮ 케이싱 : 임펠러에 의해 유체에 가해진 속도 에너지를 압력 에너지로 변환되도록 하고 유체의 통로를 형성해 주는 역할을 하는 일종의 압력 용기로 벌류트(volute) 케이싱과 볼(bowl) 케이싱으로 크게 분류한다.

(a) 볼 케이싱 (b) 싱글 벌류트 케이싱 (c) 더블 벌류트 케이싱

케이싱

㉯ 안내 깃(guide vane) : 임펠러로부터 송출되는 유체를 와류실로 유도하며 유체 속도 에너지를 마찰 저항 등 불필요한 에너지 소모 없이 압력 에너지로 전환되게 하는 것이다.

㉰ 임펠러(회전차) : 일정 속도로 회전하는 전동기에 의해 구동축이 회전을 하고 임펠러는 이 구동축에서 전달하는 동력을 유체에 전달하게 된다.

㉱ 밀봉 장치 : 축봉 장치라고도 하며 케이싱을 관통하는 부분 속의 축 주위에 원

통형의 스터핑 박스(stuffing box) 또는 실 박스(seal box)를 설치하고 내부에 실 요소를 넣어 케이싱 내의 유체가 외부로 누설되거나 케이싱 내로 공기 등의 이물질이 유입되는 것을 방지하는 장치이다.

㉤ 베어링 : 힘과 자중을 지지하면서 마찰을 줄여 동력을 전달하는 기계요소이다.

㉥ 축 : 구동 장치－전동기 또는 스팀 터빈에 연결되어 임펠러에 회전 동력을 전달해야 하므로 강도뿐만 아니라 진동상의 안전도 고려하여 치수를 결정한다.

㉦ 커플링 : 동력을 원동축에서 종동축으로 전달하는 요소이다.

㉧ 스러스트 경감 장치 : 축 추력은 원심 펌프에서만 발생한다. 축 추력은 베어링에서만 받을 수 있도록 하는 것이 가장 효율적이나 고가의 베어링을 사용해야 하며 펌프의 체적도 커지기 때문에 추력을 경감시키는 방법을 사용해야 한다.

㈏ 원심 펌프의 특징

㉮ 전동기와 직결하여 고속 회전 운전이 가능하다.

㉯ 유량, 양정이 넓은 범위에서 사용이 가능하다.

㉰ 다른 펌프에 비해 경량이고 설치 면적이 작다.

㉱ 맥동이 없이 연속 송수가 가능하다.

㉲ 구조가 간단하고 취급이 쉽다.

㈐ 디퓨저 펌프와 벌류트 펌프

㉮ 디퓨저 펌프(diffuser pump) : 일명 터빈 펌프라고 하며, 안내 날개가 있는 펌프이다.

㉯ 벌류트 펌프(volute pump) : 일명 와류형 펌프라고 하며, 안내 날개가 없는 펌프이다.

㈑ 편흡입 펌프와 양흡입 펌프

㉮ 편흡입 펌프(single suction pump) : 임펠러의 한쪽으로만 액체가 흡입되는 펌프

㉯ 양흡입 펌프(double suction pump) : 흡입 노즐이 임펠러 양쪽으로 설치되고 임펠러, 축 등을 맞대게 해서 양쪽으로 액체가 흡입되는 펌프로 축 추력을 제거하는 방식이며 대용량을 필요로 하거나 가용 NPSH가 적을 경우 사용된다.

㈒ 수평형 펌프와 수직형 펌프

㉮ 수평형 펌프 : 펌프의 축이 수평인 펌프로 수직형보다 많이 사용된다.

㉯ 수직형 펌프 : 펌프의 축이 수직인 펌프로 설치 장소가 좁거나 흡입 양정이 높은 경우에 사용된다.

㈓ 일체형 펌프와 분할형 펌프

㉮ 일체형 펌프 : 와류실을 한 몸체로 만들고 그 한쪽을 커버형으로 만들어 임펠

러를 넣는 형식으로 비교적 소형의 편흡입형 펌프 및 압축 펌프에 많이 사용된다.

㉯ 수평 분할형(horizontal split type) 펌프 : 축심을 포함한 수평면에서 케이싱을 상하 분할하는 형식으로 양흡입형 펌프에 많이 사용되며 흡입 토출구를 하부 케이싱에 만들어 흡입 토출관을 분해하지 않고 상부 케이싱을 분해함으로써 회전부를 분해할 수 있는 장점이 있다.

㉰ 수직 분할형(vertical split type) 펌프 : 축심을 포함한 수직면에서 케이싱을 상하 분할하는 형식

㉱ 배럴형(barrel type) 펌프 : 고온·고압의 액체를 취급하는 발전소 등의 펌프에서 열팽창 및 압력에 의한 인장으로부터 펌프를 보호하기 위하여 펌프 케이싱 밖에 만들어주는 또 하나의 케이싱인 배럴 형식

(사) 단단 펌프 : 임펠러의 수가 1개이다.

(아) 다단 펌프 : 임펠러의 수가 다수인 펌프로 양정이 부족할 때 임펠러에서 나온 액체를 다음 단의 임펠러 입구로 이송하고 다시 임펠러로 에너지를 주면 양정이 높아지며, 더욱 단수를 겹칠수록 높은 양정을 만드는 펌프이다.

② 프로펠러 펌프(propeller pump) : 프로펠러의 형태와 그 작용에 따라 혼류형(mixed flow type)과 축류형(axial flow type)으로 나누어진다.

③ 왕복 펌프 : 실린더 안을 피스톤 또는 플런저가 왕복 운동을 하는 과정에서 토출 밸브와 흡입 밸브가 교대로 개폐하여 유체를 펌핑하는 펌프이다.

(가) 피스톤 펌프(piston pump) : 대체로 복동식으로 최대 배출 압력은 약 5 MPa이다.

(나) 플런저 펌프(plunger pump) : 고압의 배출 압력이 필요한 경우에 사용되는 것으로 지름이 작고 벽이 두꺼운 실린더 안에 꼭 맞는 대형 피스톤과 같은 모양의 왕복 플런저가 들어 있다. 이 펌프는 보통 단동식으로 전기 구동식이고 압력은 150 MPa 이상으로 배출할 수 있다.

(다) 다이어프램 펌프(diaphragm pump) : 왕복 요소는 유연성이 있는 금속, 플라스틱 또는 고무로 된 격막이다. 수송 액체에 대하여 노출되는 충전물이나 밀봉물이 없으므로 독성 또는 부식성 액체, 진흙이나 모래가 섞여 있는 물 등을 취급하는 데 좋다. 10 MPa 이상의 압력으로 송출할 수 있다.

④ 회전 펌프

(가) 기어 펌프 : 효율이 낮고 소음과 진동이 심하고 기름 속에 기포가 발생한다는 결점이 있다. 회전수 900~1200 rpm의 윤활유 펌프에 많이 이용되고 있으며 점성이 큰 액체에서는 회전수를 적게 한다.

(나) 베인 펌프 : 기어, 피스톤 펌프에 비해 토출 맥동이 적고, 공회전이 가능하며, 베인의 선단이 마모되어도 체적 효율의 변화가 없다. 고점도, 고온 유체의 사용이 불가능하고, 저·중압이다.

(다) 나사 펌프(screw pump) : 퀸 바이 펌프(quin by pump)와 INO형 펌프가 있다. 고속·고압으로, 용량이 크고 효율이 좋으나 분말 등 고체 사용이 불가능하다. 소음이 적고, 공회전이 불가능하며, 저점도에서는 비효율적이다.

(라) 로브 펌프(lobe pump) : 케이싱 내 로브의 회전에 의해 흡입측 공동으로 유체가 유입된 후 로브에 의해 토출측으로 송출시킨다.

⑤ 특수 펌프

(가) 마찰 펌프 : 여러 형상의 매끈한 회전체 또는 주변 흠이 있는 원판상 회전체를 케이싱 속에서 회전시켜 이것에 접촉하는 액체를 유체 마찰에 의해 압력 에너지를 주어 송출하는 펌프이다.

(나) 분류 펌프 : 노즐에서 높은 압력의 유체를 혼합실 속으로 분출시켜 혼합실로 보내진 송출 유체를 동반하여 확대 관으로 송출 압력이 증가되어 목적하는 곳에 수송되는 장치이다.

(다) 기포 펌프 : 공기 관에 의하여 압축 공기를 양수관 속에 송입하면 양수관 속은 물보다 가벼운 공기와 물의 혼합체가 되므로 관 외부의 물에 의한 압력을 받아 물이 높은 곳으로 수송된다.

(라) 수격 펌프 : 비교적 저낙차의 물을 긴 관으로 이끌어 그 관성 작용을 이용하여 일부분의 물을 원래의 높이보다 높은 곳으로 수송하는 양수기이다.

(3) 펌프의 각종 현상

① 펌프 이론

(가) 흡입수두($NPSH$: Net Positive Suction Head)

㉮ 압력 강하에 의한 캐비테이션 발생 여부를 판단하기 위해서는 펌프의 흡입 조건에 따라 정해지는 유효흡입수두($NPSH_{av}$)와 흡입 능력을 나타내는 필요흡입수두($NPSH_{re}$)의 계산이 필요하다.

㉯ 유효흡입수두($NPSH_{av}$: NPSH available) : 펌프 임펠러 입구 직전의 압력이 액체의 포화 증기압보다 어느 정도 높은가를 나타내는 값으로 유효흡입수두 값은 펌프 설치 위치에 따라 변한다.

㉰ 필요흡입수두($NPSH_{re}$: NPSH required) : 임펠러 부근까지 유입된 액체는 가압되어 토출구로 나가는 과정에서 일시적인 압력 강하가 일어나는데, 이에 해당하는 수두를 필요흡입수두라 한다.

㉱ 유효흡입수두와 필요흡입수두와의 관계 : 일반적으로 흡입은 $NPSH_{av} > NPSH_{re}$ 이면 되나, 펌프를 선정할 때에는 펌프의 안전 운전을 고려하여 흡입 조건에 약간의 여유를 준다. $NPSH_{av} \geq NPSH_{re} + 0.6\ \text{m}$

㉲ 필요흡입수두($NPSH_{re}$) 구하는 방법 : 펌프의 전양정을 H라 할 때, Thoma 캐비테이션 계수(σ)는 다음과 같다.

$$\sigma = \frac{NPSH_{re}}{H}$$

(나) 흡입비속도(N_{ss} : suction specific speed) : 임펠러를 선정할 때 캐비테이션을 예측하도록 해 주는 것으로 형태는 비속도 N_s와 유사하나 전양정 H 대신 필요흡입수두를 사용한다는 것이 다르다.

(다) 펌프의 동력

㉮ 수동력(L_w : hydraulic horse power) : 펌프에 의해서 유체에 공급하는 동력을 펌프의 수동력이라 한다. 펌프의 유량을 Q [m³/s], 양정을 H [m], 액체의 밀도를 ρ[kgf/m³], 액체의 비중량을 γ [kgf/m³], 중력 가속도를 g[m/s²]라고 하면 L_w는 다음과 같다.

$$L_w = \rho g H Q\ [\text{W}] = \frac{\gamma Q H}{75}\ [\text{HP}]$$

㉯ 축동력(L_s : brake horse power) : 원동기에 의해서 펌프를 구동하는 데 필요한 동력으로, 수동력을 펌프의 효율 η로 나눈 값이다.

$$L_s(\text{또는 } BHP) = \frac{L_w}{\eta}\ [\text{W}]$$

㉰ 출력 : $L_a = kL$ (여기서, L_a : 원동기의 출력, L : 축동력, k : 경험계수)

(라) 펌프의 효율

㉮ 체적 효율(η_v) : 펌프의 실제 토출량을 Q라 하면, 임펠러를 지나는 유량은 Q와 펌프 내부에서의 누설 유량 ΔQ의 합이며, 체적 효율은 다음과 같다.

$$\eta_v = \frac{\text{펌프의 실제 유량}}{\text{임펠러를 지나는 유량}} = \frac{Q}{Q + \Delta Q}$$

㉯ 기계 효율(η_m) : 베어링 및 축봉 장치에 있어서 마찰에 의한 동력손실을 ΔL_m, 임펠러 바깥쪽의 원판 마찰에 의한 동력손실을 ΔL_d라 하면, 펌프의 기계 효율(mechanical efficiency)은 다음과 같다.

$$\eta_m = \frac{\text{축동력} - \text{기계손실}}{\text{축동력}} = \frac{L - (\Delta L_m + \Delta L_d)}{L}$$

㉰ 수력 효율 $(\eta_h)=\dfrac{\text{펌프의 실제 양정}}{\text{이론 양정(깃수유한)}}=\dfrac{H}{H_{th}}=\dfrac{H_{th}-\Delta H_{th}}{H_{th}}$

㉱ 펌프의 전효율 $(\eta)=\dfrac{\text{수동력}}{\text{축동력}}=\dfrac{L_w}{L_s}=\eta_v \cdot \eta_m \cdot \eta_h$

(마) 펌프의 회전수 : 전동기의 극수를 P, 전원 주파수를 f[Hz]라 하면, 등가속도 η [rpm]$=\dfrac{120f}{P}$이다. 그러나 펌프를 운전할 때에는 부하가 걸리기 때문에 미끄럼(slip)이 생기게 되고, 이 미끄럼률 s[%]를 고려하면 펌프 회전수(N)는 다음과 같다.

$$N=\eta\left(1-\frac{s}{100}\right)=\frac{120f}{P}\left(1-\frac{s}{100}\right)$$

(바) 펌프의 성능 곡선 : 펌프의 성능은 펌프 성능 곡선(performance curve 또는 characteristic curve)으로 표시할 수 있으며, 이것은 펌프 제작사가 구매자에게 펌프 성능을 알려주는 방법 중의 하나이다. 펌프 성능 곡선은 펌프의 규정 회전수에서의 유량(Q), 전양정(H), 효율(η), 축동력(BHP), 필요흡입수두($NPSH_{re}$)와의 관계를 나타낸 것이다.

② 펌프 이상 현상

(가) 캐비테이션

㉮ 캐비테이션의 현상과 특징

- 캐비테이션의 정의 : 펌프의 내부에서 흡입 양정이 높거나 흐름 속도가 국부적으로 빠른 부분에서 압력 저하로 유체가 증발하는 현상이 발생하게 되며 원심 펌프 내부에 있어서는 임펠러 입구의 압력이 가장 낮은데 감소한 압력이 유체의 포화 증기압보다 낮을 경우에는 임펠러 입구에서 유체의 일부가 증발해서 기포가 발생하게 된다. 이때 생긴 기포는 임펠러 안의 흐름을 따라 펌프 고압부인 토출구로 이동하여 압력 상승과 함께 순간적으로 기포가 파괴되면서 급격하게 유체로 돌아온다. 이 현상을 캐비테이션(cavitation, 공동현상)이라 한다.
- 영향
  - 캐비테이션이 발생하면 소음과 진동이 수반되며 이러한 현상이 오래 지속되면 발생부 근처에 여러 개의 흠집의 점 침식(pitting)이 발생한다.
  - 캐비테이션은 펌프의 효율과 성능을 저하시키며, 흡입 압력이 더욱 저하되면 나중에는 양수가 불가능한 상태에 이르게 된다.

㉯ 캐비테이션의 발생 원인

- 펌프의 흡입측 수두, 마찰손실이 큰 경우

- 펌프의 흡입관이 너무 작은 경우
- 이송하는 유체가 고온일 경우
- 펌프의 흡입 압력이 유체의 증기압보다 낮은 경우
- 임펠러 속도가 지나치게 큰 경우

(나) 서징

㉮ 원심 펌프의 토출량 : 양정 곡선에서 토출량 증가에 따른 양정 감소를 갖는 것을 하강 특성이라 하고 한 번 증가한 후 감소하는 것을 산형 특성이라 한다. 하강 특성 펌프는 항상 안정된 운전이 되는데 비하여 산형 특성 펌프는 사용 조건에 따라 흐름과 같은 상태로 흡입, 토출구에 장치한 진공계 및 압력계의 지침이 흔들려 토출량이 변화한다.

㉯ 관로 계에서 서징의 발생 조건

- 펌프의 양정 곡선이 우측 상승의 경사인 경우
- 배관 중에 수조가 있거나 이상이 있는 경우
- 토출량을 조절하는 밸브 위치가 후방에 있는 경우

㉰ 방지 대책

- 저유량 영역에서 펌프를 운전할 때 펌프의 특성 곡선이 우향 하강 구배 곡선인 펌프를 사용한다.
- 유량 조절 밸브를 펌프 토출측 직후에 배치한다.
- 바이패스관을 사용하여 운전점이 $H-Q$ 곡선 하강 구배 특성 범위에 있도록 조절한다.

(다) 수격 현상(water hammer : 수주 분리)

㉮ 특징

- 관로에서 유속의 급격한 변화에 의해 관내 압력이 상승 또는 하강하는 현상
- 펌프의 송수관에서 정전에 의해 펌프의 동력이 급히 차단될 때, 펌프의 급가동, 밸브의 급개폐 시 생긴다.
- 수격 현상에 따른 압력 상승 또는 압력 강하의 크기는 유속의 상태(펌프의 정지 또는 기동의 방법), 밸브의 닫힘 또는 열기에 필요한 시기, 관로 상태, 유속 펌프의 특성에 따라 변화한다.

㉯ 현상 : 펌프에서 동력 급차단 시 생기는 3가지 형태

- 토출측에 밸브가 없는 경우
- 토출측에 체크 밸브가 있는 경우
- 토출측에 밸브를 제어할 경우

(4) 펌프의 방식법

① 펌프의 부식과 방지책

(가) 부식 작용

㉮ 금속의 부식은 금속이 환경 속의 물질과 불필요한 화학적 또는 전기화학적 반응을 일으켜 표면에서 변질되어 모양이 흐트러지거나 산화 현상으로 소모하는 것을 말한다.

㉯ 내부식성 재료는 전극 전위가 높고 전기 활성이 작으며 이온화가 작다.

- 활성이 작고 이온화 경향이 작은 순서 : Mg → Al → Zn → Cr → Fe → Ni → Sn → Cu → Ag → Au
- 금속의 고유 전위 순서 : 백금(+0.33), 금(+0.18), 스테인리스(−0.04), 청동(−0.14), 황동(−0.15), 동(−0.17), 니켈(−0.27), 강, 주철(−0.5), 두랄루민(−0.61), 알루미늄(−0.78), 아연(−0.07)

② 방식 방법

(가) 내식성 재료를 주철, 청동, 합금강으로 한다.

(나) 케이싱 내면에 고무 또는 합성수지 같은 내식성 물질로 코팅 라이닝을 한다.

③ 전기 방식법 : 외부로부터 피방식체에 방식 전류를 흘려보내 그 금속의 이온화를 억제하여 방식시키는 방법이다. 외부 전원 방식과 전류 양극 방식으로 크게 나눌 수 있다.

3-3 송풍기의 점검 및 정비

(1) 통풍기

① 통풍기의 개요 및 분류 : 통풍기(ventilator)를 압력에 의해 분류하면 통풍기(fan), 송풍기(blower), 압축기(compressor)로 대별하고 작동 방식에 의해 분류하면 원심식, 왕복식, 회전식, 프로펠러(propeller)식 등으로 세분할 수 있다.

(가) 원심식 : 외형실 내에서 임펠러가 회전하여 기체에 원심력이 주어진다.

(나) 왕복식 : 기통 내의 기체를 피스톤으로 압축한다(고압용 압축비 2 이상).

(다) 회전식 : 일정 체적 내에 흡입한 기체를 회전 기구에 의해서 압송한다(원심식에 비해 압력은 높으나 풍량이 적다).

(라) 프로펠러식 : 고속 회전에 적합하다.

② 통풍기의 정비

(가) 통풍기의 특징

종류	베인(vane) 방향	압력	특징
시로코 통풍기 (sirocco fan)	전향 베인	15~200 mmHg	풍량 변화에 풍압 변화가 적다. 풍량이 증가하면 동력은 증가한다.
플레이트 팬 (plate fan)	경향 베인	50~250 mmHg	베인의 형상이 간단하다.
터보 팬 (turbo fan)	후향 베인	350~500 mmHg	효율이 가장 좋다.

(나) 냉각 장치

㉮ 필요성 : 압축 압력이 19.6 kPa 이상일 때 온도 상승 방지 및 동력 절약 목적으로 냉각 장치가 필요하다.

㉯ 냉각법

- 케이싱(casing) 벽을 이중으로 하여 그 사이에 냉각수를 유동시키는 방법
- 별도 냉각기를 설치하여 압축 도중에 냉각하는 방법(중간 냉각 : inter cooling)

(2) 송풍기(blower)

① 분류 : 송풍기는 크게 터보형 송풍기와 용적형 송풍기로 나누어진다. 터보형 송풍기에는 회전차가 회전함으로써 발생하는 날개의 양력에 의하여 에너지를 얻게 되는 축류 송풍기와 원심력에 의해 에너지를 얻는 원심 송풍기로 나누어진다.

(가) 임펠러(impeller) 흡입구에 의한 분류

㉮ 편흡입형(single suction type)

㉯ 양흡입형(double suction type)

㉰ 양쪽 흐름 다단형(double flow multi-stage type)

(나) 흡입 방법에 의한 분류

㉮ 실내 대기 흡입형, ㉯ 흡입관 취부형, ㉰ 풍로 흡입형

(다) 단수에 의한 분류

㉮ 단단형(single stage), ㉯ 다단형(multi stage)

(라) 냉각 방법에 의한 분류

㉮ 공기 냉각형(air cooled type)

㉯ 재킷 냉각형(jacket cooled type)

㉰ 중간 냉각 다단형(inter cooled multi-stage type)

(마) 안내차(guide vane)에 의한 분류

㉮ 안내차가 없는 형(blower without guide vane)

㉯ 고정 안내차가 있는 형(blower with fixed guide vane)

㉰ 가동 안내차가 있는 형(blower with adjustable guide vane)

(바) 날개(blade)의 형상에 따른 분류

㉮ 원심형 : 시로코 팬(sirocco fan), 에어 포일 팬(air foil fan, limit load fan), 터보 팬, 레이디얼 팬

㉯ 축류형

② 운전 및 정지

(가) 운전까지의 점검

㉮ 임펠러와 케이싱 흡입구, 케이싱, 베어링 케이스의 축 관통부와 축과의 틈새를 재점검한다.

㉯ 각부 볼트의 조임 상태, 특히 베어링 케이스 볼트는 테스트 해머(test hammer)로 확실히 점검한다.

㉰ 댐퍼 및 베인 컨트롤 장치의 개폐 조작이 원활한가를 재확인하여 전폐해 둔다.

㉱ 운전 부서와 상담하여 기동 시간을 정하여 둠과 동시에 기동 후 이상이 있을 경우를 대비해서 긴급 정지 체제를 확립한다.

(나) 기동 후의 점검

㉮ 이상 진동이나 소음의 발생 또는 베어링 온도의 급상승이 있을 때는 즉시 정지시켜 각부를 재점검한다.

㉯ 케이싱이 이상 진동을 하는 것은 축 관통부와 실이 축에 강하게 접촉되어 있는 경우가 많으므로 재점검한다.

㉰ 베어링의 온도가 급상승하는 경우의 점검

- 관통부에 펠트(felt)가 쓰이는 경우 이것이 축에 강하게 접촉되어 있지 않은가, 축 관통부와 축 틈새가 균일한가 확인한다.
- 윤활유의 적정 여부를 점검한다.
- 상하 분할형이 아닌 베어링 케이스의 경우는 자유 측의 커버가 베어링의 외륜을 누르고 있지 않나 점검한다.
- 누름 베어링은 궤도량(외륜 및 내륜)이나 진동체(볼 또는 롤러)에 흠집 여부를 점검한다.
- 미끄럼 베어링은 오일 링의 회전이 정상인가 또는 베어링 메탈과 축과의 간섭이 정상인가 점검한다(오일 링의 회전이 가끔 정지하거나 옆 이행이 심할 때는 오일 링의 변형이 예상된다).

(다) 운전 중의 점검

㉮ 베어링의 온도 : 주위의 공기 온도보다 40℃ 이상 높으면 안 된다고 규정되어 있지만 운전 온도가 70℃ 이하이면 큰 지장은 없다.

㉯ 베어링의 진동 및 윤활유 적정 여부를 점검한다.

(라) 정지

㉮ 정지하면 댐퍼 또는 베인 컨트롤을 전폐로 한다.

㉯ 베어링 내의 영하 기상 조건의 경우에는 냉각수를 조금씩 흘려준다.

㉰ 고온 송풍기에서는 케이싱 내의 온도가 100℃ 정도로 된 후 정지한다.

3-4 압축기의 점검 및 정비

(1) 부품 취급

① 밸브의 취급 : 운전 중 사고를 미연에 방지하기 위해 정기 점검은 반드시 실시하며 1일 24시간의 연속 운전을 충분히 고려하여 표준적인 기간을 정하여 하나의 지침을 삼는다.

- 정기 점검 기간 : 1000시간마다 실시
- 교환 기간 : 4000시간마다 실시
- 밸브 플레이트, 밸브 스프링을 사용 한계의 기준값 내에서도 이상이 있으면 전부 교환한다.

(가) 밸브의 취급

㉮ 흡입 기체의 종류와 부식의 정도

㉯ 흡입 기체의 수분과 먼지의 양

㉰ 흡입, 토출 기체, 온도, 압력의 정도

㉱ 연속 운전인가, 간헐적 운전인가

㉲ 일상의 운전 관리 및 손실 상태

(나) 밸브 부품의 교환

㉮ 밸브 플레이트

- 교환 시간이 되었으면 사용한계의 기준치 내라 할지라도 교환한다.
- 마모된 플레이트는 뒤집어서 사용해서는 안 된다(두께가 0.3 mm 이상 마모되면 교체한다).

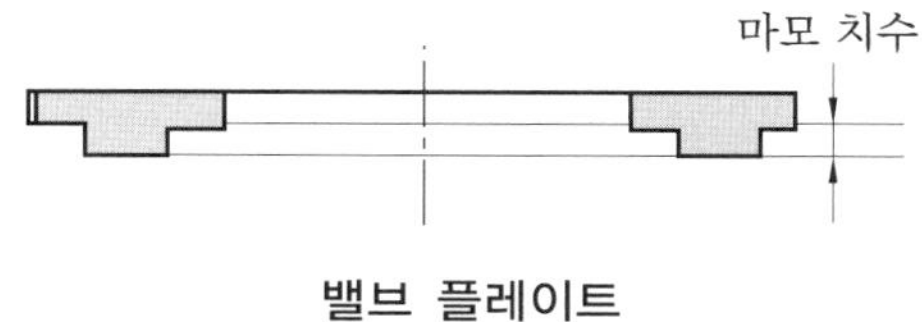

밸브 플레이트

㉯ 밸브 스프링

- 자유 상태하에서 높이가 규정값 이하로 되었을 때 교환한다.
- 교환 시간이 되었을 때 탄성 마모가 없어도 교환한다.
- 손으로 간단히 수정하여 사용해서는 안 된다.

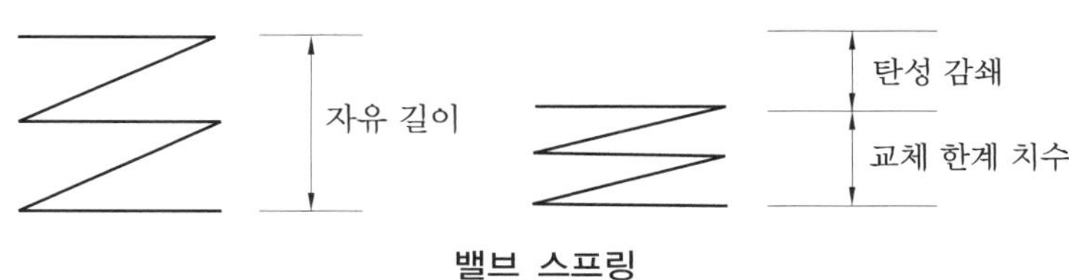

밸브 스프링

㉰ 밸브 시트

- 밸브 시트의 접촉면 Ⓐ가 상처에 의한 편마모를 발생시켜 플레이트와의 접촉이 좋지 않으면 래핑하여 맞춘다.
- 시트면의 연마 래핑제 #600~800
- 밸브는 너무 강한 힘으로 조이지 말 것

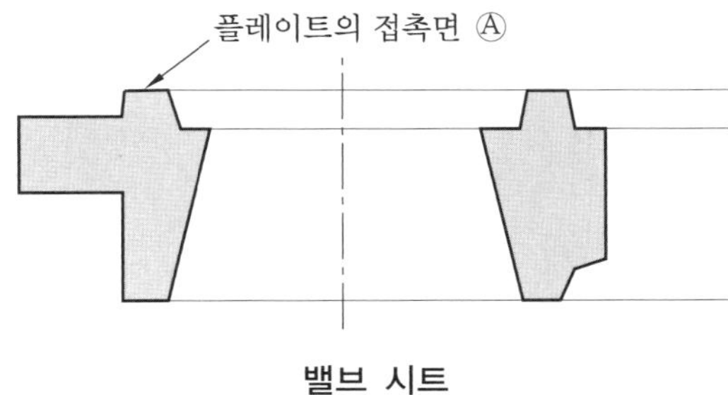

밸브 시트

② 글랜드 패킹의 취급

㈎ 기체 누설 원인 및 손질

㉮ 내측 패킹의 Ⓣ가 0.1 mm 마모되면 교환한다.

㉯ 가이드 스프링이 변형 또는 절손되었을 때는 교환한다.

㉰ 내측 패킹의 내면이 불량한 경우 피스톤 로드 외주 면에 맞추며, 흠집, 파손이 있을 때는 교환한다.

㉱ 내외 패킹의 조립면의 밀착이 불량한 경우 변형된 틈새 Ⓓ를 발생시킨 것은 교환한다.

㉮ 내외 패킹의 측면이 동일 측면이 아닌 경우 A면과의 직각도에 주의하여 맞춘다.

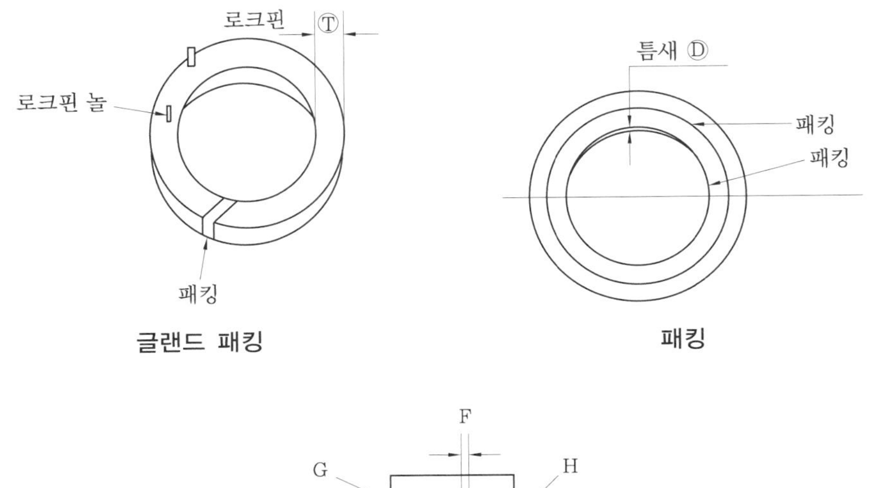

글랜드 패킹　　　　패킹

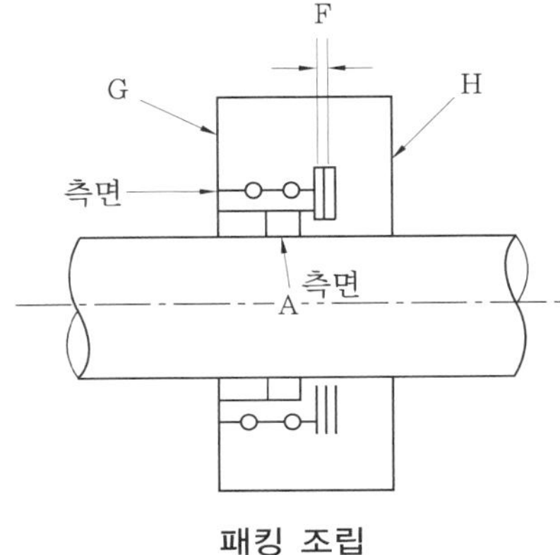

패킹 조립

(나) 패킹의 조정

㉮ 패킹 케이스의 측면 G, H는 각각의 로드에 직각되게 주의하여 충분히 맞추고, 흠집 및 접촉면 불량 시는 보수 또는 교환한다.

㉯ 틈새 F를 확인하기 위해 패킹과 스프링을 조립, 조성한다.

㉰ 코일 스프링 형은 코일 스프링을 전압축하여 스프링 홈에 잠기는가 확인한다.

㉱ 코일 스프링, 플레이트 스프링, 가이드 스프링은 중요한 역할을 하므로 순수 부품 이외는 사용하지 말 것. 탄성이 줄거나 변형 절손된 것은 즉시 교체한다.

(다) 패킹의 조립

㉮ 패킹은 세척용 기름으로 깨끗이 씻어낸 후 윤활유를 바르고 이물질이 부착되지 않도록 주의한다. (단, 산소 등 폭발성 가스 압축기에 대해서는 압축기 제작사의 지시에 따른다.)

㉯ 글랜드 실의 시트 패킹 면인 그림의 A를 깨끗이 청소한다.

③ 오일 웨이퍼 링의 취급 : 크랭크 케이스 내의 윤활유가 피스톤 로드를 흘러나와 외부로 누설됨을 방지하고자 오일 웨이퍼 링이 부착되어 있다.

3-5 감속기의 점검 및 정비

(1) 기어 감속기의 분류

① 평행 축형 감속기 : 스퍼 기어, 헬리컬 기어, 더블 헬리컬 기어

② 교쇄 축형 감속기 : 직선 베벨 기어, 스파이럴 베벨 기어

③ 이물림 축형 감속기 : 웜 기어, 하이포이드 기어

(2) 기어 감속기의 정비

① 기어 정비

㈎ 이 닿는 중심을 이 폭의 내측으로 약 10 % 정도 어긋나게 해둔다.

㈏ 웜 기어 감속기의 경우는 웜 휠의 이 간섭 면을 약간 중심이 어긋나게 해둔다.

② 유성 기어 감속기의 구조와 정비

㈎ 사이클로이드 감속기

㉮ 잇수의 차가 1개인 내접식 유성 기어 감속기이다.

㉯ 크랭크축을 회전시키면 유성 기어는 이 수분(齒 數分)의 1로 감속된다.

㉰ 최소 잇수 11개로부터 최대 87개까지의 것이 있고 1단식에서는 그것이 입력 측과 출력 측의 감속비가 된다.

㉱ 무단 변속기와 조합해서 극히 저속 영역의 무단 변속으로 하거나 이 기구를 더욱더 2~6단으로 조합해서 1/121로부터 수백억분의 1까지 대단히 큰 감속비가 얻어지는 특징을 갖고 있다.

㈏ 유성 기어 감속기 : 1 kW 이하의 소형에는 그리스를 사용하고 그 이상의 것은 유욕(油慾) 윤활 방법이 쓰인다.

3-6 전동기의 점검 및 정비

(1) 3상 유도 전동기

① 3상 유도 전동기의 구조 : 3상 유도 전동기는 회전자의 구조에 따라 농형과 권선형으로 구분하며, 그 구조는 회전하는 부분의 회전자와 정지하고 있는 부분의 고정자로 되어 있다.

② 3상 유도 전동기의 정역 회로 : 전동기의 회전 방향을 바꾸는 것을 정역 제어라 하며, 3상의 선 중에서 2상을 서로 바꾸어서 연결하면 가능하다.

③ 3상 유도 전동기의 점검 : 전동기의 점검은 전동기의 운전 중에 실시하는 일상 점검과 일시 정지할 때 실시하는 점검, 장시간 정지할 때 실시하는 정밀 점검으로 구분한다. 전동기의 운전 중에 점검해야 할 것은 각 상 전류의 밸런스, 전원 전압, 베어링 진동 데이터의 채취와 해석이며, 정지할 때 점검해야 할 것은 절연 저항 측정, 설치 상태, 벨트, 체인, 커플링의 이상 유무, 윤활유의 양, 변색, 이물 혼입 유무이다.

(2) 전동기의 종류와 용도

전동기의 종류와 용도

분류		특징	용도
유도 전동기	농형	• 노출 충전부가 없기 때문에 나쁜 환경에서도 사용 가능하다. • 구조가 간단하고 견고하다.	• 일반 정속 운전용 • 일반 산업 기계용
	권선형	• 2차 권선 저항을 바꿈으로써 회전수를 바꿀 수 있다.	• 크레인, 펌프, 블로어, 공작 기계 등
동기 전동기		• 전원 주파수와 동기하여 일정 속도로 회전한다. • 역률, 효율이 좋다.	• 전동 발전기, 터보 압축기 등
직류 전동기		• 정밀한 가변 속도 제어가 가능하다.	• 압연기, 하역기계 등

예상문제

1. 다음 밸브 중 1/2 정도 열었을 때 와류가 발생하여 밸브를 진동하게 하는 것은?

① 게이트 밸브
② 플랩 밸브
③ 리프트 밸브
④ 글로브 밸브

해설 게이트 밸브는 전개했을 때는 유체 흐름 저항이 거의 없으나 1/2 정도 열렸을 때는 와류가 심하게 발생한다.

2. 글로브 밸브에 관한 설명으로 틀린 것은?

[13-5, 16-2]

① 개폐가 빠르다.
② 압력 강하가 적다.
③ 구조가 간단하다.
④ 유체 저항이 크다.

해설 구조상 유로가 S형이고 유체의 저항이 크므로 압력 강하가 큰 결점이 있다. 그러나 전개(全開)까지의 밸브 리프트가 적으므로 개폐가 빠르고 또 구조가 간단해서 싸므로 많이 쓰이고 있다.

정답 1. ① 2. ②

3. 다음 중 제어 밸브의 종류에서 조작 신호에 따라 분류한 것이 아닌 것은? [16-1]

① 공기압식 제어 밸브
② 앵글 밸브
③ 전기식 제어 밸브
④ 유압식 제어 밸브

해설 앵글 밸브 : 글로브 밸브의 일종으로 L형 밸브라고도 하며 관의 접속구가 직각으로 되어 있다.

4. 유체를 한 방향으로만 흐르게 하고 역류를 방지하여 주는 밸브는? [06-5, 15-5]

① 스톱 밸브 ② 체크 밸브
③ 안전 밸브 ④ 슬루스 밸브

해설 체크 밸브는 역류 방지용 밸브이다.

5. 구멍이 뚫려 있는 원통 또는 원뿔 모양의 플러그를 0~90° 회전시켜 유량을 조절하거나 개폐하는 용도로 사용하는 것은 어느 것인가? [09-5]

① 콕 ② 앵글 밸브
③ 슬루스 밸브 ④ 체크 밸브

해설 콕은 구멍이 뚫려 있는 원통 또는 원뿔 모양의 플러그(plug)를 0~90° 회전시켜 유량을 조절하거나 개폐하는 용도로 사용하는 것으로 플러그는 보통 원뿔형이 많으며, 신속한 개폐 또는 유로 분배용으로 많이 사용된다.

6. 밸브에서 유체의 흐름에 직접적으로 영향이 미치며 밸브 디스크와 접촉하는 밸브 구성 요소는?

① 시트(seat) ② 스템(stem)
③ 본넷(bonnet) ④ 요크(yoke)

7. 밸브 누설 방지를 위한 밸브의 각 부품 정비 시 주의사항으로 옳지 않은 것은 어느 것인가? [15-1]

① 개스킷은 사용 유체 및 사용 온도 등을 고려하여 선정한다.
② 볼트 조임 시에는 적정한 조임을 위해 토크 렌치를 사용한다.
③ 밸브 디스크 및 시트 손상 시 래핑 방법으로 누설을 감소시킬 수 있다.
④ 밸브 플랜지 볼트를 조일 때 개스킷의 적절한 눌림을 위해 볼트를 시계방향 순서로 조인다.

해설 볼트를 조일 때 대각선 방향으로 순서를 정하여 체결한다.

8. 밸브의 개폐 정도 또는 교축 정도 등을 변화시키기 위하여 스풀의 이동량을 구제하는 조정 기구는? [14-2]

① 드레인 제한 기구
② 가변 내부 제한 기구
③ 가변 기호 제한 기구
④ 가변 행정 제한 기구

9. 보일러나 압력 용기 내부의 압력이 설정압 이상으로 상승할 때 초과 압력을 외부로 배출시키는 밸브는? [10-5, 14-5]

① 콕 ② 안전 밸브
③ 체크 밸브 ④ 글로브 밸브

해설 안전 밸브 : 회로 내의 압력이 설정 압력 이상이 되면 자동으로 작동되도록 제작되었으며 탱크 또는 회로의 최고 압력을 설정하여 공압 기기의 안전을 위하여 사용된다. 이 밸브는 응답성이 중요하고 압력이 상승한 경우 급속히 대기에 방출시키는 기능이 있다.

정답 3. ② 4. ② 5. ① 6. ① 7. ④ 8. ④ 9. ②

10. 다음 중 회전 펌프의 종류가 아닌 것은 어느 것인가? [06-5]

① 기어 펌프 ② 편심 펌프
③ 나사 펌프 ④ 피스톤 펌프

해설 회전 펌프의 종류
(1) 기어 펌프 : 외접 기어 펌프, 내접 기어 펌프
(2) 편심 펌프 : 베인 펌프, 롤러 펌프, 로터리 플랜지 펌프
(3) 나사 펌프 : 싱글 나사 펌프, 투 나사 펌프, 스리 나사 펌프

11. 펌프의 비속도에 관한 설명으로 옳은 것은? [15-5]

① 비속도는 회전수에 반비례한다.
② 일반적으로 축류 펌프의 비속도가 크다.
③ 비속도는 양정에서 비례하고 토출량에 반비례한다.
④ 비속도가 크다는 것은 양정에 비해 유량이 작다는 것이다.

해설 비속도(N_S : specific speed) : 원심 펌프 임펠러의 형상과 펌프의 특성 및 최적의 회전수를 결정하는 데 이용되는 값으로 터보 펌프의 모양이 설정되면 양정이 높고 토출량이 적은 펌프는 낮아지고, 토출량이 크고 양정이 낮은 펌프는 높아진다. 펌프의 회전수를 N, 토출량을 Q, 전양정을 H라 할 때 $N_S = \frac{N\sqrt{Q}}{H^{3/4}}$이다.

12. 다음 중 캐비테이션(cavitation)과 관련 없는 것은?

① NPSH(Net Positive Suction Head)
② 기포
③ 포화증기압
④ 점도

해설 • 캐비테이션 : 해당 온도에서 압력이 포화증기압보다 낮으면 일부가 증발하면서 기포가 발생하는 현상
• NPSH : 유효흡입수두(캐비테이션의 방지 근본책)

13. 다음 중 캐비테이션의 방지책이 아닌 것은? [06-5, 12-5]

① 펌프의 설치 위치를 되도록 낮게 할 것
② 흡입관을 가능한 짧게 할 것
③ 펌프의 회전수를 낮게 할 것
④ 흡입 양정을 크게 할 것

해설 캐비테이션 발생 방지책
(1) 유효 NPSH(Net Positive Suction Head : 유효 흡입수두)를 필요 NPSH보다 크게 한다.
(2) 펌프 설치 높이를 최대로 낮추어 흡입 양정을 짧게 한다.
(3) 펌프의 회전 속도를 작게 한다.
(4) 양 흡입으로 고친다.
(5) 펌프 흡입 측 밸브로 유량 조절을 하지 않는다.
(6) 스트레이너의 통수 면적을 크게 하고 수시로 청소한다.
(7) 캐비테이션에 강한 재질을 사용한다.
(8) 흡입관 지름은 크게, 길이는 짧게 한다.

14. 관로에서 유속의 급격한 변화에 의해 관내 압력이 상승 또는 하강하는 현상은 어느 것인가? [08-5, 12-5]

① 캐비테이션 ② 수격 작용
③ 서징 현상 ④ 크래킹

해설 수격 현상은 펌프의 송출 관로에 설치된 밸브를 급격히 닫을 때 나타나는 현상으로 관로에서 유속의 급격한 변화에 의해 관내 압력이 상승 또는 하강한다.

정답 10. ④ 11. ② 12. ④ 13. ④ 14. ②

15. 펌프 배관에서 흡입관에 대한 설명으로 옳지 않은 것은? [15-5]

① 흡입관에서 와류가 발생하지 못하도록 한다.
② 관의 길이는 가급적 길고 곡관의 수는 적게 한다.
③ 배관에 공기가 발생하지 않도록 펌프를 향해 올림 구배를 한다.
④ 관내 압력은 보통 대기압 이하로 공기 누설이 없는 관이음으로 한다.

해설 관의 길이는 가급적 짧고 곡관의 수는 적게 한다.

16. 원심 펌프에서 임펠러의 양쪽에 작용하는 수압이 같지 않아 발생하는 추력을 줄여주기 위한 방법으로 적당한 것은? [10-5, 16-1]

① 흡입 양정을 작게 한다.
② 임펠러에 밸런스 홀(hole)을 뚫는다.
③ 임펠러의 직경을 감소시킨다.
④ 임펠러의 직경을 증가시킨다.

17. 원심 펌프에서 유체에 가해진 속도 에너지가 압력 에너지로 변환되는 곳은?

① 흡입관 ② 임펠러(impeller)
③ 케이싱(casing) ④ 토출관

해설 케이싱은 임펠러에 의해 유체에 가해진 속도 에너지를 압력 에너지로 변환되도록 하고 유체의 통로를 형성해 주는 역할을 하는 일종의 압력 용기이다.

18. 원심 펌프를 사용하여 양정을 높이고자 할 때 다음 중 가장 적절한 방법은? [13-5]

① 다단 펌프를 사용한다.
② 토출 배관을 길게 한다.
③ 흡입 배관을 길게 한다.
④ 양 흡입 펌프를 사용한다.

해설 원심 펌프에서 양정을 높이는 방법은 단수를 늘리는 것이다.

19. 펌프에서 양수를 위하여 먼저 펌프에 공급하는 물을 무엇이라 하는가?

① 마중물 ② 송출물
③ 공급물 ④ 흡입물

20. 펌프 내에 설치되어 있는 구름 베어링의 그리스 충진량은 베어링 빈 공간에 어떻게 하는가?

① 가득 채운다.
② $\frac{3}{4}$ 이상 채운다.
③ $\frac{1}{2}$ 이상 채운다.
④ $\frac{1}{3} \sim \frac{1}{2}$ 정도를 채운다.

해설 구름 베어링이 들어 있는 공간의 용량에 대해 $\frac{1}{3} \sim \frac{1}{2}$이 적정량이며 이보다 많을 때에는 줄여야 한다.

21. 펌프 운전 시 압력계의 압력이 낮게 나타나는 원인이 아닌 것은? [07-5]

① 임펠러의 막힘
② 흡입측의 막힘
③ 안전 밸브의 불량
④ 공회전

22. 다음 중 펌프에서 물이 안 나오는 원인이 아닌 것은?

① 제수 밸브 닫힘
② 회전 방향이 반대

정답 15. ② 16. ② 17. ③ 18. ① 19. ① 20. ④ 21. ③ 22. ③

③ 흡입 양정이 낮음
④ 임펠러가 메여 있음

해설 흡입 양정이 너무 높으면 물이 나오지 않는다.

23. 펌프에서 진동이 발생할 때 그 원인으로 거리가 먼 것은? [14-2]

① 축의 중심이 불일치
② 축봉에 대한 불충분한 냉각수 공급
③ 견고하지 않은 기초
④ 임펠러(회전차)의 손상

24. 펌프의 분해 정비 항목 중 분기별 점검 항목에 속하는 것은?

① 베어링 온도
② 토출 유량계
③ 흡입 토출 압력
④ 글랜드 패킹

해설 글랜드 패킹은 축봉(밀봉) 장치로서 분기별로 점검을 실시한다.

25. 유압 펌프 운전 시 매일 점검 사항이 아닌 것은? [16-1]

① 작동유의 점도를 점검한다.
② 배관의 연결부를 확인한다.
③ 작동유의 유온을 점검한다.
④ 오일 탱크 속에 이물질이 있는지 확인한다.

해설 • 매일 점검 항목 : 베어링 온도, 윤활유 온도·압력, 흡입·토출 압력, 습기(누수량), 토출유량계, 냉각수 출입구 온도·압력, 원동기의 압력, 오일링의 움직임
• 분기 점검 항목 : 펌프와 원동기의 연결 상태, 글랜드 패킹, 윤활유 면과 변질의 유무, 배관 지지 상태
• 연간 점검 항목 : 전분해, 마모 간격 측정, 계기류 점검

26. 임펠러의 진동 발생 시 임펠러에 시편을 붙여 진동을 교정하는 작업 방법은? [15-5]

① 풀러링 작업
② 센터링 작업
③ 코킹 작업
④ 밸런싱 작업

해설 풀러링과 코킹은 리벳 작업에서 기밀 유지를 위해서 하는 작업이며, 센터링은 축 오정렬일 때 하는 작업이다.

27. 모터와 펌프의 축을 커플링으로 연결 조립하여 가동하였을 때 커플링 연결부의 축 정렬 불량으로 나타날 수 있는 가장 일반적인 현상은 무엇인가? [12-5]

① 언밸런스
② 미스 얼라인먼트
③ 공진 현상
④ 캐비테이션

해설 축 오정렬을 미스 얼라인먼트라 하며, 미스 얼라인먼트는 커플링 등에서 서로의 회전 중심선(축심)이 어긋난 상태로서 일반적으로는 정비 후에 발생하는 경우가 많다.

28. 펌프의 신축 이음에서 커플링의 중심내기 허용 오차는 얼마인가?

① 0.1 mm ② 0.05 mm
③ 0.02 mm ④ 0.01 mm

해설 원주상 상하 좌우의 4곳을 측정하고 모든 점에서 이것들의 값이 0.05 mm 이하가 되도록 수정 커플링 한쪽을 그대로 고정하고 다른 쪽을 각각 1/4회전, 1/2회전해서 0.05 mm 이하의 차가 되도록 한다.

정답 23. ② 24. ④ 25. ① 26. ④ 27. ② 28. ②

29. 유압 펌프 운전 시, 작동유의 온도가 몇 ℃ 정도에 도달될 때까지 무부하 운전하는 것이 좋은가? [16-2]

① 0℃ ② 10℃
③ 40℃ ④ 80℃

해설 유압 장치의 최적 온도 : 45~55℃

30. 유압 기술을 산업 분야에 적용할 때 가장 큰 장점은? [14-2]

① 소형 장치로 큰 출력을 낼 수 있다.
② 폭발과 인화의 위험이 없다.
③ 동력 전달이 간단하며 먼 거리 이송이 쉽다.
④ 과부하에 대하여 안전하다.

31. 유압 장치에서 작동유의 압력이 국부적으로 낮아지면 용해 공기가 기포로 된다. 이 기포가 급격한 압력 상승에 의해 초고압으로 되어 액체 통로의 표면을 때려 소음과 진동이 발생하는 현상은? [14-2]

① 수막 현상 ② 노킹 현상
③ 채터링 현상 ④ 캐비테이션

32. 기계적 에너지를 기체에 공급하여 기체의 압력 에너지와 속도 에너지로 변화시키는 기계는?

① 펌프 ② 모터
③ 송풍기 ④ 감속기

33. 회전체의 회전에 의해 기체에 주어진 원심력을 이용하여 기체를 압송하는 기계는 어느 것인가? [14-2]

① 축류 송풍기 ② 왕복 압축기
③ 원심 송풍기 ④ 회전식 압축기

34. 사용 압력이 0.1~1 kgf/cm^2에서 사용되는 통풍기는?

① 시로코 통풍기(siroco fan)
② 송풍기(blower)
③ 터보 팬(turbo fan)
④ 왕복식 압축기

해설 압력에 의한 분류

구분	압력		기압 (atm) (표준)
	mAq (수주)	kgf/cm^2	
통풍기 (fan)	1 이하	0.1 이하	0.1
송풍기 (blower)	1~10	0.1~1.0	0.1~1.0
압축기 (compressor)	10 이상	1.0 이상	1.0 이상

35. 냉난방 공조용으로 사용하는 통풍기의 필터 설치 위치는?

① 통풍기의 흡기구에 설치한다.
② 통풍기의 배기구에 설치한다.
③ 열교환기 앞에 설치한다.
④ 열교환기 뒤에 설치한다.

해설 냉난방 공조용으로 사용할 경우는 흡기 측에 필터를 쓰는 것이 상식이다.

36. 다음 중 풍량의 단위에 해당하는 것은?

① m^3/kgf ② m^3/s
③ kgf/m^3 ④ $kgf \cdot m^3/s$

37. 송풍기를 흡입 방법에 의해 분류한 것으로 틀린 것은? [10-5]

① 실내 대기 흡입형
② 흡입관 취부형
③ 풍로 흡입형

정답 29. ③ 30. ① 31. ④ 32. ③ 33. ③ 34. ② 35. ① 36. ② 37. ④

④ 송출관 취부형

해설 흡입 방법에 의한 분류
- 실내 대기 흡입형
- 흡입관 취부형
- 풍로 흡입형

38. 다음 중 송풍기의 냉각 방법에 의한 분류가 아닌 것은? [08-5]

① 공기 냉각형
② 재킷 냉각형
③ 중간 냉각 다단형
④ 편흡입형

해설 냉각 방법에 의한 분류
- 공기 냉각형(air cooled type)
- 재킷 냉각형(jacket cooled type)
- 중간 냉각 다단형(inter cooled multi-stage type)

39. 송풍기의 풍량이 부족한 경우의 원인이 아닌 것은? [09-5, 14-2]

① 회전수가 저하되었을 때
② V-벨트의 장력이 적당할 때
③ 임펠러에 이물질이 끼었을 때
④ 송풍기 또는 덕트에 먼지 등이 쌓여 있어 저항이 증대되었을 때

해설 송풍기에 이물 흡입, 스케일 부착이 되면 진동이 커지고, 이상음이 발생하며, 운전 시 부하 증가, 풍량, 압풍의 감소 현상이 나타난다.

40. 송풍기의 기하학적으로 닮은 송풍기를 생각해서 풍량 1 m^3/min, 풍압을 수두 1 m 생기게 한 경우의 가상 회전속도로 송풍기의 크기에 관계없이 송풍기의 형식에 의해 변하는 값을 무엇이라 하는가?

① 상대속도　② 비속도
③ 속도　④ 가속도

41. 송풍기 서징 현상의 대책으로 가스를 송풍기 흡입측으로 되돌려 순환하는 방법은 어느 것인가?

① 바이패스
② 방풍
③ 댐퍼 설치
④ 베인의 각도 조정

해설
- 방풍 : 필요 풍량의 서징 범위 내에 있을 경우 송풍기의 토출 풍량을 외부로 방출하여 서징 범위를 벗어나게 하는 방법이다.
- 바이패스 : 방풍이 비경제 혹은 해롭게 될 경우에는 가스를 송풍기의 흡입측에 되돌려 순환하는 방법이다.

42. 송풍기(blower)의 주요 구성 부분이 아닌 것은? [16-2]

① 케이싱　② 체인
③ 임펠러　④ 커플링

해설 송풍기의 주요 구성 요소 : 케이싱, 임펠러, 축 베어링, 커플링, 베드, 풍량 제어 장치

43. 송풍기에서 베어링의 온도가 급상승하는 경우 점검하여야 할 사항으로 거리가 먼 것은? [14-1]

① 윤활유의 적정 여부를 점검한다.
② 송풍기의 회전 방향을 점검한다.
③ 미끄럼 베어링은 오일 링의 회전이 정상인가 점검한다.
④ 관통부에 펠트(felt)가 쓰이는 경우 이것이 축에 강하게 접촉되어 있지 않은지 점검한다.

정답 38. ④ 39. ② 40. ② 41. ① 42. ② 43. ②

해설 송풍기가 역회전하면 베어링의 온도는 상승되지 않고 내부 온도는 상승된다.

44. 송풍기의 점검 사항 중 운전 중 점검 사항에 해당하는 것은? [13-5]

① 베어링의 진동
② 케이싱의 이상 진동
③ 각부 볼트의 조임 상태
④ 댐퍼 및 메인 컨트롤 장치의 개폐 조작

해설 송풍기의 운전 중 점검 사항은 베어링의 온도와 진동 및 윤활이다.

45. 송풍기의 베어링에 그리스를 공급할 때 그리스 교체 시기는 1년에 몇 회 하는가?

① 1회 ② 2회
③ 3회 ④ 4회

해설
- 기름 : 윤활유는 운전 개시 후 3개월에 전량 교체하고 그 후는 1년에 1회 교체한다.
- 그리스 : 1년에 1회 베어링 케이스 커버를 열고 전량 교체한다(그리스는 지나치게 많이 넣으면 발열하여 온도 상승의 원인이 된다).

46. 송풍기용 베어링의 전식 방지 대책으로 옳지 않은 것은? [15-2]

① 축을 접지한다.
② 유체 윤활 상태를 유지한다.
③ 모든 베어링을 절연 조치한다.
④ 베어링 지지대를 비자성 재료로 사용한다.

해설 전식은 통전에 의한 스파크로 용융되어 궤도면에 요철이 발생되는 현상으로 이를 방지하기 위해 접지하고 절연하며, 그리스 채용 시 절연 베어링을 사용하여 예방한다.

47. 송풍기의 운전 중 점검 사항이 아닌 것은 어느 것인가?

① 베어링의 온도
② 베어링의 진동
③ 윤활유의 적정 여부
④ 임펠러의 부식 여부

해설 임펠러의 부식 여부는 정지 중에 실시한다.

48. 송풍기 분해 시 점검 사항에 해당되지 않는 것은? [16-1]

① 송풍기 임펠러의 마모 상태 점검
② 송풍기 케이싱의 누설 및 이음 점검
③ 송풍기 내부의 퇴적물 부착 상태 점검
④ 샤프트 저널부의 접촉 여부 및 박리 상태 점검

해설 송풍기 분해 시 점검 사항
(1) 임펠러와 케이싱 흡입구, 케이싱, 베어링 케이스의 축 관통부와 축과의 틈새를 재점검한다.
(2) 각부 볼트의 조임 상태, 특히 베어링 케이스 볼트는 테스트 해머(test hammer)로 확실히 점검한다.

49. 양쪽 지지형 송풍기의 축을 설치할 때 전동기축과 반전동기축의 좌·우측 구배의 차는 몇 mm 이하인가? [12-5, 15-2]

① 0.05 ② 0.1
③ 0.15 ④ 0.2

해설 전동기축과 반전동기축의 수평부에 수준기를 놓고 수준기의 좌·우 구배 차가 0.05 mm 이하 또는 베어링 케이스의 축 관통부의 축과의 틈새 차가 0.2 mm 이하가 되도록 베드 밑쪽에 라이너로 조정한다.

정답 44. ① 45. ① 46. ② 47. ④ 48. ② 49. ①

50. 다음 회전식 압축기 중 로터의 편심을 이용하여 흡입된 공기를 압력을 높여 송출하는 것은?

① 루츠 압축기(roots compressor)
② 스크루 압축기(screw compressor)
③ 가동익 압축기(sliding vane compressor)
④ 스크롤 압축기(scroll compressor)

해설 가동익 압축기 : 원통형 실린더 내에 편심해서 설치한 회전차를 이용하여 날개와 실린더 사이에 흡입된 공기를 압축하여 압력을 높인 후 송출한다.

51. 회전식 압축기(rotary compressor)의 특징으로 옳은 것은?

① 중량 대형으로 고속 회전이 가능하고 설치 면적이 크고 회전수가 변화하면 일정한 압력을 유지할 수 없다.
② 압력비가 변하며, 유량을 회전수에 비례시켜 변하게 할 수 없다.
③ 송출 기류가 비교적 균일하고 큰 맥동이나 서징(surging) 현상이 없어 사용하는 데 편리하다.
④ 각부의 틈이 균일하여 성능을 충분히 발휘하고, 마모가 된 경우에도 성능 저하가 매우 적다.

해설 회전식 압축기의 특징
- 경량 소형으로 고속 회전이 가능하고 설치 면적이 작으며 회전수의 변화와 관계없이 압력을 일정하게 유지할 수 있다.
- 압력비를 거의 일정하게 하고 유량을 회전수에 비례시켜 변하게 할 수 있다.

52. 왕복식 압축기가 원심식 압축기보다 좋은 점은 무엇인가? [12-5, 16-2]

① 고압 발생이 가능하다.
② 맥동 압력이 없다.
③ 대용량이다.
④ 윤활이 쉽다.

해설 왕복식 압축기의 장단점
- 고압 발생이 가능하다.
- 설치 면적이 넓다.
- 기초가 견고해야 한다.
- 윤활이 어렵다.
- 맥동 압력이 있다.
- 소용량이다.

53. 다음 중 원심식 압축기의 장점이 아닌 것은? [07-5 외 3회 출제]

① 대용량이다.
② 윤활이 쉽다.
③ 맥동 압력이 없다.
④ 고압 발생이 가능하다.

해설 원심식 압축기의 장단점
- 설치 면적이 비교적 작다.
- 기초가 견고하지 않아도 된다.
- 윤활이 쉽다.
- 맥동 압력이 없다.
- 대용량이다.
- 고압 발생이 어렵다.

54. 다음 중 압축 공기를 생산하기 위하여 설치되는 기기의 설치 위치에 관한 설명이 옳은 것은? [10-5]

① 안전 밸브는 저장 탱크 하부에 부착한다.
② 드레인 밸브는 저장 탱크 하부에 부착한다.
③ 스트레이너는 저장 탱크 상부에 부착한다.
④ 필터는 저장 탱크 상부에 부착한다.

55. 압축기 내의 밸브의 취급에 대한 것 중 옳지 않은 것은?

정답 50. ③ 51. ③ 52. ① 53. ④ 54. ② 55. ④

① 마모된 플레이트는 뒤집어서 사용해서는 안 된다.
② 밸브 플레이트가 마모 한계에 달하였을 때는 파손되지 않았어도 교환한다.
③ 밸브 플레이트, 밸브 스프링을 사용 한계의 기준값 내에서도 이상이 있으면 전부 교환한다.
④ 밸브의 정기 점검 기간은 1일 24시간의 연속 운전을 기준으로 하여 4000시간마다 실시한다.

해설 밸브의 취급 : 운전 중 사고를 미연에 방지하기 위해 정기 점검은 반드시 실시하며, 1일 24시간의 연속 운전을 충분히 고려하여 표준적인 기간을 정하여 하나의 지침을 삼는다.

- 정기 점검 기간 : 1000시간마다 실시
- 교환 기간 : 4000시간마다 실시

56. **왕복 압축기의 피스톤 엔드 틈새 측정에 대한 설명으로 틀린 것은?**

① 틈새에 연선을 삽입하여 측정한다.
② 틈새는 센터 게이지를 이용하여 측정한다.
③ 틈새 치수는 1.5~3.0 mm 범위로 한다.
④ 하부 틈새보다 상부 틈새 치수를 크게 한다.

57. **압축기의 밸브 플레이트의 정비에 대한 설명 중 옳지 않은 것은?**

① 일단 분해하면 재사용을 금하며 교환한다.
② 마모 한계에 도달하였을 때는 파손되지 않아도 교환한다.
③ 교환 시간이 되었으면 사용 한계의 기준치 내라 할지라도 교환한다.
④ 마모된 플레이트는 뒤집어서 사용해서는 안 된다.

해설 두께가 0.3 mm 이상 마모되면 교체한다.

58. **압축기 밸브 부품 중 밸브 스프링 교환에 대한 내용으로 잘못된 것은?** [08-5, 14-2]

① 자유 상태에서 높이가 규정치 이하로 되었을 때 교환한다.
② 손으로 간단히 수정하여 사용해서는 안 된다.
③ 교환 시간이 되면 기준치 내에서도 교환한다.
④ 교환 시간이 되어도 탄성 마모가 없으면 교환하지 않는다.

해설 밸브 플레이트, 밸브 스프링을 사용 한계의 기준값 내에서도 이상이 있으면 전부 교환한다.

59. **왕복동 공기 압축기의 점검 및 정비에 대한 주의 사항으로 옳지 않은 것은?** [15-5]

① 흡입되는 공기는 청결하고 온도는 높을수록 좋다.
② 기계의 수명은 규칙적인 검사와 정비에 의해 결정된다.
③ 오일 펌프의 토출 압력을 기록하고 압력 변화를 감시한다.
④ 분해 조립 시 부품에 번호나 마킹을 하고 조립 시 혼돈되지 않도록 한다.

해설 흡입 공기는 저온일수록 좋다. 고온이 되면 수분이 발생되기 때문이다.

60. **공기 압축기용 전자 밸브 부하 경감 장치의 언로더 작동 불량 원인으로 볼 수 없는 것은?** [15-1]

정답 56. ② 57. ① 58. ④ 59. ① 60. ②

① 언로더 조작 압력이 낮다.
② 푸셔의 길이가 기준치보다 길다.
③ 피스톤 또는 다이어프램에서 누설이 발생하고 있다.
④ 솔레노이드 밸브에 유분, 먼지, 수분 등이 혼입되었다.

61. 벨트식 무단 변속기의 특징으로 올바르지 않은 것은?

① 벨트와 풀리(pulley)의 접촉 위치 변경에 의한 직경비를 이용한다.
② 무단 변속에 사용되는 벨트의 수명은 정상 수명의 1/2~1/3 수준이다.
③ 유욕식이므로 정기적인 점검이 필요하다.
④ 구동 계통의 오염으로 인한 윤활 불량에 유의한다.

해설 벨트식 무단 변속기의 정비 : 벨트의 수명은 표준 사용 방법으로 운전할 때의 1/3에서 2배 정도이며, 가변 피치 풀리의 습동부는 윤활 불량이 되기 쉽다. 광폭 벨트는 특수하므로 예비품 관리를 잘 해두어야 한다.

62. 체인식 무단 변속기에 대한 설명 중 잘못된 것은?

① 얕은 홈이 있는 베벨 기어에 특수한 체인의 연결로 동력을 전달한다.
② 변속은 입력 측 베벨 기어와 출력 측 베벨 기어를 연동시켜 축 방향으로 이동시키고 체인의 맞물리기 유효반경을 바꿈으로써 행하여진다.
③ 부하의 증가에 의한 체인 장력의 여유의 변화, 각부의 탄성 변동 등에 의해 유효 맞물림경이 변하거나 습동판이 약간씩 어긋나서 맞물리기 때문에 약간의 미끄러짐이 발생될 수 있다.
④ 입력 측 회전수가 비교적 높아 전동기와 입력 축의 사이에 따른 감속장치를 부착하지 않는다.

해설 체인식 무단 변속기의 특징

- 보통 PIV라고도 하며 얕은 홈이 있는 베벨 기어에 특수한 체인의 연결로 동력을 전달한다.
- 변속은 입력 측 베벨 기어와 출력 측 베벨 기어를 연동시켜 축 방향으로 이동시키고 체인의 맞물리기 유효반경을 바꿈으로써 행하여진다.
- 부하의 증가에 의한 체인 장력의 여유의 변화, 각부의 탄성 변동 등에 의해 유효 맞물림경이 변하거나 습동판이 약간씩 어긋나서 맞물리기 때문에 약간의 미끄러짐이 발생될 수 있다.
- 입력 측 회전수가 비교적 낮아 전동기와 입력 축의 사이에 따른 감속장치를 부착, 사용하는 것이 보통이다.

63. 일반적으로 회전 중에 변속 조작이 가능한 것은? [11-5]

① 무단 변속기
② 웜 감속기
③ 헬리컬 기어 감속기
④ 베벨 기어 감속기

해설 무단 변속기의 변속 조작은 회전 중에 실시한다.

64. 기어 감속기 중 평행 축형 감속기가 아닌 것은? [07-5, 10-5, 14-5]

① 스퍼 기어 ② 웜 기어
③ 헬리컬 기어 ④ 더블 헬리컬 기어

해설 기어 감속기의 분류

- 평행 축형 감속기 : 스퍼 기어, 헬리컬 기어, 더블 헬리컬 기어
- 교차 축형 감속기 : 스트레이트 베벨 기어,

정답 61. ③ 62. ④ 63. ① 64. ②

스파이럴 베벨 기어
- 이물림 축형 감속기 : 웜 기어, 하이포이드 기어

65. **다음 중 이물림 축형 감속기에 속하는 것은 어느 것인가?** [14-1]

① 웜 기어
② 스퍼 기어
③ 헬리컬 기어
④ 스파이럴 베벨 기어

해설 문제 64번 해설 참조

66. **감속기의 기어 박스를 점검한 결과 이뿌리 면이 상대편 기어의 이끝 통로에 따라 마모되었다. 문제 해결 방법으로 옳지 않은 것은 어느 것인가?** [15-1]

① 압력각을 증가시킨다.
② 기어의 이끝 면을 가공한다.
③ 기어의 이끝 높이를 크게 한다.
④ 피니언의 이뿌리 면을 가공한다.

해설 이의 간섭 방지법
(1) 이의 높이를 줄인 낮은 이(stub gear)(이끝 높이 0.8 m)를 사용할 수 있으나 물림률을 저하시키는 결점을 가지고 있다.
(2) 압력각을 증가시킨다. (20° 또는 그 이상으로 크게 한다.)
(3) 피니언의 반지름 방향의 이뿌리 면을 파낸다.
(4) 치형의 이끝 면을 깎아낸다.

67. **유성 기어 감속기에 관한 설명으로 옳지 않은 것은?** [13-5, 16-2]

① 큰 감속비를 얻을 수 있다.
② 감속기 기어의 잇수 차이가 있다.
③ 입형은 펌프를 이용하여 윤활한다.
④ 1 kW 이하의 소형은 유욕 윤활을 한다.

해설 1 kW 이하의 소형은 그리스, 그 이상은 유욕 윤활을 한다.

68. **감속기의 점검 항목과 점검 방법 및 판단 기준으로 틀린 것은?** [09-5]

① 윤활유량 – 유면계의 위치 확인 – 상·하한선 사이에 위치할 것
② 이상음, 진동, 발열 – 촉수, 청음봉 사용 – 진동, 이상음, 발열이 없을 것
③ 입·출력 원동축과 부하축의 중심 – 다이얼 게이지, 직선자 – 어긋남이 없을 것
④ 축이음 상태 – 입·출력 축의 중심선 – 발열만 없으면 될 것

69. **직류 전동기의 구조상 주요 부분이 아닌 것은?**

① 코일 ② 계자
③ 전기자 ④ 정류자

해설 코일은 전기자의 한 부분이다.

70. **유도 전동기에서 정격전류 이상으로 저항열이 축적되어 일정 온도 이상이 되면 작동하여 기기 보호에 쓰이는 것으로 맞는 것은 어느 것인가?**

① 퓨즈 ② 타이머
③ 서머 릴레이 ④ 마그넷 콘택터

71. **3상 유도 전동기 내의 코일과 철심 사이에 완전 절연하기 위해 사용되는 것은?**

① 바니스 ② 유리
③ 에나멜 ④ 절연 종이

해설 절연 재료로 유리, 에나멜, 마이카 등을 사용하며, 코일과 철심 사이에 완전 절연하기 위해 절연 종이를 사용한다.

정답 65. ① 66. ③ 67. ④ 68. ④ 69. ① 70. ③ 71. ④

72. 전동기의 회전이 고르지 못할 때의 원인인 것은?

① 리드 선, 배선 및 접속부의 손상
② 전원 전압의 변동
③ 베어링 부에서의 발열
④ 운전 조작 잘못

해설 고르지 못한 회전의 원인 : 전원 전압의 변동, 기계적 과부하

73. 전동기의 고장 원인 중 이음 진동 현상이 아닌 것은?

① 베어링의 손상
② 조립 볼트의 이완
③ 공진
④ 기계적 과부하

해설 기계적 과부하는 회전이 고르지 못한 고장과 기동 불능의 원인이다.

74. 3상 유도 전동기의 점검 내용 중 육안으로 점검할 수 없는 것은? [06-5, 16-1]

① 기름 누설
② 부하 전류의 헌팅
③ 도장의 벗겨짐 및 오손
④ 베어링유의 더러움이나 변질 여부

해설 부하 전류의 헌팅은 전기 계측기를 사용하여 점검하여야 한다.

75. 전동기 운전 시 발생한 진동 현상의 원인으로 보기에 가장 거리가 먼 것은? [09-5, 15-5]

① 냉각 불충분
② 베어링의 손상
③ 커플링, 풀리 등의 마모
④ 로터와 스테이터의 접촉

해설 전동기에서 냉각이 불충분하면 과열, 소손이 되며, 진동 현상의 원인에는 베어링의 손상, 커플링 또는 풀리 등의 마모, 언밸런스 또는 오정렬, 로터와 스테이터의 접촉, 냉각 팬 날개바퀴의 풀림, 볼트 및 너트의 풀림, 공진 등이 있다.

76. 다음 중 전동기 기동 불능의 원인이 아닌 것은? [07-5, 16-2]

① 배선의 단선
② 전기 기기의 고장
③ 기계적 과부하
④ 베어링 마모

해설 베어링의 마모는 전동기 발열의 원인이 된다.

77. 다음 중 전동기 기동 불능의 원인으로 옳은 것은? [14-2, 15-2]

① 단선
② 공진
③ 베어링의 손상
④ 로터와 스테이터의 접촉

해설 전동기의 기동 불능 원인 : 퓨즈 용단, 서머 릴레이 또는 노퓨즈 브레이크 등의 작동, 단선, 기계적 과부하, 전기 기기 종류의 고장, 운전 조작 잘못 등

78. 삼상 유도 전동기의 베어링 온도가 지나치게 높을 때 고장 원인이 아닌 것은?

① 그리스의 부족
② 베어링 불량
③ 벨트의 장력 과대
④ 이물질 침입

정답 72. ② 73. ④ 74. ② 75. ① 76. ④ 77. ① 78. ④

3장 공기압 제어

1. 공기압 제어 방식 설계

1-1 공기압 기초

(1) 공압의 정의

압축된 유체를 이용하여 동력을 발생시키고 전달하며 기계, 기구를 제어하는 기체

(2) 공압 장치의 구성

① 공기를 압축하는 공기 압축기

② 공기의 방향, 압력, 유량을 조절하는 각종 제어 밸브

③ 공기의 에너지를 필요한 작업을 위해서 힘 또는 토크 등의 기계적인 일로 변환시키는 장치

(3) 공압의 원리

① 파스칼의 원리 : 정지된 유체 내의 모든 위치에서의 압력은 방향에 관계없이 항상 같으며, 직각으로 작용한다는 원리로 이를 나타내면 다음과 같다.

$$P = \frac{F_1}{A_1} = \frac{F_2}{A_2}$$

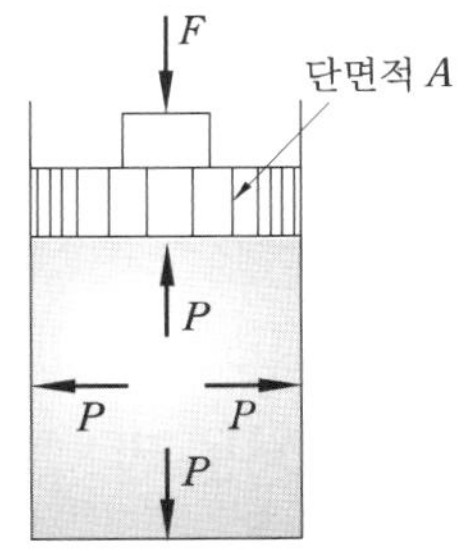

파스칼의 법칙

② 연속의 법칙(law of continuity) : 관 속을 유체가 가득 차서 흐른다면, 단위 시간에 단면 A_1을 통과하는 중량 유량은 단면 A_2를 통과하는 중량 유량과 같다. 단면적을 A_1, A_2 [m^2], 유체의 비중량을 γ_1, γ_2 [kg/m^3], 유속을 V_1, V_2 [m/s]라 하면, 유체의 중량 G [kg/s]는 연속의 법칙에 따라 다음의 식으로 표시된다.

$$\frac{G}{\gamma} = A_1 V_1 = A_2 V_2 = Q = \text{일정}$$

(4) 공유압의 특성

① 비중량 : 유체나 고체에 관계없이 모든 물질은 지구의 중력에 의해 지구의 중심으로 당겨진다. 이 힘을 물체의 무게라고 하며, 다음 식으로 나타낸다.

$$F = W = mg$$

여기서, F : 힘(kgf), W : 무게(kgf), m : 물질의 질량, g : 중력 가속도($9.8\,\mathrm{m/s^2}$)

유체의 비중량은 단위 체적당의 무게로 정의된다.

$$\gamma = \frac{W}{V}$$

여기서, γ : 비중량 ($\mathrm{kgf/m^3}$), W : 무게(kgf), V : 체적($\mathrm{m^3}$)

② 밀도 : 단위 체적당 유체의 질량으로, 다음 식으로 나타낸다.

$$\rho = \frac{m}{V}\,[\mathrm{kg/m^3}]$$

③ 비중 : 물체의 밀도를 물의 밀도로 나눈 값으로 유체의 밀도를 ρ, 물의 밀도를 ρ'라고 하면, 비중 S는 다음과 같다.

$$S = \frac{\rho}{\rho'}$$

④ 체적 탄성 계수(bulk modulus of elasticity) : 유체가 얼마나 압축되기 어려운가 하는 정도를 나타내는 것이며, 체적 탄성 계수가 크면 압축이 잘되지 않는다.

⑤ 공기의 상태 변화 : 기체의 압력, 체적, 온도의 3요소에는 일정한 관계가 있는데 이들 중의 2요소가 정해지면 나머지 요소는 필연적으로 정해진다. 이 3요소 간의 관계를 나타내는 식을 상태식이라 하고 이들의 변화를 상태의 변화라 한다.

예상문제

1. 동력 전달 방식 중 공압식이 전기식보다 유리한 점은? [03-5]

① 동작속도 ② 에너지 효율
③ 소음 ④ 에너지 축적

해설 공압식의 장점은 에너지 축적이다.

2. 유압에 비하여 공기압의 장점이 아닌 것은? [05-5, 08-5]

① 안전성이 우수하다.
② 에너지 효율성이 좋다.
③ 에너지 축적이 용이하다.

정답 1. ④ 2. ②

④ 신속성(동작속도)이 좋다.

해설 공압은 에너지 축적이 쉬운 장점이 있으나, 압축성 때문에 소비 동력에 비해 얻어지는 에너지가 적은 단점이 있다. 즉, 효율에 있어서 유압보다 못하고, 구동 비용이 고가로 된다.

3. 다음 중 공압 장치의 특징으로 옳지 않은 것은? [15-5]

① 제어가 어렵다.
② 작동속도가 빠르다.
③ 힘의 증폭이 쉽게 이루어진다.
④ 압력 에너지로서 축적할 수 있다.

해설 공압 장치는 제어가 용이하다.

4. 다음 중 공압의 특징에 대한 설명으로 틀린 것은? [12-2, 16-2]

① 배기 소음이 발생한다.
② 위치 제어가 용이하다.
③ 에너지 축적이 용이하다.
④ 과부하가 되어도 안전하다.

해설 공압은 압축성 때문에 정밀 위치 제어가 곤란하다.

5. 공압의 특성 중 장점에 속하지 않는 것은 어느 것인가? [15-5]

① 이물질에 강하다.
② 인화의 위험이 없다.
③ 에너지 축적이 용이하다.
④ 압축 공기의 에너지를 쉽게 얻을 수 있다.

해설 공압은 압축성을 이용한 것이므로 물이나 기름 등이 혼입되면 제어성이 나빠지며, 다른 이물질이 혼입되면 기기 내에 고장이 쉽게 발생된다.

6. 공기압의 장점으로 옳은 것은? [07-5]

① 정밀한 속도 조절이 가능하다.
② 배기 시 소음이 크다.
③ 에너지원의 오염이 심하다.
④ 압축 공기의 에너지를 얻기 쉽다.

7. 다음 중 공압의 장점에 대한 설명이 잘못된 것은? [08-5]

① 힘의 증폭이 용이하고 속도 조절이 간단하다.
② 환경 오염의 우려가 없다.
③ 균일한 동작속도를 얻기가 용이하다.
④ 에너지로서 저장성이 있다.

해설 공압은 압축성으로 인하여 정밀한 위치 제어 및 속도 제어가 어렵다.

8. 다음 중 에너지 변환 효율이 가장 좋은 것은 어느 것인가? [13-5]

① 공압 ② 유압 ③ 전기 ④ 기계

9. 일의 3요소에 해당되지 않는 것은? [15-3]

① 크기 ② 속도 ③ 형상 ④ 방향

해설 일의 3요소 : 힘(압력), 속도(유량), 방향

10. SI 단위계에서 압력의 단위는? [15-1]

① atm ② bar
③ Pa ④ kgf/cm^2

해설 압력(응력)의 단위는 Pa로 표시하고 이는 N/m^2을 의미한다.

11. 다음 중 압력의 단위가 아닌 것은? [16-1]

① atm ② psi ③ mol ④ Pa

해설 분자량과 같은 그램수의 물질량을 1몰(mol)이라 한다.

정답 3. ① 4. ② 5. ① 6. ④ 7. ③ 8. ③ 9. ③ 10. ③ 11. ③

12. 기체의 온도를 내리면 기체의 체적은 줄어든다. 체적이 0이 될 때 기체의 온도는 −273.15℃이다. 이 온도를 무엇이라고 하는가?

① 영하 온도 ② 섭씨 온도
③ 상대 온도 ④ 절대 온도

13. 단위 체적당 유체의 질량을 무엇이라 하는가? [06-5]

① 비중 ② 밀도
③ 비체적 ④ 비중량

해설 밀도 $\rho[\mathrm{kg/m^3}]$는 단위 체적당 유체의 질량으로 $\rho=\frac{m}{V}$과 같이 나타낸다.

14. 양정은 압력을 비중량으로 나눈 값이다. 양정의 단위로 적당한 것은? [06-5]

① kgf ② m
③ $\mathrm{kg/m^2}$ ④ $\mathrm{m^3/s}$

해설 압력을 비중량으로 나누면 길이 단위가 되며, 이를 양정(lift) 또는 수두(head)라 한다.

15. 대기의 성분 중 가장 많은 것부터 나열한 것은? [13-2]

① 산소 → 질소 → 아르곤 → 이산화탄소
② 산소 → 아르곤 → 질소 → 이산화탄소
③ 질소 → 이산화탄소 → 산소 → 아르곤
④ 질소 → 산소 → 아르곤 → 이산화탄소

16. 면적을 감소시킨 통로로서 길이가 단면 치수에 비하여 비교적 짧은 경우의 유동 교축부는? [14-1, 16-2]

① 초크(choke)
② 플런저(plunger)
③ 스풀(spool)
④ 오리피스(orifice)

해설 • 오리피스 : 면적을 줄인 부분의 길이가 단면 치수에 비하여 비교적 짧은 경우
• 초크 : 면적을 줄인 부분의 길이가 단면 치수에 비하여 비교적 긴 경우

17. 관로의 면적을 줄인 길이가 단면 치수에 비하여 비교적 긴 경우의 교축을 무엇이라 하는가? [08-5, 12-5, 16-4]

① 초크 ② 오리피스
③ 공동 ④ 서지

해설 관로의 면적을 줄인 길이가 단면 치수에 비하여 비교적 긴 경우의 교축은 초크이고, 짧은 경우의 교축은 오리피스이다.

18. 밀폐된 용기 내의 압력을 동일한 힘으로 동시에 전달하는 것을 증명한 법칙을 무엇이라 하는가? [02-6]

① 뉴턴 법칙 ② 베르누이 정리
③ 파스칼의 원리 ④ 돌턴의 법칙

해설 "액체에 전해지는 압력은 모든 방향에 동일하며 그 압력은 용기의 각 면에 직각으로 작용한다."는 유체의 성질을 발견한 사람은 파스칼이다.

19. 다음 중 파스칼의 원리를 이용하지 않은 것은? [16-2]

① 수압기
② 유압 장치
③ 공기 압축기
④ 내부 확장식 제동 장치

해설 공기 압축기는 보일-샤를의 법칙을 이용한 기기이다.

정답 12. ④ 13. ② 14. ② 15. ④ 16. ④ 17. ① 18. ③ 19. ③

20. 다음 그림에서 단면적이 5 cm²인 피스톤에 20 kgf의 추를 올려 놓을 때 유체에 발생하는 압력의 크기는? [06-5, 13-2]

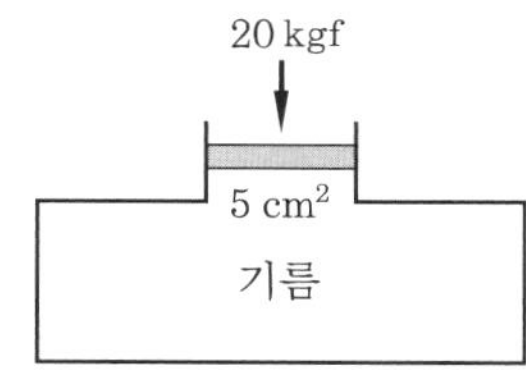

① 1 kgf/cm² ② 4 kgf/cm²
③ 5 kgf/cm² ④ 20 kgf/cm²

해설 $P=\frac{F}{A}=\frac{20}{5}=4\,\text{kgf/cm}^2$

21. 관 속을 흐르는 유체에서 "$A_1 V_1 = A_2 V_2$ = 일정"하다는 유체 운동의 이론은? (단, A_1, A_2는 단면적, V_1, V_2는 유체속도이다.) [09-5, 16-2]

① 파스칼의 원리
② 연속의 법칙
③ 베르누이의 정리
④ 오일러 방정식

해설 연속의 법칙 : 유체가 정상류일 때 관의 임의의 단면으로 통과하는 유체의 유량은 어느 단면에서도 일정하다($Q=AV$).

22. 유관의 안지름을 2.5 cm, 유속을 10 cm/s로 하면 최대 유량은 약 몇 cm³/s인가? [13-5]

① 49 ② 98
③ 196 ④ 250

해설 $Q=Av=\frac{\pi d^2}{4}\cdot v$

$=\frac{3.14\times 2.5^2}{4}\times 10=49\,\text{cm}^3/\text{s}$

23. 보일·샤를의 법칙에서 공기의 기체상수(kgf·m/kgf·K)로 맞는 것은? [12-2]

① 19.27 ② 29.27
③ 39.27 ④ 49.27

해설 $PV=GRT$ [kgf·m]

여기서, G : 기체의 중량(kgf)

R : 가스상수(29.27 kgf·m/kgf·K)

24. 다음 중 공기압 장치의 기본 시스템이 아닌 것은? [06-5, 11-5, 14-5]

① 유압 펌프
② 압축 공기 조정 장치
③ 공압 제어 밸브
④ 압축 공기 발생 장치

해설 유압 펌프는 유압 장치의 기본 시스템이다.

25. 완전한 진공을 "0"으로 표시한 압력은 어느 것인가? [06-5]

① 게이지 압력 ② 최고 압력
③ 평균 압력 ④ 절대 압력

해설 (1) 절대압력(absolute pressure) : 완전한 진공을 기준으로 측정한 압력

(2) 게이지 압력(gauge pressure) : 대기압을 기준으로 측정한 압력

(3) 진공압(vaccum pressure) : 게이지 압력에서 대기압보다 낮은 압력은 부압(−) 또는 진공이라 한다.

26. 다음 중 표준 대기압(1atm)과 다른 값은 어느 것인가? [14-2]

① 760 mmHg ② 1.0332 kgf/m²
③ 1013 mbar ④ 101.3 kPa

해설 $1\,\text{atm}=1.01325\times 10^5\,\text{Pa}=1.01325\,\text{bar}$
$=1.03323\,\text{kgf/cm}^2=1.03323\times 10^4\,\text{mmH}_2\text{O}$
$=760\,\text{mmHg}=1013\,\text{mbar}=101.3\,\text{kPa}$

정답 20. ② 21. ② 22. ① 23. ② 24. ① 25. ④ 26. ②

27. 습공기 내에 있는 수증기의 양이나 수증기의 압력과 포화상태에 대한 비를 나타내는 것은? [11-5]

① 절대 습도 ② 상대 습도
③ 대기 습도 ④ 게이지 습도

해설 상대 습도

$$= \frac{\text{그때의 수증기 분압}}{\text{그 온도에서의 포화 수증기 분압}}$$

$$= \frac{\text{그때의 수증기량}}{\text{그 온도에서의 포화 수증기량}}$$

28. 습공기 중에 포함되어 있는 건조 공기 중량에 대한 수증기의 중량을 무엇이라고 하는가? [14-5]

① 포화 습도 ② 상대 습도
③ 평균 습도 ④ 절대 습도

해설 절대습도

$$= \frac{\text{습공기 중의 수증기 중량(g)}}{\text{습공기 중의 건조공기 중량(g)}} \times 100\%$$

$$= \frac{\text{습공기의 비중량}(g/m^3)}{\text{포화 증기의 비중량}(g/m^3)} \times 100\%$$

정답 27. ② 28. ④

2. 공기압 제어 회로 구성

2-1 공기압 제어 회로

(1) 출력 회로

공기의 압축 에너지를 기계적인 운동 에너지로 바꾸는 실린더 등의 액추에이터 회로와 그 액추에이터를 제어하는 밸브 회로를 말하며, 이 회로의 중요한 점은 실린더, 밸브, 레귤레이터 및 압축기를 선정하는 데 있다.

(2) 검출 회로

액추에이터가 작동하는 것을 확인하여 제어 회로에 피드백하는 회로로서 액추에이터의 작동 확인 및 압력, 온도 등의 검출도 한다.

(3) 제어 회로

액추에이터에 동작 지령을 보내는 회로로서 외부에서의 입력, 즉 시작, 정지, 검출 신호 등을 제어 회로 내에서 종합적으로 판단한 결과를 송출한다.

① 공압원 설정 회로 : 대상으로 하는 공압 액추에이터를 목적대로 바르게 작동시키기 위해서는 공기 압축기 주위에서의 공기 청정 이외에 공압원의 조정 회로를 두고 공기의 질을 안정시키고 있다.

② 1방향 흐름 회로 : 1방향으로 흐르는 공압의 ON-OFF 제어에는 2구멍 밸브를 사용한다.

③ 단동 실린더(single acting cylinder) 작동 회로

(가) 직접 제어 회로 : 동력원에서 밸브를 통해 공기압을 단동 실린더에 직접 보내면 작동하는 회로

(나) 간접 제어 회로 : 어떤 압력이 있을 때까지는 현재 상태를 유지시켜 주는 기능을 가진 기억 회로

④ 복동 실린더(double acting cylinder) 작동 회로 : 실린더의 전·후진 작동 회로

⑤ 복동 실린더의 속도 조절 회로 : 유량 제어 밸브의 유량을 교축시킴으로써 전·후진 속도를 조절할 수 있다.

(가) 미터-인 회로 : 실린더로 들어가는 공기를 교축시키는 회로로 하중 변동이 직접 실린더 속도에 영향을 준다.

(나) 미터-아웃 회로 : 실린더에서 나오는 공기를 교축시키는 회로로 실린더의 속도를

자연스럽게 조정하여, 외력이나 압력 변동에 의한 속도의 불균일을 될 수 있는 대로 적게 하는 데 적합하다.

예상문제

1. 다음 중 공유압 회로를 보고 알 수 없는 것은? [02-6]

① 관로의 길이
② 사용 공유압 기기
③ 유체 흐름의 순서
④ 유체 흐름의 방향

해설 공유압 회로도에는 관로의 길이 치수를 기재하지 않는다.

2. 제어 작업이 주로 논리 제어의 형태로 이루어지는 AND, OR, NOT, 플립플롭 등의 기본 논리 연결을 표시하는 기호도를 무엇이라 하는가? [11-5, 14-5]

① 논리도
② 회로도
③ 제어 선도
④ 변위 단계 선도

해설 논리도 : AND, OR, NOT 등의 논리 기능을 가진 회로도

3. 입력 신호 A, B에 대한 출력 C가 갖는 회로의 이름은? [04-5]

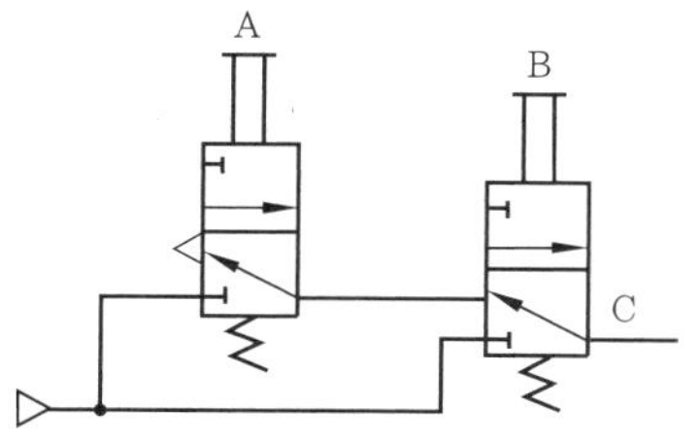

① AND 회로 ② OR 회로
③ NOT 회로 ④ NOR 회로

해설 A에만의 입력이 있어도 출력이 있고, B에만의 입력이 있어도 출력이 있으며, A, B 모두 다 입력이 있어도 출력이 있으나, A, B 다 입력이 없으면 출력이 없기 때문에 OR 논리이다.

4. 다음과 같이 1개의 입력 포트와 1개의 출력 포트를 가지고 입력 포트에 입력이 되지 않은 경우에만 출력 포트에 출력이 나타나는 회로는? [05-5, 09-5]

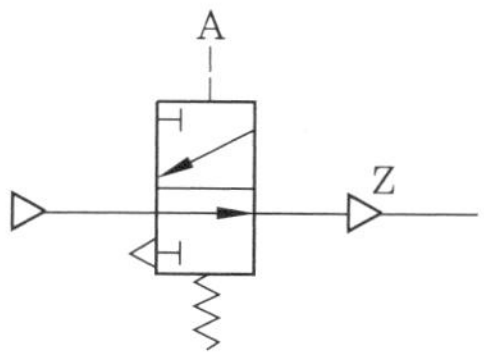

① NOR 회로 ② AND 회로
③ NOT 회로 ④ OR 회로

해설 NOT 회로(NOT circuit) : 입력 신호가 "1"이면 출력은 "0"이 되고, 입력 신호가 "0"이면 출력은 "1"이 되는 부정의 논리를 갖는 회로로 회로도에서 입력 신호 A와 출력 신호 B는 부정의 상태이므로 인버터(inverter)라 부른다.

5. 다음 그림과 같이 2개의 3/2 way 밸브를 연결한 상태의 회로는 어떠한 논리를 나타내는가? [14-5]

정답 1. ① 2. ① 3. ② 4. ③ 5. ③

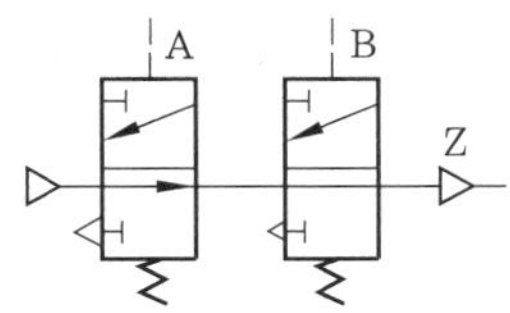

① OR 논리 ② AND 논리
③ NOR 논리 ④ NAND 논리

6. 그림과 같은 공압 회로는 어떤 논리를 나타내는가? [12-2]

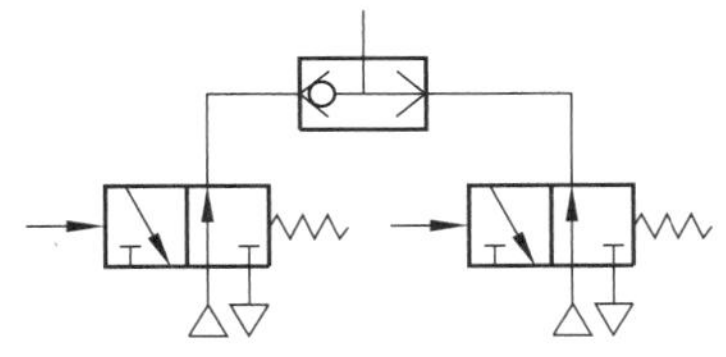

① OR ② AND
③ NAND ④ XE-OR

7. 다음에서 플립플롭 기능을 만족하는 밸브는? [06-5]

①
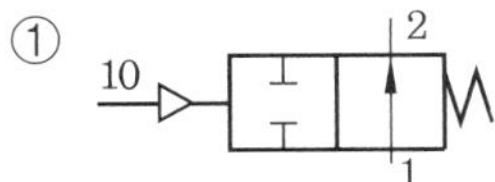

②
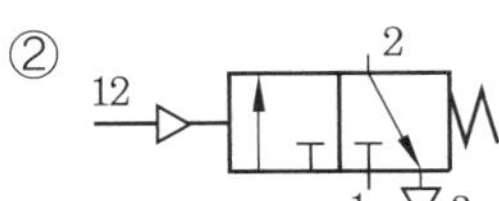

③
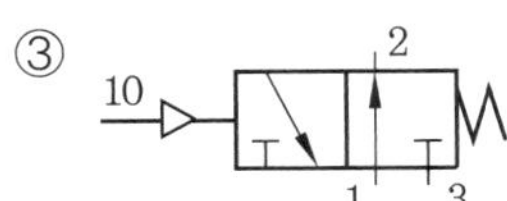

④
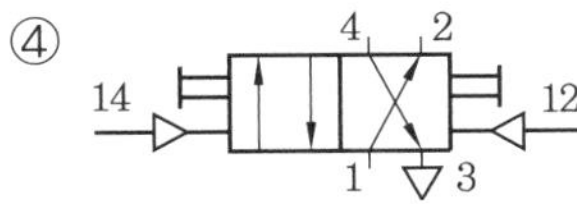

해설 플립플롭 회로(flip-flop circuit) : 2개의 안정된 출력 상태를 가지며, 입력의 유무에 불구하고 직전에 가해진 입력의 상태를 출력 상태로 해서 유지하는 회로이다. 신호(세트) 입력이 가해지면 출력이 나타나고, 그 입력이 없어져도 그 출력 상태가 유지된다. 복귀 입력(리셋)이 가해지면 출력은 0으로 된다.

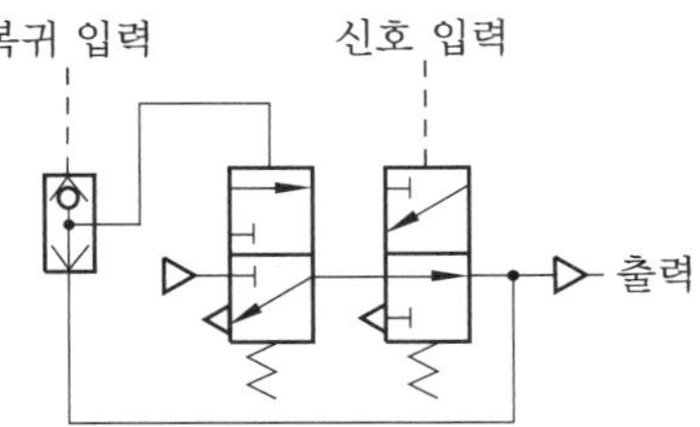

8. 도면에서 밸브 ㉠의 입력으로 A가 on되고, ㉡의 신호 B를 off로 해서 출력 out이 on되게 한 다음 신호 A를 off로 한다면 출력은 어떻게 되는가? [16-2]

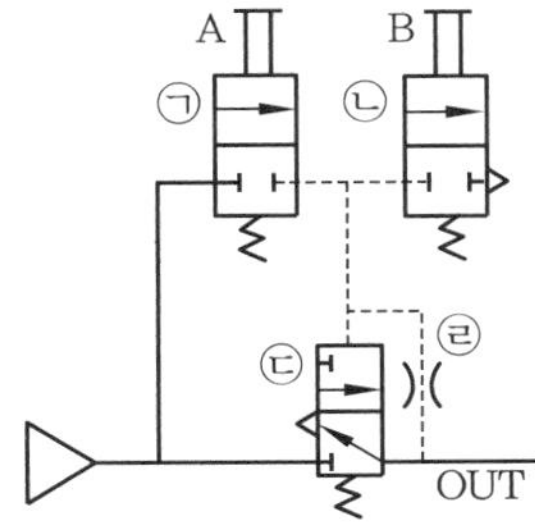

① out은 off로 된다.
② out은 on이 유지된다.
③ ㉢의 밸브가 off로 된다.
④ ㉡의 밸브에서 대기 방출이 된다.

해설 플립플롭 회로는 먼저 도달한 신호가 우선되어 작동되며, 다음 신호가 입력될 때까지 처음 신호가 유지된다.

9. 그림과 같은 회로에서 속도 제어 밸브의 접속 방식은? [02-5, 16-4]

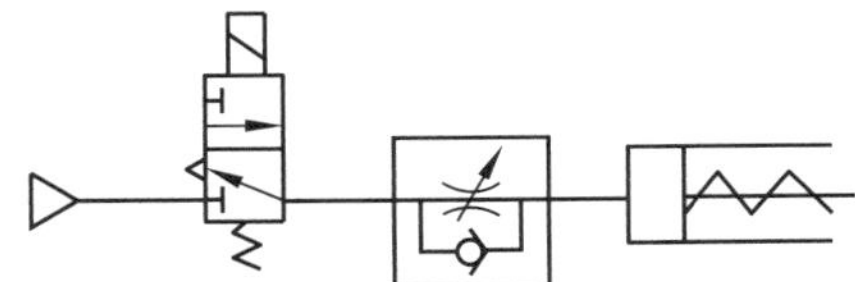

정답 6. ③ 7. ④ 8. ② 9. ①

① 미터 인 방식
② 미터 아웃 방식
③ 블리드 오프 방식
④ 파일럿 오프 방식

해설 • 미터 아웃 방식 : 실린더 양단에 유출되는 공기를 교축하여 제어
• 미터 인 방식 : 실린더 양단에 유입되는 공기를 교축하여 제어
• 블리드 오프 방식 : 병렬 연결 방식

10. 다음 중 부하의 변동이 있어도 비교적 안정된 속도를 얻을 수 있는 회로는? [14-2]

① 미터 인 회로
② 미터 아웃 회로
③ 블리드 온 회로
④ 블리드 오프 회로

해설 미터 아웃 회로(meter out circuit) : 배기 조절 방법으로 미터 인 회로보다 초기 속도는 불안하나 피스톤 로드에 작용하는 부하 상태에 크게 영향을 받지 않는다. 피스톤 로드에 인장하중이 작용하는 경우에도 속도 조절이 가능하기 때문에 공압 복동 실린더의 속도 제어는 거의 모두 배기 조절 방법으로 한다.

11. 두 개 이상의 분기 회로에서 실린더나 모터의 작동 순서를 순차적으로 제어해 주는 회로는? [11-5]

① 시퀀스 회로
② 감압 회로
③ 파일럿 회로
④ 무부하 회로

12. 기기의 보호와 조작자의 안전을 목적으로 기기의 동작 상태를 나타내는 접점을 이용하여 기기의 동작을 금지하는 회로는 어느 것인가? [11-5, 14-2]

① 인터록 회로
② 플리커 회로
③ 정지 우선 회로
④ 시동 우선 회로

해설 인터록(interlock) 회로 : 위험과 이상 동작을 방지하기 위하여 어느 동작에 대하여 이상이 생기는 다른 동작이 일어나지 않도록 제어하는 회로

13. 다음 그림과 같은 회로도를 무엇이라고 하는가? [15-3]

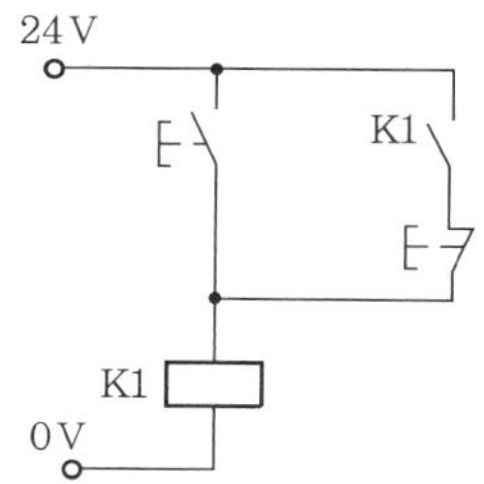

① 인터록 회로
② 플립플롭 회로
③ ON 우선 자기 유지 회로
④ OFF 우선 자기 유지 회로

해설 자기 유지 회로(기억 회로, latching circuit)는 전기 신호의 기억이 필요한 공압-전기 제어 장치에 필요한 것으로, ON 우선 회로와 OFF 우선 회로가 있으며, 그림의 회로는 ON 우선 자기 유지 회로이다.

정답 10. ② 11. ① 12. ① 13. ③

3. 시험 운전

3-1 공기압 기기 관리

(1) 공유압 회로 설계

① 제어 회로의 구성 방법

(가) 직관적 설계 방법 : 축적된 경험을 바탕으로 설계하는 방법이다.

(나) 조직적 설계 방법 : 미리 정해진 규칙에 의하여 설계하는 방법으로 설계자 개개인의 역량에 의한 영향이 적다.

② 직관적 방법에 의한 회로 구성

(가) 운동 상태 및 개폐 조건의 표현 방법 : 순서별 서술적 묘사 형태, 도표 형태, 약식 기호 형태, 도식 표현 형태 등이 있다.

㉮ 순서별 서술적 묘사 형태의 예

- 실린더 A 전진
- 실린더 B 후진
- 실린더 A 후진
- 실린더 B 후진

㉯ 도표 형태

작동 순서	실린더 A의 운동	실린더 B의 운동
1	전진	–
2	–	전진
3	후진	–
4	–	후진

㉰ 약식 기호 형태(전진+, 후진−)

A+, B+, A−, B−

㉱ 도식 표현 형태

- 운동 도표
  - 변위 단계 도표 : 작업 요소의 순차적 작동 상태로 나타내는 것
  - 변위 시간 도표 : 작업 요소의 변위를 시간의 기능으로 나타낸 도표

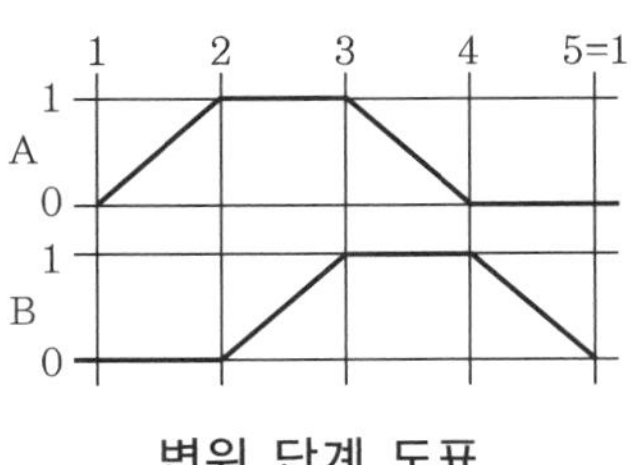

변위 단계 도표

- 제어 도표 : 신호 입력 요소와 신호 진행 요소의 개폐 상태를 단계의 기능으로 나타내는 것

(나) 제어 신호 간섭 현상 : 제어 신호 중첩 현상이라고도 하며, 중첩 현상이란 셋(set) 신호와 리셋(reset) 신호가 동시에 존재하는 것이다. 간섭 신호의 배제에는 작용 신호의 억제(suppression)와 제거(elimination)의 두 가지 방법이 있다.

㉮ 신호 억제 회로 : 존재하는 제어 신호를 더 강력한 신호로 억압하는 것으로 차동 압력기를 갖는 방향 제어 밸브를 이용하는 방법과 압력 조절 밸브를 이용하는 방법 두 가지가 있다.

㉯ 신호 제거 회로 : 기계적인 신호 제거 방법(오버센터 장치(over center device) 이용), 방향성 리밋 스위치 사용, 타이머에 의한 신호 제거(정상 상태 열림형 시간 지연 밸브)

(2) 공압 시스템 관리

① 오동작 및 고장

(가) 오동작 및 고장은 공압 부품과 배관의 자연 마모 및 손상 상태하에서 일어날 가능성이 크다.

(나) 자연 마모 및 손상은 외부 환경의 영향과 압축공기의 상태에 의해 가속화된다.

② 공압 시스템에서의 고장

(가) 공급 유량 부족으로 인한 고장 : 산발적인 오동작이 발생되어 고장 파악이 곤란하게 되며, 압력강하로 인한 실린더의 추력 감소 및 밸브 오동작으로 시퀀스가 틀려지며 배관내 이물질 축적, 공기 누설도 발생할 수 있다.

(나) 수분으로 인한 고장 : 부식 및 고착으로 밸브 오동작

(다) 이물질로 인한 고장

㉮ 슬라이드 밸브의 고착

㉯ 포핏 밸브의 시트부 융착으로 누설

㉰ 유량 제어 밸브에 융착되어 속도 제어를 방해

(라) 공압 기기의 고장

㉮ 공압 타이머의 고장 : 공기 누설 또는 밸브 고착으로 인하여 제어 신호가 있어도 출력 신호가 발생되지 않는다.

㉯ 솔레노이드 밸브에서의 고장

- 전압이 있어도 아마추어 미작동 : 아마추어 고착, 고전압, 고온도 등으로 인한 코일 소손 및 저전압 공급
- 솔레노이드 소음 : AC 솔레노이드에서만 발생하고 아마추어가 완전히 작동되지 않았기 때문이며, 솔레노이드에서는 미열이 발생하므로 조치한다. 응급조치로는 솔레노이드 액추에이터 주위에 구리선을 감으면 된다.

㉰ 공압 밸브에서의 고장 : 포핏 밸브의 경우 밸브 전환 제어가 되지 않는 것으로 실링 시트 손상, 과도한 마찰이나 스프링 손상으로 기계적 스위칭 오동작, 실링 플레이트에 구멍 발생 또는 너무 유연하여 충분한 힘을 가하지 못하는 경우 발생

㉱ 실린더에서의 고장 : 행정거리가 길고 무거운 하중을 달고 운동하는 경우에는 로드 실의 마모가 발생되고 로드의 윤활유가 고착되어 실린더의 불안정한 운전이 되므로 실린더 피스톤 로드에 윤활유 피막이 형성되어 있는가를 점검하여야 한다.

- 보수 유지 및 실링 교체 시 실린더 내부를 청결하게 하여 오일과 이물질을 제거한 후 새 그리스를 주입한다.
- 레이디얼 하중이 작용하지 않도록 한다. 이 하중이 작용하면 피스톤 로드 베어링이 쉽게 마모되어 내구 수명이 단축된다.
- 윤활된 공기를 사용하고 과도한 윤활은 피한다.

예상문제

1. 공압용 솔레노이드 밸브의 전환 빈도로 알맞는 정도를 나타낸 것은? [03-5]

① 매초 1회 이하 ② 매초 10회 정도
③ 매초 20회 정도 ④ 분당 1회 이하

해설 공압용 솔레노이드 밸브는 밸브의 전환 빈도를 매초 1회 이하로 규정하고 있다.

2. 그림과 같은 회로도의 기능은? [14-5]

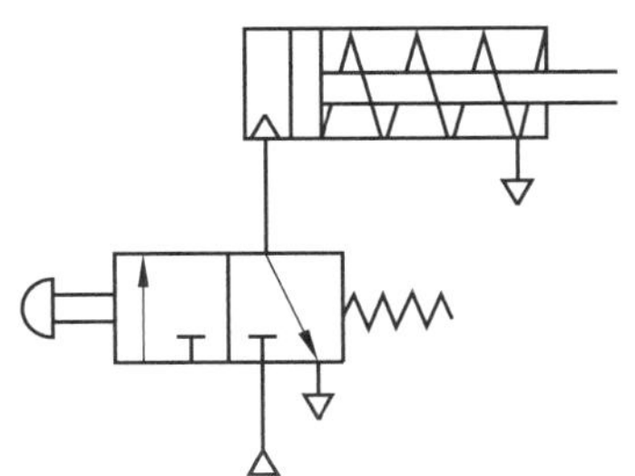

① 단동 실린더 고정 회로
② 복동 실린더 고정 회로
③ 단동 실린더 제어 회로
④ 복동 실린더 제어 회로

해설 이 회로는 단동 실린더의 전진 제어 후진 자동 복귀 회로이다.

3. 그림의 설명으로 맞는 것은? [03-5]

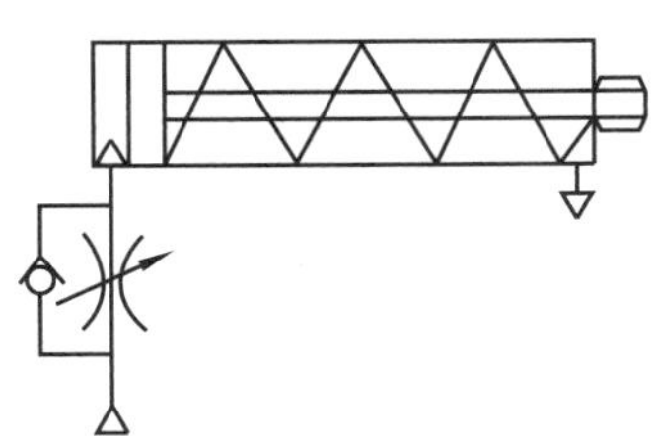

① 전진 속도를 조절한다

정답 1. ① 2. ③ 3. ①

② 후진 속도를 조절한다
③ 급속 귀환 운동을 한다
④ 전진과 후진 출력을 높인다

해설 미터 인 회로는 유량 제어 밸브를 실린더의 작동 행정에서 실린더의 오일이 유입되는 입구 측에 설치한 회로로 실린더 전진 측에 설치하면 전진 속도를 조절해 준다.

4. 다음은 공압 실린더의 응용 회로이다. 푸시 버튼 스위치를 눌렀다 놓으면 실린더는 어떻게 작동되는가? [05-5]

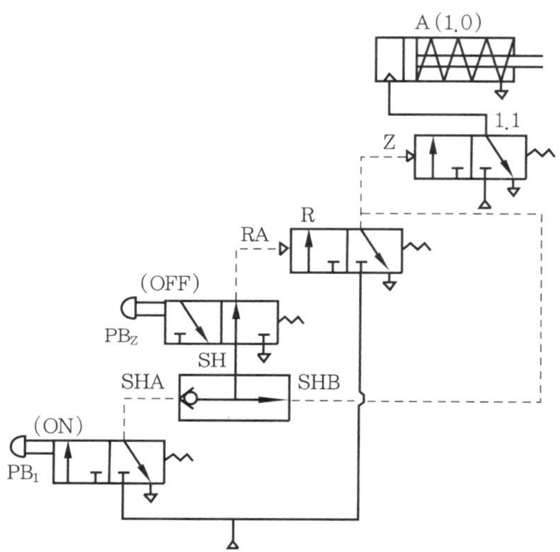

① 스위치 PB_1을 누르면 실린더가 작동되지 않는다.
② 스위치 PB_1을 누르면 실린더가 전진하고 놓으면 후진한다.
③ 스위치 PB_2를 눌렀다 놓으면 실린더가 전진 상태를 유지한다.
④ 스위치 PB_1을 눌렀다 놓으면 실린더가 전진 상태를 유지한다.

해설 이 회로는 공압 자기 유지 회로이다.

5. 다음의 그림은 단동 실린더 제어 회로이다. 이 회로를 설명한 것 중 옳은 것은? [13-2]

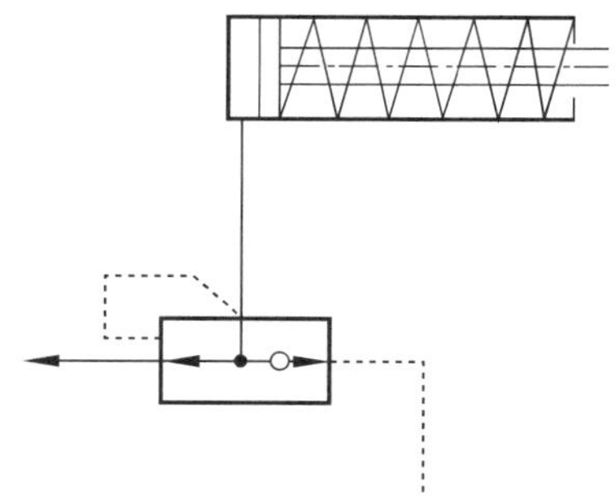

① 후진 속도 증가 회로
② 전진 속도 증가 회로
③ 전진 속도 조절 회로
④ 후진 속도 조절 회로

해설 단동 실린더 아래에 있는 밸브는 급속 배기 밸브이다.

6. 공압 시퀀스 제어 회로의 운동 선도 작성 방법이 아닌 것은? [13-2]

① 운동의 서술적 표현법
② 테이블 표현법
③ 기호에 의한 간략적 표시법
④ 작동 시간 표현법

7. 공압 시퀀스 회로의 신호 중복에 관한 설명으로 옳은 것은? [13-5]

① 실린더의 제어에 시간 지연 밸브가 사용될 때를 말한다.
② 실린더 제어에 2개 이상의 체크 밸브가 사용될 때를 말한다.
③ 1개의 실린더를 제어하는 마스터 밸브에 전기 신호를 주는 것을 말한다.
④ 1개의 실린더를 제어하는 마스터 밸브에 동시에 세트 신호와 리셋 신호가 존재하는 것을 말한다.

해설 세트 신호란 실린더를 전진시키는 신호이고, 리셋 신호란 실린더를 후진시키는

정답 4. ④ 5. ① 6. ④ 7. ④

신호이다. 두 신호가 동시에 존재하면 시퀀스 회로가 오작동을 일으키게 된다.

8. **다음 그림과 같은 변위 단계 선도가 나타내는 시스템의 운동 상태는?** [14-2]

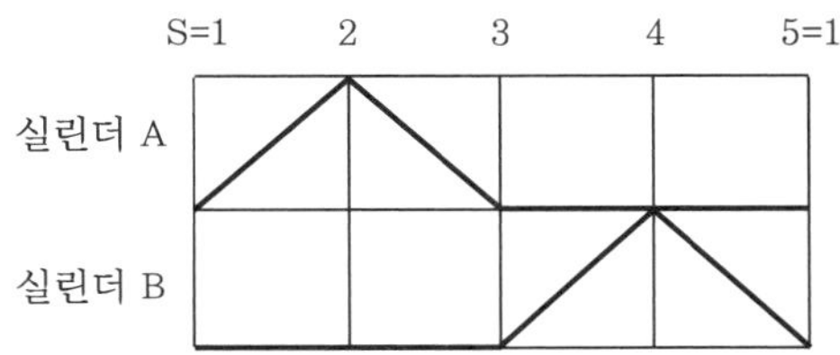

① A+, B+, B−, A−
② A+, B+, A−, B−
③ A+, A−, B+, B−
④ B+, B−, A+, A−

해설 이 변위 단계 선도는 실린더 A 전진−실린더 A 후진−실린더 B 전진−실린더 B 후진 순이다.

9. **3개의 공압 실린더를 A+, B+, A−, C+, C−, B−의 순으로 제어하는 회로를 설계하고자 할 때, 신호의 중복(트러블)을 피하려면 몇 개의 그룹으로 나누어야 하는가? (단, A, B, C, : 공압 실린더, + : 전진 동작, − : 후진 동작이다.)** [08-5, 16-4]

① 2 ② 3 ③ 4 ④ 5

해설 캐스케이드 회로 그룹의 분리 : 하나의 그룹에 같은 실린더의 전진 또 후진 운동이 한 개만 표시되어야 한다(한 그룹 안에 같은 문자 표시 불가).
A+, B+(Ⅰ그룹) / A−, C+(Ⅱ그룹) / C−, B−(Ⅲ그룹)

10. **회로 설계를 하고자 할 때 부가 조건의 설명이 잘못된 것은?** [07-5]

① 리셋(reset) : 리셋 신호가 입력되면 모든 작동상태가 초기 위치가 된다.
② 비상정지(emergency stop) : 비상정지 신호가 입력되면 대부분의 경우 전기 제어 시스템에서는 전원이 차단되나 공압 시스템에서는 모든 작업 요소가 원위치 된다.
③ 단속 사이클(single cycle) : 각 제어 요소들을 임의의 순서대로 작동시킬 수 있다.
④ 정지(stop) : 연속 사이클에서 정지 신호가 입력되면 마지막 단계까지는 작업을 수행하고 새로운 작업을 시작하지 못한다.

해설 단속 사이클 : 시작 신호가 입력되면 제어 시스템이 첫 단계에서 마지막 단계까지 1회 동작된다.

11. **전기 신호를 이용하여 제어를 하는 이유로 가장 적합한 것은?** [09-5, 12-2]

① 과부하에 대한 안전 대책이 용이하다.
② 응답 속도가 빠르다.
③ 외부 누설(감전, 인화)의 영향이 없다.
④ 출력 유지가 용이하다.

해설 전기적인 제어 방법은 비용이 적게 들고 응답 속도가 빠르며, 부품의 종류와 작동 원리가 간단한 장점이 있지만 약 100만 회라는 반복 수명으로 수명이 짧고 높은 신뢰성을 보장할 수 없는 단점도 있다.

12. **다음 중 공기압 장치의 배열 순서로 옳은 것은?** [15-5]

① 공기 압축기 → 공기 탱크 → 에어 드라이어 → 공기압 조정 유닛
② 공기 압축기 → 에어 드라이어 → 공기압 조정 유닛 → 공기 탱크
③ 공기 압축기 → 공기압 조정 유닛 → 에어 드라이어 → 공기 탱크

정답 8. ③ 9. ② 10. ③ 11. ② 12. ①

④ 에어 드라이어 → 공기 탱크 → 공기압 조정 유닛 → 공기 압축기

해설 공기압 장치의 배열 순서 : 흡입 필터 → 압축기 → 냉각기 → 에어 탱크 → 건조기 → 서비스 유닛

13. 회로 설계 시 주의하여야 할 부하 중 과주성 부하에 관한 설명으로 옳지 않은 것은 어느 것인가? [15-3]

① 음의 부하이다.
② 저항성 부하이다.
③ 운동량을 증가시킨다.
④ 액추에이터의 운동 방향과 동일하게 작용한다.

14. 공압 시스템의 사이징 설계 조건으로 볼 수 없는 것은? [12-2, 15-3]

① 반복 횟수
② 부하의 형상
③ 부하의 중량
④ 실린더의 행정거리

해설 실린더를 설계할 때 부하의 형상이 아니라 부하의 크기를 고려한다.

15. 공압 시스템 설계 시 사이징 설계를 위한 조건으로 틀린 것은? [16-4]

① 부하의 종류
② 실린더의 행정거리
③ 실린더의 동작 방향
④ 압축기의 용량

해설 공압 시스템 설계 시 사이징 설계 조건
(1) 액추에이터의 종류 및 행정거리
(2) 실린더의 동작 방향
(3) 부하의 종류 및 크기
(4) 배선, 배관 길이

16. 공압 탱크의 크기를 결정할 때 안전 계수는 대략 얼마로 하는가? [13-2]

① 0.5 ② 1.2 ③ 2.5 ④ 3

17. 압력 조절 밸브 사용 시 주의 사항으로 공기압 기기의 전 공기 소비량이 압력 조절 밸브에서 공급되었을 때 압력 조절 밸브의 2차 압력이 몇 % 이하로 내려가지 않도록 하는 것이 바람직한가? [11-5]

① 60 ② 70 ③ 80 ④ 90

해설 압력 제어 밸브의 유량 특성상 압력 강하는 공급 압력의 80 % 이상을 유지하도록 한다.

18. 압력 제어 밸브의 핸들을 돌렸을 때 회전각에 따라 공기 압력이 원활하게 변화하는 특성은? [12-2]

① 압력 조정 특성 ② 유량 특성
③ 재현 특성 ④ 릴리프 특성

해설 압력 제어 밸브는 조작하여 필요 압력을 얻는 것이다.

19. 공기압 유량 제어 밸브 사용상의 주의 사항으로 틀린 것은? [11-5]

① 유량 제어 밸브는 되도록 제어 대상에 멀리 설치하는 것이 제어성의 면에서 바람직하다.
② 공기압 실린더의 속도 제어에는 공기의 압축성을 고려하여 미터 아웃 방식을 사용한다.
③ 유량 조절이 끝나면 고정용 나사를 꼭 고정하는 것을 잊지 않도록 한다.
④ 크기의 선정도 중요하다.

해설 유량 제어 밸브는 액추에이터 가까이에 설치한다.

정답 13. ② 14. ② 15. ④ 16. ② 17. ③ 18. ① 19. ①

20. 실린더의 동작 시간을 결정하는 요인이 아닌 것은? [15-5]

① 검출 센서의 종류
② 실린더의 피스톤에 가해지는 부하
③ 실린더 흡기측에 압력을 공급하는 능력
④ 실린더 배기측의 압력을 배기하는 능력

해설 실린더의 동작 시간은 검출체의 종류에 따라 정해진다.

21. 실린더의 크기를 결정하는 데 직접 관련되는 요소는? [07-5]

① 사용 공기 압력 ② 유량
③ 행정거리 ④ 속도

해설 실린더의 크기는 곧 출력이며, 출력은 실린더 안지름, 로드 지름, 공기압력에 의해 결정된다.

22. 실린더 로드가 전·후진 운동 시 간헐적 동작이 일어나는 현상은? [16-1]

① 플립플롭 ② 스틱 슬립
③ 캐스케이드 ④ 오버라이드

해설 스틱 슬립(stick slip) : 미끄럼면의 마찰력이 있는 정도 크기로 된 미끄럼면의 한쪽이 어느 정도 탄성 자유도를 갖고 있는 운동이 연속적으로 되지 않고 간헐적으로 되는 현상

23. 변동하는 공기 수요에 공급량을 맞추기 위한 압축기의 조절 방식 중 가장 간단한 방식으로 압력 안전 밸브에 의하여 압축기의 압력을 제어하며 무부하 조절 방식에 속하는 것은? [14-2]

① 차단 조절 ② 흡입량 조절
③ 배기 조절 ④ 그립-암 조절

해설 무부하 제어(no-load regulation)

(1) 배기 제어 : 가장 간단한 제어 방법으로 압력 안전 밸브(pressure relief V/V)로 압축기를 제어한다. 탱크 내의 설정된 압력이 도달되면 안전 밸브가 열려 압축 공기를 대기 중으로 방출시키며 체크 밸브가 탱크의 압력이 규정값 이하로 되는 것을 방지한다.
(2) 차단 제어 : 피스톤 압축기에서 널리 사용되는 제어로서 흡입쪽을 차단하여 공기를 빨아들이지 못하게 하며, 대기압보다 낮은 압력(진공압)에서 계속 운전된다.
(3) 그립-암 제어 : 피스톤 압축기에서 사용되는 것으로 흡입 밸브를 열어 압축 공기를 생산하지 않도록 하는 방법이다.

24. 다음은 압축기에 관한 사항이다. 옳은 것은? [09-5]

① 압력의 급변동을 피하고 최대한 온도의 안정을 유지할 필요가 없다.
② 윤활유 및 냉각수의 점검은 제작 시에 했기 때문에 할 필요가 없다.
③ 흡입 상태 또는 흡기, 필터의 눈 막힘을 점검하여야 한다.
④ 정기 점검은 전혀 할 필요가 없다.

25. 9개의 입력 신호 중 어느 한 곳의 신호만 있어도 한 곳으로 출력을 발생시킬 수 있는 밸브와 그 수량은? [14-2]

① 2압 밸브, 8개 ② 2압 밸브, 9개
③ 셔틀 밸브, 8개 ④ 셔틀 밸브, 9개

해설 셔틀 밸브(shuttle valve, OR valve) : 3방향 체크 밸브라고도 하는데, 체크 밸브를 2개 조합한 구조로 되어 있어, 1개의 출구 A와 2개의 입구 X, Y가 있다.

정답 20. ① 21. ① 22. ② 23. ③ 24. ③ 25. ③

26. **위치 검출용 스위치의 부착 시 주의사항에 관한 설명으로 옳지 않은 것은?** [15-5]

① 스위치 부하의 설계 선정 시 부하의 과도적인 전기 특성에 주의한다.
② 전기 용접기 등의 부근에는 강한 자계가 형성되므로 거리를 두거나 차폐를 실시한다.
③ 직렬 접속은 몇 개라도 접속이 가능하지만 스위치의 누설 전류가 접속 수만큼 커지므로 주의한다.
④ 실린더 스위치는 전기 접점이므로 직접 정격 전압을 가하면 단락되어 스위치나 전기 회로를 파손시킨다.

해설 위치 검출 스위치는 제어 조건에 따라 그 수가 결정된다.

27. **공압 배관의 방법으로 옳은 것은?** [15-2]

① 가급적 환상(loop) 배관으로 한다.
② 주관로에서 30 % 정도의 기울기를 준다.
③ 배관의 가장 높은 곳에는 자동 배수 장치를 설치한다.
④ 주관로로부터 분기 관로를 설치하는 경우 차단 밸브를 설치해서는 아니 된다.

해설 배관은 가급적 환상(loop)으로 하고, 수분을 낮은 곳으로 보내기 위해 주관로에서 10 % 정도의 기울기를 주며, 드레인을 제거하기 위해 배관의 가장 낮은 곳에 배수 장치를 설치하고, 주관로로부터 분기 관로를 설치하는 경우 차단 밸브를 설치한다.

정답 26. ③ 27. ①

4장 공기압 장치 조립

1. 공기압 회로 도면 파악

1-1 공기압 회로 기호

동력원

명칭	기호	명칭	기호
공기압(동력)원		원동기	M
전동기	M		

에너지-용기

명칭	기호	명칭	기호
공기 탱크		보조 가스 용기	

펌프 및 모터

명칭	기호	명칭	기호
모터		진공 펌프	
2방향 정용량형 공압 모터		2방향 요동형 공기압 액추에이터	

실린더

명칭	기호		명칭	기호
공기압 편로드 단동 실린더	상세 기호 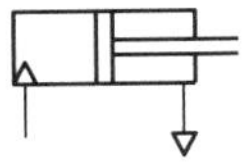	간략 기호 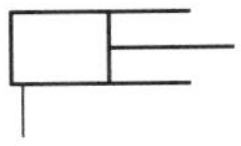	공기압 단동 텔레스코프형 실린더	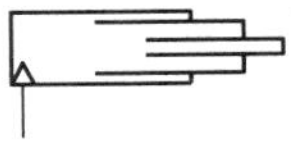
편로드 공기압 복동 실린더	상세 기호 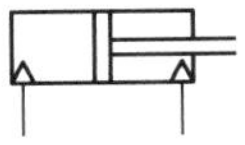	간략 기호 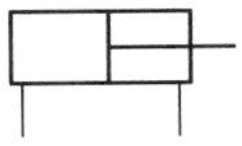	램형 실린더	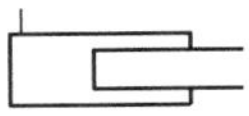
양로드 공기압 복동 실린더	상세 기호 	간략 기호 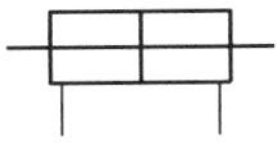	다이어프램형 실린더	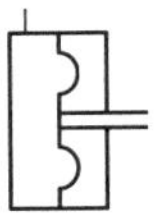

압력 제어 밸브

명칭	기호
릴리프 붙이 감압 밸브	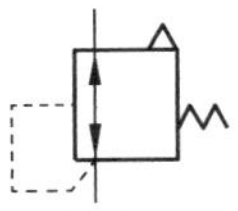

셔틀 밸브, 배기 밸브

명칭	기호	
고압 우선형 셔틀 밸브	상세 기호 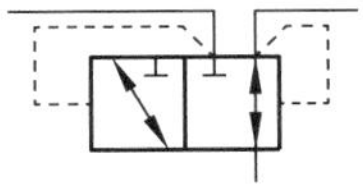	간략 기호 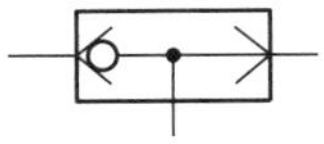
급속 배기 밸브	상세 기호 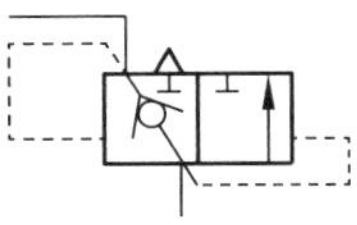	간략 기호 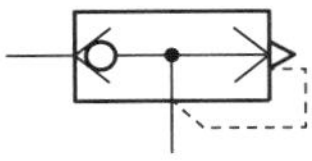
저압 우선형 셔틀 밸브	상세 기호 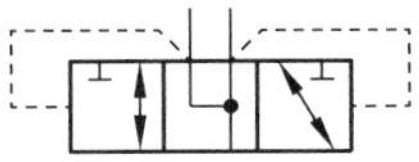	간략 기호 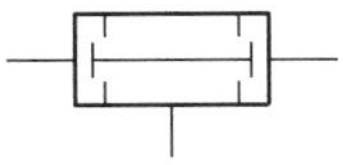

유량 제어 밸브

명칭	기호	명칭	기호
교축 밸브 (가변 교축 밸브)	상세 기호 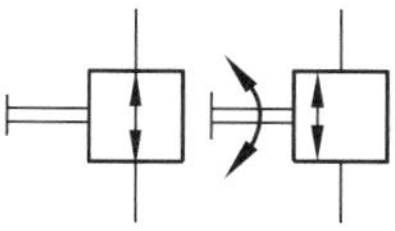 간략 기호 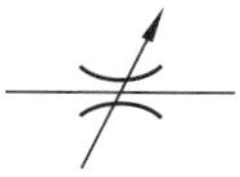	스톱 밸브	
감압 밸브 (기계 조작 가변 교축 밸브)	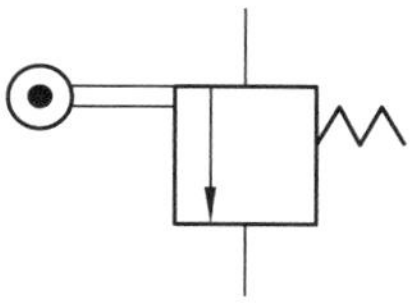	1방향 교축 밸브 속도 제어 밸브(공기압)	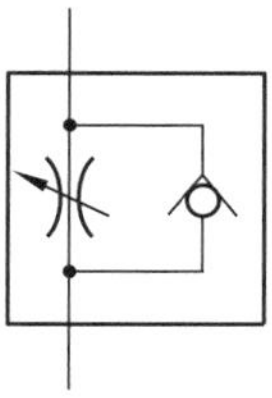

유체 조정 기기

명칭	기호	명칭	기호
필터	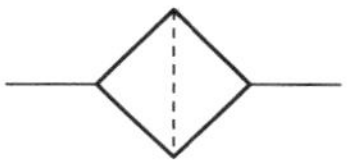	수동 배출 드레인 배출기	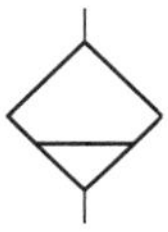
자동 배출 드레인 배출기		드레인 수동 배출기 붙이 필터	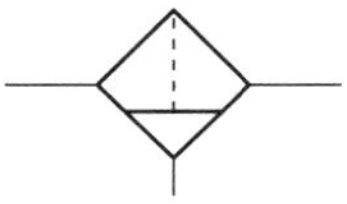
드레인 자동 배출기 붙이 필터	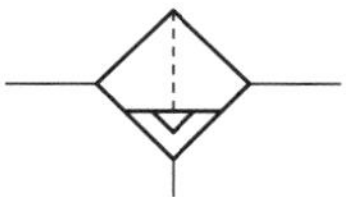	수동 배출 기름 분무 분리기	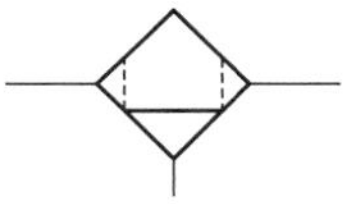
자동 배출 기름 분무 분리기	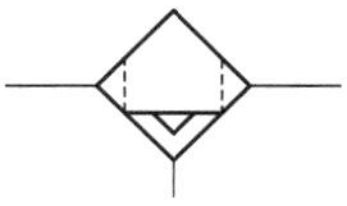	에어 드라이어	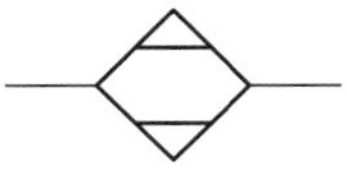
루브리케이터	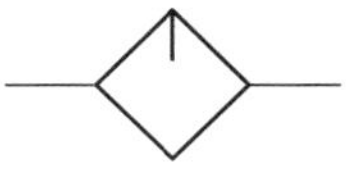	공기압 조정 유닛	상세 기호 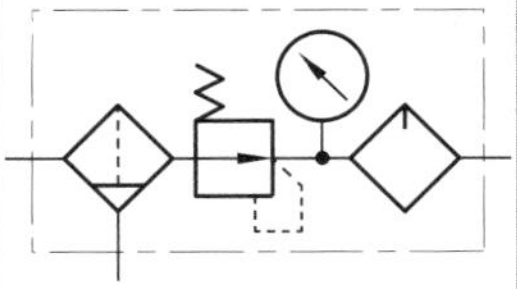 간략 기호 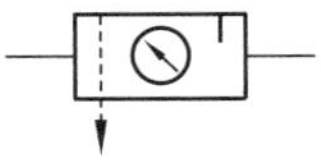

보조 기기

명칭	기호	명칭	기호
압력 표시기		압력계	
온도계		유면계	

기타 기기

명칭	기호	명칭	기호
아날로그 변환기		소음기	

예상문제

1. 유압 공기압 도면 기호(KS B 0054)의 기호 요소에서 기호로 사용되는 선의 종류 중 복선의 용도는? [06-5]

① 주관로
② 파일럿 조작 관로
③ 기계적 결합
④ 포위선

해설 복선은 회전축, 레버, 피스톤 로드 등 기계적 결합을 의미한다.

2. 유압·공기압 도면 기호(KS B 0054)의 기호 요소 중 정사각형의 용도가 아닌 것은 어느 것인가? [14-5]

① 필터 ② 피스톤
③ 주유기 ④ 열교환기

해설 정사각형의 용도 : 제어 기기, 전동기 이외의 원동기, 유체 조정 기기, 실린더 내의 쿠션, 어큐뮬레이터 내의 추

3. 도면의 기호가 나타내는 것은 무엇인가? [02-6]

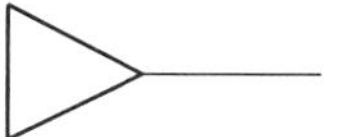

① 압력계 ② 유량계
③ 공압 압력원 ④ 유압 압력원

4. 다음 기호의 설명으로 맞는 것은? [06-5, 15-5]

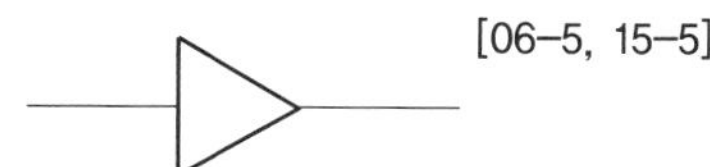

정답 1. ③ 2. ② 3. ③ 4. ③

① 관로 속에 물이 흐른다.
② 관로 속에 기름이 흐른다.
③ 관로 속에 공기가 흐른다.
④ 관로 속에 가연성 액체가 흐른다.

해설 삼각형의 꼭짓점 방향으로 흐른다는 의미로 삼각형 속이 투명이면 공압, 검정이면 유압을 뜻한다.

5. 유압·공기압 도면 기호 중 접속구를 나타내었다. 아래 그림과 같은 공기 구멍에 대한 설명으로 맞는 것은? [12-2]

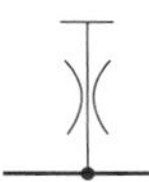

① 연속적으로 공기를 빼는 경우
② 어느 시기에 공기를 빼고 나머지 시간은 닫아 놓는 경우
③ 필요에 따라 체크 기구를 조작하여 공기를 빼내는 경우
④ 수압 면적이 상이한 경우

6. 연속적으로 공기를 빼내는 공기 구멍을 나타내는 기호는? [15-3]

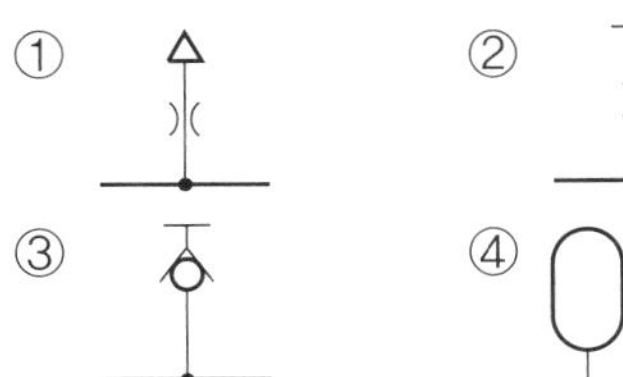

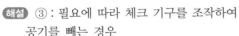

해설 ③ : 필요에 따라 체크 기구를 조작하여 공기를 빼는 경우
④ : 어큐뮬레이터의 일반 기호

7. 마름모(◇)가 기본이 되는 공유압 기호가 아닌 것은? [14-2]

① 여과기 ② 열교환기
③ 차압계 ④ 루브리케이터

해설 마름모의 기호는 유체 조정 기기를 뜻하며, 필터, 드레인 분리기, 주유기, 열교환기 등이 이에 속한다.

8. 다음 그림의 기호가 나타내는 것은 어느 것인가? [07-5, 10-5, 14-1]

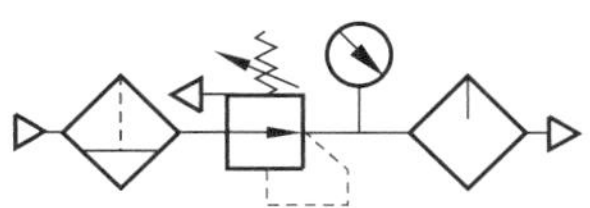

① OR 밸브 ② 서비스 유닛
③ AND 밸브 ④ 시퀀스 밸브

해설 서비스 유닛은 일명 공기압 조정 유닛이라고도 한다.

9. 다음 그림은 공유압 기호 중 무엇을 나타내는 것인가? [02-6]

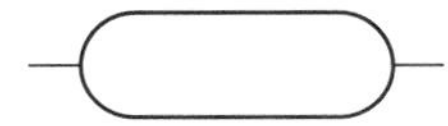

① 기름 탱크 ② 공기 탱크
③ 전동기 ④ 압력 스위치

10. 보기에 설명되는 요소의 도면 기호는 어느 것인가? [13-2]

[보기]

압축 공기 필터는 압축 공기가 필터를 통과할 때에 이물질 및 수분을 제거하는 역할을 한다. 이 장치는 필터 내의 응축수를 자동으로 제거하기 위해 사용된다.

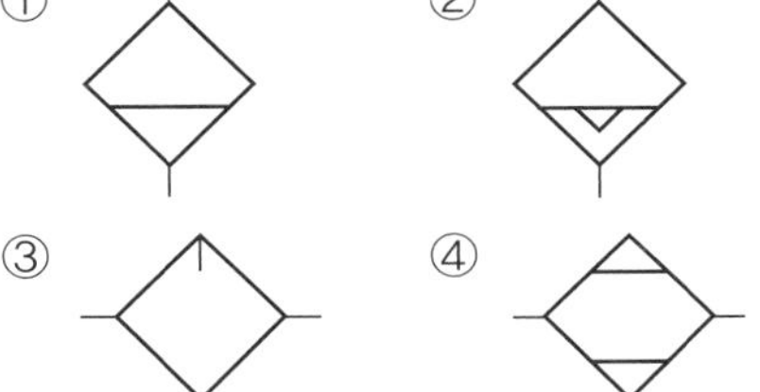

정답 5. ② 6. ① 7. ③ 8. ② 9. ② 10. ②

해설 ① : 수동 배출, ② : 자동 배출
③ : 윤활기, ④ : 에어 드라이어

11. 압축 공기의 응축된 물과 고형 이물질을 제거하기 위하여 사용하는 필터의 기호는 어느 것인가? [16-4]

① 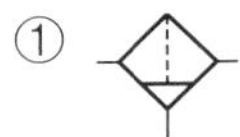 ② 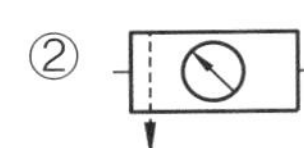

③ 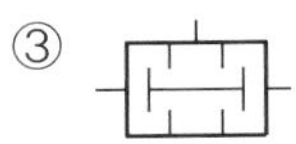 ④ 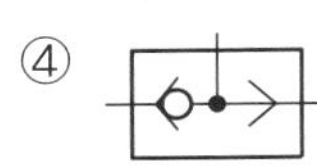

해설 ① : 드레인 배출구 붙이 필터(수동 배출), ② : 공기압 조정 유닛, ③ : AND 밸브(이압 밸브), ④ : OR 밸브(셔틀 밸브)

12. 다음 그림의 기호 이름은 무엇인가? [11-5]

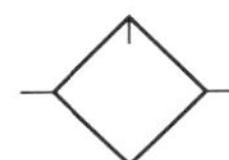

① 릴리프 밸브 ② 필터
③ 감압 밸브 ④ 윤활기

13. 공압용 방향 전환 밸브의 구멍(port)에서 "R" 또는 "S"로 나타내는 것은? [15-2]

① 탱크로 귀환 ② 밸브로 진입
③ 대기로 방출 ④ 실린더로 진입

해설

R, S, T	배기 라인

14. 다음 중 밸브의 작업 포트를 표현하는 기호는? [15-1, 16-2]

① A ② P ③ Z ④ R

해설 포트 기호

연결구 약칭	라인	기호
A, B, C	작업 라인	2, 4, 6

15. 그림의 연결구를 표시하는 방법에서 틀린 부분은? [11-5]

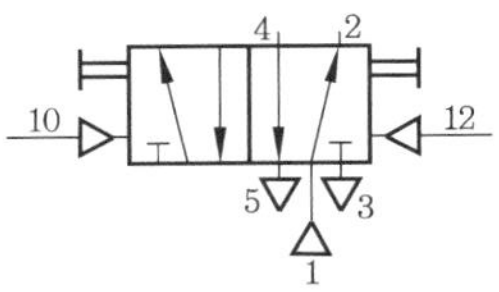

① 공급 라인 : 1 ② 제어 라인 : 4
③ 작업 라인 : 2 ④ 배기 라인 : 3

해설 ① 공급 라인 : 1
② 제어 라인 : 10, 12
③ 작업 라인 : 2, 4
④ 배기 라인 : 3, 5

16. 방향 제어 밸브를 기호로 표시할 때 필요하지 않은 것은? [04-5]

① 작동 방법 ② 밸브의 기능
③ 밸브의 구조 ④ 귀환 방법

해설 방향 제어 밸브 기호를 보면 작동 방법, 밸브의 기능, 귀환 방법 등을 알 수 있다.

17. 다음의 기호가 나타내는 것은? [10-5]

① 3/2 way 방향 제어 밸브(푸시 버튼형, N. O)
② 3/2 way 방향 제어 밸브(롤러 레버형, N. O)
③ 3/2 way 방향 제어 밸브(푸시 버튼형, N. C)
④ 3/2 way 방향 제어 밸브(롤러 레버형, N. C)

해설 이 밸브는 3/2 way 방향 제어 밸브로 인력 작동 스프링 복귀형 N. C형이다.

정답 11. ① 12. ④ 13. ③ 14. ① 15. ② 16. ③ 17. ③

18. 다음 그림에서 단동 실린더를 제어할 때 사용한 방향 전환 밸브는? [11-5, 14-5]

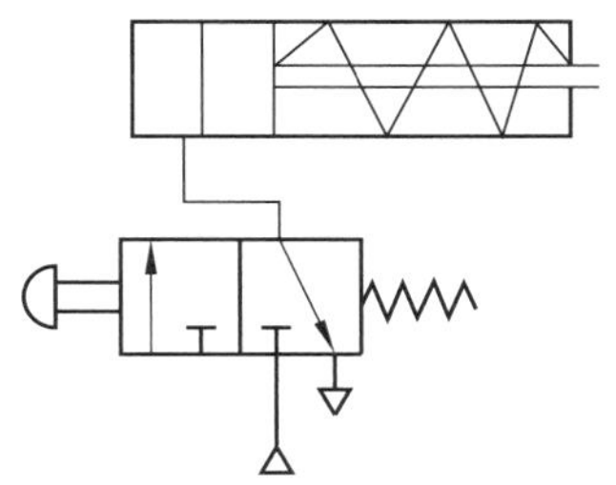

① 2포트 2위치 밸브
② 3포트 2위치 밸브
③ 4포트 2위치 밸브
④ 5포트 2위치 밸브

19. 다음 그림과 같은 방향 제어 밸브의 명칭은? [02-6, 13-5, 14-2]

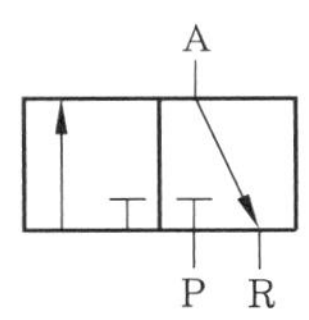

① 2포트 2위치 밸브
② 3포트 2위치 밸브
③ 4포트 2위치 밸브
④ 5포트 2위치 밸브

해설 이 기호는 3/2 way 공압용 방향 제어 밸브이다.

20. 다음에서 기계 방식의 구동이 아닌 것은 어느 것인가? [04-5, 07-5, 16-2]

해설 기계 조작 방식

명칭	기호
플런저	
가변 행정제한기구	
스프링	
롤러	
편측 작동 롤러	

21. 밸브의 조작 방식 중 복동 가변식 전자 액추에이터의 기호는? [16-4]

① ② ③ ④

해설 전기 조작 직선형 전기 액추에이터 조작 방식

명칭	기호
단동 솔레노이드	
복동 솔레노이드	
단동 가변식 전자 액추에이터	
복동 가변식 전자 액추에이터	
회전형 전기 액추에이터	M

정답 18. ② 19. ② 20. ③ 21. ③

22. 다음 기호의 명칭으로 맞는 것은? [12-2]

① 버튼 ② 레버
③ 페달 ④ 롤러

해설 인력 조작 방식

명칭	기호
일반 기호	
누름 버튼	
당김 버튼	
레버	
페달	

23. 다음 기호 중 오리피스를 나타내는 기호는 무엇인가? [05-5]

①  ② 
③ ④ 

해설 ① : 주관로, ② : 초크, ④ : 취출 관로

24. 다음의 기호 중 공압 실린더의 1방향 속도 제어에 주로 사용되는 것은? [08-5, 12-2]

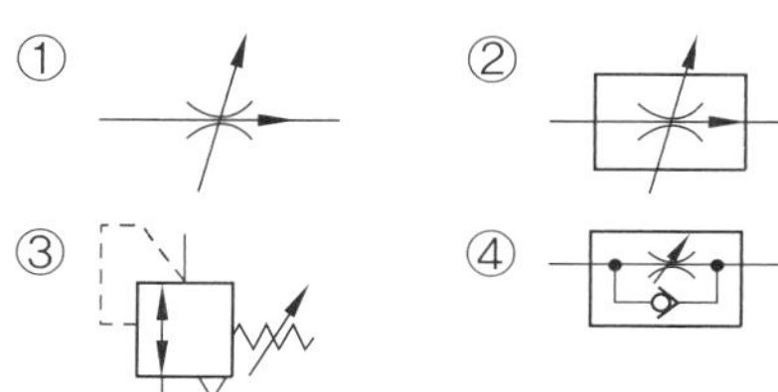

해설 ① : 양방향 유량 제어 밸브
② : 압력 보상 유량 제어 밸브
③ : 안전 밸브

25. 다음은 어떤 밸브를 나타내는 기호인가? [11-5]

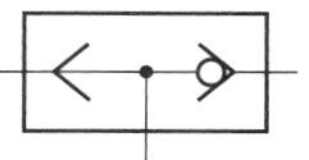

① 급속 배기 밸브
② 셔틀 밸브
③ 2압 밸브
④ 파일럿 조작 밸브

해설 이 밸브는 셔틀 밸브 또는 OR 밸브, 고압 우선 셔틀 밸브라 한다.

26. 다음 유압·공기압 기호의 명칭은? [08-5]

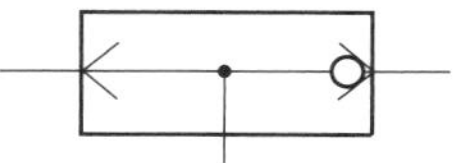

① 감압 밸브
② 고압 우선형 셔틀 밸브
③ 릴리프 밸브
④ 급속 배기 밸브

해설 셔틀 밸브(shuttle valve, OR valve) : 3방향 체크 밸브라고도 하는데, 체크 밸브를 2개 조합한 구조로 되어 있어, 1개의 출구 A와 2개의 입구 X, Y가 있다. 공압 회로에서 그 종류의 공압 신호를 선택하여 마스터 밸브에 전달하는 것과 같은 경우에 사용된다.

27. 다음 기호가 가진 특징으로 올바르게 설명한 것은? [08-5]

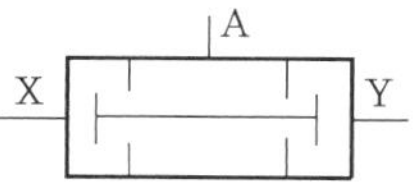

① AND 논리이다.
② 고압 우선형이다.
③ 셔틀 밸브이다.
④ OR 밸브이다.

정답 22. ① 23. ③ 24. ④ 25. ② 26. ② 27. ①

28. 다음에 설명되는 요소의 도면 기호는 어느 것인가? [02-6, 06-5]

> "실린더 속도를 증가시키는 목적으로 사용되는 공압 요소로서 효과적으로 사용하기 위해 실린더에 직접 설치하거나, 가능한 가깝게 설치한다."

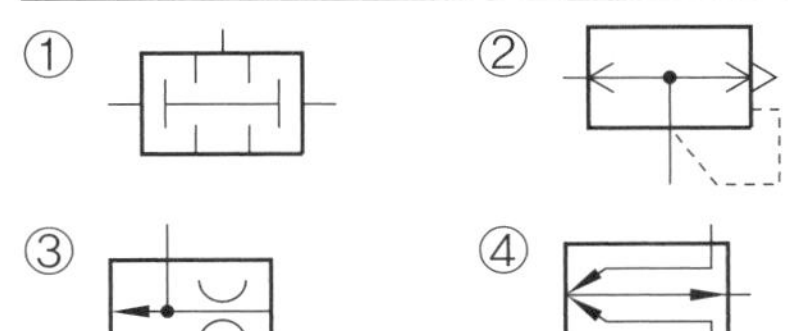

해설 ① : 2압 밸브, ② : 급속 배기 밸브
③, ④ : 공압 센서

29. 다음 그림은 무슨 기호인가? [07-5]

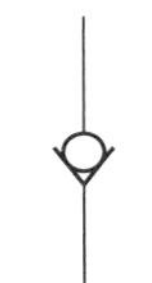

① 분류 밸브
② 셔틀 밸브
③ 디셀러레이션 밸브
④ 체크 밸브

해설 체크 밸브(check valve)는 유체를 한쪽 방향으로만 흐르게 하고, 다른 한쪽 방향으로 흐르지 않게 하는 기능을 가진 밸브이다.

30. 그림에서 공압 기호는 무엇인가? [03-5]

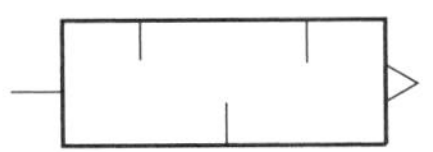

① 축압기 ② 증압기
③ 소음기 ④ 가열기

해설 • 소음기 :
• 가열기 :

31. 아래의 공기압 회로 도면 기호의 명칭은 무엇인가? [05-5]

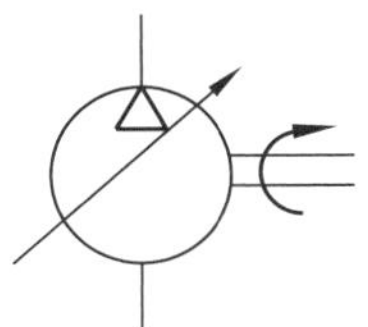

① 정용량형 공기압 모터
② 정용량형 공기 압축기
③ 가변 용량형 공기압 모터
④ 가변 용량형 공기 압축기

해설 이 기호는 한방향 가변 용량형 공기 압축기이다.

32. 다음 기호의 공압 실린더에 관한 설명으로 옳은 것은? [14-2]

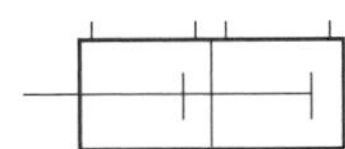

① 전·후진 시 추력이 같다.
② 쿠션 장치가 내장되어 있다.
③ 긴 행정거리가 요구되는 경우에 주로 사용된다.
④ 같은 크기의 실린더에 비해 추력이 약 2배 크다.

해설 이 기호는 탠덤형 실린더이다.

33. 다음 공압 기호의 설명으로 옳은 것은 어느 것인가? [03-5, 05-5]

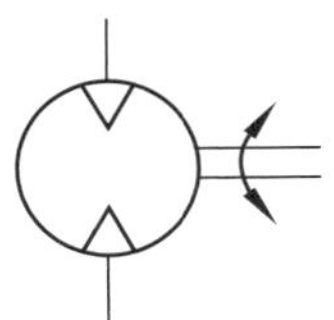

정답 28. ② 29. ④ 30. ③ 31. ④ 32. ④ 33. ②

① 공기압 펌프 일반 기호
② 양방향 유동 공기압 모터
③ 1방향 유동 정용량형 모터
④ 2방향 유동 가변 용량형 모터

해설 이 기호는 정용량형으로 양방향 유동 공기압 모터이다.

34. 다음 그림은 무슨 유압·공기압 도면 기호인가? [04-5, 06-5, 14-2]

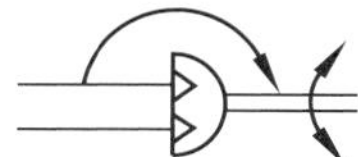

① 요동형 공기압 액추에이터
② 요동형 유압 액추에이터
③ 유압 모터
④ 공기압 모터

해설 요동 공기 모터라고도 한다.

35. 다음 그림의 기호가 나타내는 것은 무엇인가? [11-5]

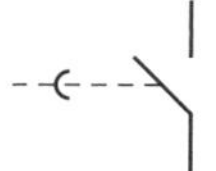

① 수동 조작 스위치 a 접점
② 수동 조작 스위치 b 접점
③ 소자 지연 타이머 a 접점
④ 여자 지연 타이머 a 접점

36. 그림과 같은 전기 기기를 나타내는 기호의 명칭은? [12-2, 14-5]

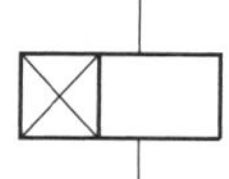

① 카운터
② 여자 지연 타이머
③ 압력 스위치
④ 누름 버튼 스위치

해설 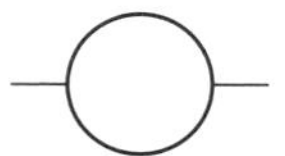 : 소자 지연(off delay) 타이머

37. 다음에 표기한 기호가 의미하는 전기 회로용 기기의 명칭은? [13-5]

① 코일 ② 퓨즈
③ 표시등 ④ 전동기

38. 유압 및 공기압 용어의 정의에 대하여 규정한 한국 산업 표준으로 맞는 것은 어느 것인가? [10-5, 12-2]

① KS B 0112 ② KS B 0114
③ KS B 0119 ④ KS B 0120

해설
- KS B 0112 : 사무 기계의 명칭에 관한 용어
- KS B 0114 : 공작 기계(부품, 공작 방법) 용어
- KS B 0119 : 유압 용어
- KS B 0120 : 유압 및 공기압 용어

정답 34. ① 35. ④ 36. ② 37. ① 38. ④

2. 공기압 장치 조립 및 장치 기능

2-1 공기 압축기

공기 압축기(air compressor)는 공압 에너지를 만드는 기계로서 대기압의 공기를 흡입, 압축하여 100 kPa(1kgf/cm^2) 이상의 압력을 발생시키는 것을 말한다.

(1) 공기 압축기의 분류

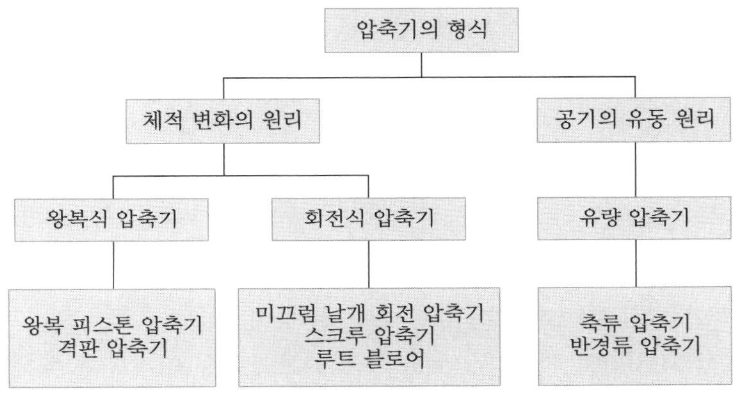

압축 원리, 구조상의 분류

(2) 공기 압축기의 특징

공기 압축기의 특징

구분	왕복형	나사식	터보식
진동	비교적 크다.	작다.	작다.
소음	크다.	작다.	크다.
맥동	크다.	비교적 작다.	작다.
토출 압력	높다.	낮다.	낮다.
비용	작다.	높다.	높다.
이물질	먼지, 수분, 유분, 탄소	유분, 먼지, 수분	먼지, 수분
정기 수리 시간	3000~5000	12000~20000	8000~15000

2-2 공기압 밸브

(1) 압력 제어 밸브(pressure control valve)

공기 실린더의 피스톤의 면적에 압력을 작용시키면 피스톤 로드에 힘이 발생되며, 이 힘은 압력을 바꾸어 조절할 수 있다. 이 압력을 제어하는 데 사용되는 것이 압력 제어 밸브이다.

① 압력 제어 밸브의 분류

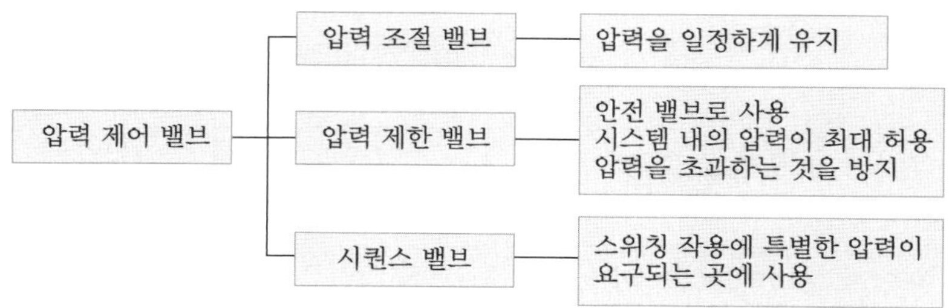

압력 제어 밸브의 분류

② 압력 제어 밸브의 구조 및 특징

(가) 압력 조절 밸브(감압 밸브, reducing valve) : 압력을 일정하게 유지하는 기기로서 배기공이 없는 압력 조절 밸브가 많이 사용되며 압축 공기는 밖으로 배기되지 않는다.

(나) 릴리프 밸브(relief valve) : 시스템 내의 압력이 최대 허용 압력을 초과하는 것을 방지해 주고, 교축 밸브의 아래쪽에는 압력이 작용하도록 하여 압력 변동에 의한 오차를 감소시키며, 주로 안전 밸브로 사용된다.

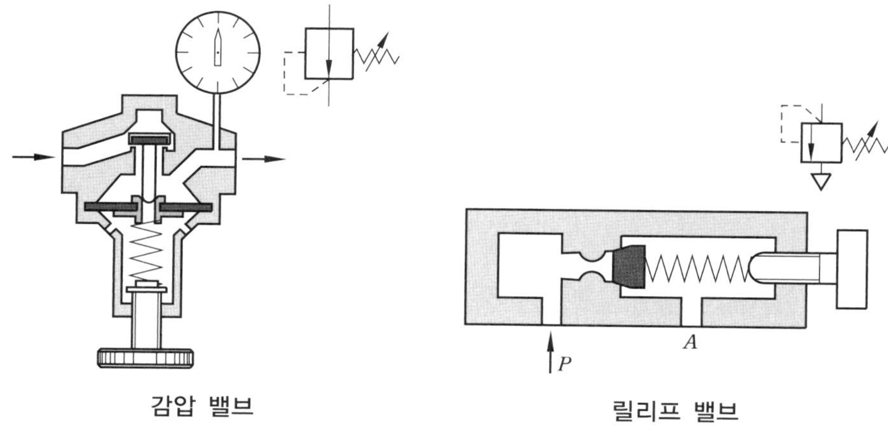

감압 밸브 릴리프 밸브

(다) 시퀀스 밸브(sequence valve) : 공기압 회로에 다수의 실린더나 액추에이터를 사용할 때 각 작동 순서를 미리 정해 놓고 그 순서를 압력의 축압(蓄壓) 상태에 따라 순차로 작동을 전달해 가면서 작동한다.

(라) 압력 스위치(pressure switch) : 일명 전공 변환기라고도 하며, 회로 중의 공기 압력이 상승하거나 하강할 때 어느 압력이 되면 전기 스위치가 변환되어 압력 변화를 전기 신호로 보낸다.

(2) 유량 제어 밸브(flow control valve)

액추에이터 속도는 배관 내의 공기 유량에 따라 제어되며, 공기의 유량은 관로의 저항의 대소에 따라 정해지는데, 이 저항을 가지게 하는 기구를 교축(throttle)이라 하고, 이 교축을 목적으로 하여 만든 밸브를 스로틀 밸브(throttle valve)라고 부른다. 이 스로틀 밸브는 유량의 제어를 목적으로 하고 있으므로 유량 제어 밸브라고도 부른다.

① 유량 제어 밸브의 구조 및 특징

(가) 양방향 유량 제어 밸브(throttle valve, needle valve) : 나사 손잡이를 돌려 그 끝의 니들(또는 콕, 원추형 등)을 상하로 이동시키면 유로의 단면적을 바꾸어 스로틀의 정도를 조정하게 되어 있는 간단한 구조로 되어 있다.

(나) 한방향 유량 제어 밸브(speed control valve) : 스로틀 밸브와 체크 밸브를 조합한 것으로 흐름의 방향에 따라서 교축 작용이 있기도 하고 없기도 하는 밸브

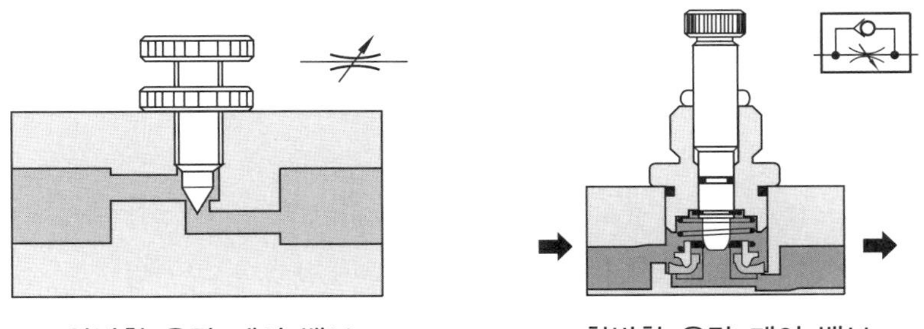

양방향 유량 제어 밸브　　한방향 유량 제어 밸브

(3) 방향 제어 밸브(directional valves or way valves)

방향 제어 밸브는 실린더나 액추에이터로 공급하는 공기의 흐름 방향을 변환시키는 밸브이다.

① 방향 제어 밸브의 분류

(가) 기능에 의한 분류

㉮ 포트 수 : 밸브에 뚫려 있는 공기 통로의 개구부를 포트(port)라 한다. 포트에는 보통 IN 또는 P(흡기구)와 A, B(액추에이터와의 접속구), R 또는 S(배출구)

의 문자가 표시되어 있는데, 밸브 주 관로를 연결하는 접속구의 수를 포트 수라 하며, 표준인 경우 2, 3, 4, 5의 것이 있다.

㉯ 위치의 수 : 밸브의 전환 상태의 위치를 말하는데, 일반적인 밸브에서는 2위치 및 3위치가 대부분이고 4위치, 5위치 등 다위치의 특수 밸브도 있다.

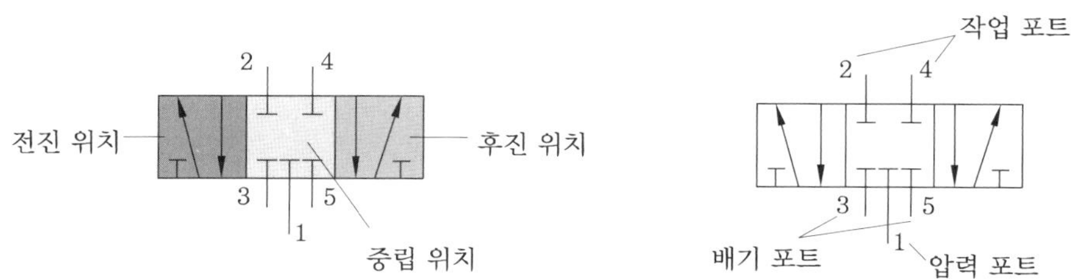

방향 제어 밸브의 구멍 수 및 위치 수

(나) 조작 방식에 의한 분류 : 유체의 흐름을 변환하기 위해서는 조작력이 필요하고 이 조작력의 종류에 따라 분류되며 이들의 기본 조작 방식을 조합하여 사용하는 것이 대부분이다.

(다) 구조에 의한 분류

㉮ 포핏식 밸브(poppet valves) : 볼, 디스크, 평판(plate) 또는 원추에 의해 연결구가 열리거나 닫히게 되는 것으로 구조가 간단하여 이물질의 영향을 잘 받지 않고, 전환 거리가 짧고, 배압에 의해 밸브의 밀착이 완전하게 되며, 윤활이 불필요하고 수명이 길다. 그러나 큰 변환 조작이 필요하고, 다방향 밸브로 되면 구조가 복잡하게 되는 결점도 있다.

㉯ 슬라이드 밸브(스풀형, slide valves, spool type) : 내면을 정밀하게 가공한 원통(슬리브) 안에 홈이 있는 스풀을 끼워 슬리브의 내측으로 이동해서 그 위치에 따라 유로의 연결 상태를 변환하도록 되어 있는 이 밸브는 작은 힘으로 밸브를 변환할 수 있으나 소량의 공기 누출이 있으며 미끄럼면이 정밀한 치수로 가공되어 있어 이물질의 침입을 최대한 방지해야 하고, 윤활유의 관리가 필요하다.

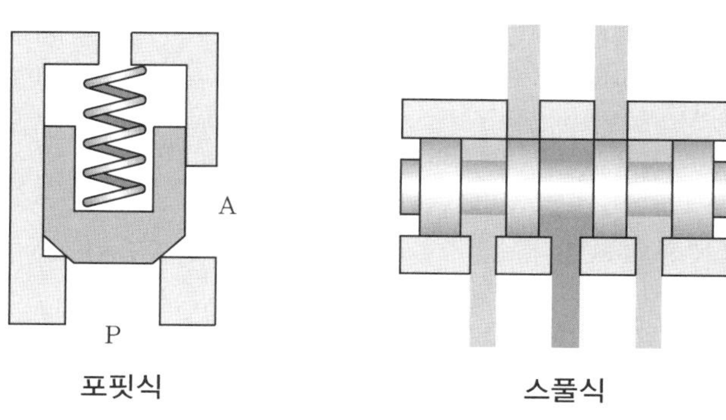

포핏식 **스풀식**

② 솔레노이드 밸브(solenoid valve) : 전기 신호에 의해 전자석의 힘을 이용하여 밸브를 움직이게 하는 전환 밸브로 솔레노이드부와 밸브부의 두 부분으로 되어 있고, 솔레노이드의 힘으로 직접 밸브를 움직이는 직동식과 소형의 솔레노이드로 파일럿 밸브를 움직여 그 출력 압력에 의한 힘을 이용하여 밸브를 움직이는 파일럿식 있다.

③ 그 밖의 밸브

㈎ 체크 밸브(check valve) : 유체를 한쪽 방향으로만 흐르게 하고, 다른 한쪽 방향으로 흐르지 않게 하는 기능을 가진 밸브이다.

㈏ 셔틀 밸브(shuttle valve, OR valve) : 3방향 체크 밸브라고도 하는데, 체크 밸브를 2개 조합한 구조로 되어 있어, 1개의 출구 A와 2개의 입구 X, Y가 있고, 공압 회로에서 그 종류의 공압 신호를 선택하여 마스터 밸브에 전달하는 것과 같은 경우에 사용된다.

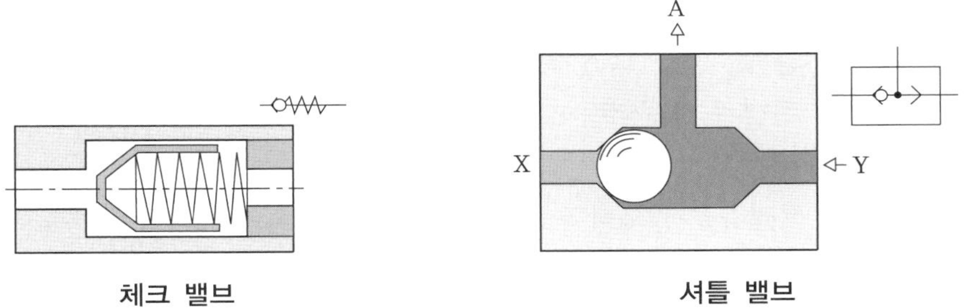

체크 밸브 셔틀 밸브

㈐ 2압 밸브(two pressure valve) : AND 요소로서 두 개의 입구 X와 Y에 동시에 공압이 공급되어야 하나의 출구 A에 압축 공기가 흐르고, 압력 신호가 동시에 작용하지 않으면 늦게 들어온 신호가 A 출구로 나가며, 두 개의 신호가 다른 압력일 경우 작은 압력 쪽의 공기가 출구 A로 나가게 되어, 안전 제어, 검사 등에 사용된다.

㈑ 급속 배기 밸브(quick release valve or quick exhaust valve) : 액추에이터의 배출 저항을 적게 하여 속도를 빠르게 하는 밸브로 가능한 액추에이터 가까이에 설치하며, 충격 방출기는 급속 배기 밸브를 이용한 것이다.

2-3 공기압 액추에이터

(1) 공압 실린더

공압 실린더는 액추에이터 가운데 가장 많이 사용되는 것으로 압력 에너지를 직선 운동으로 변환하는 기기이다.

① 공압 실린더의 종류 : 공압 실린더는 구조 및 작동 방식, 쿠션의 유무, 지지 형식, 크기 등에 따라 분류할 수 있다.

(가) 피스톤 형식 : 피스톤형 실린더, 램형 실린더, 다이어프램형 실린더, 벨로스형 실린더

(나) 작동 방식 : 단동 실린더, 복동 실린더, 차압 작동 실린더

(다) 복합 실린더 : 텔레스코프 실린더, 탠덤 실린더, 듀얼 스트로크 실린더

(마) 피스톤 로드식 : 편로드형, 양로드형

(바) 쿠션의 유무 : 쿠션 없음, 한쪽 쿠션, 양쪽 쿠션

(2) 공압 모터 및 요동 액추에이터

① 공압 모터 : 공기 압력 에너지를 기계적인 연속 회전 에너지로 변환시키는 액추에이터로, 시동, 정지, 역회전 등은 방향 제어 밸브에 의해 제어된다.

(가) 공압 모터의 종류 : 공압 모터에는 피스톤형, 베인형, 기어형, 터빈형 등이 있는데, 주로 피스톤형과 베인형이 사용되고 있으며, 피스톤형은 반경류(radial)와 축류(axial)로 구분된다.

(나) 공압 모터의 특성 : 공기 모터의 발생 토크는 회전 속도에 정비례하며, 시동 토크와 연속 구동 토크가 다른 경우에는 큰 양의 토크로부터 모터의 크기를 결정한다.

② 요동 액추에이터(oscillating actuator, oscillating motor)

(가) 요동 액추에이터의 특징 : 한정된 각도 내에서 반복 회전 운동을 하는 기구로 공압 실린더와 링크를 조합한 것에 비해 훨씬 부피가 적게 든다.

(나) 요동 액추에이터의 종류

㉮ 베인형

㉯ 피스톤형 : 래크와 피니언형, 스크루형, 크랭크형, 요크형

2-4 공기압 기타 기기

(1) 공기 탱크(air tank)

① 압축기로부터 배출된 공기 압력의 맥동을 방지하거나 평준화한다.

② 일시적으로 다량의 공기가 소비되는 경우의 급격한 압력 강하를 방지한다.

③ 정전 등 비상시에도 일정 시간 공기를 공급하여 운전이 가능하게 한다.

④ 주위의 외기에 의해 냉각되어 응축수를 분리시킨다. 또, 공기 탱크는 압력 용기이므로 법적 규제를 받는다.

(2) 공기 정화 시스템

공기 정화 장치는 압축 공기 중에 함유된 먼지, 기름, 수분 등의 오염 물질을 요구 정도의 기준치 이내로 제거하여 최적 상태의 압축 공기로 정화하는 기기이다.

① 냉각기(after cooler) : 공랭식과 수랭식이 있다.

② 공기 건조기(air dryer) : 냉매를 사용하는 냉동식 공기 건조기와 실리카 겔, 활성 알루미나 등을 이용한 흡착식 공기 건조기 및 화학적 건조 방법을 사용하는 흡수식 공기 건조기가 있다.

③ 공기 여과기(air filter) : 공기에 있는 수분, 먼지 등의 이물질이 공압 기기에 들어가지 못하도록 하기 위해 입구부에 공기 여과기를 설치한다.

④ 윤활기(lubricator) : 공압 기기의 작동을 원활하게 하고, 내구성을 향상시키기 위해 급유를 공급하는 장치로 근간에는 그리스 등이 미리 봉입되어 있는 무급유식이 많이 사용되고 있다.

⑤ 공기 조정 유닛(air control unit, service unit) : 공기 필터, 압축 공기 조정기, 윤활기, 압력계가 한 조로 이루어진 것으로 기기가 작동할 때 선단부에 설치하여 기기의 윤활과 이물질 제거, 압력 조정, 드레인 제거를 행할 수 있도록 제작된 것이다.

(3) 공유압 변환기(pneumatic hydraulic converter)

공기 압력을 동일 압력의 유압으로 변환하는 것으로, 비교적 저압의 유압이 쉽게 얻어지게 하는 것을 특징으로 하고 있다.

(4) 하이드로릭 체크 유닛(hydraulic check unit)

공압 실린더에 연결된 스로틀 밸브를 조정하여 공압 실린더의 속도를 제어하는 데 사용된다.

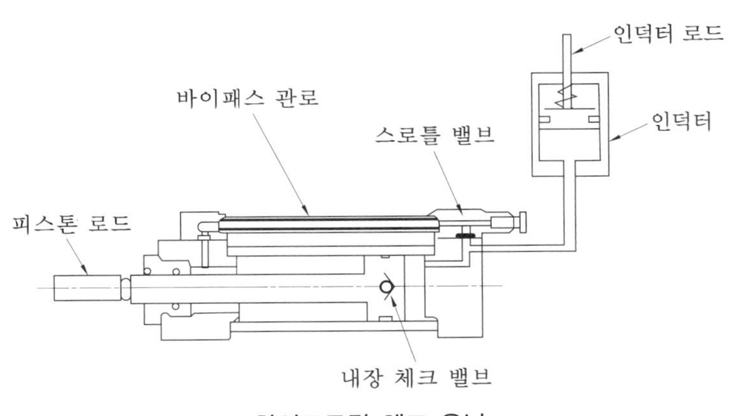

하이드로릭 체크 유닛

예상문제

1. 에너지로서의 공기압을 만드는 장치는 어느 것인가? [04-5, 06-5, 12-2]

① 공기 냉각기
② 공기 압축기
③ 공기 탱크
④ 공기 건조기

해설 공압 발생 장치는 공기를 압축하는 공기 압축기, 압축된 공기를 냉각하여 수분을 제거하는 냉각기, 압축 공기를 저장하는 공기 탱크, 압축 공기를 건조시키는 공기 건조기 등으로 구성되어 있다.

2. 자동화 라인에 사용하는 공기 압력 게이지가 0.5 MPa을 나타내고 있다. 이때 사용되고 있는 공압 동력 장치는? [15-5]

① 팬 ② 압축기
③ 송풍기 ④ 공기 여과기

해설 0.5 MPa는 5 kgf/cm^{2}이므로 압축기를 사용해야 한다.

3. 다음 중 사용 압력이 0.1 MPa 이상으로 높은 압력의 기체를 송출시키는 기기는 어느 것인가? [02-6, 14-1, 16-1]

① 압축기 ② 송풍기
③ 환풍기 ④ 통풍기

해설 압력에 의한 분류

구분	압력		
	mAq(수주)	kgf/cm^2	kPa
통풍기	1 이하	0.1 이하	10 이하
송풍기	1~10	0.1~1.0	10~100
압축기	10 이상	1.0 이상	100 이상

4. 다음 중 공기압 발생 장치에 해당되지 않는 장치는? [15-3]

① 송풍기 ② 진공 펌프
③ 압축기 ④ 공압 모터

해설 공압 모터는 구동 기구이다.

5. 공압 발생 장치의 구성상 필요 없는 장치는? [03-5, 05-5, 08-5]

① 방향 제어 밸브 ② 공기 탱크
③ 압축기 ④ 냉각기

해설 공압 발생 장치는 공기 압축기, 냉각기, 공기 탱크, 공기 건조기 등으로 구성되어 있다.

6. 송풍기가 발생시키는 압축 공기의 범위는 어느 것인가? [09-5]

① 10 kPa 미만
② 10 kPa 이상~100 kPa 미만
③ 100 kPa 이상~500 kPa 미만
④ 500 kPa 이상~1 MPa 미만

해설 10 kPa 미만은 팬, 10 kPa 이상~100 kPa 미만은 송풍기, 100 kPa 이상은 압축기이다.

7. 공기 압축기를 출력에 따라 분류할 때 소형의 범위는? [07-5, 10-5, 16-2]

① 50~180 W ② 0.2~14 kW
③ 15~75 kW ④ 75 kW 이상

해설 공기 압축기를 출력에 따라 분류할 때 0.2~14 kW의 것을 소형, 15~75 kW의 것을 중형, 75 kW 이상의 것을 대형으로 분류한다.

정답 1. ② 2. ② 3. ① 4. ④ 5. ① 6. ② 7. ②

8. 다음 중 일반 산업 분야의 기계에서 사용하는 압축 공기의 압력으로 가장 적당한 것은 어느 것인가? [12-2]

① 약 50~70 kgf/cm^2
② 약 500~700 kPa
③ 약 500~700 bar
④ 약 50~70 Pa

해설 500~700 kPa≒5~7 kgf/cm^2≒5~7 bar

9. 공기 압축기를 작동 원리에 따라 분류할 때 용적형 압축기가 아닌 것은? [12-2, 14-5]

① 축류식 ② 피스톤식
③ 베인식 ④ 다이어프램식

해설 공기 압축기의 분류
(1) 용적형
• 왕복식 : 피스톤식, 다이어프램식
• 회전식 : 베인식, 스크루식, 루츠 블로어
(2) 터보형 : 축류식, 원심식

10. 공기 압축기를 작동 원리에 따라 분류할 때 터보형 압축기에 속하는 것은? [04-5, 13-2, 15-1]

① 원심식
② 스크루식
③ 피스톤식
④ 다이어프램식

해설 터보형 공기 압축기 : 날개를 회전시키는 것에 의해 공기에 에너지를 주어 압력으로 변환하여 사용하는 것
(1) 축류식(축류 압축기) : 공기의 흐름이 날개의 회전축과 평행하다.
(2) 원심식(레이디얼 압축기, 터보 압축기) : 회전축에 대해 방사상으로 흐른다.

11. 용적형 공기 압축기에 해당되지 않는 것은? [15-2]

① 원심식 압축기
② 피스톤식 압축기
③ 스크루식 압축기
④ 다이어프램식 압축기

해설 용적형 압축기에는 왕복식인 피스톤식 및 다이어프램식 압축기와 회전식인 베인식 및 스크루식 압축기가 있으며, 유량 압축기에는 원심식과 축류식이 있다.

12. 다음 중 왕복동식 공기 압축기는? [16-2]

① 베인식 ② 스크루식
③ 피스톤식 ④ 루트 블로어

해설 베인식, 스크루식, 루트 블로어는 회전식이다.

13. 다음 중 왕복형 공기 압축기에 대한 회전형 공기 압축기의 특징 설명으로 올바른 것은 어느 것인가? [10-5]

① 진동이 크다.
② 고압에 적합하다.
③ 소음이 적다.
④ 공압 탱크를 필요로 한다.

해설 왕복형 및 회전형 공기 압축기의 특징

구분	왕복형	회전식
진동	비교적 크다.	작다.
소음	크다.	작다.
맥동	크다.	비교적 작다.
토출 압력	높다.	낮다.
비용	작다.	높다.
이물질	먼지, 수분, 유분, 탄소	유분, 먼지, 수분
정기 수리 시간	3000~5000	12000~20000

정답 8. ② 9. ① 10. ① 11. ① 12. ③ 13. ③

14. 공기가 압축되는 부분과 피스톤이 운동하는 부분이 분리되어 있는 압축기는?

① 2단 피스톤 압축기
② 다이어프램 압축기
③ 축류형 터빈 압축기
④ 반경류형 터빈 압축기

15. 암수 두 개의 로터(rotor)에 의해 압축하는 방식으로 압축 시에 강제적으로 기름을 주입하여 압축열을 냉각하고 로터의 윤활, 기밀 작용과 함께 공기를 냉각하면서 압축하는 압축기는? [09-5]

① 피스톤식 공기 압축기
② 베인식 공기 압축기
③ 스크루식 공기 압축기
④ 원심식 공기 압축기

16. 공압 시스템에서 제어 밸브가 할 수 없는 것은? [12-2]

① 방향 제어 ② 속도 제어
③ 압축 제어 ④ 압력 제어

해설 압축은 압축기가, 축압은 축압기가 한다.

17. 다음 중 공유압 밸브의 사용 목적이 아닌 것은? [06-5, 13-2, 16-2]

① 유량 제어 ② 온도 제어
③ 압력 제어 ④ 방향 제어

해설 밸브는 시작과 정지, 방향, 유량, 압력을 제어 및 조절해 주는 장치이다.

18. 공압 장치의 공압 밸브 조작 방식이 아닌 것은? [04-5, 14-5]

① 수동 조작 방식
② 래치 조작 방식
③ 전자 조작 방식
④ 파일럿 조작 방식

해설 공압 밸브의 조작 방식 : 인력(수동, 족답 밸브), 공기압(파일럿 조작 밸브), 전기 전자(솔레노이드 밸브), 기계(스프링 등 기계 조작 밸브)

19. 압력의 크기에 의해 제어되거나 압력에 큰 영향을 미치는 것은? [11-5, 15-3]

① 솔레노이드 밸브
② 방향 제어 밸브
③ 압력 제어 밸브
④ 유량 제어 밸브

해설 압력 제어 밸브는 힘을 제어하는 밸브이다.

20. 다음 중 압력 제어 밸브에 속하지 않는 것은? [12-5]

① 감압 밸브 ② 교축 밸브
③ 릴리프 밸브 ④ 시퀀스 밸브

해설 교축 밸브는 유량 제어 밸브이다.

21. 압력 제어 밸브의 핸들을 돌렸을 때 회전각에 따라 공기 압력이 원활하게 변화하는 특성은? [12-5, 14-5]

① 유량 특성 ② 릴리프 특성
③ 재현 특성 ④ 압력 조정 특성

해설 압력 제어 밸브는 조작하여 필요 압력을 얻는 것이다.

22. 공기 탱크 압력이 최고 압력을 초과하면 기기를 손상시키거나 필요 이상의 출력이 생긴다. 어느 한도 이상으로 압력이 상승하면

정답 14. ② 15. ③ 16. ③ 17. ② 18. ② 19. ③ 20. ② 21. ④ 22. ③

이를 대기에 방출시켜 압력을 내리는 역할을 하는 밸브는? [13-2 외 3회 출제]

① 감압 밸브 ② 시퀀스 밸브
③ 릴리프 밸브 ④ 언로드 밸브

해설 릴리프 밸브는 압력 제한 기능을 가진 밸브로 주로 안전 밸브로 사용되며 시스템 내의 압력이 최대 허용 압력을 초과하는 것을 방지해 준다.

23. 회로 내의 압력이 설정압 이상이 되면 자동으로 작동되어 탱크 또는 공압 기기의 안전을 위하여 사용되는 밸브는? [14-2]

① 안전 밸브 ② 체크 밸브
③ 시퀀스 밸브 ④ 리밋 밸브

해설 안전 밸브(safety valve) : 기기나 관 등의 파괴를 방지하기 위하여 회로의 최고 압력을 한정하는 밸브

24. 1차측 공기 압력이 변화하여도 2차측 공기압력의 변동을 최저로 억제하여 안정된 공기 압력을 일정하게 유지하기 위한 밸브는 어느 것인가? [09-5, 10-5]

① 방향 제어 밸브 ② 감압 밸브
③ OR 밸브 ④ 유량 제어 밸브

해설 압력 조절 밸브(감압 밸브, reducing valve) : 압력을 일정하게 유지하는 기기로서, 배기공이 없는 압력 조절 밸브가 많이 사용되며 압축 공기는 밖으로 배기되지 않는다.

25. 공기압 회로 내의 공기 압력에 따라 다른 회로의 작동 순서를 제어하는 밸브는 어느 것인가? [08-5 외 4회 출제]

① 압력 스위치 ② 안전 밸브
③ 시퀀스 밸브 ④ 신호 감지 밸브

해설 시퀀스 밸브 : 동작을 순차적으로 하는 밸브로 밸런스형 시퀀스 밸브의 차압의 최솟값은 8 kgf/cm^2, 직동형 시퀀스 밸브의 차압의 최솟값은 10 kgf/cm^2이다.

26. 방향 제어 밸브에서 조작 방식에 따라 분류한 것이 아닌 것은? [02-6]

① 인력식 ② 전기식
③ 기계식 ④ 포트식

해설 방향 제어 밸브의 조작 방식에는 인력, 기계, 전기 전자, 공유압 파일럿 방식이 있다.

27. 포핏(poppet)식 공압 방향 제어 밸브의 장점은? [08-5, 13-5]

① 밸브의 이동거리가 길다.
② 밸브 시트는 탄성이 있는 실(seal)에 의해 밀봉되어 공기 누설이 잘 안 된다.
③ 다방향 밸브로 되어도 구조가 간단하다.
④ 공급 압력이 밸브에 작동하지 않기 때문에 큰 변형 조작이 필요 없다.

해설 포핏식 밸브의 특징

(1) 장점
- 구조가 간단하여 이물질의 영향을 잘 받지 않는다.
- 짧은 거리에서 밸브의 개폐를 할 수 있다.
- 시트(seat)는 탄성이 있는 실에 의해 밀봉되기 때문에 공기가 새어나가기 어렵다.
- 활동부가 없어 윤활이 불필요하고 수명이 길다.

(2) 단점
- 공급 압력이 밸브에 작용하기 때문에 큰 변환 조작이 필요하다.
- 다방향 밸브로 되면 구조가 복잡하게 된다.

정답 23. ① 24. ② 25. ③ 26. ④ 27. ②

28. 공기압 회로에서 실린더나 기타의 액추에이터로 공급되는 압축 공기의 흐름 방향을 변화시키는 밸브는? [08-5, 12-2]

① 압력 제어 밸브 ② 유량 제어 밸브
③ 방향 제어 밸브 ④ 릴리프 밸브

해설 방향 제어 밸브는 실린더나 액추에이터로 공급하는 공기의 흐름 방향을 변환시키는 밸브이다.

29. 공압용 방향 전환 밸브의 구멍(port)에서 'EXH'가 나타내는 것은? [05-5]

① 밸브로 진입 ② 실린더로 진입
③ 대기로 방출 ④ 탱크로 귀환

해설 EXH는 대기로 방출하는 구멍의 기호로 사용한다.

30. 공압용 솔레노이드 형태의 전환 밸브에서 밸브의 구체적인 전환 방식은? [07-5]

① 레버 조작 ② 롤러 조작
③ 전기 조작 ④ 디텐트 조작

해설 솔레노이드는 전자석을 이용한 전기 제어 방식이다.

31. 다음 중 유량 제어 밸브에 속하는 것은 어느 것인가? [10-5 외 3회 출제]

① 교축 밸브 ② 시퀀스 밸브
③ 감압 밸브 ④ 릴리프 밸브

32. 공압 액추에이터의 속도 조절에 일반적으로 사용되는 것은? [06-5 외 3회 출제]

① 압력 제어 밸브
② 방향 제어 밸브
③ 유량 제어 밸브
④ 축압기

해설 스로틀 밸브는 유량의 제어를 목적으로 하고 있으므로 유량 제어 밸브라고도 부른다.

33. 다음 기호가 가지고 있는 기능을 설명한 것으로 옳은 것은? [13-5]

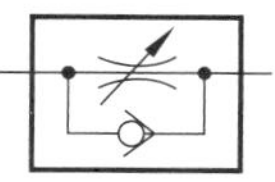

① 압력을 조정한다.
② OR 논리를 만족시킨다.
③ 실린더의 힘을 조절한다.
④ 실린더의 속도를 조절한다.

해설 1방향 유량 제어 밸브의 기호이다. 유량제어 밸브는 속도를 제어하는 데 사용된다. 힘을 조절할 때는 압력 제어 밸브를 사용한다.

34. 실린더 피스톤의 운동 속도를 증가시킬 목적으로 사용하는 밸브는? [10-5 외 3회 출제]

① 이압 밸브 ② 셔틀 밸브
③ 체크 밸브 ④ 급속 배기 밸브

해설 급속 배기 밸브 : 액추에이터의 배출 저항을 작게 하여 속도를 빠르게 하는 밸브로 가능한 액추에이터 가까이에 설치하며, 충격 방출기는 급속 배기 밸브를 이용한 것이다.

35. 다음 중 셔틀 밸브에 관한 설명으로 옳은 것은? [03-5외 4회 출제]

① OR 밸브이다.
② AND 밸브이다.
③ 압력을 일정하게 유지시키는 밸브이다.
④ 입력과 상반되는 출력을 내보내는 기능을 가진 밸브이다.

정답 28. ③ 29. ③ 30. ③ 31. ① 32. ③ 33. ④ 34. ④ 35. ①

해설 셔틀 밸브(shuttle valve) : 1개의 출구와 2개 이상의 입구를 가지며, 출구가 최고 압력쪽 입구로 통하는 기능을 갖는 밸브로 2개의 입력 신호 중에서 높은 압력만을 출력한다. 고압 우선 셔틀 밸브, OR 밸브라고도 하고, AND 밸브는 저압 우선 셔틀 밸브 또는 이압 밸브라고 한다.

36. 양(double) 제어 밸브, 양(double) 체크 밸브라고도 하며 압축 공기 입구(X, Y)가 2개소, 출구(A)가 1개소로 되어 있으며, 서로 다른 위치에 있는 신호 밸브로부터 나오는 신호를 분류하고 제2의 신호 밸브로 공기가 누출되는 것을 방지하므로 OR 요소라고도 하는 밸브는? [12-2, 15-2]

① 셔틀 밸브 ② 체크 밸브
③ 언로드 밸브 ④ 리듀싱 밸브

해설 셔틀 밸브(shuttle valve) : 3방향 체크 밸브, OR 밸브, 고압 우선 셔틀 밸브라고도 하며, 체크 밸브를 2개 조합한 구조로 되어 있어 1개의 출구 A와 2개의 입구 X, Y가 있다.

37. 2개의 입력 요소가 입력되어야 출력이 발생하는 AND 논리를 제어할 수 있는 밸브는? [08-5, 15-2]

① 셔틀 밸브 ② 논리턴 밸브
③ 이압 밸브 ④ 시퀀스 밸브

해설 2압 밸브는 AND 밸브 또는 저압 우선 셔틀 밸브라고도 한다.

38. 흐름이 한방향으로만 허용되는 일방향 제어 밸브의 명칭은? [06-5 외 6회 출제]

① 체크 밸브 ② 언로드 밸브
③ 니들 밸브 ④ 유량 분류 밸브

해설 체크 밸브 : 밸브의 무게와 밸브의 양면에 작용하는 압력차로 자동적으로 작동함으로써 유체의 역류를 방지하여 한쪽 방향으로만 흘러가게 하는 밸브

39. 공압 시간 지연 밸브의 구성 요소가 아닌 것은? [10-5]

① 공기 저장 탱크
② 시퀀스 밸브
③ 속도 제어 밸브
④ 3포트 2위치 밸브

해설 시간 지연 밸브는 압축 공기로 작동되는 3/2-way 밸브, 속도 제어 밸브 및 탱크로 구성되어 있으나 3/2-way 밸브가 정상 상태에서 열려 있는 점이 공기 제어 블록과 다르다.

40. 다음 ( ) 안에 들어갈 밸브로 맞게 짝지어진 것은? [09-5]

> 공기압의 에너지를 이용하여 일을 시키는 경우 ⓐ 어느 정도의 힘을 사용하여 ⓑ 어느 정도의 시간 내에 완료시킬 것인가가 기본적 요소로서 고려의 대상이 된다. 여기서 ⓐ는 ( )에, 후자 ⓑ는 ( )와 관계가 있다.

① 압력 제어 밸브, 방향 제어 밸브
② 유량 제어 밸브, 압력 제어 밸브
③ 유량 제어 밸브, 방향 제어 밸브
④ 압력 제어 밸브, 유량 제어 밸브

41. 공압 작동 요소의 특징에 관한 설명으로 옳지 않은 것은? [15-2]

① 과부하, 과속의 방지 및 방폭이 곤란하다.

정답 36. ① 37. ③ 38. ① 39. ② 40. ④ 41. ①

② 직선, 회전 운동화가 비교적 간단하고 저렴하다.
③ 속도, 토크, 작업 속도, 이송력의 조정이 용이하다.
④ 에너지의 저장에 큰 문제가 없고 고속 작동이 가능하다.

해설 공압은 과부하에 안전하고, 방폭성이 우수하다.

42. 다음 공압 장치의 기본 요소 중 구동부에 속하는 것은?

① 애프터 쿨러 ② 여과기
③ 실린더 ④ 루브리케이터

해설 실린더란 액추에이터 가운데에서 가장 많이 사용되는 것으로 압력 에너지를 직선 운동으로 변환하는 기기이다.

43. 램형 실린더를 작동 형식에 따라 분류하였을 때 어디에 속하는가? [13-5]

① 단동 실린더 ② 복동 실린더
③ 차동 실린더 ④ 다단 실린더

44. 실린더 로드의 지름을 크게 하여 부하에 대한 위험을 줄인 실린더는? [05-5, 15-3]

① 램형 실린더
② 탠덤 실린더
③ 다위치 실린더
④ 텔레스코프 실린더

해설 램형 실린더 : 피스톤 지름과 로드 지름 차가 없는 수압 가동 부분을 갖는 것으로 좌굴 하중 등 강성을 요할 때 사용한다.

45. 공압 액추에이터 중 직선의 왕복 운동을 하는 것은? [15-2]

① 기어 모터
② 피스톤 모터
③ 복동 실린더
④ 요동형 액추에이터

해설 모터와 요동형 엑추에이터는 회전 운동을 한다.

46. 피스톤 로드가 없이 피스톤의 움직임을 외부로 전달하여 직선 왕복 운동을 시키는 실린더는? [11-5, 15-2]

① 단동 실린더
② 로드리스 실린더
③ 탠덤 실린더
④ 텔레스코프 실린더

해설 공압 실린더 중 로드리스 실린더는 복동 실린더이다.

47. 전·후진 시 같은 속도와 힘으로 일을 할 수 있는 공압 실린더는? [08-5, 13-5, 16-2]

① 탠덤 실린더
② 로드리스 실린더
③ 다위치 제어 실린더
④ 양로드형 실린더

해설 양로드 실린더 : 피스톤 로드가 양쪽에 있어, 전·후진 시 같은 속도와 힘으로 일을 할 수 있는 공압 실린더

48. 봉함 능력이 좋으며 마찰력이 적은 공압 실린더는? [02-6]

① 단동 실린더(피스톤식)
② 램형 실린더
③ 다이어프램 실린더(비피스톤식)
④ 복동 실린더(피스톤식)

해설 다이어프램 실린더(비피스톤식)는 미끄럼 밀봉이 필요 없고 재료가 늘어남에 따라 생기는 마찰만 있는 실린더이다.

정답 42. ③ 43. ① 44. ① 45. ③ 46. ② 47. ④ 48. ③

49. 다음 중 단계적인 출력 제어가 가능한 실린더는? [11-5, 15-2, 16-4]

① 충격 실린더
② 다위치 실린더
③ 탠덤 실린더
④ 텔레스코프 실린더

해설 탠덤 실린더(tendum cylinder) : 세로로 나란히 연결된 복수의 피스톤을 갖는 공기압 실린더로 단계적 출력의 제어를 할 수 있어 지름은 한정되고 큰 힘이 필요한 곳에 사용된다.

50. 다음 중 공압 실린더의 쿠션 조절의 의미는? [06-5]

① 실린더의 속도를 빠르게 한다.
② 실린더의 힘을 조절한다.
③ 전체 운동 속도를 조절한다.
④ 운동의 끝부분에서 완충한다.

해설 쿠션 장치에는 공기의 압축성을 이용한 가변식과 탄성을 이용한 고정식이 있고, 쿠션의 수에 따라 한쪽 쿠션과 양쪽 쿠션형으로 나누어진다. 쿠션은 피스톤 행정의 끝 수 cm 앞에서 배출구가 쿠션 보스에 의해서 막히면 공기는 쿠션용 니들 밸브를 통해 대기 중으로 배출되고, 실린더 내 배출구 쪽의 압력(배압)이 높게 되어 피스톤의 속도가 감속되는 원리로 작동된다.

51. 속도 에너지를 이용하여 피스톤을 고속으로 움직이게 하는 공압 실린더는? [15-5]

① 탠덤형 공압 실린더
② 다위치형 공압 실린더
③ 텔레스코프형 공압 실린더
④ 임팩트 실린더형 공압 실린더

해설 충격 실린더(impact cylinder) : 공기 탱크에서 피스톤에 공기 압력을 급격하게 작용시켜 충격 힘을 고속으로 움직여 속도 에너지를 이용하게 된 실린더로 프레스에 이용된다.

52. 공압 복동 실린더의 구조에서 커버와 실린더 튜브를 서로 결속, 고정시키는 부위는 어떤 것인가? [12-5, 14-2]

① 패킹 ② 트러니언
③ 쿠션장치 ④ 타이 로드

해설 타이 로드(tie rod) : 커버를 실린더 튜브에 부착시키는 데 사용되는 것으로 주로 합금강이 사용된다.

53. 다음 중 공기압 실린더의 구성 요소가 아닌 것은? [03-5, 07-5]

① 피스톤(piston)
② 커버(cover)
③ 스풀(spool)
④ 타이 로드(tie rod)

해설 스풀은 방향 제어 밸브 내에 있는 구성품이며, 공기압 실린더는 피스톤, 실린더 튜브, 커버, 타이 로드, 로드 부싱 등으로 구성되어 있다.

54. 피스톤 로드의 중심선에 대하여 직각을 이루는 실린더의 양측으로 뻗은 1쌍의 원통 모양의 피벗으로 지지된 공압 실린더의 지지 형식을 무엇이라 하는가? [15-3]

① 풋형 ② 클레비스형
③ 용접형 ④ 트러니언형

해설 트러니언형(공기압) 실린더(trunnion mounting cylinder) : 피스턴 로드의 중심선에 대하여 직각을 이루는 실린더의 양측으로 뻗은 1쌍의 원통 모양의 피벗으로 지지된 부착 형식의 공기압 실린더로 핀을 중심으로 요동을 할 수 있다.

정답 49. ③ 50. ④ 51. ④ 52. ④ 53. ③ 54. ④

55. 다음 중 공기압 실린더의 지지 형식이 아닌 것은? [02-6, 14-5]

① 풋형 ② 플랜트형
③ 플랜지형 ④ 트러니언형

해설 실린더의 지지 형식은 실린더 본체를 설치하는 방식에 따라 고정 방식과 요동 방식으로 크게 나누어지고, 다시 설치부의 형상에 따라 풋형, 플랜지형, 트러니언형 등으로 분류된다.

56. 공압 실린더가 운동할 때 낼 수 있는 힘(F)을 식으로 맞게 표현한 것은? (단, P : 실린더에 공급되는 공기의 압력, A : 피스톤 단면적, V : 피스톤 속도이다.) [09-5, 12-2]

① $F=PA$ ② $F=AV$
③ $F=\frac{P}{A}$ ④ $F=\frac{A}{V}$

해설 $P=\frac{F}{A}$

57. 다음 중 복동 실린더의 공기 소모량을 계산할 때 고려하여야 할 대상이 아닌 것은 어느 것인가? [10-5]

① 압축비 ② 분당 행정수
③ 피스톤 직경 ④ 배관의 직경

해설 $Q_m=\frac{(A_1+A_2)L(p+1.033)n}{1000}\alpha$

여기서, Q_m : 평균 공기 소비량(L/min)
n : 1분당 피스톤 왕복 횟수(회/분)
p : 공급 압력(kgf/cm^2)
L : 행정의 길이(cm)
A_1 : 피스톤의 단면적(cm^2)
A_2 : 피스톤 로드측 단면적(cm^2)
α : 계수(1.3~1.5)

58. 압축 공기를 이용하여 회전 운동을 얻는 기기는? [09-5]

① 공기압 실린더 ② 공기압 모터
③ 압축기 ④ 전동기

59. 공기압 모터의 종류에 해당되지 않는 것은? [15-5]

① 기어형 ② 나사형
③ 베인형 ④ 피스톤형

해설 압축기에는 스크루형이 있으나 모터에는 스크루형이 없다.

60. 유압 모터에 비해 공기압 모터의 특징으로 잘못된 것은? [13-5]

① 부하에 의한 회전수 변동이 크다.
② 배기소음이 적다.
③ 에너지 변환 효율이 낮다.
④ 가격이 저렴한 제어 밸브단으로 회전수, 토크를 자유롭게 조절할 수 있다.

해설 공압은 배기 소음이 큰 것이 단점이다.

61. 공압 모터의 특징으로 옳은 것은 어느 것인가? [10-5 외 4회 출제]

① 배기음이 작다.
② 과부하 시 위험성이 크다.
③ 에너지 변환 효율이 높다.
④ 공기의 압축성에 의해 제어성은 그다지 좋지 않다.

해설 (1) 공압 모터의 장점
- 값이 싼 제어 밸브만으로 속도, 토크를 자유롭게 조절할 수 있다.
- 과부하 시에도 아무런 위험이 없고, 폭발성도 없다.
- 시동, 정지, 역전 등에서 어떤 충격도 일어나지 않고 원활하게 이루어진다.
- 에너지를 축적할 수 있어 정전 시 비상용으로 유효하다.
- 이물질에 강하고 회전 속도가 빠르다.

정답 55. ② 56. ① 57. ④ 58. ② 59. ② 60. ② 61. ④

(2) 공압 모터의 단점
- 에너지 변환 효율이 낮다.
- 공기의 압축성에 의해 제어성은 그다지 좋지 않다.
- 배기음이 크다.
- 일정 회전수를 고정도로 유지하기 어렵다.

62. 공압 모터에 관한 설명 중 잘못된 것은? [단, n : 회전수(rpm), T : 구동 토크(kgf · mm)이다.] [10-5]

① 발생 토크는 회전 속도에 반비례한다.
② 공기 소비량은 회전 속도에 정비례한다.
③ 출력은 무부하 회전 속도의 약 1/2에서 최소로 된다.
④ 출력 = $\frac{n \cdot T}{716200}$ [PS]이다.

해설 출력은 무부하 회전 속도의 약 1/2에서 최대로 된다.

63. 약 300° 이내의 일정한 각도 범위에서 각운동을 하는 것은? [12-2, 14-2]

① 각도형 액추에이터
② 복동형 액추에이터
③ 차동형 액추에이터
④ 요동형 액추에이터

해설 요동 액추에이터 : 일명 로터리 실린더라고도 하며, 360° 전체를 회전할 수는 없으나 출구와 입구를 변화시키면 ±50° 정, 역회전이 가능한 한정된 각도 내에서 반복 회전 운동을 하는 기구로 공압 실린더와 링크를 조합한 것에 비해 훨씬 부피가 적게 든다.

64. 공압 베인형 요동 액추에이터의 종류 중 일반적으로 사용하지 않는 것은? [14-1]

① 싱글 베인형 ② 2중 베인형
③ 3중 베인형 ④ 4중 베인형

65. 압축 공기 저장 탱크를 구성하는 기기가 아닌 것은? [02-6, 15-5]

① 압력계 ② 압력 릴리프 밸브
③ 차단 밸브 ④ 유량계

해설 압축 공기 탱크에는 차단 밸브, 압력계, 압력 릴리프 밸브 등이 부착되어 있다.

66. 다음 중 공기 저장 탱크의 기능이 아닌 것은? [06-5, 10-5, 15-5]

① 압축기로부터 배출된 공기 압력의 맥동을 없애는 역할을 한다.
② 다량의 공기가 소비되는 경우 급격한 압력 강하를 방지한다.
③ 주위의 외기에 의해 압축 공기를 냉각시켜 수분을 응축시킨다.
④ 정전에 의해 압축기의 구동이 정지되었을 때 공기를 차단한다.

해설 정전 시 등 비상시에도 일정 시간 공기를 공급하여 운전이 가능하게 한다.

67. 공기 발생 장치에서 공기 탱크의 역할이 아닌 것은? [13-5]

① 공기 압력의 맥동을 흡수한다.
② 압력이 급격하게 떨어지는 것을 방지한다.
③ 압축 공기를 통하여 윤활유를 공급한다.
④ 압축 공기를 저장한다.

해설 공기 탱크의 기능
(1) 압축기로부터 배출된 공기 압력의 맥동을 방지하거나 평준화한다.
(2) 일시적으로 다량의 공기가 소비되는 경우의 급격한 압력 강하를 방지한다.

정답 62. ③ 63. ④ 64. ④ 65. ④ 66. ④ 67. ③

(3) 정전 시 등 비상시에도 일정 시간 공기를 공급하여 운전이 가능하게 한다.
(4) 주위의 외기에 의해 냉각되어 응축수를 분리시킨다.
(5) 압력 용기이므로 법적 규제를 받는다.

68. 공기 탱크의 용량 결정 요소에 해당되지 않는 것은? [15-1]

① 공기 소비량
② 압축기의 공급 체적
③ 허용 가능한 압력 강하
④ 윤활기 내의 윤활유 공급량

69. 공압 장치인 서비스 유닛의 구성품으로 맞는 것은? [04-5 외 3회 출제]

① 윤활기, 필터, 감압 밸브
② 윤활기, 실린더, 압축기
③ 압축기, 탱크, 필터
④ 압축기, 필터, 모터

해설 서비스 유닛은 공기 필터, 압축 공기 조정기, 윤활기, 압력계가 한 조로 이루어진 것이다.

70. 공압 장치에 사용되는 압축 공기 필터의 여과 방법으로 틀린 것은? [07-5, 12-2, 14-5]

① 가열하여 분리하는 방법
② 원심력을 이용하여 분리하는 방법
③ 흡습제를 사용해서 분리하는 방법
④ 충돌판에 닿게 하여 분리하는 방법

해설 압축 공기 필터의 여과 방식
(1) 원심력을 이용하여 분리하는 방식
(2) 충돌판에 닿게 하여 분리하는 방식
(3) 흡습제를 사용하여 분리하는 방식
(4) 냉각하여 분리하는 방식

71. 실린더, 로터리 액추에이터 등 일반 공압 기지의 공기 여과에 적당한 여과기 엘리먼트의 입도는? [08-5, 14-2]

① 5μm 이하
② 5~10μm
③ 10~40μm
④ 40~70μm

해설 여과 엘리먼트 통기 틈새와 사용 기기의 관계

여과 엘리먼트 (틈새 : μm)	사용 기기	비고
40~70	실린더, 로터리 액추에이터, 그 밖의 것	일반용
10~40	공기 터빈, 공기 모터, 그 밖의 것	고속용
5~10	공기 마이크로미터, 그 밖의 것	정밀용
5 이하	순 유체 소자, 그 밖의 것	특수용

72. 다음 중 공기 청정화 장치로 이용되는 공기 필터에 관한 설명으로 적합하지 않은 것은 어느 것인가? [15-3]

① 압축 공기에 포함된 이물질을 제거하여 문제가 발생하지 않도록 사용한다.
② 압축 공기는 필터를 통과하면서 응축된 물과 오물을 제거하는 역할을 한다.
③ 투명의 수지로 되어 있는 필터통은 가정용 중성 세제로 세척하여 사용해야 한다.
④ 필터에 의하여 걸러진 응축물은 필터통에 꽉 차여져 있어야 추가적인 이물질 공급이 차단되어 효율적이다.

해설 응축수는 가급적 빨리 제거시켜 주어야 한다.

정답 68. ④ 69. ① 70. ① 71. ④ 72. ④

73. 다음 중 응축수 배출기의 종류가 아닌 것은 어느 것인가? [10-5]

① 플로트식(float type)
② 파일럿식(pilot type)
③ 미립자 분리식(mist separator type)
④ 전동기 구동식(motor drive type)

해설 드레인 배출 방법
(1) 수동식
(2) 자동식(auto drain) : 부구식(float type), 차압식(pilot type), 전동기 구동식(motor drive type)

74. 공압 드레인 방출 방법 중 드레인의 양에 관계없이 압력 변화를 이용하여 드레인을 배출하는 것은? [13-5]

① 전동식 ② 차압식
③ 수동식 ④ 부구식

해설 드레인 : 압축 공기가 냉각됨에 따라 여기에 포함되었던 수분이 응축되어서 고여 있는 것을 말한다. 드레인의 양이 많아지면 플로트가 떠올라서 아래쪽에 있는 배출구를 열어주는 것이 부구식이고, 드레인의 양과는 관계없이 압력차에 따라 열리는 것이 차압식이다.

75. 압축 공기 속에 포함된 수분을 제거하여 건조한 공기로 만드는 기기는? [11-5]

① 에어 드라이어 ② 윤활기
③ 공기 여과기 ④ 공기 압축기

76. 다음 중 공기 건조기의 종류가 아닌 것은? [07-5, 10-5, 16-1]

① 냉동식 건조기 ② 흡착식 건조기
③ 공랭식 건조기 ④ 흡수식 건조기

해설 공기 건조기의 종류에는 흡착식 건조기, 흡수식 건조기, 냉동식 건조기의 세 가지가 있다.

77. 다음 공기 건조기에 대한 설명 중 옳은 것은? [04-5, 10-5, 12-2]

① 수분 제거 방식에 따라 건조식, 흡착식으로 분류한다.
② 흡착식은 실리카 겔 등의 고체 흡착제를 사용한다.
③ 흡착식은 최대 −170℃까지의 저노점을 얻을 수 있다.
④ 건조제 재생 방법을 논 블리드식이라 부른다.

해설 흡착식 공기 건조기 : 습기에 대하여 강력한 친화력을 갖는 실리카 겔, 활성 알루미나 등의 고체 흡착 건조제를 두 개의 타워 속에 가득 채워 습기와 미립자를 제거하여 초 건조 공기를 토출하며 건조제를 재생(제습 청정)시키는 방식으로, 최대 −70℃ 정도까지의 저노점을 얻을 수 있다.

78. 압축 공기가 건조제를 통과할 때 물이나 증기가 건조제에 닿으면 화합물이 형성되어 건조제와 물의 혼합물로 용해되어 건조되는 것은? [04-5, 08-5]

① 흡착식 에어 드라이어
② 흡수식 에어 드라이어
③ 냉동식 에어 드라이어
④ 혼합식 에어 드라이어

해설 흡수식 에어 드라이어 : 일명 매뉴얼 공기 건조기라고도 하며 화학적 건조 방법으로서, 압축 공기가 건조제를 통과하여 압축 공기 중의 수분이 건조제에 닿으면 화합물이 형성되어 물이 혼합물로 용해되어 공기는 건조된다.

정답 73. ③ 74. ② 75. ① 76. ③ 77. ② 78. ②

79. 압축 공기의 흡수식 건조 방식은? [15-2]

① 물리적인 방식 ② 화학적인 방식
③ 기계적인 방식 ④ 자연 건조 방식

해설 문제 78번 해설 참조

80. 흡수식 공기 건조기의 특징으로 옳지 않은 것은? [15-1, 16-2]

① 설치가 간단하다.
② 취급이 용이하다.
③ 기계적 마모가 적다.
④ 에너지 공급이 필요하다.

해설 흡수식 공기 건조기의 특징
(1) 장비 설치가 간단하다.
(2) 취급이 용이하다.
(3) 건조기 내에 이동 물질이 없어 기계적 마모가 적다.
(4) 외부의 에너지 공급이 불필요하다.

81. 흡수식 에어 드라이어(공기 건조기)의 특징이 아닌 것은? [09-5, 13-5]

① 취급이 복잡하다.
② 장비의 설치가 간단하다.
③ 기계적 마모가 적다.
④ 외부 에너지 공급이 필요 없다.

해설 문제 80번 해설 참조

82. 공기 조정 유닛의 압력 조절 밸브에 관한 설명으로 옳은 것은? [09-5, 16-4]

① 감압을 목적으로 사용한다.
② 압력 유량 제어 밸브라고도 한다.
③ 생산된 압력을 증압하여 공급한다.
④ 밸브 시트에 릴리프 구멍이 있는 것이 논 블리드식이다.

해설 서비스 유닛의 압력 조정기는 감압 밸브이다.

83. 공압 실린더, 제어 밸브 등의 작동을 원활하게 하기 위하여 윤활유를 분무 급유하는 기기의 명칭은? [15-3, 16-4]

① 드레인 ② 에어 필터
③ 레귤레이터 ④ 루브리케이터

해설 윤활기(루브리케이터) : 공기 실린더, 제어 밸브 등의 작동을 원활하게 하고, 내구성을 향상시키기 위해 미세 급유를 하는 기기로 윤활유는 터빈 오일 1종(무첨가) ISO VG 32와 터빈 오일 2종(첨가) ISO VG 32를 권장하고 있다.

84. 압축 공기 조정 기기(서비스 유닛)의 구성 요소 중에 하나인 윤활기의 작동 원리(효과)는? [03-5, 06-5]

① 베르누이 정리 ② 도플러 효과
③ 벤투리 원리 ④ 파스칼 원리

해설 윤활기 : 유입된 압축 공기는 확대부와 줄임부의 압력차를 만드는 벤투리를 거쳐 흐르고, 이때 발생되는 차압으로 케이스 내의 윤활유가 도관을 통하여 올라와 적하관으로부터 벤투리 노즐부에 안개와 같이 되어 뿌려진다. 이 뿌려진 윤활유는 공기의 흐름과 함께 흐르며 확산되어 각 기기로 보내어진다. 벤투리부는 유량의 대소에 따라 작동하여 적하량이 일정하게 되도록 구성되어 있다.

85. 다음 중 공압과 유압의 조합 기기에 해당되는 것은? [09-5]

① 에어 서비스 유닛
② 스틱 앤 슬립 유닛
③ 하이드로릭 체크 유닛
④ 벤투리 포지션 유닛

해설 하이드로릭 체크 유닛 : 한쪽은 보통 공압 실린더와 연결되어 스로틀 밸브를 조정

정답 79. ② 80. ④ 81. ① 82. ① 83. ④ 84. ③ 85. ③

하여 공압 실린더의 속도를 제어하는 데 사용된다. 또, 바이패스 밸브를 설치하면 중간 정지도 가능하게 되나 자력에 의한 작동 기능은 없으며, 외부로부터의 피스톤 로드를 전진시키려는 힘이 작용되었을 때에 작동된다. 다른 한쪽은 유압 실린더의 양쪽 체임버를 바이패스 관에 접속하고, 그 관로의 도중의 스로틀 밸브를 둔 구조로 되어 있으며, 또 작동할 때 피스톤 로드의 움직임에 의한 내부 유량의 변화를 흡수하기 위해 인덕터(inductor)라고 부르는 일종의 축압기를 두고 있다.

86. 다음 중 공유압 변환기의 종류가 아닌 것은 어느 것인가? [16-4]

① 비가동형 ② 블래더형
③ 플로트형 ④ 피스톤형

해설 공유압 변환기의 종류
(1) 비가동형 : 10 bar 미만의 저압 회로에 사용되며, 유압 탱크에 압축 공기를 직접 공급하여 유면을 가압, 동력을 전달한다.
(2) 블래더형 : 다이어프램 등에 의해 유압유와 공압이 분리되어 있고, 압축 공기가 팽창하여 작동유를 가압하여 동력을 전달한다.
(3) 피스톤형 : 피스톤이 압축 공기와 유압유를 분리시키는 구조로 고압 회로에 사용된다.

87. 공유압 변환기를 에어 하이드로 실린더와 조합하여 사용할 경우 주의사항으로 틀린 것은? [03-5 외 4회 출제]

① 열원의 가까이에서 사용하지 않는다.
② 공유압 변환기는 수평 방향으로 설치한다.
③ 에어 하이드로 실린더보다 높은 위치에 설치한다.
④ 작동유가 통하는 배관에 누설, 공기 흡입이 없도록 밀봉을 철저히 한다.

해설 공유압 변환기의 사용상의 주의점
(1) 공유압 변환기는 액추에이터보다 높은 위치에 수직 방향으로 설치한다.
(2) 액추에이터 및 배관 내의 공기를 충분히 뺀다.
(3) 열원의 가까이에서 사용하지 않는다.

88. 공압 조합 밸브로 1개의 정상 상태에서 닫힌 3/2-way 밸브와 1개의 정상 상태 열림 3/2-way 밸브, 2개의 속도 제어 밸브를 조정하면 여러 가지 사이클 시간을 얻을 수 있으며, 진동수는 압력과 하중에 따라 달라지게 하는 제어 기기는 무엇인가? [11-5]

① 가변 진동 발생기
② 압력 증폭기
③ 시간 지연 밸브
④ 공유압 조합 기기

89. 다음 중 공압 소음기의 구비 조건이 아닌 것은? [05-5, 14-2]

① 배기음과 배기 저항이 클 것
② 충격이나 진동에 변형이 생기지 않을 것
③ 장기간의 사용에 배기 저항 변화가 작을 것
④ 밸브에 장착하기 쉬운 형상일 것

해설 공압 소음기의 구비 조건
(1) 배기음과 배기 저항이 작아야 한다.
(2) 충격, 진동에 변형이 없어야 한다.
(3) 장기간 사용 시에도 배기 저항 변화가 작아야 한다.

90. 공압 밸브에 부착되어 있는 소음기의 역할에 관한 설명으로 옳은 것은? [15-3]

정답 86. ③ 87. ② 88. ① 89. ① 90. ④

① 배기 속도를 빠르게 한다.
② 공압 작동부의 출력이 커진다.
③ 공압 기기의 에너지 효율이 좋아진다.
④ 압축 공기 흐름에 저항이 부여되고 배압이 생긴다.

해설 소음기는 일반적으로 배기 속도를 줄이고 배기음을 저감하기 위하여 사용되고 있으나, 소음기로 인해 공기의 흐름에 저항이 부여되고 배압이 생기기 때문에 공기압 기기의 효율 면에서는 좋지 않다.

91. 저압의 피스톤 패킹에 사용되고 피스톤에 볼트로 장착할 수 있으며 저항이 다른 것에 비해 적은 것은? [09-5]

① V형 패킹
② U형 패킹
③ 컵형 패킹
④ 플런저 패킹

해설 컵형 패킹 : 볼트로 죄어 설치하게 되어 있다. 컵형의 끝부분만이 실린더와 접촉하여 미끄럼 작용을 하므로 그 저항이 다른 것에 비하여 적고, 또 실린더와 피스톤 사이의 간극이 어느 정도 커도 오일이 누출되지 않는다. 그러나 고압에는 적합하지 않고, 저압용으로 사용된다.

92. 공압 센서의 종류가 아닌 것은? [10-5]

① 광 센서
② 공기 배리어
③ 반향 감지기
④ 배압 감지기

해설 공압 센서(pneumatic sensor) : 공압 센서의 원리에는 자유 분사 원리(free-jet principle)와 배압 감지(back-pressure sensor) 원리의 두 가지가 있으며, 공기 배리어, 반향 감지기, 배압 감지기, 공압 근접 스위치 등의 종류가 있다.

93. 다음 중 감지거리가 가장 짧은 공압 비접촉식 센서는? [13-5]

① 배압 감지기 ② 반향 감지 센서
③ 공기 배리어 ④ 공압 리밋 밸브

해설 ① 배압 감지기 : 0~0.5 mm로 가장 짧다.
② 반향 감지 센서 : 2~15 mm
③ 공기 배리어 : 두 개의 노즐이 마주보고 있으며 가장 길다.
④ 공압 리밋 밸브 : 접촉식 감지기이다.

94. 분사 노즐과 수신 노즐이 같이 있으며 배압의 원리에 의하여 작동되는 공압 기기는 어느 것인가? [16-4]

① 압력 증폭기
② 공압 제어 블록
③ 반향 감지기
④ 가변 진동 발생기

해설 반향 감지기는 배압의 원리에 의해 작동되며, 분사 노즐과 수신 노즐이 한데 합쳐져 있어 구조가 간단하다. 이 감지기는 먼지, 충격파, 어두움, 투명함 또는 내자성 물체의 영향을 받지 않기 때문에 프레스나 펀칭 작업에서의 검사 장치, 섬유 기계, 포장 기계에서의 검사나 계수, 목공 산업에서의 나무판의 감지, 매거진 검사 등에 이용된다.

95. 다음 중 공압 센서로 검출할 수 없는 것은 어느 것인가? [14-5]

① 물체의 유무
② 물체의 위치
③ 물체의 재질
④ 물체의 방향 변위

해설 물체의 재질은 포토 센서, 유도형 센서, 용량형 센서 등의 조합으로 판별한다.

정답 91. ③ 92. ① 93. ① 94. ③ 95. ③

5장 유압 제어

1. 유압 제어 방식 설계

1-1 유압 기초

(1) 유압의 정의

압력을 가진 유압 작동유를 이용하여 동력을 발생시키고 전달하며 기계, 기구를 제어하는 액체

(2) 유압 장치의 구성

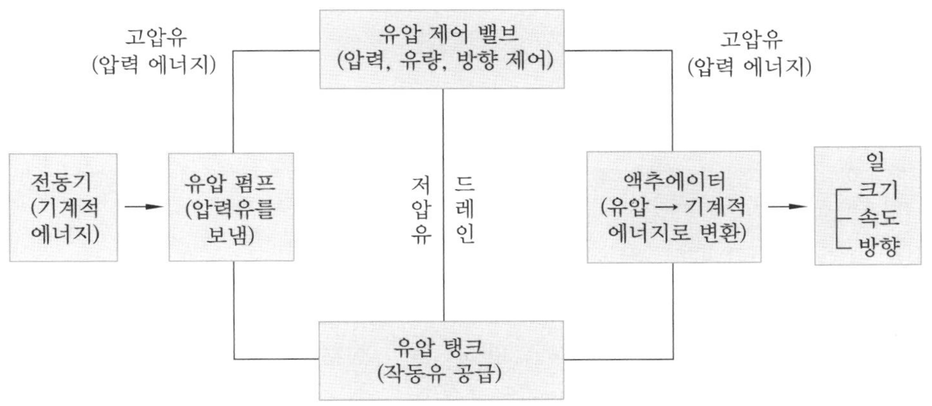

유압 장치의 기본 구성

(3) 유압의 원리

① 파스칼의 원리 : 정지된 유체 내의 모든 위치에서의 압력은 방향에 관계없이 항상 같으며, 직각으로 작용한다는 원리로 이를 나타내면 다음과 같다.

$$P = \frac{F_1}{A_1} = \frac{F_2}{A_2}$$

② 연속의 법칙(law of continuity) : 관 속을 유체가 가득 차서 흐른다면, 단위 시간에 단면 A_1을 통과하는 중량 유량은 단면 A_2를 통과하는 중량 유량과 같다. 단면적을 A_1, A_2 [m²], 유체의 비중량을 γ_1, γ_2 [kg/m³], 유속을 V_1, V_2 [m/s]라 하면, 유체의 중량 G [kg/s]는 연속의 법칙에 따라 다음의 식으로 표시된다.

$$\frac{G}{\gamma} = A_1 V_1 = A_2 V_2 = Q = \text{일정}$$

③ 베르누이의 정리(Bernoulli's theorem) : 이 정리는 관 속에서 에너지 손실이 없다고 가정하면 즉, 점성이 없는 비압축성의 액체는 에너지 보존의 법칙(law of conservation of energy)으로부터 유도될 수 있다.

(4) 유체의 흐름

유체의 흐름에는 층류와 난류가 있다. 난류는 유체의 레이놀즈수(Re)가 2320보다 큰 경우, 즉 점도 계수가 작고, 유속이 크고, 굵은 관을 흐를 때 일어나기 쉬우며 에너지를 많이 소비한다. 층류는 유체의 동점도가 크고, 유속이 비교적 작고, 가는 관이나 좁은 틈새를 통과할 때, 레이놀즈 수가 작은 경우, 즉 점성 계수가 큰 경우에 잘 일어나며, 유체의 점성만이 압력 손실의 원인이 된다.

예상문제

1. 다음 중 유압 장치의 특징이 아닌 것은 어느 것인가? [09-5, 10-5]

① 고압을 사용하므로 큰 출력을 얻을 수 있다.
② 속도 조정이 용이하며 중간 정지도 양호하다.
③ 무단 변속이 불가능하다.
④ 방청과 윤활이 우수하다.

해설 유압 장치는 무단 변속이 가능하고 정확한 위치 제어를 할 수 있다.

2. 유압에 의해 동력을 전달하고자 한다. 공압 장치에 비해 유압 장치의 장점으로 옳지 않은 것은? [04-5 외 6회 출제]

① 자동화가 가능하다.
② 무단 변속이 가능하다.
③ 온도에 의한 영향을 많이 받는다.
④ 힘의 증폭 및 속도 조절이 용이하다.

해설 유압 장치의 장단점

(1) 장점

- 정확한 위치 제어와 뛰어난 제어 및 조절성

정답 1. ③ 2. ③

- 크기에 비해 큰 힘의 발생
- 과부하에 대한 안전성과 시동 가능
- 부하와 무관한 정밀한 운동
- 정숙한 작동과 반전 및 열 방출성

(2) 단점

- 기계 장치마다 펌프와 탱크가 필요하다.
- 유온의 영향을 받는다.
- 냉각 장치가 필요하고, 기름 탱크가 커서 소형화가 곤란하다.
- 배관의 난이성, 폐유에 의해 주변 환경이 오염될 우려가 있다.
- 화재 및 고압 사용으로 인한 위험성이 있고 이물질에 민감하다.

3. 다음 중 유압 장치의 장점을 설명한 것으로 틀린 것은? [16-2]

① 에너지의 축적이 용이하다.
② 힘의 변속이 무단으로 가능하다.
③ 일의 방향을 쉽게 변환할 수 있다.
④ 작은 장치로 큰 힘을 얻을 수 있다.

해설 공압 장치는 에너지 축적이 우수하나 유압 장치는 축압기를 이용한 1회성 에너지 축적만 가능하다.

4. 압축 공기에 비하여 유압의 장점으로 옳지 않은 것은? [14-5]

① 정확성 ② 비압축성
③ 배기성 ④ 힘의 강력성

해설 공압은 배기의 장점이 있으나 배기 소음이 크다는 단점이 있고, 유압은 사용한 유압유를 반드시 유압 탱크로 복귀시켜야 하는 단점이 있다.

5. 다음 중 유압이 이용되지 않은 곳은 어느 것인가? [14-2]

① 건설기계
② 항공기
③ 덤프차(dump car)
④ 컴퓨터

6. 다음 중 유압 장치의 구성 요소가 아닌 것은? [10-5, 16-2]

① 공기(air)
② 동력원(power unit)
③ 제어부(control part)
④ 액추에이터(actuator)

해설 유압 장치의 3대 구성 요소는 동력부, 제어부, 구동부이다.

7. 일정량의 액체가 채워져 있는 용기의 밑면적이 받는 압력은? [14-5]

① 정압 ② 절대 압력
③ 대기압 ④ 게이지 압력

해설 압력에는 측정하는 기준에 따라 게이지 압력과 절대 압력의 두 가지가 있다. 공압에서는 대기 압력을 기준으로 하는 것이 보통이다. 따라서, 대기 압력을 0으로 하여 측정한 압력을 게이지 압력(gauge pressure)이라 하고, 완전한 진공을 0으로 하여 측정한 압력을 절대 압력(absolute pressure)이라 한다.
절대 압력＝대기압＋계기 압력

8. 유압을 측정했더니 압력계의 지침이 50 kgf/cm^2일 때 절대 압력은 약 몇 kgf/cm^2인가? [15-5]

① 35 ② 40
③ 51 ④ 61

해설 절대압＝게이지압＋대기압
$=50+1=51\ kgf/cm^2$

정답 3. ① 4. ③ 5. ④ 6. ① 7. ① 8. ③

9. 밸브의 변환 및 외부 충격에 의해 과도적으로 상승한 압력의 최댓값을 무엇이라고 하는가? [08-5, 16-4]

① 배압 ② 서지 압력
③ 크래킹 압력 ④ 리시트 압력

해설 서지 압력은 회로 내에 과도적으로 발생하는 이상 압력의 최댓값으로 변환 밸브의 조작이나 부하 변동이 있을 때 발생하며 정상 압력의 4배 이상이 된다.

10. 다음 중 유체가 얼마나 압축되기 어려운가를 나타내는 것은? [16-1]

① 점성 계수 ② 양적 탄성 계수
③ 동점성 계수 ④ 체적 탄성 계수

해설 체적 탄성 계수(bulk modulus of elasticity)는 유체가 압축되기 어려운 정도를 나타낸 것으로 체적 탄성 계수가 클수록 압축이 잘 되지 않는다.

11. 공동 현상(cavitation)이 생겼을 때의 피해 사항으로 옳지 않은 것은? [02-6]

① 충격력이 감소된다.
② 진동이 발생된다.
③ 공동부가 생긴다.
④ 소음이 크게 생긴다.

해설 캐비테이션 : 액체가 국부적으로 압력이 낮아지면 용해 공기가 기포로 되어 급격한 압력이 작용하면서 기포가 진공력으로 액체를 빨아들이기 때문에 기포가 초고압으로 액체에 의해 압축된다. 이것이 액체 통로의 표면을 때리게 되어 소음과 진동이 발생하게 되는 현상을 말한다.

12. 유압 잭과 같이 힘을 키우기 위한 유압 장치에 적용되는 원리는? [14-5]

① 연속의 원리
② 벤투리의 원리
③ 파스칼의 원리
④ 베르누이의 원리

13. 그림에서처럼 밀폐된 시스템이 평형 상태를 유지할 경우 힘 F_1을 옳게 표현한 식은 어느 것인가? [02-5, 16-2]

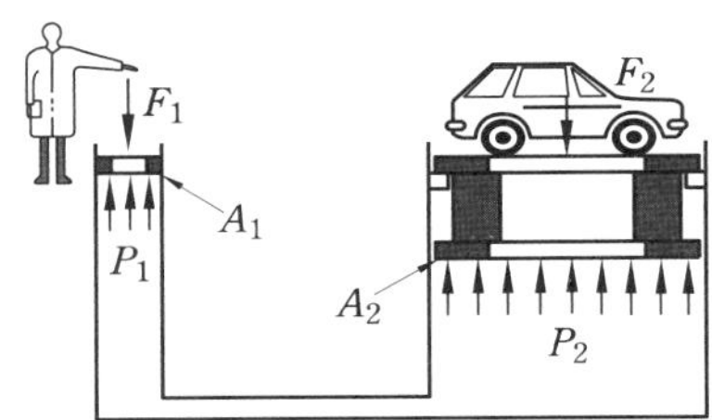

① $\dfrac{A_1 \times A_2}{F_2}$ ② $\dfrac{A_1 \times F_2}{A_2}$

③ $\dfrac{F_2}{A_1 \times A_2}$ ④ $\dfrac{A_2}{A_1 \times F_2}$

해설 $P = \dfrac{F_1}{A_1} = \dfrac{F_2}{A_2}$

$\therefore F_1 = \dfrac{A_1 \times F_2}{A_2}$

14. 유압 장치는 작은 힘으로도 큰 힘을 낼 수 있는 장치이다. 이를 설명할 수 있는 원리는 어느 것인가? [13-5]

① 연속의 법칙 ② 베르누이 원리
③ 레이놀즈수 ④ 파스칼의 원리

15. 유압 실린더에 작용하는 힘을 산출할 때 사용되는 것은? [02-6, 08-5, 14-1]

① 보일의 법칙
② 파스칼의 원리
③ 가속도의 법칙
④ 플레밍의 왼손 법칙

정답 9. ② 10. ④ 11. ① 12. ③ 13. ② 14. ④ 15. ②

해설 파스칼의 원리는 정지된 유체 내에서 압력을 가하면 이 압력은 유체를 통하여 모든 방향으로 일정하게 전달된다는 것으로, 모든 유압 장치에 기본적으로 이용된다.

16. 기화기의 벤투리관에서 연료를 흡입하는 원리를 잘 설명할 수 있는 것은? [04-5]

① 베르누이의 정리
② 보일 샤를의 법칙
③ 파스칼의 원리
④ 연속의 법칙

해설 베르누이의 정리 : 관 속에서 에너지 손실이 없다고 가정하면, 즉 점성이 없는 비압축성의 액체는 에너지 보존의 법칙(law of conservation of energy)으로부터 유도될 수 있다.

17. 물체가 상태 변화를 할 때 에너지의 전체량이 변화 없이 일정하게 유지되는 것을 무엇이라 하는가? [14-1]

① 보일의 법칙
② 파스칼의 원리
③ 연속의 법칙
④ 에너지 보존의 법칙

18. 베르누이의 정리에서 에너지 보존의 법칙에 따라 유체가 가지고 있는 에너지가 아닌 것은? [10-5, 15-5]

① 위치 에너지 ② 마찰 에너지
③ 운동 에너지 ④ 압력 에너지

해설 에너지 보존 법칙에 따라 유체가 가지고 있는 에너지는 위치 에너지(potential energy)와 운동 에너지(kinetic energy), 압력 에너지(pressure energy)로 나눌 수 있다.

19. 비압축성 유체의 정상 흐름에 대한 베르누이 방정식 $\frac{v_1^2}{2g}+\frac{P_1}{\gamma}+z_1=\frac{v_2^2}{2g}+\frac{P_2}{\gamma}+z_2$ $=\text{const}$에서 $\frac{v_1^2}{2g}$ 항이 나타내는 에너지의 종류는 무엇인가? (단, v : 속도, P : 압력, γ : 비중량, z : 위치) [13-5]

① 속도 에너지
② 위치 에너지
③ 압력 에너지
④ 전기 에너지

해설 베르누이 방정식은 유체의 속도 에너지, 압력 에너지, 위치 에너지의 합이 항상 일정함을 나타내는 방정식이다.

20. 유압 펌프의 성능을 표현하는 것으로 단위시간당 에너지를 의미하는 것은?

① 항력 ② 전력
③ 동력 ④ 추력

21. 동력에 관한 설명으로 옳은 것은 어느 것인가? [15-5]

① 작용한 힘의 크기와 움직인 거리의 곱이다.
② 작용한 힘의 크기와 움직이는 속도의 곱이다.
③ 작용한 압력의 크기와 움직인 거리의 곱이다.
④ 작용한 압력의 크기와 움직이는 속도의 곱이다.

해설 $\text{동력}(L)=\frac{\text{일량}}{\text{시간}}=\frac{\text{힘}(F)\times\text{거리}(S)}{\text{시간}(t)}$
$=\text{힘}(F)\times\text{속도}(V)$

정답 16. ① 17. ④ 18. ② 19. ① 20. ③ 21. ②

22. 유압 실린더에서 얻을 수 있는 힘은 $F = A \times P$로 나타낸다. A와 P는 무엇인가? [07-5, 16-1]

① A : 유량, P : 속도
② A : 단면적, P : 압력
③ A : 펌프의 종류, P : 펌프의 크기
④ A : 단면적, P : 파이프 길이

해설 파스칼의 원리에서 $P = \frac{F}{A}$이다.

23. 그림의 실린더는 피스톤 면적(A)이 8 cm^{2}이고 행정 거리(s)는 10 cm이다. 이 실린더가 전진 행정을 1분 동안에 마치려면 필요한 공급 유량은 얼마인가? [02-6, 07-5, 15-5]

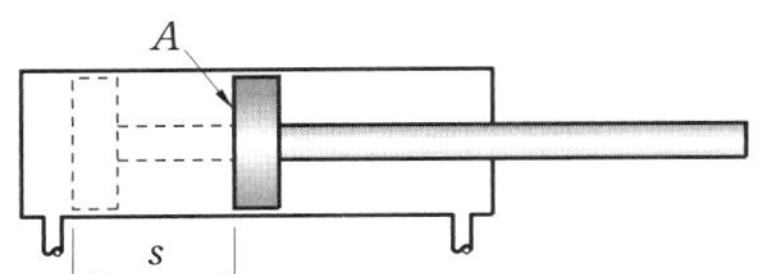

① 60 cm^3/min ② 70 cm^3/min
③ 80 cm^3/min ④ 90 cm^3/min

해설 $Q = AV = 8 \times 10 = 80\ \text{cm}^3/\text{min}$

24. 유압 펌프의 동력을 계산하는 방법으로 맞는 것은? [09-5, 15-3, 16-4]

① 압력×수압면적
② 압력×유량
③ 질량×가속도
④ 힘×거리

해설 동력$(L) = PAV = PQ$
여기서, P : 압력
A : 관의 단면적
V : 속도
Q : 유량

정답 22. ② 23. ③ 24. ②

2. 유압 제어 회로 구성

2-1 유압 제어 회로

(1) 압력 제어 회로

회로의 최고압을 제어하든가, 또는 회로의 일부 압력을 감압하는 등 압력을 제어하는 회로로 작동 목적에 알맞는 압력을 얻는 회로이다.

① 압력 설정 회로 : 모든 유압 회로의 기본으로 회로 내의 압력을 설정 압력으로 조정하는 회로

② 압력 가변 회로 : 릴리프 밸브의 설정 압력을 변화시키면 행정 중 실린더에 가해지는 압력을 변화시킬 수 있다.

③ 충격압 방지 회로 : 대유량, 고압유 충격압을 방지하기 위한 회로

④ 고저압 2압 회로 : 동력을 절약할 수 있는 회로

⑧ 카운터 밸런스 회로(counter balance circuit) : 일정한 배압을 유지시켜 램의 중력에 의하여 자연 낙하하는 것을 방지한다.

(2) 언로드 회로(unload circuit)

유압 펌프의 유량이 필요하지 않게 되었을 때, 즉 조작단의 일을 하지 않을 때 작동유를 저압으로 탱크에 귀환시켜 펌프를 무부하로 만드는 회로로서, 펌프의 동력이 절약되고, 장치의 발열이 감소되며, 펌프의 수명을 연장시키고, 장치 효율의 증대, 유온 상승 방지, 압유의 노화 방지 등의 장점이 있다.

(3) 축압기 회로

유압 회로에 축압기를 이용하면 축압기는 보조 유압원으로 사용되며, 이것에 의해 동력을 크게 절약 할 수 있고, 압력 유지, 회로의 안전, 사이클 시간 단축, 완충 작용은 물론, 보조 동력원으로 효율을 증진시킬 수 있고, 콘덴서 효과로 유압 장치의 내구성을 향상시킨다.

① 안전 장치 회로

② 보조 동력원 회로(secondary source of energy)

③ 압력 유지 회로

④ 사이클 시간 단축 회로

⑤ 동력 절약 회로

⑥ 충격 흡수 회로(shock absorption circuit)

(4) 속도 제어 회로

① 미터 인 회로(meter in circuit) : 유량 제어 밸브를 실린더의 작동 행정에서 실린더의 오일이 유입되는 입구측에 설치한 회로이다.

② 미터 아웃 회로(meter out circuit) : 작동 행정에서 유량 제어 밸브를 실린더의 오일이 유출되는 출구측에 설치한 회로로서, 실린더에서 유출되는 유량을 제어하여 피스톤 속도를 제어하는 회로이다. 미터 인 회로와 마찬가지로 동력 손실이 크나, 미터 인 회로와는 반대로 실린더에 배압이 걸리므로 끌어당기는 하중이 작용하더라도 자주(自主)할 염려는 없다. 또한 미세한 속도 조정이 가능하다.

③ 블리드 오프 회로(bleed off circuit) : 작동 행정에서의 실린더 입구의 압력 쪽 분기 회로에 유량 제어 밸브를 설치하여 실린더 입구측의 불필요한 압유를 배출시켜 일정량의 오일을 블리드 오프하고 있어 작동 효율을 증진시킨 회로이다.

④ 재생 회로(regenerative circuit), 차동회로(differential circuit) : 전진할 때의 속도가 펌프의 배출 속도 이상이 요구되는 것과 같은 특수한 경우에 사용된다.

⑤ 감속 회로(deceleration circuit) : 방향 제어 밸브를 사용하여 유압유를 바이패스시켜 실린더 등의 속도를 줄이는 회로이다.

⑥ 중력에 의한 급속 이송 회로 : 카운터 밸런스 밸브를 생략하면 램은 자중에 의하여 급속한 하강 동작을 한다. 그러나 펌프를 무부하시키기 위하여 오픈 센터형 3위치 4포트 밸브를 사용하면 밸브의 중립 위치에서도 램이 하강하므로 2위치 4포트 밸브를 사용하여 상승 행정 끝에서만 하강하도록 하는 회로이다.

⑦ 이중 실린더에 의한 급속 이송 회로 : 설치 장소가 제한되어 있어 보조 실린더를 외측에 설치할 수 없는 경우 이중 실린더를 사용하여 키커 실린더(kicker cylinder)와 동일한 작용을 하는 회로이다.

⑧ 유보충 밸브와 보조 실린더의 회로 : 큰 추력을 필요로 하는 대형 프레스에서는 램의 속도를 빠르게 작동시키기 위하여 키커 실린더를 보조 실린더로 하는 회로이다.

(5) 위치, 방향 제어 회로

① 로크 회로 : 실린더 행정 중에 임의 위치에서, 혹은 행정 끝에서 실린더를 고정시켜 놓을 필요가 있을 때 피스톤의 이동을 방지하는 회로이다.

② 파일럿 조작 회로 : 파일럿 압력을 사용하는 밸브를 사용하여 전기적 제어가 위험한 장소에서도 안전하게 원격 조작이나 자동 운전 조작을 쉽게, 그리고 값이 싼 회로를 만들 수가 있다. 파일럿압의 대부분은 별개의 회로로부터 유압원을 취하고 있으나, 이때 주 회로를 무부하시키더라도, 파일럿압은 유지되게 하여야 하고, 유압 실린더에 큰 중량이 걸려 있을 때에는 파일럿 압유를 교축시키거나, 파일럿 조작 4방향 밸브의 교

축이 되도록 제작하여 밸브 전환 시의 충격을 완화시켜야 한다.

(6) 시퀀스 회로(sequence circuit)

시퀀스 회로에는 전기, 기계, 압력에 의한 방식과 이들의 조합으로 된 것이 있다. 전기는 거리가 떨어져 있는 경우나, 환경이 좋고, 또 가격 면에서 조금이라도 유압 밸브를 절약하고 싶을 때, 또는 특히 시퀀스 밸브의 간섭을 받고 싶지 않을 때 사용된다. 그리고 기계 방식은 전기 방식보다 고장이 적고 작동도 확실하여 눈으로 확인할 수 있으며, 밸브 간섭의 염려도 없다. 또, 압력 방식은 주위 환경의 영향을 좀처럼 받지 않고, 실린더 등의 작동부 가까이까지 배치하지 않아도 임의의 배관으로 가능하게 할 수 있다.

(7) 증압 및 증강 회로(booster and intensifier circuit)

① 증압 회로 : 4포트 밸브를 전환시켜 펌프로부터 송출압을 증압기에 도입시켜 증압된 압유를 각 실린더에 공급시켜 큰 힘을 얻는 회로이다.

② 증강 회로(force multiplication circuit) : 유효 면적이 다른 2개의 탠덤 실린더를 사용하거나, 실린더를 탠덤(tandem)으로 접속하여 병렬 회로로 한 것인데 실린더의 램을 급속히 전진시켜 그리 높지 않은 압력으로 강력한 압축력을 얻을 수 있는 힘의 증대 회로이다.

(8) 동조 회로

같은 크기의 2개의 유압 실린더에 같은 양의 압유를 유입시켜도 실린더의 치수, 누유량, 마찰 등이 완전히 일치하지 않기 때문에 완전한 동조 운동이란 불가능한 일이다. 또 같은 양의 압유를 2개의 실린더에 공급한다는 것도 어려운 일이다. 이 동조 운동의 오차를 최소로 줄이는 회로를 동조 회로라 한다. 래크와 피니언에 의한 동조 회로, 실린더의 직렬 결합에 의한 동조 회로, 2개의 펌프를 사용한 동조 회로, 2개의 유량 조절 밸브에 의한 동조 회로, 2개의 유압 모터에 의한 동조 회로, 유량 제어 밸브와 축압기에 의한 동조 회로가 있다.

(9) 유압 모터 회로

① 일정 토크 회로 : 가변 체적형 펌프와 고정 체적형 유압 모터를 조합한 정역전 폐회로에서 유압 모터의 회전 속도는 펌프 송출량을 제어하고, 릴리프 밸브를 일정 압력으로 설정하여 토크를 일정하게 유지시킨다.

② 일정 출력 회로 : 펌프의 송출 압력과 송출 유량을 일정하게 하고 정변위 유압 모터의 변위량을 변화시켜 유압 모터의 속도를 변환시키면 정마력 구동이 얻어진다.

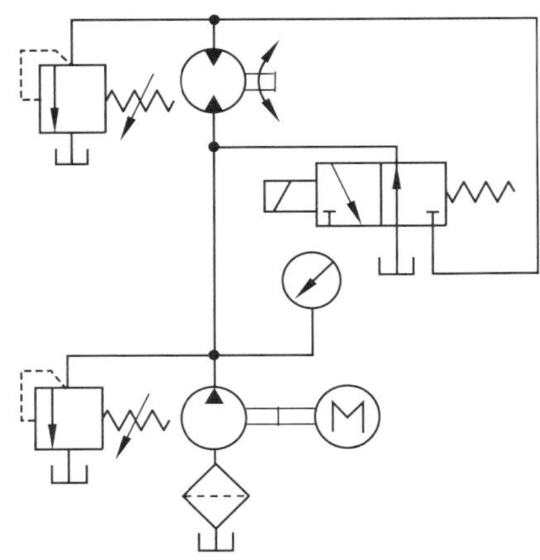

일정 출력 회로

③ 제동 회로(brake circuit) : 시동 시 서지압 방지나 정지할 경우 유압적으로 제동을 부여하거나, 주된 구동 기계의 관성 때문에 이상 압력이 생기거나 이상음이 발생되어 유압 장치가 파괴되는 것을 방지하기 위해 제동 회로를 둔다.

④ 유보충 회로 : 제동 작용 중에도 압유는 밸브를 통하여 유압 모터의 입구측에 유입된다. 펌프와 유압 모터를 폐회로로 연결하였을 경우 소형의 정용량형 펌프에 의하여 압유를 공급시키면 효율이 좋아지며, 공급용 펌프가 없을 경우에는 탱크로부터 직접 압유를 흡입시켜 보충시킨다.

⑤ 유압 모터의 직렬 회로 : 회로의 일부 관지름은 병렬 배치 경우보다 작아지고 입력관과 귀환관은 각 한 개의 관으로 충분하다. 펌프 송출 압력은 각 유압 모터의 압력 강하의 합이 되므로 높아진다. 2개의 유압 모터를 직렬로 배치시킨 회로에서 각 유압 모터의 최대 토크는 각각의 릴리프 밸브를 조절할 수 있다.

⑥ 유압 모터의 병렬 회로 : 병렬 배치 미터 인 회로는 각 유압 모터를 독립으로 구동, 정지, 속도 제어가 되고, 각각의 모터에 걸리는 부하가 같은 경우에 유리하다. 또 유압 모터가 정지, 혹은 회전 속도가 변하더라도 다른 모터 속도에 큰 영향을 주지 않는다.

예상문제

1. 다음 회로의 명칭으로 적합한 것은? [10-5]

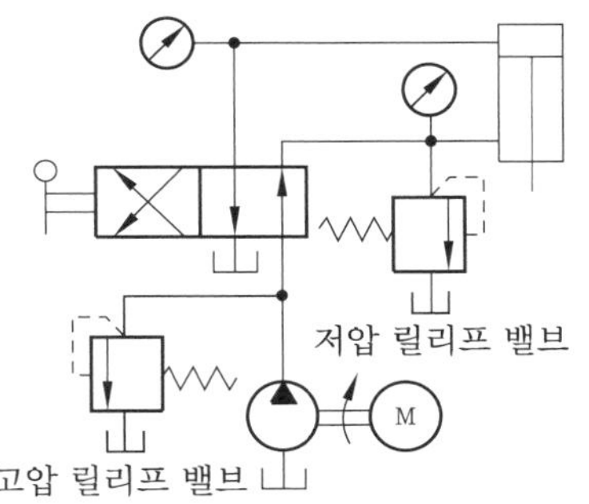

① 최대 압력 제한 회로
② 블리드 오프 회로
③ 무부하 회로
④ 증압 회로

해설 최대 압력 제한 회로 : 유압 회로의 최고압을 제어하여 작동 목적에 알맞는 압력을 얻는 회로

2. 다음 그림에서 맞는 명칭은? [05-5, 15-4]

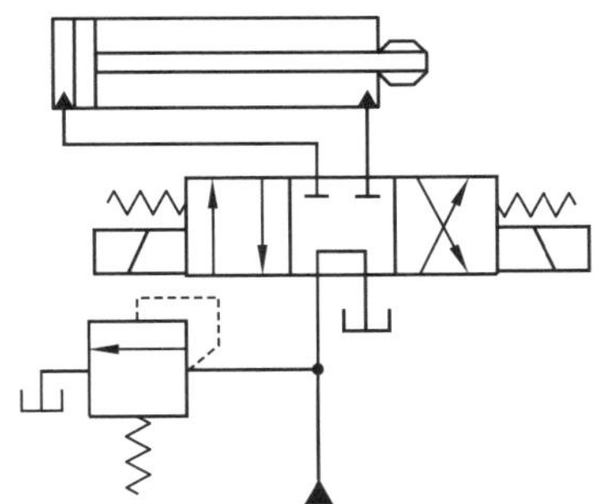

① 감속 회로
② 차동 회로
③ 로킹 회로
④ 정토크 구동 회로

해설 로킹 회로는 실린더 피스톤을 임의 위치에서 고정하는 회로이다.

3. 유압 실린더를 다음 그림과 같은 회로를 이용하여 단조 기계와 같이 큰 외력에 대항하여 행정의 중간 위치에서 정지시키고자 할때 점선 안에 들어갈 적당한 밸브는 어느 것인가? [09-5, 16-2]

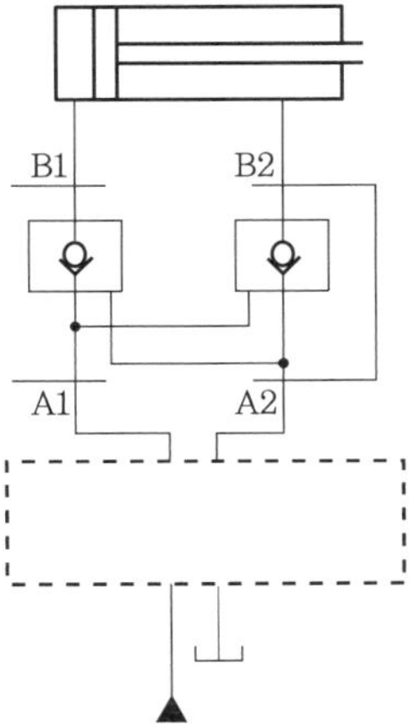

①
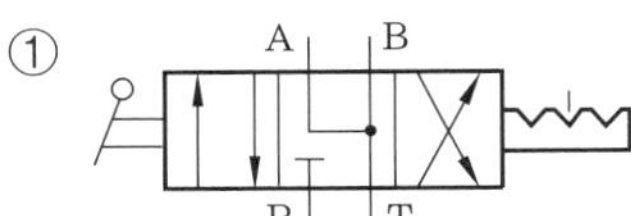

②
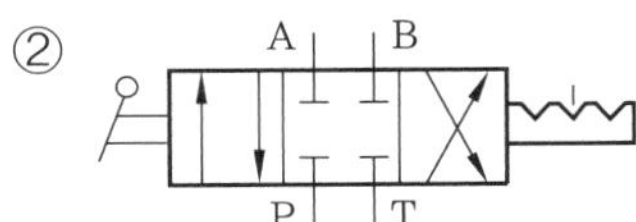

③
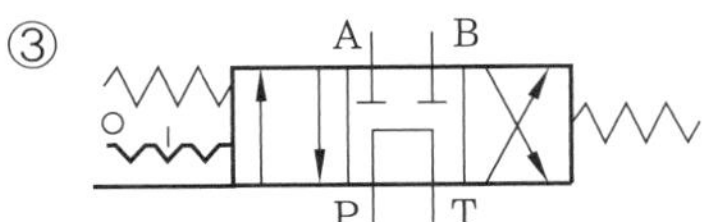

④
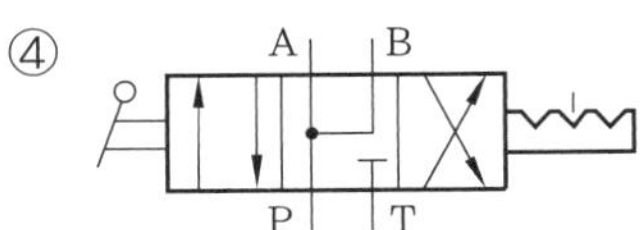

해설 이 회로는 파일럿 조작 체크 밸브를 이용한 완전 로크 회로의 한 종류로 1개의 유압원으로 2조 이상의 유압 실린더를 독립

정답 1. ① 2. ③ 3. ①

적으로 자동 운전시키고자 할 때 사용하는 것이다.

4. 유압 실린더의 중간 정지 회로에 적합한 방향 제어 밸브는? [13-2, 16-2]

① 3/2way 밸브 ② 4/3way 밸브
③ 4/2way 밸브 ④ 2/2way 밸브

해설 중간 정지 회로에는 파일럿형 체크 밸브나 4/3way 밸브 중 올 포트 블록형 또는 탠덤 센터형이 사용된다.

5. 증압 회로를 사용하는 기계는? [05-5]

① 프레스와 잭(Jack)
② 프레스와 터빈
③ 잭과 내연기관
④ 잭과 외연기관

해설 계의 일부 압력을 높이는 회로를 증압 또는 증강 회로라 한다. 고압력으로 수초 이상 유지하여야 할 경우라든가, 공기, 유압의 조합 기구에서 현장의 압축 공기를 사용하여 큰 힘을 얻고자 할 때 사용한다.

6. 탠덤 실린더를 사용하여 실린더의 램을 전진시켜 높지 않은 압력으로 강력한 압축력을 얻을 수 있는 회로는? [06-5, 12-5]

① 시퀀스 회로 ② 무부하 회로
③ 증강 회로 ④ 블리드 오프 회로

해설 문제 5번 해설 참조

7. 유압 시스템의 언로드 회로에 관한 설명으로 옳은 것은? [08-5 외 3회 출제]

① 발열이 감소된다.
② 동력이 많이 소비된다.
③ 펌프의 수명이 짧아진다.
④ 장치의 효율이 감소된다.

해설 언로드 회로는 유압 펌프의 유량이 필요하지 않게 되었을 때, 즉 조작단의 일을 하지 않을 때 작동유를 저압으로 탱크에 귀환시켜 펌프를 무부하로 만드는 회로로서 펌프의 동력이 절약되고, 장치의 발열이 감소되며, 펌프의 수명을 연장시키고, 장치 효율의 증대, 유온 상승 방지, 압유의 노화 방지 등의 장점이 있다.

8. 유압 펌프 무부하 회로에 대한 설명으로 맞는 것은? [09-5]

① 펌프의 토출 압력을 일정하게 유지한다.
② 펌프의 송출량을 어큐뮬레이터로 공급하는 회로이다.
③ 부하에 의한 자유 낙하를 방지하는 회로이다.
④ 간단한 방법으로 탠덤 센터형 밸브의 중립위치를 이용한다.

해설 탠덤 센터(tendum center)형

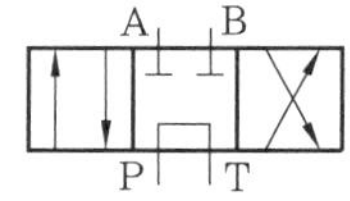

9. 다음 그림과 같은 회로의 명칭은 어느 것인가? [07-5, 10-5, 15-3]

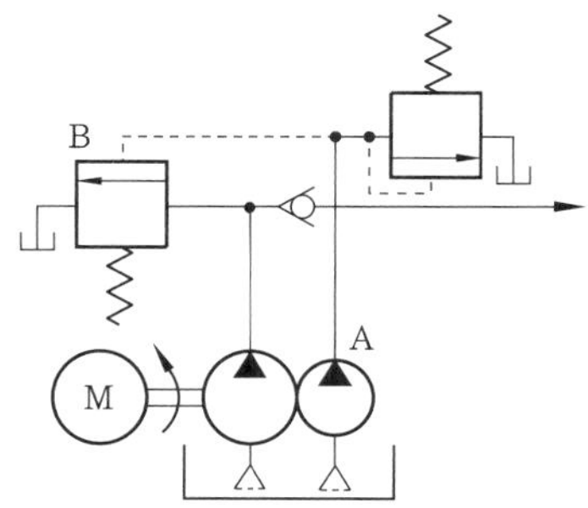

① 압력 스위치에 의한 무부하 회로
② 전환 밸브에 의한 무부하 회로

정답 4. ② 5. ① 6. ③ 7. ① 8. ④ 9. ④

③ 축압기에 의한 무부하 회로
④ Hi – Lo에 의한 무부하 회로

해설 언로드 밸브(unload valve)를 이용하는 방법(Hi–Lo에 의한 무부하 회로) : 실린더의 피스톤을 급격히 전진시키려면 저압 대용량, 큰 힘을 얻고자 할 때에는 고압 소용량의 펌프를 필요로 하므로, 고압 소용량과 저압 대용량의 2연 펌프를 사용한 회로가 적절하다. 이때 언로드 밸브를 설치하여, 급속 이송 시에는 양 펌프의 송출량이 실린더에 전부 유입되고 이송이 끝나 실린더가 작업을 시작하면 회로 압력이 상승하므로 저압 대용량 펌프는 무부하 밸브에 의하여 자동적으로 무부하 운전되고 고압 소용량 펌프만이 작동하게 한다.

10. **다음과 같은 유압 회로의 언로드 형식은 어떤 형태로 분류되는가?** [10–5, 16–1]

어큐뮬레이터
(C)
체크 밸브
(A)
(B)
유압 펌프
M

① 바이패스 형식에 의한 방법
② 탠덤 센서에 의한 방법
③ 언로드 밸브에 의한 방법
④ 릴리프 밸브를 이용한 방법

해설 릴리프 밸브를 이용한 무부하 회로 : 펌프 송출량의 전량을 저압 그대로 탱크에 귀환시키는 회로이다. 이 회로는 구성이 간단하고, 회로에 압력이 전혀 필요하지 않을 때 용이하며, 이것은 평형 피스톤형 릴리프 밸브의 벤트(vent)를 열어 시행하는 것으로 가장 많이 이용되는 방법의 하나이다.

11. **유압 기본 회로 중 2개 이상의 실린더가 정해진 순서대로 움직일 수 있는 회로에 속하는 것은?** [16–4]

① 로킹 회로 ② 언로딩 회로
③ 자동 회로 ④ 시퀀스 회로

12. **그림과 같은 유압 회로에 대한 설명으로 틀린 것은?** [06–5, 16–2]

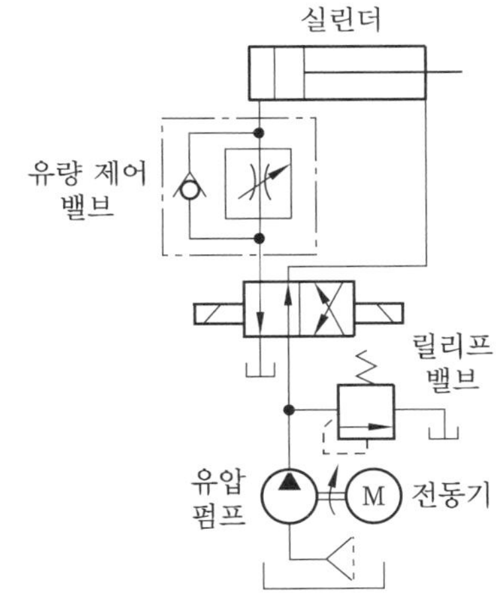

① 릴리프 밸브의 가동률이 높다.
② 미터 인 방식의 속도 제어 회로이다.
③ 압력 에너지의 손실과 유온 상승이 많다.
④ 부하의 크기에 따라 펌프 토출 압력이 변화한다.

해설 이 회로에서 사용되는 펌프는 체적 고정형 펌프이고, 한방향 유량 제어 밸브는 압력 보상이 된다.

13. **도면에서 B로 표시한 밸브의 이름은 무엇인가?** [14–2]

정답 10. ④ 11. ④ 12. ④ 13. ③

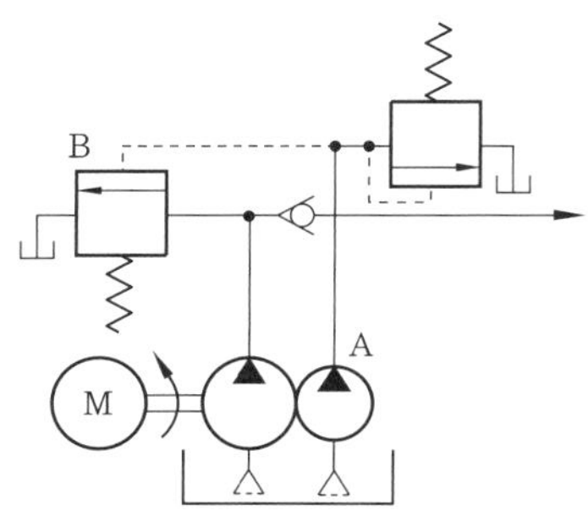

① 시퀀스 밸브 ② 릴리프 밸브
③ 언로드 밸브 ④ 유량 조절 밸브

해설 이 회로는 Hi-Lo에 의한 무부하 회로로서 급속 이송 시 양 펌프의 송출량이 실린더에 전부 유입되며, 급속 이송이 끝나 실린더가 작업을 시작하면 회로의 압력이 상승하여 저압 대용량 펌프는 회로 B의 무부하 밸브에 의해 자동적으로 무부하 운전이 된다. 즉, 밸브 B의 구조는 릴리프 밸브이나 기능은 무부하 밸브이다.

14. 카운터 밸런스 회로에 관한 설명으로 옳은 것은? [13-5, 15-2]

① 유압 신호를 공압 신호로 전환시키는 일종의 스위치이다.
② 회로의 일부에 일정한 배압을 유지시키고자 할 때 사용한다.
③ 주회로의 압력을 일정하게 유지하면서 조작의 순서를 제어하는 밸브이다.
④ 어떤 부분 회로의 압력을 주회로의 압력보다 저압으로 해서 사용하고자 할 때 사용한다.

해설 카운터 밸런스 회로(counter balance circuit) : 실린더 포트에 카운터 밸런스 밸브를 직렬로 연결시켜, 부하가 급격히 감소되더라도 피스톤이 급진되지 않도록 제어하는 회로로 일정한 배압을 유지시켜 램의 중력에 의하여 자연 낙하하는 것을 방지한다.

15. 다음 중 압력 제어 밸브를 사용하지 않는 것은? [06-5]

① 감압 밸브에 의한 제어 회로
② 언로드 회로
③ 시퀀스 회로
④ 차동 회로

해설 차동 회로(differential circuit) : 실린더의 전진 속도가 펌프의 배출 속도 이상으로 요구되는 것과 같은 특수한 경우에 사용된다.

16. 적은 기름으로 급속 이송 효과를 얻는 데 꼭 필요한 회로는? [08-5]

① 동조 회로(synchronizing circuit)
② 차동 회로(differential circuit)
③ 고정 회로(locking circuit)
④ 2단 스피드 회로(2-speed circuit)

해설 차동 회로(differential circuit) : 피스톤의 수압 면적차에 의해 피스톤을 움직이는 것을 이용한 것으로 전진할 때의 속도가 펌프의 배출 속도 이상으로 요구되는 것과 같은 특수한 경우에 사용된다.

17. 유압에서 이용되는 속도 제어의 3가지 기본 회로는? [02-6, 09-5]

① 미터 인 회로, 미터 아웃 회로, 로킹 회로
② 블리드 오프 회로, 로킹 회로, 미터 아웃 회로
③ 미터 아웃 회로, 블리드 오프 회로, 로킹 회로
④ 미터 인 회로, 블리드 오프 회로, 미터 아웃 회로

해설 공유압에서 이용되는 속도 제어의 3가지 기본 회로는 미터 인 회로, 미터 아웃 회로, 블리드 오프 회로이다.

정답 14. ② 15. ④ 16. ② 17. ④

18. **실린더 입구의 분기 회로에 유량 제어 밸브를 설치하여 실린더 입구측의 불필요한 압유를 배출시켜 작동 효율을 증진시킨 속도 제어 회로는?** [07-5, 12-2, 13-5]

① 재생 회로 ② 미터 인 회로
③ 미터 아웃 회로 ④ 블리드 오프 회로

해설 블리드 오프 회로(bleed off circuit) : 실린더 입구의 압력 쪽 분기 회로에 유량 제어 밸브를 설치하여 실린더 입구측의 불필요한 압유를 배출시켜 일정량의 오일을 블리드 오프하고 있어 작동 효율을 증진시킨 회로이다.

19. **그림과 같은 회로를 이용하여 실린더의 전·후진 운동속도를 같게 하려고 한다. 점선 안에 연결되어야 할 밸브의 기호는 어느 것인가?** [02-6, 15-2]

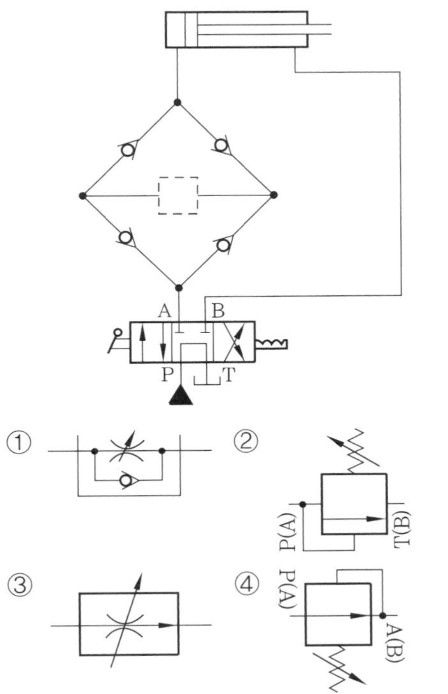

해설 이 회로는 Graetz 회로로 압력 보상형 유량 조절 밸브를 이용하여 동조할 수 있는 회로이다.

20. **다음 그림은 유압 제어 방식을 나타낸 것이다. 어떤 제어 방식인가?** [02-6, 03-5]

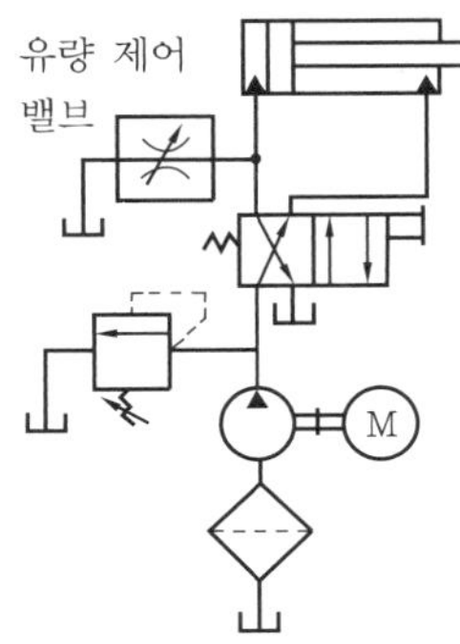

① 미터 인 회로
② 미터 아웃 회로
③ 블리드 오프 회로
④ 리사이클링 회로

해설 유압 제어 방식 중 속도를 제어하는 방식에는 미터 인 회로, 미터 아웃 회로, 블리드 오프 회로가 있다.

21. **유량 제어 밸브를 실린더의 입구측에 설치한 회로로서 유압 액추에이터에 유입하는 유량을 제어하는 방식으로 움직임에 대하여 정(正)의 부하가 작용하는 경우에 적합한 회로는?** [12-2, 14-2]

① 블리드 오프 회로
② 브레이크 회로
③ 감압 회로
④ 미터 인 회로

해설 미터 인 회로(meter in circuit) : 유량 제어 밸브를 실린더의 작동 행정에서 실린더의 오일이 유입되는 입구측에 설치한 회로

정답 18. ④ 19. ③ 20. ③ 21. ④

22. 유량 제어 밸브를 실린더의 출구측에 설치한 회로로서 유압 액추에이터에 배출하는 유량을 제어하는 방식인 회로는? [15-5]

① 감압 회로
② 미터 인 회로
③ 미터 아웃 회로
④ 블리드 오프 회로

23. 실린더가 전진 운동할 때 다음 그림은 어떤 유압 회로를 나타내는 것인가? [15-1]

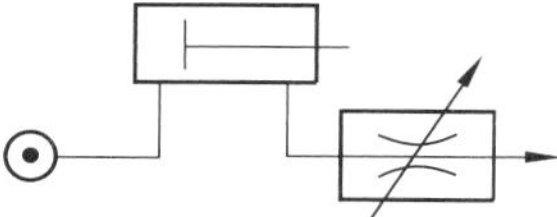

① 로킹(locking) 회로
② 미터 인(meter-in) 회로
③ 미터 아웃(meter-out) 회로
④ 블리드 오프(bleed-off) 회로

해설 미터 아웃 회로 : 실린더에서 나오는 공기를 교축시키는 회로로 실린더의 속도를 자연스럽게 조정하여, 외력이나 압력 변동에 의한 속도의 불균일을 될 수 있는 대로 적게 하는 데 적합하다.

24. 그림에 해당되는 제어 방법으로 옳은 것은? [14-1, 16-2]

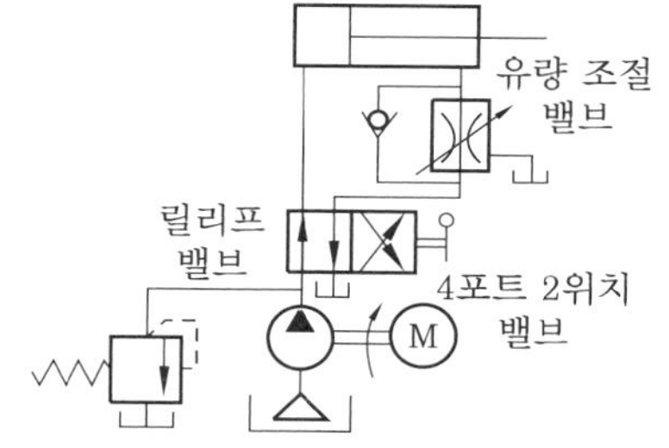

① 미터 인 방식의 전진 행정 제어 회로
② 미터 인 방식의 후진 행정 제어 회로
③ 미터 아웃 방식의 전진 행정 제어 회로
④ 미터 아웃 방식의 후진 행정 제어 회로

해설 이 회로는 한방향 유량 제어를 한 미터 아웃 전진 속도 제어 회로이다.

25. 유압 회로 설계상 주의사항으로 가장 거리가 먼 것은? [15-1]

① 유압 회로는 가급적 간단해야 한다.
② 열을 방출되기 쉽도록 하여야 한다.
③ 유압 유닛에서 발생하는 진동, 소음을 작게 하여야 한다.
④ 작업자가 다양한 위치에서 일을 할 수 있도록 하여야 한다.

26. 유압에서 사용하는 제어 위치에 관한 설명으로 옳지 않은 것은? [14-2]

① 정상 위치 : 밸브에 신호가 공급되었을 때의 제어 위치는 시동 조건에 의하여 결정된다.
② 구성 요소의 중립 위치 : 구성 요소에서 외력이 제거된 상태에서 스스로 갖게 되는 제어 위치
③ 초기 위치 : 구성 요소가 작업을 시작할 때에 요구되는 제어 위치, 이는 시동 조건에 의하여 결정된다.
④ 시스템의 중립 위치 : 시스템에 파워가 공급되지 않은 상태이고, 각각의 구성 요소는 제작자에 의하여 놓여지거나, 내장된 스프링 등과 같이 외력에 의하지 않고 자체적으로 갖게 되는 제어 위치에 있는 상태이다.

27. 유압 회로 계산법 중 액추에이터의 설계 조건에 해당되지 않는 것은? [14-5]

① 출력 ② 행정
③ 압력 ④ 냉각수

정답 22. ③ 23. ③ 24. ③ 25. ④ 26. ① 27. ④

3. 시험 운전

3-1 유압 기기 관리

(1) 유압 시스템의 고장

결함	원인	
토출량 감소	① 탱크 내 유면이 낮음 ③ 공기 흡입 ⑤ 작동유 점성이 높아 흡입 곤란 ⑦ 펌프 파손 또는 고장, 성능 저하 ⑨ 펌프 회전수가 너무 낮거나 공운전	② 펌프 흡입 불량 ④ 펌프 회전 방향 반대 ⑥ 릴리프 밸브 조정 불량 ⑧ 작동유 점성이 낮아 내부 누설 증대 ⑩ 실린더, 밸브 가공 정밀도 불량, 실 파손으로 인한 내부 누설 증대
압력 저하 또는 실린더 추력 감소	① 각 밸브 작동 또는 조정 불량 ③ 외부 누설 증가 ⑤ 펌프 고장, 성능 저하 ⑦ 릴리프 밸브 작동 불량 또는 조정 불량	② 내부 누설 증가 ④ 펌프 흡입 불량 ⑥ 구동 동력 부족
실린더 불규칙 작동	① 공기 흡입 ③ 파손 변형 ⑤ 배관 내 공기 흡입 ⑦ 과부하 작동 ⑨ 작동유 점성 증대 ⑪ 외부 누설 증대	② 펌프 성능 불량 ④ 밸브 작동 불량 ⑥ 마찰 저항 증대 ⑧ 축압기 압력 변화 ⑩ 내부 누설 증대 ⑫ 밸브 누설량 변화에 의한 압력 변화
펌프 소음	① 펌프 흡입 불량 ③ 필터 막힘 ⑤ 이물질 침입 ⑦ 구동 방식 불량 ⑨ 외부 진동	② 공기 흡입 ④ 펌프 부품의 마모, 손상 ⑥ 작동유 점성 증대 ⑧ 펌프 고속 회전
밸브 작동 불량	① 밸브 습동 불량 ③ 파일럿 작동의 부정확한 속도 ⑤ 솔레노이드 과열, 소손 ⑦ 작동유 고온	② 밸브 스프링 작동 불량 ④ 내부 누설 증대 ⑥ 장치 자체 불량
펌프의 마모, 파손	① 부적절한 작동유 사용 ③ 펌프 흡입 불량 ⑤ 구동 방식 불량 ⑦ 고압 사용 및 발생 ⑨ 이물질 침입	② 작동유 오염 ④ 공기 흡입 ⑥ 작동유 저점성 ⑧ 작동유 부족에 의한 공운전 ⑩ 펌프 케이싱의 지나친 조임

결함	원인
전동기의 과열, 소음, 파손	① 구동 방식 불량 ② 전동기 동력이 작음 ③ 전동기 고장 ④ 전동기와 펌프의 중심내기 불량 ⑤ 볼트 이완, 커플링 진동
작동유 과열	① 고압 ② 펌프 내 마찰 증대 ③ 유량이 적음 ④ 오일 냉각기 고장 ⑤ 장시간 고압 운전 ⑥ 작동유 저점성 ⑦ 작동유 고점성 ⑧ 회로 국부적 교축
작동유 불량	① 작동 온도 불량 ② 작동유 불량 ③ 이물질, 물, 공기 흡입 ④ 제어 회로 설계 불량 ⑤ 재질 적합성 불량 ⑥ 물리적, 화학적 성질 변화
비금속 실의 파손	① 이탈 : 고압, 과틈새, 삽입구 불량, 삽입 불량 ② 실의 노화 : 고유온, 저온 경화, 자연 노화 ③ 회전, 비틀림 : 굽힘 하중 발생 ④ 실 표면 손상, 마모 : 연삭 마모, 윤활 불량 ⑤ 실의 팽윤 : 부적합 작동유, 부적당한 운전 조건, 윤활 불량, 삽입 불량 ⑥ 실의 파손, 접착, 변형 : 고압, 부적당한 운전 조건, 윤활 불량, 삽입 불량 ⑦ 실의 부적당 : 재질 불량, 치수 불량
금속 실의 불량	① 실린더 내면 불량 : 진원도 불량, 직각도 불량, 치수 과다 ② 마모 증대 : 재질 불량, 이물질에 의한 연삭 마모, 표면 다듬질 불량 ③ 삽입 불량 : 부착 불량, 엔드 클리어런스 불량, 위치 불량, 홈 가공 치수 불량 ④ 내부 누설 증대 : 실린더 내면 불량, 마모 증대, 삽입 모양 불량
배관 불량	① 기름 누설 : 배관 접속 불량, 배관 재질 불량, 실 불량, 기계적 파손 ② 공기 흡입 : 배관 접속 불량, 실 불량 ③ 배관 진동 : 펌프, 밸브의 진동으로 인한 공진, 충격 ④ 배관 파손 : 배관 접속 불량, 강도 부족, 재질 불량

(2) 유압 펌프의 고장과 대책

① 펌프가 기름을 토출하지 않는다.

(가) 펌프의 회전 방향 확인

(나) 흡입쪽 검사 : 오일 탱크에 오일의 적정량 여부, 석션 스트레이너의 막힘 여부, 흡입관으로 공기를 빨아들이지 않았는가, 점도의 적정 여부

(다) 펌프의 정상 상태 검사 : 축의 파손 여부, 내부 부품의 파손 여부를 위한 분해·점검, 분해·조립 시 부품의 누락 여부

② 압력이 상승하지 않는다.

㈎ 펌프로부터 기름이 토출되는지 여부

㈏ 유압 회로 점검 : 유압 배관의 적정 여부, 언로드 회로 점검(펌프의 압력은 부하로 인하여 상승하며, 무부하 상태에서는 압력이 상승하지 않는다.)

㈐ 릴리프 밸브의 점검 : 압력 설정은 올바른가, 릴리프 밸브의 고장 여부

㈑ 언로드 밸브의 점검 : 밸브의 설정 압력은 올바른가와 밸브의 고장 여부, 솔레노이드 밸브를 사용할 때에는 전기 신호의 확인 및 밸브의 작동 여부를 검사한다.

㈒ 펌프의 점검 : 축, 카트리지 등의 파손이나 헤드 커버 볼트의 조임 상태 등을 분해하여 점검한다.

③ 펌프의 소음

㈎ 위 항의 현상과 관계가 있다. 석션 스트레이너의 밀봉 여부, 석션 스트레이너가 너무 적지 않은가

㈏ 공기의 흡입 : 탱크 안 오일에 기포 등이 없는지 점검, 유면 및 석션 스트레이너의 위치 점검, 흡입관의 이완과 패킹의 안전 여부, 펌프의 헤드 커버 조임 볼트의 이완 여부

㈐ 환류관의 점검 : 환류관의 출구와 흡입관의 입구와의 간격 적정 여부, 환류관의 출구가 유면 이하로 들어가 있는가

㈑ 릴리프 밸브의 점검 : 떨림 현상이 발생하고 있지 않은가, 유량의 적정 여부

㈒ 펌프의 점검 : 전동기 축과 펌프 축의 중심 일치 여부, 파손 부품(특히 카트리지) 확인 및 분해 점검

㈓ 진동 : 설치 면의 강도 충분 여부, 배관 등의 진동 여부, 설치 장소의 불량으로 진동이나 소음 여부

④ 기름 누출 : 조임부의 볼트 이완, 패킹, 오일 실, 오일링의 점검(오일 실 파손의 원인은 축 중심이 일치하지 않거나 드레인 압력이 너무 높을 때이다.)

⑤ 펌프의 온도 상승 : 냉각기의 성능과 유량의 적정 여부

⑥ 펌프가 회전하지 않는다(펌프의 소손, 축의 절손). : 분해하여 소손 여부를 조사하고 신품과 교환한다.

⑦ 전동기의 과열 : 전동기의 용량 적정 여부, 릴리프 밸브의 설정 압력 적정 여부

⑧ 펌프의 이상 마모 : 유압유의 적정 여부(점도가 너무 낮거나 온도가 너무 높다.), 유압유의 열화

(3) 펌프 취급 시 주의사항

① 펌프의 고정 및 중심내기(centering) 작업

㈎ 벨트, 기어, 체인에 의한 구동은 소음, 베어링 손상의 원인이 되므로 피한다.
㈏ 펌프를 전동기 또는 구동축에 연결할 때는 양축의 중심선이 일직선상에 오도록 설치하여 베어링 및 오일 실의 파손 원인을 피한다.
㈐ 펌프와 전동기의 연결에서 양축의 각도 오차는 9°이다.

② 배관
㈎ 배관의 흡입 저항은 펌프의 흡입 저항을 넘지 않도록 작아야 한다.
㈏ 공기 흡입은 소음 발생의 원인이 되므로 흡입 쪽의 기밀에 주의한다.
㈐ 소음 발생 및 펌프 파손의 원인이 되므로 강관으로 배관할 때에는 펌프가 편하중을 받지 않도록 한다.
㈑ 드레인 배관의 환류구는 탱크의 유면보다 낮게 하되 흡입관에서 되도록 먼 위치에 설치한다.

③ 회전 방향의 변경
㈎ 회전 방향은 펌프의 앞쪽(축이 있는 쪽)에서 볼 때 오른쪽으로 회전하는 것이 표준이다.
㈏ 회전 방향을 변경할 때에는 커버를 떼고 카트리지를 세트한 채로 반대 방향으로 조립하며, 이때 핀의 위치에 주의한다.

④ 흡입 저항
㈎ 허용 흡입 저항이라고도 하며, 기기에 따라 100~200 mmHg가 있다.
㈏ 흡입 저항이 높으면, 부품의 파손, 소음, 진동의 원인이 되며, 펌프의 수명도 짧아진다.

⑤ 필터
㈎ 흡입 쪽에 150메시의 석션 필터를 사용한다.
㈏ 단단 고압 펌프일 경우에는 토출 쪽에 15μ 이하의 라인 필터를 사용한다.

⑥ 내화성 작동유를 사용할 경우
㈎ 높은 온도의 물체를 다루는 기계 옆에서 유압 장치를 사용할 경우에는 내화성 작동유를 사용해야 하며, 오일의 누설이나 파손에 의한 오일의 유출 때문에 화재가 발생하지 않도록 주의해야 한다.
㈏ 내화성 작동유를 사용할 경우 성능은 약간 뒤지고 값도 비싸지만 인명과 시설에 대한 재해를 예방할 수 있어 항공기기는 모두 내화성 작동유를 사용하도록 규정하고 있다.

⑦ 펌프 운전 시 주의사항(일일 점검)
㈎ 배관의 연결부가 완전히 연결되고 있는지를 확인한다(누유와 공기 흡입 방지).
㈏ 작동유의 온도는 유온계에 의해 점검하고, 일반 광유계는 10℃ 이하에서는 무부

하로 20분 이상 펌프를 기동하여 적정 온도인 30~55℃가 된 후 부하 운전을 해야 하며, 0℃ 이하에서의 운전은 위험하므로 피해야 한다.

㈐ 유면계를 통하여 탱크 유량을 점검한다.

예상문제

1. 다음 중 이상적인 유압 시스템의 최적 온도는? [09-5]

① -35~0℃ ② 10~30℃
③ 45~55℃ ④ 65~85℃

해설 유압유는 점도 문제로 최저 온도 20℃이고, 60℃ 이상이 되면 오일의 산화에 의해 수명이 단축되며, 70℃가 한계이다

2. 유압 회로에 공기가 침입할 때 발생되는 상태가 아닌 것은? [12-2]

① 공동 현상 ② 정마찰
③ 열화 촉진 ④ 응답성 저하

해설 공기가 유압 작동유에 혼입되면 공동 현상(캐비테이션)이 발생되고 응답성이 저하되며, 동마찰로 열화가 촉진된다.

3. 과도적으로 상승한 압력의 최댓값을 무엇이라 하는가? [02-5, 08-5, 13-5]

① 배압 ② 전압
③ 맥동 ④ 서지압

해설 서지압이란 계통 내의 과도적으로 상승한 압력의 최댓값을 말한다.

4. 작동유 탱크의 유면이 너무 낮을 경우 가장 손상을 받기 쉬운 것은? [07-5]

① 유압 액추에이터
② 유압 펌프
③ 여과기
④ 유압 전동기

해설 오일 탱크에 오일의 양이 적으면 펌프가 작동하지 않는다.

5. 펌프가 포함된 유압 유닛에서 펌프 출구의 압력이 상승하지 않는다면 그 원인으로 적당하지 않은 것은? [16-4]

① 외부 누설 증가
② 릴리프 밸브의 고장
③ 밸브 실(seal)의 파손
④ 속도 제어 밸브의 조정 불량

해설 펌프 압력 저하 또는 실린더 추력 감소의 원인
(1) 릴리프 밸브의 작동 또는 조정 불량
(2) 내부 및 외부 누설 증가
(3) 밸브 실(seal)의 파손
(4) 펌프 고장(성능 저하), 펌프 흡입 불량
(5) 구동력 부족

6. 유압 펌프가 기름을 토출하지 않을 때 흡입 쪽의 점검이 필요한 기기는? [12-2]

① 실린더 ② 스트레이너
③ 어큐뮬레이터 ④ 릴리프 밸브

해설 스트레이너는 오일 탱크에서 펌프로 들어가는 관 입구에 설치되는 필터이다. 스트레이너가 막히면 펌프로 기름이 흡입되지 않기 때문에 기름이 토출되지 않는다.

정답 1. ③ 2. ② 3. ④ 4. ② 5. ④ 6. ②

7. 유압 장치의 작동이 불량하다. 그 원인으로 잘못된 것은? [13-2]

① 무부하 상태에서 작동될 때
② 펌프의 회전이 반대일 때
③ 릴리프 밸브에 결함이 있을 때
④ 압축 라인에서 오일이 누출될 때

해설 무부하 상태는 유압 시스템이 가장 안정적일 때이다.

8. 다음 중 기어 펌프의 소음 원인이 아닌 것은? [04-5]

① 기어 정밀도 불량
② 압력의 급하강으로 인한 충격
③ 밀폐 현상
④ 공기 흡입

해설 유압 펌프에서의 소음은 스트레이너, 공기 흡입, 환류관, 릴리프 밸브, 펌프, 진동, 기어 정밀도 불량, 밀폐 현상이 주원인이다.

9. 펌프의 토출 압력이 높아질 때 체적 효율과의 관계로 옳은 것은? [10-5, 14-5]

① 효율이 증가한다.
② 효율은 일정하다.
③ 효율이 감소한다.
④ 효율과는 무관하다.

해설 압력에 대한 토출량 곡선을 펌프 특성도라 하며, 이 특성도에서 압력이 증가하면 토출량이 감소하는 것을 알 수 있다.

10. 필터를 설치할 때 체크 밸브를 병렬로 사용하는 경우가 많다. 이때 체크 밸브를 사용하는 이유로 알맞은 것은? [14-5]

① 기름의 충만 ② 역류의 방지
③ 강도의 보강 ④ 눈막힘의 보완

해설 더블 필터를 사용할 때 바이패스 용도로 체크 밸브를 설치한다.

11. 유압 실린더를 사용하여 일을 할 때 실린더에 작용하는 부하의 변동은 실린더의 속도가 일정하지 않은 원인이 된다. 이와 같이 부하의 변동에도 항상 일정한 속도를 얻고자 할 때 사용하는 밸브는 다음 중 어느 것인가? [03-5]

① 카운터 밸런스 밸브
② 브레이크 밸브
③ 압력 보상형 유량 제어 밸브
④ 유체 퓨즈

해설 압력 보상형 유량 제어 밸브는 압력 보상 기구를 내장하고 있으므로 압력의 변동에 의하여 유량이 변동되지 않도록 회로에 흐르는 유량을 항상 일정하게 자동적으로 유지시켜 주면서 유압 모터의 회전이나 유압 실린더의 이동 속도 등을 제어한다.

12. 유압 실린더의 중간 정지 회로에 파일럿 작동형 체크 밸브를 사용하는 이유로 적당한 것은? [03-5]

① 실린더 내부의 누설 방지
② 실린더 내 압력 평형의 유지
③ 밸브 내부 누설 방지
④ 무부하 상태의 유지

해설 파일럿 작동형 체크 밸브는 밸브 내부 누설을 방지할 때 사용한다.

13. 펌프가 포함된 유압 유닛에서 펌프 출구의 압력이 상승하지 않는다. 그 원인으로 적당하지 않은 것은? [08-5, 12-2]

① 릴리프 밸브의 고장
② 속도 제어 밸브의 고장
③ 부하가 걸리지 않음

정답 7. ① 8. ② 9. ③ 10. ④ 11. ③ 12. ③ 13. ②

④ 언로드 밸브의 고장

해설 펌프 압력 저하 또는 실린더 추력 감소의 원인

(1) 릴리프 밸브 작동 불량 또는 조정 불량
(2) 각 밸브 작동 또는 조정 불량
(3) 내부 누설 증가
(4) 외부 누설 증가
(5) 펌프 흡입 불량
(6) 펌프 고장, 성능 저하
(7) 구동 동력 부족

14. 유압 피스톤 펌프의 구조에서 경사각을 조정하여 토출량을 변화시킬 수 있는 것은 어느 것인가? [12-5]

① 콘로드 ② 사판
③ 로터 ④ 밸브 플레이트

15. 기어 펌프에서 폐입 현상 시 발생되는 사항이 아닌 것은? [08-5]

① 고압 발생 ② 베어링 하중 감소
③ 기어의 진동 ④ 소음 발생

해설 폐입 현상은 2개의 기어가 서로 물림에 의해서 압유가 되돌려지는 현상으로 기포 발생 및 진동 소음 발생, 축동력 증가, 캐비테이션 등의 나쁜 영향이 있으며, 해결법으로 톱니바퀴의 맞물리는 부분의 측면에 토출 홈을 파준다.

16. 기어 펌프의 측판에 토출 홈을 설치하는 이유는? [14-1]

① 토출측 압력을 높이기 위해서
② 흡입측 압력을 높이기 위해서
③ 펌프의 폐입 현상을 방지하기 위해서
④ 펌프의 스팀록 현상을 방지하기 위해서

해설 문제 15번 해설 참조

17. 압력 제어 밸브에서 급격한 압력 변동에 따른 밸브 시트를 두드리는 미세한 진동이 생기는 현상은? [11-5]

① 노킹
② 채터링
③ 햄머링
④ 캐비테이션

해설 채터링(chattering, clatter, singing): 릴리프 밸브 등으로 밸브 시트를 두들겨서 비교적 높은 음을 발생시키는 일종의 자려 진동 현상으로 정상적인 압력 제어가 어렵게 되고 회로 전체에 불규칙한 진동이 발생하는 현상이다.

18. 그림의 회로도에서 죔 실린더의 전진 시 최대 작용 압력은 몇 kgf/cm^2인가? [15-5]

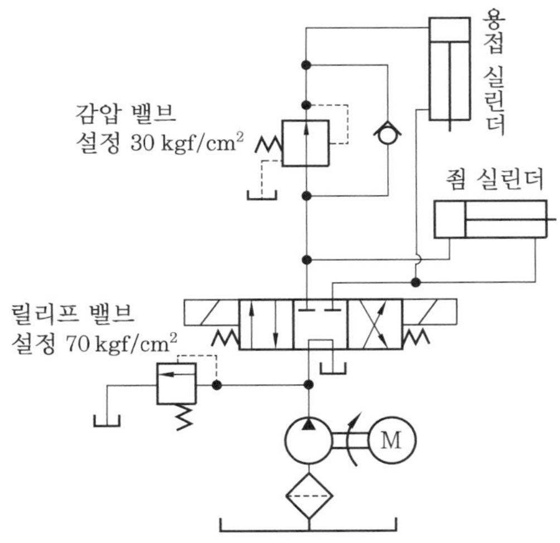

① 30 ② 40
③ 70 ④ 110

해설 이 회로의 최대 압력 설정을 위해 설치된 릴리프 밸브의 압력이 $70\ kgf/cm^2$이므로 실린더에 가해지는 최대 압력은 $70\ kgf/cm^2$이다.

정답 14. ② 15. ② 16. ③ 17. ② 18. ③

6장 유압 장치 조립

1. 유압 회로 도면 파악

1-1 유압 회로 기호

동력원

명칭	기호
유압(동력)원	

펌프 및 모터

명칭	기호	명칭	기호
펌프		2방향 가변 용량형 유압 펌프·모터 (인력 조작)	
1방향 정용량형 유압 펌프		1방향 가변 용량형 유압 전도 장치	
1방향 가변용량형 외부 드레인 유압 모터		1방향 가변 용량형 외부 드레인 유압 펌프 (압력 보상 제어)	M O
1방향 정용량형 유압 펌프·모터		2방향 가변 용량형 외부 드레인 유압 펌프·모터 (파일럿 조작)	n M M O N m

실린더

명칭	기호	명칭	기호
유압 스프링 붙이 편로드형 단동 실린더	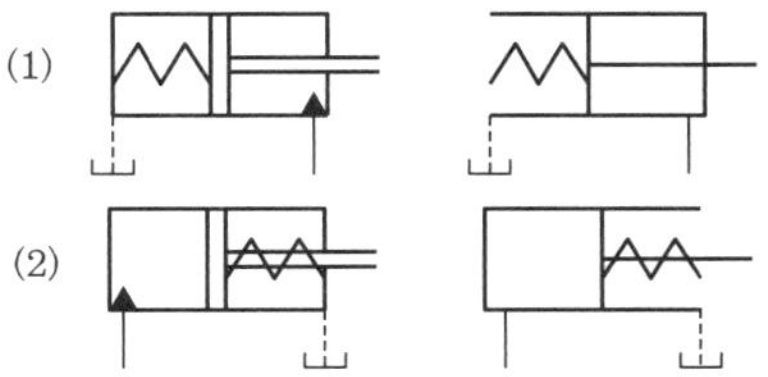 (1) (2)	유압 복동 텔레스코프형 실린더	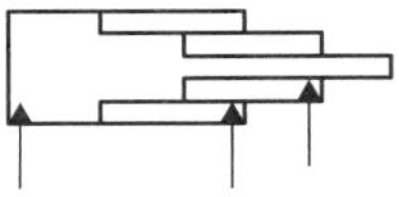
쿠션 붙이 유압 복동 실린더	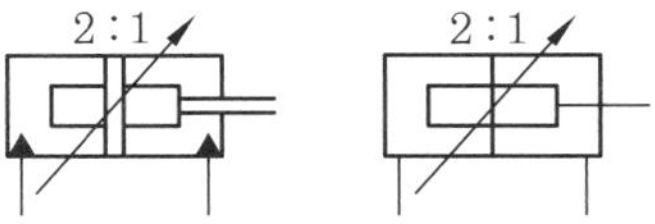 2 : 1 2 : 1		

압력 제어 밸브

명칭	기호	명칭	기호
릴리프 밸브	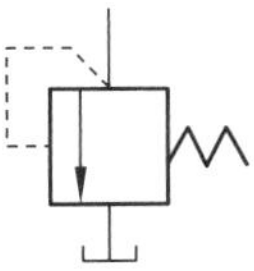	파일럿 작동형 릴리프 밸브	상세 기호 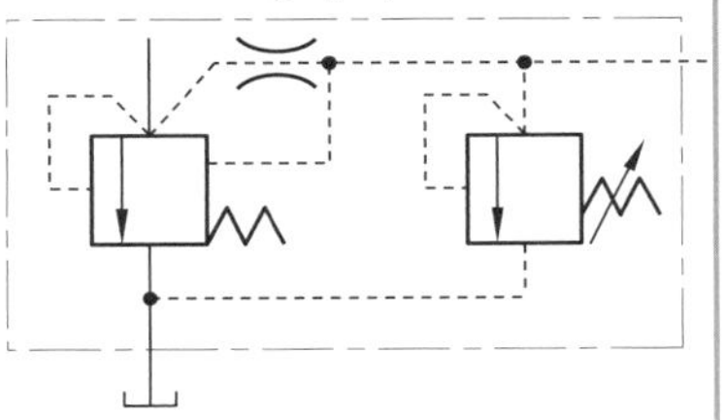 간략 기호 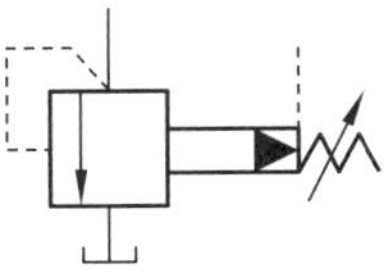
전자 밸브 장착(파일럿 작동형) 릴리프 밸브	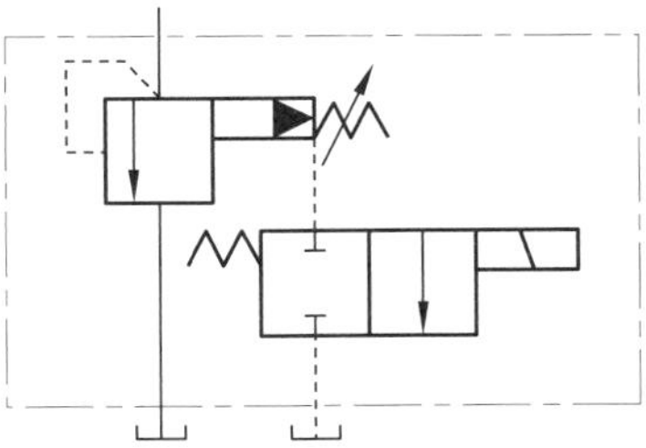	비례 전자식 릴리프 밸브(파일럿 작동형)	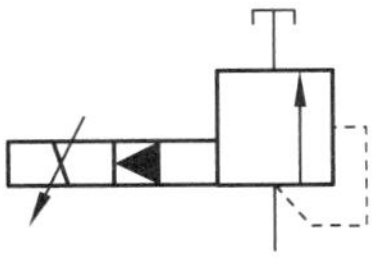
감압 밸브	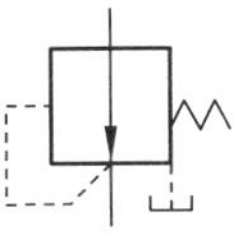	파일럿 작동형 감압 밸브	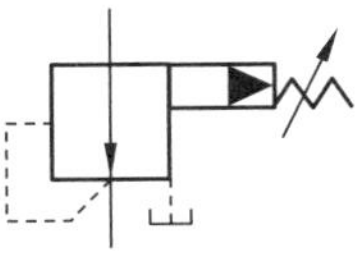

비례 전자식 릴리프 감압 밸브(파일럿 작동형)	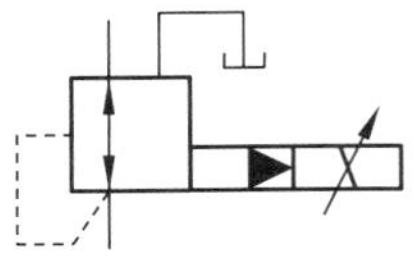	일정 비율 감압 밸브	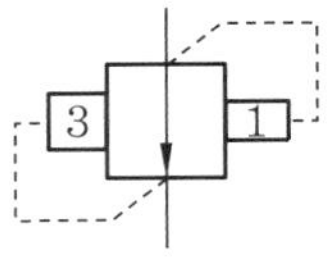 3 1
시퀀스 밸브	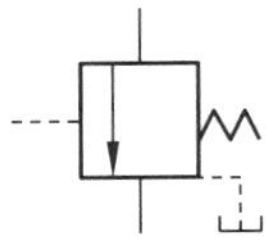	시퀀스 밸브(보조 조작 장치)	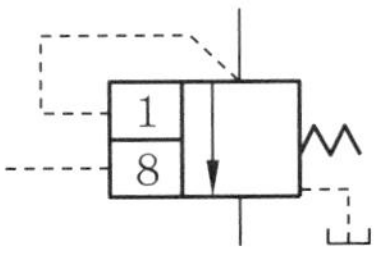 1 8
파일럿 작동형 시퀀스 밸브	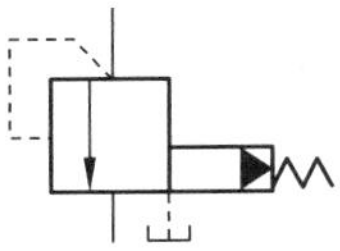	무부하 밸브	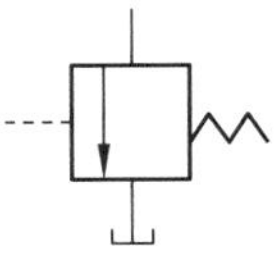
카운터 밸런스 밸브	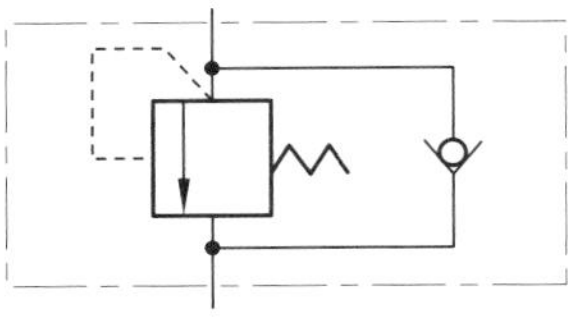	무부하 릴리프 밸브	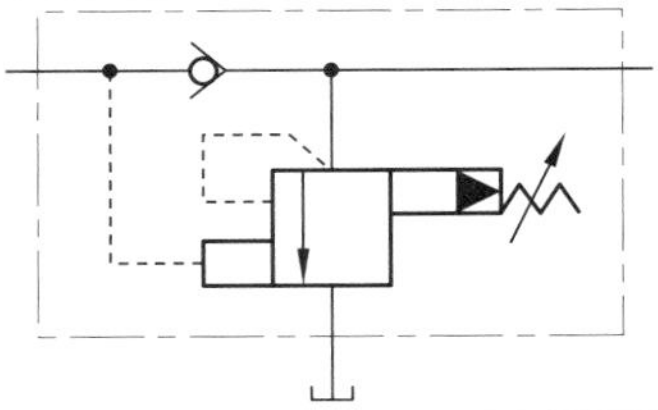
양방향 릴리프 밸브	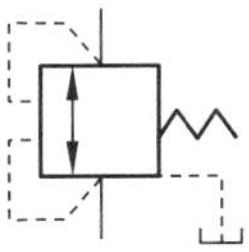	브레이크 밸브	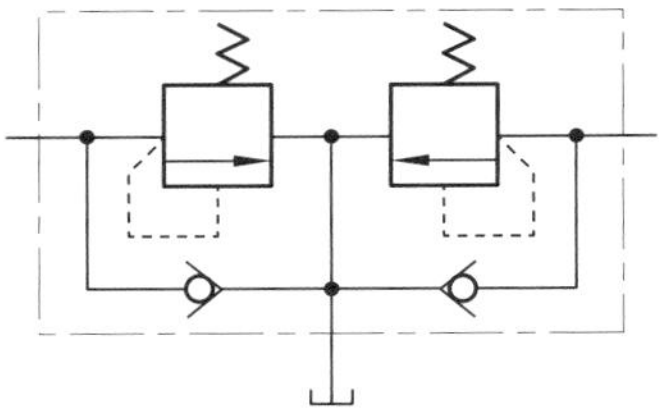

전환 밸브

명칭	기호	명칭	기호
상시 폐쇄 가변 교축 2포트 밸브	상세 기호 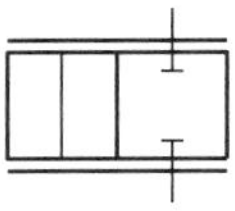 일반 기호 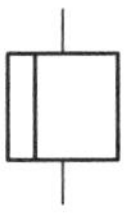	2포트 2위치 수동 전환 밸브	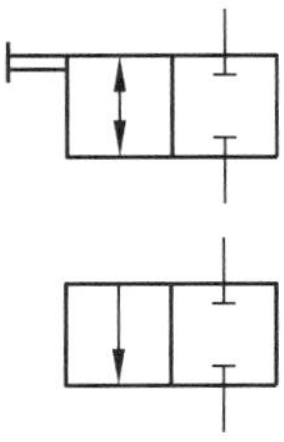
상시 개방 가변 교축 2포트 밸브	상세 기호 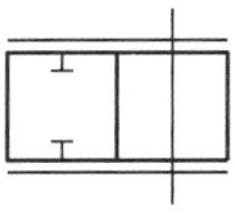 일반 기호 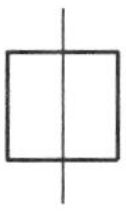	3포트 2위치 외부 파일럿 전환 밸브	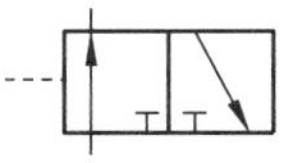

상시 개방 가변 교축 3포트 밸브	상세 기호 일반 기호 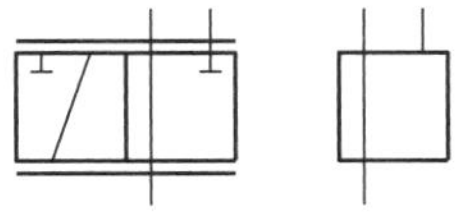	3포트 3위치 전자 전환 밸브	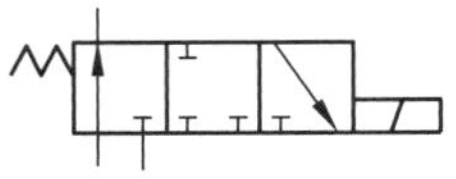
4포트 3위치 교축 전환 밸브	중앙 위치 언더랩 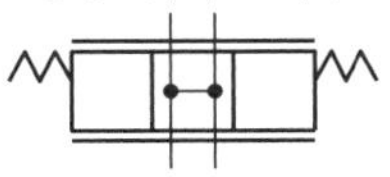 중앙 위치 오버랩 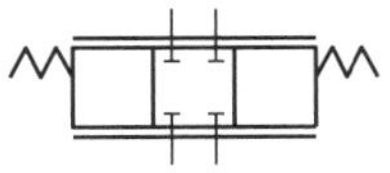	5포트 2위치 파일럿 전환 밸브	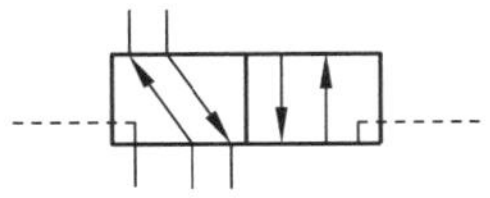
서보 밸브	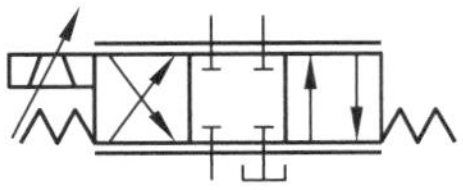	4포트 2위치 전자 파일럿 전환 밸브	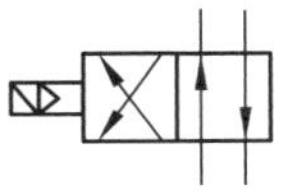
4포트 3위치 클로즈드 센터 전자 파일럿 전환 밸브	상세 기호 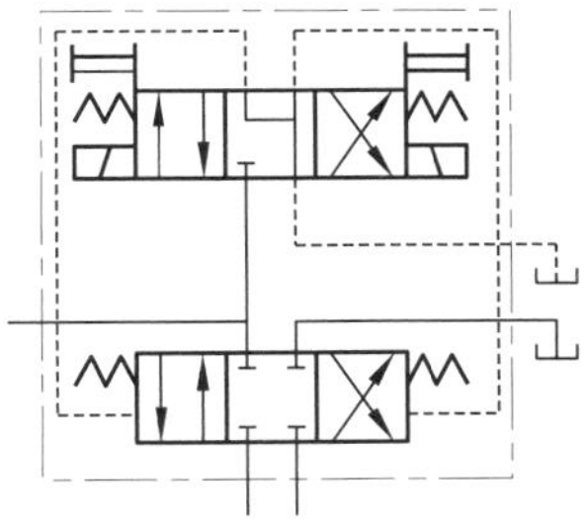 간략 기호 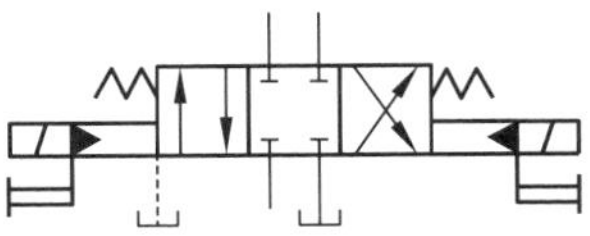	4포트 3위치 탠덤 센터 전자 파일럿 전환 밸브	상세 기호 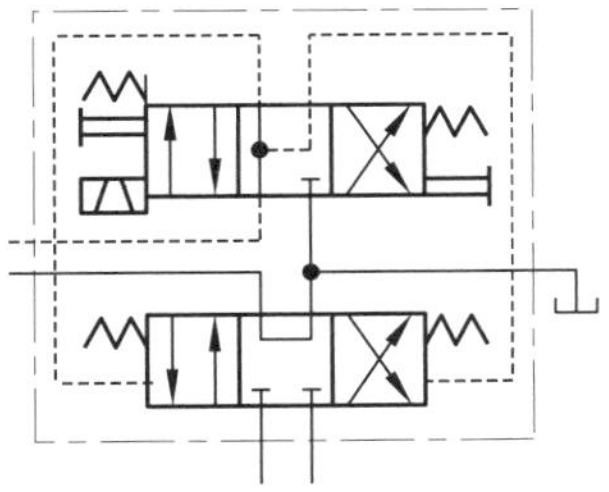 간략 기호 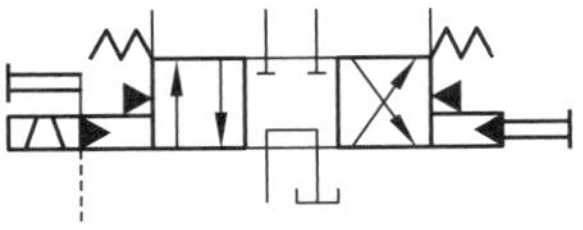

기름 탱크

명칭	기호	명칭	기호
기름 탱크 (통기식)		기름 탱크 (밀폐식)	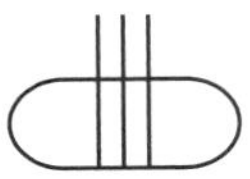

체크 밸브

명칭	기호	명칭	기호
체크 밸브	상세 기호 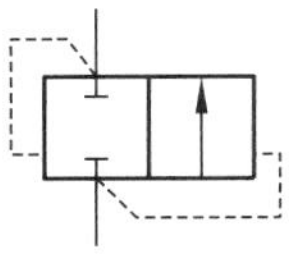 간략 기호 	스프링 붙이 체크 밸브	상세 기호 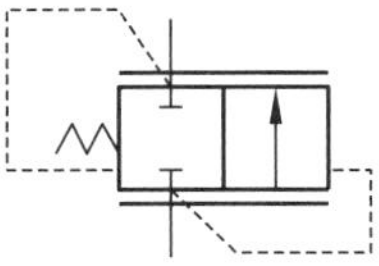 간략 기호 
파일럿 조작 체크 밸브	상세 기호 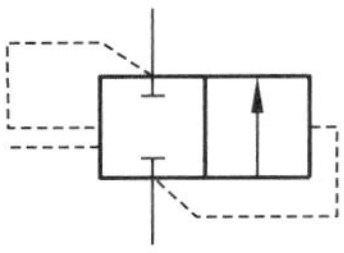 간략 기호 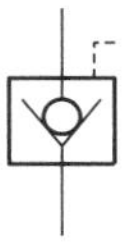	스프링 붙이 파일럿 조작 체크밸브	상세 기호 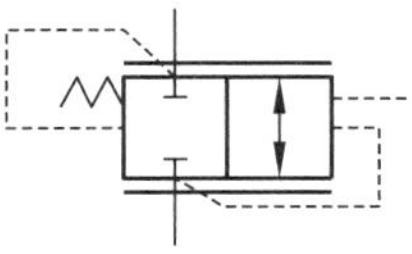 간략 기호 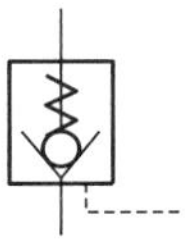

에너지-용기

명칭	기호	
어큐뮬레이터		기체식  중량식  스프링식 

유체 조정 기기

명칭	기호	명칭	기호
냉각기	(1) 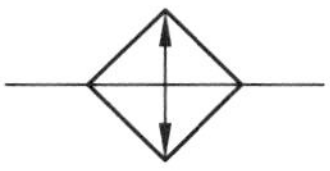 (2) 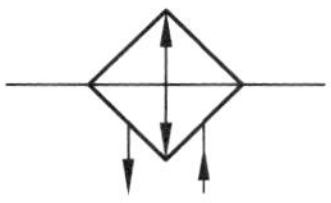	가열기	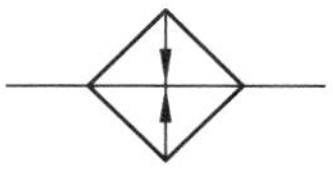
온도 조절기	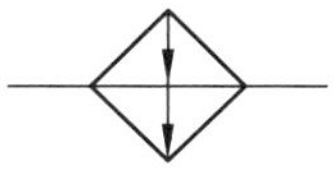		

특수 에너지-변환 기기

명칭	기호	명칭	기호
공기 유압 변환기	단동형 연속형	2종 유체용 증압기 (압력비 1 : 2)	1 2 단동형 1 2 연속형
압력 전달기			

기타의 기기

명칭	기호	명칭	기호
압력 스위치		리밋 스위치	

예상문제

1. 유압·공기압 도면 기호(KS B 0054)의 기호 요소 중 1점 쇄선의 용도는? [14-5]

① 주관로 ② 포위선
③ 계측기 ④ 회전 이음

해설 1점 쇄선의 용도는 포위선이며, 2개 이상의 기호가 1개의 유닛에 포함되어 있는 경우에는 특정한 것을 제외하고, 전체를 1점 쇄선의 포위선 기호에 둘러싼다.

2. 접속된 관로를 나타내는 기호는? [15-3]

①  ② 
③  ④ 

해설 관로 기호

명칭	기호
접속	
교차	

3. 다음 유압 기호의 명칭 중 옳은 것은 어느 것인가? [03-5]

① 온도계 ② 압력계
③ 유량계 ④ 유압원

해설 • 유압원 :

정답 1. ② 2. ① 3. ④

• 공기압원 :

4. 다음 유압 기호의 명칭으로 옳은 것은 어느 것인가? [16-2]

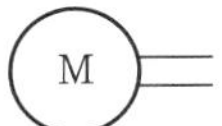

① 공기 탱크 ② 전동기
③ 내연기관 ④ 축압기

5. 다음의 유압·공기압 도면 기호는 무엇을 나타낸 것인가? [06-5]

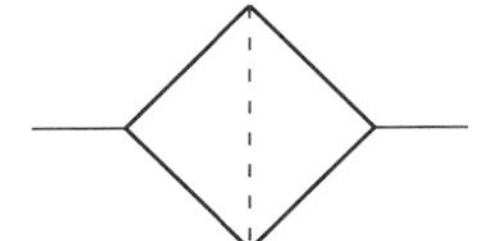

① 어큐뮬레이터 ② 필터
③ 윤활기 ④ 유량계

6. 그림의 기호가 나타내는 것은? [05-5]

① 압력계 ② 차압계
③ 유압계 ④ 유량계

7. 유압 회로에서 기름 탱크의 기호는?

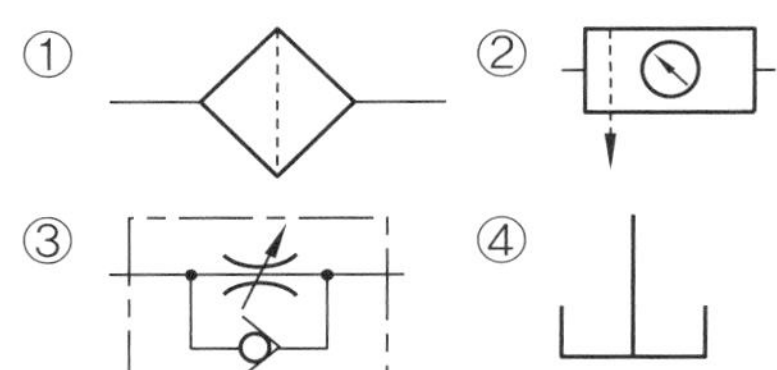

8. 다음 그림의 기호는 무엇을 나타내는 것인가? [04-5, 05-5, 09-5]

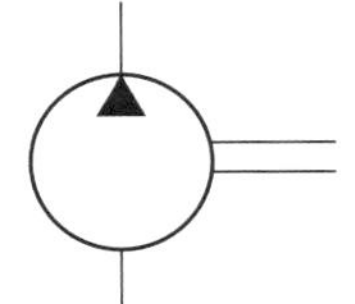

① 유압 펌프 ② 유압 모터
③ 압축기 ④ 송풍기

해설 이 기호는 한방향 고정형 유압 펌프이다.

9. 다음 그림의 기호는 무엇을 뜻하는가? [12-2]

① 압력계 ② 온도계
③ 유량계 ④ 소음기

10. 다음 기호의 명칭은? [06-5]

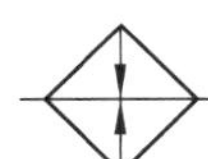

① 필터 ② 냉각기
③ 가열기 ④ 공기청정기

해설 가열기(heater) : 한랭 시에는 오일의 점도가 높아지기 때문에 펌프의 흡입 불량, 펌프 효율의 저하 등으로 인하여 곧 정상적인 작동을 할 수 없게 되므로 오일의 점도를 알맞게 유지하기 위하여 가열기를 사용한다. 냉각기가 최고 온도를 억제하는 데 비하여 가열기는 최저 온도를 유지한다.

11. 압력 제어 밸브에서 상시 열림 기호는 어느 것인가?

① 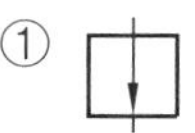 ② 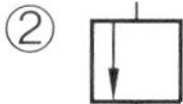

③ ④ 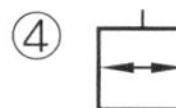

정답 4. ② 5. ② 6. ④ 7. ④ 8. ① 9. ② 10. ③ 11. ①

해설 상시 열림 상태의 압력 제어 밸브는 감압 밸브를 말한다.

12. 다음 그림에서 유압 기호의 명칭은 무엇인가? [04-5, 16-1]

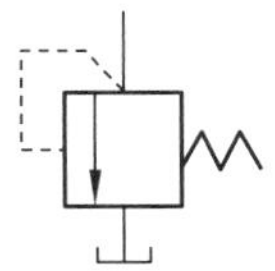

① 릴리프 밸브(relief valve)
② 감압 밸브(reducing valve)
③ 언로드 밸브(unload valve)
④ 시퀀스 밸브(sequence valve)

13. 다음과 같은 기호의 명칭은? [09-5]

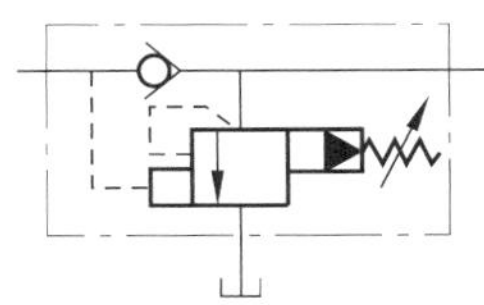

① 브레이크 밸브
② 카운터 밸런스 밸브
③ 무부하 릴리프 밸브
④ 시퀀스 밸브

14. 다음 그림의 기호가 나타내는 것은 어느 것인가? [03-5 외 4회 출제]

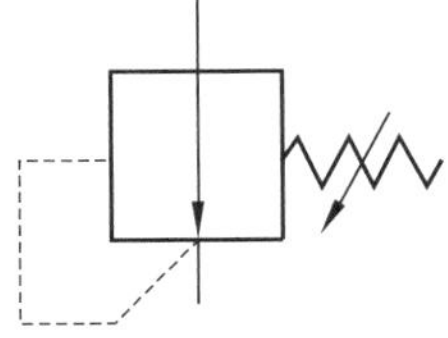

① 감압 밸브(reducing valve)
② 시퀀스 밸브(sequence valve)
③ 릴리프 밸브(relief valve)
④ 무부하 밸브(unloading valve)

해설 감압 밸브는 유압 회로에서 어떤 부분 회로의 압력을 주회로의 압력보다 저압으로 해서 사용하고자 할 때 사용한다.

15. 다음 유압 기호 중 파일럿 작동, 외부 드레인형의 감압 밸브에 해당되는 것은 어느 것인가? [10-5]

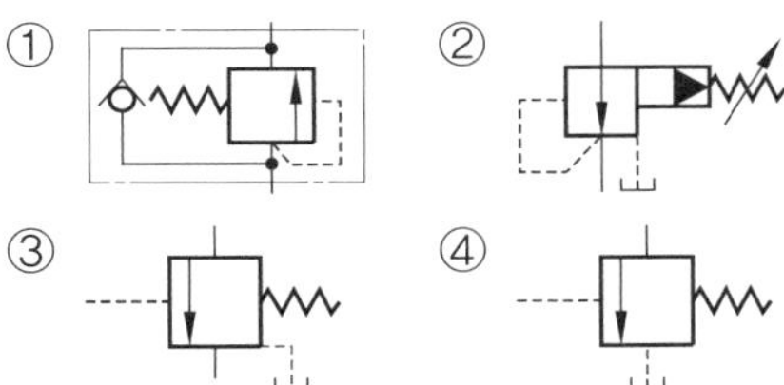

16. 다음 유압 기호의 명칭은? [13-2]

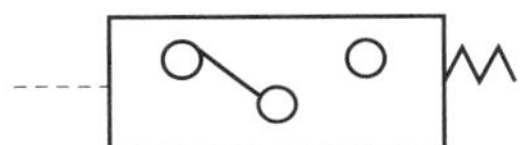

① 스톱 밸브 ② 압력계
③ 압력 스위치 ④ 축압기

17. 다음 유압 기호의 제어 방식 설명으로 올바는 것은? [06-5]

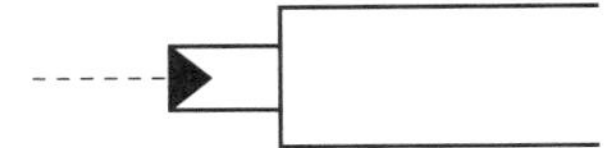

① 레버 방식이다.
② 스프링 제어 방식이다.
③ 공기압 제어 방식이다.
④ 파일럿 제어 방식이다.

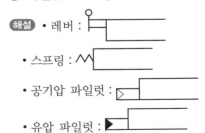

해설 • 레버 :
• 스프링 :
• 공기압 파일럿 :
• 유압 파일럿 :
• 파일럿 :

정답 12. ① 13. ③ 14. ① 15. ② 16. ③ 17. ④

18. 다음은 방향 제어 밸브의 연결구를 표시하는 ISO 기준이다. 서로 연관이 없는 것은 어느 것인가? [10-5]

① 누출 라인 : 10, 12, 14 ↔ X, Y, Z
② 공급 라인 : 1 ↔ P
③ 배기구 : 3, 5, 7 ↔ R, S, T
④ 작업 라인 : 2, 4, 6 ↔ A, B, C

해설 포트 기호

연결구 약칭	라인	기호
A, B, C	작업 라인	2, 4, 6
P	공급 라인	1
R, S, T	배기 라인	3, 5, 7
L	누출 라인	9
Z, Y, X	제어 라인	12, 14, 16

19. 다음 밸브 기호의 표시 방법이 맞지 않는 것은? [04-5]

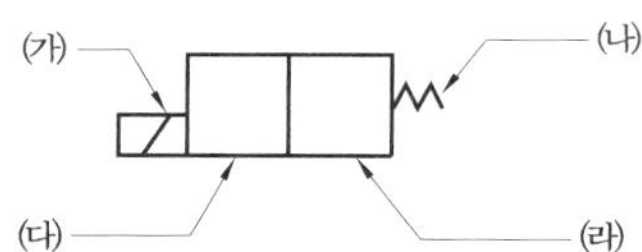

① (가)는 솔레노이드
② (나)는 스프링
③ (다)는 솔레노이드를 여자시켰을 때의 상태를 나타내는 기호 요소
④ (라)는 스프링이 작동하고 있지 않은 상태를 나타내는 기호 요소

해설 (라)는 스프링이 작동하고 있는 상태를 나타내는 기호 요소이다.

20. 다음의 기호에 해당되는 밸브가 사용되는 경우는? [07-5, 09-5]

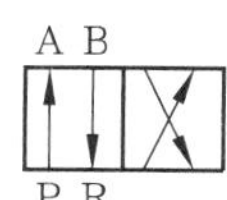

① 실린더 유량의 제어
② 실린더 방향의 제어
③ 실린더 압력의 제어
④ 실린더 힘의 제어

해설 문제에 제시된 기호에 해당되는 밸브는 4/2way 방향 제어 밸브이다.

21. 다음의 방향 밸브 중 3개의 작동유 접속구와 2개의 위치를 가지고 있는 밸브는 어느 것인가? [04-5, 08-5]

① 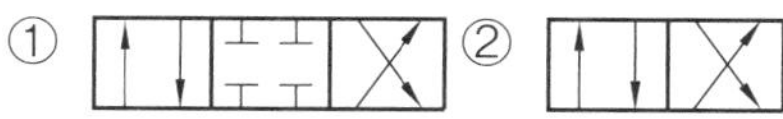 ② 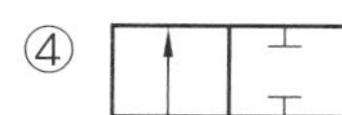

③ 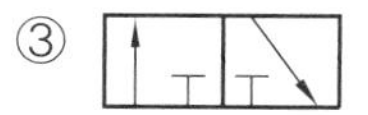 ④ 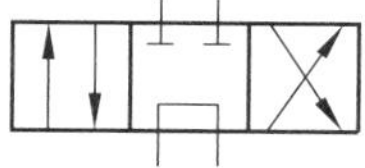

해설 ① : 4개의 접속구와 3개의 위치
② : 4개의 접속구와 2개의 위치
④ : 2개의 접속구와 2개의 위치

22. 방향 제어 밸브에서 존재할 수 있는 포트의 개수가 아닌 것은? [12-2, 15-5]

① 1 ② 2 ③ 3 ④ 4

해설 방향 제어 밸브는 최소 유입구와 토출구의 포트를 가지고 있어 최소 포트 수는 2개이다.

23. 다음 그림의 기호가 나타내는 것은 어느 것인가? [13-2, 15-1]

① 3/2way 방향 제어 밸브
② 4/2way 방향 제어 밸브
③ 4/3way 방향 제어 밸브
④ 5/2way 방향 제어 밸브

해설 4port 3way 방향 제어 밸브로 탠덤 센터형 또는 언로드형이라고도 한다.

정답 18. ① 19. ④ 20. ② 21. ③ 22. ① 23. ③

24. 다음에 설명되는 요소의 도면 기호는 어느 것인가? [11-5]

> "이 밸브는 유압 시스템에서 사용하는 3위치 밸브로서, 중립 위치에서 실린더를 임의의 위치에 정지시킬 수 있으며 동시에 펌프의 부하를 경감시킨다."

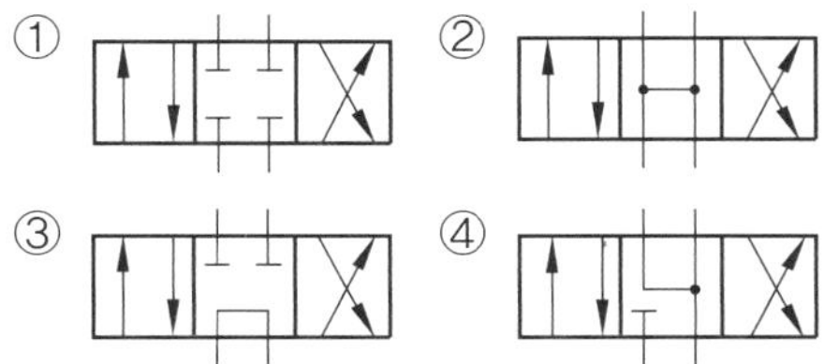

해설 ③의 방향 제어 밸브는 탠덤 센터형으로 중립 위치에서 A, B 포트는 막혀 있고, 펌프 및 드레인 포트는 무부하가 되므로 언로드 타입이라고도 한다.

25. 4포트 전자 파일럿 전환 밸브의 상세 기호를 간략 기호로 나타낸 기호는? [02-6]

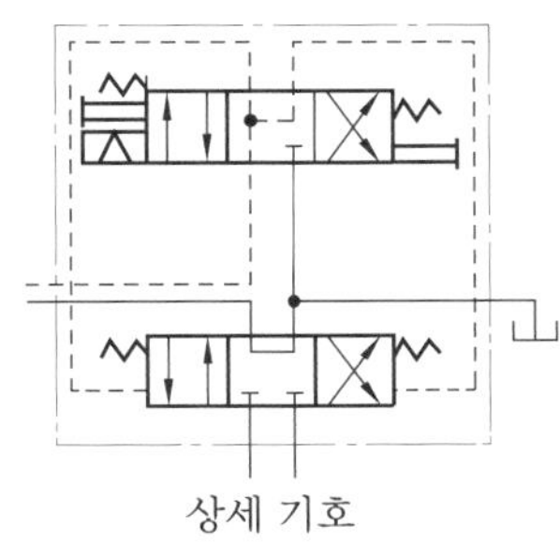

상세 기호

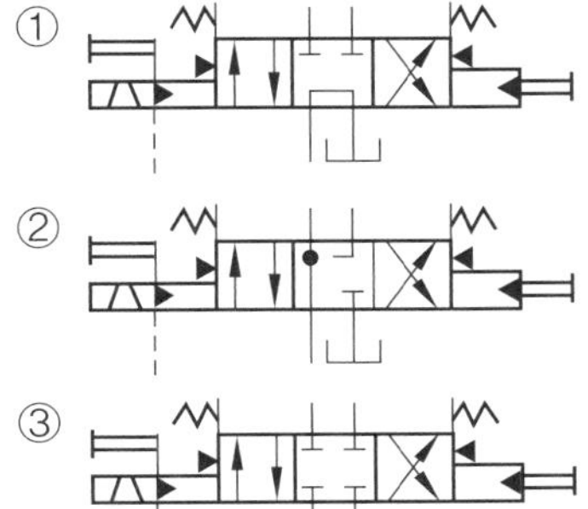

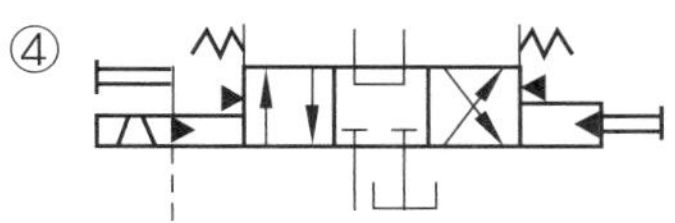

해설 상세 기호는 4포트 솔레노이드 파일럿 전환 밸브로서 주밸브는 3위치, 스프링 센터, 내부 파일럿이고, 파일럿 밸브는 4포트 3위치, 스프링 센터 단동 솔레노이드이며, 수동 오버라이드 조작 붙이가 있는 외부 드레인 밸브이다.

26. 그림이 나타내는 밸브의 특징에 관한 설명으로 옳지 않은 것은? [14-5]

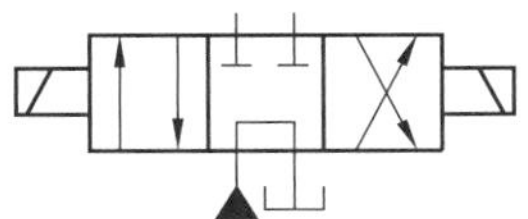

① 탠덤 센터형의 4/3way 밸브이다.
② 솔레노이드에 의하여 제어 위치가 변한다.
③ 일명 바이패스형 밸브로 실린더를 임의 위치에서 고정할 수 있다.
④ 검은색 삼각형으로 표시된 위치에 대한 기호는 A, B, C 중 하나를 임의로 사용할 수 있다.

27. 다음 기호를 보고 알 수 없는 것은 어느 것인가? [07-5, 12-5, 16-2]

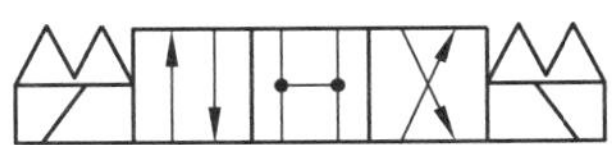

① 포트 수 ② 위치의 수
③ 조작 방법 ④ 접속의 형식

해설 이 밸브는 오픈센터 타입 방향 제어 밸브로 4/3way 밸브이다. 포트 수는 4개, 위치 수는 3개, 조작 방법은 복동 솔레노이드와 정상 상태 스프링 복귀형이다.

정답 24. ③ 25. ① 26. ④ 27. ④

28. 다음 기호가 갖고 있는 기능을 설명한 것 중 틀린 것은? [06-5, 14-2]

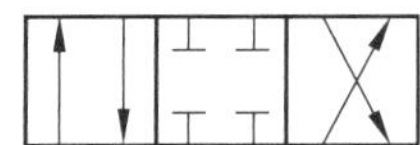

① 실린더 내의 압력을 제거할 수 있다.
② 실린더가 전진 운동할 수 있다.
③ 실린더가 후진 운동할 수 있다.
④ 모터가 정지할 수 있다.

해설 클로즈드 센터(closed center)형 밸브 : 변환 밸브의 중립 위치에서 모든 포트가 닫혀 있는 흐름의 형태의 밸브로 올포트 블록 밸브라고도 한다.

29. 유압 회로에서 AND 논리 회로에 사용되는 밸브의 기호는?

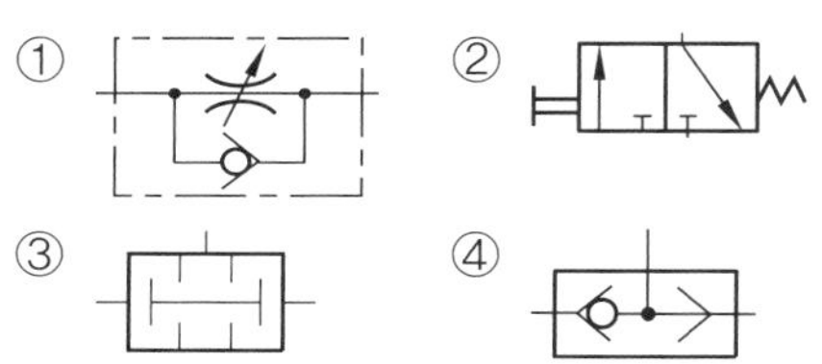

30. 다음에 설명되는 요소의 도면 기호는 어느 것인가? [05-5]

"이 밸브는 공압, 유압 시스템에서 액추에이터의 속도를 조정하는 데 사용되며, 유량의 조정은 한쪽 흐름 방향에서만 가능하고 반대 방향의 흐름은 자유롭다."

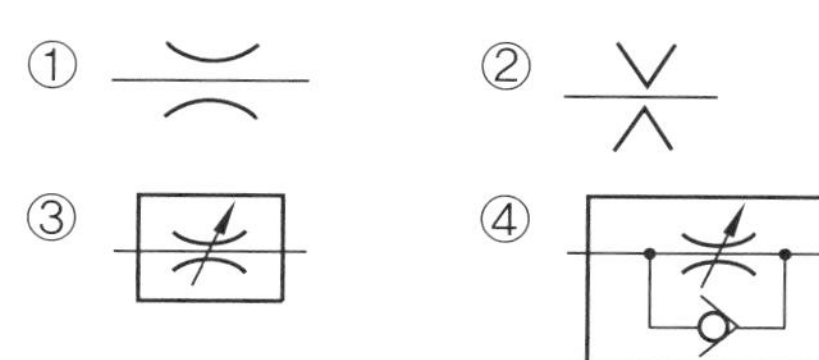

해설 속도 제어 밸브 : 유량 제어 밸브로 스로틀 밸브와 체크 밸브를 조합한 것이며 흐름의 방향에 따라 상이한 제어를 할 수 있다.

31. 다음 그림은 방향 조정 장치에 사용되어 양쪽 실린더에 같은 유량이 흐르도록 하는 것이다. 이 밸브의 명칭은? [14-2]

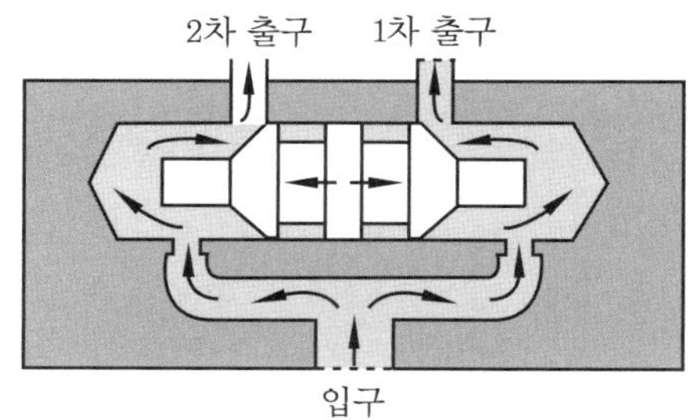

① 유량 제어 서보 밸브
② 유량 분류 밸브
③ 압력 제어 서보 밸브
④ 유량 조정 순위 밸브

해설 유량 분류 밸브는 유량을 제어하고 분배하는 기능을 하며, 작동상의 기능에 따라 유량 순위 분류 밸브, 유량 조정 순위 밸브 및 유량 비례 분류 밸브의 세 가지로 구분된다.

32. 다음 그림은 어떤 실린더를 나타내는 기호인가? [02-6]

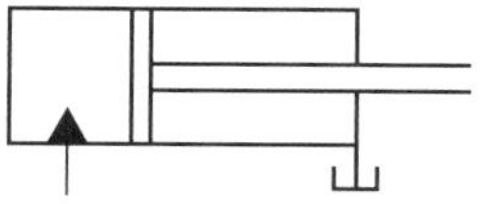

① 단동 실린더
② 복동 실린더
③ 쿠션 장착 실린더
④ 다이어프램형 실린더

정답 28. ① 29. ③ 30. ④ 31. ② 32. ①

33. 다음 유압 기호에 대한 설명으로 옳은 것은? [14-2]

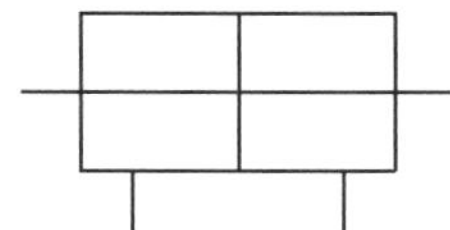

① 양쪽 로드형 단동 실린더이다.
② 양쪽 로드형 복동 실린더이다.
③ 한쪽 로드형 단동 실린더이다.
④ 한쪽 로드형 복동 실린더이다.

해설 양 로드 실린더 : 피스톤의 양쪽에 피스톤 로드가 있는 것으로 복동형인 경우는 왕복 모두가 같은 출력, 속도가 되도록 하는 용도에 사용된다.

34. 다음 도면 기호의 명칭은 무엇인가? [13-5]

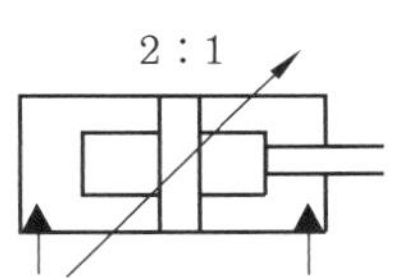

① 단동 실린더(스프링 붙이)
② 양 로드형 복동 실린더
③ 복동 텔레스코프형 실린더
④ 복동 실린더(쿠션 붙이)

35. 그림의 기호와 같은 일정 용량형 유압 모터의 흐름 형태는? [13-5, 16-2]

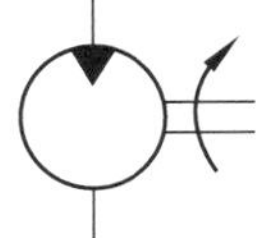

① 한방향 흐름 ② 두방향 흐름
③ 하부 방향 흐름 ④ 우방향 흐름

해설 중심을 향하는 삼각형이 하나이면 한 방향 흐름이고 마주보고 두 개가 있으면 두방향 흐름이다.

36. 그림의 유압 기호에 관한 설명으로 옳지 않은 것은? [03-5, 16-4]

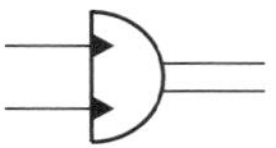

① 요동형 유압 펌프이다.
② 요동형 유압 액추에이터이다.
③ 요동 운동의 범위를 조절할 수 있다.
④ 2개의 오일 출입구에서 교대로 오일을 출입시킨다.

해설 문제에 제시된 기호는 요동형 유압 액추에이터이다.

37. 다음 중 보조 가스 용기에 대한 기호로 맞는 것은? [12-5]

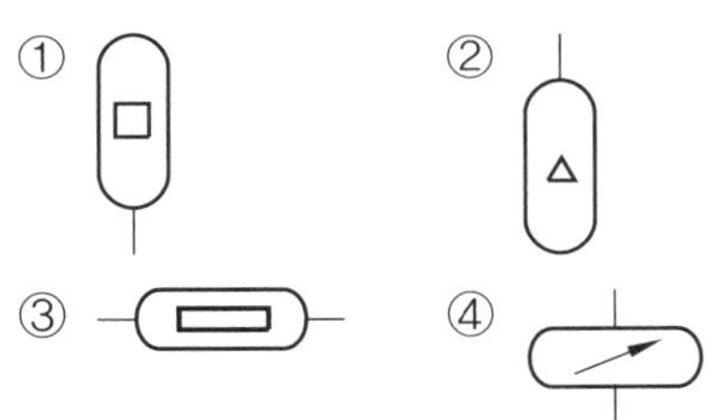

38. 도면의 기호에서 A로 이어지는 기기로 타당한 것은? [04-5]

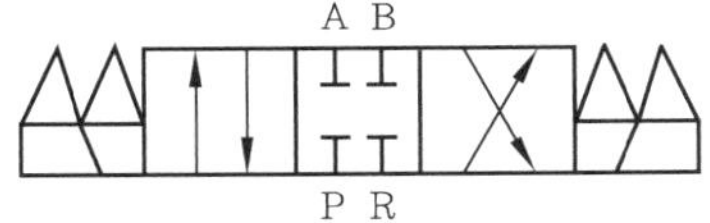

① 실린더 ② 대기
③ 펌프 ④ 탱크

해설 공유압 포트 기호
- P : 흡기구
- A, B : 액추에이터
- R, S : 배출구

정답 33. ② 34. ④ 35. ① 36. ① 37. ② 38. ①

2. 유압 장치 조립 및 장치 기능

2-1 유압 펌프(hydraulic oil pump)

(1) 펌프의 종류와 특징

① 기어 펌프

㈎ 외접 기어 펌프(external gear pump) : 기어가 회전하면 흡입구 쪽에는 체적이 증가되어 압력이 낮아지므로 유체가 빨려들어 오고, 반대쪽 배출구는 체적이 감소되므로 유체가 밀려 나가게 된다. 따라서 펌프 및 기어의 크기가 결정되면, 유량은 기어의 회전수에 따라 증가된다.

㈏ 내접 기어 펌프(internal gear pump) : 안쪽 기어가 바깥쪽 기어의 한 곳에서 맞물리고, 반달같이 생긴 내부 실로 분리되어 있으며, 기본적 작동 원리는 외접 기어 펌프와 같으나 두 기어가 같은 방향으로 회전하는 것이 다른 점이다. 그 밖에 로브 펌프, 트로코이드 펌프가 있다.

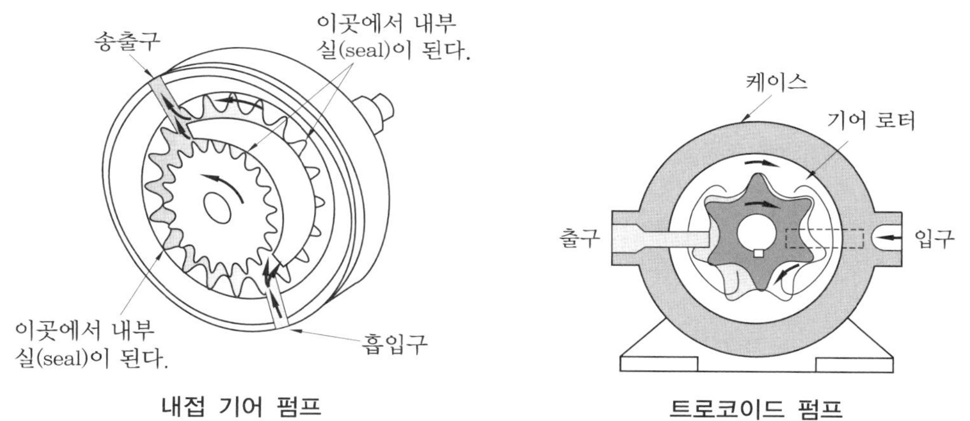

내접 기어 펌프　　　트로코이드 펌프

② 베인 펌프(vane pump) : 원통형 케이싱 안에 편심된 로터에 홈이 있고, 그 홈 속에 판 모양의 베인이 삽입되어 자유로이 출입하게 되어 있으며, 로터의 회전에 의한 원심 작용으로 베인은 케이싱의 내벽과 밀착된 상태가 되므로 기밀이 유지되며, 로터를 회전시켜 로터와 케이싱 사이의 공간에 의해 흡입 및 배출을 하게 된다.

③ 피스톤 펌프(piston pump, plunger pump) : 고정 체적형이나 가변 체적형 모두 할 수 있다.

㈎ 축방향 피스톤 펌프 : 사판식과 사축형의 두 가지가 있다.

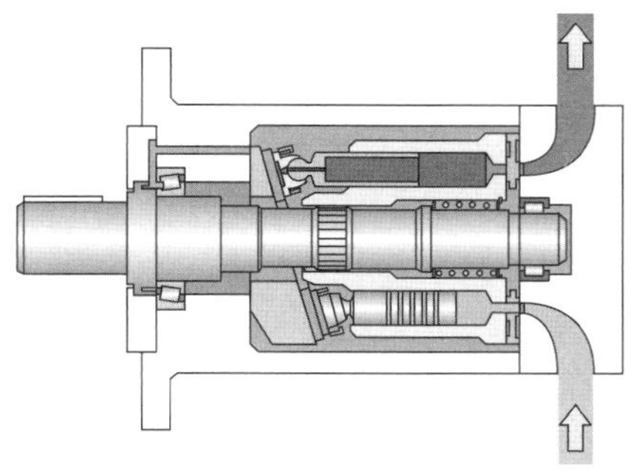

사판식 축방향 피스톤 펌프

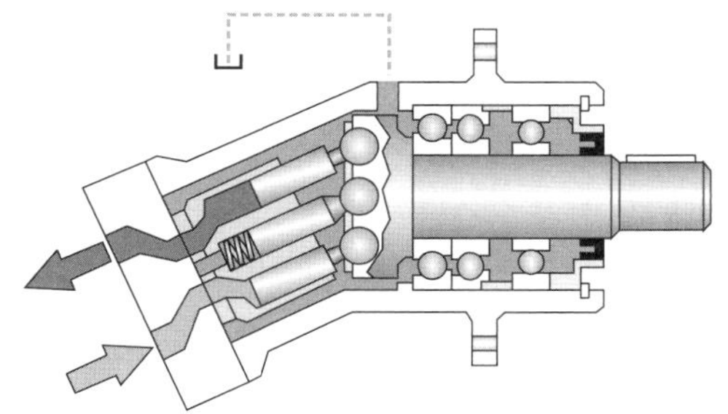

사축식 축방향 피스톤 펌프

(나) 반지름 방향 피스톤 펌프 : 구조가 가장 복잡한 펌프로 고압·대용량, 가변형에 적합하다. 기본 작동은 간단하나 다양한 유압 장치에 대한 적응성이 우수하다.

㉮ 회전 캠형 : 보통 4~8개의 피스톤이 고정된 몸체에 부착되어 있으며 편심된 캠이 회전하면서 피스톤의 왕복 운동을 일으키고, 캠에 의해 밖으로 움직일 때 오일을 배출하며, 스프링의 힘에 의해 안으로 움직일 때 오일을 흡입한다.

㉯ 회전 피스톤형 : 회전 실린더에 피스톤이 설치되어 있고 바깥 하우징에 오프셋으로 설치되어 있는 편심된 실린더가 회전하면 바깥 하우징 안쪽의 피스톤이 회전하면서 왕복 운동을 하게 되어 펌프 작용을 하게 된다.

2-2 유압 밸브

유압 제어 밸브란 유압 계통에 사용하여 압력의 조정, 방향의 전환, 흐름의 정지, 유량의 제어 등의 기능을 하는 제어 기기를 말하며, 방향 제어 밸브, 압력 제어 밸브 및 유량 제어 밸브로 크게 나누어진다.

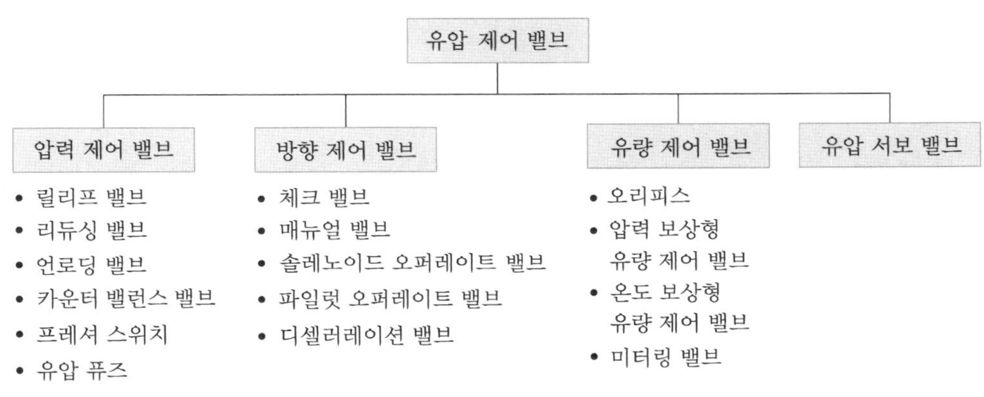

기능에 따른 유압 제어 밸브 분류

(1) 압력 제어 밸브

① 릴리프 밸브 : 정상적인 압력에서는 닫혀 있으나, 어느 제한 압력에 도달하면 열려서 펌프에서 곧바로 탱크로 흘러서 회로 내의 압력 상승을 제한한다.

(가) 직동형 릴리프 밸브

(나) 평형 피스톤형 릴리프 밸브(balanced piston type relief valve)

② 감압 밸브(pressure reducing valve) : 유압 회로에서 어떤 부분 회로의 압력을 주회로의 압력보다 저압으로 해서 사용하고자 할 때 사용한다.

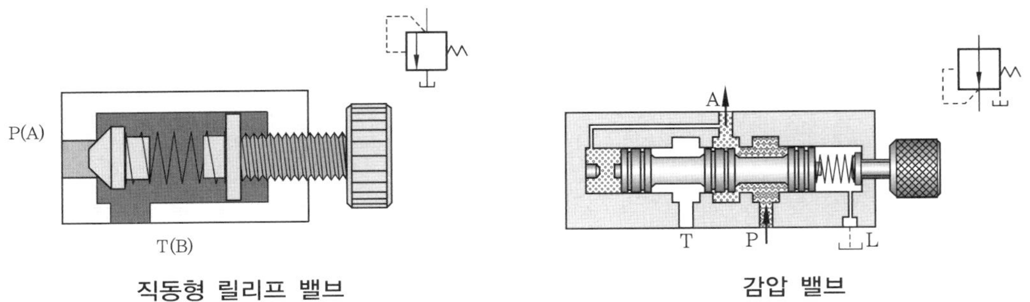

직동형 릴리프 밸브 감압 밸브

③ 시퀀스 밸브(sequence valve) : 주회로의 압력을 일정하게 유지하면서 유압 회로에 순서적으로 유체를 흐르게 하여 2개 이상의 실린더를 차례대로 동작하도록 하는 것이다.

④ 카운터 밸런스 밸브(counter balance valve) : 회로의 일부에 배압을 발생시키고자 할 때 사용하는 밸브로, 조작 중 부하가 급속하게 제거되어 연직 방향으로 작동하는 램이 중력에 의하여 낙하하는 것을 방지하고자 할 경우에 사용한다.

카운터 밸런스 밸브

⑤ 무부하 밸브(unloading valve) : 펌프의 송출 압력을 지시된 압력으로 조정되도록 한다. 따라서, 원격 조정되는 파일럿 압력이 작용하는 동안 펌프는 오일을 그대로 탱크로 방출하게 되어 펌프에 부하가 걸리지 않게 되므로 동력을 절약할 수 있다.

⑥ 압력 스위치(pressure switch) : 유압 신호를 전기 신호로 전환시키는 일종의 스위치로서, 전동기의 기동, 정지, 솔레노이드 조작 밸브의 개폐 등의 목적으로 사용한다.

(가) 소형 피스톤과 스프링과의 평형을 이용하는 것

(나) 부르동관(bourdon tube)을 사용한 것

(다) 벨로스(bellows)를 사용하는 것

⑦ 유압 퓨즈(fluid fuse) : 전기 퓨즈와 같이 유압 장치 내의 압력이 어느 한계 이상이 되는 것을 방지하는 것

(2) 유량 제어 밸브(flow control valve)

① 교축 밸브(flow metering valve, 니들 밸브)

(가) 스톱 밸브(stop valve) : 작동유의 흐름을 완전히 멎게 하든가 또는 흐르게 하는 것을 목적으로 할 때 사용한다.

(나) 스로틀 밸브(throttle valve) : 미소 유량으로부터 대유량까지 조정할 수 있는 밸브이다.

(다) 스로틀 체크 밸브(throttle and check valve) : 한쪽 방향으로의 흐름은 제어하고 역방향의 흐름은 자유로 제어가 불가능한 것으로 압력 보상 유량 제어 밸브로 사용한다.

② 압력 보상 유량 제어 밸브(pressure compensated flow control valve) : 압력 보상 기구를 내장하고 있으므로 압력의 변동에 의하여 유량이 변동되지 않도록 회로에 흐르는 유량을 항상 일정하게 자동적으로 유지시켜 주면서 유압 모터의 회전이나 유압 실린더의 이동 속도 등을 제어한다.

③ 바이패스식 유량 제어 밸브 : 오리피스와 스프링을 사용하여 유량을 제어하며, 유동량이 증가하면 바이패스로 오일을 방출하여 압력의 상승을 막고, 바이패스 된 오일은 다른 작동에 사용되거나 탱크로 돌아가게 된다.

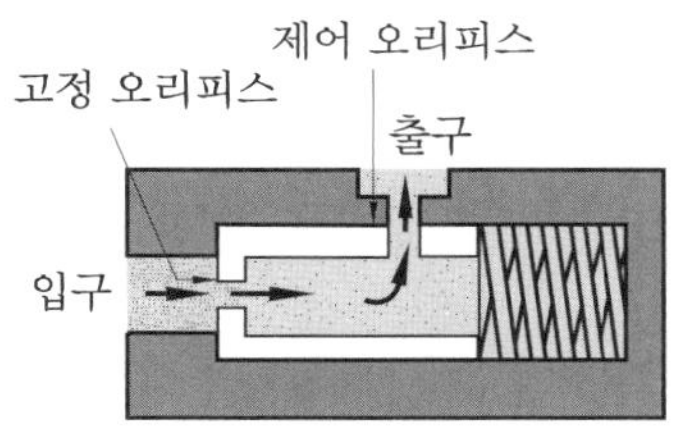

압력 보상 유량 제어 밸브

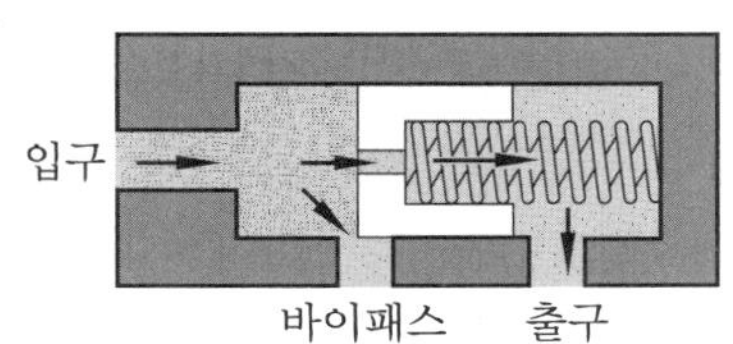

바이패스 유량 제어 밸브

④ 유량 분류 밸브 : 유량을 제어하고 분배하는 기능을 하며, 작동상의 기능에 따라 유량 순위 분류 밸브, 유량 조정 순위 밸브 및 유량 비례 분류 밸브의 세 가지로 구분된다.

⑤ 압력 온도 보상 유량 조정 밸브(pressure and temperature compensated flow control valve) : 온도가 변화하면 오일의 점도가 변화하여 유량이 변하는 것을 막기 위하여 열팽창률이 다른 금속봉을 이용하여 오리피스 개구 넓이를 작게 함으로써 유량 변화를 보정하는 것

⑥ 인라인형(in line type) 유량 조정 밸브 : 소형이며 경량이므로 취급이 편리하고 특히 배관 라인에 직결시켜 사용하므로 공간을 적게 차지하며 조작이 간단하다.

(3) 방향 제어 밸브(directional control valve)

① 방향 전환 밸브의 형식 : 방향 전환 밸브의 기본 구조는 포핏 밸브식(poppet valve type), 로터리 밸브식(rotary valve type), 스풀 밸브식(spool valve type)으로 구별할 수 있다.

② 방향 전환 밸브의 위치 수, 포트 수, 방향 수 : 공기압 장치 조립 참고

③ 체크 밸브(check valve) : 역류 방지 밸브로 흡입형, 스프링 부하형, 유량 제한형, 파일럿 조작형으로 나눈다.

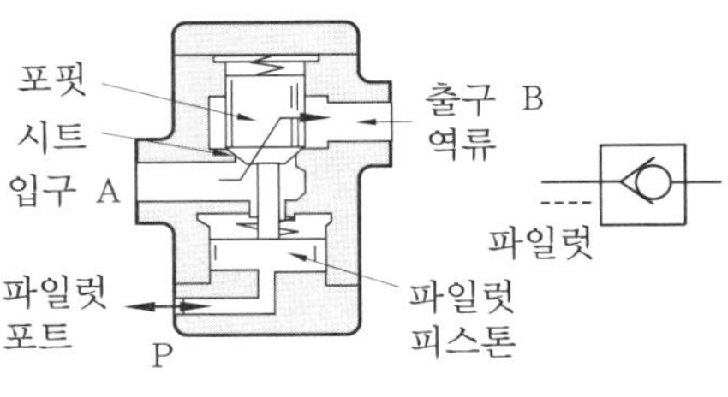

파일럿 조작 체크 밸브

2-3 유압 액추에이터

(1) 유압 실린더(hydraulic cylinder)

① 작동 형식에 따른 분류

(가) 단동 실린더

(나) 복동 실린더

(다) 다단 실린더

㉮ 텔레스코프형 : 유압 실린더의 내부에 또 하나의 다른 실린더를 내장하고 유압이 유입하면 순차적으로 실린더가 이동하도록 되어 있다.

㉯ 디지털형 : 하나의 실린더 튜브 속에 몇 개의 피스톤을 삽입하고, 각 피스톤 사이에는 솔레노이드 전자 조작 3방면으로 유압을 걸거나 배유한다.

② 유압 실린더의 호칭 : 규격 명칭 또는 규격 번호, 구조 형식, 지지 형식의 기호, 실린더 안지름, 로드경 기호, 최고 사용 압력, 쿠션의 구분, 행정의 길이, 외부 누출의 구분 및 패킹의 종류에 따르고 있다.

(2) 유압 모터

① 기어 모터(gear motor) : 유압 모터 중 구조 면에서 가장 간단하며 유체 압력이 기어의

이에 작용하여 토크가 일정하고, 또한 정회전과 유체의 흐름 방향을 반대로 하면 역회전이 가능하다. 그리고 기어 펌프의 경우와 같이 체적은 고정되며, 압력 부하에 대한 보상 장치가 없다.

② 베인 모터(vane motor) : 구조 면에서 베인 펌프와 동일하고 공급 압력이 일정할 때 출력 토크가 일정하고, 역전 가능, 무단 변속 가능, 가혹한 운전 가능 등의 장점이 있으며, 회전축과 함께 회전하는 로터에 있는 베인이 압력을 받아 토크를 발생시키게 되어 있다.

③ 회전 피스톤 모터(rotary piston motor) : 고속·고압을 요하는 장치에 사용되는 것으로 다른 형식에 비하여 구조가 복잡하고 비싸며, 유지 관리에도 주의를 요한다. 펌프와 마찬가지로 축방향 모터와 반지름 방향 모터로 구분된다.

④ 요동 모터(rotary actuator motor) : 일명 로터리 실린더라고도 하며, 가동 베인이 칸막이가 되어 있는 관을 왕복하면서 토크를 발생시키기는 구조로 되어 있다. 360° 전체를 회전할 수는 없으나 출구와 입구를 변화시키면 보통 ±50° 정·역회전이 가능하며 가동 베인의 양측의 압력에 비례한 토크를 낼 수 있다.

2-4 유압 기타 기기

(1) 오일 탱크

유압 장치는 모두 오일 탱크를 가지고 있다. 오일 탱크는 오일을 저장할 뿐만 아니라, 오일을 깨끗하게 하고, 공기의 영향을 받지 않게 하며, 가벼운 냉각 작용도 한다.

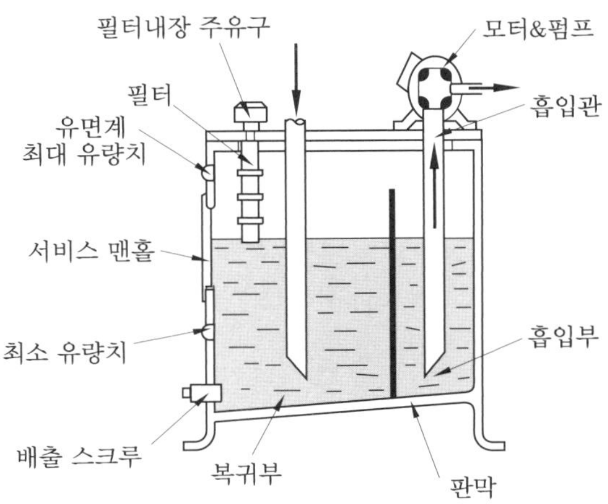

오일 탱크의 부위 명칭

(2) 여과기(filter)

① 오일 여과기의 형식

㈎ 분류식(bypass type) : 펌프로부터의 오일의 일부를 작동부로 흐르게 하고, 나머지는 여과기를 경유한 다음 탱크로 되돌아가게 되어 있다.

㈏ 전류식(full-flow type) : 가장 많이 사용하는 형식으로서 펌프로부터의 오일이 전부 여과기를 거쳐 동력부와 윤활부로 흐르게 되어 있어 여과기가 자주 막히므로, 릴리프 밸브를 설치하여 여과되지 않은 오일이 작동부나 윤활부로 흐르게 한다.

② 사용 조건

㈎ 여과 입도

㉮ 보통의 유압 장치 : 20~25μm 정도의 여과

㉯ 미끄럼면에의 정밀한 공차가 있는 곳 : 10μm까지 여과

㉰ 세밀하고 고감도의 서보 밸브를 사용하는 곳 : 5μm 정도

㉱ 특수 경우 : 2μm까지

㈏ 불연성 작동 오일

㉮ 석유계 작동 오일에 비하여 비중이 크므로, 펌프의 흡입 쪽에 사용되는 여과기는 40~60메시(340~230μm) 정도의 것을 사용하는 것이 좋다.

㉯ 세밀한 여과는 압력 회로, 리턴 회로 또는 독립의 여과 회로에서 한다.

③ 필터 성능 표시

㈎ 통과 먼지 크기　㈏ 먼지의 정격 크기

㈐ 여과율(정격 크기)　㈑ 여과 용량

㈒ 압력 손실　㈓ 먼지 분리성

④ 필터의 보수 점검 : 필터는 정기적으로 점검하고 보통의 사용 상태로는 3개월에 1회 정도 여과 재료를 분해하고 청소하면 되나, 여과 재료를 본래와 같은 상태로 하기에 곤란하면, 여과 재료를 교환한다.

(3) 축압기(accumulator)

축압기는 에너지의 저장, 충격 흡수, 압력의 점진적 증대 및 일정 압력의 유지에 이용된다. 축압기는 위의 네 가지 기능 가운데에서 어느 것이든 할 수 있으나, 실제의 사용에 있어서는 어느 한 가지 일만 하게 되어 있다.

(4) 오일 냉각기 및 가열기

① 오일 냉각기(oil cooler) : 유압 장치를 작동시키면 오일의 온도가 상승하는데, 일반적으로 60℃ 이상이 되면 오일의 산화에 의해 수명이 단축되며, 70℃가 한계로 생각되

고 있다. 열의 발생이 적을 경우에는 열을 발산시킬 수 있으나, 발열량이 많은 경우에는 강제적으로 냉각할 필요가 있으며, 이 역할을 하는 것이 오일 냉각기이다.

② 가열기(heater)

(가) 가열기의 와트 밀도가 높은 것일수록 작동체 성분의 열화가 빨라지고 냄새가 나므로 와트 밀도가 1~3 W/cm^{2}인 것을 선정한다.

(나) 가열기의 발열부를 완전히 오일 속에 담그고 발열시킨 후, 오일이 대류되도록 한다.

(나) 가열기에는 투입 가열기, 밴드 가열기, 증기 가열기 등이 있다.

(5) 유압 작동유

① 유압 작동유의 종류 : 유압 작동유는 크게 광유계 작동유와 불연성 작동유로 분류된다. 광유계 작동유는 일반 작동유, NC 작동유, 내마모성 작동유 등으로 다시 구분되고, 불연성 작동유는 함수형(含水型) 작동유와 합성 작동유로 나누어진다.

② 유압 작동유의 요구 성능 : 유압 작동유는 힘의 전달 작용, 윤활 작용, 냉각 작용, 세척 작용을 하는 유체이므로 동력의 손실이 적고, 전달 시간의 지연이 적어야 하므로 압축률이 적으며, 유동 저항이 적은 저점도의 것이 바람직하다. 그러나 점도가 너무 낮으면 접동부에서 누유가 발생되기 쉬우므로 적당한 점도의 선정이 매우 중요하다. 유압 작동유의 기본적인 적합성은 점도, 점도 지수 및 유동점이다. 가열로나 다이캐스트 머신의 유압 장치와 같이 항상 화재의 위험이 있는 경우에는 W/O 에멀션형, 수글리콜형 및 인산에스테르형 등의 난연성 작동유를 사용하는 경우가 증가되고 있다.

예상문제

1. 펌프의 송출 압력이 50 kgf/cm^2, 송출량이 20 L/min인 유압 펌프의 펌프 동력은 약 몇 kW인가? [05-5 외 4회 출제]

① 1.0　② 1.2
③ 1.6　④ 2.2

해설 $L_s = \frac{PQ}{612} = \frac{50 \times 20}{612} = 1.63\text{kW}$

2. 유압 펌프에서 축토크를 T_p[kgf·cm], 축동력을 L이라 할 때 회전수 n[rev/s]를 구하는 식은? [05-5]

① $n = 2\pi T_p$　② $n = \frac{T_p}{2\pi L}$
③ $n = \frac{L}{2\pi T_p}$　④ $n = \frac{2\pi L}{T_p}$

정답 1. ③　2. ③

3. 다음 중 기계 효율을 설명한 것으로 맞는 것은? [12-2]

① 펌프의 이론 토출량에 대한 실제 토출량의 비
② 구동 장치로부터 받은 동력에 대하여 펌프가 유압유에 준 이론 동력의 비
③ 펌프가 받은 에너지를 유용한 에너지로 변환한 정도에 대한 척도
④ 펌프 동력의 축동력의 비

해설 기계 효율(mechanical efficiency)

$$\eta_m = \frac{\text{이론적 펌프 출력}(L_{th})}{\text{펌프에 가해진 동력}(L_s)} = \frac{PQ_{th}}{2\pi nT} \times 100\%$$

4. 유압 장치의 구성 요소 중 동력 장치에 해당되는 요소는 어느 것인가? [12-2]

① 펌프
② 압력 제어 밸브
③ 액추에이터
④ 실린더

해설 압력 제어 밸브는 제어부, 액추에이터와 실린더는 구동부이다.

5. 유압 펌프의 종류가 아닌 것은? [14-5]

① 기어 펌프 ② 실린더 펌프
③ 나사 펌프 ④ 피스톤 펌프

6. 유압 펌프가 갖추어야 할 특징 중 옳은 것은? [10-5]

① 토출량의 변화가 클 것
② 토출량의 맥동이 적을 것
③ 토출량에 따라 속도가 변할 것
④ 토출량에 따라 밀도가 클 것

해설 토출량의 변화, 맥동은 적어야 좋다.

7. 펌프 내부에서 유압유를 흡입, 토출하는 운동 형태가 다른 것과 비교하여 동일하지 않은 유압 펌프는? [11-5]

① 기어 펌프 ② 나사 펌프
③ 베인 펌프 ④ 왕복동 펌프

해설 ①, ②, ③은 회전 펌프이다.

8. 다음 중 가장 높은 압력에서 사용하는 유압 펌프는? [06-5, 16-1]

① 나사 펌프 ② 기어 펌프
③ 베인 펌프 ④ 플런저 펌프

해설 고압의 배출 압력이 필요한 경우에 사용되는 플런저 펌프(plunger pump)는 지름이 작고 벽이 두꺼운 실린더 안에 꼭 맞는 대형 피스톤과 같은 모양의 왕복 플런저가 들어 있다. 이 펌프는 보통 단동식으로 전기 구동식이고 압력은 150 MPa 이상으로 배출할 수 있다.

9. 회전 속도가 높고 전체 효율이 가장 좋은 펌프는 어느 것인가? [05-5, 07-5]

① 피스톤식 ② 베인 펌프식
③ 내접 기어식 ④ 외접 기어식

해설 피스톤 펌프(piston pump, plunger pump)는 피스톤을 실린더 내에서 왕복시켜 흡입 및 토출을 하는 것으로 고속·고압에 적합하나 복잡하여 수리가 곤란하며, 값이 비싸다. 효율이 매우 좋고, 높은 압력과 균일한 흐름을 얻을 수 있어서 성능이 우수하다.

10. 유압 펌프 중에서 회전 사판의 경사각을 이용하여 토출량을 가변할 수 있는 펌프는 어느 것인가? [13-2]

① 베인 펌프

정답 3. ② 4. ① 5. ② 6. ② 7. ④ 8. ④ 9. ① 10. ②

② 액시얼 피스톤 펌프
③ 레이디얼 피스톤 펌프
④ 스크루 펌프

11. 구조상 마모에 대해 효율 저하가 가장 적은 펌프는 어떤 것인가? [02-6]

① 회전 피스톤 펌프
② 스크루 펌프
③ 베인 펌프
④ 기어 펌프

해설 베인 펌프는 베인의 마모에 의한 압력 저하가 발생되지 않는다.

12. 다음 그림과 같은 유압 펌프의 종류는 무엇인가? [14-2]

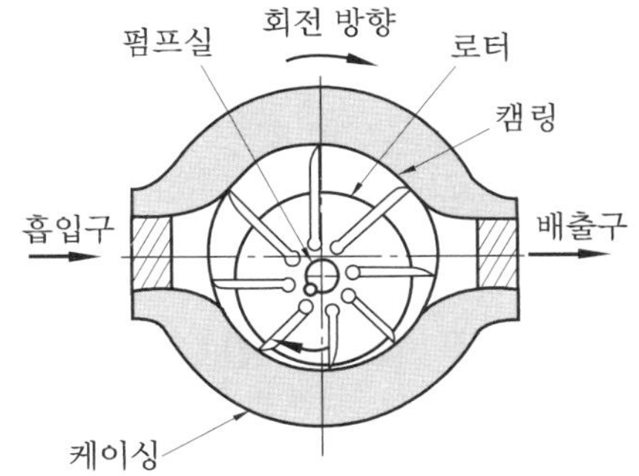

① 나사 펌프 ② 베인 펌프
③ 로브 펌프 ④ 피스톤 펌프

해설 베인 펌프(vane pump) : 케이싱(캠링)에 접해 있는 베인을 로터 내에 설치하여 베인 사이에 흡입된 액체를 흡입 쪽으로부터 토출 쪽으로 밀어내는 형식의 펌프

13. 베인 펌프에서 유압을 발생시키는 주요 부분이 아닌 것은? [05-5, 07-5]

① 캠링 ② 베인
③ 로터 ④ 이너링

해설 베인 펌프의 주요 구성 요소 : 입·출구 포트, 로터(rotor), 카트리지(cartridge), 베인, 캠링

14. 유압 펌프에 관한 설명이다. 이들의 설명이 잘못된 것은? [06-5]

① 나사 펌프 : 운전이 동적이고 내구성이 작다.
② 치차 펌프 : 구조가 간단하고 소형이다.
③ 베인 펌프 : 장시간 사용하여도 성능 저하가 적다.
④ 피스톤 펌프 : 고압에 적당하고, 누설이 적다.

해설 스크루 펌프 : 3개의 정밀한 스크루가 꼭 맞는 하우징 내에서 회전하며 매우 조용하고 효율적으로 유체를 배출한다. 안쪽 스크루가 회전하면 바깥쪽 로터는 같이 회전하면서 유체를 밀어내게 된다.

15. 다음 중 기어 펌프에 관한 설명으로 옳은 것은? [13-5]

① 기어가 회전할 때 기포가 발생하지만 유압 펌프로도 사용할 수 있다.
② 유압 펌프로 사용 시 효율은 낮으나 소음과 진동이 거의 발생되지 않는다.
③ 회전수 1500 rpm 정도의 윤활유 펌프에 많이 이용되고 있으며, 점성이 큰 액체에서는 회전수를 크게 한다.
④ 원통형의 케이싱 내에 편심된 회전체가 회전하고 이 회전체에 홈이 있어 홈 속에 달 모양의 궤도에 삽입한 구조이다.

해설 기어 펌프의 특징
(1) 구조가 간단하며, 다루기가 쉽고 가격이 저렴하다.
(2) 기름의 오염에 비교적 강한 편이며, 흡입 능력이 가장 크다.

정답 11. ③ 12. ② 13. ④ 14. ① 15. ①

(3) 피스톤 펌프에 비해 효율이 떨어지고, 가변 용량형으로 만들기가 곤란하다.
(4) 일반적인 치형의 형태는 인벌류트 치형이다.

16. 다음 중 유압 회로에서 주요 밸브가 아닌 것은? [02-6, 05-5]

① 압력 제어 밸브 ② 회로 제어 밸브
③ 유량 제어 밸브 ④ 방향 제어 밸브

해설 밸브들을 기능에 따라 구분하면 압력 제어 밸브, 유량 제어 밸브, 방향 제어 밸브가 있다.

17. 다음 중 압력 제어 밸브에 해당되지 않는 것은? [04-5, 16-1]

① 니들 밸브 ② 릴리프 밸브
③ 언로드 밸브 ④ 압력 시퀀스 밸브

해설 압력 제어 밸브는 회로 내의 유압을 제한하거나 감소시키는 경우에 사용되며, 종류에는 릴리프 밸브, 감압 밸브, 시퀀스 밸브, 카운터 밸런스 밸브, 무부하 밸브, 압력 스위치, 유압 퓨즈 등이 있다.

18. 다음 중 유압 회로 내의 유압이 설정치보다 클 때 그 압력을 제어하는 밸브는 어느 것인가? [03-5 외 5회 출제]

① 체크 밸브 ② 릴리프 밸브
③ 유량 제어 밸브 ④ 미터링 밸브

해설 시스템을 보호하는 최대압은 릴리프 밸브에서 설정된다.

19. 유압 회로에서 회로 내의 압력을 일정하게 유지시키는 역할을 하는 밸브는 어느 것인가? [05-5, 14-5]

① 체크 밸브 ② 릴리프 밸브
③ 유압 펌프 ④ 솔레노이드 밸브

20. 입력 라인용 필터의 막힘과 이로 인한 엘리먼트의 파손을 방지할 목적으로 라인 필터에 부착하는 밸브는? [13-2, 15-5]

① 귀환 밸브 ② 릴리프 밸브
③ 체크 밸브 ④ 어큐뮬레이터

해설 릴리프 밸브 : 직동형 압력 제어 밸브에 보완 장치를 갖춘 것으로 시스템 내의 압력이 최대 허용 압력을 초과하는 것을 방지하고, 교축 밸브의 아래쪽에는 압력이 작용하도록 하여 압력 변동에 의한 오차를 감소시키며, 주로 안전 밸브로 사용된다.

21. 다음 중 압력의 원격 조작이 가능한 밸브는? [13-2]

① 유량 조정 밸브
② 파일럿 작동형 릴리프 밸브
③ 셔틀 밸브
④ 감압 밸브

22. 유압 밸브 중에서 파일럿부가 있어서 파일럿 압력을 이용하여 주 스풀을 작동시키는 것은? [12-2]

① 직동형 릴리프 밸브
② 평형 피스톤형 릴리프 밸브
③ 인라인형 체크 밸브
④ 앵글형 체크 밸브

해설 평형 피스톤형 릴리프 밸브(balanced piston type relief valve) : 일명 파일럿 작동형 릴리프 밸브(pilot operated relief valve)라고 하는 이 밸브는 상하 양면의 압력을 받은 면적이 같은 평형 피스톤을 기본으로 하여 구성된 밸브로서 조절 감도가 좋고 유량 변화에 따르는 압력 변동이 무시할 수 있는 정도로 작아 압력 오버라

정답 16. ② 17. ① 18. ② 19. ② 20. ② 21. ② 22. ②

이드가 극히 적고 채터링이 거의 일어나지 않는다. 이 밸브는 평형 피스톤을 스프링의 힘으로 시트에 밀착시키는 부분을 포함한 본체 부분과 유압으로 평형 피스톤의 작동을 제어하는 파일럿 밸브의 역할을 하는 윗 덮개 부분으로 나누어진다.

23. **주회로의 압력보다 저압으로 감압시켜 분기회로 구성에 사용되는 밸브 명칭은 어느 것인가?** [06-5]

① 시퀀스 밸브 ② 릴리프 밸브
③ 감압 밸브 ④ 무부하 밸브

해설 감압 밸브(pressure reducing valve) : 유압 회로에서 어떤 부분 회로의 압력을 주회로의 압력보다 저압으로 감압할 때 사용한다.

24. **유압 회로에서 어떤 부분 회로의 압력을 주회로의 압력보다 저압으로 사용하고자 할 때 사용하는 밸브는?** [07-5 외 4회 출제]

① 배압 밸브
② 감압 밸브
③ 압력 보상형 밸브
④ 셔틀 밸브

해설 문제 23번 해설 참조

25. **감압 밸브에서 1차측의 공기 압력이 변동했을 때 2차측의 압력이 어느 정도 변화했는가를 나타내는 특성은?** [07-5]

① 크래킹 특성
② 압력 특성
③ 감도 특성
④ 히스테리시스 특성

해설 압력 특성 : 1차 압력이 변동하면 2차 압력도 따라서 변동하는 특성

26. **시퀀스(sequence) 밸브의 정의로 맞는 것은?** [08-5]

① 펌프를 무부하로 하는 밸브
② 동작을 순차적으로 하는 밸브
③ 배압을 방지하는 밸브
④ 감압시키는 밸브

해설 시퀀스 밸브(sequence valve) : 주회로의 압력을 일정하게 유지하면서 유압 회로에 순서적으로 유체를 흐르게 하는 역할을 하여 2개 이상의 실린더를 차례대로 동작시켜 한 동작이 끝나면 다른 동작을 하도록 하는 밸브

27. **압력 시퀀스 밸브가 하는 일을 나타낸 것은?** [11-5]

① 자유 낙하의 방지
② 배압의 유지
③ 구동 요소의 순차 작동
④ 무부하 운전

해설 문제 26번 해설 참조

28. **회로의 일부에 배압을 발생시키고자 할 때 사용하는 밸브로서 한 방향의 흐름에 대해서는 설정된 배압을 부여하고 다른 방향의 흐름은 자유 흐름을 행하는 밸브는 어느 것인가?** [06-5, 16-1]

① 브레이크 밸브
② 디플레이션 밸브
③ 카운터 밸런스 밸브
④ 파일럿 릴리프 밸브

해설 카운터 밸런스 밸브(counter balance valve) : 회로의 일부에 배압을 발생시키고자 할 때 사용하는 밸브로, 조작 중 부하가 급속하게 제거되어 연직 방향으로 작동하는 램이 중력에 의하여 낙하하는 것을 방지하고자 할 경우에 사용한다.

정답 23. ③ 24. ② 25. ② 26. ② 27. ③ 28. ③

29. 유압 실린더가 중력으로 인하여 제어 속도 이상 낙하하는 것을 방지하는 밸브는 어느 것인가? [15-3]

① 감압 밸브
② 시퀀스 밸브
③ 무부하 밸브
④ 카운터 밸런스 밸브

해설 문제 28번 해설 참조

30. 다음의 기호가 나타내는 기기를 설명한 것 중 옳은 것은? [11-5]

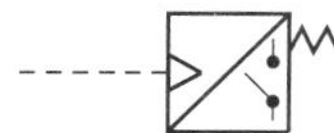

① 실린더의 로킹 회로에서만 사용된다.
② 유압 실린더의 속도 제어에서만 사용된다.
③ 회로의 일부에 배압을 발생시키고자 할 때 사용한다.
④ 유압 신호를 전기 신호로 전환시켜 준다.

해설 이 기호는 압력 스위치이다.

31. 회로 중의 공기 압력이 상승해 갈 때나 하강해 갈 때에 설정된 압력이 되면 전기 스위치가 변환되어 압력 변화를 전기 신호로 나타나게 한다. 이러한 작동을 하는 기기는 어느 것인가? [14-5]

① 압력 스위치 ② 릴리프 밸브
③ 시퀀스 밸브 ④ 언로드 밸브

해설 압력 스위치 : 일명 전공 변환기라고도 하며 회로 중의 공기 압력이 상승하거나 하강할 때 어느 압력이 되면 전기 스위치가 변환되어 압력 변화를 전기 신호로 보낸다.

32. 회로압이 설정압을 넘으면 막이 파열되어 압유를 탱크로 귀환시켜 압력 상승을 막아 기기를 보호하는 역할을 하는 것은 어느 것인가? [06-5 외 5회 출제]

① 유체 퓨즈
② 감압 밸브
③ 방향 제어 밸브
④ 파일럿 작동형 체크 밸브

해설 유체 퓨즈는 전기 퓨즈와 같이 유압 장치 내의 압력이 어느 한계 이상이 되는 것을 방지하는 것으로 얇은 금속막을 장치하여 회로압이 설정압을 넘으면 막이 유체압에 의하여 파열되어 압유를 탱크로 귀환시킴과 동시에 압력 상승을 막아 기기를 보호하는 역할을 한다. 그러나 맥동이 큰 유압 장치에서는 부적당하다.

33. 밸브의 변환 및 피스톤의 완성력에 의해 과도적으로 상승한 압력의 최댓값을 무엇이라고 하는가? [05-5]

① 크래킹 압력
② 서지 압력
③ 리시트 압력
④ 배압

해설 서지 압력 : 과도적으로 상승한 압력의 최댓값

34. 압력 제어 밸브에서 급격한 압력 변동에 따른 밸브 시트를 두드리는 미세한 진동이 생기는 현상은? [09-5]

① 노킹 ② 채터링
③ 해머링 ④ 캐비테이션

해설 채터링(chattering, clatter, singing) : 감압 밸브, 체크 밸브, 릴리프 밸브 등에서 밸브 시트를 두드려 비교적 높은 음을 발생시키는 일종의 자려 진동 현상

정답 29. ④ 30. ④ 31. ① 32. ① 33. ② 34. ②

35. 체크 밸브 또는 릴리프 밸브 등 밸브의 입구측 압력이 상승하여 밸브가 열리기 시작하여 어떤 일정한 흐름의 양으로 인정되는 압력은? [14-1]

① 최초 압력 ② 서지 압력
③ 크래킹 압력 ④ 리스트 압력

36. 유압 기기에서 포트(port) 수에 대한 설명으로 맞는 것은? [10-5, 13-5]

① 유압 밸브가 가지고 있는 기능의 수
② 관로와 접촉하는 전환 밸브의 접촉구의 수
③ P. S. T의 기호로 표시된다.
④ 밸브 배관의 수는 포트 수보다 1개 적다.

해설 포트 수 : 방향 제어 밸브의 사용 목적에서 변환 통로의 수가 기본 기능이고 이것을 나타내는 것이 접속구의 수, 즉 밸브 주 관로를 연결하는 접속구의 수를 포트 수라 한다.

37. 다음 중 방향 제어 밸브에 속하는 것은 어느 것인가? [08-5]

① 미터링 밸브
② 언로딩 밸브
③ 솔레노이드 밸브
④ 카운터 밸런스 밸브

해설 ①은 유량 제어 밸브, ②, ④는 압력 제어 밸브이다.

38. 방향 전환 밸브에서 공기의 통로를 개폐하는 밸브의 형식과 거리가 먼 것은 어느 것인가? [13-5]

① 포핏식 ② 포트식
③ 스풀식 ④ 회전판 미끄럼식

해설 포트는 밸브에서 호스가 연결될 위치를 말한다. 포트는 모든 밸브에 반드시 있는 것이며, 밸브의 형식을 분류하는 의미로는 사용되지 않는 용어이다.

39. 포핏 방식의 방향 전환 밸브가 갖는 장점이 아닌 것은? [09-5]

① 누설이 거의 없다.
② 밸브 이동 거리가 짧다.
③ 조작에 힘이 적게 든다.
④ 먼지, 이물질의 영향이 적다.

해설 포핏식 밸브의 특징

(1) 장점
- 구조가 간단하여 이물질의 영향을 잘 받지 않는다.
- 짧은 거리에서 밸브의 개폐를 할 수 있다.
- 시트(seat)는 탄성이 있는 실(seal)에 의해 밀봉되기 때문에 공기가 새어나가기 어렵다.
- 활동부가 없어 윤활이 불필요하고 수명이 길다.

(2) 단점
- 공급 압력이 밸브에 작용하기 때문에 큰 변환 조작이 필요하다.
- 다방향 밸브로 되면 구조가 복잡하게 된다.

40. 메모리 방식으로 조작력이나 제어 신호를 제거하여도 정상 상태로 복귀하지 않고 반대 신호가 주어질 때까지 그 상태를 유지하는 방식을 무엇이라 하는가? [14-2]

① 디텐트 방식
② 스프링 복귀 방식
③ 파일럿 방식
④ 정상 상태 열림 방식

해설 디텐트(detent) : 밸브나 스위치의 몸체를 어느 위치에 유지하는 기구로 전기 스위치에서는 로커 스위치라고도 한다.

정답 35. ③ 36. ② 37. ③ 38. ② 39. ③ 40. ①

41. 유압 실린더나 유압 모터의 작동 방향을 바꾸는 데 사용되는 것으로 회로 내의 유체 흐름의 통로를 조정하는 것은? [12-5, 15-3]

① 체크 밸브 ② 유량 제어 밸브
③ 압력 제어 밸브 ④ 방향 제어 밸브

해설 방향 제어 밸브는 유체의 흐름 방향을 제어하여 실린더로부터 기계적인 일을 얻는 데 사용한다.

42. 유압 장치에서 작동유를 통과, 차단시키거나 또는 진행 방향을 바꾸어 주는 밸브는 어느 것인가? [10-5, 15-5]

① 유압 차단 밸브 ② 유량 제어 밸브
③ 방향 전환 밸브 ④ 압력 제어 밸브

해설 방향 제어 밸브(directional control valve) : 유압 실린더나 유압 모터의 작동 방향을 바꾸는 데 사용되며, 대부분은 스풀(spool)의 위치에 따라 방향을 조절하여 흐름의 통로가 고정된다. 수동이나 파일럿 압력 또는 전기 솔레노이드에 의해 조정되고, 2방향, 3방향 및 4방향 제어 밸브 등이 있다.

43. 유량 제어 밸브의 사용 목적과 거리가 먼 것은? [07-5]

① 액추에이터의 속도 제어
② 솔레노이드 밸브의 신호기간 제어
③ 실린더의 배출되는 공기량 제어
④ 공기식 타이머의 시간 제어

해설 교축을 목적으로 하여 만든 밸브를 스로틀 밸브(throttle valve)라고 부른다. 이 스로틀 밸브는 유량의 제어를 목적으로 하고 있으므로 유량 제어 밸브라고도 부른다. 이 밸브는 액추에이터의 속도 제어가 주목적이기는 하나, 공기식 타이머의 시간 제어 등에도 사용된다.

44. 유압 장치에서 유량 제어 밸브로 유량을 조정할 경우 실린더에서 나타나는 효과는 어느 것인가? [11-5, 16-2]

① 정지 및 시동
② 운동 속도의 조절
③ 유압의 역류 조절
④ 운동 방향의 결정

해설 유량 제어 밸브는 관로 내의 유량을 제어하여 액추에이터의 운동 속도를 조절하는 밸브이다.

45. 유량 제어 밸브에 관한 설명으로 옳지 않은 것은? [14-2]

① 유압 모터의 회전 속도를 제어한다.
② 유압 실린더의 운동 속도를 제어한다.
③ 정용량형 펌프의 토출량을 바꿀 수 있다.
④ 관로 일부의 단면적을 줄여 유량을 제어한다.

해설 정용량형 펌프의 토출량은 일정하므로 조절하지 않는다.

46. 압력의 크기가 변해도 같은 유량을 유지할 수 있는 유량 제어 밸브는? [08-5]

① 니들 밸브
② 유량 분류 밸브
③ 압력 보상 유량 제어 밸브
④ 스로틀 앤드 체크 밸브

47. 유압 장치 내의 압력의 변화가 심할 때 액추에이터의 일정한 속도를 유지하기 위해 압력 보상이 되는 유량 제어 밸브로 사용되는 것은? [04-5, 10-5]

① 시퀀스 밸브 ② 릴리프 밸브
③ 유량 조정 밸브 ④ 체크 밸브

정답 41. ④ 42. ③ 43. ② 44. ② 45. ③ 46. ③ 47. ③

해설 압력 보상형 유량 제어 밸브는 압력 보상 기구를 내장하고 있으므로 압력의 변동에 의하여 유량이 변동되지 않도록 회로에 흐르는 유량을 항상 일정하게 자동적으로 유지시켜 주면서 유압 모터의 회전이나 유압 실린더의 이동 속도 등을 제어한다. 또 기능별 부분을 구분하면 압력 보상부와 유량 조정부, 체크 밸브로 이루어져 있다.

48. 압력 보상형 유량 제어 밸브에 대한 설명이다. 맞는 것은? [06-5, 09-5, 13-2]

① 실린더 등의 운동 속도와 힘을 동시에 제어할 수 있는 밸브이다.
② 밸브의 입구와 출구 압력 차이를 일정하게 유지하는 밸브이다.
③ 체크 밸브와 교축 밸브로 구성되어 일 방향으로 유량을 교축한다.
④ 유압 실린더 등의 이동 속도를 부하에 관계없이 일정하게 할 수 있다.

해설 문제 47번 해설 참조

49. 동기 회로에서 2개의 실린더가 같은 속도로 움직일 수 있도록 위치를 제어해 주는 밸브는? [07-5, 10-5]

① 체크 밸브 ② 분류 밸브
③ 바이패스 밸브 ④ 스톱 밸브

해설 유량 분류 밸브 : 유량을 제어하고 분배하는 기능을 하며, 작동상의 기능에 따라 유량 순위 분류 밸브, 유량 조정 순위 밸브 및 유량 비례 분류 밸브의 세 가지로 구분된다.

50. 유량 비례 분류 밸브의 분류 비율은 일반적으로 어떤 범위에서 사용하는가? [09-5, 12-2, 15-5]

① 1 : 1~9 : 1 ② 1 : 1~18 : 1
③ 1 : 1~27 : 1 ④ 1 : 1~36 : 1

해설 유량 비례 분류 밸브 : 단순히 한 입구에서 오일을 받아 두 회로에 분배하며, 분배 비율은 1 : 1~9 : 1이다.

51. 유압 장치에서 방향 제어 밸브의 일종으로서 출구가 고압측 입구에 자동적으로 접속되는 동시에 저압측 입구를 닫는 작용을 하는 밸브는? [06-5]

① 실렉터 밸브 ② 셔틀 밸브
③ 바이패스 밸브 ④ 릴리프 밸브

해설 셔틀 밸브(shuttle valve) : 1개의 출구와 2개 이상의 입구를 가지며, 출구가 최고 압력쪽 입구로 통하는 기능을 갖는 밸브

52. 다음 연결 사항 중 틀린 것은 어느 것인가? [07-5, 14-5]

① 실린더 : 움직이는 오일을 이용하여 기계적 일을 한다.
② 체크 밸브 : 오일이 양방향으로 흐르게 한다.
③ 제어 밸브 : 오일을 정지 또는 흐르게 하는 기능을 한다.
④ 릴리프 밸브 : 장치 내의 압력이 과도하게 높아지는 것을 방지한다.

해설 체크 밸브(check valve) : 유체를 한쪽 방향으로만 흐르게 하고, 다른 한쪽 방향으로 흐르지 않게 하는 기능을 가진 밸브

53. 다음 중 기계식 서보 밸브 설명과 관계없는 것은? [08-5, 12-5]

① 위치 조정을 위하여 힘을 증폭하는 밸브이다.
② 축의 운동 방향 및 변위를 결정해 준다.

정답 48. ④ 49. ② 50. ① 51. ② 52. ② 53. ④

③ 조향 장치에 많이 사용한다.
④ 오리피스에서 증폭되어 큰 힘을 낸다.

54. 유압 에너지를 기계적 에너지로 변환하는 장치부는? [13-2]

① 동력원 ② 제어부
③ 구동부 ④ 배관부

해설 유압 에너지를 기계적 에너지로 변환하여 일을 하는 것을 액추에이터라 한다.

55. 다음 중 유압 액추에이터의 종류가 아닌 것은? [04-5, 15-5]

① 펌프 ② 요동 모터
③ 기어 모터 ④ 유압 실린더

해설 펌프는 동력원이다.

56. 유압 동력을 직선 왕복 운동으로 변환하는 기구는? [03-5 외 3회 출제]

① 유압 모터 ② 요동 모터
③ 유압 실린더 ④ 유압 펌프

해설 유체 에너지를 기계적인 에너지인 직선왕복 운동으로 변환하는 기구는 유압 실린더이다.

57. 다음 중 유압 실린더의 기본 구성품이 아닌 것은? [12-5]

① 피스톤 ② 피스톤 로드
③ 실린더 튜브 ④ 플런저형 지지대

58. 유압 실린더의 조립 형식에 의한 분류에 속하지 않는 것은? [09-5, 15-5]

① 슬라이딩 방식 ② 일체형 방식
③ 플랜지 방식 ④ 볼트 삽입 방식

해설 유압 실린더의 조립 형식에는 일체형, 나사형, 플랜지 조립형, 타이로드형이 있다.

59. 다음 중 액추에이터의 가동 시 부하에 해당하는 것으로 맞는 것은? [10-5]

① 정지 마찰 ② 가속 부하
③ 운동 마찰 ④ 과주성 부하

해설 액추에이터의 가동 시 정지 마찰이 부하에 해당한다.

60. 다음 중 액추에이터의 가속 시 부하에 해당하지 않는 것은? [13-5]

① 가속 부하
② 저항성 부하
③ 정지 마찰 부하
④ 운동 마찰 부하

61. 피스톤이 없이 로드 자체가 피스톤 역할을 하는 것으로 출력축인 로드의 강도를 필요로 하는 경우에 자주 이용되는 것은 어느 것인가? [16-4]

① 단동 실린더
② 램형 실린더
③ 다이어프램 실린더
④ 양로드 복동 실린더

해설 램형 실린더 : 피스톤 지름과 로드 지름 차가 없는 수압 가동 부분을 갖는 것으로 좌굴 하중 등 강성을 요할 때 사용한다.

62. 실린더 중 양방향의 운동에서 모두 일을 할 수 있는 것은? [09-5, 15-1]

① 램형 실린더
② 단동 실린더(피스톤식)
③ 복동 실린더(피스톤식)
④ 다이어프램 실린더(비피스톤식)

정답 54. ③ 55. ① 56. ③ 57. ④ 58. ① 59. ① 60. ③ 61. ② 62. ③

해설 단동 실린더는 전진 또는 후진만 제어할 수 있으며 램형 실린더, 다이어프램 실린더 등이 있다. 복동 실린더는 공기압을 피스톤 양쪽에 다 공급하여 피스톤의 왕복 운동이 모두 공기압에 의해 행해지는 것으로서 가장 일반적인 실린더이다.

63. 유압 실린더의 내부에 또 하나의 다른 실린더를 내장하여 순차적으로 실린더가 작동되며, 실린더의 길이에 비해 긴 스트로크를 필요로 하는 경우에 사용하는 유압 실린더를 무엇이라 하는가? [14-5]

① 진공 실린더
② 탠덤형 실린더
③ 충격 실린더
④ 텔레스코프형 실린더

해설 텔레스코프형 실린더 : 짧은 실린더 본체로 긴 행정거리를 필요로 하는 경우에 사용할 수 있는 다단 튜브형 로드를 가진 실린더로 실린더의 내부에 또 하나의 다른 실린더를 내장하고 유체가 유입하면 순차적으로 실린더가 이동하도록 되어 있다. 단동과 복동이 있으며 전체 길이에 비하여 긴 행정이 얻어진다. 그러나 속도 제어가 곤란하고, 전진 끝단에서 출력이 저하되는 단점이 있다.

64. 다음 중 같은 크기의 실린더 직경으로 보다 큰 힘을 낼 수 있는 실린더는? [03-5]

① 다위치 제어 실린더
② 케이블 실린더
③ 로드리스 실린더
④ 탠덤 실린더

해설 탠덤 실린더는 단계적 출력의 제어도 할 수 있어 지름은 한정되고 큰 힘이 필요한 곳에 사용된다.

65. 그림과 같은 실린더 장치에서 A의 지름이 40 mm, B의 지름이 100 mm일 때 A에 16 kgf의 물을 올려 놓는다면 B는 몇 kgf의 무게를 올려 놓아야 양 피스톤이 평형을 이루겠는가? [04-5]

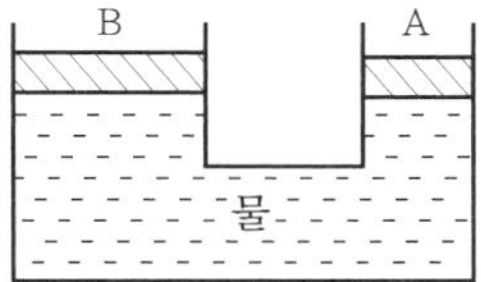

① 10 kgf
② 40 kgf
③ 100 kgf
④ 160 kgf

해설 $\frac{F_A}{A_A} = \frac{F_B}{A_B}\,(P_A = P_B)$이므로

$$F_B = F_A\left(\frac{A_B}{A_A}\right) = F_A\left(\frac{d_B}{d_A}\right)^2$$

$$= 16\left(\frac{100}{40}\right)^2 = 100\ \text{kgf}$$

66. 다음 중 유압 모터의 특징 설명으로 옳은 것은? [02-6]

① 넓은 범위의 무단 변속이 용이하다.
② 넓은 범위의 변속 장치를 조작할 수 있다.
③ 운동량이 직선적으로 속도 조절이 용이하다.
④ 운동량이 자동으로 직선 조작을 할 수 있다.

해설 유압 모터는 소형, 경량으로 큰 추력을 낼 수 있고, 무단 변속이 용이하다.

67. 유압 모터를 선택하기 위한 고려사항이 아닌 것은? [03-5, 15-5]

① 체적 및 효율이 우수할 것
② 모터의 외형 공간이 충분히 클 것
③ 주어진 부하에 대한 내구성이 클 것
④ 모터로 필요한 동력을 얻을 수 있을 것

정답 63. ④ 64. ④ 65. ③ 66. ① 67. ②

해설 유압 모터 선정 시 고려사항
- 체적 및 효율이 우수할 것
- 주어진 부하에 대한 내구성이 클 것
- 모터로 필요한 동력을 얻을 수 있을 것

68. 유압 모터의 종류가 아닌 것은? [06-5]

① 기어형 ② 베인형
③ 피스톤형 ④ 나사형

해설 유압 모터에는 기어 모터, 베인 모터, 피스톤 모터, 플런저 모터 등이 있다.

69. 다음 중 피스톤 모터의 특징으로 틀린 것은 어느 것인가? [13-2]

① 사용 압력이 높다.
② 출력 토크가 크다.
③ 구조가 간단하다.
④ 체적 효율이 높다.

해설 피스톤 모터는 구조가 복잡하다.

70. 유압 에너지를 사용하여 연속적인 회전 운동을 하는 요소는?

① 로드리스 실린더
② 다위치 실린더
③ 요동형 액추에이터
④ 기어 모터

71. 토크에 대한 관성의 비가 크므로 응답성이 좋은 반면에 저속에서는 토크 출력 및 회전속도의 맥동이 커서 정밀한 서보 기구에는 적합하지 않은 유압 모터는? [11-5, 15-1]

① 기어 모터
② 축 방향 피스톤 모터
③ 액시얼형 피스톤 모터
④ 레이디얼형 피스톤 모터

해설 기어 모터는 유압 모터 중 구조 면에서 가장 간단하며 유체 압력이 기어의 이에 작용하여 토크가 일정하고, 또한 정회전과 유체의 흐름 방향을 반대로 하면 역회전이 가능하다. 그리고 기어 펌프의 경우와 같이 체적은 고정되며, 압력 부하에 대한 보상 장치가 없다. 기어 모터는 최저 회전수가 150~500 rpm 정도이므로 정밀한 서보 기구에는 적합하지 않다.

72. 유압 요동 모터 중 피스톤형 요동 모터의 종류가 아닌 것은? [14-1]

① 피스톤 체인형 ② 래크 피니언형
③ 피스톤 링크형 ④ 피스톤 케이블형

73. 필터의 여과 입도가 너무 미세하면 어떤 현상이 생기는가? [11-5]

① 베이퍼 로크 현상
② 공동 현상
③ 맥동 현상
④ 블로바이 현상

74. 유압 기기에서 스트레이너의 여과 입도 중 많이 사용되고 있는 것은? [12-2]

① 0.5~1μm ② 1~30μm
③ 50~70μm ④ 100~150μm

75. 수랭식 오일 쿨러(oil cooler)의 장점이 아닌 것은? [12-2, 15-1]

① 소음이 적다.
② 냉각수 설비가 필요 없다.
③ 자동유로 조정이 가능하다.
④ 소형으로 냉각 능력이 크다.

해설 수랭식 오일 쿨러는 소형으로 냉각 능력이 크며, 소음이 적고, 자동 유온 조정이

정답 68. ④ 69. ③ 70. ④ 71. ① 72. ④ 73. ② 74. ④ 75. ②

가능하지만 냉각수 설비가 필요하며, 기름 중에 물이 혼입할 우려가 있다.

76. 유압 시스템에서 쿨러의 설치 위치는? [15-2]

① 유면계 ② 흡입관
③ 주유구 ④ 복귀관

해설 오일 냉각기는 회로의 되돌아오는 쪽에 설치한다.

77. 유압 시스템에서 일반적으로 히터는 어디에 설치하는가?

① 기름 탱크 윗면
② 기름 탱크 밑면
③ 기름 탱크 옆면
④ 기름 탱크 뒷면

78. 유압 장치에서 사용되고 있는 오일 탱크에 관한 설명으로 적합하지 않은 것은 어느 것인가? [12-2, 14-5]

① 오일을 저장할 뿐만 아니라 오일을 깨끗하게 한다.
② 주유구에는 여과망과 캡 또는 뚜껑을 부착하여 먼지, 절삭분 등의 이물질이 오일 탱크에 혼입되지 않게 한다.
③ 공기청정기의 통기 용량은 유압 펌프 토출량의 2배 이상으로 하고, 오일 탱크의 바닥면은 바닥에서 최소 15 cm를 유지하는 것이 좋다.
④ 오일 탱크의 용량은 장치 내의 작동유를 모두 저장하지 않아도 되므로 사용 압력, 냉각 장치의 유무에 관계없이 가능한 작은 것을 사용한다.

해설 오일 탱크의 크기는 그 속에 들어가는 유량이 펌프 토출량의 적어도 3배 이상으로 하고, 이것은 펌프 작동 중의 유면을 적정하게 유지하고 발생하는 열을 발산하여 장치의 가열을 방지하며 오일 중에서 공기나 이물질을 분리시키는 데 충분한 크기이다.

79. 다음 중 오일 탱크의 구성 요소가 아닌 것은? [06-5]

① 버플 ② 유면계
③ 축압기 ④ 스트레이너

해설 오일 탱크의 부속 장치 : 유면계(oil level gauge), 입구 캡(filler cap), 버플(buffle), 출구 라인과 리턴 라인, 입구 여과기(inlet filter), 드레인 플러그(drain plug)

80. 오일 탱크 내의 압력을 대기압 상태로 유지시키는 역할을 하는 것은? [08-5]

① 가열기 ② 분리판
③ 스트레이너 ④ 에어 브리더

해설 공기(빼기) 구멍에는 공기청정기를 부착하여 먼지의 혼입을 방지하고 오일 탱크 내의 압력을 언제나 대기압으로 유지하는 데 충분한 크기인 것으로 비말유입(飛沫流入)을 방지할 수 있어야 한다. 공기청정기의 통기 용량은 유압 펌프 토출량의 2배 이상이면 된다.

81. 오일 탱크의 배유구(drain plug) 위치로 가장 적절한 곳은? [14-2]

① 유면의 최상단
② 탱크의 제일 낮은 곳
③ 유면의 1/2이 되는 위치
④ 탱크의 정중앙 중간 위치

해설 드레인 플러그(drain plug) : 오일 탱크 내의 오일을 전부 배출시킬 때 사용하는 것으로, 오일 탱크에서 가장 낮은 곳에 부착되어 있다.

정답 76. ④ 77. ② 78. ④ 79. ③ 80. ④ 81. ②

82. 입구측 압력을 그와 거의 비례한 높은 출력측 압력으로 변환하는 기기는 어느 것인가? [03-5, 06-5]

① 축압기 ② 차동기
③ 여과기 ④ 증압기

83. 증압기에 대한 설명으로 가장 적합한 것은? [09-5, 12-2]

① 유압을 공압으로 변환한다.
② 낮은 압력의 압축 공기를 사용하여 소형 유압 실린더의 압력을 고압으로 변환한다.
③ 대형 유압 실린더를 이용하여 저압으로 변환한다.
④ 높은 유압 압력을 낮은 공기 압력으로 변환한다.

해설 증압기(intensifier) : 보통의 공압 회로에서 얻을 수 없는 고압을 발생시키는 데 사용하는 기기로, 공작물의 지지나 용접 전의 이송 등에 사용된다. 단면적의 비에 따라서 증압의 크기가 정해지며, 직압식과 예압식의 두 종류가 있다.

84. 다음 중 증압기에 관한 설명으로 옳지 않은 것은? [15-5]

① 입구측 압력은 공압으로, 출구측 압력은 유압으로 변환하여 증압한다.
② 직압식 증압기는 공압 실린더부와 유압 실린더부가 있고 이들 내부에 중압 로드가 있다.
③ 예압식 증압기는 직압식과 구조가 유사하며, 공유압 변환기가 오일 탱크 전단에 설치되어 있다.
④ 증압기는 일반적으로 증압비 10~25 정도의 것이 많으며 공기압 0.5 MPa일 때 발생하는 유압은 5~12.5 MPa 정도이다.

해설 예압식은 직압식의 구조와 같으나, 오일 탱크 대신 공유압 변환기가 접속되어 있다.

85. 다음 중 증압기의 사용 목적으로 적합한 것은? [13-2]

① 속도의 증감
② 에너지의 저장
③ 압력의 증대
④ 보조 탱크의 기능

86. 작동유가 갖고 있는 에너지의 축적 작용과 충격 압력의 완충 작용도 할 수 있는 부속 기기는? [10-5, 16-2]

① 스트레이너 ② 유체 커플링
③ 패킹 및 개스킷 ④ 어큐뮬레이터

87. 유압유 저장용 용기인 어큐뮬레이터의 용도가 아닌 것은? [14-5, 16-4]

① 압력 증폭 ② 맥동 제거
③ 충격 완충 ④ 유압 에너지 축적

해설 축압기(accumulator)의 용도
(1) 유압 에너지 축적
(2) 2차 회로의 구동
(3) 압력 보상
(4) 맥동 제거
(5) 충격 완충
(6) 액체의 수송

88. 유압 시스템에서 사용되는 축압기의 용도가 아닌 것은? [08-5, 15-5]

① 에너지 축적용
② 밸브 압력 제거용
③ 펌프 맥동 흡수용

정답 82. ④ 83. ② 84. ③ 85. ③ 86. ④ 87. ① 88. ②

④ 충격 압력의 완충용

해설 축압기는 에너지의 저장, 충격 흡수, 압력의 점진적 증대 및 일정 압력의 유지에 이용된다.

89. 어큐뮬레이터 회로에서 어큐뮬레이터의 역할이 아닌 것은? [09-5, 13-5]

① 회로 내의 맥동을 방지한다.
② 회로 내의 충격 압력을 흡수한다.
③ 정전 시 비상용 유압원으로 사용한다.
④ 회로 내의 압력을 감압시킨다.

해설 회로 내의 압력을 감압시키는 것은 감압 밸브이다.

90. 어큐뮬레이터(축압기)의 사용 목적이 아닌 것은? [08-5, 14-1, 16-2]

① 에너지의 축적
② 유체의 누설 방지
③ 유체의 맥동 감쇠
④ 충격 압력의 흡수

해설 문제 87번 해설 참조

91. 다음 중 축압기의 기능과 거리가 먼 것은? [11-5, 14-2]

① 쿠션 작용
② 충격의 증대
③ 부하 관로의 기름 누설의 보상
④ 온도 변화에 따른 기름의 용적 변화의 보상

해설 축압기는 완충용으로 사용된다.

92. 다음은 어큐뮬레이터를 설치할 때 주의 사항을 열거한 것이다. 틀린 것은 어느 것인가? [03-5, 12-5]

① 어큐뮬레이터와 펌프 사이에는 역류 방지 밸브를 설치한다.
② 어큐뮬레이터의 기름을 모두 배출시킬 수 있는 셧-오프 밸브를 설치한다.
③ 펌프 맥동 방지용은 펌프 토출측에 설치한다.
④ 어큐뮬레이터는 수평으로 설치한다.

해설 어큐뮬레이터는 수직으로 설치한다.

93. 어큐뮬레이터 회로의 목적에 해당되지 않는 것은? [03-5]

① 저속 작동 회로 ② 압력 유지 회로
③ 압력 완충 회로 ④ 보조 동력원 회로

해설 문제 88번 해설 참조

94. 구형의 용기를 사용하며, 유실과 가스실은 금속판으로 격리되어 유실에 가스의 침입이 없고, 특히 소형의 고압용 어큐뮬레이터로 이용되는 것은? [07-5]

① 추부하형 어큐뮬레이터
② 다이어프램 어큐뮬레이터
③ 스프링 부하형 어큐뮬레이터
④ 블레이드형 어큐뮬레이터

해설 다이어프램형 어큐뮬레이터(diaphragm type accumulator) : 가스와 오일을 분리하기 위하여 압력 변화에 대응하여 휘는 고무제의 엘리먼트 몰드로 되어 있는 금속 엘리먼트를 사용하고 있으며, 경량이어서 항공기 장치에도 사용된다.

95. 사용 온도가 비교적 넓기 때문에 화재의 위험성이 높은 유압 장치의 작동유에 적합한 것은? [12-2]

① 식물성 작동유 ② 동물성 작동유
③ 난연성 작동유 ④ 광유계 작동유

정답 89. ④ 90. ② 91. ② 92. ④ 93. ① 94. ② 95. ③

해설 난연성(유압)유 : 잘 타지 않는 유압유로서 화재의 위험을 최대한 예방하는 것

96. 다음 중 유압 작동유의 종류에 속하지 않는 것은? [14-2]

① 석유계 유압유 ② 합성계 유압유
③ 유성계 유압유 ④ 수성계 유압유

해설 유압 작동유는 크게 석유계와 난연성 작동유의 두 가지로 구분할 수 있다.
(1) 석유계 작동유 : 일반 산업용으로 원유로부터 정제한 윤활유의 일종이며, 파라핀(paraffin)기의 원유를 증류, 분리하여 정제한 것으로 산화 방지, 방청 등의 첨가제를 첨가한 것이다.
(2) 난연성 작동유 : 내화성이 우수하여 화재의 위험이 있는 곳에 사용하며 화학적 성질에 따라 특성이 달라지는 합성형 유압유와 수성형 유압유로 구분된다.

97. 유압 작동유의 성질 중에서 가장 중요한 것은 무엇인가? [02-6, 05-5]

① 점도 ② 효율
③ 온도 ④ 산화 안정성

해설 유압 작동유의 성질에서 점도가 가장 중요하다.

98. 작동유의 열화를 촉진하는 원인이 될 수 없는 것은? [02-6, 06-5]

① 유온이 너무 높음
② 기포의 혼입
③ 플러싱 불량에 의한 열화된 기름의 잔존
④ 점도가 부적당

해설 유압 작동유는 유온의 영향을 받고 작동유의 점도 변화로 인하여 정밀한 속도 제어가 어렵다.

99. 다음 중 작동유의 열화 판정법으로 적절한 것은? [15-5]

① 성상 시험법 ② 초음파 진단법
③ 레이저 진단법 ④ 플라스마 진단법

해설 작동유의 열화 판정법
(1) 신유(新油)의 성상(性狀)을 사전에 명확히 파악해 둔다.
(2) 사용유의 대표적 시료를 채취하여 성상을 조사한다.
(3) 신유와 사용유의 성상을 비교·검토한 후에 관리 기준을 정하고 교환하도록 한다.

100. 작동유의 유온이 적정 온도 이상으로 상승할 때 일어날 수 있는 현상이 아닌 것은 어느 것인가? [10-5]

① 윤활 상태의 향상
② 기름의 누설
③ 마찰 부분의 마모 증대
④ 펌프 효율 저하에 따른 온도 상승

101. 유압유로서 갖추어야 할 성질로 옳지 않은 것은? [16-4]

① 내연성이 클 것
② 점도 지수가 클 것
③ 윤활성이 우수할 것
④ 체적탄성계수가 작을 것

해설 유압유는 체적탄성계수가 커야 한다.

102. 다음 중 작동유의 구비 조건으로 옳지 않은 것은? [13-2, 14-5]

① 압축성일 것
② 화학적으로 안정할 것
③ 열을 방출시킬 수 있어야 할 것
④ 기름 속의 공기를 빨리 분리시킬 수 있을 것

정답 96. ③ 97. ① 98. ④ 99. ① 100. ① 101. ④ 102. ①

해설 유압 작동유의 구비 조건
(1) 비압축성이어야 한다.
(2) 장치의 운전 유온 범위에서 회로 내를 유연하게 유동할 수 있는 적절한 점도가 유지되어야 한다.
(3) 장시간 사용하여도 화학적으로 안정하여야 한다.
(4) 녹이나 부식 발생 등이 방지되어야 한다.
(5) 열을 방출시킬 수 있어야 한다.
(6) 외부로부터 침입한 불순물을 침전 분리시킬 수 있고, 또 기름 중의 공기를 속히 분리시킬 수 있어야 한다.

103. 유압유의 성질이 아닌 것은? [05-5]

① 비열이 클 것
② 10 % 희석되어도 유압유와 적합성이 있을 것
③ 비점이 높을 것
④ 비중이 클 것

104. 유압유가 갖추어야 할 조건 중 잘못 서술한 것은? [04-5]

① 비압축성이고 활동부에서 실 역할을 할 것
② 온도의 변화에 따라서도 용이하게 유동할 것
③ 인화점이 낮고 부식성이 없을 것
④ 물, 공기, 먼지 등을 빨리 분리할 것

해설 인화점이 높을 것

105. 다음 중 유압유의 주요 기능이 아닌 것은? [03-5]

① 동력을 전달한다
② 응축수를 배출한다.
③ 마찰열을 흡수한다.
④ 움직이는 기계요소를 윤활한다.

해설 유압유는 동력 전달, 마찰열 흡수, 작동하는 기계 요소의 윤활 등의 기능을 한다.

106. 유압 회로에서 유압 작동유의 점도가 너무 높을 때 일어나는 현상이 아닌 것은 어느 것인가? [03-5 외 6회 출제]

① 응답성이 저하된다.
② 동력 손실이 커진다.
③ 열 발생의 원인이 된다.
④ 관내 저항에 의한 압력이 저하된다.

해설 (1) 점성이 지나치게 큰 경우
- 유동의 저항이 지나치게 커진다.
- 마찰손실에 의해서 펌프의 동력이 많이 소비된다.
- 밸브나 파이프를 통과할 때 압력손실이 커진다.
- 마찰에 의한 열이 많이 발생된다.

(2) 점성이 지나치게 적은 경우
- 각 부품 사이에서 누출손실(leakage loss)이 커진다.
- 부품 사이의 윤활작용을 하지 못하므로 마멸이 심해진다.

107. 유압 작동유의 점도가 너무 낮을 때 일어날 수 있는 사항이 아닌 것은? [13-2]

① 캐비테이션이 발생한다.
② 마모나 눌러 붙음이 발생한다.
③ 펌프의 용적 효율이 저하된다.
④ 펌프에서 내부 누설이 증가한다.

해설 캐비테이션은 점도가 너무 높을 때 발생된다.

108. 다음 중 유압 작동유의 적절한 점도가 유지되지 않을 경우 발생되는 현상이 아닌 것은? [14-5]

정답 103. ④ 104. ③ 105. ② 106. ④ 107. ① 108. ④

① 동력 손실 증대
② 마찰 부분 마모 증대
③ 내부 누설 및 외부 누설
④ 녹이나 부식 발생의 억제

109. **유압유에 수분이 혼입될 때 미치는 영향이 아닌 것은?** [04-5, 07-5]

① 작동유의 윤활성을 저하시킨다.
② 작동유의 방청성을 저하시킨다.
③ 캐비테이션이 발생한다.
④ 작동유의 압축성이 증가한다.

해설 유압에 수분이 혼입될 때 영향
- 작동유의 윤활성 저하
- 작동유의 방청성 저하
- 캐비테이션 발생
- 작동유의 압축성 감소

110. **유압유에서 온도 변화에 따른 점도의 변화를 표시하는 것은?** [12-2, 16-2]

① 비중 ② 동점도
③ 점도 ④ 점도 지수

해설 점도 지수(viscosity index) : 작동유 점도의 온도에 대한 변화를 나타내는 값으로 점도 지수가 크면 클수록 온도 변화에 대한 점도 변화가 작다. 따라서 작동유로서는 장치의 효율을 최대로 하기 위하여 점도 지수가 큰 작동유를 선정하는 편이 유리하다.

111. **유압 작동유의 점도 지수에 대한 설명으로 올바른 것은?** [04-5, 13-5]

① 점도 지수가 너무 크면 유압 장치의 효율을 저하시킨다.
② 점도 지수가 크면 온도 변화에 대한 유압 작동유의 점도 변화가 크다.
③ 점도 지수가 작은 경우, 저온에서 작동할 때 예비 운전 시간이 짧아진다.
④ 점도 지수가 작은 경우, 정상 운전 시에 누유량이 감소된다.

해설 점도 지수가 너무 크면 유압 장치의 효율을 저하시키고, 점도 지수가 크면 클수록 온도 변화에 대한 점도 변화가 작다.

112. **다음의 오염물질 중 밸브 몸체에 고착, 실(seal) 불량, 누적에 의한 화재 및 폭발, 오염 등의 원인이 되는 이물질은?** [15-5]

① 녹 ② 유분
③ 수분 ④ 카본

해설 공기압 기기에 대한 오염물질의 영향

오염 물질	기기 등에 주는 영향
수분	솔레노이드 밸브 코일의 절연 불량, 스풀의 녹 유발로 인하여 밸브 몸체와 스풀의 고착 및 강으로 제작된 기기의 부식에 따른 성능 저하, 동결
유분	고무계 밸브의 부풀음, 기기 수명 저하, 오염, 도장 불량, 미소량의 오일로 면적의 변화, 스풀의 고착
카본	스풀과 포핏의 고착, 실 불량, 화재, 폭발, 기기 수명 저하, 오염, 도장 불량, 미소량의 오일로 면적의 변화, 스풀의 고착
녹	밸브 고착, 실 불량, 기기 수명 저하, 오염, 미소량의 오일로 면적의 변화

113. **유압 서보 시스템에 대한 설명으로 옳지 않은 것은?** [14-2]

① 서보 기구는 토크 모터, 유압 증폭부, 안내 밸브의 3요소로 구성된다.
② 서보 유압 밸브의 노즐 플래퍼는 기계적 변위를 유압으로 변환하는 기구이다.

정답 109. ④ 110. ④ 111. ① 112. ④ 113. ③

③ 전기 신호를 기계적 변위로 바꾸는 기구는 스풀이다.
④ 서보 시스템의 구성을 위하여 피드백 신호가 있어야 한다.

해설 서보 유압 밸브는 전기나 그 밖의 입력 신호에 따라서 비교적 높은 압력의 공급원으로부터 오일의 유량과 압력을 상당한 응답 속도로 제어하는 밸브를 말한다.

114. 공압과 유압의 조합 기기에 해당되는 것은? [12-2]

① 에어 서비스 유닛
② 스틱 앤 슬립 유닛
③ 하이드로릭 체크 유닛
④ 벤투리 포지션 유닛

115. 유압 시스템에서 유압 에너지를 전달해 주는 매개체는?

① 유압 밸브 ② 유압 모터
③ 유압 작동유 ④ 유압 액추에이터

116. 유압 실린더의 구성 요소 중 유압 작동유의 누설 방지에 사용되는 것은? [15-1]

① 실(seal) ② 피스톤 로드
③ 헤드 커버 ④ 실린더 튜브

해설 실은 밀봉 장치이다.

117. 유압 장치에서 오일 실을 선택할 때 고려할 사항으로 틀린 것은? [02-6]

① 압력에 대한 저항력이 클 것
② 오일에 의해 손상되지 않을 것
③ 작동열에 대한 내열성이 클 것
④ 내마멸성이 작을 것

해설 오일 실은 마모에 대한 저항성이 크며, 마모가 되지 않아야 한다.

118. 미끄럼 면에서 사용되는 유체의 누설 방지용으로 사용하는 요소는? [14-2]

① 램 ② 슬리브
③ 패킹 ④ 플랜지

해설 패킹(packing) : 회전 또는 왕복 운동하는 곳에 그 운동 부분의 밀봉에 사용되는 실의 총칭

119. 부하의 운동 에너지가 완충 실린더의 흡수 에너지보다 클 때에 행정 끝단에 충격에 의한 파손이 우려되어 사용되는 기기를 무엇이라 하는가? [13-2]

① 유량 조정 밸브 ② 완충기
③ 윤활기 ④ 필터

해설 유압에서 완충기 역할을 하는 것은 브레이크 밸브로 릴리프 밸브를 사용한다.

120. 충격 완화에 사용되는 완충기에 관한 설명으로 옳지 않은 것은? [16-4]

① 충격 에너지는 속도가 빠르거나 정지되는 시간이 짧을수록 커진다.
② 스프링식 완충기는 구조가 간단하고 모든 충격력을 완벽하게 흡수할 수 있다.
③ 가변 오리피스형 유압식 완충기는 동작의 시작과 종료까지 항상 일정한 저항력이 발생한다.
④ 충격력의 완화가 더욱 필요한 때는 쿠션 행정의 길이를 길게 하거나 감속 회로를 설치한다.

해설 완충장치(스토퍼) : 부하의 운동 에너지가 기기의 허용 운동 에너지보다 클 때에나 요동 각도의 정밀도가 높아야 할 때에는 부하 쪽의 지름이 큰 곳에 완충 기구를 설치하여 내구성의 향상과 정지 정밀도를 확보할 수 있게 된다.

정답 114. ③ 115. ③ 116. ① 117. ④ 118. ③ 119. ② 120. ②

121. **유압 장치에 사용되는 관(pipe) 이음 종류에 속하지 않는 것은?** [05-5]

① 나사 이음(screw joint)
② 플랜지형 이음(flange joint)
③ 플레어형 이음(flare joint)
④ 개스킷 이음(gasket joint)

해설 관 이음 종류에는 나사 이음, 플레어형 이음, 플랜지형 이음, 바이트형 이음, 용접 이음 등이 있다.

122. **호스 이음 재료가 못 되는 것은?** [04-5]

① 강
② 황동
③ 고무
④ 스테인리스강

해설 호스 이음 재질은 강, 황동, 스테인리스강 등으로 되어 있으며, 플라스틱으로 제작된 것도 있다.

123. **두 개의 강관을 평행(일직선상)으로 연결하고자 할 때 사용되는 관 이음쇠는 어느 것인가?** [13-2]

① 유니언
② 엘보
③ 티
④ 크로스

해설 엘보, 티, 크로스는 유체의 흐름 방향을 바꾸거나 분기하는 배관 부품이다.

정답 121. ④ 122. ③ 123. ①

7장 전기 전자 장치

1. 전기 전자 장치 조립

1-1 전기 기초

(1) 물질과 전기

모든 물질은 분자 또는 원자의 집합으로 구성되며, 원자는 양(+)전기를 가진 원자핵(양성자+중성자)과 그 주위에 일정한 궤도를 따라 맴도는 음(−)전기를 가진 몇 개의 전자(electron)로 구성된다.

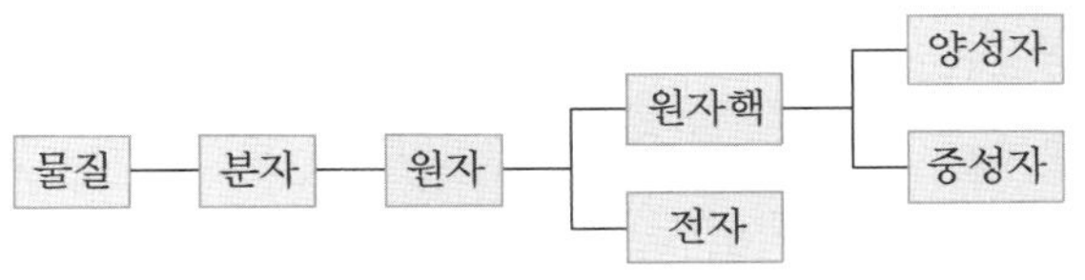

물질과 전기의 구성

전자는 원자핵 둘레 궤도를 회전하고 있다. 원자가 외부에 충격이 가해지면 회전 궤도에서 전자가 이탈하여 자유전자(free electron)가 되어 새로운 물질의 원자로 이동한다. 즉, 전자의 이동에 의해 발생하는 것이다.

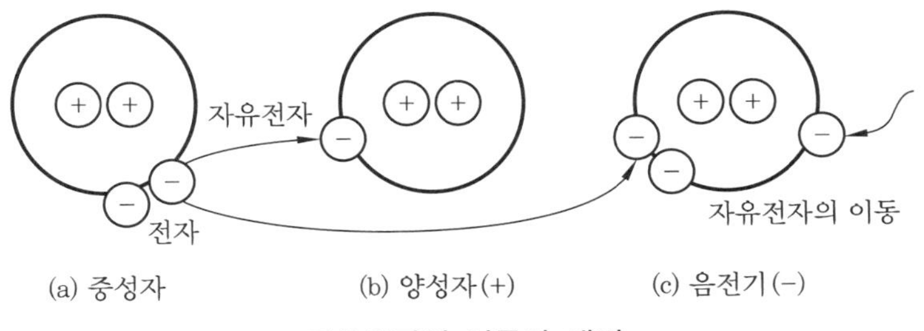

자유전자의 이동과 대전

(2) 전류

금속선에는 전류(electric current)가 흐르게 되며 전류는 전자의 이동이지만, 그 방향은 전자의 이동 방향과 반대로 양극에서 음극으로 흐른다고 정의한다. 전류의 단위는 암페어(A)이며, 전류의 세기는 단위 시간 t[s]초당 이동하는 전기량 Q[C]를 전류 I라 한다.

$$I = \frac{Q}{t}[\mathrm{A}], \quad Q = I \cdot t[\mathrm{C}]$$

여기서, Q : 전기량(C), t : 단위 시간(s)

(3) 전압, 전위, 전위차

물질의 전기적인 높이가 전위이고, 그 차이를 전위차 또는 전압(V)이라 하며, 전압의 단위는 볼트(V)라고 한다. 어떠한 공간에서 단위 전하를 이동시키는 데 소모되는 에너지가 전압의 크기이다.

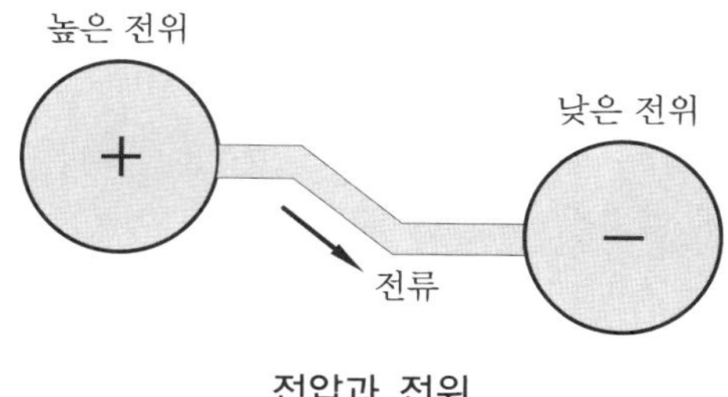

전압과 전위

전위차는 단위 전하 1C이 두 점 사이를 이동할 때 얻거나 잃는 에너지로 정의한다. Q[C]의 전하가 전위차 또는 전압 V인 두 점 사이를 이동하였을 때 한 일을 소비 전력 와트 또는 W라고 하며, 다음과 같이 나타낼 수 있다.

$$W = VQ[\mathrm{J}], \quad V = \frac{W}{Q}$$

여기서, W : 전하 이동에 소모하는 일(J), Q : 전기량(C)

(4) 저항

저항은 전원으로부터 공급받은 전기 에너지를 열로 소비하는 소자로써 회로 전압을 제어하거나 전류를 제한하는 역할을 한다. 저항의 기호는 R, 단위는 옴(ohm, Ω)으로 나타낸다.

도체에 흐르는 전류 I[A]는 전압 V[V]에 비례하고, 저항 R[Ω]에 반비례하여 흐른다. 이와 같은 관계의 다음 식을 옴의 법칙(ohm's law)이라 한다.

$$I = \frac{V}{R}[\mathrm{A}], \quad V = IR[\mathrm{V}], \quad R = \frac{V}{I}[\Omega]$$

또한, 도체가 가지는 고유한 저항값(ρ)과 도체 길이(l)를 곱하고, 도체의 단면적(A)으로 나눈 값을 저항(R)의 크기라고 한다.

$$R = \rho\frac{l}{A} = \rho\frac{l}{\pi r^2} = \rho\frac{4l}{\pi D^2}\ [\Omega]$$

여기서, ρ : 도체의 고유 저항(Ω/m), A : 도체의 단면적(mm^2),
l : 도체의 길이(m), r : 전선 반경(m), D : 전선 직경(m)

고유 저항률 ρ는 도전율 σ의 역수이고, 저항률과 도전율의 관계는 다음과 같다.

$$\rho = \frac{1}{\sigma}\ [\Omega \cdot \mathrm{m}]$$

저항의 역수는 컨덕턴스(conductance, G)라 하고, 다음과 같이 표시된다. 컨덕턴스 G의 단위는 모(mho, ℧) 또는 지멘스(siemens, s)이다.

$$G = \frac{1}{R},\ I = \frac{V}{R} = GV \quad \therefore\ I = GV$$

(5) 전기 회로의 이해

전기 회로에 전기적인 에너지를 공급하는 장치를 전원(source)이라고 하며 전기적인 에너지를 다른 에너지로 변환 소비하는 장치, 실생활이나 산업 현장에 쓰이는 모든 전기 장치 및 기계 기구는 모두 부하(electric load)이다.

전하가 부하의 양단 사이를 이동할 때 에너지를 잃는 것을 전압 강하(voltage drop)가 일어난다고 한다. 전압 강하는 전압 상승과 반대로 부하에서 전류의 유입 단자가 고전위(+), 전류의 유출 단자가 저전위(-)의 극성으로 표시한다.

(6) 전력, 전력량, 줄의 법칙

저항에 전류가 흘러 단위 시간당 전기 에너지가 소비되어 한 일의 비율을 전력(electric power)으로 정의한다. 기호는 P, 단위는 와트(Watt, W)를 사용하며 1 W=1 J/s이다. 전기가 t[s] 동안에 W[J]의 일을 했다면 전력 P는 다음과 같다.

$$P = \frac{W}{t} = \frac{VIt}{t} = VI = V\left(\frac{V}{R}\right) = \frac{V^2}{R} = I^2R[\mathrm{W}]$$

전기적 에너지 W[J]는 t[s] 동안에 전기가 한 일 또는 t[s] 동안의 전력량이라고도 하며, 단위는 Ws, Wh, kWh로 표시된다.

1 Ws=1 J, 1 Wh=3600 Ws=3600 J

1 kWh=10^3 Wh=3.6×10^6 J=860 kacl

이와 같은 도체 저항에서 전류가 흐를 때 발생하는 열을 줄열이라 한다. 이것을 줄의 법칙(Joule's law)이라 정의한다.

$R[\Omega]$의 저항에 전류 I[A]의 전류가 t[s] 동안 흐를 때의 열에너지 H는

$$H = I^2Rt[\text{J}],\ H = 0.24I^2Rt[\text{cal}]$$

저항 $R[\Omega]$에 V[V]의 전압을 가하여 I[A]의 전류가 t[s] 동안 흘렀을 때 공급된 전기적인 에너지 W는

$$W = VIt = I^2Rt[\text{J}]$$

(7) 키르히호프의 법칙

여러 개의 저항과 전원을 포함한 전기 회로는 옴의 법칙만으로 해결되지 않기 때문에 보다 쉽게 해석하려면 키르히호프의 법칙(Kirchhoff's law)을 적용한다.

① 키르히호프의 전류 법칙(KCL) : 회로망 중의 임의의 점에 흘러 들어오는 전류의 대수합과 흘러나가는 전류의 대수합은 같다.

$$\Sigma V = \Sigma IR \quad \therefore I_1 + I_3 = I_2 + I_4 + I_5$$

$$\Sigma I = 0 \quad \therefore I_1 + I_3 - (I_2 + I_4 + I_5) = 0$$

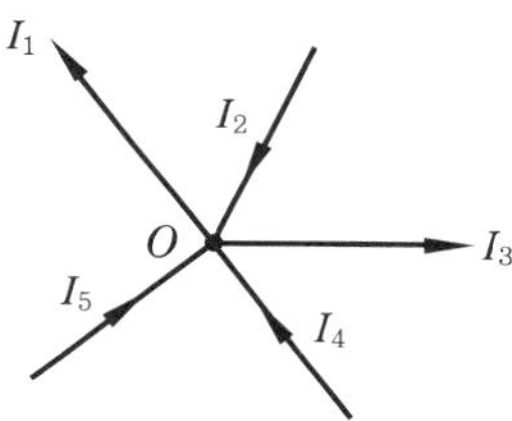

키르히호프의 전류 법칙

② 키르히호프의 전압 법칙(KVL) : 회로망에서 임의의 한 폐회로의 기전력 대수합과 전압강하의 대수합은 같다.

$$\Sigma V = \Sigma IR$$

$$V_1 - V_2 - V_3 = I(R_1 + R_2 + R_3 + R_4)$$

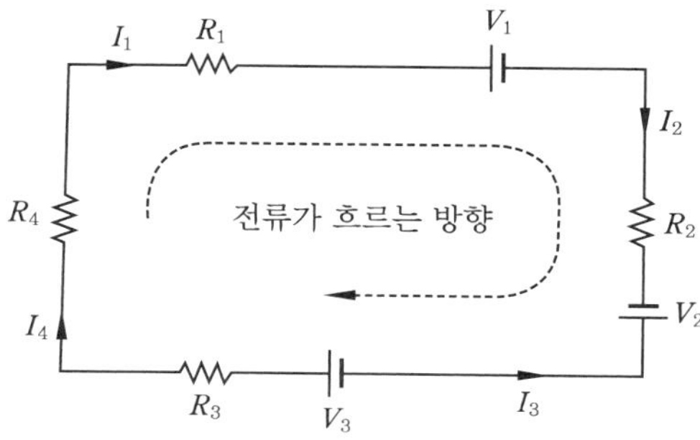

키르히호프의 전압 법칙

1-2 전기 배선 요소

(1) 전선과 케이블

① 전선 일반 사항

(가) 전선의 구비 조건

㉮ 가요성이 좋아야 한다.

㉯ 도전율이 높아야 한다.

㉰ 내구성이 뛰어나고, 기계적 강도(인장 강도)가 커야 한다.

㉱ 비중이 낮아야 한다.

㉲ 재료를 구하기 쉽고 가격이 저렴해야 한다.

㉳ 공사하기 쉬워야 한다.

(나) 전선의 구분

전선은 일반적으로 단선과 연선으로 나눌 수 있다. 지름이 커지면 가요성이 불리한 관계로 연선을 사용한다. 최근에는 KEC 규격에 의한 전선을 사용한다.

㉮ 단선은 전선의 도체가 한 가닥으로 이루어진 전선이다. 단면이 원형, 사각형, 각형, 홈붙이형 등이 있으며 각각 용도에 따라 구분 사용한다. 단선의 도체 지름은 mm로 나타내며, 옥내 배선에는 가요성이 좋은 연동선을 많이 사용한다.

㉯ 연선은 여러 단선을 필요한 굵기에 따라 합쳐 꼰 전선을 의미한다. 전류 용량이나 기계적인 강도가 큰 장소에 사용할 경우 혹은 가요성이 요구되는 장소에 사용된다.

(다) 전선의 굵기 표시 방법

㉮ 단선은 옥내 배선(연동선)에서는 도체의 단면적 크기인 mm^2 단위를 사용하고 경동선은 도체의 지름 크기인 mm 단위를 사용한다. 연선은 도체의 단면적인 mm^2 단위를 사용한다.

㉯ 인장 강도가 커서 송배전용 가공 전선로에 경동선을 주로 사용하며, 전기 저항이 작고 부드러운 성질이 있어서 주로 옥내 배선에는 연동선을 사용한다.

총 소선 수 $N = 3n(n+1)+1$[개]

여기서, n : 전선의 층수

연선의 바깥지름 $D = (1+2n)d$[mm]

여기서, d : 전선 한 가닥의 지름(mm)

연선의 총 단면적 $A = aN[\mathrm{mm}^2]$

여기서, a : 전선 한 가닥의 단면적(mm^2)

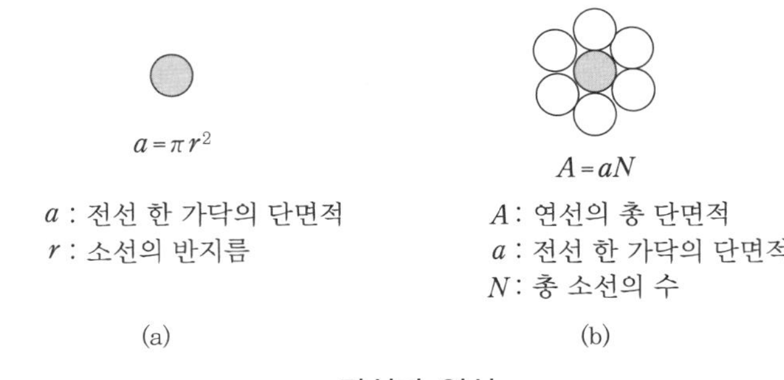

단선과 연선

② 전선의 종류

㈎ 나전선

금속선에 피복으로 절연하지 않은 전선이다. 금속선을 소선으로 하여 구성된 연선을 사용하여야 한다. (단, 버스 덕트의 도체, 기타의 구부리기 어려운 전선, 라이팅 덕트의 도체 및 절연 트롤리선의 도체는 제외한다.)

㉮ 전기로용(電氣爐用)으로 애자 사용 배선 공사를 하는 경우

㉯ 절연물이 열로 인하여 열화(熱火)할 염려가 있을 경우

㉰ 절연물이 부식하기 쉬운 장소에서 사용하는 애자 사용 배선일 경우

㉱ 저압 접촉 전선으로 사용하는 애자 사용 배선 또는 트롤리버스 덕트 배선일 경우

㉲ 가공 송전선, 가공 지선, 보호선, 보호망 전력 보안 통신용 약전류 전선일 경우

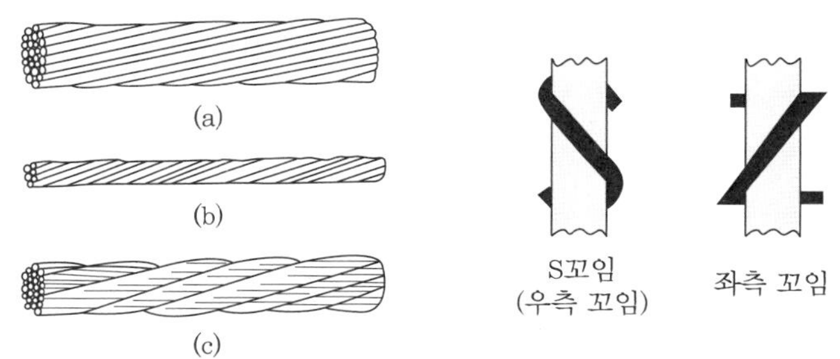

나전선의 종류

㈏ 절연 전선

절연 전선은 "전기용품 안전관리법"에 적용 받는 것 이외에는 KS C IEC에 적합한 것으로 전선 피복의 재질과 기능에 따라 다음과 같은 종류가 있다.

㉮ 450/750 V 비닐 절연 전선

㉯ 450/750 V 저독 난연 폴리올레핀 절연 전선

㉰ 750 V 고무 절연 전선

그 외의 것은 한국전기기술기준위원회 표준 KEC S 1501-2009의 501.02에 적합한 특고압 절연 전선, 고압 절연 전선, 600 V급 저압 절연 전선 또는 옥외용 비닐 절연 전선을 사용한다.

(다) 전선의 굵기 선정

㉮ 허용 전류 : 정상적으로 흘릴 수 있는 최대 전류로 허용 전류가 클수록 전선의 굵기는 굵어진다.

㉯ 전압 강하 : 사용하는 전압보다 떨어지는 현상

㉰ 기계적 강도 : 80 % 이상 유지(20 % 이상 감소하면 안 된다.)

(2) 배선 재료

① 개폐기 및 점멸기

(가) 나이프 스위치

저압의 전기 회로 개폐에 쓰는 칼날처럼 생긴 스위치를 말한다. 일반용에는 사용할 수 없고, 전기실과 같이 취급자만 출입하는 장소의 배전반이나 분전반에 사용된다.

(나) 커버 나이프 스위치 : 전등, 전열 및 동력용의 인입 개폐기 또는 분기 개폐기로 사용되며, 2P·3P를 각각 단투형과 쌍투형으로 만들고 있다.

㉮ 단극 단투형(SPST), 2극 단투형(DPST), 3극 단투형(TPST)

㉯ 단극 쌍투형(SPDT), 2극 쌍투형(DPDT), 3극 쌍투형(TPDT)

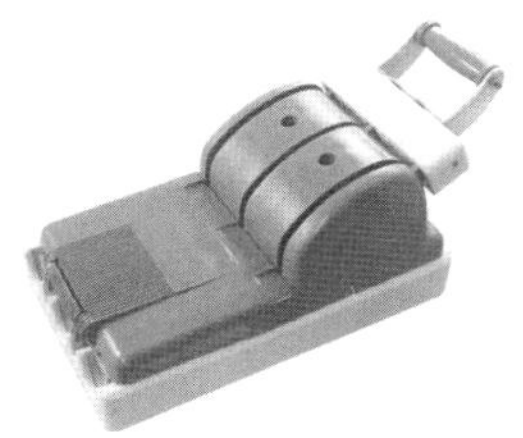

커버 나이프 단투형

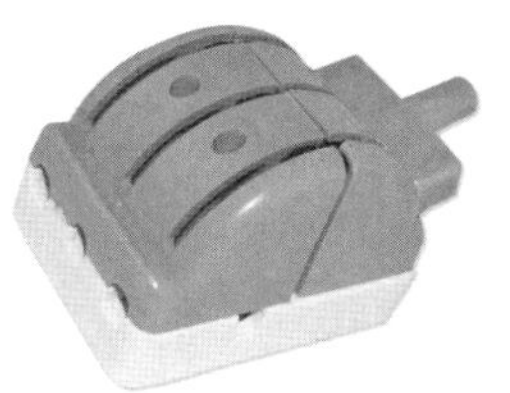

커버 나이프 쌍투형

나이프 스위치

(다) 점멸기(snap switch)

옥내 소형 스위치는 전등이나 소형 전기 기구의 점멸에 사용되는 스위치로 사용 장소와 목적에 따라 그 종류가 많으며, 일반 가정에 사용되는 점멸기는 다음과 같다.

㉮ 텀블러 스위치(tumbler switch) : 노브(knob)를 위·아래 또는 좌·우로 움직여 점멸하는 것으로, 현재 가장 많이 사용하고 있으며, 노출형과 매입형이 있다.

㉯ 3로·4로 스위치 : 3로 스위치(3-way switch)와 4로 스위치(4-way switch)는 전환 스위치의 한 종류로 둘 이상의 곳에서 전등을 자유롭게 점멸할 수 있는 스위치이다.

㉰ 누름버튼 스위치(push-button switch) : 단추 스위치라고도 한다. 이것은 전등용에 쓰일 경우, 2개의 단추가 있어서 위의 것을 누르면 점등과 동시에 밑에 있는 빨간색 단추가 튀어나오는 연동 장치(interlocking device)로 되어 있다.

㉱ 펜던트 스위치(pendant switch) : 전등을 하나씩 따로 점멸하는 곳에 사용하고 코드 끝에 붙여 버튼식으로 점멸하게 되어 있다. 이 스위치는 그림과 같이 빨간색 단추를 누르면 개로가 되고, 하얀색 단추가 반대쪽에 튀어나와서 점멸의 표시가 되도록 만들어져 있다.

㉲ 캐노피 스위치(canopy switch) : 풀 스위치의 한 종류이다. 그림과 같이 조명기구의 캐노피(플랜지라고도 함) 안에 스위치가 시설되어 있는 것으로, 벽 또는 기둥에 붙이면 편리하다.

㉳ 플로트 스위치 : 수조나 물탱크의 수위를 조절하는 스위치이다.

㉴ 전자 개폐기 스위치(마그넷) : 전동기의 자동 조작 및 원방 조작용 등에 사용된다.

㉵ 코드 스위치(cord switch) : 전기 기구의 코드 도중에 넣어 회로를 개폐하는 것으로, 중간 스위치(throughout switch)라고도 한다.

㉶ 일광 스위치 : 정원등, 방범등 및 가로등을 주위의 조도(밝기)에 의하여 자동적으로 점멸하는 스위치이다.

㉷ 도어 스위치(door switch) : 문의 개폐로 전등을 점멸하는 스위치인데 화장실, 냉장고 등에 사용된다. 문에 달거나 문기둥에 매입하여 문을 열고 닫음에 따라 자동적으로 회로를 개폐하는 것이다.

㉸ 로터리 스위치(rotary switch) : 회전 스위치라고 하며, 벽이나 기둥에 붙여 전등의 점멸용에 주로 사용되나, 때로는 전기 기계 기구에 부속되어 조작 개폐기로 이용된다. 즉, 저항선, 전구 등을 직렬이나 병렬로 접속 변경하여 발열량을 조절하거나, 광도를 강하게 하고 약하게 하는 것이다.

㉹ 타임 스위치 : 시계를 내장한 스위치로 지정한 시간부터 또는 일정 시간 후 점멸한다.

(a) 텀블러 스위치

(b) 누름버튼 스위치

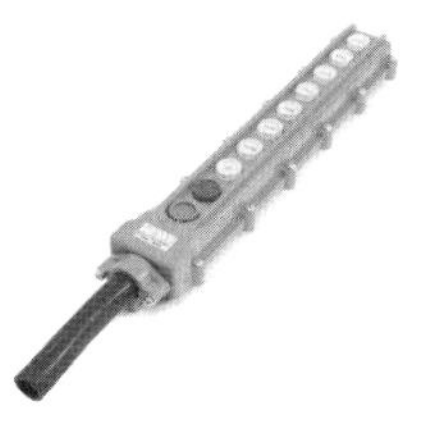
(c) 펜던트 스위치

(d) 캐노피 스위치

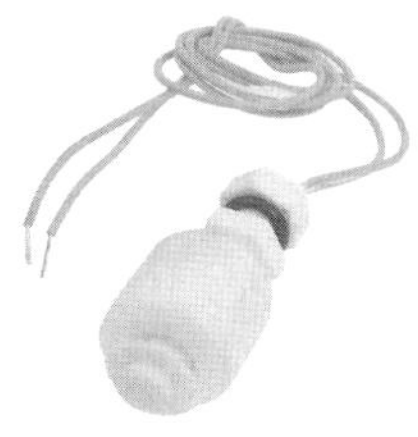
(e) 플로트 스위치

(f) 로터리 스위치

(g) 도어 스위치

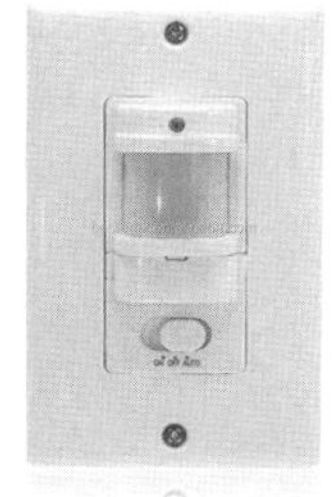
(h) 일광 스위치

(i) 타임 스위치

(j) 코드 스위치

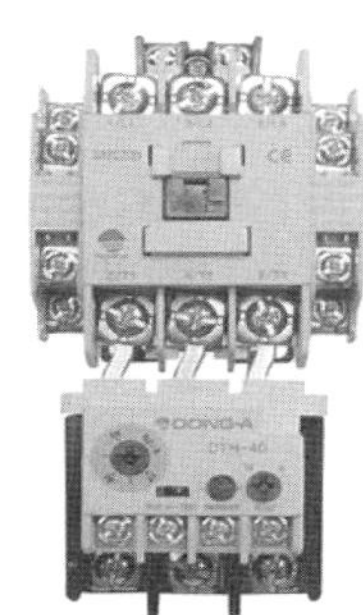

(k) 전자 개폐기 스위치

각종 스위치

② 소켓과 접속기

(가) 콘센트 : 벽 또는 기둥의 표면에 붙여 시설하는 노출형 콘센트와 벽이나 기둥에 매입하여 시설하는 매입형 콘센트가 있다. 용도에 따라서는 다음과 같은 종류들이 있다.

㉮ 방수용 콘센트 : 가옥의 외부 등에 시설하는 것으로, 사용하지 않을 때에는 물이 들어가지 않도록 마개로 덮어 둘 수 있는 구조로 되어 있다.

㉯ 시계용 콘센트(clock outlet) : 콘센트 위에 시계를 거는 갈고리가 달려 있다.

㉰ 선풍기용 콘센트(fan outlet) : 무거운 선풍기를 지지할 수 있는 볼트가 달려 있어서 이것에 선풍기를 고정시킨다.

㉱ 플로어 콘센트 : 플로어 덕트 공사 등에 사용한다.

㉲ 턴 로크 콘센트 : 트위스트 콘센트라고 하며, 콘센트가 끼운 플러그가 빠지는 것을 방지하기 위하여 플러그를 끼우고 약 90°쯤 돌려 두면 빠지지 않도록 되어 있다.

(a) 노출형 콘센트 (b) 매입형 콘센트 (c) 방수용 콘센트

(d) 시계용 콘센트 (e) 플로어 콘센트 (f) 턴 로크 콘센트

각종 콘센트

(나) 접속 플러그(plug)

㉮ 코드 접속기(코드 커넥터) : 코드와 코드의 접속 또는 사용 기구의 이동 접속에 사용하는 것으로 삽입 플러그와 커넥터 보디로 구성되어 있다.

㉯ 멀티 탭(multi tap) : 하나의 콘센트에 둘 또는 세 가지의 기구를 사용할 때 끼울 수 있다.

㉰ 테이블 탭(table tap) : 코드의 길이가 짧을 때 연장하여 사용하는 것으로 익스텐션 코드(extension cord)라 하고, 동시에 많은 소용량의 전기 기구를 사용할 경우에 사용되는 것이다.

㉱ 아이언 플러그(iron plug) : 전기다리미, 온탕기 등에 사용하는 것으로, 코드의 한쪽은 꽂임 플러그로 되어 있어서 전원 콘센트에 연결하고, 한쪽은 아이언 플러그가 달려서 전기 기구용 콘센트에 끼운다.

(a) 코드 접속기

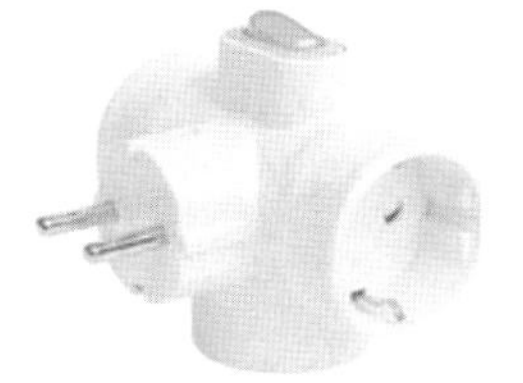

(b) 멀티 탭

(c) 테이블 탭

(d) 아이언 플러그

각종 플러그

㈐ 소켓 및 리셉터클 : 소켓은 전선의 끝에 접속하여 백열전구를 끼워 사용하며, 리셉터클은 벽이나 천장 등에 고정시켜 소켓처럼 사용하는 배선 기구이다. 정격은 250 V, 6 A이다.

㉮ 키 소켓 : 점멸 장치가 있는 소켓이다.

㉯ 키리스 소켓 : 점멸 장치가 없는 소켓이다.

㉰ 리셉터클 : 코드 없이 천장에 직접 부착하는 소켓이다.

㉱ 로젯 소켓 : 천장에 코드를 매달기 위해 사용하는 소켓이다.

(a) 키 소켓

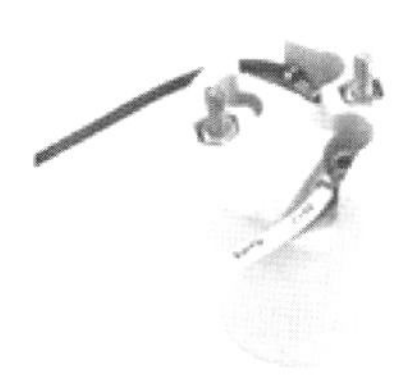

(b) 키리스 소켓

(c) 리셉터클

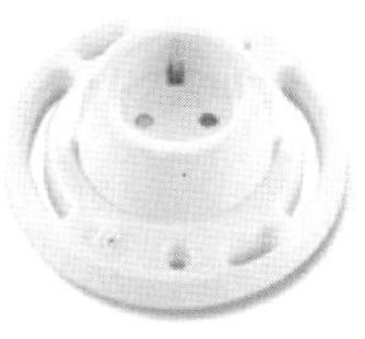

(d) 로젯 소켓

각종 소켓

③ 차단(기) 장치

(가) 과전류 차단기 : 퓨즈(fuse), 차단기(breaker)

(나) 누전 차단기 : 전로에 지락 사고가 일어났을 때 자동적으로 전로를 차단하는 장치이다.

(다) 전류 제한기 : 전기의 정액 수용가가 계약 용량을 초과하여 사용하면 자동적으로 회로가 차단되어 경보를 하는 것이다.

(3) 전기 설비에 관련된 공구

① 측정 계기

(가) 게이지(gauge)

㉮ 마이크로미터(micrometer) : 전선의 굵기, 철판·구리판 등의 두께를 측정하는 것으로 그림과 같이 원형 눈금(circular scale)과 축 눈금(shaft scale)을 합하여 읽는다.

㉯ 와이어 게이지(wire gauge) : 전선의 굵기를 측정하는 공구이다. 측정할 전선을 홈에 끼워 맞는 곳의 홈의 숫자가 전선의 굵기를 나타낸다.

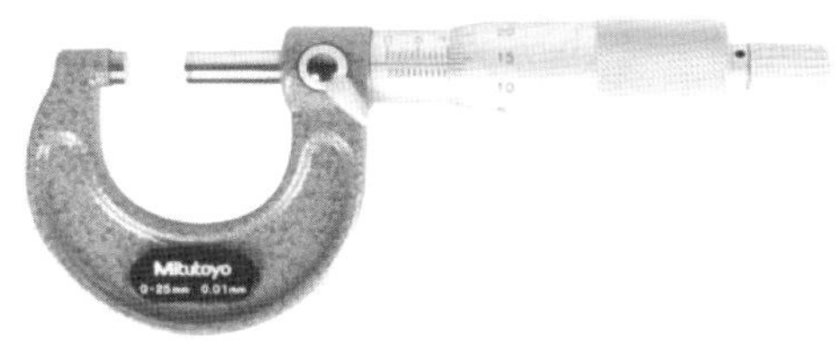

마이크로미터

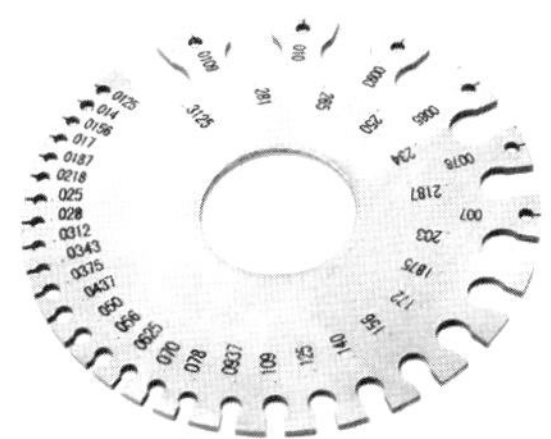

와이어 게이지

㉰ 버니어 캘리퍼스 : 전선관 등의 관 안지름, 바깥지름, 두께를 측정하는 공구이다.

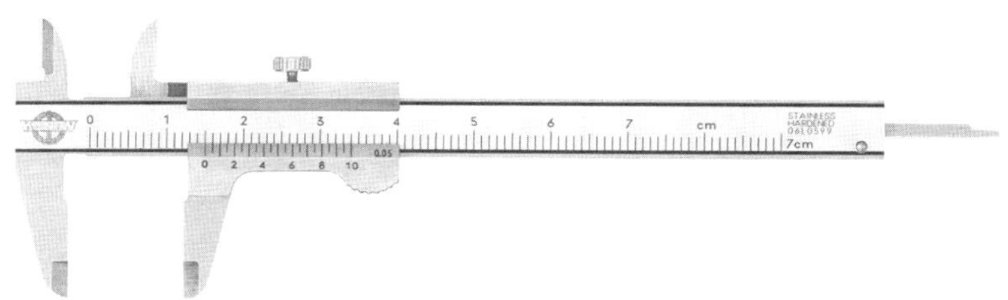

버니어 캘리퍼스

(나) 측정 계기

㉮ 전압 및 회로 점검 : 훅 미터, 멀티 테스터

㉯ 절연 저항 측정 : 메거(megger), 저압은 500 V급 메거를 사용한다.

㈐ 접지 저항 측정 : 어스 테스터(earth tester), 콜라우시 브리지(Kohlrausch bridge)를 사용한다.

㈑ 충전 유무 조사 : 네온 검전기를 사용한다. 전압이나 전류의 크기는 측정할 수 없다.

㈒ 도통 시험 : 테스터, 마그넷 벨, 메거 등이 있다.

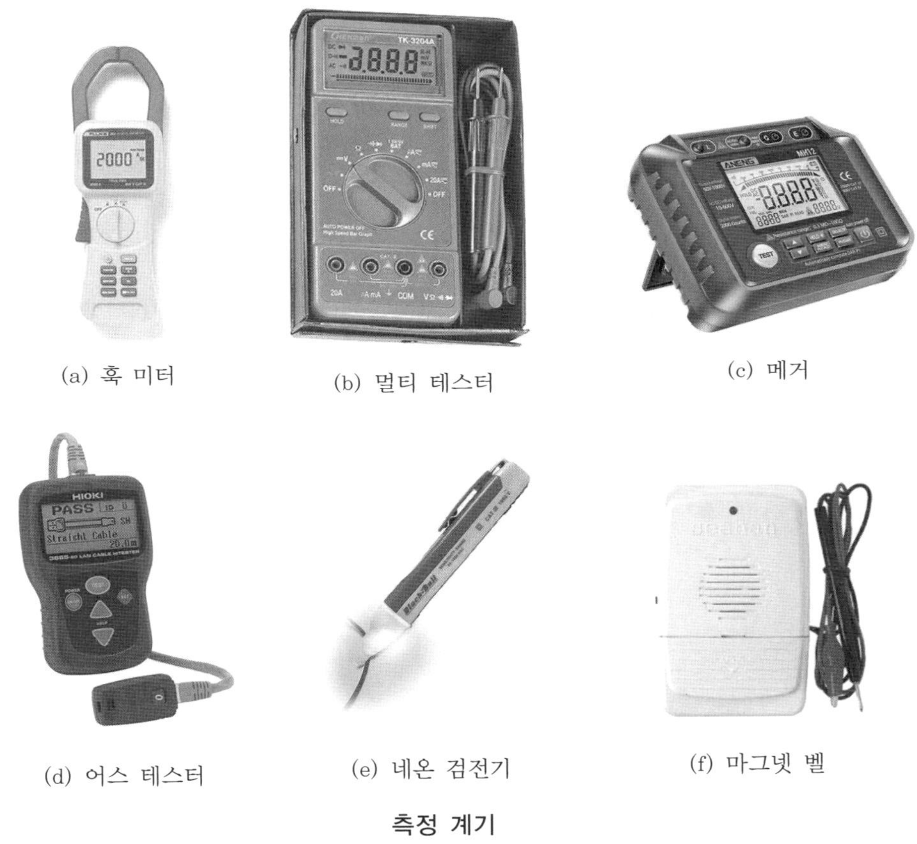

(a) 훅 미터 (b) 멀티 테스터 (c) 메거

(d) 어스 테스터 (e) 네온 검전기 (f) 마그넷 벨

측정 계기

② 공구

㈎ 펜치(cutting plier) : 전선의 절단, 전선 접속, 전선 바인드 등에 사용하는 것으로, 전기 공사에는 절대적으로 필요한 것이다. 펜치의 크기는 150 mm, 175 mm, 200 mm의 세 가지가 있는데 150 mm는 소기구의 전선 접속, 175 mm는 옥내 일반 공사, 200 mm는 옥외 공사에 적합하다.

㈏ 나이프(jack knife) : 전선의 피복을 벗길 때에 사용한다.

㈐ 와이어 스트리퍼(wire striper) : 절연 전선의 피복 절연물을 벗기는 자동 고무로서, 도체의 손상 없이 정확한 길이의 피복 절연물을 쉽게 처리할 수 있다.

(a) 펜치 (b) 나이프 (c) 스트리퍼 (d) 자동 스트리퍼 (e) 클리퍼
(f) 롱노즈 (g) 스패너 (h) 파이프 바이스 (i) 파이프 리머 (j) 강관 벤더
(k) 드라이버 (l) 니퍼 (m) 줄자 (n) 전동 드릴 (o) 파이프 커터
(p) 플라이어 (q) 펌프 플라이어 (r) 토치 (s) 홀 소 (t) 피시 테이프

옥내 배선용 공구

㈑ 토치 램프(torch lamp) : 전선 접속의 납땜과 합성수지관의 가공에 열을 가할 때 사용한다.

㈒ 드라이브이트 툴(driveit tool) : 큰 건물의 공사에서 드라이브 핀을 콘크리트에 경제적으로 박는 공구인데, 이것은 화약의 폭발력을 이용한 것이므로 취급자는 보안상 훈련을 받아야 한다.

㈓ 클리퍼(cliper, cable cutte) : 굵은 전선을 절단할 때 사용하는 가위이다.

㈔ 스패너(spanner) : 너트를 죄는 데 사용하는 것으로, 너트의 크기에 적용되는 여러 가지 치수가 있다.

(아) 프레셔 툴(pressure tool) : 솔더리스(solderless) 커넥터 또는 솔더리스 터미널을 압착하는 공구이다.

(자) 파이프 바이스(pipe vise) : 금속관을 절단할 때에나 금속관에 나사를 낼 때 파이프를 고정시키는 것이다.

(차) 오스터(oster) : 금속관 끝에 나사를 내는 파이프 나사 절삭기로서, 손잡이가 달린 래칫(ratchet)과 나사 날의 다이스(dies)로 구성된다.

(카) 녹 아웃 펀치(knock out punch) : 배전반, 분전반 등의 배관을 변경하거나, 이미 설치되어 있는 캐비닛에 구멍을 뚫을 때 필요한 공구이다.

(타) 파이프 렌치(pipe wrench) : 금속관을 커플링으로 접속할 때 금속관과 커플링을 물고 죄는 것이다.

(파) 파이프 리머(pipe reamer) : 금속관을 쇠톱이나 커터로 끊은 다음, 관 안에 날카로운 것을 다듬는 것이다.

(하) 강관 벤더 : 금속관을 구부리는 공구이다. 히키라고도 한다.

1-3 전기 전자 회로도 및 요소 부품 기초

(1) 전기 회로도

① 논리 제어 회로

(가) AND 회로(AND circuit)

(나) OR 회로(OR circuit)

(다) NOT 회로(NOT circuit)

㉮ 입력 신호가 "1"이면 출력은 "0"이 되고, 입력 신호가 "0"이면, 출력은 "1"이 되는 부정의 논리를 갖는 회로를 말한다.

㉯ 회로도에서 입력 신호 A와 출력 신호 B는 부정의 상태이므로 인버터(inverter)라 부른다.

(라) NOR 회로(NOR circuit)

㉮ NOT OR 회로의 기능을 가지고 있다.

㉯ 입력 신호 A와 B 모두 OFF("0")일 때만 출력 C가 ON("1")이 되며, 그 외의 입력신호 조합에서는 출력 C가 OFF("0")의 상태가 된다.

② 부스터 회로(booster circuit) : 저전압을 어느 정해진 높은 전압으로 증폭하는 회로

③ 플립플롭 회로(flip-flop circuit) : 2개의 안정된 출력 상태를 가지며, 입력의 유무에

불구하고 직전에 가해진 입력의 상태를 출력 상태로 해서 유지하는 회로

④ 카운터 회로(counter circuit) : 입력으로서 가해진 펄스 신호의 수를 계수로 하여 기억하는 회로

⑤ 레지스터 회로(register circuit) : 2진수로써의 정보를 일단 내부로 기억하여 적시에 그 내용이 이용될 수 있도록 구성한 회로

⑥ 시퀀스 회로(sequence circuit) : 미리 정해진 순서에 따라서 제어 동작의 각 단계를 점차 추진해 나가는 회로

⑦ 온·오프 제어 회로(ON-OFF control) : 제어 동작이 2개의 정해진 상태만을 취하는 제어 회로

⑧ 안전 회로(safety circuit) : 우발적인 이상 운전, 과부하 운전 등일 때, 사고를 방지하여 정상 운전을 확보하는 회로

⑨ 비상 정지 회로(emergency stop circuit) : 장치가 위험 상태로 되면 자동적 또는 인위적으로 장치를 정지시키는 회로

⑩ 인터록(interlock) : 위험과 이상 동작을 방지하기 위하여 어느 동작에 대하여 이상이 생기는 다른 동작이 일어나지 않도록 제어 회로상 방지하는 수단

(2) 전자 회로도

① 트랜지스터 특성 회로

㈎ 정특성회로

㈏ 바이어스 회로 : 트랜지스터가 증폭기로 동작하기 위해서는 적절한 동작점을 설정하여야 하며 이를 위하여 바이어스를 인가한다.

㈐ 기본 증폭 회로

㉮ 공통 이미터 증폭기 : 다른 방식의 증폭기에 비해 전압 이득 및 전류 이득이 크고, 입력 임피던스가 낮으며 출력 임피던스가 높아 가장 일반적으로 사용되는 증폭기이다.

㉯ 공통 컬렉터 증폭기 : 이미터 폴로어(emitter follower)라고도 불리며 전압 이득이 거의 1이고, 높은 전류 이득과 입력 저항을 갖는다는 점에서 높은 입력 임피던스를 갖는 전원과 낮은 임피던스를 갖는 부하 사이의 완충단의 역할을 하는 버퍼(buffer)로서 사용된다.

㉰ 공통 베이스 증폭기 : 높은 전압 이득과 1의 전류 이득을 갖는다. 낮은 입력 임피던스를 갖기 때문에 신호원이 매우 낮은 저항 출력을 갖는 고주파 응용에 많이 사용된다.

② 연산 증폭기

㈎ 차동 증폭기(differential amplifier) : 연산 증폭기의 입력단으로 작용하며 공통 이미터 회로로 구성된다.

㈏ 반전 증폭기(inverting amplifier) : 입력된 신호에 대해 정해진 증폭도로 신호가 반전되어 출력되는 증폭기이다.

㈐ 비반전 증폭기(non-inverting amplifier)

㈑ 전압 폴로어(voltage follower, noninverting buffer) : 모든 출력이 입력으로 귀환되는 비반전 증폭기이다.

㈒ 가산기(adder) : 두 개 이상의 수를 입력하여 이들의 합을 출력으로 나타내는 회로이다.

㈓ 비교기(comparator) : 피드백 저항이 없는 개방 루프 형태를 취하며, 하나의 전압을 기준 전압과 비교하여 출력을 나타낸다.

㈔ 적분기(integrator) : 아날로그 컴퓨터의 연산 회로의 하나로, 주어진 전압의 적분값을 출력하는 것이다.

㈕ 미분기(differentiator) : 입력 전압의 변화율에 비례하는 출력을 낸다.

③ 전원 회로

㈎ 반파 정류 회로 : 직류 전원을 공급하기 위해서 교류 전원을 직류 전원으로 변환하는 장치가 사용되며, 이러한 장치를 정류기(rectifier)라 부른다.

㈏ 전파 정류 회로 : 반파 정류회로에서는 입력 전압의 (+)반주기 동안만 전류가 흐르지만 전파 정류 회로의 경우에는 입력의 (+)와 (−)주기, 즉 모든 주기에서 부하에 단일 방향으로 전류가 흐른다. 전파 정류 회로에는 변압기의 중간 탭(tap)을 사용하는 중간 탭형 전파 정류 회로와 다이오드의 브리지(bridge)를 이용하는 브리지형 전파 정류 회로가 있다.

㈐ 평활 회로 : 교류를 다이오드로 정류하기만 해서는 큰 맥동분을 포함하게 되어 직류 전원으로서 사용할 수 없다. 그래서 이 맥동분을 감소시켜서 매끄러운 직류로 하기 위한 회로이다.

㈑ 정전압 회로 : 입력이나 부하의 변동에 관계없이 자동적으로 출력 전압을 일정하게 유지할 목적으로 사용하는 회로이다. 교류 안정 전원 회로와 직류 안정 전원 회로로 나뉘며, 어느 것이나 안정화 전원으로서 사용된다.

㈒ 배전압 회로 : 입력 변압기의 정격 전압을 증가시키지 않고 정류된 첨두 전압을 증가시키는 작용을 하는 회로로 TV 수상기와 같이 고전압, 저전류의 응용에 많이 사용된다. 전압 체배기라고도 부른다.

(3) 요소 부품 기초

① 저항기(resister)

(가) 고정 저항기

㉮ 카본 저항기 : 탄소 피막 저항기라고도 하며, 자기 막대 파이프의 외부에 탄소(카본)의 얇은 막을 입히고 피막 보호와 절연을 위해 전면에 도료가 칠해져 있는 구조

㉯ 솔리드 저항기 : 몰드 저항기라고도 하며, 저항체를 막대 모양으로 만들어 단자를 붙이고 절연성 수지 등의 보호용 케이스에 넣은 구조

㉰ 시멘트 저항기 : 세라믹(자기) 저항기라고도 하며, 절연과 열 발산을 위해 권선 저항기를 세라믹(자기)으로 만든 케이스에 넣고 굳힌 형태

솔리드 저항기 시멘트 저항기

㉱ 금속 피막 저항기 : 자기 막대 파이프의 외부에 금속의 얇은 막을 입히고 피막 보호와 절연을 위해 전면에 도료가 칠해져 있는 구조

㉲ 권선 저항기 : 자기나 합성수지 등의 절연물 위에 저항선을 감고, 그 위에 절연 도료를 칠한 구조

㉳ 어레이(array) 저항기 : 네트워크 저항기라고도 하며, 동일한 저항값의 저항기를 대량으로 사용하는 경우에 사용

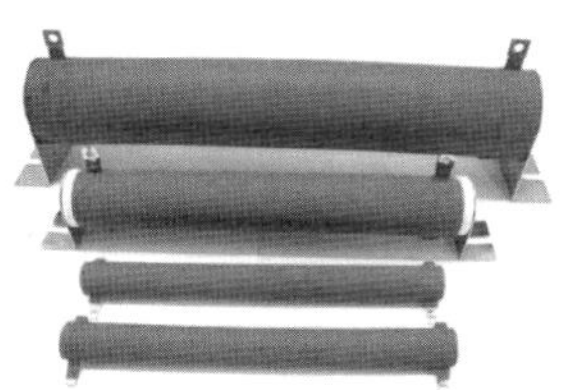

권선 저항기

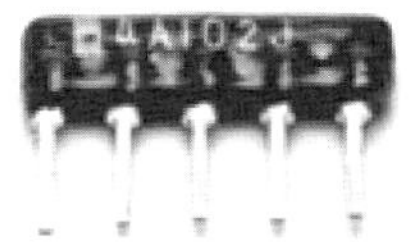

어레이 저항기

㉴ 칩(chip) 저항기 : 주로 SMT(Surface Mounted Technology, 표면실장기법) 회로에 사용

(나) 가변 저항기 : 저항에 의한 전압 강하나 전류 등을 분배할 때 사용된다.

② 콘덴서(condenser) : 직류 전류를 지지하고 교류 전류만을 흐르게 하거나 공진 회로를 구성하여 특정 주파수만 취급하는 곳에 사용된다. 고정 콘덴서, 가변 콘덴서(variable condenser), 반고정 콘덴서 등이 있다.

③ 인덕터(inducter) : 인덕턴스(inductance, 도선이나 코일의 전기 전자적 성질)를 가지는 코일을 말하며, 교류 전류가 변화할 때 인덕터에 발생하는 저항력을 유도 리액턴스라고 한다. 용도에 따라 동조 코일, 초크 코일, 발진 코일, 트랜스포머 등으로 구분된다.

예상문제

1. 금속 및 전해질 용액과 같이 전기가 잘 흐르는 물질을 무엇이라 하는가? [02-5, 15-5]

① 도체 ② 저항
③ 절연체 ④ 반도체

해설 자유전자의 수가 많은 것, 즉 전기를 잘 통하는 물질을 도체라 한다.

2. 그림에서 X로 표시되는 기기는 무엇을 측정하는 것인가? [10-5, 15-5]

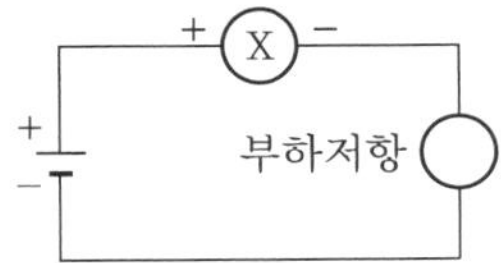

① 교류 전압 ② 교류 전류
③ 직류 전압 ④ 직류 전류

해설 전류는 직렬로 연결하여 측정하며, 직류 전류계는 +단자는 전원 +쪽에, −단자는 전원 −쪽에 연결하고 교류 전류계는 단자에 +, − 구별 없이 연결하여 측정한다.

3. 일반적인 가정에서 제일 많이 사용하는 전원 방식은? [09-5]

① 단상 직류 220 V
② 단상 교류 220 V
③ 3 상 직류 220 V
④ 3 상 교류 220 V

해설 가정용 전기는 단상 교류 60 Hz 220 V이다.

4. 도체의 전기 저항은? [04-5, 12-2]

① 단면적에 비례하고 길이에 반비례한다.
② 단면적에 반비례하고 길이에 비례한다.
③ 단면적과 길이에 반비례한다.
④ 단면적과 길이에 비례한다.

해설 도체의 전기 저항은 $R=\rho\frac{l}{S}$[Ω]이므로 도체의 길이 l에 비례하고 단면적에 S에 반비례한다. 온도가 변화하면 도체의 저항도 변화한다.

5. 전류의 단위로 암페어(A)를 사용한다. 다음 중 1 A에 해당하는 것은? [14-5]

① 1 s 동안에 1 C의 전기량이 이동하였다.
② 저항이 1 Ω인 물체에 10 V의 전압을 인가하였다.
③ 1 m 높은 전위에서 1 m 낮은 전위로 전기량이 흘렀다.
④ 1 C의 전기량이 두 점 사이를 이동하여 1 J의 일을 하였다.

해설 진공 속에 1 m의 간격으로 평행하게 놓인 두 줄의 무한히 길고 극히 가는 도선을 흐를 때, 그 도체의 길이 1 m마다 2×10^{-7}N의 힘이 생기는 일정한 전류의 세기를 1암페어(A)라고 한다.

정답 1. ① 2. ④ 3. ② 4. ② 5. ①

6. 전기량(Q)과 전류(I), 시간(t)의 상호 관계식이 옳은 것은? [10-5, 16-4]

① $Q=It$ ② $Q=\frac{I}{t}$

③ $Q=\frac{t}{I}$ ④ $I=Q$

해설 $P=\frac{VQ}{t}=VI$, $V=IR$, $\frac{VQ}{t}=VI$

$\therefore Q=It$

7. 전류를 측정하는 기본 단위의 표현이 틀린 것은? [12-5, 15-3]

① 나노 암페어 : pA
② 밀리 암페어 : mA
③ 킬로 암페어 : kA
④ 마이크로 암페어 : μA

해설 전류의 단위에는 kA, A, mA, μA 등이 있으며, 나노 암페어는 nA, 피코 암페어는 pA이다.

8. 전류가 하는 일이 아닌 것은? [05-5]

① 발열 작용 ② 자기 작용
③ 화학 작용 ④ 증폭 작용

해설 전류가 하는 일은 발열 작용, 화학 작용, 증폭 작용 등이다.

9. 절연 전선에서는 온도가 높게 되면 절연물이 열화되어 절연 전선으로서 사용할 수 없게 되므로 전선에 안전하게 흘릴 수 있는 최대 전류를 규정해 놓고 있다. 이것을 무엇이라 하는가? [08-5]

① 허용 전류 ② 합성 전류
③ 단락 전류 ④ 내부 전류

해설 허용 한도 이내의 전류를 안전 전류라고 한다.

10. 옴의 법칙(Ohm's law)에 관한 설명 중 옳은 것은?

① 전압은 전류에 비례한다.
② 전압은 저항에 반비례한다.
③ 전압은 전류에 반비례한다.
④ 전압은 전류의 2승에 비례한다.

해설 옴의 법칙(Ohm's law) : 도체(conductor)를 흐르는 전류의 크기는 도체의 양끝에 가한 전압에 비례하고 그 도체의 전기 저항에 반비례한다.

11. 전기저항과 열의 관계를 설명한 것으로 틀린 것은? [16-2]

① 저항기는 대부분 정특성을 갖는다.
② 전구의 필라멘트는 부특성을 갖는다.
③ 온도 상승과 저항값이 비례하는 것을 정특성이라 한다.
④ 온도 상승과 저항값이 반비례하는 것을 부특성이라 한다.

해설 저항은 대부분 정특성이며, 필라멘트는 저항이므로 정특성을 갖는다.

12. 저항의 직렬접속 회로에 대한 설명 중 틀린 것은?

① 직렬 회로의 전체 저항 값은 각 저항의 총합계와 같다.
② 직렬 회로 내에서 각 저항에는 같은 크기의 전류가 흐른다.
③ 직렬 회로 내에서 각 저항에 걸리는 전압 강하의 합은 전원 전압과 같다.
④ 직렬 회로 내에서 각 저항에 걸리는 전압의 크기는 각 저항의 크기와 무관하다.

13. 4Ω, 5Ω, 8Ω의 저항 3개를 병렬로 접속하고 50 V의 전압을 가하면 5Ω에 흐르는 전류는 몇 A인가? [06-5, 12-2, 14-5]

정답 6. ① 7. ① 8. ② 9. ① 10. ① 11. ② 12. ④ 13. ④

① 4　② 5　③ 8　④ 10

해설 $I=\frac{V}{R}=\frac{50}{5}=10\text{A}$

14. 두 개의 저항 R_1, R_2가 병렬로 접속된 회로에 R_1에 20 V의 전압이 걸렸다면, R_2에는 몇 V의 전압이 걸리게 되는가? [14-2]

① 20　② $20R_1$

③ $20R_2$　④ $20R_1R_2$

해설 저항의 병렬접속에서 전압의 값은 변화가 없다.

15. 10 Ω과 20 Ω의 저항이 직렬로 연결된 회로에 50 V의 전압을 가했을 때 10 Ω의 저항에 걸리는 전압을 구하면 얼마인가? [06-5, 09-5]

① 5 V　② 10 V

③ 20 V　④ 30 V

해설 $I=\frac{E}{R}=\frac{50}{10+20}=1.67\text{A}$

$V=IR=1.67\times 10=16.7\text{V}\fallingdotseq 20\text{V}$

16. 그림과 같이 정전 용량 C_1, C_2를 병렬로 접속하였을 때의 합성 정전 용량은?

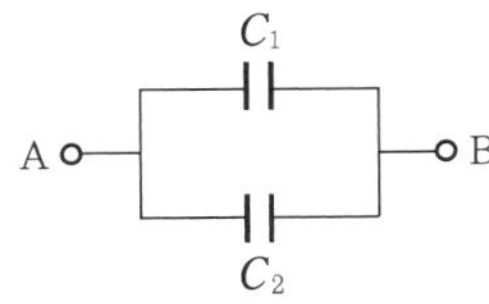

① C_1+C_2　② $\frac{1}{C_1+C_2}$

③ $\frac{C_1\times C_2}{C_1+C_2}$　④ $C_1\times C_2$

17. 4μF와 6μF의 콘덴서를 직렬로 접속했을 때 합성 정전 용량(μF)은 얼마인가?

① 2　② 2.4　③ 10　④ 24

해설 $C_s=\frac{C_1\cdot C_2}{C_1+C_2}=\frac{24}{10}=2.4\mu\text{F}$

18. 직류 200 V, 1000 W의 전열기에 흐르는 전류는 얼마인가? [07-5, 13-5, 16-4]

① 0.5 A　② 5 A　③ 50 A　④ 10 A

해설 전력 = 전류×전압이므로

$P=IV\,[\text{W}]$에서 $I=\frac{P}{V}=\frac{1000}{200}=5\text{A}$

19. 다음 중 전력(electric power)을 맞게 설명한 것은? [13-2]

① 도선에 흐르는 전류의 양을 말한다.

② 전원의 전기적인 압력을 말한다.

③ 단위 시간 동안에 전하가 하는 일을 말한다.

④ 전기가 할 수 있는 힘을 말한다.

해설 전력은 단위 시간당 전기 에너지이다.

20. 전력을 바르게 표현한 것은? [15-5, 16-2]

① 전압×저항　② 저항/전류

③ 전압×전류　④ 전압/저항

해설 $P=\frac{W}{t}=V\times I=\frac{V^2}{R}=I^2R$

21. 일정 시간 동안 전기 에너지가 한 일의 양을 무엇이라고 하는가? [14-2]

① 전류　② 전압

③ 전기량　④ 전력량

해설 전력량 : 일정 시간 동안 전류가 행한 일 또는 공급되는 전기 에너지의 총량으로 전력과 시간의 곱으로 계산할 수 있다. 전압이 V, 전류가 I, 사용 시간이 t일 때 소비되는 전력량은 $V\cdot I\cdot t$이다.

정답 14. ① 15. ③ 16. ① 17. ② 18. ② 19. ③ 20. ③ 21. ④

22. 측정 단위 중 1 kW는 몇 W인가? [07-5, 13-5]

① 10 ② 100
③ 1000 ④ 10000

23. 10 A의 전류가 흘렀을 때의 전력이 100 W인 저항에 20 A의 전류가 흐르면 전력은 몇 W인가? [12-2]

① 50 ② 100
③ 200 ④ 400

해설 $P=I^2R$이므로 $100=10^2\times R$
$\therefore R=1\Omega,\ P=20^2\times1=400\text{ W}$

24. 100 Ω의 크기를 가진 저항에 직류 전압 100 V를 가했을 때, 이 저항에 소비되는 전력은 얼마인가? [12-2]

① 100 W ② 150 W
③ 200 W ④ 250 W

해설 $P=\dfrac{V^2}{R}=\dfrac{100^2}{100}=100\text{ W}$

25. 500 W의 전력을 소비하는 전기난로를 6시간 동안 사용할 때의 전력량은 어느 것인가? [05-5, 14-5]

① 0.3 kWh ② 3 kWh
③ 30 kWh ④ 300 kWh

해설 $W=Pt=500\times6=3000\text{ Wh}=3\text{ kWh}$

26. 정격이 5 A, 220 V인 전기 제품을 10시간 동안 사용하였을 때 전력량은 몇 kWh인가? [08-5, 10-5, 14-2]

① 1 ② 11
③ 21 ④ 31

해설 $W=Pt=VIt=220\times5\times10$
$=11000\text{ Wh}=11\text{ kWh}$

27. 한 달간 사용한 전력량을 계산하였더니 100 kWh를 사용하였는데, 이를 줄(J) 단위로 환산하면 얼마인가? [14-2]

① 0.24 ② 746
③ 10^5 ④ 3.6×10^3

해설 $100\text{ kWh}=100\times1000\times60\times60$
$=3.6\times10^8\text{J}$

28. 전열기에 전압을 가하여 전류를 흘리면 열이 발생하게 되는데, I[A]의 전류가 저항 R[Ω]인 도체를 t[s] 동안 흘렀다면 이 도체에서 발생하는 열에너지는 몇 J인가? [11-5, 14-5]

① IRt ② I^2Rt
③ $4.2I^2Rt$ ④ $0.24I^2Rt$

해설 $W=VIt=I^2Rt\text{[J]}$

29. 10 Ω의 저항에 5 A의 전류를 3분 동안 흘렸을 때 발열량은 몇 cal인가? [04-5]

① 1080 cal ② 2160 cal
③ 5400 cal ④ 10800 cal

해설 $H=0.24I^2Rt$
$=0.24\times5^2\times10\times3\times60=10800\text{ cal}$

30. 다음 설명 중 맞는 것은? [13-5]

① 일정 시간에 전기 에너지가 한 일의 양을 전력이라 한다.
② 전열기는 전류의 발열 작용을 이용한 것이다.
③ kW는 전력량의 단위이다.
④ W는 전열량의 단위이다.

31. 회로 내 임의의 분기점에 유입, 유출되는 전류의 대수합은 같다는 법칙은?

정답 22. ③ 23. ④ 24. ① 25. ② 26. ② 27. ④ 28. ② 29. ④ 30. ② 31. ②

① 옴의 법칙
② 키르히호프의 법칙
③ 렌츠의 법칙
④ 플레밍의 오른손 법칙

32. 다음 그림과 같은 직류 브리지의 평형 조건은? [02-6, 10-5]

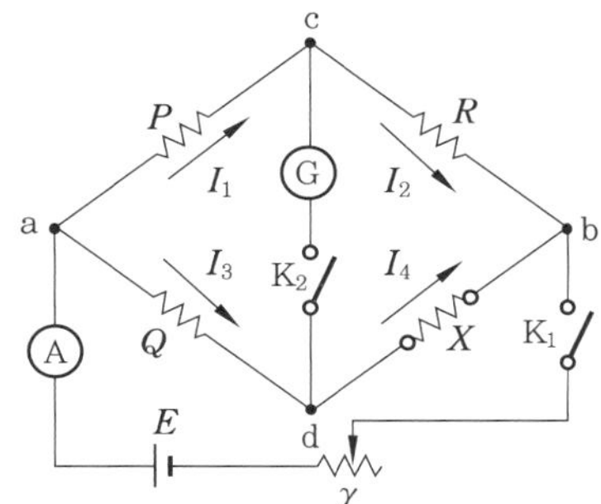

① $QX=PR$ ② $PX=QR$
③ $RX=PQ$ ④ $RX=2PQ$

해설 평형 브리지에서 서로 마주보는 저항의 곱은 같다.

33. 범위 0.1~10Ω의 저항을 측정할 때 가장 적합한 계기는?

① 절연 저항계
② 콜라우시 브리지
③ 켈빈 더블 브리지
④ 휘트스톤 브리지

34. 다음 설명 중 배선 공사에 대하여 잘못 설명한 것은?

① 배선과 기구선과의 접속은 장력이 걸리지 않고 기구 기타에 의해 눌림을 받지 않도록 하여야 한다.
② 기구의 용량이 전선의 허용 전류보다도 적어 부득이 소선을 감선할 경우에는 기구의 용량 이하로 감선해서는 안 된다.
③ 전선을 1본 밖에 접속할 수 없는 구조의 단자에 2본 이상의 전선을 접속해서는 안 된다.
④ 전선을 나사로 고정할 경우로서 접속이 풀릴 우려가 있는 경우, 2중 너트 또는 스프링 와셔를 사용하지 않아도 된다.

해설 전선을 나사로 고정할 경우에 진동 등으로 헐거워질 우려가 있는 장소는 2중 너트, 스프링 와셔 및 나사 풀림 방지 기구가 있는 것을 사용한다.

35. 전선 및 케이블의 구비 조건으로 맞지 않는 것은?

① 고유 저항이 클 것
② 기계적 강도 및 가요성이 풍부할 것
③ 내구성이 크고 비중이 작을 것
④ 시공 및 접속이 쉬울 것

해설 전선 및 케이블의 구비 조건
- 도전율이 클 것 → 고유 저항이 작을 것
- 기계적 강도가 크고, 가요성이 풍부할 것
- 내구성이 있을 것
- 공사가 쉬울 것

36. 전선의 식별에 있어서, 보호 도체 색상은 어느 것인가?

① 녹색－노란색 ② 갈색－노란색
③ 회색－노란색 ④ 청색－노란색

해설 전선의 색상

상(문자)	색상
L1	갈색
L2	흑색
L3	회색
N	청색
보호 도체	녹색－노란색

정답 32. ② 33. ④ 34. ④ 35. ① 36. ①

37. 일반적으로 인장 강도가 커서 가공 전선로에 주로 사용하는 구리선은?

① 경동선 ② 연동선
③ 합성 연선 ④ 합성 단선

해설 • 경동선 : 가공 전선로에 주로 사용
• 연동선 : 옥내 배선에 주로 사용
• 합성 연선, 합성 단선 : 가공 송전 선로에 사용

38. 전선의 공칭 단면적에 대한 설명으로 옳지 않은 것은?

① 소선 수와 소선의 지름으로 나타낸다.
② 단위는 mm^2로 표시한다.
③ 전선의 실제 단면적과 같다.
④ 연선의 굵기를 나타내는 것이다.

해설 전선의 공칭 단면적
(1) 단위는 mm^2로 표시한다.
(2) 전선의 실제 단면적과는 다르다.
예 (소선 수/소선 지름) → (7/0.85)로 구성된 연선의 공칭 단면적은 4 mm^2이며, 계산 단면적은 3.97 mm^2이다.

39. 나전선 등의 금속선에 속하지 않는 것은?

① 경동선(지름 12 mm 이하의 것)
② 연동선
③ 동합금선(단면적 35 mm^2 이하의 것)
④ 경알루미늄선(단면적 35 mm^2 이하의 것)

해설 나전선 등의 금속선 : ①, ②, ④ 이외에 다음과 같다.
• 동합금선(단면적 25 mm^2 이하)
• 알루미늄 합금선(단면적 35 mm^2 이하)
• 아연도강선
• 아연도철선

40. 해안 지방의 송전용 나전선에 가장 적당한 것은?

① 철선 ② 강심 알루미늄선
③ 동선 ④ 알루미늄 합금선

해설 해안 지방의 송전용 나전선에는 염해에 강한 동선이 적당하다.

41. 연선 결정에 있어서 중심 소선을 뺀 층수가 2층이다. 소선의 총 수 N은 얼마인가?

① 61 ② 37 ③ 19 ④ 7

해설 총 소선수
$N=3n(n+1)+1$
$=3\times 2(2+1)+1=19$가닥

42. 옥내배선 공사할 때 연동선을 사용할 경우 전선의 최소 굵기(mm^2)는?

① 1.5 ② 2.5
③ 4 ④ 6

해설 저압 옥내배선의 사용전선 및 중성선의 굵기(KEC 231.3) : 저압 옥내배선의 전선은 단면적 2.5 mm^2 이상의 연동선 또는 이와 동등 이상의 강도 및 굵기일 것

43. 선도체의 단면적이 16 mm^2이면, 구리 보호도체의 굵기는?

① 1.5 mm^2 ② 2.5 mm^2
③ 16 mm^2 ④ 25 mm^2

해설 보호도체의 선정(KEC 142.3.2) : 선도체의 단면적이 16 mm^2 이하이면, 구리 보호도체의 최소 단면적은 선도체와 같은 굵기로 한다.

44. 다음 중 450/750 V 일반용 단심 비닐 절연 전선의 약호는?

① NRI ② NF ③ NFI ④ NR

해설 배선용 비닐 절연 전선 및 비닐시스 케이블의 약호

정답 37. ① 38. ③ 39. ③ 40. ③ 41. ③ 42. ② 43. ③ 44. ④

약호	종류
NR	450/750 V 일반용 단심 비닐 절연 전선
NF	450/750 V 일반용 유연성 단심 비닐 절연 전선
NRI(70)	300/500 V 기기 배선용 단심 비닐 절연 전선(70°)
NFI(70)	300/500 V 기기 배선용 유연성 단심 비닐 절연 전선(70°)
NRI(90)	300/500 V 기기 배선용 단심 비닐 절연 전선(90°)
NFI(90)	300/500 V 기기 배선용 유연성 단심 비닐 절연 전선(90°)
LPS	300/500 V 연질 비닐시스 케이블

45. 다음 중 300/300 V 평형 비닐 코드의 약호는?

① CIC ② FTC
③ LPC ④ FSC

해설 유연성 비닐 케이블(코드)(KS C IEC 60227-5)
(1) CIC : 300/300 V, 실내 장식 전등 기구용 코드
(2) FTC : 300/300 V, 평형 금사 코드
(3) LPC : 300/300 V, 연질 비닐시스 코드
(4) FSC : 300/300 V, 평형 비닐 코드
(5) ACSR : 강심 알루미늄 연선

46. 절연 전선의 피복에 "154 kV NRV"라고 표기되어 있다. 여기서 "NRV"는 무엇을 나타내는 약호인가?

① 형광등 전선
② 고무 절연 폴리에틸렌 시스 네온 전선
③ 고무 절연 비닐시스 네온 전선
④ 폴리에틸렌 절연 비닐시스 네온 전선

해설 154 kV 고무 절연 비닐시스 네온 전선
(N : 네온, R : 고무, V : 비닐)
※ E : 폴리에틸렌, C : 클로로프렌

47. 다음 중 배선 기구가 아닌 것은?

① 배전반 ② 개폐기
③ 접속기 ④ 배선용 차단기

해설 배전반(switchboard) : 빌딩이나 공장에서는 송전선으로부터 고압의 전력을 받아 변압기를 통해 저압으로 변환하여 각종 전기설비 계통으로 배전하는데, 이때 배전을 하기 위한 장치를 말한다.

48. 코드 상호간 또는 캡타이어 케이블 상호간을 접속하는 경우 가장 많이 사용되는 기구는?

① T형 접속기 ② 코드 접속기
③ 와이어 커넥터 ④ 박스용 커넥터

해설 코드 접속기(cord connection)는 코드를 서로 접속할 때 사용한다.

49. 220 V 옥내 배선에서 백열전구를 노출로 설치할 때 사용하는 기구는?

① 리셉터클 ② 테이블 탭
③ 콘센트 ④ 코드 커넥터

해설 리셉터클(receptacle) : 벽이나 천장 등에 고정시켜 소켓처럼 사용하는 배선 기구

50. 다음 그림 기호는?

정답 45. ④ 46. ③ 47. ① 48. ② 49. ① 50. ②

① 리셉터클 ② 비상용 콘센트
③ 점검구 ④ 방수형 콘센트

51. 다음 중 벽붙이 콘센트를 표시한 올바른 그림 기호는?

① (벽붙이 콘센트 기호) ② (천장붙이 콘센트 기호)
③ (바닥붙이 콘센트 기호) ④ (콘센트 기호) EX

해설 ① : 벽붙이, ② : 천장붙이
③ : 바닥붙이, ④ : 방폭형

52. 전기 시퀀스 제어 회로를 구성하는 요소 중 동작은 수동으로 되나 복귀는 자동으로 이루어지는 것은? [16-2]

① 토글 스위치(toggle switch)
② 선택 스위치(selector switch)
③ 푸시 버튼 스위치(push button switch)
④ 로터리 캠 스위치(rotary cam switch)

해설 푸시 버튼 스위치 : 자기 유지형과 자동 복귀형이 있으며, 이 중 자동 복귀형은 수동 조작 스프링에 의한 자동 복귀의 동작을 한다.

53. 검출용 스위치 중 접촉형 스위치가 아닌 것은? [11-5]

① 마이크로 스위치
② 광전 스위치
③ 리밋 스위치
④ 리드 스위치

해설 광전 스위치는 비접촉형 스위치이다.

54. 하나의 콘센트에 둘 또는 세 가지의 기계·기구를 끼워서 사용할 때 사용되는 것은 어느 것인가?

① 노출형 콘센트 ② 키리스 소켓
③ 멀티 탭 ④ 아이언 플러그

해설 멀티 탭(multi tap) : 하나의 콘센트에 2~3가지의 기구를 사용할 때 쓴다.

55. 빌딩, 아파트 물탱크(수조)의 수위를 검출하며 급수 펌프를 자동으로 운전하도록 하는 것은? [06-5, 15-5]

① 전자 계폐기 ② 플로트리스 계전기
③ 근접 스위치 ④ 한계 스위치

해설 부동 스위치는 보통 플로트 스위치라고도 하며 물탱크 또는 집수정의 물의 양에 따라 수위가 올라가거나 내려가면 자동으로 동작하는 스위치이다.
※ 자동 제어 스위치의 종류에는 부동 스위치, 압력 스위치, 수은 스위치, 타임 스위치 등이 있다.

56. 물탱크의 수위를 조절하는 자동 스위치를 표시하는 것은?

① FS ② FCB
③ FLTS ④ FTS

해설 (1) FS(Field Switch) : 계자 스위치
(2) FCB(Field Circuit Breaker) : 계자 차단기
(3) FLTS(Float Switch) : 플로트 스위치
(4) FTS(Foot Switch) : 발밟음 스위치
(5) PS(Pressure Switch) : 압력 스위치
(6) PHS(Photoelectric Switch) : 광전 스위치
(7) PXS(Proximity Switch) : 근접 스위치

57. 그림과 같은 기호의 스위치 명칭은 무엇인가? [12-2, 15-3]

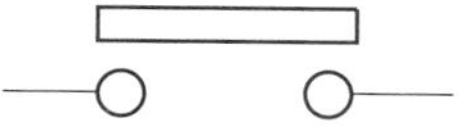

정답 51. ① 52. ③ 53. ② 54. ③ 55. ② 56. ③ 57. ③

① 광전 스위치 ② 터치 스위치
③ 리밋 스위치 ④ 레벨 스위치

해설 이 기호는 전기 시퀀스 기기 중 리밋 스위치 a 접점이다.

58. 상시 개방 접점과 상시 폐쇄 접점의 2가지 기능을 모두 갖고 있는 접점은? [16-2]

① 메이크 접점 ② 전환 접점
③ 브레이크 접점 ④ 유지 접점

해설 상시 개방 접점은 a 접점, 상시 폐쇄 접점은 b 접점이며, 이 두 접점을 합한 접점은 c 접점인 전환 접점이다.

59. 전기적인 입력 신호를 얻어 전기 신호를 개폐하는 기기로 반복 동작을 할 수 있는 기기는? [10-5, 16-2]

① 차동 밸브 ② 압력 스위치
③ 시퀀스 밸브 ④ 전자 릴레이

해설 전자 릴레이 : 전자 코일에 전류가 흐르면 전자석이 되어 그 전자력에 의해 접점을 개폐하는 기능을 가진 장치로 일반 시퀀스 회로의 분기나 접속, 저압 전원의 투입이나 차단 등에 사용된다.

60. 릴레이의 코일부에 전류가 공급되었을 때에 대한 설명으로 맞는 것은? [14-2]

① 접점을 복귀시킨다.
② 가동 철편을 잡아당긴다.
③ 가동 접점을 원위치시킨다.
④ 고정 접점에 출력을 만든다.

해설 전자 릴레이는 제어 전류를 개폐하는 스위치의 조작을 전자석의 힘으로 하는 것으로, 전압이 코일에 공급되면 전류는 코일이 감겨있는 데로 흘러 자장이 형성되고 전기자가 코일의 중심으로 당겨진다. 가동 부분, 즉 철심의 중량이 작고 작동거리가 짧은 것이 내구성이 높다.

61. 전자 계전기의 종류에 해당되지 않는 것은? [13-5]

① 보호 계전기
② 한시 계전기
③ 푸시 버튼 스위치
④ 전자 접촉기

62. 발전기의 배전반에 달려 있는 계전기 중 대전류가 흐를 경우 회로의 기기를 보호하기 위한 장치는 무엇인가? [15-5]

① 과전압 계전기 ② 과전력 계전기
③ 과속도 계전기 ④ 과전류 계전기

해설 변압기 보호장치

(1) 권선 보호장치 : 과전류 계전기, 차동 계전기, 비율 차동 계전기
(2) 기계적 보호장치 : 부흐홀쯔 계전기

63. 열동 계전기의 기호는? [11-5]

① DS ② THR ③ NFB ④ S

해설 계전기의 기호

- R : 계전기
- OVR : 과전압 계전기
- OCR : 과전류 계전기
- GR : 지락 계전기
- THR : 열동 계전기
- TDR : 시연 계전기
- TLR : 한시 계전기
- TR : 온도 계전기

64. 시퀀스 제어용 기기로 전자 접촉기와 열동 계전기를 총칭하는 것은? [12-2]

① 적산 카운터 ② 한시 타이머

정답 58. ② 59. ④ 60. ② 61. ③ 62. ④ 63. ② 64. ③

③ 전자 개폐기　　④ 전자 계전기

해설 전자 개폐기는 마그네틱 개폐기이다.

65. 다음 제어용 기기 중 과부하 및 단락 사고인 경우 자동 차단되어 개폐기 역할을 겸하는 것은? [04-5]

① 퓨즈
② 릴레이
③ 리밋 스위치
④ 노 퓨즈 브레이커

해설 과부하 및 단락 사고인 경우 자동 차단되어 개폐기 역할을 겸하는 것은 노 퓨즈 브레이커(NFB)이다.

66. 전동기의 과부하 보호 장치로 사용되는 계전기는?

① 지락 계전기(GR)
② 열동 계전기(THR)
③ 부족 전압 계전기(UVR)
④ 래칭 릴레이(LR)

67. 과전류 계전기가 트립된다면 그 원인은?

① 과부하
② 퓨즈 용단
③ 시동 스위치 불량
④ 배선용 차단기 불량

68. 전압이 가해지고 일정 시간이 경과한 후 접점이 닫히거나 열리고, 전압을 끊으면 순시 접점이 열리거나 닫히는 것은? [16-2]

① 전자 개폐기
② 플리커 릴레이
③ 온 딜레이 타이머
④ 오프 딜레이 타이머

해설 (1) 한시 동작 순시 복귀형(on delay timer) : 입력 신호가 들어오고 설정 시간이 지난 후 접점이 동작하며 신호 차단 시 접점이 순시 복귀되는 형태
(2) 순시 동작 한시 복귀형(off delay timer) : 입력 신호가 들어오면 순간적으로 접점이 동작하며 입력 신호가 소자하면 접점이 설정 시간 후 동작되는 형태

69. 시퀀스 제어(sequence control)의 접점 표시 중 한시 동작 한시 복귀 접점을 표시한 것은? [16-4]

① 　　② 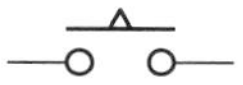
③ 　　④

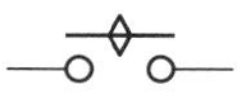

해설 ① : 릴레이 자동 복귀형 a 접점
② : 한시 동작 순시 복귀형 타이머 a 접점
③ : 순시 동작 한시 복귀형 타이머 a 접점
④ : 한시 동작 한시 복귀형 타이머 a 접점

70. 옥내 배선 공사에서 절연 전선의 피복을 벗길 때 사용하면 편리한 공구는?

① 드라이버　　② 플라이어
③ 압착 펜치　　④ 와이어 스트리퍼

해설 와이어 스트리퍼(wire striper)
(1) 절연 전선의 피복 절연물을 벗기는 자동 공구이다.
(2) 도체의 손상 없이 정확한 길이의 피복 절연물을 쉽게 처리할 수 있다.

71. 다음 중 전선에 압착 단자를 접속시키는 공구는?

① 와이어 스트리퍼
② 프레셔 툴
③ 볼트 클리퍼
④ 드라이브이트 툴

정답 65. ④　66. ②　67. ①　68. ③　69. ④　70. ④　71. ②

해설 프레셔 툴(pressure tool)은 솔더리스(solderless) 커넥터 또는 솔더리스 터미널을 압착하는 공구이다.

72. 배전반, 분전반 등의 배관을 변경하거나 이미 설치되어 있는 캐비닛에 구멍을 뚫을 때 필요한 공구는?

① 오스터 ② 클리퍼
③ 파이어 포트 ④ 녹아웃 펀치

해설 녹아웃 펀치(knock out punch) : 배전반, 분전반 등의 배관을 변경하거나 이미 설치되어 있는 캐비닛에 구멍을 뚫을 때 필요한 공구이다.

73. 녹아웃 펀치와 같은 용도로 배전반이나 분전반 등에 구멍을 뚫을 때 사용하는 것은?

① 클리퍼(cliper)
② 홀 소(hole saw)
③ 프레셔 툴(pressure tool)
④ 드라이브이트 툴(driveit tool)

해설 홀 소(hole saw) : 녹아웃 펀치와 같은 용도로 배·분전반 등의 캐비닛에 구멍을 뚫을 때 사용된다.

74. 굵은 전선이나 케이블을 절단할 때 사용되는 공구는?

① 클리퍼 ② 펜치
③ 나이프 ④ 플라이어

해설 클리퍼(clipper, cable cutter) : 굵은 전선을 절단할 때 사용하는 가위

75. 다음 중 소형 분전반이나 배전반을 고정시키기 위하여 콘크리트에 구멍을 뚫어 드라이브 핀을 박는 공구는?

① 드라이브이트 툴
② 익스팬션
③ 스크루 앵커
④ 코킹 앵커

해설 드라이브이트 툴(driveit tool)
(1) 큰 건물의 공사에서 드라이브 핀을 콘크리트에 경제적으로 박는 공구이다.
(2) 화약의 폭발력을 이용하기 때문에 취급자는 보안상 훈련을 받아야 한다.

76. 다음 중 옥내에 시설하는 저압 전로와 대지 사이의 절연 저항 측정에 사용되는 계기는 어느 것인가?

① 콜라우시 브리지
② 메거
③ 어스 테스터
④ 마그넷 벨

해설 • 절연 저항계(메거 : megger) : 절연 재료의 고유 저항이나 전선, 전기 기기, 옥내 배선 등의 절연 저항을 측정하는 계기이다.
• 콜라우시 브리지(Kohlrausch bridge) : 저저항 측정용 계기로 접지 저항, 전해액의 저항 측정에 사용된다.

77. 네온 검전기를 사용하는 목적은?

① 주파수 측정 ② 충전 유무 조사
③ 전류 측정 ④ 조도율 조사

해설 네온 검전기 : 네온(neon) 램프를 이용하여 전기 기기 설비 및 전선로 등 작업에 임하기 전에 충전 유무를 확인하기 위하여 사용한다.

78. 전기 공사에서 접지 저항을 측정할 때 사용하는 측정기는 무엇인가?

① 검류기 ② 변류기
③ 메거 ④ 어스 테스터

정답 72. ④ 73. ② 74. ① 75. ① 76. ② 77. ② 78. ④

해설 어스 테스터(earth tester : 접지 저항계)는 접지 저항 측정기이다.

79. 배전선로 공사에서 충전되어 있는 활선을 움직이거나 작업권 밖으로 밀어낼 때 또는 활선을 다른 장소로 옮길 때 사용하는 활선 공구는?

① 피박기 ② 활선 커버
③ 데드 앤드 커버 ④ 와이어 통

해설 와이어 통(wire tong) : 핀 애자나 현수 애자의 장주에서 활선을 작업권 밖으로 밀어낼 때 사용하는 활선 공구(절연봉)

80. 끊어진 회로를 연결하는 데 사용하는 것으로, 테스트되는 회로 보호를 위해 퓨즈 용량 이상의 것은 사용하지 말아야 하는 것은?

① 저항계
② 점프 와이어
③ 테스트 램프
④ 자체 전원 테스트 램프

해설 점프 와이어는 계기를 이용한 점검 중 끊어진 회로를 연결하는 데 사용되며, 개방(open)된 회로를 통과할 때 사용한다. 테스트되는 회로 보호를 위해 퓨즈 용량 이상의 것은 사용하지 말아야 한다.

81. 교류에서 전압과 전류의 벡터 그림이 다음과 같다면 어떤 소자로 구성된 회로인가? [12-2]

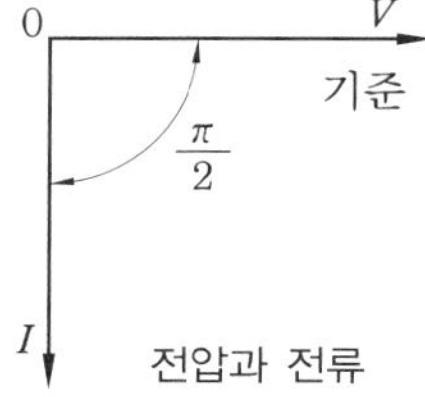

① 저항 ② 코일
③ 콘덴서 ④ 다이오드

82. 교류 전류 중 코일만으로 된 회로에서 전압과 전류와의 위상은? [08-5]

① 전압이 90° 앞선다.
② 전압이 90° 뒤진다.
③ 동상이다.
④ 전류가 180° 앞선다.

해설 인덕턴스 회로에서 전압은 전류보다 90° 위상이 앞선다.

83. 정전 용량 C[F]인 콘덴서에 교류 전원을 접속하여 사용할 경우의 전류와 전압과의 위상 관계는? [14-5]

① 전류와 전압은 동상이다.
② 전류가 전압보다 위상이 90° 늦다.
③ 전류가 전압보다 위상이 90° 앞선다.
④ 전류가 전압보다 위상이 120° 앞선다.

해설 교류 전류에서 콘덴서만의 회로는 전류가 전압보다 위상이 90° 앞선다.

84. 표와 같은 진리값을 갖는 논리 제어 회로는? [04-5 외 3회 출제]

입력 신호		출력
A	B	C
0	0	0
0	1	0
1	0	0
1	1	1

① OR 회로 ② AND 회로
③ NOT 회로 ④ NOR 회로

해설 AND 회로 : 논리곱이라고도 하며, 두 개의 입력 신호 A, B가 모두 있어야만 출력이 있는 논리

정답 79. ④ 80. ② 81. ② 82. ① 83. ③ 84. ②

85. 다음 그림과 같이 입력이 동시에 ON 되었을 때에만 출력이 ON 되는 회로를 무슨 회로라고 하는가? [12-2, 15-5]

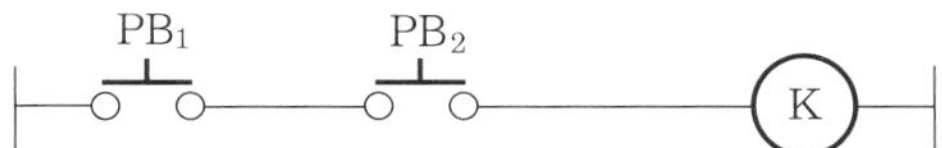

① OR 회로 ② AND 회로
③ NOR 회로 ④ NAND 회로

해설 AND 회로 : 2개 이상의 입력단과 1개의 출력단을 가지며, 모든 입력단에 입력이 가해졌을 경우에만 출력단에 출력이 나타나는 회로로 직렬연결이다.

86. 다음의 진리표에 따른 논리 회로로 맞는 것은 어느 것인가? (입력 신호 : a와 b, 출력 신호 : c) [04-5]

진리표

입력		출력
a	b	c
0	0	0
0	1	1
1	0	1
1	1	1

① OR 회로 ② AND 회로
③ NOR 회로 ④ NAND 회로

해설 2입력 OR 게이트 a+b=c의 진리표이다.

87. 다음 접점 회로가 나타내는 논리 회로는 어느 것인가? [06-5, 08-5, 14-5]

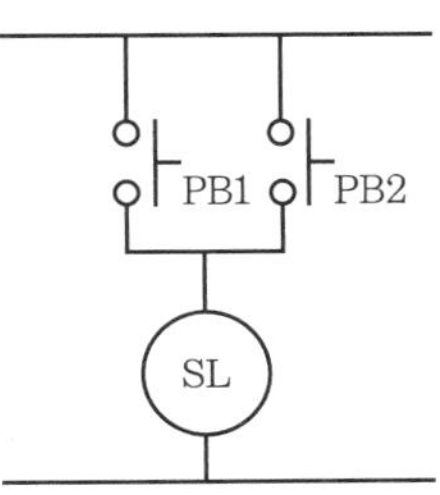

① OR 회로 ② AND 회로
③ NOT 회로 ④ NAND 회로

해설 OR 회로 : 2개 이상의 입력단과 1개의 출력단을 가지며, 어느 입력단에 입력이 가해져도 출력단에 출력이 나타나는 회로로 입력 스위치나 접점은 병렬연결이다.

88. 다음 진리값과 일치하는 로직 회로의 명칭은? [05-5, 07-5]

$\overline{A} = B$

입력 신호	출력
A	B
0	1
1	0

(진리값)

① AND 회로 ② OR 회로
③ NOT 회로 ④ NAND 회로

해설 NOT(인버터) 게이트는 논리 기호에서 입력이 있으면 출력이 없고, 입력이 없으면 출력이 있는 게이트이다.

89. NOT 회로의 기호는? [02-6]

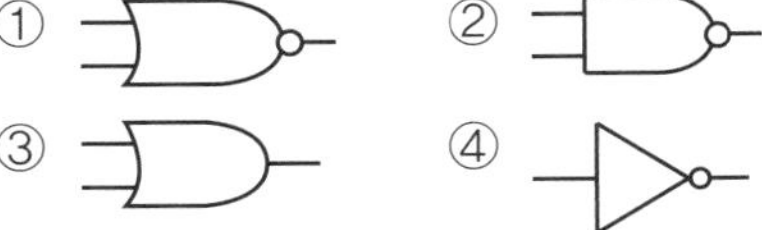

해설 ①은 NOR 회로, ②는 NAND 회로, ③은 OR 회로이다.

90. 그림의 논리 회로에서 입력 X, Y와 출력 Z 사이의 관계를 나타낸 진리표에서 A, B, C, D의 값으로 옳은 것은? [10-5]

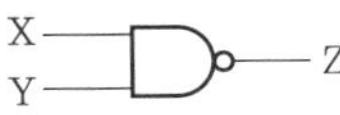

정답 85. ② 86. ① 87. ① 88. ③ 89. ④ 90. ①

X	Y	Z	X	Y	Z
1	1	A	0	1	C
1	0	B	0	0	D

① A=0, B=1, C=1, D=1
② A=0, B=0, C=1, D=1
③ A=0, B=0, C=0, D=1
④ A=1, B=0, C=0, D=0

해설 이것은 NAND 논리이다.

91. 다음 회로는 어떠한 회로를 나타낸 것인가? [15-3]

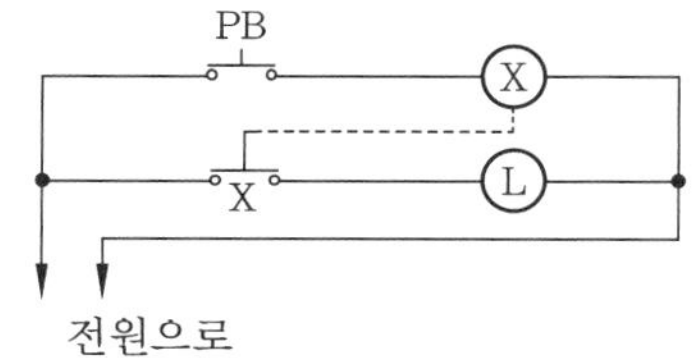

① on 회로
② off 회로
③ c 접점 회로
④ 인터록 회로

해설 PB 스위치와 X 접점이 a 접점이므로, PB를 눌러 통전되면 X가 여자되어 접점이 붙어 L에 출력이 있는 on 회로이다.

92. 주어진 입력 신호에 따라 정해진 출력을 나타내며 신호와 출력의 관계가 기억 기능을 겸비한 회로는? [12-2]

① 시퀀스 회로
② 온 오프 회로
③ 레지스터 회로
④ 플립플롭 회로

해설 플립플롭 회로(flip-flop circuit) : 주어진 입력 신호에 따라 정해진 출력을 내는 것으로, 기억 기능을 겸비한 것으로 되어 있다.

93. 그림과 같은 회로의 명칭은? [04-5]

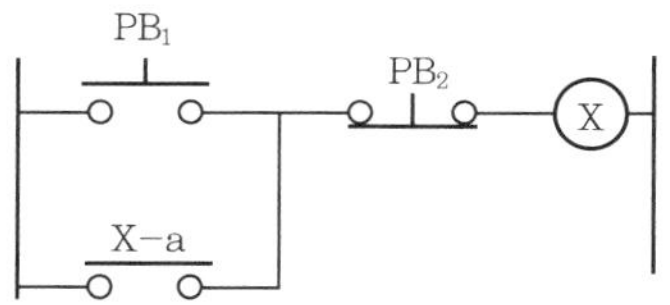

① 자기 유지 회로 ② 카운터 회로
③ 타이머 회로 ④ 플리커 회로

해설 간단히 릴레이를 사용한 시퀀스로 자기 유지 회로를 구성한 것이다.

94. 그림은 어떤 회로인가? [03-5]

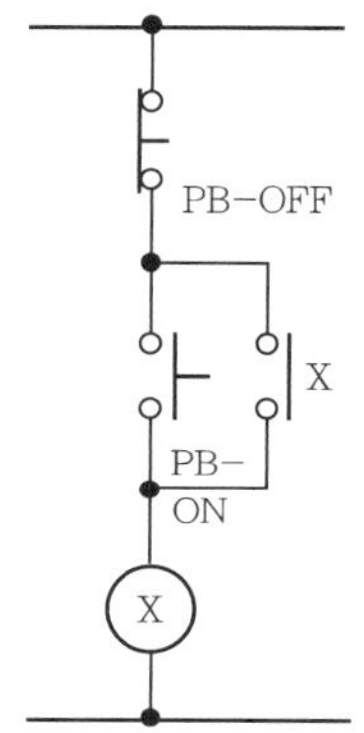

① 정지 우선 회로
② 기동 우선 회로
③ 신호 검출 회로
④ 인터록 회로

해설 정지 스위치가 먼저 전원측으로 연결되어 있으므로 정지 우선 회로이다.

95. 기기의 보호나 작업자의 안전을 위해 기기의 동작 상태를 나타내는 접점으로 기기의 동작을 금지하는 회로는? [10-5, 11-5]

① 인칭 회로
② 인터록 회로
③ 자기 유지 회로
④ 자기 유지 처리 회로

정답 91. ① 92. ④ 93. ① 94. ① 95. ②

해설 인터록 회로 : 기기의 동작을 서로 구속하며, 기기의 보호와 조작자의 안전을 목적으로 하는 회로

96. 전기 제어의 동작 상태에 관한 설명으로 옳지 않은 것은? [15-3]

① 기기의 미소 시간 동작을 위해 조작 동작되는 것을 조깅이라 한다.
② 계전기 코일에 전류를 흘려 자화 성질을 얻게 하는 것을 여자라 한다.
③ 계전기 코일에 전류를 차단하여 자화 성질을 잃게 하는 것을 소자라 한다.
④ 계전기가 소자된 후에도 동작 기능이 유효하게 하는 것을 인터록이라 한다.

해설 인터록(interlock) : 위험과 이상 동작을 방지하기 위하여 어느 동작에 대하여 이상이 생기는 다른 동작이 일어나지 않도록 제어 회로상 방지하는 수단

97. 여러 개의 입력 중에서 가장 먼저 신호가 입력되는 경우 다른 신호에 우선하여 그 회로가 동작되도록 하는 회로는? [13-5]

① 자기 유지 회로
② 시간 제어 회로
③ 선입력 우선 회로
④ 후입력 우선 회로

98. 버튼을 누르고 있는 동안만 회로가 동작하고, 놓으면 그 즉시 전동기가 정지하는 운전법으로, 주로 공작기계에 사용하는 방법은 어느 것인가? [07-5]

① 촌동 운전 ② 연동 운전
③ 정·역 운전 ④ 순차 운전

해설 입력이 있을 때만 출력이 있는 운전은 촌동 제어이다.

99. 기계 설비 조정을 위하여 순간적으로 전동기를 시동·정지시킬 때 이용하는 회로는 어느 것인가? [15-3]

① 정역 운전
② 리액터 기동
③ 현장·원격 제어
④ 촌동 운전(미동, jog)

해설 촌동 회로는 스위치가 ON 상태일 때에만 출력이 있는 회로로 믹서기 등에 이용된다.

100. 다음 회로는 무슨 회로인가? [14-2]

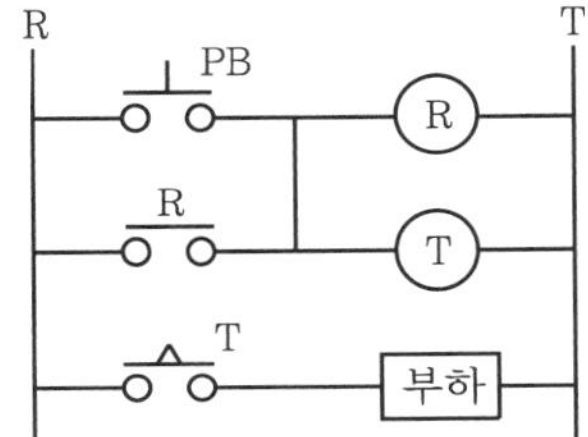

① 인터록 회로
② 정역 회로
③ 지연 동작 회로
④ 일정 시간 동작 회로

해설 지연 동작 회로는 타이머를 이용한 시간 지연 회로이다.

101. 자동차용의 전자 장치는 대개 직류 12 V로 동작되도록 만들어져 있는데, 사용 전압이 12 V가 아닌 전자 장치를 자동차에서 사용하려면 전압을 12 V로 변환시켜야 한다. 이와 같이 어떤 직류 전압을 입력으로 하여 크기가 다른 전압의 직류로 변환하는 회로는 어느 것인가? [09-5, 10-5, 13-2]

① 단상 인버터
② 3상 인버터

정답 96. ④ 97. ③ 98. ① 99. ④ 100. ③ 101. ④

③ 사이클로 컨버터
④ 초퍼

해설 초퍼 : 직류 전류를 고빈도로 통전, 차단하는 장치를 말한다. 교류에서는 변압기를 사용하면 에너지의 손실이 거의 없이 전압과 전류를 부하에 맞추어 변화시킬 수 있는데, 직류의 경우는 초퍼를 사용하여 비슷한 역할을 수행할 수 있다.

102. 그림과 같은 회로의 명칭은? [04-5]

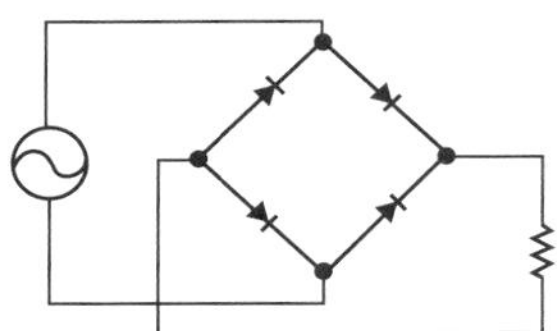

① 전파 정류 회로 ② 반파 정류 회로
③ 제어 정류 회로 ④ 정류기 필터 회로

해설 변압기 2차측의 중간 탭이 없는 경우 정류용 다이오드를 브리지 회로로 구성하여 전파 정류할 수 있는 회로이다.

103. 유접점 시퀀스 제어 회로의 특징으로 맞지 않는 것은? [05-5]

① 수명은 반영구적이다.
② 진동, 충격에 약하다.
③ 전기적 소음이 크다.
④ 주 회로와 동일한 전원을 사용한다.

해설 유접점 시퀀스 회로에서 접점이 쉽게 마모되기 때문에 수명이 반영구적이지 못하다.

104. 동일한 전원에 연결된 여러 개의 전등은 다음 중 어느 경우가 가장 밝은가? [11-5]

① 각 등을 직·병렬연결할 때
② 각 등을 직렬연결할 때
③ 각 등을 병렬연결할 때
④ 전등의 연결 방법에는 관계없다.

해설 각 전등을 병렬연결하면 밝기가 일정해진다.

105. 정류 회로에 커패시터 필터를 사용하는 이유는? [12-2]

① 용량 증대를 위하여
② 소음을 감소하기 위하여
③ 직류에 가까운 파형을 얻기 위하여
④ 2배의 직류값을 얻기 위하여

106. 다음과 같이 전력용 반도체 소자로 구성된 스위칭 회로의 이름은 무엇인가? [14-2]

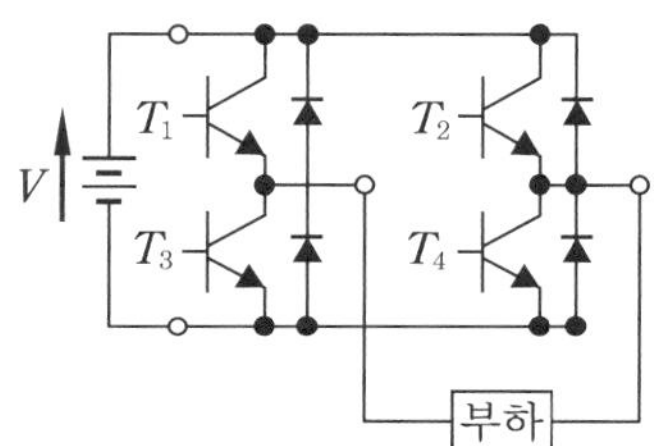

① 증폭기 ② 반파 정류
③ 인버터 ④ 3상 컨버터

해설 인버터(inverter) : 직류 전력을 교류 전력으로 변환하는 장치로 역변환 장치라고도 한다.

107. 교류 전류에 대한 저항(R), 코일(L), 콘덴서(C)의 작용에서 전압과 전류의 위상이 동상인 회로는? [16-2]

① R만의 회로
② L만의 회로
③ C만의 회로
④ R, L, C 직·병렬 회로

해설 R만의 회로 : 교류 전압 $e = E_m \sin\omega t$를 가할 때 흐르는 전류 $i = \frac{e}{R} = \frac{E_m}{R}\sin\omega t$이

정답 102. ① 103. ① 104. ③ 105. ③ 106. ③ 107. ①

다. 이 관계를 실횻값으로 표시하면 $I=\frac{E}{R}$ 이며, 전압과 전류는 위상이 같다.

108. 다음 그림의 회로에서 출력 전압(V_o)은? (단, $R_1 = R_2 = R_3 = R_F$)

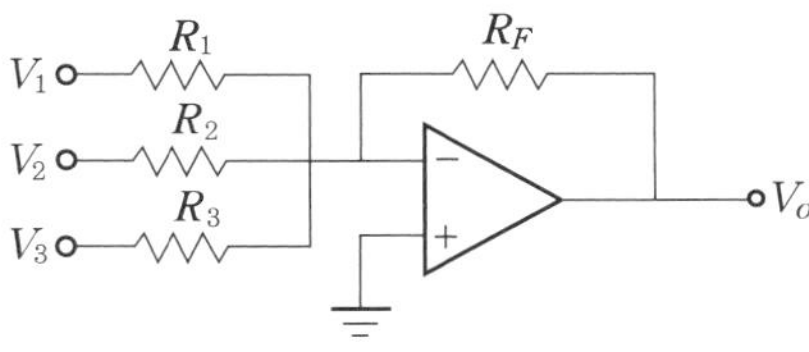

① $-(V_1+V_2+V_3)$
② $+(V_1+V_2+V_3)$
③ $[(V_1+V_2+V_3)/(R_1+R_2+R_3)]\,V_1$
④ $[(R_1+R_2+R_3)/(V_1+V_2+V_3)]\,V_1$

109. 그림의 회로에서 저항값은 각각 $R_F=$ 75 kΩ, $R_{in}=$15 kΩ이다. V_{in}에 −200 mV의 입력을 가했을 때 V_{out}의 출력 전압은 얼마인가?

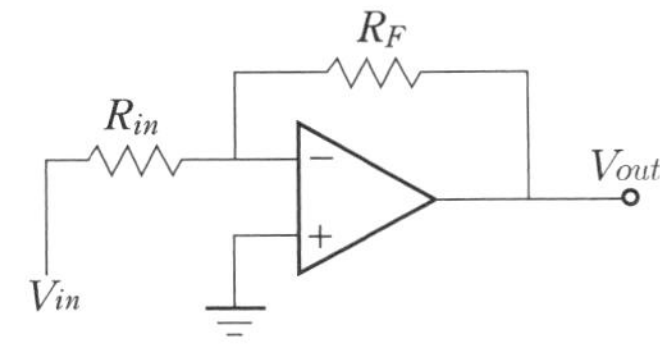

① +1 V ② −1 V ③ +5 V ④ −5 V

110. 그림과 같은 회로는 어떤 회로인가?

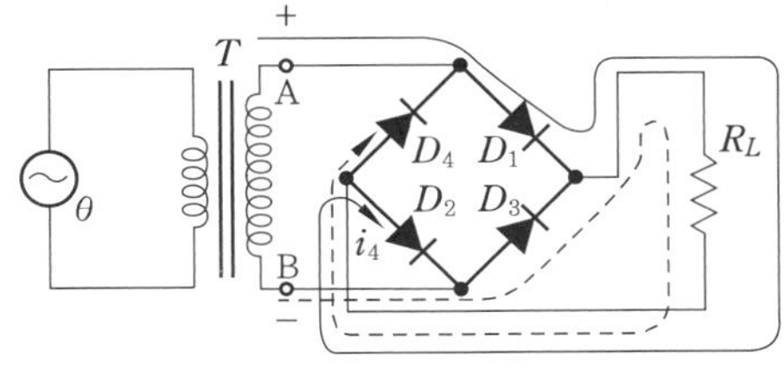

① 브리지형(bridge) 전파 정류 회로
② 반파 정류 회로
③ 배전압 정류 회로
④ 전파 정류 회로

해설 브리지형 전파 정류 회로 : 다이오드 4개에 중간 탭이 없는 변압기로 전파 정류하는 방법으로 가장 많이 사용되는 회로

111. 파형의 맥동 성분을 제거하기 위해 다이오드 정류 회로의 직류 출력단에 부착하는 것은? [07-5]

① 저항 ② 콘덴서
③ 사이리스터 ④ 트랜지스터

해설 콘덴서는 전기 용량을 얻기 위해 평행한 금속판과 같은 전극을 절연체로 분리한 것으로 전기 에너지를 저장하거나 직류의 흐름을 차단하기 위해 또는 전류의 주파수와 축전기의 용량에 따라 교류의 흐름을 조절할 때 쓰인다. 기호는 C로 표시한다.

112. 콘덴서에 대한 설명으로 옳은 것은?

① 단위로는 F가 사용된다.
② 발열 작용을 하므로 전구로도 사용된다.
③ 자기 작용을 하므로 전자석으로 사용된다.
④ 직렬연결은 가능하나 병렬연결은 할 수 없다.

해설 콘덴서 : 전하를 축적할 목적으로 두 개의 도체 사이에 절연물 또는 유전체를 삽입한 것으로 회로에 가해진 전기 에너지를 정전 에너지로 변환하여 축적하는 소자이다.

113. 그림과 같은 주파수 특성을 갖는 전기 소자는? [07-5]

정답 108. ① 109. ① 110. ① 111. ② 112. ① 113. ③

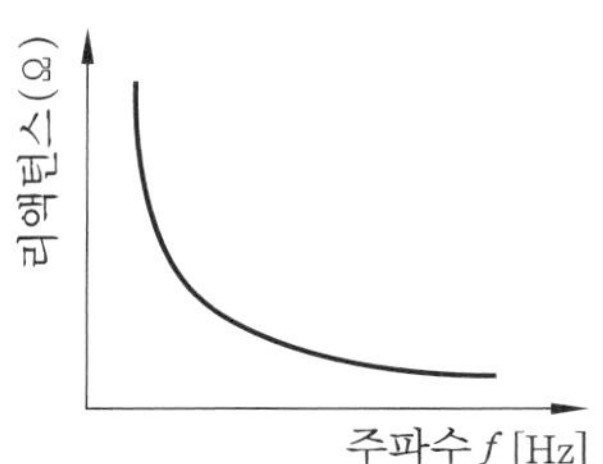

① 저항 ② 코일
③ 콘덴서 ④ 다이오드

해설 콘덴서는 주파수가 증가할수록 리액턴스가 감소된다.

114. 극성을 가지고 있으므로 교류 회로에 사용할 수 없는 콘덴서는? [04-5]

① 전해 콘덴서 ② 세라믹 콘덴서
③ 마이카 콘덴서 ④ 마일러 콘덴서

해설 극성을 가지고 있으면서 교류 회로에는 쓸 수 없고 직류 회로에만 사용되는 콘덴서는 전해 콘덴서이다.

115. 계전기(relay) 접점의 불꽃을 소거할 목적으로 사용하는 반도체 소자는?

① 배리스터 ② 서미스터
③ 터널 다이오드 ③ 버랙터 다이오드

해설 DC 전자석을 이용하는 기기를 사용할 때는 스파크가 발생되지 않도록 스파크 방지 회로를 채택해 주어야 한다. 그 방법에는 저항 이용법, 저항과 커패시터의 조합 방법, 다이오드 사용법, 제너 다이오드 사용법, 배리스터 사용법 등이 있다.

116. 누전 차단기의 설치 및 취급에 대한 사항과 관계가 먼 것은?

① 1개월에 1회 정도 테스터 버튼에 의하여 동작 상태를 확인한다.
② 누전 차단기를 설치하면 부하기기는 접지하지 않는다.
③ 습기나 부식성이 있는 장소는 피한다.
④ 전원은 전원측에 부하는 부하측에 확실히 접속한다.

117. 다음 중 단자가 3개가 아닌 것은 어느 것인가? [05-5]

① 사이리스터 ② 트라이액
③ 다이오드 ④ MOSFET

해설 다이오드는 애노드와 캐소드로서 2단자 소자이다.

118. 전원 전압을 안정하게 유지하기 위해서 사용되는 소자는?

① 제너 다이오드 ② 터널 다이오드
③ 포토 다이오드 ④ 쇼트키 다이오드

해설 제너 다이오드는 일반 다이오드와는 달리 역방향 항복에서 동작하도록 설계된 다이오드로서 전압 안정화 회로로 사용된다.

119. 다음 중 무접점 방식 시퀀스에 사용되는 것은? [16-4]

① 전자 릴레이 ② 푸시 버튼 스위치
③ 사이리스터 ④ 열동형 릴레이

해설 사이리스터는 P형과 N형을 번갈아 배치한 4개의 영역을 가진 단결합의 반도체 소자로 전류 제어 기능을 가지며 인버터, 무접점 릴레이 등에 응용된다.

120. 다음 중 SCR에 대한 설명으로 틀린 것은? [08-5, 13-5, 16-4]

① 교류가 출력된다.
② 정류 작용이 있다.
③ 교류 전원의 위상 제어에 많이 사용된다.

정답 114. ① 115. ① 116. ② 117. ③ 118. ① 119. ③ 120. ①

④ 한 번 통전하면 게이트에 의해서 전류를 차단할 수 없다.

해설 실리콘 제어 정류기(SCR)는 대전류를 제어하는 장치로 애노드와 캐소드는 off 상태에서 개방 회로의 역할을 하고, on 상태에서 단락 회로의 역할을 한다.

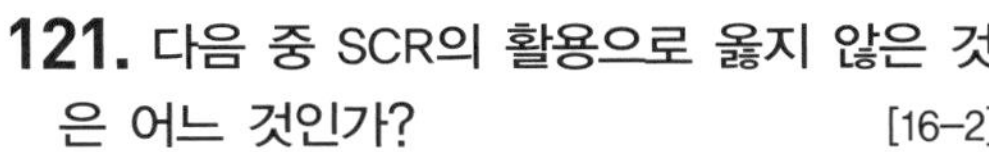

121. 다음 중 SCR의 활용으로 옳지 않은 것은 어느 것인가? [16-2]

① 수은 정류기
② 자동 제어 장치
③ 제어용 전력증폭기
④ 전류 조정이 가능한 직류 전원 설비

해설 SCR은 릴레이 제어, 위상 제어, 모터 제어, 히터 제어, 시간 지연 회로, 램프 조광기, 과전압 보호 회로 등을 포함하는 산업체의 전력 제어 분야에서 이용되고 있다.

122. 그림의 회로에서는 SCR을 동작시키려면 X점의 전압을 몇 V로 하면 되는가? (단, 다이오드를 동작시키는 데 필요한 게이트 전류는 정상 상태에서 20 mA이다.)

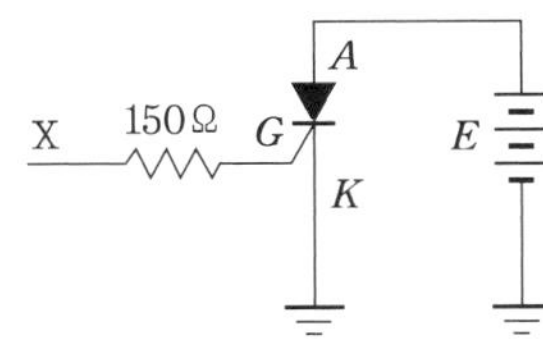

① 3.0 ② 3.6
③ 7.0 ④ 7.5

해설 게이트 G의 직렬 저항 $R=150\,\Omega$, 게이트 G의 전류 $I=20$ mA일 때, X점 전압
$V=IR+0.6=20\times10^{-3}\times150+0.6=3.6$ V
여기서, 0.6은 SCR을 도통하기 위한 계수

123. 그림의 트랜지스터 기호에서 A가 표시하는 것은?

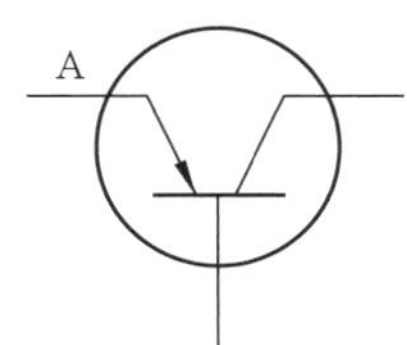

① 게이트 ② 베이스
③ 콜렉터 ④ 이미터

124. 다음 중 트랜지스터의 최대 정격으로 사용하지 않는 것은?

① 접합 온도
② 최고 사용 주파수
③ 컬렉터 전류
④ 컬렉터 – 베이스 전압

해설 트랜지스터의 최대 정격으로 사용하는 것에는 컬렉터 – 베이스 전압, 이미터 – 베이스 전압, 컬렉터 전류, 컬렉터 손실, 접합부 온도, 주위 온도 등이 있다.

125. 소자 상태에서 트랜지스터의 이미터와 컬렉터 사이의 이상적인 저항값(Ω)은?

① 0 ② 20
③ 50 ④ ∞

126. 트랜지스터가 증폭을 하기 위해 동작점은 어느 동작 영역에 있어야 하는가?

① 차단 영역 ② 활성 영역
③ 포화 영역 ④ 항복 영역

127. 다음 중 트랜지스터의 접지 방식이 아닌 것은?

① 게이트 접지 ② 이미터 접지
③ 베이스 접지 ④ 컬렉터 접지

정답 121. ① 122. ② 123. ④ 124. ② 125. ④ 126. ② 127. ①

128. 베이스 접지 시 전류 증폭률이 0.99인 트랜지스터를 이미터 접지 회로에 사용할 때 전류 증폭률은?

① 97 ② 98
③ 99 ③ 100

129. 전력용 트랜지스터의 종류가 아닌 것은?

① RCT ② BJT
③ MOSFET ④ IGBT

130. 트랜지스터 증폭 회로 중 입력과 출력 전압이 동위상이고 큰 입력 저항과 작은 출력을 가지며 전압 이득이 1에 가까워 임피던스 매칭용 버퍼로 사용되는 회로는?

① 공통 이미터 회로
② 공통 베이스 회로
③ 공통 컬렉터 회로
④ 공통 소스 회로

해설 공통 컬렉터 증폭기는 이미터 폴로어(emitter follower)라고도 하며 전압 이득이 거의 1이고 높은 전력 이득과 입력 저항을 갖는다는 점에서 높은 입력 임피던스를 갖는 전원과 낮은 임피던스를 갖는 부하 사이의 완충단 역할을 하는 버퍼(buffer)로 사용된다.

131. 접합 전계 효과 트랜지스터(JFET)의 드레인 소스간 전압을 0에서부터 증가시킬 때 드레인 전류가 일정하게 흐르기 시작할 때의 전압은?

① 차단 전압(cutoff voltage)
② 임계 전압(threshold voltage)
③ 항복 전압(breakdown voltage)
④ 핀치 오프 전압(pinch-off voltage)

해설 전계 효과 트랜지스터의 특징
- 유니폴라(unipolar) 소자이다.
- 극성이 1개만 존재하는 단극성 트랜지스터이다.
- 전압 제어 소자이다.
- 저전력 증폭기의 입력단에 적합하다.
- 소스, 드레인, 게이트 3개의 전극이 있다.
- 게이트 음(−)전압에 의해 채널이 막히는 것이 핀치 오프이다.

132. 다음 중 FET(Field Effect Transistor) 기호를 나타내는 것은?

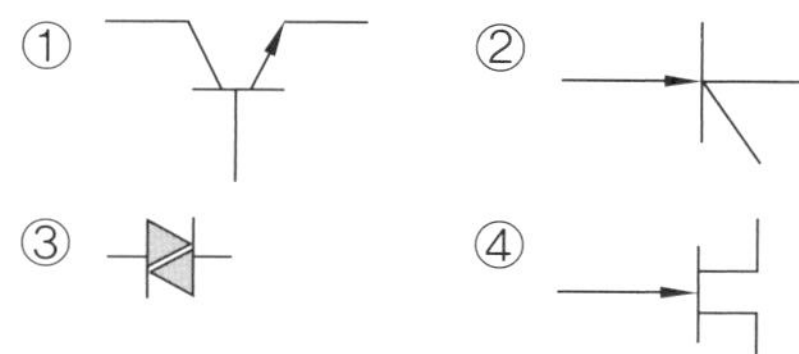

해설 FET는 전계 효과 트랜지스터이다.

133. 다음 기호가 나타내는 것으로 알맞은 것은 어느 것인가?

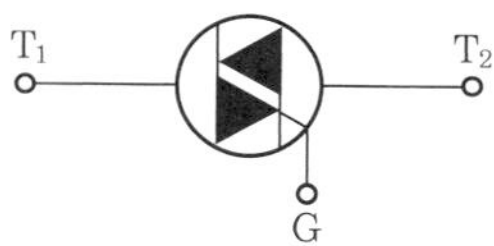

① 실리콘 제어 정류기(SCR)
② 다이액(diac)
③ 트라이액(triac)
④ 실리콘 양방향 스위치(SBS)

해설 트라이액(triac) : 5층 구조로 게이트 단자를 가진 특성이 더해진 다이액의 특성을 가진 교류 제어용으로 SCR과는 달리 + 또는 − 게이트 신호로 전원의 정역방향으로도 동작이 가능하기 때문에 양방향 3단자 사이리스터 또는 AC 사이리스터라고도 한다.

정답 128. ③ 129. ① 130. ③ 131. ④ 132. ④ 133. ③

134. **반도체 결정에 빛이 닿으면 전자가 증가하여 전기 저항이 낮아지고, 전류를 쉽게 통과시키는 광도전 현상을 나타내는 소자는?**

① DIAC ② CdS
③ TRIAC ④ SCR

135. **반도체 PN 접합이 하는 작용은?** [03-5]

① 정류 작용 ② 증폭 작용
③ 발진 작용 ④ 변조 작용

136. **반도체 소자는 작은 신호를 증폭하여 큰 신호를 만들거나 신호의 모양을 바꾸는 데 사용되어 왔으며, 기술의 발전에 따라 전압과 전류의 용량을 크게 만들 수 있게 되었다. 다음 중 반도체에 관한 설명으로 옳지 않은 것은?** [15-5]

① 저항률이 $10^{-4}\Omega \cdot m$ 이하를 말한다.
② P형 반도체는 정공, 즉 (+)성분이 남는다.
③ 다이오드는 P형과 N형 반도체를 접합한 것이다.
④ 대표적인 반도체 소자는 다이오드, 트랜지스터, FET 등이 있다.

해설 반도체는 도체와 절연체 사이에 존재하는 물질로 가전자대와 전도대의 에너지 갭이 작아 에너지를 받으면 쉽게 가전자대의 전자가 전도대로 이동할 수 있다. 반도체의 저항률은 10^{-4}~$10^{6}\Omega \cdot m$이다.

137. **연산 증폭기의 특징이 아닌 것은?**

① 2개의 입력 단자를 가진 차동 증폭기이다.
② 일반적으로 비반전 입력을 (-)로 표기한다.
③ 2개의 입력 단자와 1개의 출력 단자를 가지고 있다.
④ 일반적으로 연산 증폭기는 2개의 전원 단자(+, -)를 가지고 있다.

해설 OP 앰프는 반전 입력은 (-), 비반전 입력은 (+)로 표기하며, 주파수 대역폭, 동상 신호 제거비(CMRR), 입력 임피던스, 전압 이득은 무한대, 출력 임피던스는 0이다.

138. **연산 증폭기를 사용한 전압 폴로어의 특징이 아닌 것은?**

① 이득이 1에 가까운 비반전 증폭기이다.
② 추종성이 좋아 입력과 다른 극성의 출력을 얻는다.
③ CMRR의 영향을 받기 쉽다.
④ 출력 임피던스를 낮게 잡을 수 있다.

해설 전압 폴로어 : 모든 출력이 입력으로 귀환되는 비반전 증폭기로 버퍼 증폭기라고도 한다. $V_i = V_o$이고 따라서 이득은 1이 되며, 이미터 폴로어처럼 완충단으로 사용되고 입력 임피던스가 높다.

139. **코일이 여자될 때마다 숫자가 하나씩 증가하며 계수 표시를 하는 것은?** [07-5]

① 기계식 카운터 ② 전자식 카운터
③ 적산 카운터 ④ 프리셋 카운터

해설 적산 카운터는 릴레이가 여자될 때마다 한 숫자씩 증가하는 것을 표시하는 것이다.

140. **다음 중 신호의 계수에 사용할 수 없는 것은?** [16-4]

① 전자 카운터 ② 유압 카운터
③ 공압 카운터 ④ 메커니컬 카운터

해설 유압 카운터는 압력 종속을 이용한 것으로 신호의 계수 작업에 이용되지 않는다.

정답 134. ② 135. ① 136. ① 137. ② 138. ② 139. ③ 140. ②

2. 센서 활용 기술

2-1 센서 선정

(1) 센서의 종류

① 측정 또는 검출하고자 하는 양에 따른 분류

(가) 화학 센서 : 효소 센서, 미생물 센서, 면역 센서, 가스 센서, 습도 센서, 매연 센서, 이온 센서

(나) 물리 센서 : 온도 센서, 방사선 센서, 광센서, 컬러 센서, 전기 센서, 자기 센서

물리 센서

감지 대상	센서	주요 효과
온도	열전쌍, 서미스터, 온도계	열저항, 열복사
빛·색	광전도, 광결합형, 이미지 센서, 포토다이오드	광전도, 패러데이, 필터
자기	Hall 소자, 자기저항 소자	Hall, Josephson
전류	분류기, 변류기	
자외선·방사선	조도계, 광량계, GM 계수계	

(다) 역학 센서 : 길이 센서, 압력 센서, 진공 센서, 속도 · 가속도 센서, 진동 센서, 하중 센서

역학 센서

감지 대상	센서
변위·길이	차동 트랜스, 스트레인 게이지, 이미지 센서, 콘덴서 변위계
속도·가속도	회전형 속도계, 동전형 가속도계
회전수·진동	로터리 엔코더, 스코프, 압전형 검출기
압력	다이어프램, 로드 셀, 수정 압력계
힘·토크	저울, 천칭, 토션바

② 대상물의 정보 획득 방법에 따른 분류

(가) 능동형 센서(active sensor) : 외부로부터 에너지를 공급해야 하는 형태로 측정하고자 하는 대상물에 에너지를 공급하고 정보를 감지하거나 변환 에너지의 정보를 검출하는 기기이며, 레이저 센서나 광센서 등이 있다.

(나) 수동형 센서(passive sensor) : 외부로부터 별도의 에너지 공급이 필요하지 않은 것으로 대상물에서 나오는 정보를 그대로 받아들이는 기기이며, 초전 센서, 적외선 센서 등이 있다.

센서의 분류

분류 방법	센서 구분
구성 분류	기본 센서, 조립 센서, 응용 센서
기구 분류	기구형(또는 구조형), 물성형, 기구, 물성혼합형
검출 신호 분류	아날로그 센서, 디지털 센서, 주파수형 센서, 2진형 센서
감지 기능 분류	공간량, 역학량, 열역학량, 전자기학량, 공학량, 화학량, 시각, 촉각
변환 방법 분류	역학적, 열역학적, 전기적, 자기적, 전자기적, 광학적, 전기화학적, 촉매화학적, 효소화학적, 미생물학적
재료별 분류	반도체 센서, 세라믹 센서, 금속 센서, 고분자 센서, 효소 센서, 미생물 센서 등
용도별 분류	계측용, 감시용, 검사용, 제어용 등
구성·기능의 특징별 분류	다차원 센서, 다기능 센서
용도 분야별 분류	산업용, 민생용, 의료용, 이화학용, 우주용, 군사용 등

(2) 센서의 특성

센서의 특정 대상은 온도, 광, 힘, 길이, 각도, 압력, 자기, 속도 등의 절댓값이나 변위 등을 감지하고 그 대표적인 것은 온도 센서, 광센서, 자기 센서이다.

① 온도 센서 : 기체, 액체, 고체, 플라스마, 생체 등 측정 대상은 다양하며 접촉식과 비접촉식으로 구분한다.

② 광센서 : 자외광에서 적외광까지 광파장 영역의 광 에너지를 검지하는데, 그 분류는 광 변환 원리에 기초를 두고 광기전력 효과형, 광도전 효과형, 광전자 방출형 등으로 구분한다.

③ 자기 센서 : 자계에 관련된 물리적 현상을 이용한 것으로 단순히 자기력을 이용한 실린더의 리드 스위치와 전기량으로 자계를 변환시키는 홀 소자 등이 있다.

④ 압력 센서 : 대상물이 가지고 있는 압력의 정보를 감지하는 것으로 스트레인 게이지, 반도체 압력 센서, 다이어프램식 및 압전 소자 등이 있다.

⑤ 습도 센서 : 수분 흡착에 의한 도전성의 변화인 전기 저항의 변화를 이용한 것과 적외선의 흡수율 변화를 이용한 것, 또는 어느 습도 이상에서는 물질이 착색하는 원리를

이용한 것 등이 있으며 가열성, 비가열성의 세라믹 습도 센서 및 고분자 습도 센서가 있다.

⑥ 속도 센서 : 속도 및 가속도를 감지하기 위한 것으로 대상물에 음파나 마이크로파를 보내고 그 음파 또는 마이크로파 에너지로부터 속도를 검출하며, 길이에 대한 변위를 측정하여 변위 시간의 미분값을 연산 처리한 간접 측정도 하고, 간단하게 인코더를 이용하기도 한다.

⑦ 음파 센서 : 사람이 들을 수 있는 20 Hz~20 kHz 사이의 가청음부터 초음파까지의 음파를 검출 및 측정하고, 물체 유무를 검출하기 위해 대상물에 음파를 보낸 후 되돌려지는 신호를 검출하여 정보를 얻을 수 있는데 초음파 센서는 물체 내부의 결함까지도 검출할 수 있다.

⑧ 화학 센서 : 전기 화학 작용, 촉매 반응, 이온 교환, 광화학 작용 등을 이용하는 것으로, 습도 센서, 가스 센서(산소, 매연, 독성, 반도체 가스 센서 등) 및 이온 센서(pH 전극, 가스 감응 전극) 등이 있다.

이외에 방사능 센서, 레벨 센서, 물체 유무 판별용 센서 등이 있다.

(3) 센서의 선정

센서는 과학과 기술의 다양한 분야에서 이용되고 있다. 연구 분야에서는 실험을 목적으로 하여 고정도의 특수 센서들이 사용되고, 자동화 기술 분야에서는 표준형과 특정 목적의 센서가 모두 사용되고 있다. 일반 설비에는 범용성의 센서가 주로 사용되는데, 이들은 신뢰할 수 있는 기능과 무보수의 특징을 요구한다. 따라서 센서를 잘 선정하여 활용함으로써 설비 이상 진단 및 예방 보전, 품질 관리의 자동화, 산업 공정의 최적화, 생산의 유연화, 작업 환경의 안전 등의 효과를 기대할 수 있다. 일반적으로 센서의 선정에 대한 기준은 다음과 같다.

① 대상 물체에 따른 선정 기준 : 물체의 재질, 형상 그리고 색상 등

② 용도에 따른 선정 기준 : 위치 결정, 투명체 검출, 단차 판별, 색상 판별 등

(가) 반복 정도(repeat accuracy)

(나) 응차 거리(hysteresis)

(다) 응답 시간(response time)

(라) 검출 거리(detection distance)

③ 작업 조건에 따른 선정 기준 : 설치 장소, 배경 영향, 내구성 등

예상문제

1. 물리 화학량을 전기적 신호로 변환하거나, 역으로 전기적 신호를 다른 물리적인 양으로 바꾸어주는 장치는?

① 트랜스듀서 ② 액추에이터
③ 포지셔너 ④ 오리피스

해설 트랜스듀서(transducer) : 측정량에 대응하여 처리하기 쉬운 유용한 출력 신호를 주는 변환기(converter)

2. 다음 중 수동형 센서(passive sensor)에 속하는 것은?

① 포토 커플러 ② 포토 리플렉터
③ 레이저 센서 ④ 적외선 센서

해설 (1) 패시브 센서 : 대상물에서 나오는 정보를 그대로 입력하여 정보를 감지 또는 검지하는 기기로 적외선 센서가 대표적이다.
(2) 액티브 센서 : 대상물에 어떤 에너지를 의식적으로 주고 그 대상물에서 나오는 정보를 감지 또는 검지하는 기기로 레이저 센서가 대표적이다.

3. 다음 중 능동 센서가 아닌 것은?

① 서미스터 ② 측온 저항체
③ 포토 다이오드 ④ 스트레인 게이지

4. 역학 센서에 해당하지 않는 것은?

① 변위 센서 ② 압력 센서
③ 자기 센서 ④ 진동 센서

해설 • 물리 센서 : 온도 센서, 방사선 센서, 광센서, 컬러 센서, 전기 센서, 자기 센서
• 화학 센서 : 습도 센서, 가스 센서 등
• 역학 센서 : 길이 센서, 압력 센서, 진동 센서, 변위 센서, 진공 센서, 속도 센서, 가속도 센서, 하중 센서 등

5. 다음 중 온도 센서가 아닌 것은?

① 열전대(thermocouple)
② 서미스터(thermistor)
③ 측온 저항체
④ 홀 소자

해설 홀 소자는 자기 센서이다.

6. 다음 중 온도 센서에 해당하는 것은?

① 리드 스위치 ② PTC
③ 홀 소자 ④ 스트레인 게이지

해설 리드 스위치는 자석식 근접 스위치, 홀 소자는 자기 센서이며, 스트레인 게이지는 압력 센서이다.

7. 열팽창 계수가 다른 두 개의 금속판을 접합시켜 온도 변화에 따른 변형 또는 내부 응력을 이용한 온도 센서는?

① 홀 센서 ② 바이메탈
③ 서미스터 ④ 측온 저항체

8. 온도가 변화함에 따라 저항값이 변화하는 특성을 이용하여 온도를 검출하는 데 사용되는 반도체는?

① 발광 다이오드
② CdS(황화카드뮴)
③ 배리스터(varistor)
④ 서미스터(thermistor)

정답 1. ① 2. ④ 3. ③ 4. ③ 5. ④ 6. ② 7. ② 8. ④

해설 서미스터(thermistor) : 온도 변화에 의해서 소자의 전기 저항이 크게 변화하는 표적 반도체 감온 소자로 열에 민감한 저항체(thermal sensitive resistor)이다.

9. 서미스터에서 온도의 상승에 따라 저항이 감소하는 요소는?

① PTC ② NTC
③ Pt 100 ④ CdS

10. 측온 저항체로 이용되기 위한 요구 조건이 아닌 것은?

① 저항 온도계수가 작을 것
② 소선의 가공이 용이할 것
③ 사용온도 범위가 넓을 것
④ 화학적, 기계적으로 안정될 것

11. 측온 저항 온도계에서 사용되는 금속 저항체가 아닌 것은?

① 백금 ② 니켈
③ 안티몬 ④ 구리

해설 측온 저항체 : 백금, 동, 니켈, 백금 – 코발트

12. 두 가지 서로 다른 금속선의 양끝을 상호 융착시켜 회로를 만든 것을 무엇이라 하는가?

① 저항선 ② 열전쌍
③ 서미스터 ④ 바이메탈

13. 두 종류의 금속을 접속하고 양 접점에 온도차를 주어 단자 사이에 발생되는 기전력을 이용한 온도계는?

① 광 온도계 ② 열전 온도계
③ 방사 온도계 ④ 액정 온도계

해설 열전 온도계 : 측온 저항체와 같이 비교적 안정되고 정확하며 일부 원격 전송 지시를 할 수 있는 특징이 있다.

14. 두 종류의 금속을 접합하여 폐회로를 만들고 두 접합점의 온도차를 다르게 유지했을 때 두 금속의 사이에 기전력이 발생하여 전류가 흐르는 현상은?

① 제베크 효과 ② 초전 효과
③ 톰슨 효과 ④ 펠티어 효과

해설 열전대(thermocouple) : 제베크 효과라고 불리는 것으로 재질이 다른 두 금속을 연결하고 양 접점 간에 온도차를 부여하면 그 사이에 열기전력이 발생하여 회로 내에 열전류가 흐르는 물질

15. 열전대의 특징이 아닌 것은?

① 제베크 효과를 이용한다.
② 열 저항을 측정하여 온도를 알 수 있다.
③ 기준 접점에 대한 온도와 열기전력을 이용하여 온도를 측정한다.
④ B형은 온도 변화에 대한 열기전력이 매우 작다.

해설 문제 14번 해설 참조

16. 열전대에 사용하는 열전쌍의 조합이 틀린 것은?

① 구리 – 백금
② 철 – 콘스탄탄
③ 크로멜 – 알루멜
④ 크로멜 – 콘스탄탄

해설 열전대 조합 : 백금 – 로듐, 크로멜 – 알루멜, 철 – 콘스탄탄, 구리 – 콘스탄탄, 크로멜 – 콘스탄탄

정답 9. ② 10. ① 11. ③ 12. ② 13. ② 14. ① 15. ② 16. ①

17. 다음의 열전대 조합에서 가장 높은 온도까지 측정할 수 있는 것은?

① 백금로듐 – 백금
② 크로멜 – 알루멜
③ 철 – 콘스탄탄
④ 구리 – 콘스탄탄

18. 압력 검출기와 관계가 없는 것은?

① 부르동관 ② 벨로스
③ 다이어프램 ④ 서미스터

해설 서미스터는 온도 센서이다.

19. 압력을 검출할 수 있는 센서는?

① 리졸버 ② 유도형 센서
③ 용량형 센서 ④ 스트레인 게이지

해설 스트레인 게이지 : 전기 에너지와 탄성 에너지의 가역 변환에 의해 변형량을 측정하는 데 이용되는 센서

20. 외부 압력에 대한 탄성체의 기계적 변위를 이용한 압력 검출기에 해당되지 않는 것은 어느 것인가?

① 벨로스(bellows)
② 다이어프램(diaphragm)
③ 부르동관(bourdon tube)
④ 스트레인 게이지(strain gauge)

해설 스트레인 게이지 : 금속체를 잡아당기면 늘어나면서 전기 저항이 증가하며, 반대로 압축하면 줄어 전기 저항은 감소한다. 이러한 전기 저항의 변화 원리를 이용한 것이다.

21. 광센서의 종류가 아닌 것은?

① 포토 다이오드 ② 광위치 검출기
③ 포토 트랜지스터 ④ 스트레인 게이지

22. 빛을 이용하는 센서로 사용되는 것만을 나열한 것은?

① 열전쌍, 초전 센서
② 포토 커플러, 조도 센서
③ 퍼텐쇼미터, 차동 트랜스
④ 초음파 센서, 파이로 센서

23. 빛을 이용하여 물체 유무를 검출하거나 속도, 위치 결정에 응용되는 센서는?

① 포토 센서 ② 리드 스위치
③ 유도형 센서 ④ 용량형 센서

해설 포토 센서(photo sensor)는 빛을 이용하여 물체 유무, 속도나 위치 검출, 레벨, 특정 표시 식별 등을 하는 곳에 사용되며, 광센서 또는 광학 센서(optical sensor)라고도 한다. 자외광에서 적외광까지 넓은 영역에 걸쳐 광 에너지를 검출하며, 제어의 용이함 때문에 전기 신호로 변환되는 경우가 많아 광기전력 효과형, 광도전 효과형, 광전자 방출형으로 분류하기도 한다.

24. 복합형 광센서의 일종이며 물체 유무의 검출이나 회전체의 속도 검출 및 위치 판단용으로 사용하는 센서는?

① 바이메탈 ② 리드 스위치
③ 다이오드 ④ 포토 커플러

해설 포토 커플러(photo coupler)는 발광 다이오드(LED : Lighted Emitting Diode)를 발광부에 사용하고 수광부에 포토 다이오드를 사용한 복합형이며 물체 유무의 검출, 회전체의 속도 검출 및 위치 검출에 사용된다.

25. 다음 중 광전 스위치의 특징으로 가장 거리가 먼 것은?

정답 17. ① 18. ④ 19. ④ 20. ④ 21. ④ 22. ② 23. ① 24. ④ 25. ④

① 광도전 효과를 이용한다.
② 검출 거리가 길다.
③ 높은 정밀도를 얻을 수 있다.
④ 금속 물체만 검출이 가능하다.

해설 모든 물체의 검출이 가능하다.

26. 광전 스위치를 설명한 것 중 잘못된 것은 어느 것인가? [13-2]

① 레벨 검출, 특정 표시 식별 등에 많이 이용되며, 포토 센서, 광학적 센서라고도 한다.
② 종류에는 투과형, 미러 반사형, 확산 반사형이 있다.
③ 미러 반사형 광전 스위치는 투광부와 수광부가 각각 분리되어 있다.
④ 투과형은 투광기와 수광기를 동일 축선상에 위치시켜 사용하여야 정확한 측정이 가능하다.

해설 미러 반사형은 투광부와 수광부가 한 몸통 속에 있다.

27. 광파이버 센서의 종류에서 광파이버의 형상에 따라 분류하는 방식이 아닌 것은?

① 분할형 ② 평행형
③ 랜덤 확산형 ④ 투과형

28. 확산 반사형 혹은 직접 반사형 광센서를 사용할 때, 다음 중 감지 거리가 가장 긴 것은 어느 것인가?

① 목재 ② 금속
③ 면직물 ④ 폴리스티렌

29. 다음 중 각도 검출용 센서로 사용되는 센서가 아닌 것은?

① 퍼텐쇼미터(potentiometer)
② 싱크로(synchro)
③ 리졸버(resolver)
④ 리드(reed) 스위치

해설 각도 검출용 센서에는 퍼텐쇼미터, 싱크로, 리졸버, 로터리 인코더가 있다.

30. 회전량을 펄스 수로 변환하는 데 사용되며 기계적인 아날로그 변화량을 디지털량으로 변환하는 것은?

① 서보 모터 ② 포토 센서
③ 매트 스위치 ④ 로터리 인코더

31. 출력 특성이 좋고 사용하기 쉬우므로 기계 및 지반 진동에 가장 많이 사용되는 진동 센서는?

① 압전형 가속도 센서
② 동전형 속도 센서
③ 서보형 가속도 센서
④ 와전류형 변위 센서

해설 가속도 센서 중 회전수 및 진동 측정에 가장 많이 사용되고 있는 것은 주파수 범위의 광대역, 소형 경량화, 사용 온도 범위가 넓은 압전형(piezo electric type)이다. 동전형은 속도 검출, 와전류형은 변위 측정, 서보형은 가속도 검출에 사용되고 있다.

32. 저항 변화형 센서가 아닌 것은?

① 스트레인 게이지
② 리드 스위치
③ 서미스터
④ 퍼텐쇼미터

33. 비접촉식 근접 센서의 특징이 아닌 것은?

① 빠른 스위칭 주기를 갖는다.
② 비교적 수명이 길고, 신뢰성이 높다.

정답 26. ③ 27. ③ 28. ② 29. ④ 30. ④ 31. ① 32. ② 33. ③

③ 접점부의 개방으로 내환경성이 나쁘다.
④ 비접촉 감지 동작으로 마모의 염려가 없다.

34. 사람의 귀에 들리지 않을 정도로 높은 주파수의 소리를 이용한 센서는?

① 온도 센서 ② 초음파 센서
③ 파이로 센서 ④ 스트레인 게이지

35. 다음 중 초음파 센서의 특징으로 틀린 것은 어느 것인가?

① 비교적 검출 거리가 길다.
② 투명체도 검출할 수 있다.
③ 먼지나 분진, 연기에 둔감하다.
④ 특정 형상, 재질, 색깔은 검출할 수 없다.

해설 (1) 초음파 센서의 장점
- 비교적 검출 거리가 길고 검출 거리의 조절이 가능하다.
- 검출체의 형상, 재질 및 색깔과 무관하며, 투명체도 검출(예 : 유리병)할 수 있다.
- 먼지나 분진, 연기에 둔감하다.
- 옥외에 설치가 가능하고, 검출체의 배경에 무관하다.

(2) 초음파 센서의 단점
- 검출체의 표면이 경사진 경우 검출이 곤란하여 투과형 센서를 이용하여야 한다.
- 스위칭 주파수가 1~125 Hz 정도로 낮아 센서 동작이 느리다.
- 광 근접 센서에 비해 고가(대략 2배)이다.
- 물체가 센서 표면에 너무 근접하면 센서 출력에 오차를 가져올 수 있다.
- 재질, 색깔에 둔감하다.

(3) 초음파 센서의 특징
- 초음파의 발생과 검출을 겸용하는 가역형식이 많다.
- 전기 음향 변환 효율을 높이기 위하여 보통 공진 상태로 되므로 센서로서 사용할 경우 감도가 주파수에 의존한다.
- 음파압의 절댓값보다는 초음파의 존재의 유무 또는 초음파 펄스 파면의 상대적 크기를 이용하는 경우가 많다.

36. 자계에 관련한 물리 현상을 이용하여 자기 센서로 이용되는 소자가 아닌 것은?

① 홀 IC ② 자기 저항 소자
③ 조셉슨 소자 ④ 서미스터

해설 자기 센서로 이용되는 소자

감지 대상	센서	주요 효과
자기	Hall 소자, 자기 저항 소자	Hall, Josephson

37. 구동 전원을 필요로 하지 않고 2개의 자성체 조각으로 구성되어 자계에 반응하는 스위치는?

① 광전 스위치
② 리드 스위치
③ 유도형 근접 스위치
④ 용량형 근접 스위치

38. 실린더의 피스톤 위치를 영구 자석의 힘으로 검출하는 것은?

① 광센서 ② 리드 스위치
③ 리밋 스위치 ④ 정전 용량형 센서

해설 리드 센서의 특징
(1) 접점부가 완전히 차단되어 있으므로 가스나 액체 중 고온 고습 환경에서 안정되게 동작한다.
(2) ON/OFF 동작 시간이 비교적 빠르고 ($<1\mu s$), 반복 정밀도가 우수하여(± 0.2 mm) 접점의 신뢰성이 높고 동작 수명이 길다.

정답 34. ② 35. ④ 36. ④ 37. ② 38. ②

(3) 사용 온도 범위가 넓다(−270∼+150℃).
(4) 내전압 특성이 우수하다(>10kV).
(5) 리드의 겹친 부분은 전기 접점과 자기 접점으로의 역할도 한다.
(6) 가격이 비교적 저렴하고, 소형, 경량이며, 회로가 간단해진다.

39. 자기 현상을 이용한 스위치로 빠른 전환 사이클이 요구될 때 사용되는 스위치는 어느 것인가? [09-5, 15-3]

① 압력 스위치 ② 전기 리드 스위치
③ 광전 스위치 ④ 전기 리밋 스위치

해설 전기 리드 스위치 : 자석으로 작동이 빠른 전환 사이클이 요구될 때 적당하며, 합성수지 상자 안에 있는 가스로 채워진 튜브 안쪽에 접점이 퓨즈로 연결되어 있다. 리드 스위치에 영구 자석으로 된 피스톤 마그넷이 접근하면 리드 편(片)이 자화(磁化)되므로 양자가 서로 끌어서 접촉하여 스위치는 ON으로 된다.

40. 전기 리드 스위치를 설명한 것으로 틀린 것은? [12-2]

① 자기 현상을 이용한 것이다.
② 영구 자석으로 작동한다.
③ 불활성 가스 속에 접점을 내장한 유리관의 구조이다.
④ 전극의 정전 용량의 변화를 이용하여 검출한다.

해설 정전 용량의 변화를 이용한 검출기는 용량형 센서이다.

41. 리드 스위치의 특징으로 틀린 것은?

① 반복 정밀도가 낮다.
② 회로 구성이 간단하다.
③ 사용 온도 범위가 넓다.
④ 내전압 특성이 우수하다.

해설 문제 38번 해설 참조

42. 유도형 센서의 감지 거리에 대한 설명으로 옳지 않은 것은?

① 공칭 검출 거리 – 제조 공정, 온도, 공급 전압에 의한 허용치를 고려하지 않은 상태의 거리
② 정미 검출 거리 – 정격 전압과 정격 주위 온도일 때 측정하는 거리
③ 유효 검출 거리 – 공급 전압과 주위 온도의 허용 한도 내에서 측정한 거리
④ 정격 검출 거리 – 어떠한 전압 변동 또는 온도 변화에도 관계없이 표준 검출체를 검출할 수 있는 거리

43. 플라스틱, 유리, 도자기, 목재 등과 같은 절연물의 위치를 검출할 수 있는 센서는?

① 압력 센서 ② 리드 스위치
③ 유도형 센서 ④ 용량형 센서

해설 용량형 근접 센서 : 정전 용량형 센서(capacitive sensor)라고도 하며 전계 중에 존재하는 물체 내의 전하 이동, 분리에 따른 정전 용량의 변화를 검출하는 것으로 센서의 분극 현상을 이용하므로 플라스틱, 유리, 도자기, 목재와 같은 절연물과 물, 기름, 약물과 같은 액체도 검출이 가능하다.

44. 기계적인 변위를 제어하는 서보(servo) 센서의 종류가 아닌 것은?

① 리졸버 ② 태코미터
③ 퍼텐쇼미터 ④ 파이로 센서

해설 파이로 센서는 비접촉식 방식으로 피측정물에서 방사되는 적외선의 양을 검출해서 온도를 측정한다.

정답 39. ② 40. ④ 41. ① 42. ④ 43. ④ 44. ④

45. 센서 선정 시 고려해야 할 기본 사항으로 틀린 것은?

① 정밀도 ② 응답 속도
③ 검출 범위 ④ 폐기 비용

46. 센서 선정 시 고려해야 할 사항으로 거리가 먼 것은?

① 센서의 재질
② 정확성
③ 감지 거리
④ 반응 속도

해설 센서에 요구되는 특성

항목	내용
특성	검출 범위, 감도 검출 한계(감지 거리), 선택성, 구조의 간략화, 과부하 보호, 다이내믹 레인지, 응답 속도(반응 속도), 정도(정확성), 복합화, 기능화
신뢰성	내환경성, 경시 변화, 수명
보수성	호환성, 보수, 보존성
생산성	제조 산출률, 제조 원가

47. 자동화를 위한 센서의 선정 기준이 아닌 것은?

① 생산 원가의 절감
② 생산 공정의 합리화
③ 생산 설비의 자동화 생산
④ 체제의 전형화

해설 센서의 기본 요구 조건

- 감지 거리
- 신뢰성과 내구성
- 단위 시간당 스위칭 사이클
- 반응 속도
- 선명도
- 정확성

48. 일반적으로 메카트로닉스계에서 사용될 센서가 갖추어야 하는 조건이 아닌 것은?

① 선형성, 응답성이 좋을 것
② 안정성과 신뢰성이 높을 것
③ 외부 환경의 영향을 적게 받을 것
④ 가격이 비싸며 취급성이 우수할 것

49. 다음 중 센서의 사용 목적과 가장 거리가 먼 것은?

① 정보의 수집
② 연산 제어 처리
③ 정보의 변환
④ 제어 정보의 취급

해설 센서의 사용 목적은 크게 정보의 수집, 정보의 변환, 제어 정보의 취급으로 요약할 수 있다.

50. 출력측의 한쪽을 부하와 연결하고 다른 쪽 단자(공통 단자)를 0 V에 접지시키는 센서는? (단, 센서 작동 시 + 전압 출력됨)

① NP형 ② PN형
③ NPN형 ④ PNP형

51. 다음 중 온도 센서에 요구되는 특성으로 틀린 것은?

① 검출단과 소자의 열 접촉성이 좋을 것
② 검출단에서 열방사가 클 것
③ 열용량이 적고 열을 빨리 전달할 것
④ 피측정체에 외란으로 작용하지 않을 것

정답 45. ④ 46. ① 47. ④ 48. ④ 49. ② 50. ④ 51. ②

3. 모터 제어

3-1 모터 구조와 특성

(1) 전동기의 분류

전동기는 플레밍(Fleming)의 왼손 법칙에 따라 전기 에너지를 운동 에너지로 변환시켜 주는 회전 운동 액추에이터이다. 즉, 전원으로부터 전력을 입력 받아 도체가 축을 중심으로 회전 운동을 하는 기기를 말하며, 공급 전원의 종류에 따라 직류 전동기와 교류 전동기로 구분하고 이외 특수 목적의 전동기가 있다.

전동기의 분류

(2) 교류 전동기

교류 전동기는 상용 전원인 교류 전원을 사용하여 운전하기 때문에 전원 공급 장치가 필요 없고 기본적인 구조가 고정자와 회전자로 구성되어 있어 견고하다. 교류 전동기는 공급 전원에 따라 단상과 3상으로 나누며, 회전자의 형태에 따라 유도 전동기와 동기 전동기로 구분된다.

① 유도 전동기

㈎ 유도 전동기의 원리[아라고(Arago)의 원판 실험] : 유도 전동기는 1차 권선(고정자 권선)에 흐르는 전류에 의하여 회전 자장이 만들어지고 그 회전 자장에 의해서 2차 권선(회전자)에 전압이 유도되어 2차 전류가 흐르게 되는데 2차 전류와 회전 자장 사이에서 전자력에 의한 회전 토크가 발생한다. 이와 같은 전압, 전류, 자속 관계가 변압기와 비슷하다. 고정자는 동기 전동기와 같다.

㈏ 유도 전동기가 가장 많이 쓰이고 있는 이유는 사용 전원인 교류 전원을 사용한다는 것과 전동기의 구조가 튼튼하면서도 가격이 싸고 취급도 쉬워 다른 전동기에 비하여 편리하게 이용할 수 있기 때문이다.

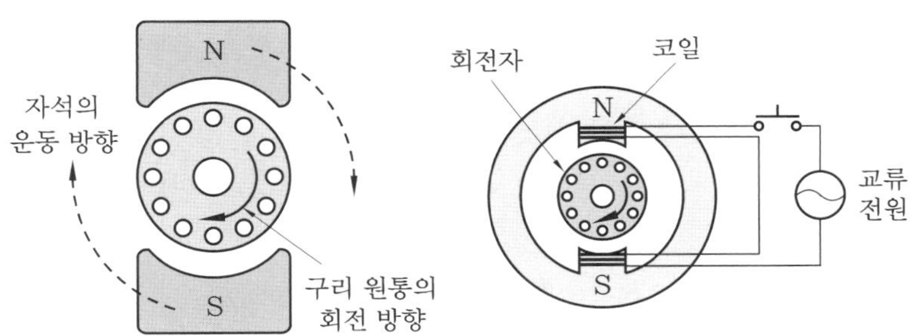

단상 유도 전동기의 회전 원리

② 동기 전동기

㈎ 직류 전동기의 계자 고정, 전기자 회전의 역할을 역전하여 계자를 회전시키고 전기자를 고정시킬 수 있다.

㉮ 계자 : 계자가 전자석으로 구성될 경우에는 계자 코일은 슬립링을 거쳐 외부의 직류 전원에 접속된다.

㉯ 전기자 : 전기자의 각 도체는 N극과 S극 아래에 올 때마다 전류 방향이 역전해 있었으므로 전기자를 고정시키기 위해 전기자 권선에 교류 전원을 접촉시키고 N극, S극의 움직임에 동조시켜 전기자 도체의 전류 방향을 바꿔야 한다.

㈏ 영구 자석을 회전자로 하고, 회전자의 자극 가까이에 반대 극성의 자극을 가까이 가져다 놓고 회전시키면 회전자는 이동하는 자석의 흡인력으로 같은 속도로 회전한다.

㈐ 단상 동기 전동기는 180° 간격으로 고정자 권선을 배치하고 영구 자석을 회전자로 하여 단상 전원을 공급받아 회전력을 얻는 방식으로 고정자 권선에 전류를 흘려 회전 자기장을 얻는다.

㈑ 3상 동기 전동기는 여자기를 필요로 하며, 값이 비싸지만 속도가 일정하고 역률 조정이 쉽기 때문에 정속도 대동력용으로 사용한다.

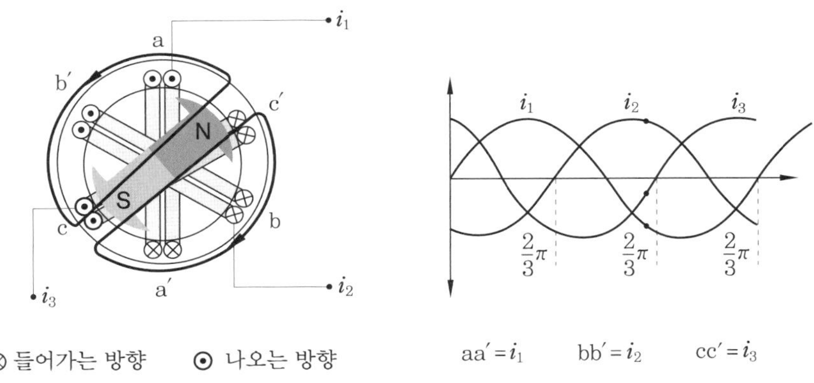

3상 동기 전동기의 회전 원리

(3) 직류 전동기

- 계자 : 강한 자계를 만드는 부분이다.
- 전기자 : 회전력을 발생시키는 부분으로 주 전류를 통하게 한다.
- 정류자 : 전기자 코일에 흐르는 전류의 방향을 계자와의 관계에 따라 바꾸는 부분으로 전기자 코일에 흐르는 전류를 정류하는 장치이다.

① 직류 전동기의 구조 원리 : 직류 전동기는 외함, 브러시 및 계자극이 포함된 비회전 고정자 부분인 주 프레임과 전기자, 정류자 및 전기자 도체로 이루어진 회전자 부분인 전기자 장치로 구성되어 있다.

② 직류 전동기의 종류 : 직류 전동기는 계자의 전류 공급 방법에 따라 크게 타여자 전동기와 자여자 전동기로 구분하고, 자여자 전동기는 전기자 및 계자 권선 접속 방법에 따라 직권, 분권, 가동 복권, 차동 복권 전동기로 분류한다.

㈎ 타여자 직류 전동기 : 전기자 권선과 계자 권선을 각각 별도의 전원에 접속하므로 계자 제어와 전압 제어가 모두 가능하여 주로 큰 출력이 요구되는 산업용 공작기계 등에 사용하나, 설비가 복잡하여 가격이 비싸고 유지보수가 어려운 단점이 있다.

㈏ 직권 직류 전동기 : 전기자 권선과 계자 권선이 전원에 직렬로 접속하고 있어, 부하 전류가 증가하면 현저히 속도가 감소하고 부하 전류가 감소하면 급격히 속도

가 상승하는 가변 특성으로 무부하 시 대단히 속도가 높아져 위험하게 된다. 직류, 교류 양용이 가능하며 진공청소기, 전기 드릴, 믹서, 커팅기, 그라인더, 크레인, 전동차 등에 주로 사용된다.

(다) 분권 직류 전동기 : 계자 권선과 전기자 권선을 전원에 병렬로 접속하므로 여자 전류가 일정하여 부하에 의한 속도 변동이 거의 없어서 정밀한 속도 제어가 요구되는 공작 기계, 압연기 등에 사용된다.

(라) 가동 복권 직류 전동기 : 직권 계자 권선에 의하여 발생되는 자속과 분권 계자 권선에 의하여 발생되는 자속이 같은 방향으로 합성되어 자속이 증가하는 구조의 전동기이다. 토크가 크고, 무부하가 되어도 직권 전동기와 같이 위험 속도가 되지 않으므로 주로 절단기, 엘리베이터, 공기 압축기 등에 사용된다.

(마) 차동 복권 직류 전동기 : 분권 계자 권선과 직권 계자 권선의 자속이 서로 반대가 되어 상쇄하는 구조로 부하 전류의 증가로 인하여 자속의 방향이 반대로 되어 역회전하는 경우가 있으므로 특수한 경우 외에는 사용하지 않는다.

(4) 서보 모터

서보 모터는 직류 서보 모터와 교류 서보 모터로 구분되고, 특히 교류 서보 모터를 브러시리스 서보 모터라고 하는데 동기형과 유도형으로 나눈다.

① 직류 서보 모터 : 전류에 대하여 발생 토크가 비례하므로 선형 제어계의 구성이 가능하여 비교적 간단한 회로로 안정된 제어계 설계가 가능하다. 제어성이 좋고, 제어 장치의 경제성은 양호하지만, 브러시의 마모에 대한 유지 보수가 필요하고 발열과 냉각, 정류 불꽃, 섬락 등으로 수명이 짧고 불안정하다.

② 교류 서보 모터 : 정류자와 브러시 없이도 외부로부터 직접 전원을 공급받을 수 있는 구조로 브러시리스 서보 모터라고도 한다. 이 모터에는 동기형 서모 모터와 유도형 서보 모터가 있는데, 동기형 교류 서보 모터의 구조는 일반 동기 모터의 구조와 같다. 회전자에 영구 자석을 사용하는 구조이므로 복잡하고, 제어 시 회전자 위치를 검출해야 할 필요가 있어 광학식 인코더나 리졸버를 회전 속도 검출기로 사용한다. 또한 전기자 전류에는 고주파 성분이 포함되어 있어서 토크 리플 및 진동의 원인이 되는 경우가 있다.

(5) 스테핑 모터

① 스텝 모터, 펄스 모터 등으로 불리는 전동기로서 값이 싸고, 회전축 위치를 검출하기 위한 피드백 없이 정해진 각도로 회전할 수 있으며 상당히 높은 정확도로 정지할 수 있다.

② 1개의 전기 펄스가 가해질 때 1스텝만 회전하고 그 위치에서 일정 토크로 정지하는 모터로서 구조가 간단하고 완전한 브리스 모터로 견고하며 신뢰성이 높다. 펄스 수에 비례하는 회전 각도를 얻을 수 있어 프린터나 디스크 장치 D/A 변환기, 디지털 플로터, CNC 공작 기계 등에 이용되고 있다.

③ 큰 힘이 필요한 대용량의 구동계에서는 사용되기 어렵고, 모터 자체에 피드백 장치가 없어 실제로 움직인 거리를 알아낼 수 없다. 또한 크고 무거우며 크기에 비해 토크가 적고, 과부하에서 난조를 일으키며 고속 회전이 곤란하고 저속 회전 시 진동이 발생한다.

④ 스테핑 모터를 가속하기 위해서는 펄스의 주파수를 빠르게 하면 된다.

(6) 직선 모터

① 전기-기계 구동 장치 : 1차 구동 요소로서 전기 모터를 사용하고 웜과 웜휠을 통해 나선식 스핀들을 구동시키는 전기-기계 구동장치이다. 전기 모터에 의해 나선식 스핀들이 회전하면서 피스톤 로드를 왕복 이동시킨다.

② 리니어 모터 : 직선 운동을 일으키는 전기 선형 모터이다.

③ 선형 스텝 모터 : 나선식 스핀들이 내장된 기어로 구성되고, 각 회전(회전 스텝)은 나선식 스핀들을 정해진 거리만큼 전·후진시킨다. 회전값과 이송 거리는 스핀들 리드 h를 360°로 나눈 값과 회전각 α의 곱으로 나타낸다. 정확한 위치 제어가 가능하며 한 스텝당 최소 이송 거리는 0.05 mm까지 얻을 수 있다. 즉, 총 이송 거리에 따라 스텝의 횟수가 결정되며 명령치와 실행치의 비교를 위한 피드백 신호가 필요하다.

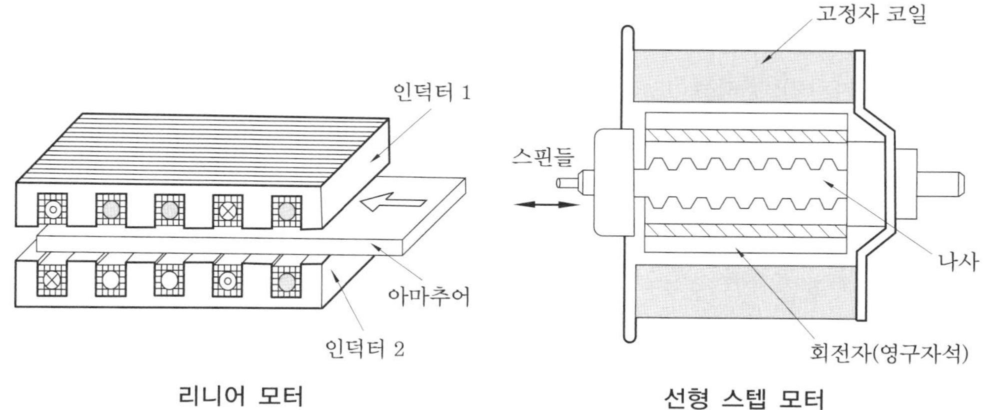

리니어 모터 선형 스텝 모터

3-2 모터 유지보수

(1) 모터의 고장 원인

모든 기기는 정상적으로 사용하지 않으면 수명 기간 이내라도 고장이 발생되고, 또한 일정 기간 사용하면 부품의 노후화에 따른 고장이나 기능 저하를 일으키기 때문에 사고를 예방하고 장기간 고장 없이 사용하려면 관리가 충분해야 한다. 모터의 고장 원인은 다양하며 고장 원인을 분류하면 다음과 같다.

① 주회로 조건에 기인하는 것 : 전압 변동, 배선의 단선, 개폐기나 보호기의 이상 등이 주원인이다.

② 부하 또는 운전 조건에 기인하는 것 : 과부하, 고빈도 시동, 중관성 부하 등이 원인이 된다.

③ 주위 환경 조건에 기인하는 것 : 고온도, 고습도, 먼지, 부식성 가스, 진동 등이 원인이 된다.

④ 설치 및 시공 불량에 기인하는 것 : 취약한 기초 공사, 센터링 불량, 벨트 장력의 부적정 등이 원인이 된다.

⑤ 보수 점검 정비의 불량에 기인하는 것 : 그리스 보급 또는 브러시 교환의 시기 부적절 등이 원인이 된다.

⑥ 모터 제조상의 결함에 기인하는 것 : 모터 조립 불량, 조립 시 이물 혼입 등이 원인이 된다.

⑦ 운전 조작 미스에 기인하는 것

⑧ 경년 변화, 수명에 기인하는 것 : 절연물의 열화, 베어링의 마모 등이 원인이 된다.

(2) 점검

① 일상 점검 : 일정 시간마다 매일 실시하는 점검으로 전동기 설비의 운전 중에는 주로 인간의 감각과 전동기 제어반 등에 부착되어 있는 감시 기기를 이용하여 이상의 유무나 운전 상황을 파악하기 위해 실시하는 점검이다.

② 정기 점검 : 매주, 매월, 매분기, 매년마다 각 정해진 주기에 따라 실시하는 점검으로, 전동기 설비를 정지시키고 주로 일상 점검의 결과, 수리할 필요가 인정된 개소의 점검 조정 및 공구나 측정 계기를 이용한 기능 점검 측정을 실시하는 점검이다.

③ 정밀 점검 : 정해진 간격의 주기로 실시하는 분해 점검으로 비교적 장시간 운전을 정지하여 마모된 부품의 교환, 이상 개소의 손질, 보수하는 것을 말하며, 정기 점검보다 상세한 내부 진단이나 성능 시험을 실시하는 점검이다.

④ 특별 점검 : 사고나 재해 등에 의한 이상의 염려가 있을 때 임시로 행하는 점검으로 주기에 관계없이 필요할 때마다 필요한 점검을 실시한다.

(3) 2상, 3상 유도 전동기의 고장

① 기동 불능의 원인

(가) 퓨즈 단락
(나) 베어링 불량 또는 고착
(다) 과부하
(라) 상 결선의 단락
(마) 코일 단락
(바) 회전자 움직임
(사) 내부 코일의 오류
(아) 제어반 불량
(자) 권선의 접지

② 회전 이상의 원인

(가) 퓨즈 단락
(나) 베어링 불량
(다) 병렬 결선 단락
(라) 상 결선의 단락 및 오류
(마) 코일 단락
(바) 회전자 움직임
(사) 전압 또는 주파수 부적당
(아) 권선의 접지

③ 저속 회전의 원인

(가) 과부하
(나) 베어링 불량
(다) 결선 착오
(라) 코일 결선 반대
(마) 코일 단락
(바) 회전자 움직임

④ 전동기 과열의 원인

(가) 과부하
(나) 베어링 불량 또는 축 조임 과다
(다) 단상 운전
(라) 회전자 움직임
(마) 코일 단락

(4) 2상, 3상 전동기 제어 시스템의 고장

① 주접촉자를 폐로했을 때 기동 불능의 원인

(가) 접촉자 접촉 불량
(나) 주접촉자 불완전 폐로
(다) 열동 계전기 코일의 단선 또는 결선 착오
(라) 저항 요소 또는 단권 변압기 단선
(마) 단자 결선 부분 단선 또는 접촉 불량, 단자 파손
(바) 기계적 고장, 연동 장치 동작 불량
(사) 피그테일(pigtail) 결선 불량 또는 단선

② 기동 버튼을 누른 후 접촉자를 폐로하지 못함의 원인

(가) 과부하 계전기 접촉자의 개로 (나) 저전압

(다) 지지 코일 단선 (라) 코일 단락

(마) 단자 결선 불량 또는 단선 (바) 기계적 고장

(사) 기동 버튼 접촉자 파손 또는 접촉 불량

③ 기동 버튼 개방 후 주접촉자 개로의 원인

(가) 접촉자 접촉면 오손, 접촉 불량

(나) 누름 버튼과 제어 기기의 결선 착오

④ 기동 버튼을 누를 때 전원 퓨즈 용단의 원인

(가) 접촉자 정지 (나) 접촉자 단락

(다) 코일 단락

⑤ 전자 계폐기 동작 중 소음의 원인

(가) 셰이딩 코일 단선으로 오작동

(나) 철심면의 오손

⑥ 전자석 코일 소손 또는 단락의 원인

(가) 과전압 (나) 사용 빈도 과다

(다) 오손 (라) 이물질 혼입

(마) 기계적 고장으로 공극거리 커 과전류 통전

(5) 직류 전동기의 고장

① 스위치 ON 후 기동 불능의 원인

(가) 퓨즈 단락 (나) 브러시 오손 또는 고착

(다) 과부하 (라) 계자 권선 단선, 단락 또는 접지

(마) 전기자 회로 단선 (바) 전기자 권선 또는 정류자편의 단락

(사) 베어링 불량 (아) 제어기 불량

(자) 브러시 지지기에서의 접지

② 전동기 저속 회전의 원인

(가) 전압 부적당 (나) 중성축으로부터 브러시의 벗어난 고정

(다) 과부하 (라) 전기자 또는 정류자의 단락

(마) 전기자 코일의 단선 (바) 베어링 불량

③ 전동기 과속 회전의 원인

(가) 계자 권선 단락 또는 접지 (나) 분권 계자 회로 단선

(다) 직권 전동기 무부하 운전 (라) 차동 복권 전동기로 결선

④ 운전 중 브러시 스파크 발생의 원인

(가) 정류자와 브러시 접촉 불량
(나) 운모 돌출
(다) 계자 회로 단선
(라) 계자 권선 단선, 단락 또는 접지
(마) 전기자 리드선 결선 착오
(바) 정류자 면의 오손
(사) 보극 극성 불량
(아) 브러시 고정 불량
(자) 브러시 지지기에서의 접지

⑤ 소음의 원인

(가) 베어링 불량
(나) 정류자 면의 거침
(다) 정류자 면의 높이 불균일

⑥ 전동기 과열의 원인

(가) 과부하
(나) 스파크
(다) 베어링 조임 과다
(라) 코일 단락
(마) 브러시 압력 과다

(6) 직류 전동기 제어 시스템의 고장

① 핸들 이동 후 전동기 기동 불능의 원인

(가) 퓨즈 단락
(나) 저항 요소 단선
(다) 과부하
(라) 암과 접촉점 사이 접촉 불량
(마) 전동기 결선 착오
(바) 전기자 회로 또는 계자 회로상의 단선
(사) 저전압
(아) 단자 결선 풀림 또는 파손
(자) 지지 코일의 단선

② 핸들 최종 위치 후 핸들 고정 안 됨의 원인

(가) 과부하 접촉자의 개로
(나) 저전압
(다) 코일 단락
(라) 결선 착오
(마) 소손, 리드선 단선, 접촉 불량으로 지지 코일 단선

③ 핸들 돌릴 때 퓨즈 용단의 원인

(가) 저항 단락
(나) 핸들 이송 속도 과다
(다) 저항 요소, 접촉자 또는 결선에 접지

④ 전동기 과열의 원인

(가) 전동기 과부하
(나) 핸들 이송 속도 느림
(다) 저항 요소 또는 접촉자 단락

예상문제

1. N극과 S극 사이의 자기장 내에 있는 도체를 상하로 움직이면 도체에 기전력이 유도되는 현상은? [14-2]

① 자화 유도 현상 ② 자기 유도 현상
③ 전자 유도 현상 ④ 주파수 유도 현상

해설 전자 유도(electromagnetic induction) : 코일 중을 통과하는 자속이 변화하면 코일에 기전력이 생기는 현상과 도체가 자속을 끊었을 때 도체에 기전력이 발생하는 현상을 말한다.

2. 3상 유도 전동기의 원리는? [12-2]

① 블론델 법칙 ② 보일의 법칙
③ 아라고 원판 ④ 자기 저항 효과

해설 플레밍의 왼손 법칙과 아라고 원판의 회전 원리는 동일하다.

3. 전동기의 전자력은 어떤 법칙으로 설명하는가? [04-5]

① 플레밍의 오른손 법칙
② 플레밍의 왼손 법칙
③ 렌츠의 법칙
④ 비오-사바르의 법칙

해설 플레밍의 왼손 법칙 : 왼손 세 손가락을 서로 직각으로 펼치고 가운데 손가락을 전류, 집게손가락을 자장의 방향으로 하면 엄지손가락의 방향은 힘의 방향이 된다.

4. 3상 유도 전동기의 Y-Δ 결선 변환 회로에 대한 설명으로 옳지 않은 것은? [16-2]

① Y 결선으로 기동한다.
② 기동 전류가 1/3로 줄어든다.
③ 정상 운전 속도일 때 Δ 결선으로 변환한다.
④ 기동 시 상전압을 $\sqrt{3}$ 배 승압하여 기동한다.

해설 Y-Δ 기동법은 고정자 권선을 Y로 하여 상전압이 $\frac{1}{\sqrt{3}}=0.58$배로 줄어들고 전류도 이것에 따라 1/3로 줄어든다. 정상 속도에 도달하면 Δ 결선이 되고 전전압이 가해진다.

5. 3상 유도 전동기에서 기동 시에는 Y 결선으로 운전 기동 전류를 감소시키고, 전동기의 속도가 점차 증가하여 정격 속도에 이르면 Δ 결선으로 정상 운전하는 기동법은 어느 것인가? [09-5]

① 전전압 기동법 ② Y-Δ 기동법
③ 기동 보상기법 ④ Δ-Y 기동법

해설 Y-Δ 기동법 : 전동기의 기동 전류를 제한하는 가장 간단한 감전압 기동법으로 기동 시에만 전동기의 고정자 전선을 Y 결선으로 하고 각 상에 정격전압의 $\frac{1}{\sqrt{3}}$을 가하여 전동기가 가속되어 기동 전류가 감소하면 Δ 결선으로 전환하며 직접 전원전압을 인가하여 운전해 들어가는 방식이다.

6. 다음 중 3상 유도 전동기는? [05-5]

① 권선형 ② 콘덴서 기동형
③ 분상 기동형 ④ 셰이딩 코일형

해설 콘덴서 기동형, 셰이딩 코일형, 분상 기동형은 단상 유도 전동기, 권선형은 3상 유도 전동기이다.

정답 1. ③ 2. ③ 3. ② 4. ④ 5. ② 6. ①

7. 권선형 유도 전동기의 속도 제어법 중 비례 추이를 이용한 제어법으로 맞는 것은? [12-2]

① 극수 변환법
② 전원 주파수 변환법
③ 전압 제어법
④ 2차 저항 제어법

8. 농형 유도 전동기의 기동법으로 맞지 않는 것은? [05-5]

① 2차 저항법 ② 전전압 기동법
③ Y-Δ 기동법 ④ 기동 보상기법

해설 농형 유도 전동기의 기동법에는 전전압 기동법, Y-Δ 기동법, 리액터 기동법, 기동 보상기법 등이 있다. 2차 저항법은 권선형 유도 전동기의 기동법으로 쓰인다.

9. 15 kW 이상의 농형 유도 전동기에 주로 적용되는 방식으로, 기동 시 공급 전압을 낮추어 기동 전류를 제한하는 기동법은 어느 것인가? [02-6, 12-2]

① Y-Δ 기동법 ② 기동 보상기법
③ 저항 기동법 ④ 직입 기동법

해설 기동 보상기법 : 농형 유도 전동기의 각 기동 방식에 따른 특성상 회로 구성이 복잡한 기동 방식

10. 동기 전동기의 용도가 아닌 것은? [04-5]

① 가정용 소형 선풍기
② 각종의 압축기
③ 시멘트 공장의 분쇄기
④ 제지 공장의 쇄목기

해설 동기 전동기의 용도는 각종 압축기, 시멘트 공장의 분쇄기, 제지 공장의 쇄목기 등이다. 가정용 소형 선풍기는 동기기의 용도와 관계가 적다.

11. 송전선의 전압 조정 및 역률 개선용으로 사용할 수 있는 전동기는? [02-6]

① 타여자 전동기
② 직류 분권 전동기
③ 동기 전동기
④ 유도 전동기

해설 동기 전동기는 동기 속도로 운전하는 교류 전동기로 회전 속도가 전원 주파수에 비례하고 슬립이 없다. 주파수가 일정하면 회전 속도가 일정하고 역률로 운전할 수 있으며 저속일 경우 유도 전동기보다 효율이 높다.

12. 다음 중 동기기의 전기자 반작용에 해당되지 않는 것은? [09-5]

① 교차 자화 작용
② 감자 작용
③ 증자 작용
④ 회절 작용

해설 회절은 빛과 소음에 관한 작용이다.

13. 유도 전동기에서 동기 속도를 결정하는 요인은? [07-5]

① 위상, 파형
② 홈수, 주파수
③ 자극수, 주파수
④ 자극수, 전기각

해설 유도 전동기의 동기 속도는 자극수와 주파수로 결정된다.

14. 시퀀스 회로에서 전동기를 표시하는 것은? [09-5]

① M ② PL ③ MC_1 ④ MC_2

해설 ②는 램프, ③, ④는 마그네틱 S/W 이다.

정답 7. ④ 8. ① 9. ② 10. ① 11. ③ 12. ④ 13. ③ 14. ①

15. 유도 전동기의 슬립을 나타내는 식은 어느 것인가? [13-5]

① $\frac{\text{동기 속도}-\text{회전자 속도}}{\text{동기 속도}}$

② $\frac{\text{회전자 속도}-\text{동기 속도}}{\text{동기 속도}}$

③ $\frac{\text{회전자 속도}-\text{동기 속도}}{\text{회전자 속도}}$

④ $\frac{\text{동기 속도}-\text{회전자 속도}}{\text{회전자 속도}}$

해설 유도 전동기는 항상 회전 자기장의 동기 속도와 회전자의 속도 사이에 차이가 생긴다. 이때 속도의 차이와 동기 속도의 비를 슬립이라고 한다.

16. 교류 전원의 주파수가 60 Hz 이고 극수가 4극인 유도 전동기의 회전수는? [09-5]

① 180 rpm ② 1800 rpm
③ 240 rpm ④ 2400 rpm

해설 $N=\frac{120f}{P}=\frac{120\times60}{4}=1800\text{ rpm}$

17. 유도 전동기의 슬립이 S=1일 때의 회전자의 상태는? [10-5, 13-2]

① 발전기 상태이다.
② 무구속 상태이다.
③ 동기 속도 상태이다.
④ 정지 상태이다.

해설 회전수 $N=N_s(1-S)$이므로 S=1이면 N은 불능 상태가 되어 정지 상태가 된다.

18. 다음 그림은 전동기의 정회전, 역회전 회로이다. 전원이 투입되면 항상 ON 상태인 것은? [13-2]

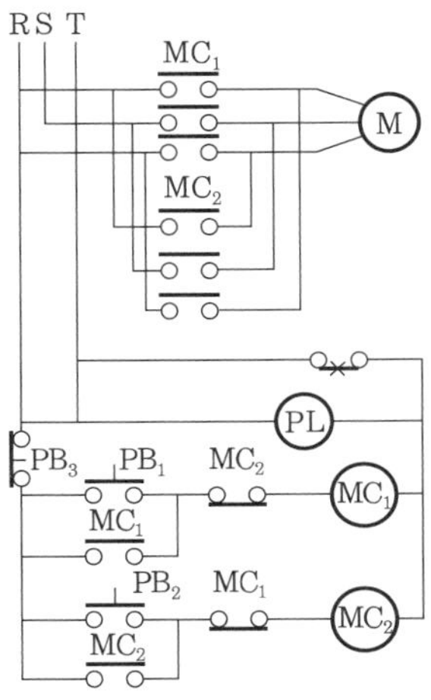

① M ② PL
③ MC_1 ④ MC_2

19. 단상 유도 전동기가 산업 및 가정용으로 널리 이용되는 이유로 옳지 않은 것은 어느 것인가? [14-5]

① 직류 전원을 생활 주변에서 쉽게 얻을 수 있다.
② 전동기의 구조가 간단하고 고장이 적고 튼튼하다.
③ 작은 동력을 필요로 하며 가격이 비교적 저렴하다.
④ 취급과 운전이 쉬워 다른 전동기에 비해 매우 편리하게 이용할 수 있다.

해설 생활 주변에서 쉽게 얻을 수 있는 전원은 교류이다.

20. 직류 전동기에서 자기 회로를 만드는 철심과 회전력을 발생시키는 전기자 권선으로 구성된 것은? [16-4]

① 계자 ② 전기자
③ 정류자 ④ 브러시

해설 직류 전동기의 구조
(1) 계자 : 전기에 의해 자속을 만드는 부분

정답 15. ① 16. ② 17. ④ 18. ② 19. ① 20. ②

(2) 전기자 : 철심과 전기자 권선으로 구성되어 있고, 계자에서 만든 자속을 끊어서 기전력을 유도하는 부분
(3) 정류자 : 전기자 권선에서 유도된 교류를 직렬로 바꿔주는 부분
(4) 브러시 : 정류자 표면에 접촉하여 전기자 권선과 외부 회로를 연결해 주는 부분

21. 직류 전동기를 기동할 때에 전기자 직렬로 연결하여 기동 전류를 억제시켜, 속도가 증가함에 따라 저항을 천천히 감소시키는 것을 무엇이라 하는가? [07-5]

① 기동기 ② 정류자
③ 브러시 ④ 제어기

해설 기동기는 시작할 때 최대, 가속이 되면 점차 저항을 감소시킨다.

22. 다음 중 무부하 운전이나 벨트 운전을 절대로 해서는 안 되는 직류 전동기는 어느 것인가? [03-5 외 3회 출제]

① 직권 전동기
② 복권 전동기
③ 분권 전동기
④ 타여자 전동기

해설 직권 전동기는 부하가 증가함과 동시에 속도가 현저하게 감소하는 가변 속도 전동기이므로 부하가 감소하면 갑자기 속도가 상승하고, 무부하가 되면 대단히 고속도가 되어 위험하다. 따라서 무부하 운전이나 벨트 운전을 하지 않는다.

23. 구동 회로에 가해지는 펄스 수에 비례한 회전 각도만큼 회전시키는 특수 전동기는 어느 것인가? [08-5, 15-5]

① 분권 전동기
② 직권 전동기
③ 타여자 전동기
④ 직류 스테핑 전동기

해설 스테핑 모터는 계동 모터, 디지털 모터 등으로 불리며, 1개의 전기 펄스가 가해질 때 1스텝만 회전하고 그 위치에서 일정의 유지 토크로 정지하는 모터이다.

24. 서보 모터에 관한 설명으로 옳지 않은 것은? [14-5]

① 저속 회전이 쉽다.
② 급가감속이 어렵다.
③ 정역회전이 가능하다.
④ 저속에서 큰 토크를 얻을 수 있다.

해설 서보 모터는 기동 전압이 작으며, 토크가 크고 회전축의 관성이 작아 정지 및 반전을 신속하게 할 수 있다.

25. 직류 전동기가 기동하지 않을 때, 고장의 원인으로 보기에 가장 거리가 먼 것은? [15-3]

① 과부하
② 제어기의 양호
③ 퓨즈의 용단
④ 계자 권선의 단선

해설 직류 전동기의 기동 불능 원인에는 퓨즈용단, 서머 릴레이, 노 퓨즈 브레이크 등의 작동, 단선, 기계적 과부하, 전기 기기 종류의 고장, 운전 조작 잘못 등이 있다.

26. 전동기의 기동 버튼을 누를 때 전원 퓨즈가 단선되는 원인이 아닌 것은? [14-2]

① 코일의 단락 ② 접촉자의 접지
③ 접촉자의 단락 ④ 철심면의 오손

해설 퓨즈는 정격 전류가 일정 시간 이상 흘렀을 때 용단되는 것이며 주로 회로의 보호에 쓰인다.

정답 21. ① 22. ① 23. ④ 24. ② 25. ② 26. ④

8장 아크 용접 장비 준비 및 정리정돈

1. 용접 장비 설치, 용접 설비 점검, 환기장치 설치

1-1 용접 및 산업용 전류, 전압

(1) 산업용 전류, 전압

① 작업 전 용접기 설치 장소의 전류, 전압 이상 유무를 확인한다.

② 용접기의 각부 명칭을 알고 조작할 수 있어야 한다.

③ 용접기의 부속 장치를 조립할 수 있어야 한다.

④ 용접용 치공구를 정리정돈하여야 한다.

⑤ 산업용 전압은 보통 220 V와 380 V이며 전류는 60~240 A 정도이다.

(2) 전기 시설 취급 요령

① 배전반, 분전반을 설치(200 V, 380 V 등으로 구분)한다.

② 방수형 철제로 제작하고, 시건 장치가 있어야 한다.

③ 교통 또는 보행에 지장이 없는 장소에 고정하도록 한다.

④ 위험 표지판을 부착한다.

1-2 용접기 설치 주의사항

(1) 용접기의 설치 장소

① 습기가 많은 장소는 피해서 설치한다.

② 통풍이 잘 되고 금속, 먼지가 적은 곳에 설치한다.

③ 벽에서 30 cm 이상 떨어져 있고 견고한 구조의 수평 바닥에 설치한다.

④ 직사광선이나 비바람이 없는 장소에 설치한다.

⑤ 해발 1000 m를 초과하지 않는 장소에 설치한다.

(2) 용접기를 설치할 수 없는 장소

① 통풍이 잘 안 되고 금속, 먼지가 매우 많은 곳
② 수증기 또는 습도가 높은 곳
③ 옥외의 비바람이 치는 곳
④ 진동 및 충격을 받는 곳
⑤ 휘발성 기름이나 가스가 있는 곳
⑥ 유해한 부식성 가스가 존재하는 곳
⑦ 폭발성 가스가 존재하는 곳
⑧ 주위 온도가 −10℃ 이하인 곳(−10~40℃가 유지되는 곳이 적당하다.)

(3) 용접기 설치 시 안전·유의사항

① 용접 작업 전 안전을 위하여 유해·위험성 사항에 중점을 두고 안전 보호구를 선택한다.
② 보호구는 재해나 건강장해를 방지하기 위한 목적으로 작업자가 착용하여 작업을 하는 기구나 장치를 말한다.
③ 안전보건관리자는 산업안전보건법 13조 8항에 근거하여 안전보건과 관련된 안전장치 및 보호구 구입 시 적격품 여부 확인을 하여 구비하여야 한다.

1-3 ∘ 용접기 운전 및 유지보수 주의사항

(1) 용접기의 운전 주의사항

① 정격사용률 이상으로 사용할 때 과열되어 소손 발생
② 가동 부분, 냉각 팬을 점검하고 주유할 것
③ 탭 전환은 아크 발생 중지 후 행할 것
④ 2차측 단자의 한쪽과 용접기 케이스는 반드시 접지할 것
⑤ 습한 장소, 직사광선이 드는 곳에서 용접기를 설치하지 말 것

(2) 용접기의 보수 및 정비 방법

고장 현상	외부 및 내부 고장 원인	보수 및 정비 방법
아크가 발생하지 않을 때	• 배전반의 전원 스위치 및 용접기 전원 스위치가 "OFF" 되었을 때 • 용접기 및 작업대 접속 부분에 케이블 접속이 안 되어 있을 때 • 용접기 내부의 코일 연결 단자가 단선되어 있을 때 • 철심 부분이 단락되거나 코일이 절단되었을 때	• 배전반 및 용접기의 전원 스위치의 접속 상태를 점검하고 이상 시 수리, 교환하거나 "ON"으로 한다. • 용접기 및 작업대의 케이블에 연결을 확실하게 한다. • 용접기 내부를 열어 확인하고 고장 수리를 하거나 외주 수리 등을 판단한다.
아크가 불안정할 때	• 2차 케이블이나 어스선 접속이 불량할 때 • 홀더 연결부나 2차 케이블 단자 연결부의 전선의 일부가 소손되었을 때 • 단자 접촉부의 연결 상태나 용접기 내부 스위치의 접촉이 불량할 때	• 2차 케이블이나 어스선 접속을 확실하게 체결한다. • 케이블의 일부를 절단한 후 피복을 제거하고 단자에 다시 연결한다. • 단자 접촉부나 용접기 스위치 접촉부를 줄로 다듬질하여 수리하거나 스위치를 교환한다.
용접기의 발생음이 너무 높을 때	• 용접기 외함이나 고정 철심, 고정용 지지 볼트, 너트가 느슨하거나 풀렸을 때 • 용접기 설치 장소 바닥이 고르지 못할 때 • 가동 철심, 이동 축 지지 볼트, 너트가 풀려 가동 철심이 움직일 때 • 가동 철심과 철심 안내 축 사이가 느슨할 때	• 용접기 외함이나 고정 철심, 고정 용지지 볼트, 너트를 확실하게 체결한다. • 용접기 설치 장소 바닥을 평평하게 수평이 되게 한 후 설치한다. • 가동 철심, 이동 축 지지 볼트, 너트를 확실하게 체결한다. • 가동 철심을 빼내어 틈새 조정판을 넣어 틈새를 적게 하고 그래도 소음이 나면 교환한다.
전류 조절이 안 될 때	• 전류 조절 손잡이와 가동 철심 축과의 고정 불량 또는 고착되었을 때 • 가동 철심 축의 나사 부분이 불량할 때 • 가동 철심 축의 지지가 불량할 때	• 전류 조절 손잡이를 수리 또는 교환하거나 철심 축에 그리스를 발라준다. • 철심 축을 교환한다. • 가동철심 축의 고정 상태를 점검, 수리 또는 교환한다.

(3) 교류 아크 용접기 작업 전 유의사항

① 용접기에는 다음 그림과 같이 반드시 무접점 전격방지기를 설치한다.

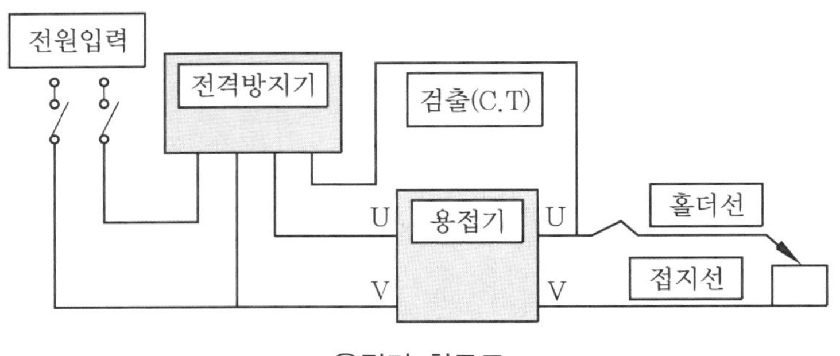

용접기 회로도

② 용접기의 2차측 회로는 용접용 케이블을 사용한다.

③ 수신용 용접 시 접지극을 용접 장소와 가까운 곳에 두도록 하고 용접기 단자는 충전부가 노출되지 않도록 적당한 방법을 강구한다.

④ 단자 접속부는 절연 테이프 또는 절연 커버로 방호한다.

⑤ 홀더선 등이 바닥에 깔리지 않도록 가공 설치 및 바닥 통과 시 커버를 사용한다.

1-4 용접기 안전 및 안전수칙

(1) 용접기 설치 및 유지보수 주의사항

① 작업 전 용접기 설치 장소의 이상 유무를 확인한다.

㈎ 옥내 작업 시 준수사항

㉮ 용접 작업 시 국소 배기 시설(포위식 부스)을 설치한다.

㉯ 국소 배기 시설로 배기되지 않는 용접 흄은 전체 환기시설을 설치한다.

㉰ 작업 시에는 국소 배기 시설을 반드시 정상 가동시킨다.

㉱ 이동 작업 공정에서는 이동식 팬을 설치한다.

㉲ 방진 마스크 및 차광 안경 등의 보호구를 착용한다.

㈏ 옥외 작업 시 준수사항

㉮ 옥외에서 작업하는 경우 바람을 등지고 작업한다.

㉯ 방진 마스크 및 차광 안경 등의 보호구를 착용한다.

㈐ 용접기 설치 전 중점관리사항

㉮ 우천 시 옥외 작업을 피한다(감전의 위험을 피한다).

㉯ 자동전격방지기의 정상 작동 여부를 주기적으로 점검한다.

1-5 ◦ 용접기 각부 명칭과 기능

(1) 용접기의 구비 조건

① 구조 및 취급이 간단해야 한다.
② 전류 조정이 용이하고 일정한 전류가 흘러야 한다.
③ 용접기는 완전 절연과 무부하 전압이 필요 이상으로 높지 않아야 한다.
④ 아크 발생이 잘 되도록 무부하 전압이 유지되어야 한다(교류 70~80 V, 직류 40~60 V).
⑤ 아크 발생 및 유지가 용이하고 아크가 안정되어야 한다.
⑥ 사용 중에 온도 상승이 작아야 한다.
⑦ 가격이 저렴하고 사용 유지비가 적게 들어야 한다.
⑧ 역률 및 효율이 좋아야 한다.

(2) 용접기의 명칭

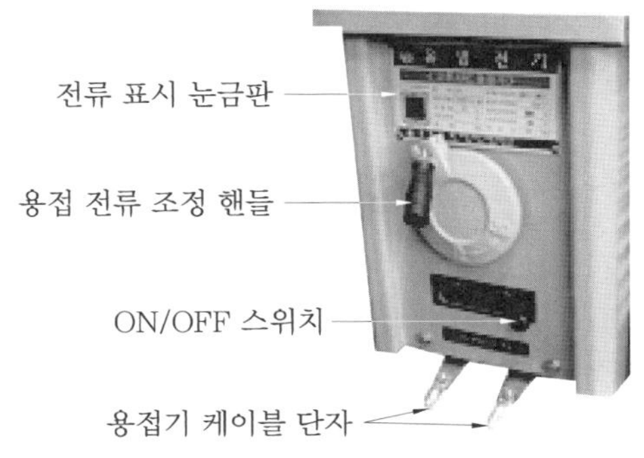

용접기의 명칭

① 용접 홀더

㈎ 용접 홀더의 분해 조립

㉮ 용접 홀더 어스(ASSY)에서 손잡이 고정 나사를 돌려 수지(플라스틱) 손잡이를 분리시키며 이때 손잡이 고정 나사는 황동 몸체 집게에서 분리하지 않는다.

㉯ 제공된 케이블을 수지 손잡이에 통과시키고 통과시킨 케이블 끝단에 피복을 3 cm 정도 벗긴다.

㉰ 피복을 벗긴 케이블 상단에 케이블 접속 덮개(구리로 된 덮개가 일반적)와 함께 황동 몸체 집게에 끼워 넣는다.

㉣ 케이블 접속 나사(2개)로 케이블과 케이블 접속 덮개를 황동 몸체 집게에 고정시킨다.

㉤ 수지 손잡이로 황동 몸체 집게를 덮는다.

㉥ 손잡이 고정 나사로 수지 손잡이를 고정시킨다(손잡이 고정 나사와 수지 손잡이의 사각 홈을 일치시킨 후 황동 몸체 집게에 포함되어 있는 손잡이 고정 나사로 고정시킨다).

(나) 용접 홀더의 손잡이 부분은 절연 상태를 수시로 확인하고 건조한 것을 사용한다.

② 접지 클램프

(가) 케이블을 고무 손잡이에 통과시키고 통과시킨 케이블 끝단의 피복을 1 cm 정도 벗긴다.

(나) 피복을 벗긴 케이블에 "0" 단자를 끼우고 압착한다.

(다) 케이블과 케이블 부시를 용접기 연결 단자에 끼우고 케이블 접속 나사로 고정한다.

(라) 케이블과 접지 집게를 연결 후 고무 손잡이를 끼운다.

③ 케이블 커넥터

(가) 제공된 케이블을 케이블 커버 수지에 통과시키고 통과시킨 케이블 끝단의 피복을 1 cm 정도 벗긴다.

(나) 케이블과 케이블 부시를 용접기 연결 단자에 끼우고 케이블 접속 나사로 고정한다.

(다) 케이블 커버 수지를 용접기 연결 단자 소켓까지 덮는다.

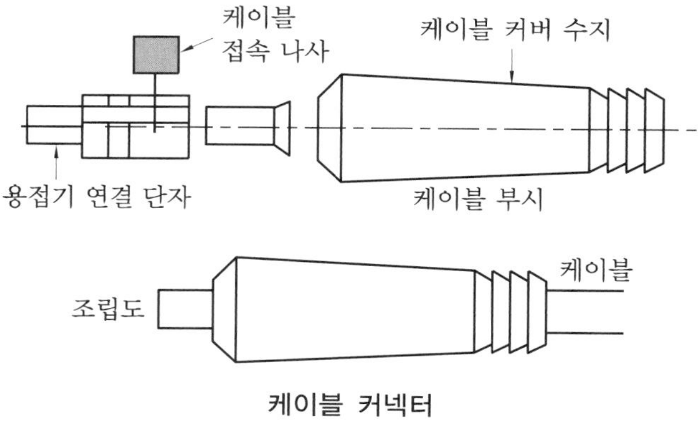

케이블 커넥터

1-6 전격방지기

(1) 전격방지기 설치

① 반드시 용접기의 정격용량에 맞는 누전차단기를 통하여 설치한다.
② 1차 입력 전원을 OFF시킨 후 설치하여 결선 시 볼트와 너트로 정확히 밀착되게 조인다.
③ 방지기에 2번 전원 입력(적색 캡)을 입력 전원 L1에 연결하고 3번 출력(황색 캡)을 용접기 입력 단자(P1)에 연결한다.
④ 방지기의 4번 전원 입력(적색 선)과 입력 전원 L2를 용접기 전원 입력(P2)에 연결한다.
⑤ 방지기의 1번 감지(C, T)에 용접선(P선)을 통과시켜 연결한다.
⑥ 정확히 결선을 완료하였으면 입력 전원을 ON시킨다.

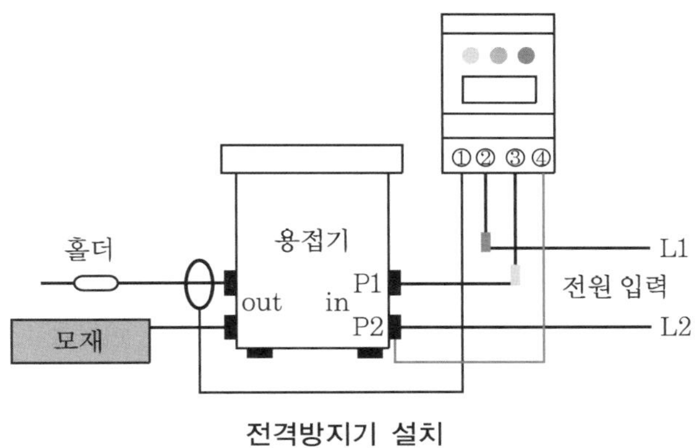

전격방지기 설치

(2) 전격방지기 점검

① 입력 전원을 확인한다.
② bridge diode의 (+), (−)에 연결된 배선을 제거한다.
③ 보조 트랜스에 AC 220 V를 인가하고 전원 램프가 점등하는지 확인한다.
④ 접속 상태가 좋지 않을 시 정상적으로 용접이 되지 않는다.

1-7 용접봉 건조기

용접봉 건조기의 종류에는 저장용 용접봉 건조기, 휴대용 용접봉 건조기, 플럭스 전용 건조기 등이 있다.

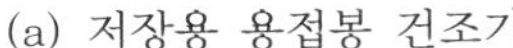
(a) 저장용 용접봉 건조기

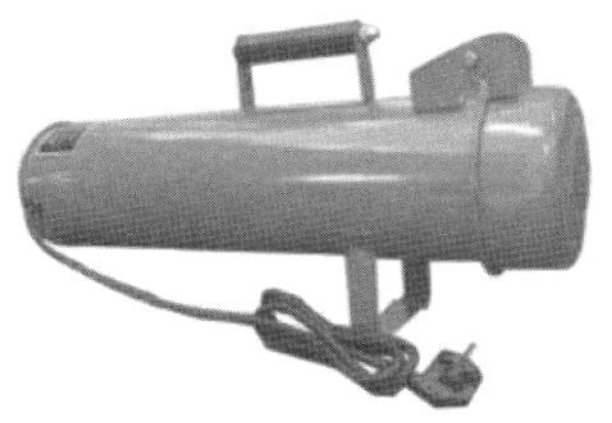
(b) 휴대용 용접봉 건조기

용접봉 건조기의 종류

1-8 용접 포지셔너

용접 포지셔너(welding positioner)는 여러 가지 용접 자세 중에서 용접 능률이 가장 좋은 아래보기 자세로 용접할 수 있도록 구조물의 위치를 조정하는 장치로서 구조물을 회전 테이블에 고정 또는 구속시켜 변형을 방지하는 기능도 있다.

용접용 포지셔너(턴 테이블)

1-9 환기장치, 용접용 유해가스

(1) 환기장치(후드)

인체에 해로운 분진, 흄(fume, 열이나 화학 반응에 의하여 형성된 고체 증기가 응축되어 생긴 미세 입자), 미스트(mist, 공기 중에 떠다니는 작은 액체 방울), 증기 또는 가스 상태의 물질(이하 "분진 등"이라 한다)을 배출하기 위하여 설치하는 국소배기장치의 후드가 다음 각 호의 기준에 맞도록 하여야 한다. 〈2019. 10. 15.〉

① 유해물질이 발생하는 곳마다 설치할 것
② 유해인자의 발생 형태와 비중, 작업 방법 등을 고려하여 해당 분진 등의 발산원(發散源)을 제어할 수 있는 구조로 설치할 것
③ 후드(hood) 형식은 가능하면 포위식 또는 부스식 후드를 설치할 것
④ 외부식 또는 리시버식 후드는 해당 분진 등의 발산원에 가장 가까운 위치에 설치할 것

(2) 용접용 유해가스

각종 작업 환경 혹은 실내에서 발생하는 유해가스에는 연료의 불완전 연소에 기인한 일산화탄소(CO), 탄산가스(CO_2), 질소 산화물, 유화수소, 황산화물, 불화수소 등 종류가 다양하다. 보통 건물에서 가장 문제되는 것은 CO 가스로 CO는 호흡 중에 1 ppm 정도 포함되어 있으며, 미량으로는 문제가 되지 않지만 연료의 불완전 연소에 의하여 다량으로 방출되는 것이 문제된다. 이 가스는 무색무취의 가스로 혈액 속 조직 중에서 산소의 결핍을 느끼게 한다.

CO 농도와 호흡 시간별 중독 증상

농도(%)	호흡 시간과 중독 증상
0.02	2~3시간에 가벼운 전두통
0.04	1~2시간에 전두통, 2.5~3.5시간에 후두통
0.08	45분에 두통, 현기증이 일어나고 경련이 일어나며 구토
0.16	20분에 두통, 현기증, 구토, 2시간에 치사
0.32	5~10분에 두통, 현기증이 일어나고 30분에 치사
0.64	10~15분에 치사
1.28	1분에 치사

1-10 피복 아크 용접 설비

(1) 환풍기의 용도와 이상 유무 확인

① 용접 작업장 환기 시설 확인 및 조작
㈎ 가스 중독에 의한 재해 원인을 제거한다.

(나) 환기 시설을 점검 및 가동한다.

(다) 용접 전 환기 및 호흡 보호구를 준비한다.

(2) 용접 설비 배치

① 용접기의 설비 용량을 파악한다.

(가) 직류, 교류 피복 금속 아크 용접기의 각종 형상과 규격 및 적정 케이블 크기 등을 파악한다.

(나) 용접기 종류별 특성을 파악하여 작업에 적합한 용접기를 선정한다.

(다) 용접 작업 시 설비 점검을 하여 감전 재해를 예방한다.

② 용접기 적정 설치 장소를 확인한다.

(가) 습기나 먼지 등이 많은 장소는 설치를 피하고 환기가 잘 되는 곳을 선택한다.

(나) 휘발성 기름이나 유해한 부식성 가스가 존재하는 장소는 피한다.

(다) 벽에서 30 cm 이상 떨어져 있고 견고한 구조의 수평 바닥에 설치한다.

(라) 진동이나 충격을 받는 곳, 폭발성 가스가 존재하는 곳을 피한다.

(마) 비바람이 치는 장소, 주위 온도가 −10℃ 이하인 곳을 피한다(−10~40℃ 유지되는 곳이 적당).

1-11 피복 아크 용접봉, 용접 와이어

(1) 피복 아크 용접봉의 원리

① 피복 아크 용접봉

(가) 아크 용접해야 할 모재 사이의 틈(gap)을 채우기 위한 것이다.

(나) 용가재(filler metal) 또는 전극봉(electrode)이라고 한다.

(다) 맨(solid) 용접봉은 자동, 반자동에 사용한다.

② 용접부의 보호에 따른 방식

(가) 가스 발생식(gas shield type)

(나) 슬래그 생성식(slag shield type)

(다) 반가스 발생식(semi gas shield type)

③ 용적 이행에 따른 방식

(가) 스프레이형(분무형 : spray type)

(나) 글로뷸러형(입상형 : globular type)

(다) 단락형(short circuit type)

④ 재질에 따른 종류 : 연강 용접봉, 저합금강(고장력강) 용접봉, 동합금 용접봉, 스테인리스강 용접봉, 주철 용접봉 등

⑤ 성분 : 용착 금속의 균열을 방지하기 위한 저탄소, 유황, 인, 구리 등의 불순물과 규소량을 적게 함유한 저탄소 림드강

⑥ 심선 제작 : 강괴를 전기로, 평로에 의하여 열간 압연 및 냉간 인발로 제작

⑦ 피복제의 작용

(가) 용착 금속의 유동성을 증가시킨다.

(나) 용착 금속의 탈산(정련) 작용을 한다.

(다) 용융 금속의 산화, 질화 방지로 용융 금속을 보호한다(공기 중에 산소 21 %, 질소 78 %).

(라) 슬래그 생성으로 인한 용착 금속의 급랭 방지 및 전자세 용접이 용이하다.

(마) 합금 원소의 첨가 및 용융 속도와 용입을 알맞게 조절한다.

(바) 용적(globular)을 미세화하고 용착 효율을 높인다.

(사) 파형이 고운 비드를 형성한다.

(아) 스패터 발생 방지 및 피복제의 전기 절연 작용을 한다.

(자) 아크 발생을 쉽게 하고 아크의 안정화를 가져온다.

(차) 모재 표면의 산화물 제거 및 완전한 용접이 이루어진다.

⑧ 용접봉의 아크 분위기

(가) 아크 분위기를 생성한다.

(나) 피복제의 유기물, 탄산염, 습기 등이 아크열에 의하여 많은 가스가 발생한다.

(다) CO, CO_2, H_2, H_2O 등의 가스가 용융 금속과 아크를 대기로부터 보호한다.

(라) 저수소계 용접봉 : H_2가 극히 적고, CO_2가 상당히 많이 포함된다.

(마) 저수소계 외 용접봉 : CO와 H_2가 대부분 차지, CO_2와 H_2O가 약간 포함된다.

⑨ 피복 배합제의 종류

(가) 아크 안정제 : 피복제의 안정제 성분이 아크열에 의하여 이온화가 되어 아크가 안정되고 부드럽게 되며, 재점호 전압도 낮게 하여 아크가 잘 꺼지지 않게 한다.

예 규산칼륨(K_2SiO_3), 규산나트륨(Na_2SiO_3), 이산화티탄(TiO_2), 석회석($CaCO_3$) 등

(나) 탈산제 : 용융 금속의 산소와 결합하여 산소를 제거한다.

예 망간철, 규소철, 티탄철, 금속 망간, Al 분말 등

(다) 합금제 : 용착 금속의 화학적 성분을 임의의 원하는 성질로 얻기 위한 것이다.

예 Mn, Si, Ni, Mo, Cr, Cu 등

(라) 가스 발생제 : 유기물, 탄산염, 습기 등이 아크열에 의하여 분해되어 발생된 가스

가 아크 분위기를 대기로부터 차단한다.

㉮ 유기물 : 셀룰로오스(섬유소), 전분(녹말), 펄프, 톱밥

㉯ 탄산염 : 석회석, 마그네사이트, 탄산바륨($BaCO_3$)

㉰ 발생 가스 : CO, CO_2, H_2, 수증기 등

(마) 슬래그 생성제 : 슬래그를 생성하여 용융 금속 및 금속 표면을 덮어서 산화나 질화를 방지하고 냉각을 천천히 시키며, 그 외 영향으로 탈산 작용, 용융 금속의 금속학적 반응, 용접 작업 용이 등이 있다.

예 산화철, 이산화티탄, 일미나이트, 규사, 이산화망간, 석회석, 장석, 형석 등

(바) 고착제 : 심선에 피복제를 고착시키는 역할을 한다.

예 물유리(규산나트륨 : Na_2SiO_3), 규산칼륨(K_2SiO_3) 등

(2) 연강용 피복 아크 용접봉의 종류 및 특성

① 연강용 피복 아크 용접봉의 규격

(가) KS D 7004에 규정 : 미국 단위는 파운드법에 의하여 E43 대신에 E60을 사용[60은 60000 lbs/in^2(=psi)], 심선 지름 허용 오차는 ±0.05 mm이고, 길이 허용 오차는 ±3 mm, 용접봉의 비피복 부위의 길이는 25±5 mm이며, 700 및 800 mm일 때는 30±5 mm이다.

② 연강용 피복 아크 용접봉의 호칭법

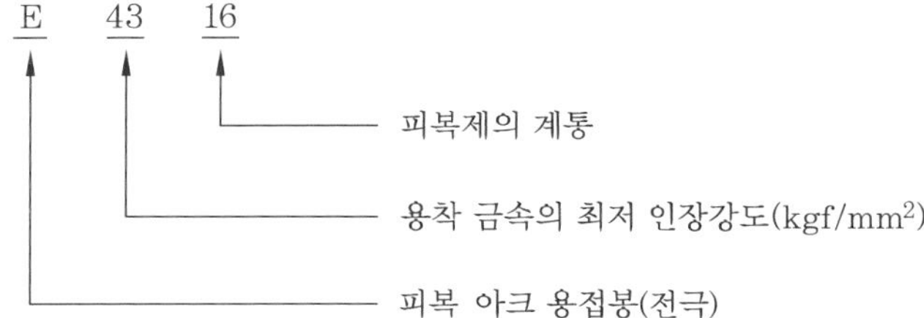

연강용 피복 아크 용접봉의 종류 및 특성

종류/용접 자세/전원	주성분	특성 및 용도
E 4301 일미나이트계 F, V, O, H AC 또는 DC(±)	일미나이트($TiO_2 \cdot FeO$)를 약 30 % 이상 포함	• 가격 저렴 • 작업성 및 용접성 우수 • 25 mm 이상 후판 용접도 가능 • 수직 · 위보기 자세에서 작업성이 우수하며 전자세 용접 가능 • 일반 구조물의 중요 강도 부재, 조선, 철도, 차량, 각종 압력 용기 등에 사용

E 4303 라임티타니아계 F, V, O, H AC 또는 DC(±)	산화티탄(TiO_2) 약 30 % 이상과 석회석($CaCO_3$)이 주성분	• 작업성은 고산화티탄계, 기계적 성질은 일미나이트계와 비슷함 • 사용 전류는 고산화티탄계 용접봉보다 약간 높은 전류를 사용 • 비드가 아름다워 선박의 내부 구조물, 기계, 차량, 일반 구조물 등으로 사용 • 피복제의 계통으로는 산화티탄과 염기성 산화물이 다량으로 함유된 슬래그 생성식
E 4311 고셀룰로오스계 F, V, O, H AC 또는 DC(±)	가스발생제인 셀룰로오스를 20~30 % 정도 포함	• 아크는 스프레이 형상으로 용입이 크고 비교적 빠른 용융 속도 • 슬래그가 적어 비드 표면이 거칠고 스패터가 많은 것이 결점 • 아연 도금 강판이나 저합금강에도 사용되고 저장 탱크, 배관 공사 등에 사용 • 피복량이 얇고, 슬래그가 적어 수직 상·하진 및 위보기 용접에서 우수한 작업성 • 사용 전류는 슬래그 실드계 용접봉에 비해 10~15 % 낮게 사용되고 사용 전에 70~100℃에서 30분~1시간 건조
E 4313 고산화티탄계 F, V, O, H AC 또는 DC(±)	산화티탄(TiO_2) 약 35 % 정도 포함	• 용도로는 일반 경구조물, 경자동차 박강판 표면 용접에 적합 • 기계적 성질에 있어서는 연신율이 낮고, 항복점이 높으므로 용접 시공에 있어서 특별히 유의 • 아크는 안정되며 스패터가 적고 슬래그의 박리성도 매우 좋아 비드의 겉모양이 고우며 재아크 발생이 잘 되어 작업성이 우수 • 1층 용접에 의한 용착 금속은 X선 검사에 비교적 양호한 결과를 가져오나, 다층 용접에 있어서는 만족할 만한 결과를 가져오지 못하고 고온 균열(hot crack)을 일으키기 쉬운 결점
E 4316 저수소계 F, V, O, H	석회석($CaCO_3$)이나 형석(CaF_2)이 주성분	• 용착 금속 중의 수소량이 다른 용접봉에 비해서 1/10 정도로 현저하게 적은, 우수한 특성 • 피복제는 습기를 흡수하기 쉽기 때문에 사용하기 전에 300~350℃ 정도로 1~2시간 정도 건조시켜 사용

<table>
<tr><td>AC 또는 DC(±)</td><td></td><td>• 아크가 약간 불안하고 용접 속도가 느리며 용접 시점에서 기공이 생기기 쉬우므로 후진(back step)법을 선택하여 문제를 해결하는 경우도 있음
• 용접성은 다른 연강봉보다 우수하기 때문에 중요 강도 부재, 고압 용기, 후판 중구조물, 탄소 당량이 높은 기계 구조용 강, 구속이 큰 용접, 유황 함유량이 높은 강 등의 용접에 결함 없이 양호한 용접부가 얻어짐</td></tr>
<tr><td>E 4324
철분산화티탄계</td><td rowspan="3">고산화티탄계 용접봉(E 4313)의 피복제에 약 50 % 정도의 철분 첨가</td><td rowspan="3">• 작업성이 좋고 스패터가 적으나 얕은 용입
• 아래보기 자세와 수평 필릿 자세의 전용 용접봉
• 보통 저탄소강의 용접에 사용되지만, 저합금강이나 중·고탄소강의 용접에도 사용</td></tr>
<tr><td>F, H</td></tr>
<tr><td>AC 또는 DC(±)</td></tr>
<tr><td>E 4326
철분저수소계</td><td rowspan="3">저수소계 용접봉(E 4316)의 피복제에 30~50 % 정도의 철분 첨가</td><td rowspan="3">• 용착 속도가 크고 작업 능률이 좋음
• 아래보기 및 수평 필릿 용접 자세에만 사용
• 용착 금속의 기계적 성질이 양호하고, 슬래그의 박리성이 저수소계보다 좋음</td></tr>
<tr><td>F, H</td></tr>
<tr><td>AC 또는 DC(±)</td></tr>
<tr><td>E 4327
철분산화철계</td><td rowspan="3">산화철에 철분을 30~45 % 첨가하여 만든 것으로 규산염을 다량 함유</td><td rowspan="3">• 산성 슬래그 생성
• 비드 표면이 곱고 슬래그가 박리성이 좋음
• 아래보기 및 수평 필릿 용접에 많이 사용
• 아크는 스프레이형이고 스패터가 적으며, 용입도 철분산화티탄계(E 4324)보다 깊음</td></tr>
<tr><td>F, H</td></tr>
<tr><td>AC 또는 DC(±)</td></tr>
</table>

(3) 연강용 피복 아크 용접봉의 작업성 및 용접성

① 작업성

㈎ 직접 작업성 : 아크 상태, 아크 발생, 용접봉의 용융 상태, 슬래그 상태, 스패터

㈏ 간접 작업성 : 부착 슬래그의 박리성, 스패터 제거의 난이도, 기타 용접 작업의 난이도

② 용접성

㈎ 용접성은 내균열성의 정도, 용접 후에 변형이 생기는 정도, 내부의 용접 결함, 용착 금속의 기계적 성질 등을 말한다.

㈏ 내균열성의 정도는 피복제의 염기도가 높을수록 양호하나 작업성이 저하된다.

(4) 연강용 피복 아크 용접봉의 선택과 관리

① 피복 아크 용접봉 취급 시 유의사항

(가) 저장(보관)

㉮ 2~3일분은 미리 건조하여 사용한다.

㉯ 건조된 장소에 보관 : 용접봉이 습기를 흡수하면 용착 금속은 기공이나 균열이 발생한다.

㉰ 건조 온도 및 시간

- 일반봉 : 70~100℃, 30분~1시간
- 저수소계 : 300~350℃, 1~2시간

(나) 취급

㉮ 과대 전류를 사용하지 말아야 하며, 작업 중에 이동식 건조로에 넣고 사용한다.

㉯ 편심률(%) $= \frac{D' - D}{D} \times 100$ (편심률은 3 % 이내)

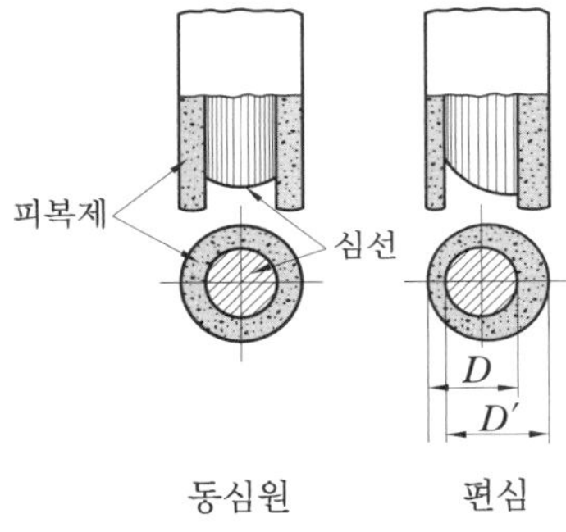

피복제의 편심 상태

(5) 그 밖의 피복 아크 용접봉

① 고장력강용 피복 아크 용접봉
② 표면경화용 피복 아크 용접봉
③ 스테인리스강 피복 아크 용접봉
④ 주철용 피복 아크 용접봉
⑤ 동 및 동합금 피복 아크 용접봉

1-12 피복 아크 용접 기법

(1) 용접 작업 준비

① 보호구의 착용
② 용접봉의 건조
③ 용접 설비 안전 점검 및 전류 조정
④ 모재의 청소
⑤ 환기장치

(2) 아크 발생

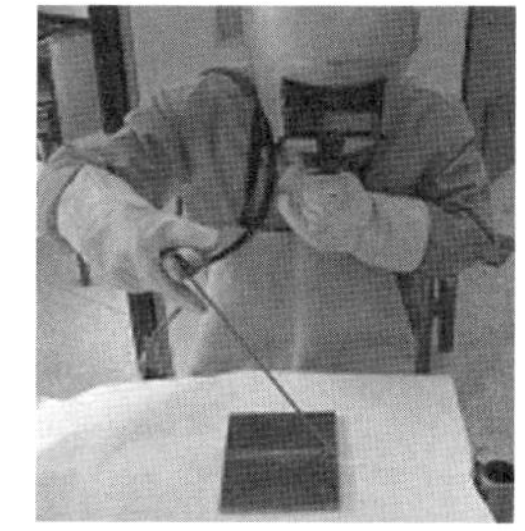
아크 발생

① 찍기법(tapping method) : 피복 금속 아크 용접봉을 모재에 수직으로 찍듯이 접촉시켰다가 들어 올리는 방법으로 한다.

② 긁기법(scratching method) : 피복 금속 아크 용접봉을 모재에 살짝 긁는(성냥불을 켜듯이) 방법으로 한다.

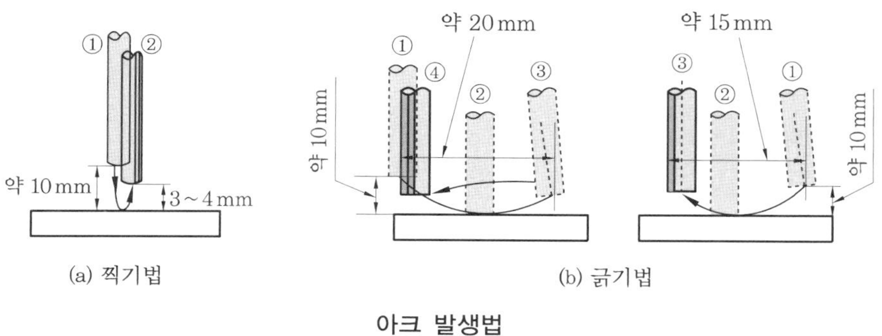

(a) 찍기법 (b) 긁기법

아크 발생법

(3) 아크 끊기

아크를 끊을 때는 최대한 모재에 아크가 보이지 않을 정도로 아크 길이를 짧게 하여 운봉을 정지시켜 크레이터가 얇게 형성되게 처리(비드 이음할 때 쉽게 연결하기 위함)한 다음 아크를 끊는다.

(4) 전류 조절

주전원 및 용접기의 전원 스위치를 넣는다. 용접기의 전류 조절 손잡이를 조작하여(오른쪽 방향은 전류 상승, 왼쪽 방향은 전류 하강) 사용할 용접봉 지름 및 모재에 알맞게 전류를 조절하고 피복 금속 아크 용접봉 지름 및 종류 등에 따라 알맞게 아크를 발생시킬 수 있다.

(5) 용접기 극성(polarity) 파악

① 직류 아크 용접 : 양극에서는 발생열의 60~75 %, 음극에서는 25~40 % 정도이다.

② 교류 아크 용접 : 두 극(+, −)에서 거의 같다.

예상문제

1. 아크 부스터는 핫스타트 장치라고도 하는데 다음 중 틀린 것은?

① 아크가 발생하는 초기 시점에 용접 전류를 크게 하여 용접 시작점에 기공이나 용입 불량의 결함을 방지하는 장치이다.
② 아크 발생 시 약 1/4~1/5초만 용접 전류를 크게 한다.
③ 아크가 발생하는 초기에 모재가 냉각되어 용접 입열 부족으로 1~5초 동안 용접 전류를 크게 한다.
④ 아크 발생 초기에 용입을 양호하게 한다.

해설 아크 발생 시 약 1/4~1/5초 이내에 용접 전류를 크게 한다.

2. 용접 작업에 영향을 주는 요소 중 틀린 것은 어느 것인가?

① 아크 길이는 보통 3 mm 이내로 하며 되도록 짧게 운봉한다.
② 용접봉 각도는 진행각과 작업각을 유지해야 한다.
③ 아크 전류와 아크 전압을 일정하게 유지하며 용접 속도를 증가시키면 비드 폭이 좁아지고 용입은 얕아진다.
④ 용접 전류가 낮아도 아크 길이가 길 때 아크는 유지된다.

해설 용접 전류값이 높을 때는 아크 길이가 길어도 아크가 유지되고, 전류값이 낮을 때는 아크가 소멸된다.

3. 용접기 설치 시에 피해야 할 장소 중 틀린 것은 어느 것인가?

① 휘발성 기름이나 가스가 있는 곳
② 수증기 또는 습도가 높은 곳
③ 옥외의 비바람이 치는 곳
④ 주위 온도가 10℃ 이하인 곳

해설 주위 온도가 −10℃ 이하인 곳은 피해서 설치한다(−10~40℃가 유지되는 곳이 적당하다).

4. 용접기 적정 설치 장소로 맞지 않는 것은?

① 습기나 먼지 등이 많은 장소는 설치를 피하고 환기가 잘 되는 곳을 선택한다.
② 휘발성 기름이나 유해한 부식성 가스가 존재하는 장소는 피한다.
③ 벽에서 50 cm 이상 떨어져 있고 견고한 구조의 수평 바닥에 설치한다.
④ 진동이나 충격을 받는 곳, 폭발성 가스가 존재하는 곳을 피한다.

해설 ①, ②, ④ 외에 비바람이 치는 장소, 주위 온도가 −10℃ 이하인 곳을 피해야 하며(−10~40℃가 유지되는 곳이 적당하다), 벽에서 30 cm 이상 떨어져 있고 견고한 구조의 수평 바닥에 설치한다.

5. 교류 아크 용접기 작업 전 유의사항 중 틀린 것은 어느 것인가?

① 용접기에는 반드시 접점 전격방지기를 설치한다.
② 용접기의 2차측 회로는 용접용 케이블을 사용한다.
③ 수신용 용접 시 접지극을 용접 장소와 가까운 곳에 두도록 하고 용접기 단자는 충전부가 노출되지 않도록 적당한 방법을 강구한다.

정답 1. ③ 2. ④ 3. ④ 4. ③ 5. ①

④ 단자 접속부는 절연 테이프 또는 절연 커버로 방호한다.

해설 교류 아크 용접기에는 반드시 무접점 전격방지기를 설치한다.

6. 직류 아크 용접기의 고장 원인 중 전원 스위치를 ON하자마자 전원 스위치가 OFF되는 현상으로 틀린 것은?

① 변압기 고장
② 정류 브리지 다이오드의 고장
③ 전해 콘덴서의 고장
④ I, G, B, T 모듈의 고장

해설 변압기 고장은 퓨즈(fuse) 끊김의 고장 원인이다.

7. 전기 시설 취급 요령 중 옳지 않은 것은?

① 배전반, 분전반 설치는 반드시 200 V로만 설치한다.
② 방수형 철제로 제작하고 시건 장치를 설치한다.
③ 교통 또는 보행에 지장이 없는 장소에 고정한다.
④ 위험 표지판을 부착한다.

해설 배전반, 분전반 설치는 200 V, 380 V 등으로 구분한다.

8. 용접기 취급 시 주의사항이 아닌 것은?

① 정격사용률 이상으로 사용할 때 과열되어 소손이 생긴다.
② 가동 부분, 냉각 팬을 점검하고 주유를 하지 않고 깨끗이 청소만 한다.
③ 2차측 단자의 한쪽과 용접기 케이스는 반드시 접지한다.
④ 습한 장소, 직사광선이 드는 곳에서 용접기를 설치하지 않는다.

해설 ①, ③, ④ 외에 탭 전환은 아크 발생 중지 후 행하며, 가동 부분, 냉각 팬을 점검하고 주유한다.

9. 아크 용접기의 위험성으로 틀린 것은?

① 피복 금속 아크 용접봉이나 배선에 의한 감전 사고의 위험이 있으므로 항상 주의한다.
② 용접 시 발생하는 흄(fume)이나 가스를 흡입 시 건강에 해로우므로 주의한다.
③ 용접 시 발생하는 흄으로부터 머리 부분을 멀리하고 흄 흡입 장치 및 배기 가스 설비를 한다.
④ 인화성 물질이나 가연성 가스가 작업장에서 3 m 내에 있을 때에는 용접 작업을 해도 된다.

해설 보통 용접 시 비산하는 스패터가 날아가 화재를 일으키는 거리가 5 m 이상으로 5 m 이내에는 위험이 있는 인화성 물질이나 유해성 물질이 없어야 하며 화재의 위험이 있어 가까운 곳에 소화기를 비치하여 화재에 대비한다.

10. 밀폐된 장소 또는 환기가 극히 불량한 좁은 장소에서 행하는 용접 작업에 대해서는 다음 내용에 대한 특별 안전보건 교육을 실시한다. 이 중 틀린 것은?

① 작업 순서, 작업 자세 및 수칙에 관한 사항
② 용접 흄, 가스 및 유해 광선 등의 유해성에 관한 사항
③ 환기 설비 및 응급처치에 관한 사항
④ 관련 MSDS(Material Safety Data Sheet : 물질안전보건자료)에 관한 사항

해설 ②, ③, ④ 외에 작업 순서, 작업 방법 및 수칙에 관한 사항, 작업 환경 점검 및 기타 안전보건상의 조치가 있다.

정답 6. ① 7. ① 8. ② 9. ④ 10. ①

11. 아세틸렌 용접 장치의 안전에 관한 것 중 틀린 것은?

① 출입구의 문은 두께 1.5 mm 이상의 철판이나 그 이상의 강도를 가진 구조로 해야 한다.
② 발생기실은 화기를 사용하는 설비로부터 1.5 m를 초과하는 장소에 설치하여야 한다.
③ 옥외에 발생기실을 설치할 경우 그 개구부는 다른 건축물로부터 1.5 m 이상 떨어진 장소에 설치하여야 한다.
④ 용접 작업 시 게이지 압력이 127 kPa을 초과하는 압력의 아세틸렌을 발생시켜 사용해서는 안 된다.

해설 발생기실은 건물의 최상층에 위치하여야 하며, 화기를 사용하는 설비로부터 3 m를 초과하는 장소에 설치하여야 한다.

12. 핸드 실드 차광 유리의 규격에서 100~300 A 미만의 아크 용접을 할 때 가장 적합한 차광도 번호는?

① 1~2　② 5~6
③ 7~9　④ 10~12

해설 차광도 번호와 용접 전류

차광도 번호	용접 전류(A)	용접봉 지름
8	45~75	1.2~2.0
9	75~130	1.6~2.6
10	100~200	2.6~3.2
11	150~250	3.2~4.0
12	200~300	4.0~6.4
13	300~400	6.4~9.0
14	400 이상	9.0~9.6

13. 다음 중 CO_2 가스 취급 시 유의사항으로 틀린 것은?

① 용기 밸브를 열 때에는 반드시 압력계의 정면에 서서 용기 밸브를 연다.
② 용기 밸브를 열기 전에 조정 핸들을 반드시 되돌려 놓아 주어 가스가 급격히 흘러 들어가지 않도록 한다.
③ 사고 발생 즉시 밸브를 잠가 가스 누출을 막을 수 있도록 밸브를 잠그는 핸들과 공구를 항상 주위에 준비한다.
④ 고압가스 저장 또는 취급 장소에서 화기를 사용해서는 안 된다.

해설 용기 밸브를 열 때에는 반드시 압력계의 정면을 피해 서서히 용기 밸브를 연다(용기 밸브를 급속히 여는 것은 압력계 폭발 사고의 원인이 되어 매우 위험하므로 절대 급속히 개방하는 일이 없도록 한다).

14. 아크 용접 보호구가 아닌 것은?

① 핸드 실드　② 용접용 장갑
③ 앞치마　④ 치핑 해머

해설 치핑 해머는 작업용 공구이다.

15. 다음 중 누전 차단기의 사용 목적이 아닌 것은?

① 단선 방지
② 감전으로부터 보호
③ 누전으로 인한 화재 예방
④ 전기 설비 및 전기 기기의 보호

16. 다음 중 용접에 관한 안전사항으로 틀린 것은 어느 것인가?

① TIG 용접 시 차광 렌즈는 12~13번을 사용한다.
② MIG 용접 시 피복 아크 용접보다 1 m가 넘는 거리에서도 공기 중의 산소를 오존(O_3)으로 바꿀 수 있다.

정답 11. ② 12. ④ 13. ① 14. ④ 15. ① 16. ③

③ 전류가 인체에 미치는 영향에서 50 mA는 위험을 수반하지 않는다.
④ 아크로 인한 염증을 일으켰을 경우 붕산수(2 % 수용액)로 눈을 닦는다.

해설 교류 전류가 인체에 통했을 때 반응
- 1 mA : 전기를 약간 느낄 정도
- 5 mA : 상당한 고통
- 10 mA : 견디기 어려울 정도의 고통
- 20 mA : 심한 고통과 강한 근육 수축
- 50 mA : 상당히 위험한 상태
- 100 mA : 치명적인 결과

17. 다음 중 전격 위험성이 가장 적은 것은?

① 젖은 몸에 홀더 등이 닿았을 때
② 땀을 흘리면서 전기 용접을 할 때
③ 무부하 전압이 낮은 용접기를 사용할 때
④ 케이블 피복이 파괴되어 절연이 나쁠 때

해설 전격 위험은 무부하 전압이 높은 교류가 더 크다.

18. 용접봉 건조기의 특징 중 틀린 것은?

① 용접봉은 적정 전류값을 초과해서 너무 과도하게 사용하면 용접봉이 과열되어 피복제에는 균열이 생겨 피복제가 떨어지거나 많은 스패터를 유발한다.
② 높은 절연 내압으로 안정성이 탁월하다.
③ 우수한 단열재를 사용하여 보온 건조 효과가 좋다.
④ 습기가 흡수된 용접봉을 재건조 없이도 사용을 할 수 있다.

해설 습기가 흡수된 용접봉을 재건조하여 사용하도록 제한하며 안정된 온도를 유지하고 습기 제거가 뛰어나야 한다.

19. 전격방지기의 입력선과 용접선으로 용접기의 용량이 300 A에 알맞게 들어가는 것은?

① 입력선 14 mm^2 이상, 용접선 30 mm^2 이상
② 입력선 25 mm^2 이상, 용접선 35 mm^2 이상
③ 입력선 25 mm^2 이상, 용접선 50 mm^2 이상
④ 입력선 30 mm^2 이상, 용접선 50 mm^2 이상

해설 전격방지기의 입력선과 용접선의 규격

기종		입력선	용접선
용접기	방지기		
180 A	300 A	14 mm^2 이상	30 mm^2 이상
250 A		25 mm^2 이상	35 mm^2 이상
300 A		25 mm^2 이상	50 mm^2 이상
400 A	500 A	30 mm^2 이상	50 mm^2 이상
500 A		35 mm^2 이상	70 mm^2 이상
600 A	720 A	35 mm^2 이상	70 mm^2 이상
720 A		50 mm^2 이상	90 mm^2 이상

20. 아래보기 자세로 용접할 수 있도록 구조물의 위치를 조정하는 장치로서 구조물을 회전 테이블에 고정 또는 구속시켜 변형을 방지하는 기능도 있는 것은?

① 머니퓰레이터 ② 턴 테이블
③ 용접 포지셔너 ④ 터닝 롤

21. 분진 등을 배출하기 위하여 설치하는 국소 배기 장치인 덕트(duct)는 기준에 맞도록 하여야 하는데 다음 중 틀린 것은?

정답 17. ③ 18. ④ 19. ③ 20. ③ 21. ④

① 가능하면 길이는 짧게 하고 굴곡부의 수는 적게 할 것
② 접속부의 안쪽은 돌출된 부분이 없도록 할 것
③ 덕트 내부에 오염물질이 쌓이지 않도록 이송 속도를 유지할 것
④ 연결 부위 등은 외부 공기가 들어와 환기를 좋게 할 것

해설 연결 부위 등은 외부 공기가 들어오지 않도록 할 것

22. **다음 중 환풍, 환기장치에 대한 설명이 아닌 것은?**

① 작업장의 가장 바람직한 온도는 여름 25~27℃, 겨울은 15~23℃이며, 습도는 50~60 %가 가장 적절하다.
② 쾌적한 감각 온도는 정신적 작업일 때 60~65ET, 가벼운 육체 작업일 때 55~65ET, 육체적 작업은 50~62ET이다.
③ 불쾌지수는 기온과 습도의 상승 작용으로 인체가 느끼는 감각 온도를 측정하는 척도로서 일반적으로 불쾌지수는 50을 기준으로 50 이하이면 쾌적하고, 이상이면 불쾌감을 느끼게 된다.
④ 불쾌지수는 75 이상이면 과반수 이상이 불쾌감을 호소하고 80 이상에서는 모든 사람들이 불쾌감을 느낀다.

해설 불쾌지수는 70을 기준으로 70 이하이면 쾌적하고, 이상이면 불쾌감을 느끼게 된다.

23. **환기 방식의 분류에서 구분–급기–배기–실내압–환기량의 순서로 틀린 것은?**

① 제1종–기계–기계–임의–임의(일정)
② 제2종–기계–기계–정압–임의(일정)
③ 제3종–자연–기계–부압–임의(일정)
④ 제4종–자연–자연보조–부압–유한(불일정)

해설 ② 제2종 – 기계 – 자연 – 정압 – 임의(일정)

24. **국소 배기 장치에서 후드를 추가로 설치해도 쉽게 정압 조절이 가능하고, 사용하지 않는 후드를 막아 다른 곳에 필요한 정압을 보낼 수 있어 현장에서 가장 편리하게 사용할 수 있는 압력 균형 방법은?**

① 댐퍼 조절법　② 회전수 변화
③ 압력 조절법　④ 안내익 조절법

해설 • 댐퍼 조절법(부착법) : 풍량을 조절하기 가장 쉬운 방법
• 회전수 변화(조절법) : 풍량을 크게 바꿀 때 적당한 방법
• 안내익 조절법 : 안내 날개의 각도를 변화시켜 송풍량을 조절하는 방법

25. **일반적으로 국소 배기 장치를 가동할 경우에 가장 적합한 상황에 해당하는 것은?**

① 최종 배출구가 작업장 내에 있다.
② 사용하지 않는 후드는 댐퍼로 차단되어 있다.
③ 증기가 발생하는 도장 작업 지점에는 여과식 공기 정화 장치가 설치되어 있다.
④ 여름철 작업장 내에서는 오염물질 발생 장소를 향하여 대형 선풍기가 바람을 불어주고 있다.

해설 국소 배기 장치의 사용하지 않는 후드는 댐퍼로 차단되어 있다.

26. **배기 후드의 구조 중 틀린 것은?**

① 배기 후드는 일반적으로 상방 흡인형으로 가열원의 위에 설치한다.

정답 22. ③ 23. ② 24. ① 25. ② 26. ②

② 배기 후드는 일자형과 삿갓형으로 분류되며, 일자형은 중앙인 경우 삿갓형은 벽체에 가까운 경우에 사용한다.
③ 덕트는 우리 몸의 혈관이 피가 통하는 길의 역할을 하는 것처럼 후드에서 포집된 증기분을 이송시키는 통로 역할을 한다.
④ 배기 팬은 배기 후드 및 덕트 내의 가열 증기분을 각종 압력손실을 극복하고 원활하게 밖으로 배출시키기 위한 동력원을 제공하는 장치이다.

해설 배기 후드는 일자형과 삿갓형으로 분류되며, 일자형은 벽체에 가까운 경우, 삿갓형은 설치할 곳이 중앙인 경우 사용한다.

27. 환기 방식에는 자연환기법과 기계환기법이 있다. 다음 설명 중 틀린 것은?

① 자연환기는 실내 공기와 건물 주변 외기와의 공기의 비중량 차에 의해서 환기된다.
② 자연환기는 중력환기라고도 하며, 실내 온도가 높으면 공기는 상부로 유출하여 하부로부터 유입되고, 반대의 경우는 상부로 유입이 되나 건물의 온도가 높아 상부로 공기 유출, 외부에서는 유입이 된다.
③ 기계환기 제1종 환기는 송풍기와 배풍기 모두를 사용해서 실내의 환기를 행하는 것이며, 실내외의 압력차를 조정할 수 있다.
④ 기계 환기 제2종 환기는 송풍기와 배풍기 모두를 사용해서 실내의 환기를 행하는 것이며, 실내외의 압력차를 조정할 수 있다.

해설 기계환기 제2종 환기 : 송풍기에 의해 일방적으로 실내의 공기를 송풍하고 배기는 배기구 및 틈새로부터 배출되어 송풍공기 이외의 외기라든가 기타 침입 공기는 없으나 역으로 다른 곳으로 배기가 침입할 수 있으므로 주의해야 한다.

28. 필요 환기량의 표시로서 틀린 것은?

① 단위 분당의 환기량
② 1인당 환기량
③ 단위 바닥면적당 환기량
④ 환기 횟수(회/h)

해설 ① 단위 시간당의 환기량

29. 피복 용접봉으로 작업 시 용융된 금속이 피복제의 연소에서 발생된 가스가 폭발되어 뿜어낸 미세한 용적이 모재로 이행되는 형식은?

① 단락형 ② 글로뷸러형
③ 스프레이형 ④ 핀치효과형

해설 단면이 둥근 도체에 전류가 흐르면 전류 소자 사이에 흡인력이 작용하여 용접봉의 지름이 가늘게 오므라드는 경향이 생긴다. 따라서 용접봉 끝의 용융 금속이 작은 용적이 되어 봉 끝에서 떨어져 나가는 것을 핀치효과형(pinch effect type)이라 하고 이 작용은 전류의 제곱에 비례한다.

30. 용접기 설치 장소에서 작업 전 옥내 작업 시 준수사항이 아닌 것은?

① 용접 작업 시 국소 배기 시설(포위식 부스)을 설치한다.
② 국소 배기 시설로 배기되지 않는 용접 흄은 전체 환기 시설을 설치한다.
③ 작업 시에는 국소 배기 시설을 반드시 정상 가동시킨다.
④ 이동 작업 공정에서는 전체 환기 시설을 설치한다.

정답 27. ④ 28. ① 29. ③ 30. ④

해설 이동 작업 공정에서는 이동식 팬을 설치한다.

31. 가설 분전함 설치 시 유의사항에 맞지 않는 것은?

① 메인(main) 분전함에는 개폐기를 모두 NFB(No Fuse Breaker : 퓨즈가 없는 차단기)로 부착하고 분기 분전함에는 주 개폐기만 NFB로 하고 분기용은 ELB (Electronic Leak Break : 전원 누전 차단)를 부착한다.
② ELB로부터 반드시 전원을 인출받아야 할 기기는 임시조명등, 전열 공구류, 양수기 등이고 NFB로 전원을 인출받아도 되는 기기는 용접기류 등과 같은 고정식 작업 장비로 한정한다.
③ 분전함 내부에는 회로 접촉 방지판을 설치하여야 하고, 피복을 입힌 전선일 경우는 예외로 하며 외부에는 위험 표지판을 부착하고 잠금 장치를 하여야 한다.
④ 분전함의 키(key)는 작업자가 관리하도록 하여 작업자가 이상이 있을 때 분전함을 열고 전선을 접속하는 일이 있도록 한다.

해설 분전함의 키(key)는 전기 담당자 또는 직영 전공이 관리하도록 하여 작업자가 임의로 분전함을 열고 전선을 접속하는 일이 없도록 한다.

32. 다음 중 누전 차단기 설치 방법으로 틀린 것은?

① 전동 기계, 기구의 금속제 외피 등 금속 부분은 누전 차단기를 접속한 경우에 가능한 한 접지한다.
② 누전 차단기는 분기 회로 또는 전동 기계, 기구마다 설치를 원칙으로 한다. 다만 평상시 누설 전류가 미소한 소용량 부하의 전로에는 분기 회로에 일괄하여 설치할 수 있다.
③ 서로 다른 누전 차단기의 중성선은 누전차단기의 부하측에서 공유하도록 한다.
④ 지락 보호 전용 누전 차단기(녹색 명판)는 반드시 과전류를 차단하는 퓨즈 또는 차단기 등과 조합하여 설치한다.

해설 서로 다른 누전 차단기의 중성선이 누전차단기의 부하측에서 공유되지 않도록 한다.

33. 피복 아크 용접봉의 편심도는 몇 % 이내이어야 용접 결과를 좋게 할 수 있겠는가?

① 3 % ② 5 %
③ 10 % ④ 13 %

해설 피복 아크 용접봉의 편심률은 3 % 이내이어야 한다.

34. 고장력강 피복 아크 용접봉의 설명 중 틀린 것은?

① 모재의 두께를 얇게 할 수 있다.
② 소요 강재의 중량을 상당히 증가시킬 수 있다.
③ 재료의 취급이 간단하여 가공이 쉽다.
④ 구조물의 하중을 경감시킬 수 있다.

해설 고장력강 피복 아크 용접봉은 소요 강재의 중량을 상당히 경감시킨다.

35. 표면 경화용 피복 아크 용접봉에 대한 설명 중 틀린 것은?

① 표면 경화를 할 때 균열 방지가 큰 문제이다.

정답 31. ④ 32. ③ 33. ① 34. ② 35. ②

② 중, 고탄소강의 표면 경화를 할 때 반드시 예열만 하면 된다.
③ 고합금강을 덧붙임 용접을 할 때 운봉 폭을 너무 넓게 하지 말아야 한다.
④ 고속도강 덧붙임 용접을 할 때는 급랭을 피하고 서랭하여 균열을 방지한다.

해설 중, 고탄소강의 표면 경화 용접을 할 때에는 반드시 예열 및 후열을 하여야 한다.

36. 스테인리스강 피복 아크 용접봉 종류에서 아크가 안정되고 주로 아래보기 및 수평 필릿에 사용되는 용접봉은?

① 라임계 용접봉
② 티탄계 용접봉
③ 저수소계 용접봉
④ 철분계 용접봉

해설 티탄계 용접봉은 아크가 안정되고 스패터는 적으며, 슬래그는 표면을 잘 덮고 아래보기, 수평 필릿은 외관이 아름다우나 수직, 위보기는 작업이 어렵다.

37. 피복 아크 용접에서 피복제의 성분에 포함되지 않는 것은?

① 피복 안정제
② 가스 발생제
③ 피복 이탈제
④ 슬래그 생성제

해설 피복 아크 용접에서 피복제의 성분에는 피복 안정제, 가스 발생제, 슬래그 생성제, 아크 안정제, 탈산제, 고착제 등이 있다.

38. 피복제 중에 산화티탄을 약 35 % 정도 포함하였고 슬래그의 박리성이 좋아 비드의 표면이 고우며 작업성이 우수한 특징을 지닌 연강용 피복 아크 용접봉은?

① E 4301
② E 4311
③ E 4313
④ E 4316

해설 피복제 중에 산화티탄(TiO_2)을 E 4313(고산화티탄계)은 약 35 %, E 4303(라임티타니아계)은 약 30 % 정도 포함한다.

39. 고셀룰로오스계 용접봉에 대한 설명으로 틀린 것은?

① 비드 표면이 거칠고 스패터가 많은 것이 결점이다.
② 피복제 중 셀룰로오스가 20~30 % 정도 포함되어 있다.
③ 고셀룰로오스계는 E 4311로 표시한다.
④ 슬래그 생성계에 비해 용접 전류를 10~15 % 높게 사용한다.

해설 고셀룰로오스계는 셀룰로오스가 20~30 % 정도 포함되며, 가스 발생식으로 슬래그가 적으므로 비드 표면이 거칠고 스패터가 많은 것이 결점이다.

40. 교류 아크 용접기를 사용할 때 피복 용접봉을 사용하는 이유로 가장 적합한 것은?

① 전력 소비량을 절약하기 위하여
② 용착 금속의 질을 양호하게 하기 위하여
③ 용접 시간을 단축하기 위하여
④ 단락 전류를 갖게 하여 용접기의 수명을 길게 하기 위하여

해설 피복 용접봉을 사용하는 이유 : 용착 금속의 질을 좋게 하고 아크의 안정, 용착 금속의 탈산 정련 작용, 급랭 방지, 필요한 원소 보충, 중성, 환원성 가스를 발생하여 용융 금속 보호의 역할을 한다.

정답 36. ② 37. ③ 38. ③ 39. ④ 40. ②

41. 피복 금속 아크 용접에 대한 설명으로 잘못된 것은?

① 전기의 아크열을 이용한 용접법이다.
② 모재와 용접봉을 녹여서 접합하는 비용극식이다.
③ 용접봉은 금속 심선의 주위에 피복제를 바른 것을 사용한다.
④ 보통 전기 용접이라고 한다.

해설 모재와 용접봉을 녹여서 접합하는 용극식이다.

42. 용접 결함 중 언더컷(under cut)의 발생 원인으로 틀린 것은?

① 전류가 너무 높을 때
② 아크 길이가 너무 길 때
③ 용접 속도가 너무 느릴 때
④ 용접봉 선택 불량

해설 언더컷의 발생 원인
- 전류가 너무 높을 때
- 아크 길이가 너무 길 때
- 용접봉 취급의 부적당
- 용접 속도가 너무 빠를 때
- 용접봉 선택 불량 등

43. 용접 결함 중 기공(blow hole)의 발생 원인으로 틀린 것은?

① 용접 분위기 가운데 수소 또는 일산화탄소의 과잉
② 용접부의 급속한 응고(급랭)
③ 강재에 부착되어 있는 기름, 페인트, 녹 등
④ 용접 속도가 너무 느림

해설 ①, ②, ③ 외에 모재 가운데 유황 함유량 과대, 아크 길이 및 전류 조작의 부적당, 과대 전류의 사용 및 빠른 용접 속도가 있다.

정답 41. ② 42. ③ 43. ④

9장 아크 용접 가용접 작업

1. 용접 개요 및 가용접 작업

1-1 용접의 원리

(1) 용접 회로

피복 아크 용접의 회로는 그림과 같이 용접기(welding machine), 전극 케이블(electrode cable), 용접 홀더, 피복 아크 용접봉(coated electrode), 아크(arc), 피용접물 또는 모재, 접지 케이블(ground cable) 등으로 이루어져 있으며 용접기에서 발생한 전류가 전극 케이블을 지나서 다시 용접기로 되돌아오는 전 과정을 용접 회로(welding cycle)라 한다.

용접기(전원) → 전극 케이블 → 홀더
→ 용접봉 및 모재 → 접지 케이블 → 용접기(전원)

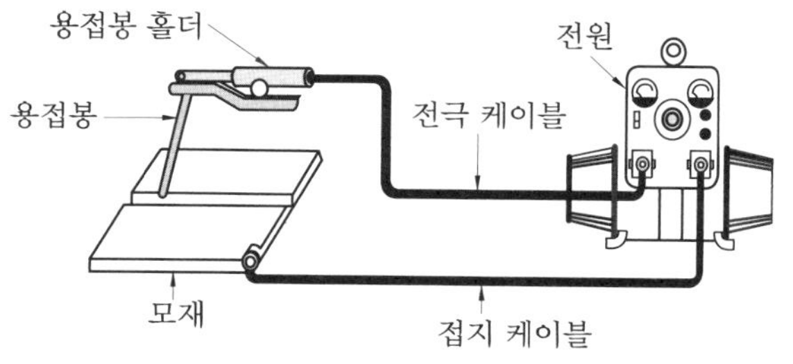

피복 아크 용접 회로

(2) 용접(welding) 원리

① 접합하고자 하는 2개 이상의 금속 재료를 어떤 열원으로 가열하여 용융, 반용융된 부분에 용가재(용접봉)를 첨가하여 금속 원자를 인력이 작용할 수 있는 거리($\text{Å}=10^{-8}$cm $=10^{-10}$m)로 충분히 접근시켜 접합시키는 방법이다.

② 전기장 : 전선에 전하가 움직이면(전류가 흐르면) 반드시 전류의 주위에 자장(磁場)이 발생한다(원자 속에서 전자가 활발하게 운동하고 있기 때문에 원자는 반드시 미약한 자장을 주위에 갖고 있다고 할 수 있다).

(가) 전류가 흐르면 그 주위에 자장이 발생한다.

(나) 자장이 움직이면(변화하면) 전류가 발생한다.

(다) 전류와 자장 사이에는 힘이 발생한다.

③ 아크와 전기장의 관계 : 모재와 용접봉과의 거리가 가까워 전기장이 강할 때에는 자력선 아크가 유지되나 거리가 점점 멀어져 전기장(자력 또는 전기력)이 약해지면 아크가 꺼지게 된다.

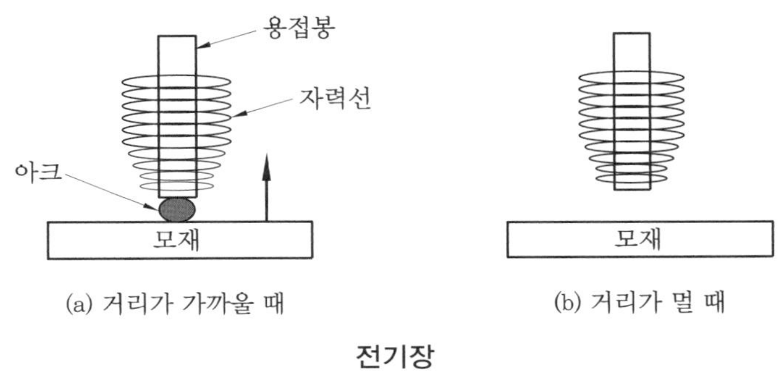

(a) 거리가 가까울 때 (b) 거리가 멀 때

전기장

④ 용접의 목적 달성 조건

(가) 금속 표면에 산화 피막 제거 및 산화 방지를 한다.

(나) 금속 표면을 충분히 가열하여 요철을 제거하고 인력이 작용할 수 있는 거리로 충분히 접근시킨다.

(3) 아크의 각 부위의 명칭

① 아크 : 음극과 양극의 두 전극을 일정한 간격으로 유지하고, 여기에 전류를 통하면 두 전극 사이에 원의 호 모양의 불꽃 방전이 일어나며 이 호상(弧狀)의 불꽃을 아크(arc)라 한다.

② 아크 전류 : 약 10~500 A

③ 아크 현상 : 아크 전류는 금속 증기와 그 주위의 각종 기체 분자가 해리하여 양전기를 띤 양이온과 음전기를 띤 전자로 분리되고, 양이온은 음(−)의 전극으로, 전자는 양(+)의 전극으로 고속도 이행하여 아크 전류가 진행한다.

④ 아크 코어 : 아크 중심으로서 용접봉과 모재가 녹고 온도가 가장 높다.

⑤ 아크 흐름 : 아크 코어 주위를 둘러싼 비교적 담홍색을 띤 부분을 말한다.

⑥ 아크 불꽃 : 아크 흐름의 바깥 둘레에 불꽃으로 싸여 있는 부분을 말한다.

1-2 용접의 장단점

(1) 용접의 장점

① 재료가 절약되고, 중량이 감소한다.
② 작업 공정 단축으로 경제적이다.
③ 재료의 두께 제한이 없다.
④ 이음 효율이 향상된다(기밀, 수밀, 유밀 유지).
⑤ 이종 재료 접합이 가능하다.
⑥ 용접의 자동화가 용이하다.
⑦ 보수와 수리가 용이하다.
⑧ 형상의 자유화를 추구할 수 있다.

(2) 용접의 단점

① 품질 검사가 곤란하다.
② 제품의 변형 및 잔류 응력이 발생한다.
③ 저온 취성이 생길 우려가 있다.
④ 유해 광선 및 가스 폭발의 위험이 있다.
⑤ 용접사의 기량에 따라 용접부의 품질이 좌우된다.

1-3 용접의 종류 및 용도

(1) 용접의 종류

용접법을 대별하면 융접(fusion welding), 압접(pressure welding), 납땜(brazing and soldering)이 있다.

① 융접 : 접합부에 용융 금속을 생성 혹은 공급하여 용접하는 방법으로 모재도 용융되나 가압(加壓)은 필요하지 않다.
② 압접 : 국부적으로 모재가 용융하나 가압력이 필요하다.
③ 납땜 : 모재가 용융되지 않고 땜납이 녹아서 접합면의 사이에 표면장력의 흡인력이 작용되어 접합되며 경납땜과 연납땜으로 구분된다.

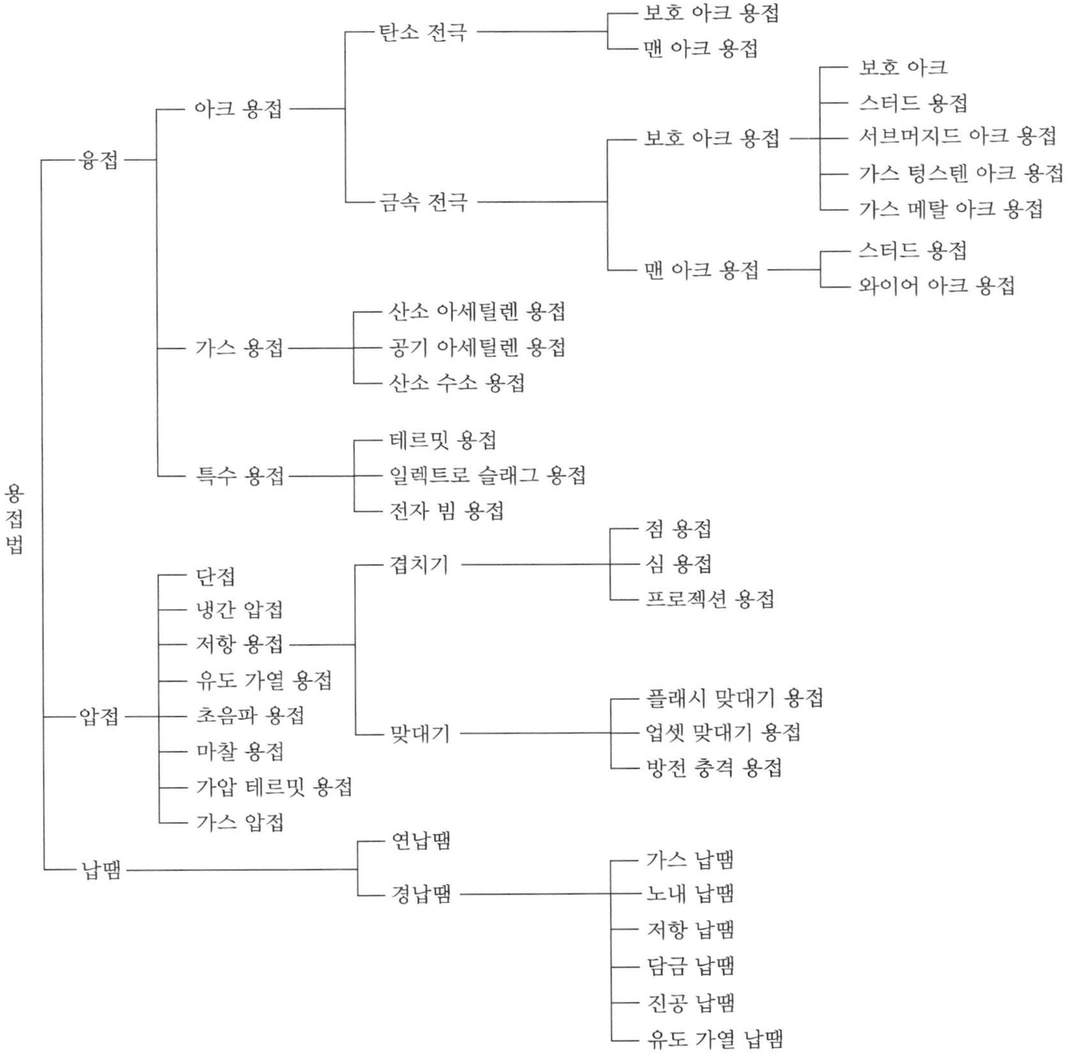

1-4 측정기의 측정 원리 및 측정 방법

"제1장 기계 구동 장치 2절 기본 측정기 사용"을 참조한다.

(1) 용접 게이지를 이용한 측정

① fillet 용접 후 크기(size) 측정 : 0~20 mm(단위 : mm) [그림 (a)]

② butt(맞대기) 용접 후 높이가 AWS 기준에 의한 최대, 최소치 범위 내에 들어오는지 여부 확인(최대치 : 3 mm, 최소치 : 1 mm) [그림 (b)]

③ 블록 fillet 또는 오목 fillet 용접 후 그 두께가 AWS(미국) 기준에 의한 최대 허용 수준 내에 들어오는지 여부 확인 [그림 (c)]

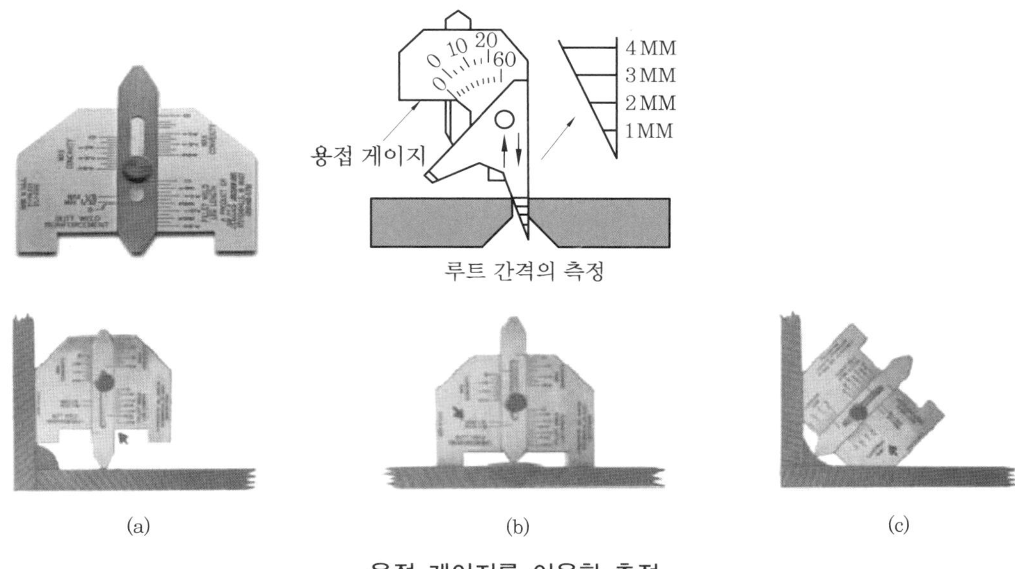

용접 게이지를 이용한 측정

(2) 하이로 용접 게이지를 이용한 측정물의 측정

① 내부 정렬 상태 측정 : 0~35 mm

② pipe wall 두께 측정 : 0~40 mm

③ fillet weld size : 높이 0~35 mm, 길이 0~30 mm

④ 맞대기 용접 crown 높이 측정 : 0~35 mm

⑤ fit-up 간격 측정 : 1/16″ 또는 3/32″

⑥ end preparation 각도 측정 : 37.5°

⑦ 측정 단위 : 1 mm

(3) 캠브리지 게이지를 이용한 측정물의 측정

① preparation(준비 또는 대비) 각도 측정 : 0~60° [그림 (a)]

② 정렬 상태 측정 : 0~25 mm [그림 (b)]

③ 언더컷(undercut) 깊이 측정 : 0~4 mm [그림 (c)]

④ 맞대기(butt) 용접 후 높이 측정 : 0~25 mm [그림 (d)]

⑤ 필릿(fillet) 용접 후 크기(size) 측정 : 0~35 mm [그림 (e)]

⑥ 필릿(fillet) 용접 후 목(throat) 두께 측정 : 0~35 mm [그림 (f)]

⑦ 직선 길이 측정 : 0~60 mm

⑧ 측정 단위 : 5° 또는 1 mm

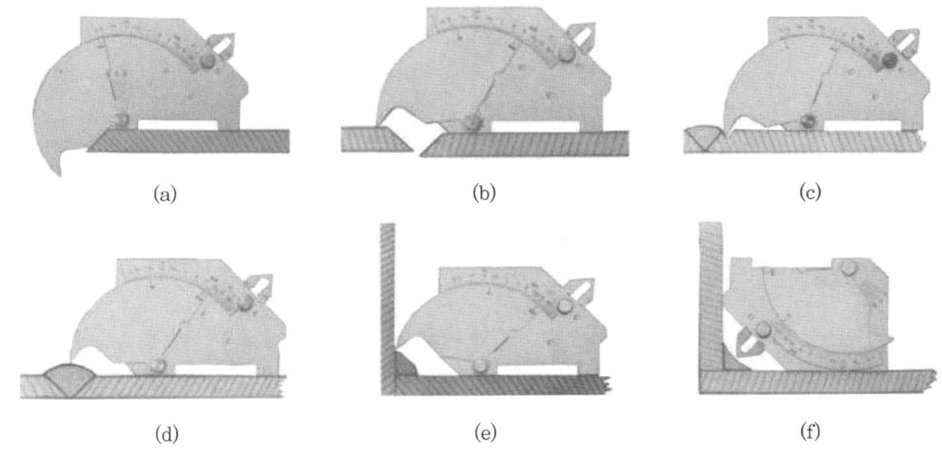

캠브리지 게이지를 이용한 측정

1-5 ○ 가용접 주의사항

(1) 가용접의 개요 및 관련 지식

① 가용접은 용접 결과의 좋고 나쁨에 직접적인 영향을 준다.

② 가용접은 본용접의 작업 전에 좌우의 홈 부분을 잠정적으로 고정하기 위한 짧은 용접이다.

③ 용접용 모재의 특성 : 각 금속에 대한 용접의 난이도를 나타낼 때 용접성(weldability)이라는 단어를 사용하며 각종 금속 재료에 따른 접합성과 용접 이음에 사용상의 성능을 포함한 광의로 해석하고 있다. 같은 재료라도 사용되는 용접법에 따라서 용접성이 달라지므로 적당한 용접법의 선택이 매우 중요하다.

(2) 가용접(tack welding) 주의사항

① 균열, 기공, 슬래그 잠입 등의 결함을 수반하기 쉬우므로 본용접을 실시할 홈 안에 가접하는 것은 바람직하지 못하며, 만일 불가피하게 홈 안에 가접하였을 경우 본용접 전에 갈아내는 것이 좋다.

② 본용접을 하는 용접사와 비등한 기량을 가진 용접사에 의해 실시되어야 한다.

③ 가접에는 본용접보다 지름이 약간 가는 봉을 사용하는 것이 좋다.

예상문제

1. 용접의 목적 달성 조건이 아닌 것은?

① 금속 표면에 산화 피막 제거 및 산화 방지를 한다.
② 금속 표면을 충분히 가열하여 요철을 제거하고 인력이 작용할 수 있는 거리로 충분히 접근시킨다.
③ 금속 원자를 인력이 작용할 수 있는 Å $=10^{-8}$cm의 거리로 접근시킨다.
④ 금속 표면의 전자가 원활히 움직여 거리와 관계없이 접합이 된다.

해설 금속 표면을 충분히 가열하여 요철을 제거하고 인력이 작용할 수 있는 거리로 충분히 접근시켜야 한다.

2. 다음 중 용접의 장점이 아닌 것은?

① 두께의 제한이 없다.
② 기밀성, 수밀성, 유밀성이 우수하다.
③ 재질의 변형 및 잔류 응력이 존재하지 않는다.
④ 공정 수가 감소되고 시간이 단축된다.

해설 재질의 변형과 잔류 응력이 존재한다.

3. 다음 중 용접의 장단점이 아닌 것은?

① 재료가 절약되고, 중량이 감소한다.
② 재료의 두께에 제한이 있다.
③ 품질 검사가 곤란하다.
④ 보수와 수리가 용이하다.

해설 재료의 두께 제한이 없다.

4. 다음 용접 방법 중 전기적 에너지에 의한 용접 방법이 아닌 것은?

① 아크 용접
② 저항 용접
③ 테르밋 용접
④ 플라스마 용접

해설 테르밋 용접은 테르밋 반응에 의해 생성되는 열을 이용하여 금속을 용접하는 방법으로, 전기가 필요 없다.

5. 용접의 분류에서 압접에 속하는 것은?

① 스터드 용접
② 피복 아크 용접
③ 유도 가열 용접
④ 일렉트로 슬래그 용접

해설 압접은 2개의 클램프로 가열한 후 압력을 주어서 용접하는 방식으로 가스 압접, 초음파 용접, 마찰 용접, 냉간 압접, 저항 용접, 유도 가열 용접 등이 있다.

6. 아크와 전기장의 관계가 맞지 않는 것은?

① 모재와 용접봉과의 거리가 가까워 전기장이 강할 때에는 자력선 아크가 유지된다.
② 모재와 용접봉과의 거리가 가까워 전기장이 강할 때에는 자력선 아크가 약해지고 아크가 꺼지게 된다.
③ 자력선은 전류가 흐르는 방향과 직각인 평면 위에 동심원 모양으로 발생한다.
④ 자장이 움직이면(변화하면) 전류가 발생한다.

해설 모재와 용접봉과의 거리가 가까워 전기장이 강할 때에는 자력선 아크가 유지되나 거리가 점점 멀어져 전기장(자력 또는 전기력)이 약해지면 아크가 꺼지게 된다.

정답 1. ④ 2. ③ 3. ② 4. ③ 5. ③ 6. ②

7. 마이크로미터의 보관에 대한 설명으로 틀린 것은?

① 래칫 스톱을 돌려 일정한 압력으로 앤빌과 스핀들 측정면을 밀착시켜 둔다.
② 스핀들에 방청 처리를 하여 보관 상자에 넣어 둔다.
③ 습기와 먼지가 없는 장소에 둔다.
④ 직사광선을 피하여 진동이 없는 장소에 둔다.

해설 마이크로미터를 사용한 다음에는 측정면과 눈금면 등을 깨끗이 닦아야 하며, 측정면과 스핀들 부분에 방청유를 도포하고 서로 해체 후 보관하여 녹이 슬지 않도록 해야 한다. 보관은 진동이나 직사광선이 없는 곳, 온도 변화가 심하지 않은 곳에 해야 한다.

8. 눈금상에서 읽을 수 있는 측정량의 범위를 무엇이라 하는가?

① 정도 ② 지시 범위
③ 배율 ④ 최소 눈금

9. 보통형 다이얼 게이지의 지시 안정도는 최소 눈금의 얼마 이하로 규정하고 있는가?

① 최소 눈금의 0.3 이하
② 최소 눈금의 0.5 이하
③ 최소 눈금의 0.7 이하
④ 최소 눈금의 0.9 이하

10. 다음은 전기 마이크로미터의 장점을 열거한 것이다. 이 중 관계없는 것은?

① 고배율이 얻어진다.
② 연산 측정이 간단하다.
③ 공기 마이크로미터에 비해 응답 속도가 빠르다.
④ 공기식 마이크로미터보다 기계 기술자가 일반적으로 고장을 발견하기 쉽다.

해설 전기 마이크로미터(electric micrometer)는 길이의 근소한 변위를 그에 상당하는 전기치로 바꾸고, 이를 다시 측정 가능한 전기 측정 회로로 바꾸어서 측정하는 장치로서 0.01μ 이하의 미소의 변위량도 측정 가능하다.

11. 다음 중 공기 마이크로미터의 장점으로 틀린 것은?

① 지시기를 측정 헤드로부터 멀리 둘 수 있다.
② 측정력이 극히 작다.
③ 기준 게이지가 필요 없다.
④ 확대 기구에 기계적 요소가 없으므로 (특히 유량식) 항상 높은 정도를 유지할 수 있다.

해설 비교 측정기이기 때문에 최대, 최소 허용 한계 치수의 2개의 표준 게이지가 필요하다.

12. 최소 눈금이 0.01 mm이고, 눈금선 간격이 0.85 mm인 측정기의 배율은 얼마인가?

① 배율=8.5 ② 배율=85
③ 배율=580 ④ 배율=850

13. 외측 마이크로미터를 옵티컬 플랫을 이용하여 앤빌의 평면도를 측정하였더니 간섭무늬가 2개 나타났다. 평면도는 얼마인가? (단, 이때 사용한 빛의 반파장은 0.3μm이다.)

① 0.30μm ② 0.60μm
③ 0.90μm ④ 1.20μm

정답 7. ① 8. ② 9. ① 10. ④ 11. ③ 12. ② 13. ②

14. 아래의 설명에 가장 타당한 마이크로미터는 어느 것인가?

> 드릴의 홈, 나사의 골지름, 곡면 형상의 두께 측정, 측정 선단의 각도는 15°, 30°, 45°, 60°의 네 종류가 있다.

① 지시 마이크로미터
② 기어 마이크로미터
③ V－앤빌 마이크로미터
④ 포인트 마이크로미터

해설 포인트 마이크로미터(point micrometer) : 측정 범위는 (0~25 mm)~(75~100 mm)이고, 최소 눈금은 0.01 mm이다.

15. 다음 중 중심을 내는 금긋기 작업에 편리한 측정기는?

① 베벨 각도기
② 클리노미터
③ 수준기
④ 콤비네이션 세트

해설 콤비네이션 세트(combination set) : 분도기에다 강철자, 직각자 등을 조합해서 사용하며, 각도의 측정, 중심내기 등에 쓰인다.

16. 본용접을 시행하기 전에 좌우의 이음 부분을 일시적으로 고정하기 위한 짧은 용접은 어느 것인가?

① 후용접 ② 가용접
③ 점용접 ④ 선용접

해설 가용접은 본용접의 작업 전에 좌우의 홈 부분을 잠정적으로 고정하기 위한 짧은 용접이다.

17. 가접의 필요성을 설명한 것 중 옳은 것은 어느 것인가?

① 필릿 용접의 결함을 다소 적게 하기 위하여
② 용접 중의 변형을 방지하기 위하여
③ 아래보기 수직 위보기 자세를 일정하게 하기 위하여
④ 용접 제품 결함을 올바른 수치로 다듬질하기 위하여

10장 아크 용접 작업

1. 용접 조건 설정, 직선 비드 및 위빙 용접

1-1 용접기 및 피복 아크 용접 기기

(1) 아크의 특성

① 일반 전압 전류 특성 : 옴의 법칙(Ohm's law)에 따라 동일 저항에 흐르는 전류는 그 전압에 비례한다.

② 부저항 특성 또는 부특성 : 아크 전류 밀도가 작을 때 전류가 커지면 전압이 낮아지고 아크 전류 밀도가 크면 아크 길이에 따라 전압이 상승되는 특성

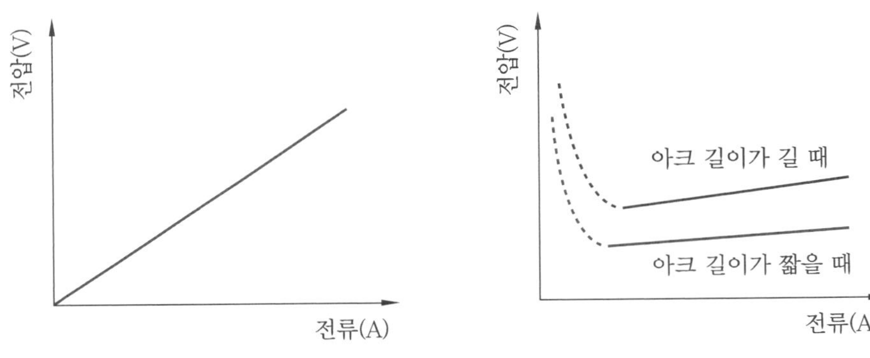

아크의 특성

③ 아크 길이 자기 제어 특성(arc length self-control characteristics)

㈎ 아크 전류가 일정할 때 아크 전압이 높아지면 용접봉의 용융 속도가 늦어지고, 아크 전압이 낮아지면 용접봉의 용융 속도가 빨라지게 하여 일정한 아크 길이로 되돌아오게 하는 특성

㈏ 자동 용접의 와이어 자동 송급 시 아크 제어

④ 절연 회복 특성 : 교류 용접 시 용접봉과 모재 간 절연되어 순간적으로 꺼졌던 아크를 보호 가스에 의하여 절연을 막고 아크가 재발생하는 특성

⑤ 전압 회복 특성 : 아크가 중단된 순간에 아크 회로의 높은 전압을 급속히 상승하여 회

복시키는 특성(아크의 재발생)

⑥ 아크 전압의 분포

(가) 구성 : 음극 전압강하, 아크 기둥 전압강하, 양극 전압강하

(나) 아크 기둥 전압강하(V_P) : 플라스마 상태로 아크 전류를 형성한다.

(다) 음극 전압강하(V_K) : 전체 전압강하의 약 50 %로 열전자를 방출한다.

(라) 양극 전압강하(V_A) : 전자를 받아들이는 기능으로 전압강하는 0이다.

(마) 전체 아크 전압 : $V_a = V_P + V_K + V_A$

(바) 전극 물질이 일정할 때 아크 전압은 아크 길이와 같이 증가한다.

(사) 아크 길이가 일정할 때 아크 전압은 아크 전류 증가와 함께 약간 증가한다.

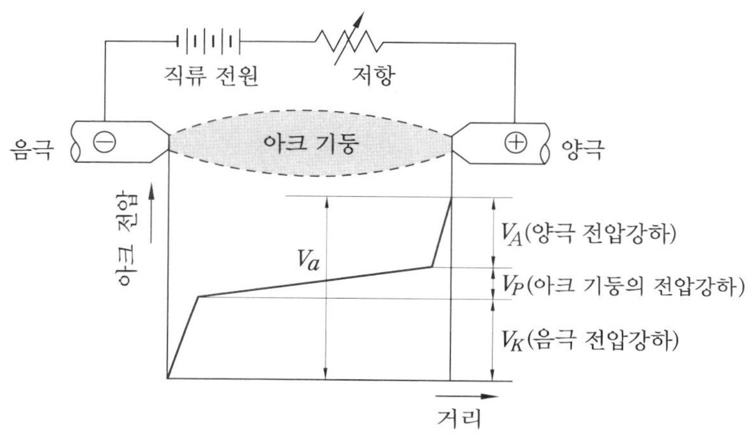

아크 전압의 분포

(2) 극성(polarity)

용접봉과 모재로 이루어지는 아크 용접의 전극에 관련된 성질

① 직류 아크 용접(DC arc welding)

② 교류 아크 용접(AC arc welding)

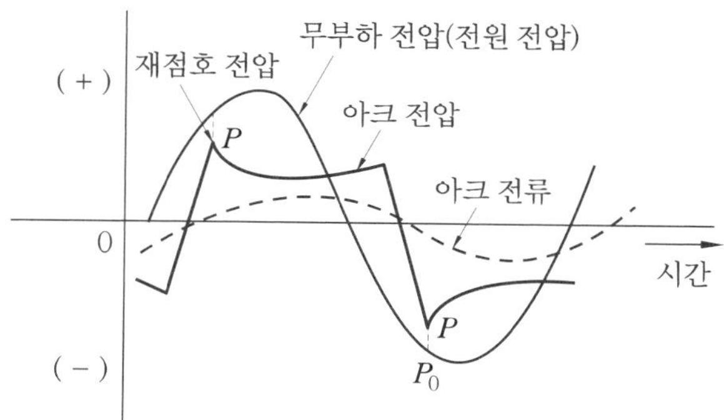

교류 아크 전류와 전압의 파형

③ 극성 선택 : 전극, 보호 가스, 용제의 성분, 모재의 재질과 모양, 두께 등

④ 온도 분포

(가) 직류 아크 용접

㉮ 양극 : 발생열의 60~70 %

㉯ 음극 : 발생열의 30~40 %

(나) 교류 아크 용접 : 두 극에서 거의 같다.

⑤ 정극성(Direct Current Straight Polarity : DCSP)과 역극성(Direct Current Reverse Polarity : DCRP)

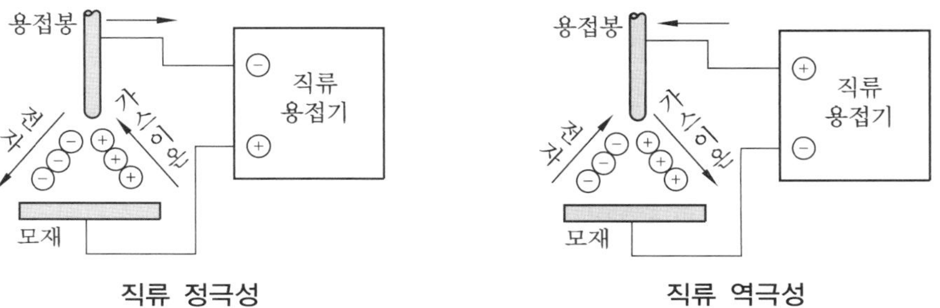

직류 정극성　　　　직류 역극성

직류 정극성과 직류 역극성 및 교류 용접의 특징

극성	용입 상태	열 분배	특징
정극성 (DCSP)		용접봉(−) : 30 % 모재(+) : 70 %	• 모재의 용입이 깊다. • 용접봉이 늦게 녹는다. • 비드 폭이 좁다. • 후판 등에 일반적으로 사용된다.
역극성 (DCRP)		용접봉(+) : 70 % 모재(−) : 30 %	• 모재의 용입이 얕다. • 용접봉이 빨리 녹는다. • 비드 폭이 넓다. • 박판, 주철, 고탄소강, 합금강 등의 비철금속에 사용된다.
교류 (AC)			직류 정극성과 직류 역극성의 중간 상태이다.

(3) 용접기에 필요한 조건(특성)

① 수하 특성(drooping characteristic)

(가) 부하 전류가 증가하면 단자 전압이 저하하는 특성

(나) 아크 길이에 따라 아크 전압이 다소 변하여도 전류가 거의 변하지 않는 특성

(다) 피복 아크 용접, TIG 용접, 서브머지드 아크 용접 등에 응용한다.

② 정전류 특성(constant current characteristic)

㈎ 수하 특성 곡선 중에서 아크 길이에 따라서 전압이 변동하여도 아크 전류는 거의 변하지 않는 특성

㈏ 수동 아크 용접기는 수하 특성인 동시에 정전류 특성을 가지고 있다.

㈐ 균일한 비드로 용접 불량, 슬래그 잠입 등의 결함을 방지한다.

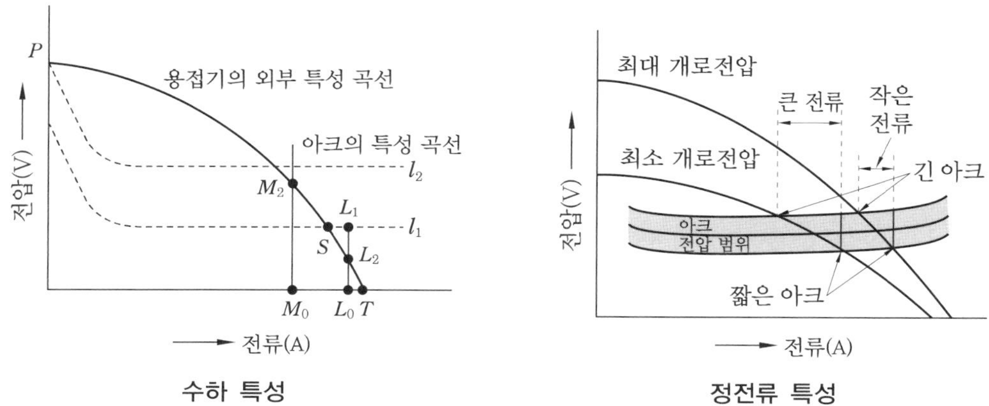

수하 특성 정전류 특성

③ 정전압 특성과 상승 특성(constant voltage characteristic and rising characteristic)

㈎ 정전압 특성(CP 특성) : 부하 전류가 변하여도 단자 전압이 거의 변하지 않는 특성

㈏ 상승 특성 : 부하 전류가 증가할 때 전압이 다소 높아지는 특성

㈐ 자동 또는 반자동 용접기는 정전압 특성이나 상승 특성을 채택한다.

(4) 용접기의 사용률(duty cycle)

용접기의 사용률을 규정하는 목적은 용접기를 높은 전류로 계속 작업 시 용접기 내부의 온도가 상승되어 소손되는 것을 방지하기 위한 것이다.

① 정격 사용률 : 정격 2차 전류를 사용하는 경우의 사용률(총 10분을 기준)

예 AW 300, 정격 사용률 : 40 %

$$\text{사용률}(\%) = \frac{\text{아크 시간}}{\text{아크 시간} + \text{휴식 시간}} \times 100\,\%$$

② 허용 사용률 : 실제 용접 작업 시 정격 2차 전류 이하의 전류를 사용하여 용접하는 경우에 허용되는 사용률

$$\text{허용 사용률}(\%) = \frac{(\text{정격 2차 전류})^2}{(\text{실제 허용 전류})^2} \times \text{정격 사용률}$$

③ 역률(power factor) : 전원 입력에 대한 소비 전력의 비율

$$역률(\%) = \frac{소비\ 전력(kW)}{전원\ 입력(kVA)} \times 100\ \%$$

$$= \frac{아크\ 전압 \times 아크\ 전류 + 내부\ 손실}{2차\ 무부하\ 전압 \times 아크\ 전류} \times 100\ \%$$

④ 효율(efficiency) : 소비 전력에 대한 아크 출력의 비율

$$효율(\%) = \frac{아크\ 전력(kW)}{소비\ 입력(kW)} \times 100\ \%$$

$$= \frac{아크\ 전압 \times 아크\ 전류}{아크\ 전압 \times 아크\ 전류 + 내부\ 손실} \times 100\ \%$$

(5) 용접기의 점검 및 보수

① 용접기 점검

(가) 용접 작업 전 또는 작업 후에 실시

(나) 용접기 내외 점검 및 고장 유무 확인

(다) 전기 접속 및 케이블 파손 여부 확인

(라) 정류자 면에 불순물 여부 확인

② 용접기의 보수

(가) 2차측 단자 한쪽과 용접기 케이스는 접지할 것

(나) 가동 부분, 냉각팬(fan)의 점검 및 주유

(다) 탭 전환 등 전기적 접속부는 샌드페이퍼 등으로 자주 잘 닦을 것

(라) 용접 케이블 등의 파손된 부분은 절연 테이프로 감을 것

(6) 피복 아크 용접기의 분류

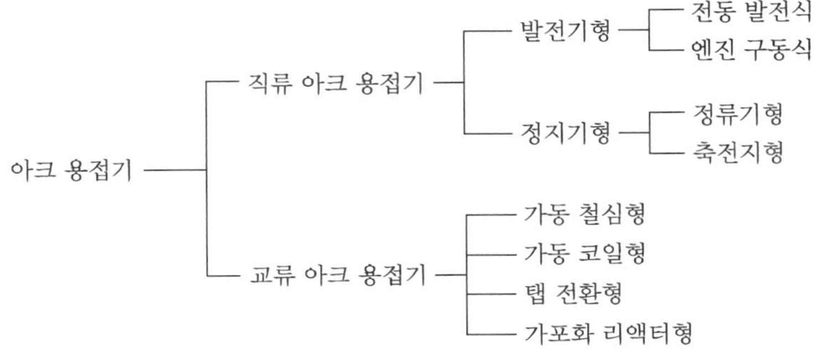

아크 용접기의 분류

① 직류 아크 용접기(DC arc welding machine) : 안정된 아크가 필요한 박판, 경금속, 스테인리스강의 용접에 이용된다.

(가) 발전기형 직류 아크 용접기

㉮ 전동 발전형(MG형) : 3상 유도 전동기로써 용접용 직류 발전기를 구동하는 것으로 거의 사용하지 않는다.

㉯ 엔진 구동형(EG형)

㉠ 가솔린, 디젤 엔진 등으로 용접용 직류 발전기를 구동하는 것이다.

㉡ 전원 설비가 없는 곳이나 이동 공사에 이용되며, DC 전원이나 AC 110 V, 220 V 전력을 얻는다.

(나) 정지기형 직류 아크 용접기

㉮ 정류기형

㉠ 전원별 종류 : 3상 정류기, 단상 정류기 등

㉡ 정류기별 종류 : 셀렌(80℃ : selenium), 실리콘(150℃ : silicon), 게르마늄(germanium) 등

㉢ 전류 조정별 종류 : 가동 철심형, 가동 코일형, 가포화 리액터형

㉣ 2차측 무부하 전압 : 40~60 V 정도

㉤ 변류 과정(정류기형 직류 아크 용접기 회로) : 입력 → 교류 → 변압기 → 조정(가포화 리액터) → 정류기 → 직류 → 출력

㉯ 축전지형

㉠ 전원이 없는 곳에 자동차용 축전지를 이용한다.

㉡ 축전지의 전압은 48 V이며, 직렬로 연결한다.

직류 아크 용접기의 특징

종류	특징
발전형 (모터형, 엔진형)	• 완전한 직류를 얻으나, 가격이 고가이다. • 고장이 나기 쉽고, 소음이 크며, 보수 점검이 어렵다. • 옥외나 전원이 없는 장소에서 사용한다(엔진형).
정류기형, 축전지형	• 취급이 간단하고, 가격이 싸다. • 소음이 없고, 보수 점검이 간단하다. • 완전한 직류를 얻지 못한다(정류기형). • 정류기 파손에 주의해야 한다(셀렌 80℃, 실리콘 150℃ 이상).

② 교류 아크 용접기(AC arc welding machine) : 일반적으로 가장 많이 사용되며, 보통 1차측은 220 V(현재는 공장에는 380 V를 이용)의 전원에 접속하고, 2차측은 무부하 전압이 70~80 V가 되도록 한다. 구조는 일종의 변압기이지만 보통의 전력용 변압기

와는 약간 다르다.

(가) 교류 아크의 안정성

㉮ 교류 아크에서는 전원 주파수의 1/2 사이클(cycle)마다 극이 바뀌므로 1사이클에 2번 전류 및 전압의 순간 값이 "0"으로 될 때마다 아크 발생이 중단되어 아크가 불안정하다.

㉯ 비피복 용접봉을 이용하면 아크가 불안정하여 용접이 어렵다.

㉰ 피복 용접봉을 사용하면 고온으로 가열된 피복제에서 이온이 발생되어 안정된 아크 유지가 가능하다.

(나) 교류 아크 용접기의 규격 : KS C 9602에 규정되어 있다.

(다) 교류 변압기(transformer)

㉮ 변압기는 교류의 전압을 높이거나(승압), 낮출 수(감압) 있는 기구이다.

㉯ 철심의 양쪽에 1차 코일과 2차 코일을 감고 1차 코일에 교류를 흐르게 하면 철심에 자력선이 생기며 주파수의 교류 전압이 유도되는 기기이다.

㉰ 1차측 전압과 2차측 전압의 비를 변압비라 하고 코일이 감긴 수의 비를 권수비라 하며, 다음 식은 변압비와 권수비, 전압, 전류, 권수와의 관계식이다.

- 변압비 $= \dfrac{\text{1차 전압}(E_1)}{\text{2차 전압}(E_2)}$
- 권수비 $= \dfrac{\text{1차측 코일 감김수}(n_1)}{\text{2차측 코일 감김수}(n_2)}$
- $\dfrac{E_1}{E_2} = \dfrac{n_1}{n_2} = \dfrac{\text{1차 전류}(I_1)}{\text{2차 전류}(I_2)}$

$\therefore\ E_1 n_2 = E_2 n_1,\ n_1 I_1 = n_2 I_2,\ E_1 I_1 = E_2 I_2$

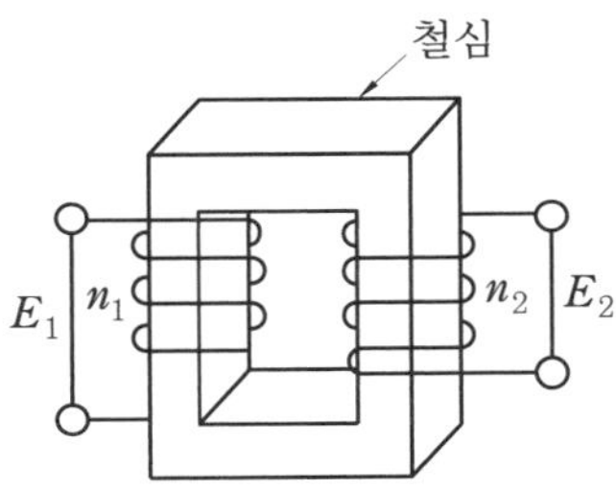

교류 변압기의 원리

(라) 교류 아크 용접기의 구조

㉮ 1차측 전원 : 220~380 V

㉯ 2차측 전압 : 무부하 전압 70~80 V

㉰ 구조 : 누설 변압기

㉱ 전류 조정 : 리액턴스에 의한 수하 특성, 누설 자속에 의한 전류 조정

㉲ 조작 방법에 의한 분류 : 가동 철심형, 가동 코일형, 탭 전환형, 가포화 리액터형

㉳ 장점

㉠ 자기 쏠림 방지 효과가 있다.

㉡ 구조가 간단하다.

㉢ 가격이 싸고, 보수가 용이하다.

(마) 교류 아크 용접기의 종류

㉮ 가동 철심형 교류 아크 용접기(movable core type)

㉠ 원리 : 가동 철심의 이동으로 누설 자속을 가감하여 전류의 크기를 조정한다.

㉡ 장점 : 미세한 전류 조정이 가능하며, 연속 전류를 세부적으로 조정한다.

㉢ 단점 : 누설 자속 경로로 아크가 불안정하며, 가동부 마멸로 가동 철심에 진동이 발생한다.

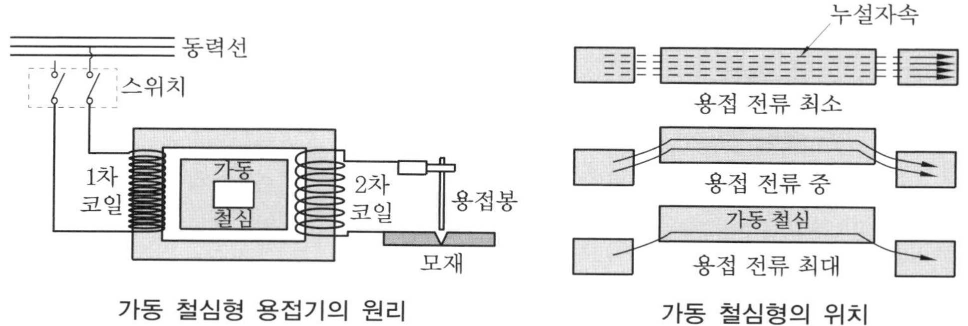

가동 철심형 용접기의 원리　　가동 철심형의 위치

㉯ 가동 코일형 교류 아크 용접기(movable coil type)

㉠ 원리 : 2차 코일을 고정시키고, 1차 코일을 이동시켜 코일 간의 거리를 조정함으로써 누설 자속에 의해서 전류를 세밀하게 연속적으로 조정하는 형식이다.

㉡ 특징 : 안정된 아크를 얻을 수 있고, 가동부의 진동, 잡음이 없지만 가격이 비싸다.

㉢ 전류 조정 : 양 코일을 접근하면 전류가 높아지고, 멀어지면 작아진다.

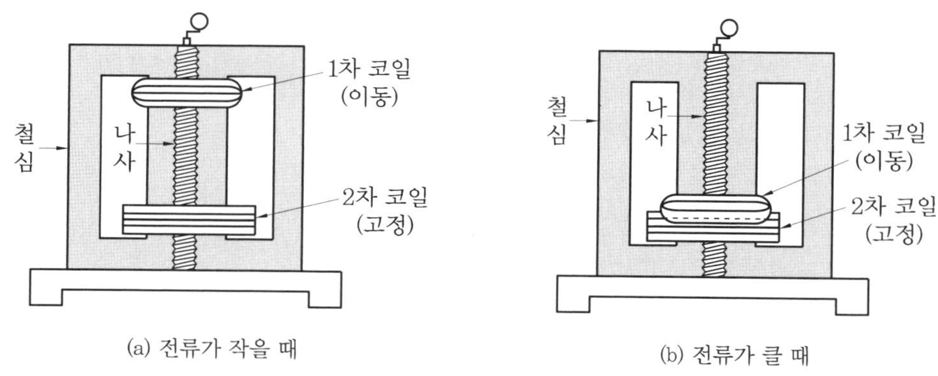

(a) 전류가 작을 때　　(b) 전류가 클 때

가동 코일형 교류 아크 용접기

㉰ 탭 전환형 교류 아크 용접기(tapped secondary coil control type)

㉠ 특징 : 가장 간단한 것으로 소형 용접기에 쓰이며, 탭 전환부의 마모 손실에 의한 접촉 불량이 나기 쉽다.

㉡ 전류 조정

• 코일의 감긴 수에 따라 전류를 조정하며, 넓은 전류 조정이 어렵다.

• 탭(tap)의 전환으로 단계적인 조정을 한다.

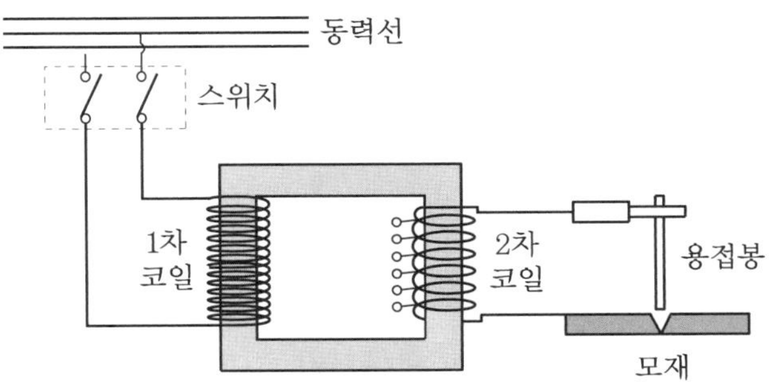

탭 전환형 용접기 원리

㉣ 가포화 리액터형 교류 아크 용접기(saturable reactor)

㉠ 원리 : 변압기와 직류 여자 코일을 가포화 리액터 철심에 감아 놓은 것이다.

㉡ 특징

• 마멸 부분과 소음이 없으며 조작이 간단하고 수명이 길다.

• 원격 조정과 핫 스타트(hot start)가 용이하다.

㉢ 전류 조정 : 전기적 전류 조정으로써 가변 저항의 변화로 용접 전류를 조정한다.

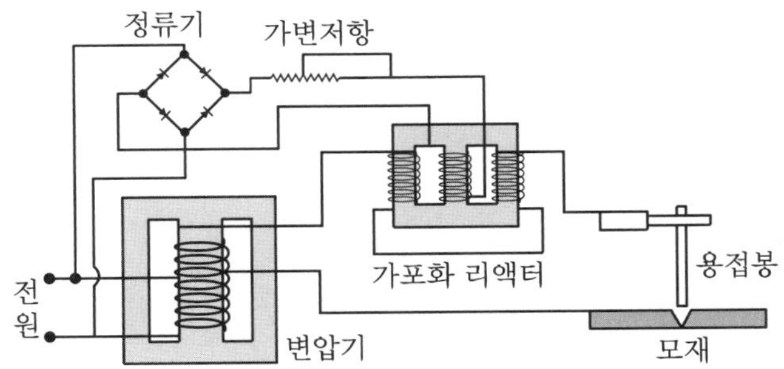

가포화 리액터형 용접기 원리

(8) 용접 입열

① 외부에서 용접부에 주어지는 열량으로 용접 단위 길이 1cm당 발생하는 전기적 에너지 $H = \frac{60EI}{V}$[J/cm]이다.

여기서, E : 아크 전압(V), I : 아크 전류(A), V : 용접 속도(cm/min)

② 모재에 흡수된 열량은 입열의 75~85% 정도이다.

(9) 용융 속도

① 단위 시간당 소비되는 용접봉의 길이 또는 무게를 의미한다.

② 용융 속도는 아크 전류에만 비례하고, 아크 전압과 용접봉 지름과는 무관하다.

용융 속도=아크 전류×용접봉 쪽 전압강하

(10) 용적 이행(용접봉에서 모재로 용융 금속이 옮겨가는 현상)

① 단락형(short circuit type) : 용적이 용융지에 단락되면서 표면장력 작용으로 모재에 이행하는 방식이다.

② 입상형(globular transfer type) : 흡인력 작용으로 용접봉이 오므라들어, 용융 금속이 옮겨가는 상태에서 비교적 큰 용적이 단락되지 않고 모재에 이행하는 방식(핀치 효과형)이다.

③ 분무형(spray transfer type) : 피복제에서 발생되는 가스가 폭발하여 미세한 용적이 이행하는 방식이다.

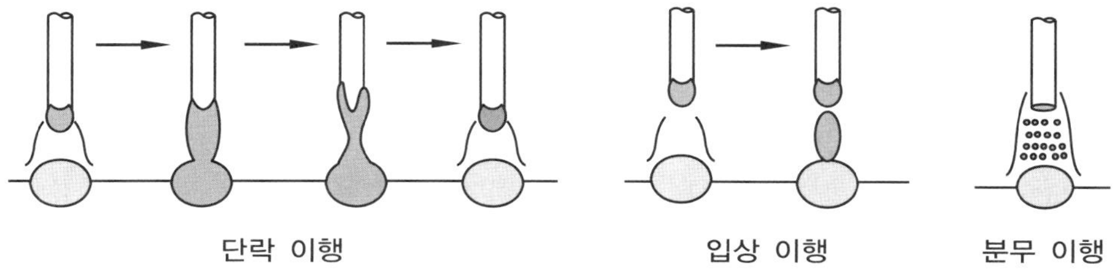

1-2 아래보기, 수직, 수평, 위보기 용접

(1) 아래보기 자세(F : flat position)

모재를 수평으로 놓고 용접봉을 아래로 향하여 용접하는 자세(용접선을 수평면에서 15°까지 경사시킬 수 있다.)

(2) 수직 자세(V : vertical position)

수직면 또는 45° 이하의 경사를 가지며, 용접선은 수직 또는 수직면에 대하여 45° 이하의 경사를 가지고 상진으로 용접하는 자세

(3) 수평 자세(H : horizontal position)

모재가 수평면과 90° 또는 45° 이하의 경사를 가지며, 용접선이 수평이 되게 하는 용접 자세

(4) 위보기 자세(O : overhead position)

모재가 눈 위로 들려 있는 수평면의 아래쪽에서 용접봉을 위로 향하여 용접하는 자세

(5) 전자세(AP : all position)

아래보기, 수직, 수평, 위보기 자세 중 2가지 자세를 조합하여 용접하거나 4가지 자세 전부를 응용하는 용접 자세

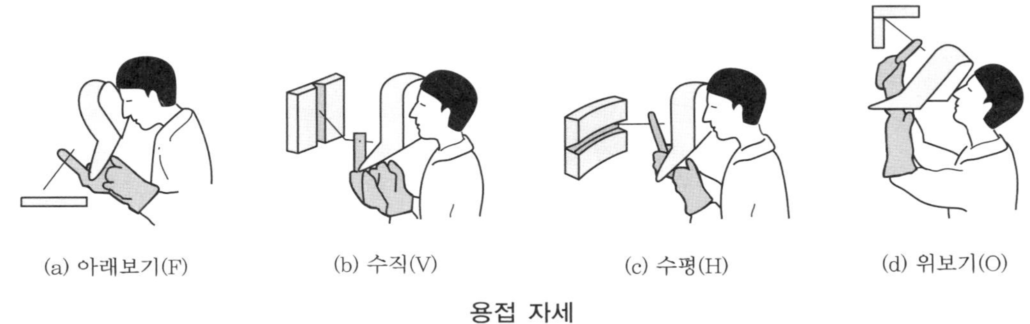

용접 자세

1-3 T형 필릿 및 모서리 용접

(1) 필릿 용접(fillet weld)

겹쳐 놓은 이음의 필릿 부분을 용접하는 것으로 단속, 연속 필릿 용접이 있다.

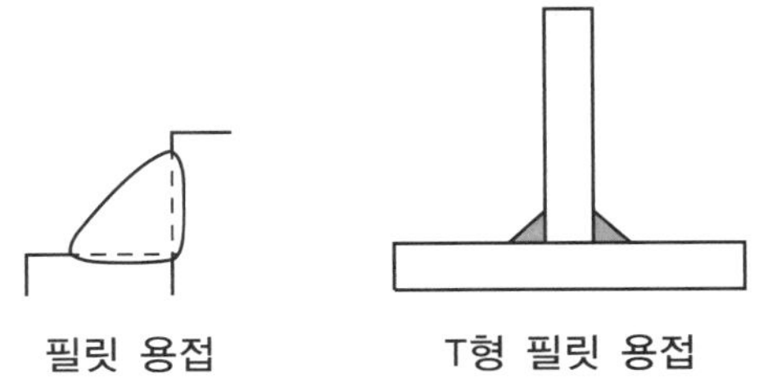

① 용접선의 방향과 응력 방향에 따른 필릿 용접의 종류

(가) 전면 필릿 용접 : 용접선 방향과 하중 방향이 직각인 것

(나) 측면 필릿 용접 : 용접선 방향과 하중 방향이 평행인 것

(다) 경사 필릿 용접 : 용접선 방향과 하중 방향이 경사진 것

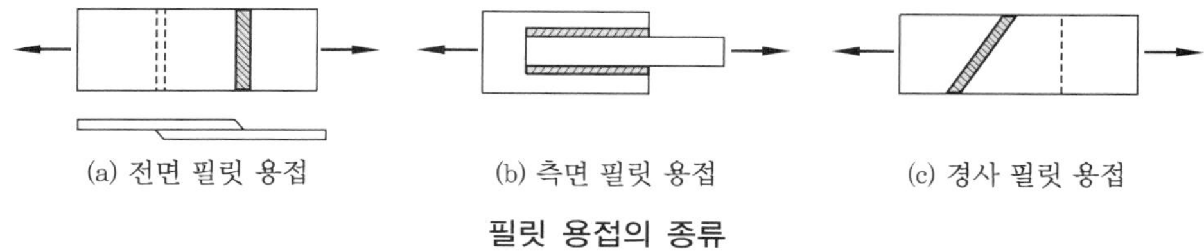

필릿 용접의 종류

② 필릿 용접은 가능한 피하고 맞대기 용접을 하도록 한다.

(2) 모서리 용접

두 모재를 일정한 각도를 유지하면서 그 모서리를 용접하는 방법이다.

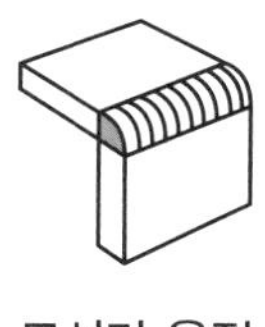

모서리 용접

예상문제

1. 교류 용접 시 용접봉과 모재 간 절연되어 순간적으로 꺼졌던 아크를 보호 가스에 의하여 절연을 막고 아크가 재발생하는 특성을 무엇이라 하는가?

① 아크의 부저항 특성
② 자기 제어 특성
③ 수하 특성
④ 절연 회복 특성

2. 아크 용접에서 흡인력 작용으로 용접봉이 용융되어 용적이 줄어들어 용융 금속이 옮겨가는 상태에서 비교적 큰 용적이 단락되지 않고 모재에 이행하는 방식은?

① 단락형
② 입상형
③ 분무형(스프레이형)
④ 열적 핀치 효과형

해설 입상형(globuler type)은 흡인력 작용으로 용접봉이 오므라들어, 용융 금속이 옮겨가는 상태에서 비교적 큰 용적이 단락되지 않고 모재에 이행하는 방식(핀치 효과형)이다.

3. 아크 용접기의 구비 조건으로 틀린 것은?

① 구조 및 취급 방법이 간단해야 한다.
② 큰 전류가 흘러 용접 중 온도 상승이 커야 한다.
③ 아크 발생 및 유지가 용이하고 아크가 안정해야 한다.
④ 사용 중에 역률 및 효율이 좋아야 한다.

정답 1. ④ 2. ② 3. ②

해설 일정한 전류가 흘러 사용 중에는 온도 상승이 작아야 한다.

4. 다음 중 교류 아크 용접기의 종류별 특성으로 누설 자속을 가감하여 미세한 전류 조정이 가능하나 아크가 불안정한 용접기의 형별은?

① 가동 철심형 ② 가동 코일형
③ 탭 전환형 ④ 가포화 리액터형

5. 다음 중 교류 아크 용접기의 종류별 특성으로 가변 저항의 변화를 이용하여 용접 전류를 조정하는 형식은?

① 가동 철심형 ② 가동 코일형
③ 탭 전환형 ④ 가포화 리액터형

6. 정격 2차 전류가 300 A, 정격 사용률 50 %인 용접기를 사용하여 100 A의 전류로 용접을 할 때 허용 사용률은?

① 5.6 % ② 150 %
③ 450 % ④ 550 %

해설 허용 사용률(%)

$$= \frac{(\text{정격 2차 전류})^2}{(\text{실제 용접 전류})^2} \times \text{정격 사용률}(\%)$$

$$= \frac{(300)^2}{(100)^2} \times 50 = 450\%$$

7. 산업안전보건법에서 안전을 위해 교류 용접기에 반드시 장착하는 부속 장치는?

① 전격방지기 ② 원격 제어 장치
③ 핫 스타트 장치 ④ 아크 부스터

해설 전격방지기는 용접기의 무부하 전압을 25~30 V 이하로 유지하고, 아크 발생 시에는 언제나 통상 전압(무부하 전압 또는 부하 전압)이 되며, 아크가 소멸된 후에는 자동적으로 전압을 저하시켜 감전을 방지하는 장치이다.

8. 현장에서 용접 작업을 하는 경우 용접기가 멀리 떨어져 있을 때 사용하는 장치는?

① 전격방지기 ② 원격 제어 장치
③ 핫 스타트 장치 ④ 아크 부스터

해설 원격 제어 장치는 용접 작업 위치가 멀리 떨어져 있는 경우 용접 전류를 조절하는 장치로 유선식과 무선식이 있다.

9. 용접 작업을 할 때 용접기의 점검사항 중 틀린 것은?

① 용접기 내외 점검 및 고장 유무 확인
② 용접 작업 전에만 반드시 실시
③ 전기 접속 및 케이블 파손 여부 확인
④ 정류자 면에 불순물 여부 확인

해설 용접기의 점검은 용접 작업 전 또는 작업 후에 반드시 실시하여야 한다.

10. 교류 아크 용접기 용량이 AW 300을 설치하여 작업하려 하는 경우 용접기에서 작업장의 길이가 최대 40 m 이내일 때 적당한 2차측 용접용 케이블은 어떠한 것을 사용해야 하는가?

① 39 mm^2 ② 50 mm^2
③ 75 mm^2 ④ 80 mm^2

해설 교류 아크 용접기 용량이 AW 300인 경우 출력(2차)측 케이블의 단면적은 50 mm^2 이상이어야 한다.

11. KS C 9607에 규정된 용접봉 홀더 종류 중 손잡이 및 전체 부분을 절연하여 안전 홀더라고 하는 것은 어떤 형인가?

① A형 ② B형

정답 4. ① 5. ④ 6. ③ 7. ① 8. ② 9. ② 10. ② 11. ①

③ C형　　④ S형

해설 용접봉 홀더의 종류
- A형(안전 홀더) : 전체가 완전 절연된 것으로 무겁다.
- B형 : 손잡이만 절연된 것이다.

12. 아크 용접을 할 때 작업자에게 가장 위험한 부분은?

① 배전관
② 용접봉 홀더 노출부
③ 용접기
④ 케이블

해설 용접 작업 중 용접봉 홀더의 노출부가 있으면 작업자가 감전될 수 있다.

13. 용접 자세를 나타내는 기호가 틀리게 짝지어진 것은?

① 위보기 자세 : O
② 수직 자세 : V
③ 아래보기 자세 : U
④ 수평 자세 : H

해설 아래보기 자세의 기호는 F이다.

14. KS 용접 기호 ◺로 표시되는 용접부의 명칭은?

① 플러그 용접　　② 수직 용접
③ 필릿 용접　　④ 스폿 용접

15. 필릿 용접의 이음 강도를 계산할 때, 각장이 10 mm라면 목 두께는?

① 약 3 mm　　② 약 7 mm
③ 약 11 mm　　④ 약 15 mm

해설 이음의 강도 계산은 이론 목 두께를 이용하고, 목 단면적은 목 두께×용접의 유효 길이로 한다. 목 두께 각도가 60~90°일 때 0.7로 계산하므로 $h_t = 0.7h$(각장)$=$ $0.7 \times 10 = 7$이다.

16. 필릿 용접 이음부의 강도를 계산할 때 기준으로 삼아야 하는 것은?

① 루트 간격　　② 각장 길이
③ 목 두께　　④ 용입 깊이

해설 용접 설계에서 필릿 용접의 단면에 내접하는 이등변 삼각형의 루트부터 빗변까지의 수직 거리를 이론 목 두께라 하고 보통 설계할 때에 사용되며, 용입을 고려한 루트부터 표면까지의 최단 거리를 실제 목 두께라 하여 이음부의 강도를 계산할 때 기준으로 한다.

17. 필릿 용접에서 모재가 용접선에 각을 이루는 경우의 변형은?

① 종 수축　　② 좌굴 변형
③ 회전 변형　　④ 횡 굴곡

해설 횡 굴곡, 즉 각 변형이란 용접 부재에 생기는 가로 방향의 굽힘 변형을 말하며, 필릿 용접의 경우 수평 판의 상부가 오므라드는 것을 말한다. 각 변형을 적게 하려면 용접 층수를 가능한 적게 하여야 한다.

18. 일종의 피복 아크 용접법으로 피더(feeder)에 철분계 용접봉을 장착하여 수평 필릿 용접을 전용으로 하는 일종의 반자동 용접 장치로서 모재와 일정한 경사를 갖는 금속 지주를 용접 홀더가 하강하면서 용접되는 용접법은?

① 그래비티 용접
② 용사
③ 스터드 용접
④ 테르밋 용접

정답 12. ② 13. ③ 14. ③ 15. ② 16. ③ 17. ④ 18. ①

해설 그래비티 용접(gravity welding) 또는 오토콘 용접은 피복 아크 용접법으로 피더에 철분계 용접봉을 장착하여 수평 필릿 용접을 전용으로 하는 일종의 반자동 용접 장치이며 한 명이 여러 대(보통 최소 3~4대)의 용접기를 관리할 수 있으므로 고능률 용접 방법이다.

19. **용접부의 형상에 따른 필릿 용접의 종류가 아닌 것은?**

① 연속 필릿
② 단속 필릿
③ 경사 필릿
④ 단속 지그재그 필릿

해설 필릿 용접에서는 하중의 방향에 따라 용접선의 방향과 하중의 방향이 직교한 것을 전면 필릿 용접, 평행하게 작용하면 측면 필릿 용접, 경사져 있는 것을 경사 필릿 용접이라 한다.

20. **필릿 용접에서 루트 간격이 1.5 mm 이하일 때 보수 용접 요령으로 가장 적당한 것은 어느 것인가?**

① 그대로 규정된 다리 길이로 용접한다.
② 그대로 용접하여도 좋으나 넓혀진 만큼 다리 길이를 증가시킬 필요가 있다.
③ 다리 길이를 3배수로 증가시켜 용접한다.
④ 라이너를 넣거나 부족한 판을 300 mm 이상 잘라내서 대체한다.

해설 필릿 용접의 보수 요령

(1) 루트 간격 1.5 mm 이하 : 규정대로의 각장으로 용접한다.
(2) 루트 간격 1.5~4.5 mm : 그대로 용접하여도 좋으나 넓혀진 만큼 각장을 증가시킬 필요가 있다.
(3) 루트 간격 4.5 mm 이상 : 라이너(liner)를 끼워 넣거나 부족한 판을 300 mm 이상 잘라내서 대체한다.

정답 19. ③ 20. ①

11장 수동·반자동 가스 절단

1. 수동·반자동 절단 및 용접

1-1 가스 및 불꽃

(1) 가스 용접의 개요

가스 용접(gas welding)은 다른 용접 방법에 비해 저온 용접하는 방법으로 가연성 가스와 조연성 가스인 산소 혼합물의 연소열을 이용하여 용접하는 방법이다. 산소－아세틸렌 용접, 산소－수소 용접, 산소－프로판 용접, 공기－아세틸렌 용접 등이 있는데, 가장 많이 사용되는 것이 산소－아세틸렌 용접으로 간단히 가스 용접이라고 하며 용접의 한 종류이다.

(2) 가스 용접의 장단점

장점	단점
• 응용 범위가 넓고 전원 설비가 필요 없다. • 가열과 불꽃 조정이 자유롭다. • 운반이 편리하고 설비비가 싸다. • 아크 용접에 비해 유해 광선의 발생이 적다. • 박판 용접에 적당하다.	• 열 집중성이 나빠 효율적인 용접이 어렵다. • 불꽃의 온도와 열 효율이 낮다. • 폭발의 위험성이 크며 금속의 탄화 및 산화의 가능성이 많다. • 아크 용접에 비해 일반적으로 신뢰성이 적다.

(3) 가스 용접에 사용되는 가스가 갖추어야 할 성질

① 불꽃의 온도가 금속의 용융점 이상으로 높을 것(순철은 1540℃, 일반 철강은 1230~1500℃)

② 연소 속도가 빠를 것(표준 불꽃이 아세틸렌 1 : 산소 2.5(1.5는 공기 중 산소), 프로판 1 : 산소 4.5 정도가 필요하다.)

③ 발열량이 클 것

④ 용융 금속과 산화 및 탄화 등의 화학 반응을 일으키지 않을 것

(4) 가스 및 불꽃

① 수소(hydrogen, H_2)

(가) 비중(0.695)이 작아 확산 속도가 크고 누설이 쉽다.

(나) 백심(inner cone)이 있는 뚜렷한 불꽃을 얻을 수 없으며, 무광의 불꽃으로 불꽃 조절이 육안으로 어렵다.

(다) 수중 절단 및 납(Pb)의 용접에만 사용되고 있다.

② LP 가스(Liquefied Petroleum gas : 액화석유가스)

(가) 주로 프로판(propane, C_3H_8)으로서 부탄(butane, C_4H_{10}), 에탄(ethane, C_2H_6), 펜탄(pentane, C_5H_{12})으로 구성된 혼합 기체이다.

(나) 공기보다 무겁고(비중 1.5) 연소 시 필요 산소량은 1 : 4.5(부탄은 5배)이다.

(다) 액체에서 기체가 되면 체적은 250배로 팽창된다.

③ 산소(oxygen, O_2)

(가) 무색, 무미, 무취의 기체로 비중 1.105, 융점 −219℃, 비점 −182℃로서 공기보다 약간 무겁다.

(나) 다른 물질의 연소를 돕는 조연성(지연성) 가스이다.

(다) −119℃에서 50기압 이상 압축 시 담황색의 액체로 된다.

(라) 대부분 원소와 화합하여 산화물을 만든다.

(마) 타기 쉬운 기체와 혼합 시 점화하면 폭발적으로 연소한다.

④ 아세틸렌(acetylene, C_2H_2)

(가) 성질

㉮ 비중이 0.906으로 공기보다 가벼우며 1 L의 무게는 15℃, 0.1 MPa에서 1.176 g 이다.

㉯ 순수한 것은 일종의 에테르와 같은 향기를 내며 연소 불꽃색은 푸르스름하다.

㉰ 아세틸렌 제조 과정에서 발생한 불순물 인화수소(PH_3), 유화수소(H_2S), 암모니아(NH_3)를 포함하고 있어 악취를 내며 연소 시 색은 붉고 누르스름하다.

㉱ 각종 액체에 잘 용해된다. 15℃, 0.1기압에서 보통 물에는 1.1배(같은 양), 석유에는 2배, 벤젠에는 4배, 순수한 알코올에는 6배, 아세톤(acetone, CH_3COCH_3)에는 25배, 12기압에서는 300배나 용해되어 그 용해량은 온도가 낮을수록 또 압력이 증가할수록 증가한다. 단, 염분을 포함시킨 물에는 거의 용해되지 않는다. 아세톤에 이와 같이 잘 녹는 성질을 이용하여 용해 아세틸렌을 만들어서 용접에 이용되고 있다.

(나) 폭발성

㉮ 온도의 영향

㉠ 406~408℃에서 자연 발화한다.

㉡ 505~515℃가 되면 폭발한다.

㉢ 산소가 없어도 780℃가 되면 자연 폭발된다.

㉯ 압력의 영향

㉠ 15℃, 0.2 MPa 이상 압력 시 폭발 위험이 있다.

㉡ 산소가 없을 시에도 0.3 MPa(게이지 압력 0.2 MPa) 이상 시 폭발 위험이 있다.

㉢ 실제 불순물의 함유로 0.15 MPa 압축 시 충격, 진동 등에 의해 분해 폭발의 위험이 있다.

㉰ 혼합 가스의 영향

㉠ 아세틸렌 15 %, 산소 85 %일 때 가장 폭발 위험이 크고, 아세틸렌 60 %, 산소 40 %일 때 가장 안전하다(공기 중에 10~20 %의 아세틸렌 가스가 포함될 때 가장 위험하다).

㉡ 인화수소 함유량이 0.02 % 이상 시 폭발성을 가지며, 0.06 % 이상 시 대체로 자연 발화에 의하여 폭발된다.

㉱ 외력의 영향 : 압력이 가해져 있는 아세틸렌 가스에 마찰, 진동, 충격 등의 외력이 작용하면 폭발할 위험이 있다.

㉲ 화합물 생성 : 아세틸렌 가스는 구리, 구리 합금(62 % 이상의 구리), 은, 수은 등과 접촉하면 이들과 화합하여 폭발성 있는 화합물을 생성한다. 또 폭발성 화합물은 습기나 암모니아가 있는 곳에서 생성되기 쉽다.

⑤ 각종 가스 불꽃의 최고 온도

(가) 산소-아세틸렌 불꽃 : 3430℃

(나) 산소-수소 불꽃 : 2900℃

(다) 산소-프로판 불꽃 : 2820℃

(라) 산소-메탄 불꽃 : 2700℃

1-2 가스 용접 설비 및 기구

(1) 산소 병(oxygen cylinder & bombe)

① 개요

㈎ 산소 병은 보통 35℃에서 15 MPa(150 kgf/cm^2)의 고압 산소가 충전된 속이 빈 원통형으로 크기는 일반적으로 기체 용량 5000 L, 6000 L, 7000 L 등의 3종류가 많이 사용된다.

㈏ 산소 병의 구성은 본체, 밸브, 캡의 3부분이며 용기 밑부분의 형상은 볼록형, 오목형, 스커트형이 있고 병의 강 두께는 7~9 mm 정도이며 산소 병 밸브의 안전장치는 파열판식이다.

㈐ 산소 병의 정기 검사 : 내용적 500 L 미만은 3년마다 실시하며, 외관 검사, 질량 검사, 내압 검사(수조식, 비수조식) 등의 검사를 하고 내압 시험 압력은 250 kgf/cm^{2}이 사용된다.

㈑ 산소 병의 총 가스량=내용적×기압(게이지 압력)

㈒ 산소 병의 소비량=내용적×현재 사용된 기압

② 산소 병을 취급할 때의 주의사항

㈎ 산소 병에 충격을 주지 말고 뉘어 두어서는 안 된다(고압 밸브가 충격에 약해 보호).

㈏ 고압 가스는 타기 쉬운 물질에 닿으면 발화하기 쉬우므로 밸브에 그리스(grease)와 기름기 등을 묻혀서는 안 된다.

㈐ 안전 캡으로 병 전체를 들려고 하지 말아야 한다.

㈑ 산소 병을 직사광선에 노출시키지 않아야 하며 화기로부터 멀리 두어야 한다(5 m 이상).

㈒ 항상 40℃ 이하로 유지하고 용기 내의 압력 17 MPa(170 kg/cm^2)이 너무 상승되지 않도록 한다.

㈓ 밸브의 개폐는 조용히 하고 산소 누설 검사는 비눗물을 사용하여야 한다.

(2) 아세틸렌 병(acetylene cylinder & bombe)

① 개요

㈎ 아세틸렌 병 안에는 아세톤을 흡수시킨 목탄, 규조토, 석면 등의 다공성 물질이 가득 차 있고 이 아세톤에 아세틸렌 가스가 용해되어 있다.

㈏ 용기의 구조는 밑부분이 오목하며 보통 2개의 퓨즈 플러그(fuse plug)가 있고,

이 퓨즈 플러그는 중앙에 105±5℃에서 녹는 퓨즈 금속(성분 : Bi 53.9 %, Sn 25.9 %, Cd 20.2 %)이 채워져 있다.

(다) 용해 아세틸렌은 15℃에서 15 kgf/cm^{2}으로 충전되고 용기의 크기는 15 L, 30 L, 50 L의 3종류가 사용되며 30 L의 용기가 가장 많이 사용된다.

② 용해 아세틸렌 병의 아세틸렌 양의 측정 공식

$$C = 905(A - B)$$

여기서, C : 15℃, 1기압에서의 아세틸렌 가스의 용적(L)

A : 병 전체의 무게(빈 병의 무게+아세틸렌의 무게)(kgf)

B : 빈 병의 무게(kgf)

③ 용해 아세틸렌 용기의 검사

(가) 내압 시험 : 시험 압력 46.5 kgf/cm^{2}의 기체 N_2, CO_2를 사용하여 시험하며 질량 감량 5 % 이하, 항구증가율 10 % 이상이면 불합격이다.

(나) 검사 기간

㉮ 3년 : 제조 후 15년 미만

㉯ 2년 : 제조 후 15년 이상 20년 미만

㉰ 1년 : 제조 후 20년 이상

참고 1. 용기의 각인

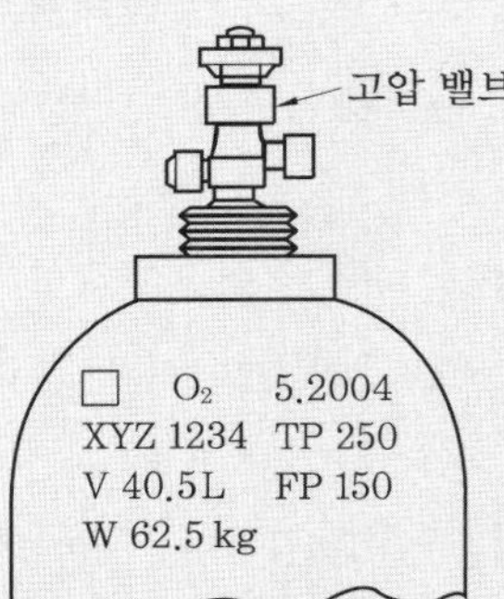

□ : 용기 제작사명
O_2 : 산소(충전 가스 명칭 및 화학 기호)
XYZ : 제조업자의 기호 및 제조 번호
V : 내용적(실측)(L)
W : 용기 중량(kg)
5.2004 : 내압 시험 연월
TP : 내압 시험 압력(kgf/cm^2)
FP : 최고 충전 압력(kgf/cm^2)

용기에 표시된 기호의 설명

2. 용기 검사 압력

가스 종류	가스 명칭	내압 시험 압력
압축 가스	산소	충전 압력(35℃, 150 kgf/cm$^2 \times \frac{5}{3}$ 이상)
용해 가스	아세틸렌	충전 압력(15℃, 15 kgf/cm^2×3 이상)
액화 가스	프로판	15 kgf/cm^2 이상

3. 충전 가스 용기의 색상과 나사

가스 명칭	도색	연결부의 나사 방향	가스 명칭	도색	연결부의 나사 방향
산소	녹색	우	암모니아	백색	우
수소	주황색	좌	아세틸렌	황색	좌
탄산가스	청색	우	프로판	회색	좌
염소	갈색	우	아르곤	회색	우

(3) 압력 조정기(pressure regulator)

산소나 아세틸렌 용기 내의 압력은 실제 작업에서 필요로 하는 압력보다 매우 높으므로 이 압력을 실제 작업 종류에 따라 필요한 압력으로 감압하고 용기 내의 압력 변화에 관계 없이 필요한 압력과 가스 양을 계속 유지시키는 기기를 압력 조정기라 한다.

① 산소용 압력 조정기 : 압력 조정 부분, 고압 게이지, 저압 게이지 등으로 구성되며, 연결 이음부의 나사는 오른나사, 조정 압력은 0.3~0.4 MPa(3~4 kgf/cm^2)이다.

(가) 산소용 1단식 조정기

㉮ 프랑스식(스템형) : 스템과 다이어프램으로 예민하게 작동되며 토치 산소 밸브를 연 상태에서 압력을 조정한다.

㉯ 독일식(노즐형) : 에보나이트계 밸브 시트 조정 스프링에 의해 작동되며 프랑스식보다 예민하지 않다.

(나) 산소용 2단식 조정기 : 1단 감압부는 노즐형, 2단은 스템형의 구조로 되어 있다.

② 아세틸렌용 압력 조정기 : 구조 및 기구는 산소용 스템형과 흡사하며 사용 중에 일정한 압력이 되도록 한다. 연결 이음부의 나사는 왼나사이고, 0.01~0.03 MPa(0.1~0.3 kgf/cm^2)의 낮은 압력 조정 스프링을 사용한다.

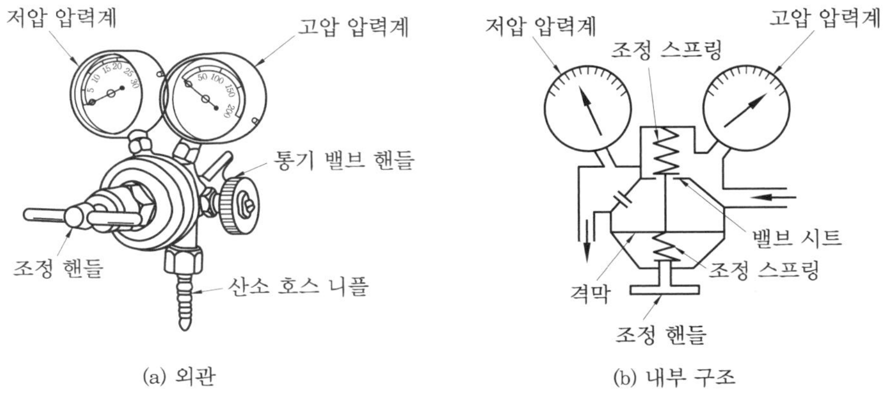

(a) 외관 (b) 내부 구조

압력 조정기

(4) 토치(welding torch)

가스 병 또는 발생기에서 공급된 아세틸렌 가스와 산소를 일정한 혼합 가스로 만들고 이 혼합 가스를 연소시켜 불꽃을 형성해서 용접 작업에 사용하는 기구를 가스 용접기 또는 토치라 하며 주요 구성은 산소 및 아세틸렌 밸브, 혼합실, 팁으로 되어 있다.

① 토치의 종류

㈎ 저압식(인젝터식) 토치 : 사용 압력(발생기 0.007 MPa(0.07 kgf/cm^2) 이하, 용해 아세틸렌 압력 0.02 MPa(0.2 kgf/cm^2) 미만이 낮으며, 인젝터 부분에 니들 밸브가 있어 유량과 압력을 조정할 수 있는 가변압식(프랑스식, B형)과 1개의 팁에 1개의 인젝터로 되어 있는 불변압식(독일식, A형)이 있다.

㈏ 중압식(등압식, 세미인젝터식) 토치 : 아세틸렌 압력 0.007~0.13 MPa로 아세틸렌 압력이 높아 역류, 역화의 위험이 적고 불꽃의 안전성이 좋다.

② 팁의 능력

㈎ 프랑스식 : 1시간 동안 중성 불꽃으로 용접하는 경우 아세틸렌의 소비량을 L로 나타낸다. 예를 들어 팁 번호가 100, 200, 300이라는 것은 매시간의 아세틸렌 소비량이 중성 불꽃으로 용접 시 100 L, 200 L, 300 L라는 뜻이다.

㈏ 독일식 : 연강판 용접 시 용접할 수 있는 판의 두께를 기준으로 팁의 능력을 표시한다. 예를 들어 1 mm 두께의 연강판 용접에 적합한 팁의 크기를 1번, 두께 2 mm 판에는 2번 팁 등으로 표시한다.

참고 역류, 역화의 원인

- 토치 취급이 잘못되었거나 팁 과열 시
- 토치 성능이 불비하거나 체결 나사가 풀렸을 때
- 아세틸렌 공급 가스가 부족할 때
- 팁이 석회 가루, 먼지, 스패터, 기타 잡물로 막혔을 때

※ 역류, 역화의 발생 시에는 먼저 아세틸렌 밸브를 잠그고 산소 밸브를 잠근 뒤에, 팁 과열 시는 산소 밸브만 열고 찬물에 팁을 담가 냉각시킨다.

(5) 용접용 호스(hose)

가스 용접에 사용되는 도관은 산소 또는 아세틸렌 가스를 용기 또는 발생기에서 청정기, 안전기를 통하여 토치까지 송급하도록 연결한 관을 말하며 강관과 고무 호스가 있다. 먼 거리에는 강관이 이용되고 짧은 거리(5 m 정도)에서는 고무 호스가 사용된다. 그 크기를 내경으로 나타내며 6.3 mm, 7.9 mm, 9.5 mm의 3종류가 있어 보통 7.9 mm의 것이 널리 사용되고 소형 토치에는 6.3 mm가 이용되며 호스 길이는 5 m 정도가 적당하다.

또한 고무 호스는 산소용은 9 MPa(90 kgf/cm^2), 아세틸렌용은 1 MPa(10 kgf/cm^2)의 내압 시험에 합격한 것이어야 하며 구별할 수 있게 산소는 녹색, 아세틸렌은 적색으로 된 것을 사용한다.

(6) 기타 공구 및 보호구

차광 유리(절단용 3~6, 용접용 4~9), 팁 클리너(tip cleaner), 토치 라이터, 와이어 브러시, 스패너, 단조 집게 등을 사용한다.

(7) 가스 용접 재료

① 용접봉(gas welding rods for mild steel) : KS D 7005에 규정된 가스 용접봉은 보통 맨 용접봉(보통은 부식을 방지하기 위하여 구리 도금이 되어 있다)이지만 아크 용접봉과 같이 피복된 용접봉도 있고 때로는 용제를 관의 내부에 넣은 복합 심선을 사용할 때도 있다. 보통 시중에 판매되는 것은 길이가 1000 mm이다.

② 가스 용접봉과 모재와의 관계 : 모재의 두께에 따라 용접봉 지름은 다음과 같다.

$$D = \frac{T}{2} + 1$$

여기서, D : 용접봉 지름(mm), T : 모재 두께(mm)

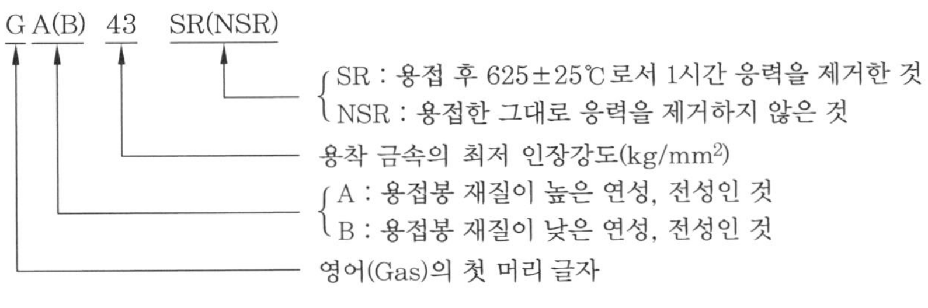

용접봉의 표시

1-3 산소, 아세틸렌 용접 및 절단 기법

(1) 산소-아세틸렌 불꽃

① 불꽃의 종류

㈎ 탄화 불꽃(excess acetylene flame) : 산소(공기 중과 토치의 산소량)의 양이 아세틸렌보다 적어 이루어진 불완전 연소로 인해 불꽃의 온도가 낮아 스테인리스강, 스텔라이트, 모넬 메탈, 알루미늄 등의 용접에 사용된다.

(나) 표준 불꽃(neutral flame : 중성 불꽃) : 산소와 아세틸렌의 혼합 비율이 1 : 1로 된 일반 용접에 사용되는 불꽃이다(실제로는 대기 중에 있는 산소를 포함한 산소 2.5 : 아세틸렌 1의 비율이 된다).

(다) 산화 불꽃(excess oxygen flame) : 표준 불꽃 상태에서 산소의 양이 많아진 불꽃으로 구리 합금 용접에 사용되는 가장 온도가 높은 불꽃이다.

② 불꽃과 피용접 금속과의 관계

불꽃의 종류	용접이 가능한 금속
탄화 불꽃	스테인리스강, 스텔라이트, 모넬 메탈 등
표준 불꽃	연강, 반연강, 주철, 구리, 청동, 알루미늄, 아연, 납, 은 등
산화 불꽃	황동

(2) 산소 – 아세틸렌 용접법

① 전진법(진법 : forward hand method) : 토치의 팁 앞에 용접봉이 진행되어 가는 방법으로 토치 팁이 오른쪽에서 왼쪽으로 이동하는 방법이다. 불꽃이 용융지의 앞쪽을 가열하므로 용접부가 과열되기 쉽고 변형이 많아 3 mm 이하의 얇은 판이나 변두리 용접에 사용되며, 토치 이동 각도는 전진 방향 반대쪽이 45~70°, 용접봉 첨가 각도는 30~45°로 이동한다.

② 후진법(우진법 : back hand method) : 토치 팁이 먼저 진행하고 그 뒤로 용접봉과 용융풀이 좇아가는 방법으로 토치 팁이 왼쪽에서 오른쪽으로 이동된다. 용융지의 가열 시간이 짧아 과열되지 않으므로 용접 변형이 적고 속도가 커서 두꺼운 판 및 다층 용접에 사용되며 점차적으로 위보기 자세에 많이 사용한다.

전진법과 후진법의 비교

항목	전진법	후진법
열 이용률	나쁘다.	좋다.
비드 모양	보기 좋다.	매끈하지 못하다.
용접 속도	느리다.	빠르다.
홈의 각도	크다(80~90°).	작다(60°).
용접 변형	크다.	작다.
산화 정도	심하다.	약하다.
모재의 두께	얇다.	두껍다.
용착 금속의 냉각	급랭	서랭

1-4 가스 절단 장치 및 방법

(1) 절단의 분류

① 절단 방법에 따른 분류

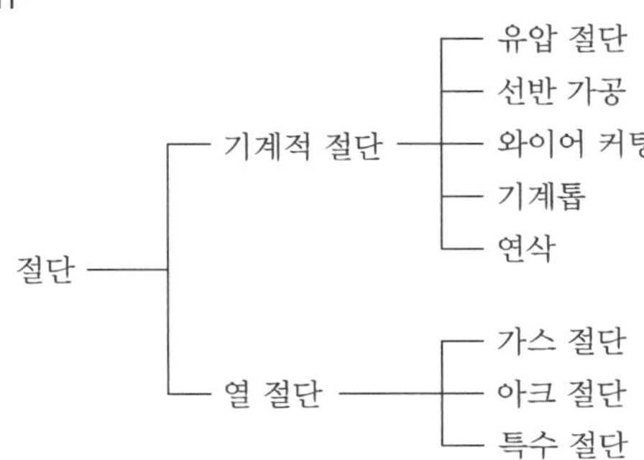

② 열 절단의 분류

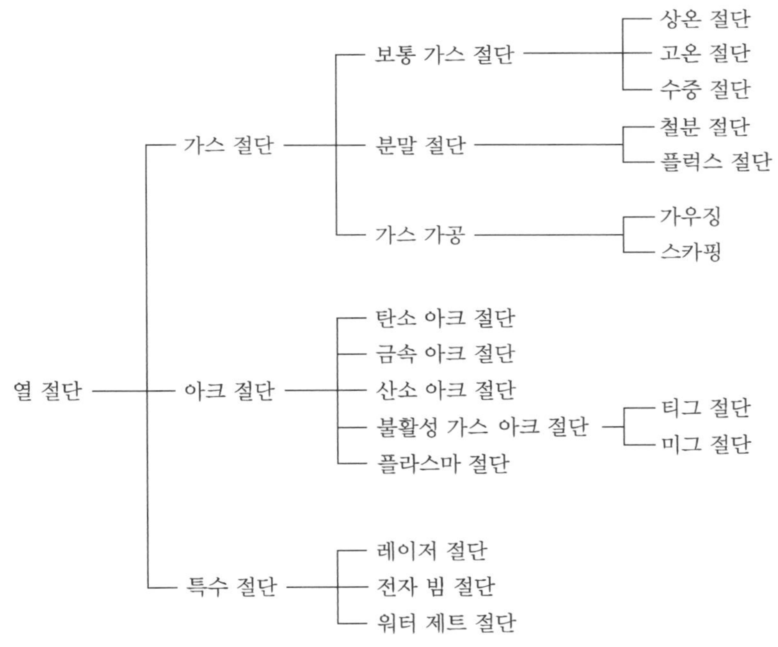

(2) 절단의 원리

① 가스 절단 : 강의 가스 절단은 절단 부분의 예열 시 약 850~900℃에 도달했을 때 고온의 철이 산소 중에서 쉽게 연소하는 화학 반응의 현상을 이용하는 것이다. 고압 산소를 팁의 중심에서 불어 내면 철은 연소하여 저용융점 산화철이 되고 산소 기류에 불려 나가 약 2~4 mm 정도의 홈이 파져 절단 목적을 이룬다(주철, 10 % 이상의 크롬(Cr)을 포함하는 스테인리스강이나 비철금속의 절단은 어렵다).

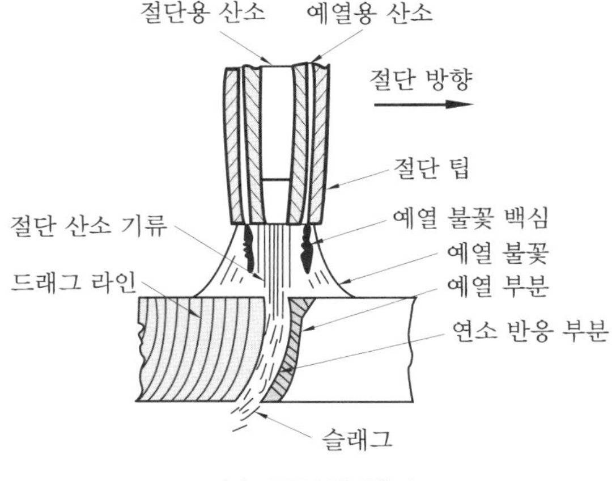

가스 절단의 원리

- 제1반응 : $Fe + \frac{1}{2}O_2 \rightarrow FeO + 63.8\,kcal$
- 제2반응 : $2Fe + 1\frac{1}{2}O_2 \rightarrow Fe_2O_3 + 196.8\,kcal$
- 제3반응 : $3Fe + 2O_2 \rightarrow Fe_3O_4 + 267.8\,kcal$

② 아크 절단 : 아크의 열에너지로 피절단재(모재)를 용융시켜 절단하는 방법으로 압축공기나 산소를 이용하여 국부적으로 용융된 금속을 밀어내며 절단하는 것이 일반적이다.

(3) 가스 절단 장치의 구성

수동 가스 절단 장치는 절단 토치(팁 포함), 산소와 연료 가스용 호스, 압력 조정기, 가스 병 등으로 구성되나 반자동 및 자동 가스 절단 장치는 절단 팁, 전기 시설, 주행 대차, 안내 레일, 축도기, 추적 장치 등 다수 부속 및 주 장치가 사용되고 있다.

① 수동 가스 절단 장치 : 수동 가스 절단 장치의 토치는 산소와 아세틸렌을 혼합하여 예열용 가스로 만드는 부분과 고압의 산소만을 분출시키는 부분으로 되어 있다.

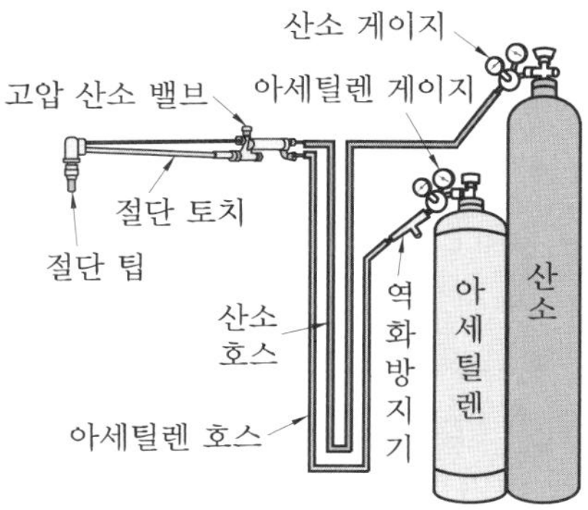

수동 가스 절단 토치

㈎ 저압식 절단 토치 : 아세틸렌의 게이지 압력이 0.007MPa(0.07kg/cm^2) 이하에서 사용되는 인젝터식으로 니들 밸브가 있는 가변압식과 니들 밸브가 없는 불변압식이 있다.

㉮ 동심형(프랑스식) 팁 : 두 가지 가스를 이중으로 된 동심원의 구멍으로부터 분출하는 형으로 전후좌우 및 곡선을 자유로이 절단한다.

㉯ 이심형(독일식) 팁 : 예열 불꽃과 절단 산소용 팁이 분리되어 있으며, 예열 팁이 붙어 있는 방향으로만 절단이 되어 직선 절단은 능률적이고 절단면이 아름다워 자동 절단기용으로 개발되어 있으나 작은 곡선 등의 절단이 곤란하다.

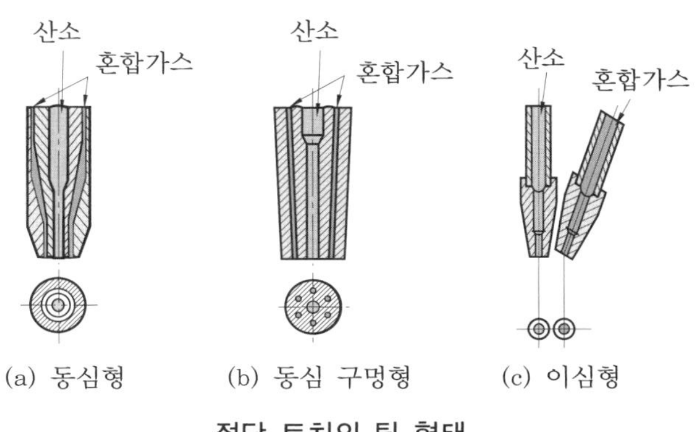

절단 토치의 팁 형태

절단 토치의 팁 형태에 따른 특징

구분	동심형	동심 구멍형	이심형
특징	• 직선 전후좌우 절단이 가능하다. • 곡선 절단이 가능하다.	• 동심형과 비슷한 형이다. • 팁 끝 손상이 적다.	• 직선 절단이 능률적이다. • 큰 곡선 절단 시 절단면이 곱다. • 작은 곡선 절단은 곤란하다.

㈏ 중압식 절단 토치 : 아세틸렌의 게이지 압력이 0.007~0.04 MPa(0.07~0.4 kgf/cm^2)의 것이며, 가스의 혼합이 팁에서 이루어지는 팁 혼합형으로 팁에 예열용 산소, 아세틸렌 가스 및 절단용 산소가 통하는 3개의 통로가 절단기 헤드까지 이어져 3단 토치라고도 한다. 또한, 용접용 토치와 같이 토치에서 예열 가스가 혼합되는 토치 혼합형도 사용되고 있다.

② 자동 가스 절단 장치 : 자동 가스 절단기는 정밀하게 가공된 절단 팁으로 적절한 절단 조건 선택 시 절단면의 거칠기는 $\frac{1}{100}$mm 정도이나 보통 팁에는 $\frac{3}{100}$~$\frac{5}{100}$mm 정도의 정밀도를 얻으며 표면 거칠기는 수동보다 수배 내지 10배 정도 높다.

㈎ 반자동 가스 절단기

㈏ 전자동 가스 절단기

㈐ 형자동 가스 절단기
㈑ 광전식형 자동 가스 절단기
㈒ 프레임 플레이너
㈓ 직선 절단기

(4) 가스 절단 방법

① 가스 절단에 영향을 주는 요소

㈎ 팁의 크기와 모양
㈏ 산소 압력
㈐ 절단 주행 속도
㈑ 팁의 거리 및 각도
㈒ 사용 가스(특히 산소)의 순도
㈓ 예열 불꽃의 세기
㈔ 절단재의 표면 상태
㈕ 절단재의 두께 및 재질
㈖ 절단재 및 산소의 예열 온도

② 드래그(drag) : 가스 절단면에 있어 절단 기류의 입구점에서 출구점까지의 수평거리로 드래그의 길이는 주로 절단 속도, 산소 소비량 등에 의하여 변화하며 판 두께의 20 %를 표준으로 하고 있다.

$$\text{드래그}(\%) = \frac{\text{드래그 길이(mm)}}{\text{판 두께(mm)}} \times 100$$

표준 드래그 길이

절단 모재 두께(mm)	12.7	25.4	51	51~152
드래그 길이(mm)	2.4	5.2	5.6	6.4

③ 절단 속도 : 절단 속도는 절단 가스의 좋고 나쁨을 판정하는 데 중요한 요소이며, 여기에 영향을 주는 것은 산소의 압력, 산소의 순도, 모재의 온도, 팁의 모양 등이다. 또한 절단 속도는 절단 산소의 압력이 높고, 산소 소비량이 많을수록 거의 정비례하여 증가하며 모재의 온도가 높을수록 고속 절단이 가능하다.

④ 예열 불꽃의 역할

㈎ 절단 개시점을 급속도로 연소 온도까지 가열한다.
㈏ 절단 중 절단부로부터 복사와 전도에 의하여 뺏기는 열을 보충한다.
㈐ 강재 표면에 융점이 높은 녹, 스케일을 제거하여 절단 산소와 철의 반응을 쉽게 한다(철(Fe)의 융점은 1536℃, 각 산화철 융점은 FeO : 1380℃, Fe_2O_3 : 1539℃, Fe_3O_4 : 1565℃).

⑤ 예열 불꽃의 배치

㈎ 예열 불꽃의 배치는 절단 산소를 기준으로 하여 그 앞면에 한해 배치한 동심원형과 동심원 구멍형, 이심형 등이 있다.
㈏ 피치 사이클이 작은 구멍 수가 많을수록 예열은 효과적으로 행해진다.

㈐ 예열 구멍 1개의 이심형 팁에 대해서는 동심형 팁에 비하여 최대 절단 모재의 두께를 고려한 절단 효율이 떨어진다(이심형 팁에서는 판 두께 50 mm 정도를 한도로 절단이 어렵다).

㈑ 예열 불꽃이 강할 때

㉮ 절단면이 거칠어진다.

㉯ 슬래그 중의 철 성분의 박리가 어려워진다.

㉰ 모서리가 용융되어 둥글게 된다.

㈒ 예열 불꽃이 약할 때

㉮ 절단 속도가 늦어지고 절단이 중단되기 쉽다.

㉯ 드래그가 증가한다.

㉰ 역화를 일으키기 쉽다.

⑥ 팁 거리 : 팁 끝에서 모재 표면까지의 간격으로 예열 불꽃의 백심 끝이 모재 표면에서 약 1.5~2.0 mm 정도 위에 있으면 좋다.

⑦ 가스 절단 조건

㈎ 절단 모재의 산화 연소하는 온도가 모재의 용융점보다 낮아야 한다.

㈏ 생성된 산화물의 용융 온도가 모재보다 낮고 유동성이 좋아 산소 압력에 잘 밀려 나가야 한다.

㈐ 절단 모재의 성분 중 불연성 물질이 적어야 한다.

(5) 산소 – 아세틸렌 절단

① 절단 조건

㈎ 불꽃의 세기는 산소, 아세틸렌의 압력에 의해 정해지며 불꽃이 너무 세면 절단면의 모서리가 녹아 둥그스름하게 되므로 예열 불꽃의 세기는 절단 가능한 최소가 좋다.

㈏ 실험에 의하면 아름다운 절단면은 산소 압력 0.3 MPa(3 kgf/cm^2) 이하에서 얻어진다.

② 절단에 영향을 주는 모든 인자

㈎ 산소 순도의 영향

㉮ 절단 작업에 사용되는 산소의 순도는 99.5 % 이상이어야 하며, 이하 시 작업 능률이 저하된다.

㉯ 절단 산소 중의 불순물이 증가할 때 나타나는 현상

㉠ 절단 속도가 늦어진다.

㉡ 절단면이 거칠며 산소의 소비량이 많아진다.

㉢ 절단 가능한 판의 두께가 얇아지며 절단 시작 시간이 길어진다.

㉣ 슬래그 이탈성이 나쁘고 절단 홈의 폭이 넓어진다.

(나) 절단 팁의 절단 산소 분출 구멍 모양에 따른 영향 : 절단 속도는 절단 산소의 분출 상태와 속도에 따라 크게 좌우되므로 다이버전트 노즐의 경우는 고속 분출을 얻는 데 적합하고 보통 팁에 비해 절단 속도가 같은 조건에서는 산소의 소비량이 25~40 % 절약되며, 또 산소 소비량이 같을 때는 절단 속도를 20~25 % 증가시킬 수 있다.

(6) 산소 – LP 가스 절단

① LP 가스 : 석유나 천연가스를 적당한 방법으로 분류하여 제조한 석유계 저급 탄화수소의 혼합물로 공업용에는 프로판(propane : C_3H_8)이 대부분이며, 이외에 부탄(butane : C_4H_{10}), 에탄(ethane : C_2H_6) 등이 혼입되어 있다.

② LP 가스의 성질

(가) 액화하기 쉽고, 용기에 넣어 수송하기가 쉽다.

(나) 액화된 것은 쉽게 기화하며 발열량도 높다.

(다) 폭발 한계가 좁아서 안전도가 높고 관리도 쉽다.

(라) 열효율이 높은 연소 기구의 제작이 쉽다.

③ 프로판 가스의 혼합비 : 산소 대 프로판 가스의 혼합비는 프로판 1에 대하여 산소 약 4.5배로 경제적인 면에서 프로판 가스 자체는 아세틸렌에 비하여 매우 싸다(약 1/3 정도). 산소를 많이 필요로 하므로 절단에 요하는 전 비용의 차이는 크게 없다.

- 이론 산소량 공식 : $n+\frac{m}{4}$ 　 예 $C_3H_8 \rightarrow 3+\frac{8}{4}=5$배
- 이론 공기량 공식 : $(n+\frac{m}{4})\times\frac{100}{21}$ 　 예 $C_3H_8 \rightarrow (3+\frac{8}{4})\times\frac{100}{21} \fallingdotseq 23.8$배

여기서, n : 탄소 수, m : 수소 수

④ 프로판 가스용 절단 팁

(가) 아세틸렌보다 연속 속도가 늦어 가스의 분출 속도를 늦게 해야 하고, 또 많은 양의 산소를 필요로 하며 비중의 차가 있어 토치의 혼합실을 크게 하고 팁에서도 혼합될 수 있게 설계해야 한다.

(나) 예열 불꽃의 구멍을 크게 하고 또 구멍 개수도 많이 하여 불꽃이 꺼지지 않도록 해야 한다.

(다) 팁 끝은 아세틸렌 팁 끝과 같이 평평하지 않고 슬리브(sleeve)를 약 1.5 mm 정도 가공면보다 길게 하여 2차 공기와 완전히 혼합하여 잘 연소되게 하고 불꽃 속도를 감소시켜야 한다.

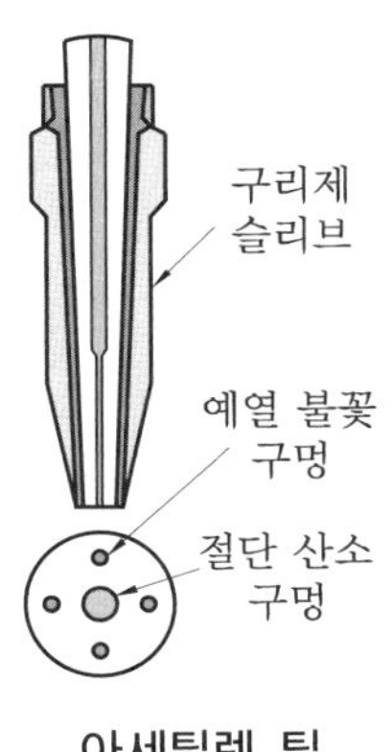

아세틸렌 팁

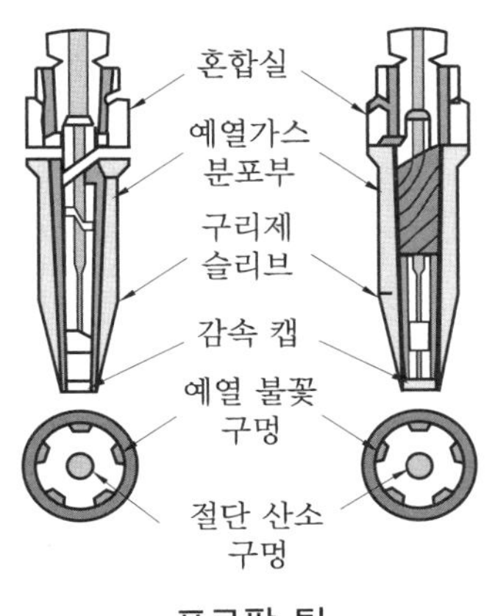

프로판 팁

⑤ 아세틸렌 가스와 프로판 가스의 비교

아세틸렌	프로판
• 점화하기 쉽다. • 불꽃 조정이 쉽다. • 절단 시 예열 시간이 짧다. • 절단재 표면의 영향이 적다. • 후판 절단 시 절단 속도가 빠르다.	• 절단면 상부의 모서리가 녹는 것이 적다. • 절단면이 곱다. • 슬래그 제거가 쉽다. • 포갬 절단 시 아세틸렌보다 절단 속도가 빠르다. • 박판 절단 시 절단 속도가 빠르다.

참고 산소－프로판 가스 절단 점화하기 순서

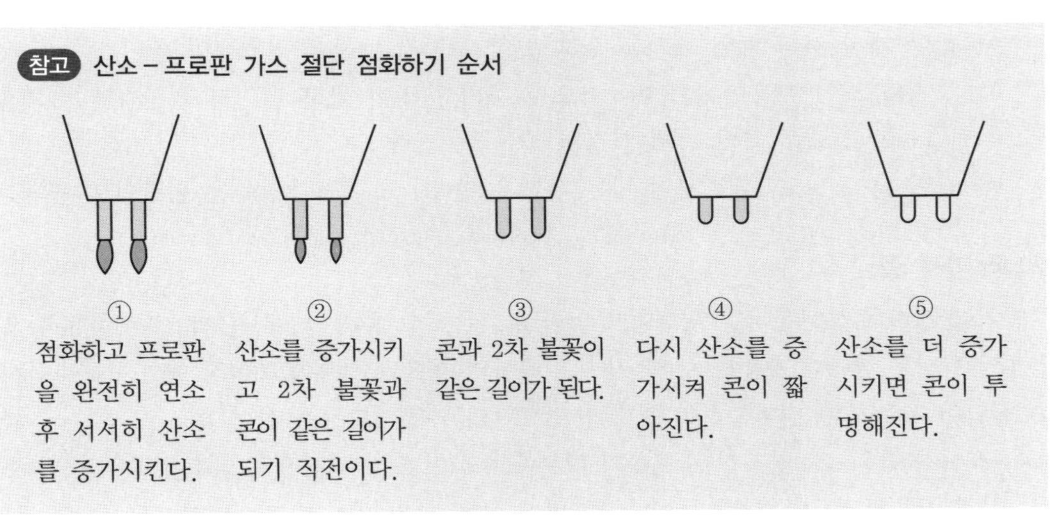

①
점화하고 프로판을 완전히 연소 후 서서히 산소를 증가시킨다.
②
산소를 증가시키고 2차 불꽃과 콘이 같은 길이가 되기 직전이다.
③
콘과 2차 불꽃이 같은 길이가 된다.
④
다시 산소를 증가시켜 콘이 짧아진다.
⑤
산소를 더 증가시키면 콘이 투명해진다.

1-5 플라스마, 레이저 절단

(1) 플라스마 제트 절단(plasma jet cutting)

① 기체가 수천 도의 고온으로 되었을 때 기체 원자가 격심한 열운동에 의해 마침내 전리되어 고온과 전자로 나누어진 것이 서로 도전성을 갖고 혼합된 것을 플라스마(전극과 노즐 사이에 파일럿 아크라고 하는 소전류 아크를 발생시키고 주 아크를 발생한 뒤에 정지한다)라고 한다.

② 아크 플라스마의 외각을 가스로 강제적 냉각 시에 열손실이 최소한으로 되도록 그 표면적을 축소시키고 전류 밀도가 증가하여 온도가 상승되며 아크 플라스마가 한 방향으로 고속으로 분출되는 것을 플라스마 제트라고 한다. 이러한 현상을 열적 핀치 효과라고 하며 플라스마 제트 절단에서는 주로 열적 핀치 효과를 이용하여 고온 아크 플라스마로 절단을 한다.

③ 절단 토치와 모재와의 사이에 전기적인 접속을 필요로 하지 않으므로 금속 재료는 물론 콘크리트 등의 비금속 재료도 절단할 수 있다.

④ 특징

㈎ 가스 절단법에 비교하여 피절단재의 재질을 선택하지 않고 수 mm부터 30 mm 정도의 판재에 고속·저 열변형 절단이 용이하다.

㈏ 절단 개시 시의 예열 대기를 필요로 하지 않기 때문에 작업성이 좋다.

㈐ 장치의 도입 비용이 높으며, 소모 부품의 수명이 짧고 레이저 절단법에 비교하면 1 mm 정도 이하의 판재에 정밀도가 떨어진다.

㈑ 절단 홈이 넓고, 베벨각이 있는 두꺼운 판(10 cm 정도 이상)은 절단이 어렵다.

(2) 레이저 절단

과거에 절단이 불가능하던 세라믹도 절단이 가능하고 유리, 나무, 플라스틱, 섬유 등을 임의의 형태로 절단이 가능하다. 또 금속의 박판의 절단의 경우에도 형상 변화를 최소화하여 절단이 가능하며 비철금속의 절단과 면도날의 가공에도 응용한다.

① 레이저 빔은 코히렌트한 광원이기 때문에 파장이 오더 직경으로 교축할 수 있어 가스 불꽃이나 플라스마 제트 등에 비해 훨씬 높은 파워 밀도가 얻어진다.

② 금속, 비금속을 불문하고 매우 높은 온도로 단시간, 국소 가열할 수 있기 때문에 고속 절단할 수 있고, 커프 폭(자외선 레이저에서는 서브 미크론의 절단도 가능하다), 열 영향 폭이 좁아 정밀 절단, 연가공재의 절단 등이 가능하다.

③ 절단에는 탄산가스(10.6μm), YAG(1.06μm), 엑시마(193~350nm)의 각 레이저를 쓸

수 있고 연속(CW) 또는 펄스(PW) 모드를 선택해 폭넓게 응용이 가능하다.

④ 절단, 용접, 표면 개질 등의 복합 가공을 1대의 레이저로 행할 수 있다.

⑤ 레이저는 변환 효율이 낮으며 가공 기구의 비용이 높고, 초점 심도가 얕기 때문에 두꺼운 판의 절단에는 적합하지 않은 결점이 있다.

1-6 특수 가스 절단 및 아크 절단

(1) 특수 가스 절단

① 분말 절단(powder cutting) : 절단부에 철분이나 용제 분말을 토치의 팁에 압축 공기 또는 질소 가스에 의하여 자동적으로 또 연속적으로 절단 산소에 혼입 공급하여 예열 불꽃 속에서 이들을 연소 반응시켜 이때 얻어지는 고온의 발생 열과 용제 작용으로 계속 용해와 제거를 연속적으로 행하여 절단하는 것이다(현재에는 플라스마 절단법이 보급되면서 100 mm 정도 이상의 두꺼운 판 스테인리스강의 절단 이외에는 거의 이용되지 않는다).

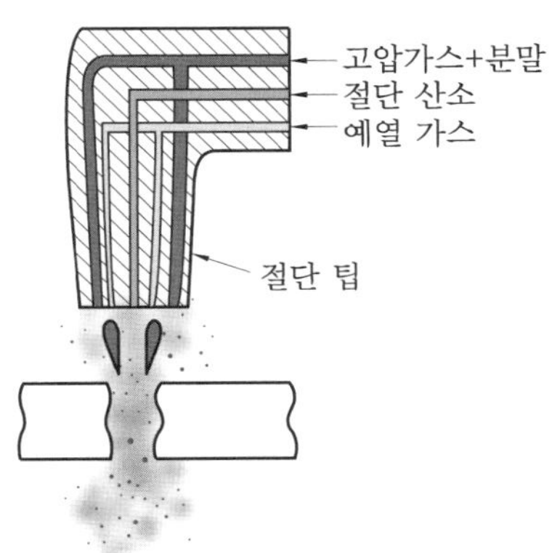

분말 절단의 원리

(가) 철분 절단 : 미세하고 순수한 철분에 알루미늄 분말을 소량 배합하고 다시 첨가제를 적당히 혼입한 것이 사용된다. 단, 오스테나이트계 스테인리스강의 절단면에는 철분이 함유될 위험성이 있어 절단 작업을 행하지 않는다.

(나) 용제 절단 : 스테인리스강의 절단을 주목적으로 내산화성의 탄산소다, 중탄산소다를 주성분으로 하며 직접 분말을 절단 산소에 삽입하므로 절단 산소가 손실되는 일이 없이 분출 모양이 정확히 유지되고 절단면이 깨끗하며 분말과 산소 소비가 적다.

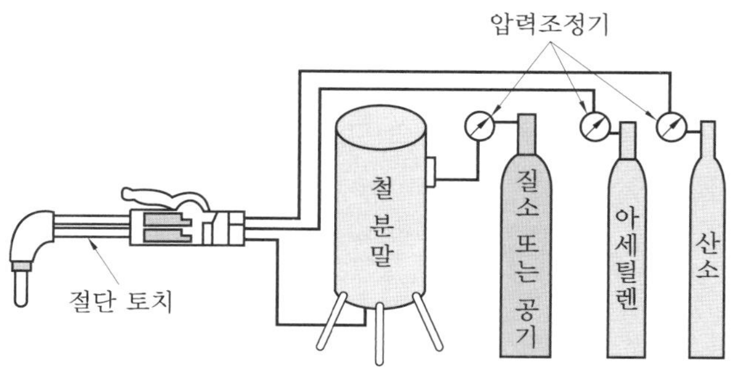

분말 절단의 구조

② 주철의 절단(cast iron cutting) : 주철은 용융점이 연소 온도 및 슬래그의 용융점보다 낮고, 또 흑연은 철의 연속적인 연소를 방해하므로 절단이 어려워 주철의 절단 시는 분말 절단을 이용하거나 보조 예열용 팁이 있는 절단 토치를 이용하여 절단한다. 연강용 일반 절단 토치 팁 사용 시는 예열 불꽃의 길이를 모재의 두께와 비슷하게 조정하고 산소 압력을 연강 시보다 25~100 % 증가시켜 토치를 좌우로 이동시키면서 절단한다.

③ 포갬 절단(stack cutting) : 비교적 얇은 판(6 mm 이하)을 여러 장 겹쳐서 동시에 가스 절단하는 방법으로 모재 사이에 산화물이나 오물이 있어 0.08 mm 이상의 틈이 있으면 밑에 모재는 절단되지 않으며 모재 틈새가 최대 약 0.5 mm까지 절단이 가능하고 다이버전트 노즐의 사용 시에는 모재 사이의 틈새가 문제가 되지 않는다.

절단선의 허용 오차(mm)	0.8	1.6	무관
겹치는 두께(mm)	50	100	150

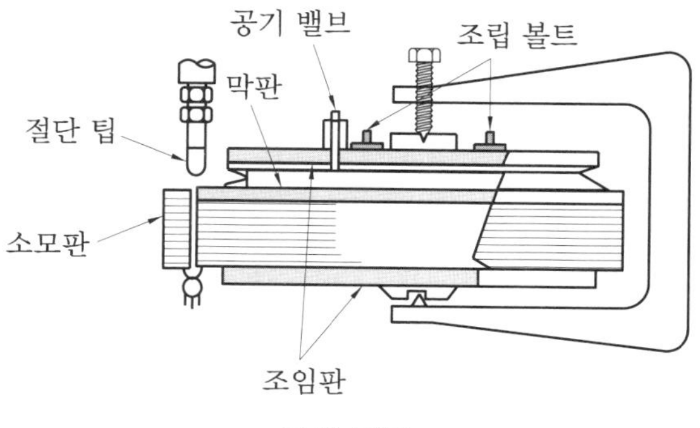

포갬 절단

④ 산소창 절단(oxygen lance cutting) : 산소창(내경 3.2~6 mm, 길이 1.5~3 m) 절단은 용광로, 평로의 탭 구멍의 천공, 두꺼운 강판 및 강괴 등의 절단에 이용되는 것으로 보통 예열 토치로 모재를 예열시킨 뒤에 산소 호스에 연결된 밸브가 있는 구리관에 가늘고 긴 강관을 안에 박아 예열된 모재에 산소를 천천히 방출시키면서 산소와 강관

및 모재와의 화학 반응에 의하여 절단하는 방법이다.

⑤ 수중 절단(under water cutting) : 침몰된 배의 해체, 교량의 교각 개조, 댐, 항만, 방파제 등의 공사에 사용되며 육지에서의 절단과 차이는 거의 없으나 절단 팁의 외측에 압축 공기를 보내어 물을 배제한 뒤에 그 공간에서 절단을 행하는 것이다. 수중에서 점화가 곤란하므로 점화 보조용 팁에 미리 점화하여 작업에 임하며, 작업 중 불을 끄지 않도록 하고 연료 가스는 주로 수소를 이용한다. 예열 가스는 공기 중보다 4~8배의 유량이 필요하고, 절단 산소의 분출공도 공기 중보다 50~100 % 큰 것을 사용하며, 절단 속도는 연강판 두께 15~50 mm까지 6~9 m/h의 정도, 일반적 토치는 수심 45 m 이내에서 작업하고 절단 능력은 판 두께 100 mm이다.

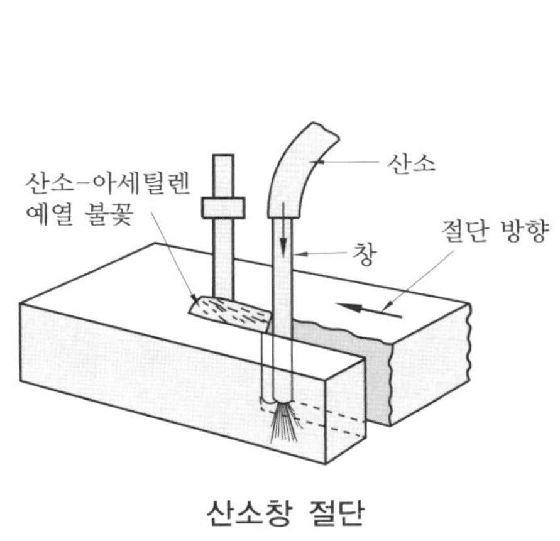

산소창 절단

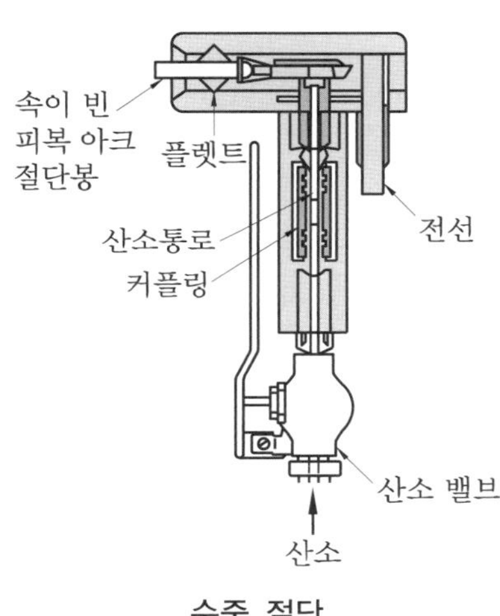

수중 절단

(2) 아크 절단

① 탄소 아크 절단(carbon arc cutting) : 탄소 또는 흑연 전극봉과 모재와의 사이에 아크를 일으켜 절단하는 방법으로 사용 전원은 보통 직류 정극성이 사용되나 교류라도 절단이 가능하다. 탄소 아크 절단 작업 시에 사용 전류 300 A 이하에서는 보통 홀더를 사용하나 300 A 이상에서는 수랭식 홀더를 사용하는 것이 좋다.

② 금속 아크 절단(metal arc cutting) : 절단 조작 원리는 탄소 아크 절단과 같으나 절단 전용의 특수한 피복제를 도포한 전극봉을 사용하며, 절단 중 전극봉에는 3~5 mm의 피복통을 만들어 전기적 절연을 형성하여 단락을 방지하고, 아크의 집중성을 좋게 하여 강력한 가스를 발생시켜 절단을 촉진시킨다.

③ 아크 에어 가우징(arc air gauging) : 탄소 아크 절단 장치에 5~7 kgf/cm^2 정도의 압축 공기를 병용하여 가우징, 절단 및 구멍 뚫기 등에 적합하며, 특히 가우징으로 많이 사용된다. 전극봉은 흑연에 구리 도금을 한 것이 사용되며 전원은 직류이고, 아크 전

압 25~45 V, 아크 전류 200~500 A 정도의 것이 널리 사용된다.

[특징]

(가) 가스 가우징법보다 작업 능률이 2~3배 높다.

(나) 모재에 악영향이 거의 없다.

(다) 용접 결함의 발견이 쉽다.

(라) 소음이 없고 조정이 쉽다.

(마) 경비가 싸고 철, 비철 금속 어느 경우에나 사용 범위가 넓다.

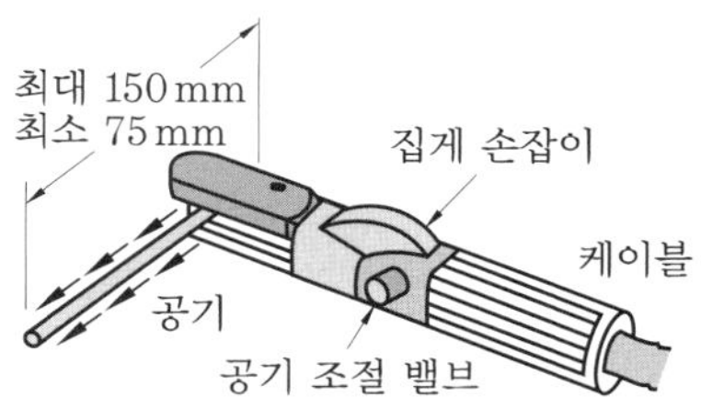

아크 에어 가우징 홀더

④ 산소 아크 절단(oxygen arc cutting) : 예열원으로서 아크열을 이용한 가스 절단법으로 보통 안에 구멍이 나 있는 강에 전극을 사용하여 전극과 모재 사이에 발생되는 아크열로 용융시킨 후에 전극봉 중심에서 산소를 분출시켜 용융된 금속을 밀어내며 전원은 보통 직류 정극성이 사용되나 교류로도 절단된다.

⑤ MIG 아크 절단(metal inert gas arc cutting) : 보통 금속 아크 용접에 비하여 고전류의 MIG 아크가 깊은 용입이 되는 것을 이용하여 모재를 용융 절단하는 방법으로 절단부를 불활성 가스로 보호하므로 산화성이 강한 알루미늄 등의 비철 금속 절단에 사용되었으나 플라스마 제트 절단법의 출현으로 그 중요성이 감소되어 가고 있다.

각종 금속의 MIG 절단 조건

절단 재료	판 두께 (mm)	전류 (A)	와이어의 송급 속도 (mm/min)	전극봉 지름 (mm)	절단 속도 (mm/min)	산소 소비량 (L/min)
알루미늄	6.4	880	9400	2.4	3660	9~10
구리	6.4	800	10200	2.4	1520	9~10
황동	6.4	800	9900	2.4	2290	9~10

⑥ TIG 아크 절단(tungsten inert gas arc cutting) : TIG 용접과 같이 텅스텐 전극과 모재 사이에 아크를 발생시켜 불활성 가스를 공급해서 절단하는 방법으로 플라스마 제트와 같이 주로 열적 핀치 효과에 의하여 고온, 고속의 제트상의 아크 플라스마를 발생시켜 용융한 모재를 불어내리는 절단법이다. 이 절단법은 금속 재료의 절단에만 이용되지

만 열효율이 좋고 고능률적이며 주로 알루미늄, 마그네슘, 구리 및 구리 합금, 스테인리스강 등의 절단에 이용되고 아크 냉각용 가스는 주로 아르곤-수소의 혼합 가스가 사용된다.

알루미늄의 TIG 절단 조건

구분	판 두께 (mm)	전류 (A)	전압 (V)	절단 속도 (mm/min)	가스 유량 (L/min)	비고
수동 절단	6	200	50	1500	24	아르곤 80 %와 수소 20 %의 혼합 가스
	12	280	60	1000	29	
	19	300	65	650	34	
	25	330	68	500	34	
자동 절단	6	240	62	2500	24	아르곤 65 %와 수소 35 %의 혼합 가스
	6	380	70	7500	29	
	12	280	62	1900	29	
	12	400	65	3800	29	
	19	280	70	1100	29	
	19	350	70	1900	29	
	25	330	70	900	29	
	25	400	72	1200	29	

참고 불활성 가스 아크 절단

전극의 주위에서 아르곤이나 헬륨 등과 같이 금속과 반응이 잘 일어나지 않는 불활성 가스를 유출시키면서 절단하는 방법으로 GTA(텅스텐 전극) 절단과 GMA(금속 전극) 절단이 있다.

① GTA 절단

- 텅스텐 전극과 모재 사이에 아크를 발생시켜 모재를 용융하여 절단하는 방법이다.
- 전원은 직류 정극성을 사용하며 아크 냉각용 가스에는 주로 아르곤과 수소의 혼합 가스가 사용된다.
- 알루미늄, 마그네슘, 구리 및 구리 합금, 스테인리스강 등의 금속 재료의 절단에만 적용된다.
- 열적 핀치 효과에 의하여 고온, 고속의 제트상의 아크 플라스마를 발생시켜 용융된 금속을 절단하여 절단면이 매끈하고 열효율이 좋아 능률이 매우 높다.

② GMA 절단

- 전원은 직류 역극성이 사용되고 보호 가스로는 10~15 % 정도의 산소를 혼합한 아르곤 가스를 사용한다.
- 알루미늄과 같이 산화에 강한 금속의 절단에 이용된다.
- 금속 와이어에 대전류를 흐르게 하여 절단하는 방법이다.

(3) 특수 절단

워터 제트(water jet) 절단은 물을 초고압(3500~4000 bar)으로 압축하고 초고속으로 분사하여 소재를 정밀 절단한다.

① 용도 : 강, 플라스틱, 알루미늄, 구리, 유리, 타일, 대리석 등

② 구성 : 고압 펌프 → 노즐 → 테이블 → CNC 컨트롤러

1-7 스카핑 및 가우징

(1) 스카핑(scarfing)

각종 강재의 표면에 균열, 주름, 탈탄층 또는 홈을 불꽃 가공에 의해서 제거하는 작업 방법으로 토치는 가우징에 비하여 능력이 크며 팁은 저속 다이버전트형으로 수동형에는 대부분 원형 형태, 자동형에는 사각이나 사각에 가까운 모양이 사용된다.

① 자동 스카핑 머신 중 작업 형태가 팁을 이동시키는 것은 냉간재에 사용하며 속도는 5~7 m/min이다. 가공재를 이동시키는 것은 열간재에 사용하며 작업 속도 20 m/min으로 작업한다.

② 스테인리스강과 같이 스카핑 면에 난용성의 산화물이 많이 생성되어 작업을 방해하는 경우에는 철분이나 산소 기류 중에 혼입하여 그 화학 반응을 이용하여 작업을 하기도 한다.

(2) 가스 가우징(gas gauging)

가스 절단과 비슷한 토치를 사용해서 강재의 표면에 둥근 홈을 파내는 작업으로 일반적으로 용접부 뒷면을 따내거나 U형, H형 용접 홈을 가공하기 위하여 깊은 홈을 파내는 가공법이며 조건 및 작업은 다음과 같다.

① 팁은 저속 다이버전트형으로 지름은 절단 팁보다 2배 정도가 크고 끝부분이 약간(약 15~25°) 구부러져 있는 것이 많다.

② 예열 불꽃은 산소-아세틸렌 불꽃을 사용한다.

③ 작업 속도는 절단 때의 2~5배이며, 홈의 폭과 깊이의 비는 1~3 : 1이다.

④ 자동 가스 가우징은 수동보다 동일 가스 소비량에 대하여 속도가 1.5~2배 빨라진다.

⑤ 예열 시의 팁의 작업 각도는 모재 표면에서 30~45°를 유지하고, 가우징 작업 시에는 예열부에서 6~12 mm 후퇴하여 15~25°로 작업 개시한다.

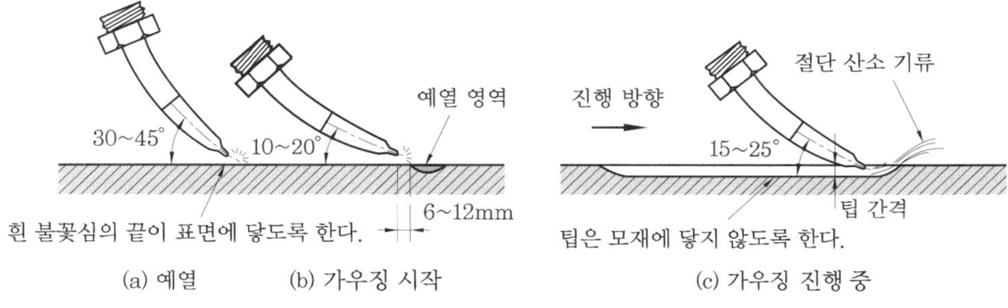

가스 가우징 작업

예상문제

1. 가스 용접의 장점이 아닌 것은?

① 응용 범위가 넓고 전원 설비가 필요 없다.
② 가열과 불꽃 조정이 아크 용접에 비해 어렵다.
③ 운반이 편리하고 설비비가 싸다.
④ 박판에 적합하고 유해 광선 발생이 적다.

해설 가열과 불꽃 조정이 자유롭다.

2. 가스 용접에 사용되는 가스 중 백심이 있는 뚜렷한 불꽃을 얻을 수 없고 수중 절단 및 납의 용접에만 사용되는 가스는?

① 수소 ② LP 가스
③ 산소 ④ 아세틸렌 가스

해설 수소 가스
(1) 비중(0.695)이 작아 확산 속도가 크고 누설이 쉽다.
(2) 백심(inner cone)이 있는 뚜렷한 불꽃을 얻을 수 없으며, 무광의 불꽃으로 불꽃 조절이 육안으로 어렵다.
(3) 수중 절단 및 납(Pb)의 용접에만 사용되고 있다.

3. 가스 용접이나 절단에 사용되는 LP 가스의 성질 중 틀린 것은?

① 공기보다 무겁다.
② 연소할 때 다른 가스보다 많은 산소량이 필요하다.
③ 액체에서 기체가 되면 체적은 150배로 팽창한다.
④ 주로 프로판, 부탄 등의 혼합 기체이다.

해설 액체에서 기체가 되면 체적은 250배로 팽창된다.

4. 아세틸렌은 삼중 결합을 갖는 불포화 탄화수소로 매우 불안정하여 폭발성을 갖는다. 다음 설명 중 틀린 것은?

① 406~408℃에서 자연 발화한다.
② 15℃, 0.2 MPa 이상 압력 시 폭발 위험이 있다.
③ 아세틸렌 60 %, 산소 40 %일 때 가장 폭발 위험이 크다.
④ 인화수소 함유량이 0.06 % 이상 시 자연 발화에 의해 폭발된다.

해설 아세틸렌 15 %, 산소 85 %일 때 가장

정답 1. ② 2. ① 3. ③ 4. ③

폭발 위험이 크고, 아세틸렌 60%, 산소 40%일 때 가장 안전하다.

5. 다음 중 아세틸렌과 접촉하여도 폭발성이 없는 것은?

① 공기 ③ 인화수소
② 산소 ④ 탄소

해설 아세틸렌의 폭발성은 탄소와는 관계 없다.

6. 가스 용접에서 정압 생성열(kcal/m^2· h)이 가장 작은 가스는?

① 아세틸렌 ② 메탄
③ 프로판 ④ 부탄

해설 연료 가스의 발열량 : 아세틸렌이 12753.7, 메탄이 8132.8, 프로판이 20550.1, 부탄이 26691.1이며 가장 작은 생성열은 메탄이다.

7. 산소 병을 취급할 때의 주의사항으로 틀린 것은?

① 산소 병에 충격을 주지 말고 뉘어 두어서는 안 된다.
② 고압가스는 타기 쉬운 물질에 닿으면 발화하기 쉬우므로 밸브에 그리스(grease)와 기름기 등을 묻혀서는 안 된다.
③ 안전상으로 반드시 안전 캡을 씌운 뒤 병 전체를 들어야 한다.
④ 산소 병을 직사광선에 노출시키지 않아야 하며 화기로부터 최소한 5 m 이상 멀리 두어야 한다.

해설 안전 캡으로 병 전체를 들려고 하지 말아야 한다.

8. 산소 용기의 용량이 40 L이다. 최초의 압력이 150 kgf/cm^2이고, 사용 후 100 kgf/cm^2로 되면 몇 L의 산소가 소비되는가?

① 1020 ② 1500
③ 2000 ④ 4500

해설 산소 용기의 소비량
=내용적×현재 사용된 기압
=40×(150−100)=2000 L

9. 용해 아세틸렌 가스를 충전하였을 때 용기 전체의 무게가 34 kgf이고 사용 후 빈 병의 무게가 31 kgf이면 15℃, 1기압하에서 충전된 아세틸렌 가스의 양은 약 몇 L인가?

① 465 L ② 1054 L
③ 1581 L ④ 2715 L

해설 아세틸렌 가스의 양(C)
=905×(병 전체의 무게−빈 병의 무게)
=905×(34−31)=2715 L

10. 불변압식 팁 1번의 능력은 어떻게 나타내는가?

① 두께 1 mm의 연강판 용접
② 두께 1 mm의 구리판 용접
③ 아세틸렌 사용 압력이 1 kgf/cm^2이라는 뜻
④ 산소의 사용 압력이 1 kgf/cm^2 이하이어야 적당하다는 뜻

해설 독일식 : 연강판 용접 시 용접할 수 있는 판의 두께를 기준으로 팁의 능력을 표시한다. 예를 들어 1 mm 두께의 연강판 용접에 적합한 팁의 크기를 1번, 두께 2 mm 판에는 2번 팁 등으로 표시한다.

11. 액화 산소 용기에 액체 산소를 6000 L 충전하여 사용 시 기체 산소 6000 L가 들어가

정답 5. ④ 6. ② 7. ③ 8. ③ 9. ④ 10. ① 11. ③

는 용기 몇 병에 해당하는 일을 할 수 있는가?

① 0.83병 ② 500병
③ 900병 ④ 1250병

해설 액체 산소 1 L를 기화하면 900 L(0.9 m^3)의 기체 산소로 되기 때문에 다음과 같이 계산된다.
(6000 L×900)÷6000 L=900병

12. 산소 및 아세틸렌 용기 취급에 대한 설명으로 옳은 것은?

① 산소 병은 60℃ 이하, 아세틸렌 병은 30℃ 이하의 온도에서 보관한다.
② 아세틸렌 병은 눕혀서 운반하되 운반 도중 충격을 주어서는 안 된다.
③ 아세틸렌 충전구가 동결되었을 때는 50℃ 이상의 온수로 녹여야 한다.
④ 산소 병 보관 장소에 가연성 가스를 혼합하여 보관해서는 안 되며 누설 시험 시에는 비눗물을 사용한다.

해설 산소 병, 아세틸렌 병 모두 항상 40℃ 이하의 온도에서 보관하고, 아세틸렌 병은 반드시 세워서 보관 및 운반해야 하며, 아세틸렌 충전구가 동결되었을 때는 40℃ 이상의 온수로 녹여야 한다.

13. 다음 중 가스 용기 보관실의 안전 관리 수칙으로 틀린 것은?

① 용기 보관실은 외면으로부터 보호시설까지 안전거리를 유지한다.
② 저장설비는 각 가스 용기 집합식으로 하지 아니한다.
③ 용기 보관실 내에는 방폭등 외에도 다양한 조명등을 설치한다.
④ 가스 누설 감지 및 경보기를 설치하고 항상 정상 유무를 확인한다.

해설 용기 보관실 내에 일반 조명은 스파크가 튈 우려가 있으므로 화재 위험을 사전에 예방하기 위해 방폭등을 사용해야 한다.

14. 가스 용접 시 사용하는 가스집중장치는 화기를 사용하는 설비로부터 얼마의 간격을 유지하여야 하는가?

① 약 5 m 이상 ② 약 4 m 이상
③ 약 3 m 이상 ④ 약 2 m 이상

15. 절단 방법에 따라 열 절단에 속하지 않는 것은?

① 아크 절단 ② 가스 절단
③ 특수 절단 ④ 유압 절단

해설 열 절단에는 가스 절단, 아크 절단, 특수 절단이 있으며, 유압 절단은 기계적 절단이다.

16. 가스 절단에서 저압식 절단 팁에 대한 설명 중 잘못된 것은?

① 저압식 절단 팁은 동심형과 이심형으로 나누어진다.
② 동심형은 독일식이고 이심형은 프랑스식이다.
③ 동심형은 전후좌우 및 곡선을 자유로이 절단한다.
④ 이심형은 직선 절단이 능률적이며 절단면이 아름답다.

해설 동심형은 프랑스식이고, 이심형은 독일식이다.

17. 다음 중압식 절단 토치에 대한 설명 중 틀린 것은?

① 팁 혼합형은 절단기 헤드까지 이어져 3단 토치라고도 한다.

정답 12. ④ 13. ③ 14. ① 15. ④ 16. ② 17. ③

② 토치에서 예열 가스와 산소가 혼합되는 토치 혼합형도 있다.
③ 팁 혼합형은 프랑스식이다.
④ 아세틸렌의 게이지 압력이 0.007~0.04 MPa이다.

해설 팁 혼합형은 독일식이고, 토치 혼합형은 프랑스식이다.

18. 드래그가 20 %, 절단하고자 하는 모재 두께가 25 mm일 때 드래그의 길이는 몇 mm인가?

① 2.4 ② 3.2
③ 5.0 ④ 6.4

해설 $\text{드래그}(\%) = \dfrac{\text{드래그 길이(mm)}}{\text{판 두께(mm)}} \times 100$

$$\text{드래그 길이(mm)} = \frac{\text{드래그} \times \text{판 두께}}{100} = \frac{20 \times 25}{100} = 5\text{mm}$$

19. 산소 절단법에 관한 설명으로 틀린 것은?

① 예열 불꽃의 세기는 절단이 가능한 한 최대한의 세기로 하는 것이 좋다.
② 수동 절단법에서 토치를 너무 세게 잡지 말고 전후좌우로 자유롭게 움직일 수 있도록 해야 한다.
③ 예열 불꽃이 강할 때는 슬래그 중의 철 성분의 박리가 어려워진다.
④ 자동 절단법에서 절단에 앞서 먼저 레일(rail)을 강판의 절단선에 따라 평행하게 놓고, 팁이 똑바로 절단선 위로 주행할 수 있도록 한다.

해설 가스 절단에서 예열 불꽃의 세기가 세면 절단면 모서리가 둥글게 용융되어 절단면이 거칠게 된다.

20. 강의 가스 절단을 할 때 쉽게 절단할 수 있는 탄소 함유량은 얼마인가?

① 6.68 % C 이하
② 4.3 % C 이하
③ 2.11 % C 이하
④ 0.25 % C 이하

해설 탄소가 0.25 % 이하인 저탄소강에서는 절단성이 양호하나 탄소량이 증가하면 균열이 생기게 된다.

21. 절단 홈 가공 시 홈 면에서의 허용 각도 오차는 얼마인가?

① 1~2° ② 2~3°
③ 3~4° ④ 5~7°

해설 절단 홈은 3~4°, 루트면에서는 2~3° 정도이면 양호하고 루트면의 높이도 1~1.5 mm 정도의 오차이면 양호하다.

22. 가스 절단 후 변형 발생을 최소화하기 위한 방법 중 형(形) 절단의 경우에 많이 이용되고 절단 변형의 발생이 쉬운 절단선에 구속을 주어 피절단부를 만들고 발생된 변형을 최소로 하여 절단한 후 구속 부분의 절단 모재를 끄집어내는 방법은?

① 변태단 가열법 ② 수랭법
③ 비석 절단법 ④ 브리지 절단법

해설 비석 절단법은 절단선의 작업 순서를 변화시켜 절단을 행하는 방법으로 계획적인 변형 대책이라고는 하지만 절단기의 종류와 재료의 조건에 제한을 받을 경우 차선책이 된다.

23. LP 가스의 성질 중 틀린 것은?

① 액화하기 쉽고, 용기에 넣어 수송하기가 쉽다.

정답 18. ③ 19. ① 20. ④ 21. ③ 22. ③ 23. ③

② 액화된 것은 쉽게 기화하며 발열량도 높다.
③ 폭발 한계가 넓어서 안전도가 높고 관리도 쉽다.
④ 열효율이 높은 연소 기구의 제작이 쉽다.

해설 폭발 한계가 좁아서 안전도가 높고 관리도 쉽다.

24. LP 가스와 산소의 혼합비는 얼마인가? (혼합비는 LP 가스 : 산소)

① 1 : 2.5 ② 1 : 3.5
③ 1 : 4.5 ④ 1 : 5.5

해설 프로판 가스의 혼합비 : 산소 대 프로판 가스의 혼합비는 프로판 1에 대하여 산소 약 4.5배로 경제적인 면에서 프로판 가스 자체는 아세틸렌에 비하여 매우 싸다(약 1/3 정도). 산소를 많이 필요로 하므로 절단에 요하는 전 비용의 차이는 크게 없다.

25. 프로판 가스용 절단 팁에 관한 설명 중 틀린 것은?

① 아세틸렌보다 연소 속도가 늦어 가스의 분출 속도를 늦게 해야 한다.
② 많은 양의 산소를 필요로 하며 비중의 차이가 있어서 토치의 혼합실을 크게 하여야 한다.
③ 예열 불꽃의 구멍을 작게 하고 구멍 개수도 많이 하여 불꽃이 꺼지지 않도록 한다.
④ 팁 끝은 아세틸렌 팁 끝과 같이 평평하지 않고 슬리브를 약 1.5 mm 정도 가공면보다 길게 하여 2차 공기와 완전히 혼합되어 잘 연소하게 한다.

해설 예열 불꽃의 구멍을 크게 하고 구멍 개수도 많이 하여 불꽃이 꺼지지 않도록 한다.

26. 아세틸렌 가스와 프로판 가스의 비교 중 틀린 것은?

① 아세틸렌은 프로판보다 점화하기 쉽다.
② 아세틸렌은 프로판보다 불꽃 조정이 쉽다.
③ 아세틸렌 가스는 절단 시 예열 시간이 길다.
④ 프로판 가스는 포갬 절단 시 아세틸렌보다 절단 속도가 빠르다.

해설 아세틸렌 가스는 절단 시 예열 시간이 짧다.

27. 가스 절단면의 기계적 성질에 대한 설명 중 옳지 않은 것은?

① 가스 절단면은 담금질에 의하여 굳어지므로 일반적으로 연성이 다소 저하된다.
② 매끄럽게 절단된 것은 그대로 용접하면 절단 표면 부근의 취성화된 부분이 녹아 버려 기계적 성질은 문제되지 않는다.
③ 절단면에 큰 응력이 걸리는 구조물에서는 수동 절단 시 생긴 거친 요철 부분은 그라인더를 사용하여 평탄하게 하는 것이 좋다.
④ 일반적으로 가스 절단에 의해 담금질되어 굳어지는 현상은 연강이나 고장력강에서 심각한 문제이다.

해설 절단면을 그대로 두고 용접 구조물의 일부로 사용하는 경우에 절단면 부분에 응력이 걸리게 되면 취성 균열이 일어나기 쉽다.

28. 레이저 절단에 관한 설명으로 틀린 것은?

① 세라믹, 유리, 나무, 플라스틱, 섬유 등을 임의의 형태로 정밀 절단이 가능

정답 24. ③ 25. ③ 26. ③ 27. ② 28. ②

하다.

② 금속의 박판의 경우는 집중성이 좋은 레이저 빔에 의해 절단 시에 형상 변화가 최대화된다.

③ 절단, 용접, 표면 개질 등의 복합 가공을 1대의 레이저로 가공할 수 있다.

④ 레이저는 변환 효율이 낮으며, 가공 기구의 비용이 높고, 초점 심도가 얕기 때문에 두꺼운 판의 절단에는 적합하지 않다.

해설 금속의 박판의 경우는 집중성이 좋은 레이저 빔에 의해 절단 시에 형상 변화가 최소화된다.

29. 플라스마 제트 절단에 대한 설명 중 틀린 것은?

① 아크 플라스마의 냉각에는 일반적으로 아르곤과 수소의 혼합 가스가 사용된다.

② 아크 플라스마는 주위의 가스 기류로 인하여 강제적으로 냉각되어 플라스마 제트를 발생시킨다.

③ 적당량의 수소 첨가 시 열적 핀치 효과를 촉진하고 분출 속도를 저하시킬 수 있다.

④ 아크 플라스마의 냉각에는 절단 재료의 종류에 따라 질소나 공기도 사용한다.

해설 적당량의 수소 첨가 시 열적 핀치 효과를 촉진하고 분출 속도를 향상시킬 수 있다.

30. 가스 절단이 곤란하여 주철, 스테인리스강 및 비철 금속의 절단부에 용제를 공급하여 절단하는 방법은?

① 스카핑

② 산소창 절단

③ 특수 절단

④ 분말 절단

해설 주철, 비철 금속 등의 절단부에 철분 또는 용제의 미세한 분말을 압축 공기 또는 압축 질소에 의하여 자동적, 연속적으로 팁을 통해서 분출하여 예열 불꽃 중에서 이들과의 연소 반응으로 절단하는 것을 분말 절단이라 한다.

31. 포갬 절단은 6 mm 이하의 비교적 얇은 판을 여러 장 겹쳐서 동시에 가스 절단하는 방법으로 모재 사이에 산화물이나 오물이 있어 모재 틈새가 최대 몇 mm까지 절단이 가능한가?

① 0.5 mm ② 0.8 mm

③ 1.0 mm ④ 1.2 mm

해설 모재 사이에 산화물이나 오물이 있어 0.08 mm 이상의 틈이 있으면 밑에 모재는 절단되지 않으며 모재 틈새가 최대 약 0.5 mm까지 절단이 가능하고 다이버전트 노즐의 사용 시에는 모재 사이의 틈새가 문제가 되지 않는다.

32. 용광로, 평로의 탭 구멍의 천공, 두꺼운 강판 및 강괴 등의 절단에 이용되는 절단법은 어느 것인가?

① 수중 절단

② 분말 절단

③ 포갬 절단

④ 산소창 절단

해설 산소창 절단(oxygen lance cutting)은 내경 3.2~6 mm, 길이 1.5~3 m로서 용광로, 평로의 탭 구멍의 천공, 두꺼운 강판 및 강괴 등의 절단에 이용되는 절단법이다.

정답 29. ③ 30. ④ 31. ① 32. ④

33. **수중 절단은 침몰된 배의 해체, 교량의 교각 개조, 댐, 항만, 방파제 등의 공사에 사용되며 수중에서 점화가 곤란하므로 점화 보조용 팁에 미리 점화하여 작업에 임하는데 주로 사용하는 연료 가스는?**

① 아세틸렌 ② 프로판
③ 수소 ④ 메탄

해설 수중 절단은 수중에서 점화가 곤란하므로 점화 보조용 팁에 미리 점화하여 작업에 임하며, 작업 중 불을 끄지 않도록 하고 연료 가스는 주로 수소를 이용한다.

34. **다음은 아크 에어 가우징에 대한 설명이다. 틀린 것은?**

① 탄소 아크 절단 장치에 압축 공기를 병용하여 가우징용으로 사용한다.
② 전극봉으로는 절단 전용의 특수한 피복제를 도포한 중공의 전극봉을 사용한다.
③ 사용 전원은 직류를 사용하고 아크 전류는 200~500 A 정도가 널리 사용된다.
④ 공장용 압축 공기의 압축기를 사용하며, 5~7 kgf/cm^2 정도의 압력을 사용한다.

해설 전극봉은 흑연에 구리 도금을 한 것이 사용된다.

35. **스카핑 작업에 대한 설명 중 틀린 것은?**

① 각종 강재의 표면에 균열, 주름, 탈탄층 등을 불꽃 가공에 의해서 제거하는 작업이다.
② 토치는 가우징에 비하여 능력이 작고 팁은 저속 다이버전트형이다.
③ 팁은 수동형에는 대부분 원형 형태, 자동형에는 사각이나 사각에 가까운 모양이 사용된다.
④ 스테인리스강과 같이 스카핑 면에 난용성의 산화물이 많이 생성되는 작업에는 철분이나 용제 등을 산소 기류 중에 혼입하여 작업하기도 한다.

해설 토치는 가우징에 비하여 능력이 크며 팁은 저속 다이버전트형이다.

정답 33. ③ 34. ② 35. ②

12장 조립 안전관리

1. 조립 안전관리

1-1 기계 작업 안전

① 기계 위에 공구나 재료를 올려놓지 않는다.
② 이송을 걸어 놓은 채 기계를 정지시키지 않는다.
③ 기계의 회전을 손이나 공구로 멈추지 않는다.
④ 가공물, 절삭 공구의 설치를 확실히 한다.
⑤ 절삭 공구는 짧게 설치하고 절삭성이 나쁘면 일찍 바꾼다.
⑥ 칩이 비산할 때는 보안경을 사용한다.
⑦ 칩을 제거할 때는 브러시나 칩 클리너를 사용하고 맨손으로 하지 않는다.
⑧ 절삭 중 절삭면에 손이 닿아서는 안 된다.
⑨ 절삭 중이나 회전 중에는 공작물을 측정하지 않는다.

1-2 용접 및 가스 작업 안전

(1) 전기 용접 시 안전 수칙

① 용접 시에는 소화기 및 소화수를 준비한다.
② 우천 시 옥외 작업을 금한다.
③ 홀더는 항상 파손되지 않은 것을 사용한다.
④ 용접봉을 갈아 끼울 때는 홀더의 충전부에 몸이 닿지 않도록 주의한다.
⑤ 작업 시에는 반드시 보호 장비를 착용한다.
⑥ 벗겨진 홀더는 사용하지 않도록 한다.
⑦ 작업 중단 시는 전원 스위치를 끄고 커넥터를 풀어준다.

⑧ 피용접물은 코드를 완전히 접지시킨다.

⑨ 환기장치가 완전한 일정한 장소에서 용접한다.

⑩ 보호 장갑 및 에이프런(앞치마), 정강이받이 등을 착용한다.

(2) 가스 용접 및 절단의 안전

① 산소 및 아세틸렌 용기의 취급 안전

㈎ 아세틸렌 용기는 반드시 세워서 이용하여야 한다. 만약 눕혀서 저장 및 사용하면 용기 안의 아세톤이 흘러나와 기구를 부식시키고 불꽃을 나쁘게 한다.

㈏ 아세틸렌 용기는 구리 및 구리 합금(구리 62% 이상), 은, 수은 등과의 접촉을 피해 촉발을 방지해야 한다.

㈐ 아세틸렌 용기의 밸브는 1.5회전 이상 열지 않도록 한다.

㈑ 산소 및 아세틸렌 가스의 누출 검사는 반드시 비눗물로 한다.

㈒ 아세틸렌 용기에 진동이나 충격을 주지 않아야 한다.

㈓ 산소 및 아세틸렌 용기를 이동할 때는 반드시 밸브 보호 캡을 씌어야 한다.

㈔ 가스 용기는 직사광선을 피해 저장한다.

㈕ 가스 용기는 항상 40℃ 이하로 유지한다.

㈖ 가스 용기의 밸브가 얼었을 때는 끓지 않은 더운물로 녹인다.

㈗ 가스 용기는 작업장의 화기에서 5 m 이상 떨어져야 한다.

㈘ 용기 밸브 및 압력 조정기가 고장 나면 전문가에게 수리를 의뢰한다.

㈙ 산소 용기의 밸브 및 접촉 기구에 그리스나 기름이 묻어 있으면 화재의 우려가 있다.

㈚ 가스 용기를 운반할 때는 반드시 세워서 하고, 끌거나 옆으로 뉘어 굴리지 않는다.

㈛ 용기는 가연성 가스와 함께 두지 말고 충전 용기와 빈 용기를 구분하여 보관한다.

② 가스 용접 및 절단 작업 안전

㈎ 작업장 부근에 인화물이 없어야 한다.

㈏ 토치의 점화에는 반드시 점화용 라이터를 사용한다.

㈐ 작업에 적합한 차광 안경을 선택하여 필히 착용한다.

㈑ 가스 용기는 반드시 세워서 고정시킨다.

㈒ 산소 및 아세틸렌 호스를 바꿔 사용하지 않는다.

㈓ 소화기는 작업장 가까이 눈에 잘 띄는 곳에 설치한다.

㈔ 작업장에는 유해한 가스가 많이 발생하므로 항상 환기를 시킨다.

㈕ 토치에 점화하거나 불을 끌 때는 항상 아세틸렌 밸브를 먼저 조작한다.

㈖ 압력 조정기가 조작된 상태에서 용기 밸브를 열면 압력 조정기가 파손될 염려가

있다.

(차) 아세틸렌의 사용 압력은 130 kPa(1.3 kgf/cm^2)을 초과하지 않아야 한다.

(카) 토치의 팁 구멍이 막히거나 이물질이 있을 때는 팁 구멍 크기보다 한 단계 낮은 팁 클리너를 사용하여 팁 구멍이 커지지 않게 청소한다.

(타) 역류, 역화 현상이 발생했을 때는 우선 토치의 아세틸렌 밸브를 잠그고 적절한 조치를 한다.

(파) 토치의 팁이 과열되어 물에 냉각할 때는 산소만 분출시켜 냉각한다.

(3) 가스 작업 안전

① 연소 가스의 종류

(가) 가연성 가스 : 수소, 일산화탄소, 암모니아, 메탄, 에탄, 에틸렌, 아세틸렌, 프로판, 이황화탄소, 황화수소, 에테르, 시안화수소 등 폭발 한계의 하한이 10 % 이하의 것과 폭발 한계의 상한과 하한의 차가 20 % 이상의 것

(나) 지연성 가스 : 산소, 염소, 불소, 일산화질소, 오존 등으로 가연성 가스를 연소시키도록 도와주는 가스

(다) 불연성 가스 : 질소, 아르곤, 헬륨, 이산화탄소 등으로 연소하지도 않고 연소하는 것을 돕지도 않는 가스

② 가스의 폭발

폭발의 종류	설명	보기
혼합 가스 폭발	가연성 가스와 지연성 가스의 일정 비율의 혼합 가스가 발화 원인에 의해 생기는 폭발	공기, 프로판 가스, 수소 가스, 에테르 증기 중의 혼합 가스 폭발
가스의 분해 폭발	가스 분자의 분해 시에 발열하는 발화원으로부터의 착화	아세틸렌, 에테르 등의 분해에 의한 가스 폭발

1-3 전기 취급 안전

(1) 접지

① 접지의 목적 : 누전 시 인체에 가해지는 전압을 감소시켜 감전을 방지하고 지락 전류를 원활하게 흐르게 함으로써 차단기를 확실히 동작시켜 화재·폭발의 위험을 방지하기 위함이다.

② 접지 공사의 종류 및 접지 저항

접지 공사 종류	기기 구분	접지 저항	접지선의 굵기
제1종 접지 공사	고압용 또는 특고압용	10 Ω 이하	2.6 mm 이상의 연선
제2종 접지 공사	특고압과 저압을 결합하는 변압기의 중성점(단, 저압측이 200 V 이하에서 중성점에 하기 어려울 때는 저압측의 1 단자)	• 150 Ω 이하 • 300 Ω 이하(단, 대지 전압이 150 V를 초과하는 경우 1초 초과 2초 이내에 차단되는 경우) • 600 Ω 이하(1초 이내에 차단되는 경우)	4 mm 이상의 연선(단, 고압 변압기의 저압측 단독 접지는 2.6 mm 이상의 연선)
제3종 접지 공사	400 V 넘는 저압용의 것	10 Ω 이하	1.6 mm 이상의 연선
제4종 접지 공사	400 V 이하의 저압용의 것	100 Ω 이하	1.6 mm 이상의 연선
※ 이 외 접지할 곳 • 폭발 위험이 있는 장소에서의 전기 기계·기구 • 접지된 전기 기계·기구 등으로부터 수직 2.4 m, 수평 1.5 m 이내의 고정식 금속체 • 크레인 등 이와 유사한 장비의 고정식 궤도 및 프레임 • 고압 전기를 취급하는 변전소·개폐소 등 이와 유사한 장소를 구획하기 위한 방호망 등			

③ 접지 계통의 분류

(가) 접지는 계통 접지와 기기 접지로 나눈다.

(나) 일반기기 및 제어반 : 변압기, 차단기, 발전기, 전동기 등의 접지 개소는 모두 연접선과 연결한다.

(다) 피뢰기 및 피뢰침 : 동작 시 동작 전류에 의해 악영향을 미치므로 별도 계통한다.

(라) 옥외 철구 : 변전소에 시설되어 있는 기계·기구 등의 접지와 연접 접지를 하는 것이 바람직하다.

(마) 케이블 : 구내 동력 케이블은 금속 어스의 일단(부하측)을 연접선에 연결하고 양자를 접지하지 않는다.

(2) 전기 설비의 방호 장치

① 누전 차단기

(가) 사용 목적

㉮ 감전 보호

㉯ 누전 화재 보호

㉰ 전기 설비 및 전기 기기의 보호

㉱ 기타 다른 계통으로의 사고 파급 방지

② 자동 전격방지기

(가) 사용 목적 : 단시간내 용접기의 2차 무부하 전압을 안전 전압인 25 V 이하로 내려주는 전기적 방호 장치

(나) 설치 장소

㉮ 주위 온도가 −20℃ 이상 40℃ 이하일 것

㉯ 습기가 많지 않을 것

㉰ 비나 강풍에 노출되지 않도록 할 것

㉱ 분진, 유해 부식성 가스 또는 다량의 염분을 포함한 공기 및 폭발성 가스가 없을 것

㉲ 이상 진동이나 충격이 가해질 위험이 없을 것

(다) 부착 요령

㉮ 직각으로 부착할 것(단, 불가능 할 시 기울기가 20°를 넘지 않을 것)

㉯ 용접기의 이동, 진동, 충격으로 이완되지 않도록 이완 방지 조치를 취할 것

㉰ 기기의 작동 상태를 알기 위한 표시등은 보기 쉬운 곳에 설치할 것

㉱ 기기의 테스트 스위치는 조작하기 쉬운 위치에 설치할 것

1-4 산업 시설 안전

(1) 안전 표지와 색채

① 녹십자 표지의 목적

(가) 각종 산업 재해로부터 근로자의 생명권 보장

(나) 국가 산업 발전에 기여

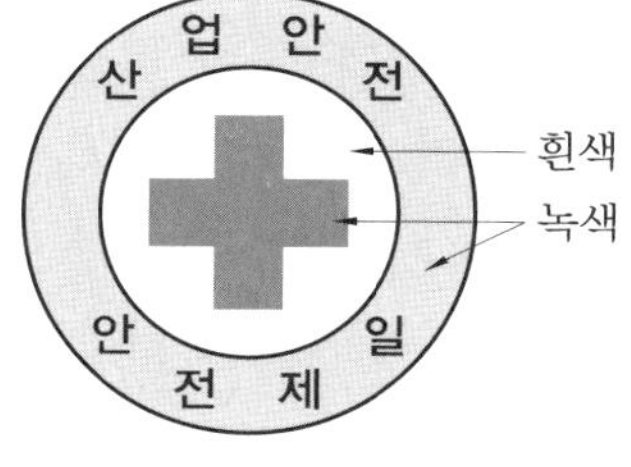

녹십자 표지

② 안전 표지와 색채 용도

(가) 적색 : 방화 금지, 방향 표시, 규제, 고도의 위험 등

(나) 오렌지색(주황색) : 위험, 일반 위험 등

(다) 황색 : 주의 표시(충돌, 장애물 등)

(라) 녹색 : 안전 지도, 위생 표시, 대피소, 구호소 위치, 진행 등

(마) 청색 : 주의, 수리 중, 송전 중 표시

(바) 진한 보라색 : 방사능 위험 표시(자주색)

(사) 백색 : 글씨 및 보조색, 통로, 정리 정돈

(아) 흑색 : 방향 표시, 글씨

(자) 파란색 : 출입 금지

예 충전 용기 : 산소(녹색), 수소(주황색), 액화 이산화탄소(파란색), 액화 암모니아(흰색), 액화 염소(갈색), 아세틸렌(노란색), 기타(회색)

(2) 작업 환경

① 채광 및 조명

(가) 자연 광선인 태양 광선(4500럭스)을 충분히 받아 조명하도록 한다.

(나) 1럭스(lx)는 1촉광의 광원으로부터 1 m 떨어진 장소의 조명도이다.

조명도 값

공장	
장소	조명도(lx)
초정밀 작업	750 이상
정밀 작업	300 이상
보통 작업	150 이상
그 밖의 작업	75 이상

② 환기와 통풍

(가) 우리나라에서 가장 바람직한 온도, 습도, 기류는 다음과 같다.

㉮ 온도 : 여름(25~27℃), 겨울(15~23℃)

㉯ 상대 습도 : 50~60 %

㉰ 기류 : 1 m/s(공기의 흐름)

(나) 재해와 습·온도와의 관계 : 작업 환경에 있어서의 온도 및 습도는 4계절을 통하여 변화한다. 온도가 17~23℃ 정도일 때 재해 발생 빈도가 적고, 그보다 온도가 낮아져도 증가하게 되며, 온도가 높아지면 그 증가는 더욱 현저하다.

환기장치의 예

㉮ 감각 온도(ET) : 기온, 습도, 기류 3가지로 분류하며, 쾌적한 감각 온도는 다음과 같다.

㉠ 지적 작업 : 60~65ET ㉡ 경 작업 : 55~65ET ㉢ 근육 작업 : 50~62ET

㉯ 법정 온도

㉠ 가벼운 작업 : 34℃ ㉡ 보통 작업 : 32℃ ㉢ 중(重) 작업 : 30℃

㉰ 표준 온도

㉠ 가벼운 작업 : 20~22℃ ㉡ 보통 작업 : 15~20℃ ㉢ 중(重)작업 : 18℃

③ 소음 : 일반적으로 듣는 사람에게 불쾌한 느낌을 주는 소리이며, 허용 한계값은 학자에 따라 다르나 일반적으로 85~95 dB(데시벨)로 정하고 있다.

④ 탄산가스 함유량과 인체

㈎ 1~4 % : 호흡이 가빠지며 쉽게 피로한 현상

㈏ 5~10 % : 기절

㈐ 11~13 % : 신체 장애

㈑ 14~15 % : 절명

(5) 채광 및 환기

㈎ 채광 : 창문의 크기－바닥 면적의 $\frac{1}{5}$ 이상

㈏ 환기 : 창문의 크기－바닥 면적의 $\frac{1}{25}$ 이상

1-5 안전 보호구

(1) 보호구 일반

① 보호구 선택 시 유의사항

㈎ 사용 목적에 알맞은 보호구를 선택(작업에 알맞은 보호구 선정)한다.

㈏ 산업 규격에 합격하고 보호 성능이 보장되는 것을 선택한다.

㈐ 작업 행동에 방해되지 않는 것을 선택한다.

㈑ 착용이 용이하고 크기 등 사용자에게 편리한 것을 선택한다.

㈒ 필요한 수량을 준비한다.

㈓ 보호구의 올바른 사용법을 익힌다.

㈔ 관리를 철저히 한다.

② 보호구의 관리

(가) 정기적인 점검 관리를 할 것(적어도 한 달에 1회 이상 책임 있는 감독자가 점검)

(나) 청결하고 습기가 없는 곳에 보관할 것

(다) 항상 깨끗이 보관하고 사용 후 세척하여 둘 것

(라) 세척한 후에는 완전히 건조시켜 보관할 것

(마) 개인 보호구는 관리자 등에 일괄 보관하지 말 것

(2) 안전모

① 사용 목적에 따른 분류

(가) 일반 안전모 : 추락, 충돌, 물체의 비래 또는 낙하로부터 머리 보호

(나) 전기 안전모 : 감전 방지

② 안전모의 종류

종류 (기호)	사용 구분	모체의 재질	내전압성
A	물체의 낙하 및 비래에 의한 위험을 방지 또는 경감시키기 위해 사용	합성수지 알루미늄	비내전압성
B	추락에 의한 위험을 방지 또는 경감시키기 위해 사용	합성수지	비내전압성
AB	물체의 낙하 및 비래와 추락에 의한 위험 방지 또는 경감시키기 위해 사용	합성수지	비내전압성
AE	물체의 낙하 및 비래와 머리 부위 감전의 위험을 방지 또는 경감하기 위해 사용	합성수지	내전압성
ABE	물체의 낙하 및 비래와 추락, 머리 부분의 감전 위험을 방지 또는 경감하기 위해 사용	합성수지	내전압성

③ 안전모의 각 부품에 사용하는 재료의 구비 조건

(가) 쉽게 부식하지 않는 것

(나) 피부에 해로운 영향을 주지 않는 것

(다) 사용 목적에 따라 내전압성, 내열성, 내한성 및 내수성을 가질 것

(라) 충분한 강도를 가질 것

(마) 모체의 표면 색은 밝고 선명할 것(빛의 반사율이 가장 큰 백색이 가장 좋으나 청결 유지 등의 문제점이 있어 황색이 많이 쓰임)

(바) 안전모의 모체, 충격 흡수 라이너 및 착장체의 무게는 0.44 kgf을 초과하지 않을 것

④ 안전모 착용

㈎ 기계 주위에서 작업하는 경우에는 작업모를 쓸 것

㈏ 여자와 장발자의 경우에는 머리를 완전히 덮을 것

㈐ 모자 차양을 너무 길게 하여 시야를 가리지 말 것

㈑ 안전모는 작업에 적합한 것을 사용할 것(전기 공사에는 절연성이 있는 것을 사용한다.)

㈒ 머리 상부와 안전모 내부의 상단과는 25 mm 이상 유지하도록 조절하여 쓸 것

㈓ 모자 턱 조리개는 반드시 졸라 맬 것

㈔ 안전모는 각 개인 전용으로 할 것

(3) 안전화

① 안전화의 종류

㈎ 가죽제 발 보호 안전화 ㈏ 고무제 발 보호 안전화

㈐ 정전기 대전 방지용 안전화 ㈑ 발등 보호 안전화

㈒ 절연화 ㈓ 절연 장화

② 강제 선심 : 발의 보호 성능을 높이기 위하여 경강(탄소 함량 0.6 % 정도로 망간 함량이 다소 많은 것)으로 된 선심을 넣는데, 땀이나 수분 등에 의하여 부식되면 선심과의 접촉면 가죽이나 헝겊이 상함은 물론 선심 자체의 강도가 저하하여 안전화의 수명을 짧게 한다.

③ 안전화의 성능 조건

㈎ 내마모성 ㈏ 내열성

㈐ 내유성 ㈑ 내약품성

(4) 보안경

① 보안경의 종류

㈎ 유리 보호 안경 ㈏ 플라스틱 보호 안경

㈐ 도수 렌즈 보호 안경 ㈑ 방진 안경

㈒ 차광 안경

② 차광 렌즈 및 플레이트의 광학적 특성

㈎ 가시광선을 적당히 투과할 것 : 이상적인 색은 순도가 높지 않은 녹색과 자색, 즉 청색이 가미된 색이다.

㈏ 자외선을 허용치 이하로 약화시킬 것

㈐ 적외선을 허용치 이하로 약화시킬 것

(5) 방진 마스크

① 방진 마스크의 여과 효율 및 통기 저항에 따른 등급

구분	특급	1급	2급	비고
여과 효율	99.5 % 이상	95 % 이상	85 % 이상	일반적인 검정품은 70 % 이상 성능 보유
흡·배기 저항	8 mmH$_2$O 이하	6 mmH$_2$O 이하	6 mmH$_2$O 이하	

② 방진 마스크의 구비 조건

㈎ 여과 효율이 좋을 것

㈏ 흡·배기 저항이 낮을 것

㈐ 사용적이 적을 것

㈑ 중량이 가벼울 것(직결식 120 g 이하)

㈒ 시야가 넓을 것(하방 시야 50° 이상)

㈓ 안면 밀착성이 좋을 것

㈔ 피부 접촉 부위의 고무질이 좋을 것

(6) 방독 마스크

① 방독 마스크의 종류 : 연결관의 유무에 따라 직결식과 격리식으로 나누며, 모양에 따라 전면식, 반면식, 구명기식(구편형)이 있다.

② 방독 마스크 사용 시 주의사항

㈎ 방독 마스크를 과신하지 말 것

㈏ 수명이 지난 것은 절대로 사용하지 말 것

㈐ 산소 결핍(일반적으로 16 % 기준) 장소에서는 사용하지 말 것

㈑ 가스의 종류에 따라 용도 이외의 것을 사용하지 말 것

③ 방독 마스크에 사용하는 흡수제 : 활성탄, 실리카 겔(silica gel), 소다라임(sodalime), 홉칼라이트(hopcalite), 큐프라마이트(kuperamite)

1-6 산업안전보건법령

[총칙]

• 제1조(목적) 이 법은 산업 안전·보건에 관한 기준을 확립하고 그 책임의 소재를 명확하 게 하여 산업재해를 예방하고 쾌적한 작업환경을 조성함으로써 근로자의 안전과 보건을 유지·증진함을 목적으로 한다.

- 제2조(정의) 이 법에서 사용하는 용어의 뜻은 다음과 같다.
  1. "산업재해"란 노무를 제공하는 사람이 업무에 관계되는 건설물·설비·원재료·가스·증기·분진 등에 의하거나 작업 또는 그 밖의 업무로 인하여 사망 또는 부상하거나 질병에 걸리는 것을 말한다.
  2. "중대재해"란 산업재해 중 사망 등 재해 정도가 심하거나 다수의 재해자가 발생한 경우로서 고용노동부령으로 정하는 재해를 말한다.
  3. "근로자"란 「근로기준법」 제2조 제1항 제1호에 따른 근로자를 말한다.
  4. "사업주"란 근로자를 사용하여 사업을 하는 자를 말한다.
  5. "근로자대표"란 근로자의 과반수로 조직된 노동조합이 있는 경우에는 그 노동조합을, 근로자의 과반수로 조직된 노동조합이 없는 경우에는 근로자의 과반수를 대표하는 자를 말한다.
  6. "도급"이란 명칭에 관계없이 물건의 제조·건설·수리 또는 서비스의 제공, 그 밖의 업무를 타인에게 맡기는 계약을 말한다.
  7. "도급인"이란 물건의 제조·건설·수리 또는 서비스의 제공, 그 밖의 업무를 도급하는 사업주를 말한다. 다만, 건설공사발주자는 제외한다.
  8. "수급인"이란 도급인으로부터 물건의 제조·건설·수리 또는 서비스의 제공, 그 밖의 업무를 도급받은 사업주를 말한다.
  9. "관계수급인"이란 도급이 여러 단계에 걸쳐 체결된 경우에 각 단계별로 도급받은 사업주 전부를 말한다.
  10. "건설공사발주자"란 건설공사를 도급하는 자로서 건설공사의 시공을 주도하여 총괄·관리하지 아니하는 자를 말한다. 다만, 도급받은 건설공사를 다시 도급하는 자는 제외한다.
  11. "건설공사"란 다음 각 목의 어느 하나에 해당하는 공사를 말한다.
      가. 「건설산업기본법」 제2조 제4호에 따른 건설공사
      나. 「전기공사업법」 제2조 제1호에 따른 전기공사
      다. 「정보통신공사업법」 제2조 제2호에 따른 정보통신공사
      라. 「소방시설공사업법」에 따른 소방시설공사
      마. 「문화재수리 등에 관한 법률」에 따른 문화재수리공사
  12. "안전보건진단"이란 산업재해를 예방하기 위하여 잠재적 위험성을 발견하고 그 개선대책을 수립할 목적으로 조사·평가하는 것을 말한다.
  13. "작업환경측정"이란 작업환경 실태를 파악하기 위하여 해당 근로자 또는 작업장에 대하여 사업주가 유해인자에 대한 측정계획을 수립한 후 시료(試料)를 채취하고 분석·평가하는 것을 말한다.

- 제3조(적용 범위) 이 법은 모든 사업에 적용한다. 다만, 유해·위험의 정도, 사업의 종류, 사업장의 상시근로자 수(건설공사의 경우에는 건설공사 금액을 말한다. 이하 같다) 등을 고려하여 대통령령으로 정하는 종류의 사업 또는 사업장에는 이 법의 전부 또는 일부를 적용하지 아니할 수 있다.
- 제4조(정부의 책무) ① 정부는 제1조의 목적을 달성하기 위하여 다음 각 호의 사항을 성실히 이행할 책무를 진다.
  1. 산업 안전 및 보건 정책의 수립 및 집행
  2. 산업재해 예방 지원 및 지도
  3. 「근로기준법」 제76조의2에 따른 직장 내 괴롭힘 예방을 위한 조치기준 마련, 지도 및 지원
  4. 사업주의 자율적인 산업 안전 및 보건 경영체제 확립을 위한 지원
  5. 산업 안전 및 보건에 관한 의식을 북돋우기 위한 홍보·교육 등 안전문화 확산 추진
  6. 산업 안전 및 보건에 관한 기술의 연구·개발 및 시설의 설치·운영
  7. 산업재해에 관한 조사 및 통계의 유지·관리
  8. 산업 안전 및 보건 관련 단체 등에 대한 지원 및 지도·감독
  9. 그 밖에 노무를 제공하는 사람의 안전 및 건강의 보호·증진

  ② 정부는 제1항 각 호의 사항을 효율적으로 수행하기 위하여 「한국산업안전보건공단법」에 따른 한국산업안전보건공단(이하 "공단"이라 한다), 그 밖의 관련 단체 및 연구기관에 행정적·재정적 지원을 할 수 있다.
- 제4조의2(지방자치단체의 책무) 지방자치단체는 제4조 제1항에 따른 정부의 정책에 적극 협조하고, 관할 지역의 산업재해를 예방하기 위한 대책을 수립·시행하여야 한다.
- 제4조의3(지방자치단체의 산업재해 예방 활동 등) ① 지방자치단체의 장은 관할 지역 내에서의 산업재해 예방을 위하여 자체 계획의 수립, 교육, 홍보 및 안전한 작업환경 조성을 지원하기 위한 사업장 지도 등 필요한 조치를 할 수 있다.

  ② 정부는 제1항에 따른 지방자치단체의 산업재해 예방 활동에 필요한 행정적·재정적 지원을 할 수 있다.

  ③ 제1항에 따른 산업재해 예방 활동에 필요한 사항은 지방자치단체가 조례로 정할 수 있다.
- 제5조(사업주 등의 의무) ① 사업주(제77조에 따른 특수형태근로종사자로부터 노무를 제공받는 자와 제78조에 따른 물건의 수거·배달 등을 중개하는 자를 포함한다. 이하 이 조 및 제6조에서 같다)는 다음 각 호의 사항을 이행함으로써 근로자(제77조에 따른 특수형태근로종사자와 제78조에 따른 물건의 수거·배달 등을 하는 사람을 포함한다.

이하 이 조 및 제6조에서 같다)의 안전 및 건강을 유지·증진시키고 국가의 산업재해 예방정책을 따라야 한다. 〈개정 2020. 5. 26.〉

1. 이 법과 이 법에 따른 명령으로 정하는 산업재해 예방을 위한 기준
2. 근로자의 신체적 피로와 정신적 스트레스 등을 줄일 수 있는 쾌적한 작업환경의 조성 및 근로조건 개선
3. 해당 사업장의 안전 및 보건에 관한 정보를 근로자에게 제공

② 다음 각 호의 어느 하나에 해당하는 자는 발주·설계·제조·수입 또는 건설을 할 때 이 법과 이 법에 따른 명령으로 정하는 기준을 지켜야 하고, 발주·설계·제조·수입 또는 건설에 사용되는 물건으로 인하여 발생하는 산업재해를 방지하기 위하여 필요한 조치를 하여야 한다.

1. 기계·기구와 그 밖의 설비를 설계·제조 또는 수입하는 자
2. 원재료 등을 제조·수입하는 자
3. 건설물을 발주·설계·건설하는 자

• 제6조(근로자의 의무) 근로자는 이 법과 이 법에 따른 명령으로 정하는 산업재해 예방을 위한 기준을 지켜야 하며, 사업주 또는 「근로기준법」 제101조에 따른 근로감독관, 공단 등 관계인이 실시하는 산업재해 예방에 관한 조치에 따라야 한다.

• 제7조(산업재해 예방에 관한 기본계획의 수립·공표) ① 고용노동부장관은 산업재해 예방에 관한 기본계획을 수립하여야 한다.

② 고용노동부장관은 제1항에 따라 수립한 기본계획을 「산업재해보상보험법」 제8조 제1항에 따른 산업재해보상보험및예방심의위원회의 심의를 거쳐 공표하여야 한다. 이를 변경하려는 경우에도 또한 같다.

• 제8조(협조 요청 등) ① 고용노동부장관은 제7조 제1항에 따른 기본계획을 효율적으로 시행하기 위하여 필요하다고 인정할 때에는 관계 행정기관의 장 또는 「공공기관의 운영에 관한 법률」 제4조에 따른 공공기관의 장에게 필요한 협조를 요청할 수 있다.

② 행정기관(고용노동부는 제외한다. 이하 이 조에서 같다)의 장은 사업장의 안전 및 보건에 관하여 규제를 하려면 미리 고용노동부장관과 협의하여야 한다.

③ 행정기관의 장은 고용노동부장관이 제2항에 따른 협의과정에서 해당 규제에 대한 변경을 요구하면 이에 따라야 하며, 고용노동부장관은 필요한 경우 국무총리에게 협의·조정 사항을 보고하여 확정할 수 있다.

④ 고용노동부장관은 산업재해 예방을 위하여 필요하다고 인정할 때에는 사업주, 사업주단체, 그 밖의 관계인에게 필요한 사항을 권고하거나 협조를 요청할 수 있다.

⑤ 고용노동부장관은 산업재해 예방을 위하여 중앙행정기관의 장과 지방자치단체의 장 또는 공단 등 관련 기관·단체의 장에게 다음 각 호의 정보 또는 자료의 제공 및

관계 전산망의 이용을 요청할 수 있다. 이 경우 요청을 받은 중앙행정기관의 장과 지방자치단체의 장 또는 관련 기관·단체의 장은 정당한 사유가 없으면 그 요청에 따라야 한다.

1. 「부가가치세법」 제8조 및 「법인세법」 제111조에 따른 사업자등록에 관한 정보
2. 「고용보험법」 제15조에 따른 근로자의 피보험자격의 취득 및 상실 등에 관한 정보
3. 그 밖에 산업재해 예방사업을 수행하기 위하여 필요한 정보 또는 자료로서 대통령령으로 정하는 정보 또는 자료

- 제9조(산업재해 예방 통합정보시스템 구축·운영 등) ① 고용노동부장관은 산업재해를 체계적이고 효율적으로 예방하기 위하여 산업재해 예방 통합정보시스템을 구축·운영할 수 있다.

② 고용노동부장관은 제1항에 따른 산업재해 예방 통합정보시스템으로 처리한 산업 안전 및 보건 등에 관한 정보를 고용노동부령으로 정하는 바에 따라 관련 행정기관과 공단에 제공할 수 있다.

③ 제1항에 따른 산업재해 예방 통합정보시스템의 구축·운영, 그 밖에 필요한 사항은 대통령령으로 정한다.

- 제10조(산업재해 발생건수 등의 공표) ① 고용노동부장관은 산업재해를 예방하기 위하여 대통령령으로 정하는 사업장의 근로자 산업재해 발생건수, 재해율 또는 그 순위 등(이하 "산업재해발생건수등"이라 한다)을 공표하여야 한다.

② 고용노동부장관은 도급인의 사업장(도급인이 제공하거나 지정한 경우로서 도급인이 지배·관리하는 대통령령으로 정하는 장소를 포함한다. 이하 같다) 중 대통령령으로 정하는 사업장에서 관계수급인 근로자가 작업을 하는 경우에 도급인의 산업재해발생건수등에 관계수급인의 산업재해발생건수등을 포함하여 제1항에 따라 공표하여야 한다.

③ 고용노동부장관은 제2항에 따라 산업재해발생건수등을 공표하기 위하여 도급인에게 관계수급인에 관한 자료의 제출을 요청할 수 있다. 이 경우 요청을 받은 자는 정당한 사유가 없으면 이에 따라야 한다.

④ 제1항 및 제2항에 따른 공표의 절차 및 방법, 그 밖에 필요한 사항은 고용노동부령으로 정한다.

- 제11조(산업재해 예방시설의 설치·운영) 고용노동부장관은 산업재해 예방을 위하여 다음 각 호의 시설을 설치·운영할 수 있다. 〈개정 2020. 5. 26.〉

1. 산업 안전 및 보건에 관한 지도시설, 연구시설 및 교육시설
2. 안전보건진단 및 작업환경측정을 위한 시설
3. 노무를 제공하는 사람의 건강을 유지·증진하기 위한 시설

4. 그 밖에 고용노동부령으로 정하는 산업재해 예방을 위한 시설

- 제12조(산업재해 예방의 재원) 다음 각 호의 어느 하나에 해당하는 용도에 사용하기 위한 재원(財源)은 「산업재해보상보험법」 제95조 제1항에 따른 산업재해보상보험 및 예방기금에서 지원한다.
  1. 제11조 각 호에 따른 시설의 설치와 그 운영에 필요한 비용
  2. 산업재해 예방 관련 사업 및 비영리법인에 위탁하는 업무 수행에 필요한 비용
  3. 그 밖에 산업재해 예방에 필요한 사업으로서 고용노동부장관이 인정하는 사업의 사업비
- 제13조(기술 또는 작업환경에 관한 표준) ① 고용노동부장관은 산업재해 예방을 위하여 다음 각 호의 조치와 관련된 기술 또는 작업환경에 관한 표준을 정하여 사업주에게 지도·권고할 수 있다.
  1. 제5조 제2항 각 호의 어느 하나에 해당하는 자가 같은 항에 따라 산업재해를 방지하기 위하여 하여야 할 조치
  2. 제38조 및 제39조에 따라 사업주가 하여야 할 조치

  ② 고용노동부장관은 제1항에 따른 표준을 정할 때 필요하다고 인정하면 해당 분야별로 표준제정위원회를 구성·운영할 수 있다.

  ③ 제2항에 따른 표준제정위원회의 구성·운영, 그 밖에 필요한 사항은 고용노동부장관이 정한다.

예상문제

1. 기계와 기계의 간격은 최소한 얼마 이상으로 해야 하는가?

① 0.5 m ② 0.8 m
③ 1.2 m ④ 1.4 m

2. 선반 작업 시 일반적으로 심압축은 어느 정도 나와야 좋은가?

① 10~20 mm ② 30~50 mm
③ 50~70 mm ④ 50 mm 이상

3. 숫돌 바퀴를 교환할 때 나무 해머로 숫돌의 무엇을 검사하는가?

① 기공 ② 크기
③ 균열 ④ 입도

4. 연삭 숫돌 바퀴에 부시를 끼울 때 주의해야 할 점 중 틀린 것은?

① 부시의 구멍과 숫돌의 바깥둘레는 동심원이어야 한다.

정답 1. ② 2. ② 3. ③ 4. ②

② 부시의 구멍은 축 지름보다 1 mm 크게 해야 한다.
③ 부시의 측면과 숫돌의 측면은 일치해야 한다.
④ 부시의 빌릿 두께가 고른 것을 사용한다.

해설 연삭기의 숫돌을 축에 고정할 때 숫돌의 안지름은 축의 지름보다 0.05~0.15 mm 크게 한다.

5. 회전 중인 숫돌의 위험 방지를 위한 적절한 안전 장치는?

① 급정지 장치를 한다.
② 집진 장치를 한다.
③ 기동 스위치에 시정 장치를 한다.
④ 복개 장치를 한다.

6. 숫돌 바퀴의 교환 적임자는?

① 관리자
② 숙련자
③ 기계 구조를 잘 아는 자
④ 지정된 자

7. 연삭 작업의 경우 작업 시작 전 및 연삭 숫돌 교체 후 시험 운전 시간으로 옳은 것은?

① 작업 시작 전 : 1분 이상, 연삭 숫돌 교체 후 : 1분 이상
② 작업 시작 전 : 1분 이상, 연삭 숫돌 교체 후 : 2분 이상
③ 작업 시작 전 : 1분 이상, 연삭 숫돌 교체 후 : 3분 이상
④ 작업 시작 전 : 2분 이상, 연삭 숫돌 교체 후 : 5분 이상

해설 연삭 숫돌을 사용하는 작업의 경우 작업을 시작하기 전 1분 이상, 연삭 숫돌을 교체한 후에는 3분 이상 시험 운전을 하고 해당 기계에 이상이 있는지를 확인하여야 한다.

8. 셰이퍼 작업 시 작업자의 위치로 가장 부적당한 곳은?

① 앞과 옆 ② 뒤와 옆
③ 앞과 뒤 ④ 양 옆

해설 셰이퍼는 작동될 때 램이 앞뒤로 움직이기 때문에 앞이나 뒤는 작업자에게 매우 위험하다.

9. 드릴 작업에서 드릴링할 때 공작물과 드릴이 함께 회전하기 쉬운 때는?

① 작업이 처음 시작될 때
② 구멍이 거의 뚫릴 무렵
③ 구멍을 중간쯤 뚫었을 때
④ 드릴 핸들에 약간의 힘을 주었을 때

10. 프레스의 작업 시작 전 점검 사항이 아닌 것은?

① 권과 방지 장치의 기능
② 클러치 및 브레이크의 기능
③ 전단기의 칼날 및 테이블의 상태
④ 칼날에 의한 위험 방지 기구의 기능

해설 프레스의 작업 시작 전 점검 사항 : 클러치 및 브레이크의 기능, 크랭크축·플라이휠·슬라이드·연결봉 및 연결 나사의 풀림 여부, 1행정 1정지 기구·급정지 장치 및 비상 정지 장치의 기능, 슬라이드 또는 칼날에 의한 위험 방지 기구의 기능, 프레스의 금형 및 고정 볼트 상태, 방호 장치의 기능, 전단기의 칼날 및 테이블의 상태

정답 5. ④ 6. ④ 7. ③ 8. ③ 9. ② 10. ①

11. 다음 중 정 작업 시 정을 잡는 방법으로 옳은 것은?

① 꽉 잡는다.
② 가볍게 잡는다.
③ 재질에 따라 다르다.
④ 두 손으로 잡는다.

12. 정으로 홈을 파내려고 할 때 안전 작업이 아닌 것은?

① 장갑을 끼고 작업한다.
② 파편이 튀지 않게 칸막이를 한다.
③ 해머에 쐐기를 박는다.
④ 정의 거스러미를 제거하여 사용한다.

13. 스패너 사용 시 주의하여야 할 사항으로 옳지 않은 것은?

① 스패너의 입이 너트의 치수에 맞는 것을 사용한다.
② 스패너 자루에 파이프를 끼워서 사용하는 것을 피한다.
③ 스패너를 해머로 두드리거나 해머 대신 사용하지 않는다.
④ 처음에는 너트에 스패너를 약간 물려서 돌리고 점차 깊이 물려서 돌린다.

해설 스패너 사용 시 주의사항
(1) 해머 대용으로 사용하지 말 것
(2) 너트에 꼭 맞게 사용할 것
(3) 조금씩 돌릴 것
(4) 벗겨져도 손을 다치거나 넘어지지 않는 자세를 취할 것
(5) 작은 볼트에 너무 큰 멍키 렌치를 쓰지 말 것
(6) 스패너에 파이프를 끼우거나 해머로 두들겨서 돌리지 말 것
(7) 몸 앞으로 잡아당길 것
(8) 스패너와 너트 사이에 물림쇠를 끼우지 말 것

14. 공구 안전 수칙이 아닌 것은?

① 실습장(작업장)에서 수공구를 절대 던지지 않는다.
② 사용하기 전에 수공구 상태를 늘 점검한다.
③ 손상된 수공구는 사용하지 않고 수리를 하여 사용한다.
④ 수공구는 각 사용 목적 이외에 다른 용도로 사용할 수 있다.

해설 공구 안전 수칙
(1) 실습장(작업장)에서 수공구를 절대 던지지 않는다.
(2) 사용하기 전에 수공구 상태를 늘 점검한다.
(3) 손상된 수공구는 사용하지 않고 수리를 하여 사용한다.
(4) 수공구는 각 사용 목적 이외에 다른 용도로 사용하지 않는다(멍키 스패너를 망치로 사용하지 않는다).
(5) 작업복 주머니에 날카로운 수공구를 넣고 다니지 않는다(수공구 보관 주머니 등 각 수공구 가방 안전벨트를 허리에 찬다).
(6) 공구 관리 대장을 만들어 수리나 폐기되는 내역을 기록하여 관리한다.

15. 다음 중 암모니아 가스의 제독제로 올바른 것은?

① 물 ② 가성소다
③ 탄산소다 ④ 소석회

해설 암모니아는 물에 약 800~900배 용해된다.

정답 11. ② 12. ① 13. ④ 14. ④ 15. ①

16. 폭발한계농도의 하한값이 10 % 이하 또는 상한값과 하한값의 차이가 20 % 이상인 가스를 무엇이라 하는가?

① 가연성 가스 ② 폭발성 가스
③ 인화성 가스 ④ 산화성 가스

17. 전기기계·기구의 조작 부분을 점검하거나 보수하는 경우에는 안전하게 작업할 수 있도록 전기기계·기구로부터 폭 몇 cm 이상의 작업공간을 확보하여야 하는가?

① 3 cm ② 50 cm
③ 70 cm ④ 100 cm

해설 전기기계·기구의 조작 시 등의 안전조치 : 전기기계·기구의 조작 부분을 점검하거나 보수하는 경우에는 안전하게 작업할 수 있도록 전기기계·기구로부터 폭 70 cm 이상의 작업공간을 확보하여야 한다. 단, 작업공간을 확보하는 것이 곤란하여 근로자에게 절연용 보호구를 착용하도록 한 경우에는 그러하지 아니하다.

18. 다음 중 그림과 같은 '수리중'의 표식판 색깔은?

① 녹색 바탕에 빨간 글씨
② 흰 바탕에 흰 글씨
③ 청색 바탕에 흰 글씨
④ 빨간 바탕에 청색 글씨

19. 다음 중 바닥에 통로를 표시할 때 사용하는 색깔은?

① 적색 ② 흑색
③ 황색 ④ 백색

20. 채광에 대한 다음 설명 중 옳지 않은 것은 어느 것인가?

① 채광에는 창의 모양이 가로로 넓은 것보다 세로로 긴 것이 좋다.
② 지붕창은 환기에는 좋으나 채광에는 좋지 않다.
③ 북향의 창은 직사 일광은 들어오지 않으나 연중 평균 밝기를 얻는다.
④ 자연 채광은 인공 조명보다 평균 밝기의 유지가 어렵다.

해설 지붕창이 보통 창보다 3배의 채광 효과가 있다.

21. 우리나라에서 가장 바람직한 상대 습도는 얼마인가?

① 40~50 % ② 50~60 %
③ 60~70 % ④ 70~80 %

22. 작업장과 외부의 온도차는?

① 3℃ ② 7℃
③ 12℃ ④ 15℃

해설 사람의 신체적 기능을 통해 스스로 제어할 수 있는 온도차는 7℃이며, 재해 발생 빈도가 가장 낮은 온도는 20℃ 내외이다.

23. 다음 중 보호구의 선택 시 유의사항이 아닌 것은?

① 사용 목적에 알맞는 보호구를 선택한다.
② 검정에 합격된 것이면 좋다.
③ 작업 행동에 방해되지 않는 것을 선택한다.

정답 16. ① 17. ③ 18. ③ 19. ④ 20. ② 21. ② 22. ② 23. ②

④ 착용이 용이하고 크기 등 사용자에게 편리한 것을 선택한다.

해설 KS나 검정에 합격되었다 하여도 전수 검사를 받은 것이 아니며, 또한 제품의 변질을 고려하여 보호 성능이 보장된 것을 선택한다.

24. 다음 중 안전모 성능 시험의 종류에 해당하지 않는 것은?

① 외관 ② 내전압성
③ 난연성 ④ 내수성

해설 안전모 재료 구비 조건 : 내부식성, 피부에 무해, 내열성, 내한성, 내수성, 내전압성, 난연성, 강도 유지, 밝고 선명할 것(흰색은 빛의 반사율이 매우 좋으나 청결 유지에 문제점 있어 황색 선호), 충격 흡수 라이너 및 착장체의 무게가 0.44 kg을 초과하지 않을 것

25. 안전모나 안전대의 용도로 가장 적당한 것은?

① 작업 능률 가속용
② 전도(轉倒) 방지용
③ 작업자 용품의 일종
④ 추락 재해 방지용

해설 물건이 떨어지거나 추락, 충돌 시 머리를 보호할 수 있는 안전모를 착용한다.

26. 다음 중 고무장화를 사용하여야 할 작업장은 어디인가?

① 열처리 공장
② 화학약품 공장
③ 조선 공장
④ 기계 공장

해설 화학약품 공장에서는 고무장화를 착용함으로써 약품이 선반 속으로 스며드는 것을 막아주어야 한다.

27. 다음은 보호 안경 재질의 구비 조건을 설명한 것이다. 잘못된 것은?

① 면체는 규격 기준에 의한다.
② 핸드 클립은 전기 도체로 비난연성이어야 한다.
③ 필터 플레이트 및 커버 플레이트는 차광 안경과 같다.
④ 면체 이외의 플라스틱 부품은 실용상 지장이 없는 강도이어야 한다.

해설 핸드 클립은 전기 부도체로 난연성이어야 한다.

28. 방독 마스크를 선택할 때 주의를 요하는 사항은 무엇인가?

① 얼굴에 대한 압박감
② 온도 조절
③ 흡수 필터가 유효한 대상 가스
④ 기상 조건

해설 방독 마스크는 유해가스로부터 호흡을 보호하기 위한 것이다.

29. 제독 작업에 필요한 보호구의 종류와 수량을 바르게 설명한 것은?

① 보호복은 독성가스를 취급하는 전 종업원 수의 수량을 구비할 것
② 보호 장갑 및 보호 장화는 긴급 작업에 종사하는 작업원 수의 수량만큼 구비할 것
③ 소화기는 긴급 작업에 종사하는 작업원 수의 수량을 구비할 것

정답 24. ① 25. ④ 26. ② 27. ② 28. ③ 29. ④

④ 격리식 방독 마스크는 독성가스를 취급하는 전 종업원의 수량만큼 구비할 것

30. 안전관리의 정의로 옳은 것은?

① 인간 존중의 정신에 입각한 과학적이며 생산성 향상 활동
② 생산성 향상과 고품질을 최우선 목표로 하는 계획적인 활동
③ 사고로부터 인적, 물적 피해를 최소화하기 위한 계획적이고 체계적인 활동
④ 재해로부터 인간의 생명과 재산을 보호하기 위한 계획적이고 체계적인 제반 활동

해설 안전관리 : 비능률적인 요소인 재해가 발생하지 않는 상태를 유지하기 위한 활동, 즉 재해로부터 인간의 생명과 재산을 보호하기 위한 계획적이고 체계적인 제반 활동

31. 산업안전보건법의 목적에 해당되지 않는 것은?

① 산업안전보건 기준의 확립
② 근로자의 안전과 보건을 유지·증진
③ 산업재해의 예방과 쾌적한 작업환경 조성
④ 산업안전보건에 관한 정책의 수립 및 실시

해설 산업안전보건법은 산업 안전 및 보건에 관한 기준을 확립하고 그 책임의 소재를 명확하게 하여 산업재해를 예방하고 쾌적한 작업환경을 조성함으로써 근로자의 안전과 보건을 유지·증진함을 목적으로 한다.

32. 해당 근로자 또는 작업장에 대해 사업주가 유해인자에 대한 측정계획을 수립한 후 시료를 채취하고 분석, 평가하는 것을 무엇이라고 하는가?

① 안전보건진단
② 작업환경측정
③ 위험성평가
④ 건강검진

해설 "작업환경측정"이란 작업환경 실태를 파악하기 위하여 해당 근로자 또는 작업장에 대하여 사업주가 유해인자에 대한 측정계획을 수립한 후 시료(試料)를 채취하고 분석·평가하는 것을 말한다.

33. 고용노동부장관이 안전보건개선계획을 수립하여 시행하여 명할 수 있는 사업장에 해당하지 않는 것은?

① 직업성 질병자가 연간 2명 발생한 사업장
② 95 dB(A)의 소음이 2시간 발생하는 사업장
③ 사업주가 안전조치를 이행하지 않아 중대재해가 발생한 사업장
④ 산업재해율이 같은 업종의 규모별 평균 산업재해율보다 높은 사업장

해설 안전보건개선계획의 수립·시행 명령 : 고용노동부장관은 대통령령으로 정하는 사업장의 사업주에게는 안전보건진단을 받아 안전보건개선계획을 수립하여 시행할 것을 명할 수 있다.

- 산업재해율이 같은 업종의 규모별 평균 산업재해율보다 높은 사업장
- 사업주가 필요한 안전조치 또는 보건조치를 이행하지 아니하여 중대재해가 발생한 사업장
- 직업성 질병자가 연간 2명 이상 발생한 사업장
- 소음 노출 기준(충격 소음 제외)을 초과한 사업장

정답 30. ④ 31. ④ 32. ② 33. ②

1일 노출시간(H)	소음 강도[dB(A)]
8	90
4	95
2	100
1	105
1/2	110
1/4	115

34. **중대재해가 발생할 경우 사업주가 재해 발생 상황을 관할 지방고용노동관서의 장에게 전화, 팩스 등으로 보고하여야 할 시기는?**

① 지체 없이　② 24시간 이내
③ 72시간 이내　④ 7일 이내

해설 산업안전보건법 시행규칙 제67조(중대재해 발생 시 보고) : 사업주는 중대재해가 발생한 사실을 알게 된 경우에는 법 제54조 제2항에 따라 지체 없이 다음 각 호의 사항을 사업장 소재지를 관할하는 지방고용노동관서의 장에게 전화·팩스 또는 그 밖의 적절한 방법으로 보고해야 한다.
1. 발생 개요 및 피해 상황
2. 조치 및 전망
3. 그 밖의 중요한 사항

35. **산업안전보건법령상 자율검사프로그램에 포함되어야 하는 내용이 아닌 것은?**

① 안전검사대상기계 보유 현황
② 안전검사대상기계의 검사 주기
③ 작업자 보유 현황과 작업을 할 수 있는 장비
④ 향후 2년간 안전검사대상기계의 검사 수행계획

해설 자율검사프로그램의 내용
- 안전검사대상기계 등의 보유 현황
- 검사원 보유 현황과 검사를 할 수 있는 장비 및 장비 관리방법(자율안전검사기관에 위탁한 경우에는 위탁을 증명할 수 있는 서류를 제출)
- 안전검사대상기계 등의 검사 주기 및 검사기준
- 향후 2년간 안전검사대상기계 등의 검사 수행계획
- 과거 2년간 자율검사프로그램 수행 실적(재신청의 경우만 해당)

36. **안전관리자를 두어야 할 사업의 종류는 무엇으로 정하는가?**

① 문화체육관광부령
② 보건복지부령
③ 국토교통부령
④ 대통령령

해설 안전관리자를 두어야 할 사업의 종류·규모, 안전관리자의 수·자격·업무·권한·선임방법, 그 밖에 필요한 사항은 대통령령으로 정한다.

37. **산업재해가 발생한 경우 산업재해조사표를 작성하여 관할 지방고용노동관서의 장에게 제출하여야 하는 기간은 발생일로부터 언제까지인가?**

① 지체 없이　② 1주 이내
③ 2주 이내　④ 1개월 이내

해설 사업주는 산업재해로 사망자가 발생하거나 3일 이상의 휴업이 필요한 부상을 입거나 질병에 걸린 사람이 발생한 경우에는 법 제57조 제3항에 따라 해당 산업재해가 발생한 날부터 1개월 이내에 별지 제30호 서식의 산업재해조사표를 작성하여 관할 지방고용노동관서의 장에게 제출(전자문서로 제출하는 것을 포함한다)해야 한다.

정답 34. ① 35. ③ 36. ④ 37. ④

38. 산업재해가 발생한 때에 기록 및 보존할 사항이 아닌 것은?

① 피해 규모
② 재해 재발 방지 계획
③ 재해 근로자의 인적사항
④ 재해 발생의 원인 및 과정

해설 사업주는 산업재해가 발생한 때에는 다음을 기록·보존해야 한다. 다만, 산업재해조사표의 사본을 보존하거나 요양신청서의 사본에 재해 재발 방지 계획을 첨부하여 보존한 경우에는 그렇지 않다.

- 사업장의 개요 및 근로자의 인적사항
- 재해 발생의 일시 및 장소
- 재해 발생의 원인 및 과정
- 재해 재발 방지 계획

39. 안전보건관리책임자를 두어야 하는 사업장이 아닌 것은?

① 상시근로자 100명의 농업
② 공사금액 20억원의 건설업
③ 상시근로자 50명의 1차 금속업
④ 상시근로자 150명의 육가공 제조업

해설 상시근로자 300명 이상의 농업

40. 산업재해의 보고는 누구에게 하는가?

① 고용노동부장관
② 국토교통부장관
③ 보건복지부장관
④ 기획재정부장관

해설 사업주는 고용노동부령으로 정하는 산업재해에 대하여 그 발생 개요·원인 및 보고 시기, 재발 방지 계획 등을 고용노동부령으로 정하는 바에 따라 고용노동부장관에게 보고하여야 한다.

41. 다음 중 안전관리자의 직무가 아닌 것은?

① 재해 발생 시 원인 조사 및 대책 강구
② 소화 및 피난훈련
③ 안전에 관한 전반적인 책임
④ 안전교육 및 훈련

42. 안전관리자의 자격이 아닌 것은?

① 고졸 후 2년 실무 경험자
② 대졸 후 1년 실무 경험자
③ 중졸 후 7년 실무 경험자
④ 안전관리 기술 자격 취득자

43. 사무직 종사 근로자가 아니며, 판매 업무에 직접 종사하는 근로자가 받아야 하는 정기 안전보건교육은 매반기 몇 시간 이상인가?

① 3시간 ② 6시간
③ 8시간 ④ 16시간

해설 근로자 안전보건 정기교육

교육 대상		교육 시간
사무직 종사 근로자		매반기 6시간 이상
사무직 종사자 외의 근로자	판매 업무에 직접 종사하는 근로자	매반기 6시간 이상
	판매 업무에 직접 종사하는 근로자 외의 근로자	매반기 12시간 이상
관리감독자의 지위에 있는 사람		연간 16시간 이상

44. 우리나라 근로기준법에서 신체 장해 등급은 몇 등급으로 구분되어 있는가?

① 7등급 ② 8등급

정답 38. ① 39. ① 40. ① 41. ③ 42. ① 43. ② 44. ④

③ 9등급 ④ 14등급

해설 근로기준법에서 신체 장해 등급은 14등급으로 구분되어 있으며, 가장 심하게 신체에 재해가 있을 경우가 1급에 해당된다.

45. 사업장의 근로자 산업재해 발생 건수, 재해율 등을 공표하여야 하는 사업장에 해당하지 않는 것은?

① 사망재해자가 연간 2명 발생한 사업장
② 중대재해 발생률이 규모별 같은 업종의 평균 발생률 이상인 사업장
③ 산업재해의 발생에 관한 보고를 최근 3년 이내 2회 하지 않은 사업장
④ 산업재해 발생 사실을 은폐한 사업장

해설 공표대상 사업장

- 사망재해자가 연간 2명 이상 발생한 사업장
- 사망만인율(死亡萬人率 : 연간 상시근로자 1만명당 발생하는 사망재해자 수의 비율)이 규모별 같은 업종의 평균 사망만인율 이상인 사업장
- 중대산업사고가 발생한 사업장
- 산업재해 발생 사실을 은폐한 사업장
- 산업재해의 발생에 관한 보고를 최근 3년 이내 2회 이상 하지 않은 사업장

46. 공정안전보고서의 제출 대상인 위험 설비 및 시설에 해당하지 않는 시설은?

① 원유 정제처리시설
② 질소질 비료 제조시설
③ 농업용 약제 원제(原劑) 제조시설
④ 액화석유가스의 충전·저장시설

해설 공정안전보고서의 제출 대상

- 원유 정제처리업
- 질소질 비료 제조업
- 복합비료 제조업(단순 혼합 또는 배합에 의한 경우는 제외)
- 화학 살균·살충제 및 농업용 약제 원제(原劑) 제조업
- 화약 및 불꽃제품 제조업

※ 차량 등의 운송설비와 액화석유가스의 충전·저장시설은 제출 대상이 아니다.

47. 로봇의 운전으로 인한 근로자의 위험을 방지하기 위하여 일반적으로 설치하여야 하는 울타리의 높이는 얼마 이상인가?

① 1.3 m ② 1.5 m
③ 1.8 m ④ 2.1 m

해설 사업주는 로봇의 운전으로 인하여 근로자에게 발생할 수 있는 부상 등의 위험을 방지하기 위하여 높이 1.8 m 이상의 울타리(로봇의 가동범위 등을 고려하여 높이로 인한 위험성이 없는 경우에는 높이를 그 이하로 조절할 수 있다)를 설치하여야 한다.

48. 안전인증대상 기계에 해당하는 것은?

① 리프트 ② 연마기
③ 분쇄기 ④ 밀링

해설
- 안전인증대상 기계 및 설비 : 프레스, 전단기 및 절곡기(折曲機), 크레인, 리프트, 압력용기, 롤러기, 사출성형기(射出成形機), 고소(高所) 작업대, 곤돌라
- 자율안전확인대상 기계 및 설비 : 연삭기(研削機) 또는 연마기(휴대형은 제외), 산업용 로봇, 혼합기, 파쇄기 또는 분쇄기, 식품가공용 기계(파쇄·절단·혼합·제면기만 해당), 컨베이어, 자동차정비용 리프트, 공작기계(선반, 드릴기, 평삭·형삭기, 밀링만 해당), 고정형 목재가공용 기계(둥근톱, 대패, 루타기, 띠톱, 모떼기 기계만 해당), 인쇄기

정답 45. ② 46. ④ 47. ③ 48. ①

49. **유해, 위험 방지를 위해 방호조치가 필요한 기계, 기구가 아닌 것은?**

① 원심기 ② 예초기
③ 롤러기 ④ 래핑기

해설 유해·위험 방지를 위한 방호조치가 필요한 기계·기구 : 예초기, 원심기, 공기 압축기, 금속절단기, 지게차, 포장기계(진공포장기, 래핑기로 한정한다)

50. **안전인증대상 방호장치가 아닌 것은?**

① 절연용 방호구
② 전단기 방호장치
③ 압력용기 압력방출용 안전밸브
④ 교류 아크용접기용 자동전격방지기

해설 안전인증대상 방호장치

- 프레스 및 전단기 방호장치
- 양중기용(揚重機用) 과부하 방지장치
- 보일러 압력방출용 안전밸브
- 압력용기 압력방출용 안전밸브
- 압력용기 압력방출용 파열판
- 절연용 방호구 및 활선작업용(活線作業用) 기구
- 방폭구조(防爆構造) 전기기계·기구 및 부품
- 추락·낙하 및 붕괴 등의 위험 방지 및 보호에 필요한 가설기자재
- 충돌·협착 등의 위험 방지에 필요한 산업용 로봇 방호장치

51. **다음 중 작업장에서 통행의 우선권 순서로 맞는 것은?**

① 기중기 – 부재를 운반하는 차 – 빈 차 – 보행자
② 보행자 – 기중기 – 부재를 운반하는 차 – 빈 차
③ 부재를 운반하는 차 – 기중기 – 보행자 – 빈 차
④ 부재를 운반하는 차 – 빈 차 – 기중기 – 보행자

52. **추락 등의 위험을 방지하기 위하여 안전난간을 설치하는 경우 상부 난간대는 바닥면·발판 또는 경사로의 표면으로부터 몇 cm 이상의 지점에 설치하는가?**

① 30 cm ② 60 cm
③ 90 cm ④ 120 cm

해설 안전난간의 구조 및 설치요건 : 상부 난간대는 바닥면·발판 또는 경사로의 표면(이하 "바닥면 등"이라 한다)으로부터 90 cm 이상 지점에 설치하고, 상부 난간대를 120 cm 이하에 설치하는 경우에는 중간 난간대는 상부 난간대와 바닥면 등의 중간에 설치하여야 하며, 120 cm 이상 지점에 설치하는 경우에는 중간 난간대를 2단 이상으로 균등하게 설치하고 난간의 상하 간격은 60 cm 이하가 되도록 할 것(단, 난간기둥 간의 간격이 25 cm 이하인 경우에는 중간 난간대를 설치하지 않을 수 있다.)

53. **작업 장소의 높이 또는 깊이가 얼마 이상일 때 추락할 위험이 있어 안전대를 착용하여야 하는가?**

① 1 m ② 2 m
③ 2.5 m ④ 3 m

해설 안전대(安全帶) : 높이 또는 깊이 2 m 이상의 추락할 위험이 있는 장소에서 하는 작업에 착용한다.

54. **다음 중 크레인의 안전장치에 속하지 않는 것은?**

① 베레스트
② 권과방지장치
③ 비상정지장치

정답 49. ③ 50. ④ 51. ① 52. ③ 53. ② 54. ①

④ 과부하방지장치

해설 크레인의 안전장치 : 권과방지장치, 비상정지장치, 과부하방지장치, 충돌방지장치, 훅 해지장치 등

55. 정차 또는 운반 중 앞차와의 간격은 얼마인가?

① 1~1.5 m 이상
② 2 m 이상
③ 5 m 이상
④ 7 m 이상

56. 운반 차량의 구내 속도는?

① 5 km/h ② 8 km/h
③ 10 km/h ④ 20 km/h

57. 중량물을 운반하는 기중기 운반에 대한 주의점이다. 이 중 옳지 못한 것은?

① 규정된 제한 하중 이상을 매달지 말 것
② 기중기 훅은 하물의 중심 직선상에 내릴 것
③ 와이어 로프로 훅의 중심에 걸고 매다는 각도를 작게 할 것
④ 감아올린 물건은 지상에서 30 cm 정도로 들어올려 이동시킬 것

58. 고소 작업 시 추락 방지를 위한 구명줄 사용상의 안전 수칙이 아닌 것은?

① 구명줄의 설치를 확실히 한다.
② 한 번 큰 낙하 충격을 받은 구명줄은 사용하지 않는다.
③ 구명줄은 낙하 거리가 2.5 m 이상 되지 않게 한다.
④ 끊어지기 쉬운 예리한 모서리에 접촉을 피한다.

해설 구명줄은 낙하 거리가 2 m 이상 되지 않게 한다.

59. 안전대용 로프의 구비 조건에 맞지 않는 것은?

① 부드럽고 되도록 매끄럽지 않을 것
② 충분한 강도를 가질 것
③ 완충성이 높을 것
④ 마모성이 클 것

해설 내마모성이 크고, 습기나 약품에 잘 견디며, 내열성도 높아야 한다.

60. 안전대 사용 시 주의사항을 설명한 것 중 옳지 않은 것은?

① 훅을 D 고리에 걸 때 확실히 걸렸는가 확인한다.
② 사용 전에 점검을 철저히 한다.
③ 로프는 작업 전보다 높게 매달아 사용한다.
④ 쇠가죽제 벨트는 강도가 크므로 안전하다.

해설 쇠가죽은 가죽 부위에 따라 강도 차이가 크므로 특별한 주의를 요한다.

61. 다음 기인물의 설명 중 맞지 않는 것은 어느 것인가? [07-5]

① 재해를 발생시킨 기계 장치를 말한다.
② 기인물은 동력 기계, 운반 기계, 기타 장치로 분류한다.
③ 인적 요인의 불안전한 행동을 말한다.
④ 재해를 일으킨 근원이 되는 물체를 말한다.

정답 55. ③ 56. ② 57. ④ 58. ③ 59. ④ 60. ④ 61. ③

62. 작업으로 인하여 물체가 떨어지거나 날아올 위험이 있는 경우 위험을 방지하기 위한 조치 사항이 아닌 것은?

① 출입금지구역의 설정
② 방호선반 설치
③ 수직보호망 설치
④ 건널다리 설치

해설 • 낙하물에 의한 위험의 방지 : 사업주는 작업으로 인하여 물체가 떨어지거나 날아올 위험이 있는 경우 낙하물 방지망, 수직보호망 또는 방호선반의 설치, 출입금지구역의 설정, 보호구의 착용 등 위험을 방지하기 위하여 필요한 조치를 하여야 한다.
• 원동기·회전축 등의 위험 방지 : 사업주는 기계의 원동기·회전축·기어·풀리·플라이휠·벨트 및 체인 등 근로자가 위험에 처할 우려가 있는 부위에 덮개·울·슬리브 및 건널다리 등을 설치하여야 한다.

63. 다음은 중대재해에 관련된 내용이다. 괄호에 알맞은 내용은?

(㉠)개월 이상의 요양이 필요한 부상자가 동시에 (㉡)명 이상 발생한 재해를 중대재해라 한다.

① ㉠ 1, ㉡ 1 ② ㉠ 2, ㉡ 2
③ ㉠ 3, ㉡ 2 ④ ㉠ 3, ㉡ 3

해설 중대재해의 범위
• 사망자가 1명 이상 발생한 재해
• 3개월 이상의 요양이 필요한 부상자가 동시에 2명 이상 발생한 재해
• 부상자 또는 직업성 질병자가 동시에 10명 이상 발생한 재해

정답 62. ④ 63. ③

설비보전기능사

PART 2 CBT 대비 실전문제

- 1회 CBT 대비 실전문제
- 2회 CBT 대비 실전문제
- 3회 CBT 대비 실전문제
- 4회 CBT 대비 실전문제
- 5회 CBT 대비 실전문제

1회 CBT 대비 실전문제

1. 볼트를 좁은 간격에서 작업이 용이하도록 제작된 공구는?

① 훅 스패너 ② 더블 오프셋 렌치
③ 멍키 스패너 ④ 양구 스패너

해설 더블 오프셋 렌치 : 스패너와 달리 볼트나 너트의 육각면을 감싸안 듯 돌릴 수 있고 접촉은 6각, 12각, 각도는 15°와 45°로 되어 있다.

2. 버니어 캘리퍼스의 크기를 나타낼 때 기준이 되는 것은?

① 아들자의 크기
② 어미자의 크기
③ 고정 나사의 피치
④ 측정 가능한 치수의 최대 크기

3. 마이크로미터를 설명한 사항 중 틀린 것은 어느 것인가?

① 보통의 마이크로미터 스핀들 나사의 피치는 0.5 mm이고 딤블은 원주를 50 등분하였다.
② 앤빌과 스핀들 사이에 측정물을 넣어 딤블을 가볍게 회전시켜 측정한다.
③ 마이크로미터의 측정 범위는 0~50 mm, 50~100 mm와 같이 50 mm 간격으로 되어 있다.
④ 마이크로미터 래칫 스톱을 2회 이상 공전시킨 후 눈금을 읽는다.

해설 마이크로미터의 측정 범위는 25 mm 간격으로 되어 있다.

4. 다음 중 고장의 종류 해석 및 용어를 설명한 것으로 옳지 않은 것은?

① 고장은 수용 기준 내에서 설계 기능을 수행하기 위한 기기의 능력 상태가 차단 또는 불능 상태를 말한다.
② 구성품의 요구 기능은 설계서, 시방서, 제작사 매뉴얼 등에 나타낼 수 있다.
③ 구성품의 고장은 갑자기 또는 서서히 발생될 수 있다.
④ 예방 정비 결과 데이터의 분석은 구성품의 고장 또는 고장 접근을 나타낼 수 있다.

해설 예방 정비는 고장을 사전에 억제하는 수단이므로 예방 정비 결과 데이터의 분석은 고장과 관계가 없다.

5. 윤활 상태 중 가장 이상적인 윤활 방식은?

① 유체 윤활 방식 ② 경계 윤활 방식
③ 극압 윤활 방식 ④ 박막 윤활 방식

6. 다음 중 체결용 기계요소가 아닌 것은 어느 것인가? [08-5, 14-5]

① 볼트, 너트 ② 핀
③ 코터 ④ 체인

해설 체인은 간접 전동 장치이다.

7. 다음 중 구부러진 축을 수리할 때 사용되는 공구는? [07-5 외 5회 출제]

① 짐크로(jim crow)

정답 1. ② 2. ④ 3. ③ 4. ④ 5. ① 6. ④ 7. ①

② 파이프 렌치(pipe wrench)
③ 베어링 풀러(bearing puller)
④ 스톱 링 플라이어(stop ring plier)

해설 길이가 2 m 이상인 저속 회전축이 구부러진 경우 바닥 면에 V 블록을 2개 놓고 그 위에 축을 올려놓고 손으로 돌리면서 다이얼 게이지로 그 정도를 확인한 후 흔들림이 제일 심한 곳에 짐 크로(jim crow)를 대고 약간씩 힘을 가하면서 구부러짐을 수정한다.

8. 다음 이의 면 열화 현상 중 표면 피로에 해당하는 현상은? [07-5]

① 피닝 항복 ② 초기 피팅
③ 스코어링 ④ 절손

해설 표면 피로 : 초기 피팅, 파괴적 피팅, 피팅(스폴링)

9. 다음 중 제동 장치로 사용되는 것은 어느 것인가? [08-5, 15-2]

① 클러치 ② 완충기
③ 커플링 ④ 브레이크

해설 클러치와 커플링은 축 이음, 완충기는 완충 장치이다.

10. 다음 중 밸브 시트에서의 누설 원인이 아닌 것은?

① 저압력 유체 공급
② 장시간의 개폐 조작에 의한 것
③ 무리한 조작에 의한 것
④ 유체의 이물질 침투

해설 밸브 시트에서의 누설 원인
- 장시간의 개폐 조작에 의한 것(즉 수명)
- 무리한 조작에 의한 것(특히 닫을 때 지나치게 죄거나 강한 교축으로 장시간 사용했을 때)
- 유체의 이물(異物), 관의 녹이나 스케일에 의한 것

11. 다음 중 비용적형 펌프가 아닌 것은 어느 것인가? [09-5, 14-2]

① 벌류트 펌프 ② 터빈 펌프
③ 기어 펌프 ④ 축류 펌프

해설 비용적형 펌프 : 임펠러의 회전에 의한 반작용에 의하여 유체에 운동 에너지를 주고 이를 압력 에너지로 변환시키는 것으로 토출되는 유체의 흐름 방향에 따라 원심형과 축류형 및 혼류형이 있는 프로펠러형으로 구분된다.

12. 취급액에 의한 펌프의 분류 중 얕은 우물용, 깊은 우물용이 해당되는 것은? [14-1]

① 엔진 펌프 ② 오수용 펌프
③ 청수용 펌프 ④ 워싱톤 펌프

13. 회전식 압축기(rotary compressor)의 특징으로 옳은 것은? [15-5]

① 압력비를 거의 일정하게 하고 유량을 회전수에 비례시켜 변하게 할 수 있다.
② 송출 기류가 비교적 균일하지만 맥동이나 서징(surging) 현상이 자주 발생한다.
③ 각부의 틈이 균일하여 성능을 충분히 발휘하고 마모가 된 경우에도 성능 저하가 매우 적다.
④ 중량 대형으로 고속 회전이 가능하고 설치 면적이 크며 회전수가 변화하면 일정한 압력을 유지할 수 없다.

해설 회전식 압축기는 송출 기류가 비교적 균일하고 큰 맥동이나 서징(surging) 현상이 없어 사용하는 데 편리하며, 경량 소형으로 고속 회전이 가능하고 설치 면적이

정답 8. ② 9. ④ 10. ① 11. ③ 12. ③ 13. ①

작으며 회전수의 변화와 관계없이 압력을 일정하게 유지할 수 있다. 그러나 각부의 틈이 대단히 균일하지 않으면 압축 가스가 저압축으로 누설되어 성능을 발휘하지 못할 수도 있고, 마모가 된 경우에는 급격한 성능 저하를 보인다.

14. 다음 중 일반 유도 전동기의 특징으로 틀린 것은? [08-5, 12-5]

① 구조가 간단하다.
② 품질, 성능이 안정되어 있다.
③ 회전수 조절이 자유롭다.
④ 전원 회로 설치가 용이하다.

해설 유도 전동기는 2차 권선 저항을 바꿈으로써 회전수를 바꿀 수 있다.

15. 다음 중 공압 장치의 특징으로 옳지 않은 것은? [09-5, 15-3]

① 사용 에너지를 쉽게 구할 수 있다.
② 압축성 에너지이므로 위치 제어성이 좋다.
③ 힘의 증폭이 용이하고 속도 조절이 간단하다.
④ 동력의 전달이 간단하며 먼 거리 이송이 쉽다.

해설 압축성은 제어의 정밀도를 저하시킨다.

16. 다음 그림에서 공압 로직 밸브와 진리값에 일치하는 로직 명칭은? [06-5, 10-5]

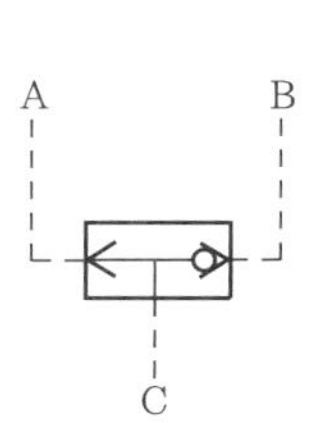

[공압 로직 밸브]

A+B=C

입력 신호		출력
A	B	C
0	0	0
0	1	1
1	0	1
1	1	1

[진리값]

① AND ② OR
③ NOT ④ NOR

해설 OR 회로(OR circuit) : 입력되는 복수의 조건 중 어느 한 개라도 입력 조건이 충족되면 출력이 나오는 회로

17. 다음의 변위 단계 선도에서 실린더 동작 순서가 옳은 것은? (단, + : 실린더의 전진, − : 실린더의 후진) [07-5, 09-5]

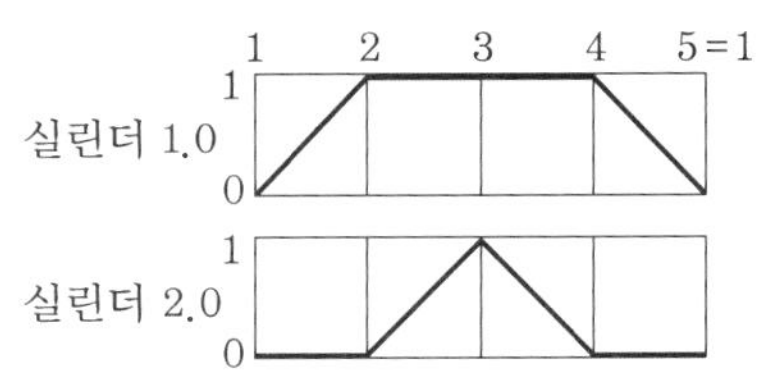

① 1.0+ 2.0+ 2.0− 1.0−
② 1.0− 2.0− 2.0+ 1.0+
③ 2.0+ 1.0+ 1.0− 2.0−
④ 2.0− 1.0− 1.0+ 2.0+

해설 이 변위 단계 선도는 실린더 A 전진, 실린더 B 전진, 실린더 B 후진, 실린더 A 후진 순이다.

18. 토출 압력에 의한 분류에서 저압으로 구분되는 공기 압축기의 압력 범위는 어느 것인가? [11-5, 15-2]

① 1 kgf/cm^2 이하 ② 7~8 kgf/cm^2
③ 10~15 kgf/cm^2 ④ 15 kgf/cm^2 이상

해설 1 kgf/cm^2 이하는 송풍기, 1 kgf/cm^2 이상은 압축기이며, 7~8 kgf/cm^{2}는 저압, 10~ 15 kgf/cm^{2}는 중압, 15 kgf/cm^2 이상은 고압 압축기라 한다.

19. 공압 회로에서 압력 제어 밸브의 기능에 속하지 않는 것은? [15-1]

① 적정한 공기 압력을 사용하여 압축 공기의 과다 소모를 방지한다.

정답 14. ③ 15. ② 16. ② 17. ① 18. ② 19. ②

② 공기 압력의 유무를 화학적 신호를 이용하여 공기 흐름의 방향을 제어한다.
③ 적정한 공기 압력을 사용함에 따라 공압 기기의 인내성 및 신뢰성을 확보한다.
④ 장치가 소정 이상의 공기 압력으로 될 때에 공기를 빼내어 안전을 확보한다.

해설 공기 흐름의 방향 제어는 방향 제어 밸브의 역할이다.

20. 다음 중 공압 단동 실린더의 설명으로 틀린 것은? [12-2]

① 스프링이 내장된 형식이 일반적이다.
② 클램핑, 프레싱, 이젝팅 등의 용도로 사용된다.
③ 행정거리는 복동 실린더보다 짧은 것이 일반적이다.
④ 공기 소모량은 복동 실린더보다 많다.

해설 단동 실린더 : 한방향 운동에만 공압이 사용되고 반대방향의 운동은 스프링이나, 자중 또는 외력으로 복귀된다. 일반적으로 100 mm 미만의 행정거리로 클램핑, 프레싱, 이젝팅, 이송 등에 사용되며 공기압의 특징을 반만 이용할 수 있으나, 공기 소비량이 적고 3포트 밸브 한 개로 제어가 가능하며, 실린더와 밸브 사이의 배관이 하나로 족하다. 단동 실린더로는 피스톤 실린더가 대표적이다.

21. 공기 저장 탱크에 관한 설명으로 옳지 않은 것은? [14-5]

① 공기 소비 시 발생되는 압력 변화를 최소화 해준다.
② 압축 공기를 냉각시켜 압축 공기의 수분을 응축시킨다.
③ 압축기로부터 배출된 공기 압력의 맥동을 평준화한다.
④ 공기 저장 탱크에는 안전 밸브, 드레인을 제거하는 자동 배수기를 설치할 수 없다.

해설 공기 저장 탱크
(1) 압축기로부터 배출된 공기 압력의 맥동을 방지하거나 평준화한다.
(2) 일시적으로 다량의 공기가 소비되는 경우의 급격한 압력 강하를 방지한다.
(3) 정전 시 등 비상시에도 일정 시간 공기를 공급하여 운전이 가능하게 한다.
(4) 주위의 외기에 의해 냉각되어 응축수를 분리시킨다.
(5) 공기 탱크의 밑부분에 위치하는 것은 드레인 밸브이며, 탱크 내 공기의 적정 온도는 40~50℃이다.

22. 실린더 행정 중 임의의 위치에 실린더를 고정하고자 할 때 사용하는 회로는? [04-5]

① 로킹 회로 ② 무부하 회로
③ 동조 회로 ④ 릴리프 회로

해설 로킹 회로는 실린더 피스톤을 임의의 위치에 고정하는 회로이다.

23. 유압 펌프에서 기름이 토출하지 않을 때 점검할 사항이 아닌 것은? [15-1]

① 펌프의 회전 방향이 옳은지 검사한다.
② 석션 스트레이너의 눈 간격을 확인한다.
③ 규정된 점도의 기름이 있는지 확인한다.
④ 릴리프 밸브 자체의 고장 여부를 점검한다.

해설 펌프가 기름을 토출하지 않을 때 점검 사항
(1) 펌프의 회전 방향 확인
(2) 흡입 쪽 검사
- 오일 탱크에 오일량의 적정량 여부
- 석션 스트레이너의 막힘 여부
- 흡입관으로 공기를 빨아들이는지 여부
- 점도의 적정 여부

정답 20. ④ 21. ④ 22. ① 23. ④

24. 그림의 기호가 의미하는 것은? [15-5]

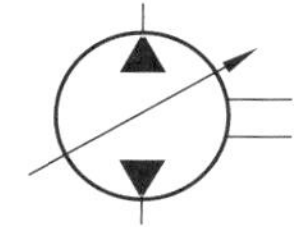

① 기어 모터
② 공기 압축기
③ 고정형 유압 펌프
④ 가변 용량형 유압 펌프

25. 기계적 에너지를 유압 에너지로 변환하여 유압을 발생시키는 부분은? [08-5, 15-5]

① 유압 펌프 ② 유량 밸브
③ 유압 모터 ④ 유압 액추에이터

해설 유압 펌프(hydraulic oil pump)는 기계적 에너지를 유압 에너지로 바꾸는 유압 기기이다.

26. 다음 중 용도가 서로 다른 밸브는 어느 것인가? [08-5 외 4회 출제]

① 릴리프 밸브 ② 시퀀스 밸브
③ 교축 밸브 ④ 언로드 밸브

해설 ③은 유량 제어 밸브, ①, ②, ④는 압력 제어 밸브이다.

27. 다음 중 유체 에너지를 기계적인 에너지로 변환하는 장치는? [09-5, 10-5, 15-5]

① 유압 탱크 ② 액추에이터
③ 유압 펌프 ④ 공기 압축기

해설 액추에이터(hydraulic actuator)는 압력 에너지를 기계적 에너지로 바꾸는 기기이다.

28. 작동유 속에 혼입하는 불순물을 제거하기 위하여 사용하는 부품은? [02-6, 12-5]

① 스트레이너 ② 밸브
③ 패킹 ④ 축압기

해설 스트레이너(strainer) : 펌프를 고장나게 할 염려가 있는 약 100메시 이상의 먼지를 제거하기 위하여 오일 필터와 조합하여 사용하며, 오일 탱크 내의 펌프 흡입 쪽에 설치되는 것으로 케이스를 사용하지 않고 엘리먼트를 직접 탱크 내에 부착하는 구조로 되어 있다. 스트레이너는 펌프 흡입 쪽에 설치하므로 흡입 저항을 되도록 적게 하고, 또 공동 현상을 방지하기 위해 큰 여과 면적(여과 능력은 펌프 흡입량의 2배 이상)을 가지고 있다.

29. 어떤 전기 회로에 2초 동안 10 C의 전하가 이동하였다면 전류는 몇 A인가? [15-3]

① 0.2 ② 2.5
③ 5 ④ 20

해설 $I=\frac{Q}{t}$[A]이므로 $I=\frac{10\text{C}}{2\text{s}}=5\text{A}$

30. 일반적으로 가정용, 옥내용으로 자주 사용되는 절연 전선은?

① 경동선 ② 연동선
③ 합성 연선 ④ 합성 단선

해설 • 경동선 : 가공 전선로에 주로 사용
• 연동선 : 옥내 배선에 주로 사용
• 합성 연선, 합성 단선 : 가공 송전 선로에 사용

31. 금속관 절단구에 대한 다듬기에 쓰이는 공구는?

① 리머 ② 홀 소
③ 프레셔 툴 ④ 파이프 렌치

해설 • 리머(reamer) : 금속관을 쇠톱이나 커터로 끊은 다음 관 안의 날카로운 것을 다듬는 공구이다.

정답 24. ④ 25. ① 26. ③ 27. ② 28. ① 29. ③ 30. ② 31. ①

• 파이프 렌치(pipe wrench) : 금속관을 커플링으로 접속할 때, 금속관과 커플링을 물고 죄는 공구이다.
• 오스터(oster) : 금속관 끝에 나사를 내는 공구로, 손잡이가 달린 래칫(ratchet)과 나사 날의 다이스(dies)로 구성된다.

32. 그림과 같이 교류 전류에 대한 저항(R)만의 회로에서 전압과 전류의 위상 관계는 어느 것인가? [03-5, 14-2]

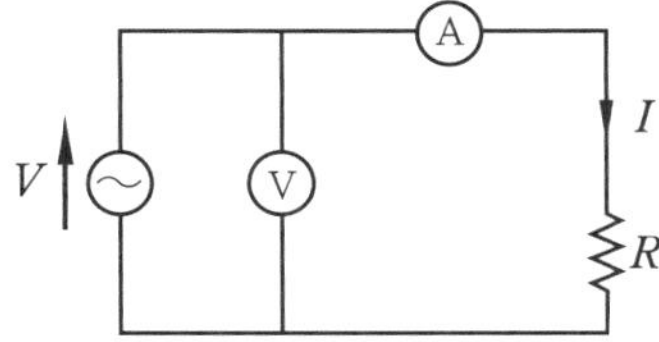

① 전압과 전류는 위상이 같다.
② 전압은 전류보다 위상이 90° 앞선다.
③ 전류는 전압보다 위상이 90° 앞선다.
④ 전압은 전류보다 위상이 180° 앞선다.

해설 순수한 저항만 있는 회로에서 전압과 전류는 동위상이다.

33. 센서에서 감각 기관의 수용기에 해당하는 부분은?

① 트랜스듀서 ② 신호 전송기
③ 수신 장치 ④ 정보 처리 장치

해설 수용기와 트랜스듀서는 변환의 역할을 한다.

34. 3상 농형 유도 전동기의 기동법이 아닌 것은? [06-5]

① 전전압 기동법 ② Y-Δ 기동법
③ 기동 보상기법 ④ Y-Y 기동법

해설 3상 농형 유도 전동기의 기동법에는 전전압 기동법, Y-Δ 기동법, 리액터 기동법, 기동 보상기법 등이 있다.

35. 가동 시 토크가 큰 것이 특징이며 전동차나 크레인과 같이 기동 토크가 큰 것을 요구하는 것에 적합한 전동기는? [10-5]

① 타여자 전동기 ② 분권 전동기
③ 직권 전동기 ④ 복권 전동기

해설 직권 전동기는 직권 계자 권선과 전기자 권선이 직렬로 접속되어 있는 것으로 다른 전동기에 비해 일정한 전류에 대해 큰 토크가 발생되어 상당히 큰 기동 토크가 요구되는 전차, 전기기관차, 내연기관 기동용, 크레인 권상기 등의 운전용에 적합하다.

36. 교류 아크 용접기의 보수 및 정비 방법에서 아크가 발생하지 않을 때 고장 원인으로 맞지 않는 것은?

① 배전반의 전원 스위치 및 용접기 전원 스위치가 "OFF" 되었을 때
② 용접기 및 작업대 접속 부분에 케이블 접속이 중복되어 있을 때
③ 용접기 내부의 코일 연결 단자가 단선이 되어 있을 때
④ 철심 부분이 단락되거나 코일이 절단되었을 때

해설 용접기 및 작업대 접속 부분에 케이블 접속이 안 되어 있을 때 → 용접기 및 작업대의 케이블에 연결을 확실하게 한다.

37. 감전(感電 : electric shock)을 나타내는 것 중 틀린 것은?

① 전기 흐름의 통로에 인체 등이 접촉되어 인체에서 단락 또는 단락 회로의 일부를 구성하여 감전이 되는 것을 직접 접촉이라 한다.
② 전선로에 인체 등이 접촉되어 인체를 통하여 지락 전류가 흘러 감전되는 것을 말한다.

정답 32. ① 33. ① 34. ④ 35. ③ 36. ② 37. ③

③ 누전 상태에 있는 기기에 인체 등이 접촉되어 인체를 통하여 지락 또는 섬락에 의한 전류로 감전되는 것을 직접 접촉이라고 한다.
④ 전기의 유도 현상에 의하여 인체를 통과하는 전류가 발생하여 감전되는 것 등으로 분류한다.

해설 누전 상태에 있는 기기에 인체 등이 접촉되어 인체를 통하여 지락 또는 섬락에 의한 전류로 감전되는 것을 간접 접촉이라고 한다.

38. 원격 제어 장치로는 유선식과 무선식이 있는데 다음 중 틀린 것은?

① 전동기 조작형은 소형 모터로 용접기의 전류 조정 핸들을 움직여 전류를 조정할 수 있다.
② 가포화 리액터형은 가변 저항기 부분을 분리시켜 작업자 위치에 놓고 용접 전류를 원격 조정한다.
③ 가포화 리액터형은 소형 모터로 작업자 위치에 놓고 용접 전류를 원격 조정한다.
④ 무선식은 제어용 전선을 사용하지 않고 용접용 케이블 자체를 제어용 케이블로 병용하는 것이다.

해설 가포화 리액터형은 용접기에서 멀리 떨어진 장소에서 전류를 조절할 수 있는 원격 제어 장치이다.

39. 용접 설비 중 환기 장치(후드)는 인체에 해로운 분진, 흄 등을 배출하기 위하여 설치하는 국소 배기 장치인데 다음 중 틀린 것은 어느 것인가?

① 유해 물질이 발생하는 곳마다 설치할 것
② 유해 인자의 발생 형태와 비중, 작업 방법 등을 고려하여 해당 분진 등의 발산원(發散源)을 제어할 수 있는 구조로 설치할 것
③ 후드(hood) 형식은 가능하면 포위식 또는 부스식 후드를 설치할 것
④ 내부식 또는 리시버식 후드는 해당 분진 등의 발산원에 가장 가까운 위치에 설치할 것

해설 외부식 또는 리시버식 후드는 해당 분진 등의 발산원에 가장 가까운 위치에 설치할 것

40. 다음 중 피복 아크 용접봉에서 피복제의 역할이 아닌 것은?

① 아크의 안정
② 용착 금속에 산소 공급
③ 용착 금속의 급랭 방지
④ 용착 금속의 탈산 정련 작용

해설 피복제의 역할
(1) 아크를 안정시킨다.
(2) 용융 금속의 용적을 미세화하여 용착 효율을 높인다.
(3) 중성 또는 환원성 분위기로 대기 중으로부터 산화, 질화 등의 해를 방지하여 용착 금속을 보호한다.
(4) 용착 금속의 급랭을 방지하고 탈산 정련 작용을 하며 용융점이 낮은 적당한 점성의 가벼운 슬래그를 만든다.
(5) 슬래그를 제거하기 쉽고 파형이 고운 비드를 만들며 모재 표면의 산화물을 제거하고 양호한 용접부를 만든다.
(6) 스패터의 발생을 적게 하고 용착 금속에 필요한 합금 원소를 첨가시키며 전기 절연 작용을 한다.

41. 연강 피복 아크 용접봉인 E 4316의 계열은 어느 계열인가?

① 저수소계 ② 고산화티탄계
③ 일미나이트계 ④ 철분저수소계

정답 38. ③ 39. ④ 40. ② 41. ①

해설 ① 저수소계 : E 4316
② 고산화티탄계 : E 4313
③ 일미나이트계 : E 4301
④ 철분저수소계 : E 4326

42. 일반적인 용접의 특징으로 틀린 것은?

① 작업 공정 수가 적어 경제적이다.
② 재료가 절약되고, 중량이 가벼워진다.
③ 품질 검사가 쉽고 변형이 발생되지 않는다.
④ 소음이 적어 실내에서의 작업이 가능하며 복잡한 구조물의 제작이 쉽다.

해설 품질 검사가 곤란하고, 제품의 변형 및 잔류 응력이 발생하여 존재한다.

43. 테르밋 용접법의 특징을 설명한 것이다. 맞는 것은?

① 전기가 필요하다.
② 용접 작업 후의 변형이 작다.
③ 용접 작업의 과정이 복잡하다.
④ 용접용 기구가 복잡하여 이동이 어렵다.

해설 테르밋 용접은 열원을 외부에서 가하는 것이 아니라 테르밋 반응에 의해 생기는 열을 이용한다.

44. $\frac{1}{100}$ mm까지 측정할 수 있는 마이크로미터 스핀들의 나사 피치는? (단, 딤블의 눈금 등분수는 50이다.)

① 0.2 mm ② 0.3 mm
③ 0.5 mm ④ 0.8 mm

45. 직류 정극성에 대한 설명으로 올바르지 못한 것은?

① 모재를 (+)극에, 용접봉을 (−)극에 연결한다.
② 용접봉의 용융이 느리다.
③ 모재의 용입이 깊다.
④ 용접 비드의 폭이 넓다.

해설 정극성은 모재에 양극(+), 전극봉에 음극(−)을 연결하여 양극에 발열량이 70~80 %, 음극에서는 20~30 %로 모재측에 열 발생이 많아 용입이 깊게 되고 음극인 전극봉(용접봉)은 천천히 녹는다. 역극성은 반대로 모재가 천천히 녹고 용접봉은 빨리 용융되어 비드가 용입이 얕고 넓어진다.

46. 용접기의 특성 중 부하 전류가 증가하면 단자 전압이 저하하는 특성은?

① 부저항 특성 ② 정전류 특성
③ 수하 특성 ④ 정전압 특성

47. 용접 작업에서 아크를 쉽게 발생하기 위하여 용접기에 들어가는 장치는?

① 전격방지기
② 원격 제어 장치
③ 무선식 원격 제어 장치
④ 고주파 발생 장치

해설 고주파 발생 장치는 아크의 안정을 확보하기 위하여 상용 주파수의 아크 전류 외에 고전압 3000~4000 V를 발생하여 용접 전류를 중첩시키는 부속 장치이다.

48. 산소 병에 대한 설명 중 잘못된 것은?

① 산소 병은 이음매가 없는 병으로 구성은 본체, 밸브, 캡의 3부분이다.
② 산소 병은 보통 35℃에서 15 MPa(150 kgf/cm^2)의 고압 산소가 충전된다.
③ 산소 병의 정기 검사는 내용적 500 L 미만은 1년마다 실시한다,
④ 산소 병의 밑부분의 형상은 볼록형, 오목형, 스커트형이 있다.

정답 42. ③ 43. ② 44. ③ 45. ④ 46. ③ 47. ④ 48. ③

해설 • 산소 병의 정기 검사는 내용적 500 L 미만은 3년마다 실시한다.
• 외관 검사, 질량 검사, 내압 검사(수조식, 비수조식) 등의 검사를 하고 내압 시험 압력은 250 kgf/cm^2(=충전 압력×$\frac{5}{3}$)이 사용된다.

49. 산소－아세틸렌 가스 용접에 사용하는 아세틸렌용 호스의 색은?

① 청색 ② 흑색 ③ 적색 ④ 녹색

해설 가스 용접에 사용하는 호스의 색 : 아세틸렌은 적색, 산소는 녹색을 사용한다.

50. 가스 용접에서 역화의 원인이 될 수 없는 것은?

① 아세틸렌의 압력이 높을 때
② 팁 끝이 모재에 부딪혔을 때
③ 스패터가 팁의 끝부분에 덮였을 때
④ 토치에 먼지나 물방울이 들어갔을 때

해설 역화란 폭음이 나면서 불꽃이 꺼졌다가 다시 나타나는 현상을 말한다. 역화의 원인은 ②, ③, ④ 외에 산소 압력의 과다로 팁 끝이 모재에 닿아 순간적으로 팁 끝이 막히거나, 팁 끝의 가열 및 조임 불량 등이 있다.

51. 강의 가스 절단에서 예열은 약 몇 ℃ 정도에서 절단을 시작하는가?

① 250～300℃ ② 450～550℃
③ 660～760℃ ④ 850～900℃

해설 강의 가스 절단은 절단 부분의 예열 시 약 850～900℃에 도달했을 때 고온의 철이 산소 중에서 쉽게 연소하는 화학 반응의 현상을 이용하는 것이다. 고압 산소를 팁의 중심에서 불어 내면 철은 연소하여 저용융점 산화철이 되고 산소 기류에 불려 나가 약 2～4 mm 정도의 홈이 파져 절단 목적을 이룬다.

52. 다음 레이저 빔 절단에 대한 설명 중 틀린 것은?

① 대기 중에서는 광선의 응축 상태가 확산되어 절단이 어렵다.
② 절단 폭이 좁고 절단 각이 예리하다.
③ 절단부의 품질이 산소－아세틸렌 절단면보다 우수하다.
④ 용접하는 데 사용되는 전원보다 사용 전원의 양이 적어 경제적으로 좋다.

해설 레이저 빔은 단색성, 지향성, 간섭성, 에너지 집중도 및 휘도성이 뛰어나며 광선의 응축 상태가 집중되어 절단이 쉽다.

53. 주철은 용융점이 연소 온도 및 슬래그의 용융점보다 낮고, 또 흑연은 철의 연속적인 연소를 방해하여 절단이 어려우므로 주철의 절단에는 어느 절단법이 주로 사용되는가?

① 분말 절단 ③ 포갬 절단
② 가스 절단 ④ 가스 가우징

해설 주철, 비철 금속 등의 절단부에 철분 또는 용제의 미세한 분말을 압축 공기 또는 압축 질소에 의해 자동적, 연속적으로 팁을 통해서 분출하여 예열 불꽃 중에서 이들과의 연소 반응으로 절단하는 것을 분말 절단이라 한다.

54. 기계 작업에서 적당하지 않은 것은?

① 구멍 깎기 작업 시에는 기계 운전 중에도 구멍 속을 청소해야 한다.
② 운전 중에는 다듬면 검사를 하지 않는다.
③ 치수 측정은 운전 중에 하지 않는다.
④ 베드 및 테이블의 면을 공구대 대용으로 쓰지 않는다.

정답 49. ③ 50. ① 51. ④ 52. ① 53. ① 54. ①

55. 선반 작업할 때 바지가 감기기 쉬운 곳은 어느 것인가?

① 주축대 ② 텀블러 기어
③ 리드 스크루 ④ 바이트

56. 다음은 가스 폭발을 방지하는 방법이다. 옳지 않은 것은?

① 점화 전에 노내를 환기시킨다.
② 점화 시에 공기 공급을 먼저 한다.
③ 연소량을 감소시킬 때 공기 공급을 줄이고 연료 공급을 감소시킨다.
④ 연소 중 불이 꺼졌을 경우 노내를 환기시킨 후 재점화한다.

해설
- 연소량을 증가시킬 때에는 먼저 공기 공급을 증대한 후 연료 공급을 증대시켜야 한다.
- 연소량을 감소시킬 때에는 먼저 연료 공급을 줄이고 공기 공급을 감소시켜야 한다.

57. 안전 색채의 선택 시 고려하여야 할 사항이 아닌 것은?

① 순백색을 사용한다.
② 자극이 강한 색은 피한다.
③ 안정감을 내도록 한다.
④ 밝고 차분한 색을 선택한다.

해설 작업장의 안전 색채 선택 시 순백색은 피한다.

58. 작업장에 조명을 하는 데 필요한 조건으로 틀린 것은?

① 광원이 흔들리지 않아야 한다.
② 작업 성질에 따라 빛의 질이 적당하여야 한다.
③ 작업 장소와 그 주위의 밝기의 차이가 커야 한다.
④ 작업 장소와 바닥 등에 너무 짙게 그림자를 만들지 않아야 한다.

해설 작업 장소와 그 주위의 밝기는 같아야 한다.

59. 방독 마스크를 사용해서는 안 되는 때는 언제인가?

① 공기 중의 산소가 결핍되었을 때
② 암모니아 가스의 존재 시
③ 페인트 제조 작업을 할 때
④ 소방 작업을 할 때

해설 방독 마스크 사용 시 주의사항
- 방독 마스크를 과신하지 말 것
- 수명이 지난 것은 절대로 사용하지 말 것
- 산소 결핍(일반적으로 16 % 기준) 장소에서는 사용하지 말 것
- 가스의 종류에 따라 용도 이외의 것을 사용하지 말 것

60. 산업안전보건법령상 사업주의 의무가 아닌 것은?

① 근로조건의 개선
② 쾌적한 작업환경의 조성
③ 근로자의 안전 및 건강을 유지
④ 산업재해에 관한 조사 및 통계의 유지, 관리

해설 사업주 등의 의무 : 사업주는 다음 각 호의 사항을 이행함으로써 근로자의 안전 및 건강을 유지·증진시키고 국가의 산업재해 예방정책을 따라야 한다.
- 이 법과 이 법에 따른 명령으로 정하는 산업재해 예방을 위한 기준
- 근로자의 신체적 피로와 정신적 스트레스 등을 줄일 수 있는 쾌적한 작업환경의 조성 및 근로조건 개선
- 해당 사업장의 안전 및 보건에 관한 정보를 근로자에게 제공

정답 55. ③ 56. ③ 57. ① 58. ③ 59. ① 60. ④

2회 CBT 대비 실전문제

1. 도면에서 표제란과 부품란으로 구분할 때, 부품란에 기입할 사항으로 거리가 먼 것은 어느 것인가? [10-5]

① 품명 ② 재질
③ 수량 ④ 척도

해설 척도는 표제란에 기입한다.

2. 한계 게이지(limit gauge)의 설명으로 옳은 것은?

① 소량 다품종 제품 측정에 적합하다.
② 제품의 실제 치수를 직접 읽을 수 있다.
③ 조작이 간단하고 경험을 필요로 하지 않는다.
④ 측정하고자 하는 여러 개의 기준 치수라도 한 개의 게이지(gauge)로 측정이 가능하다.

해설 한계 게이지(limit gauge)
(1) 장점
• 다량 제품 측정에 적합하고 불량의 판정을 쉽게 할 수 있다.
• 조작이 간단하고 경험을 필요로 하지 않는다.
(2) 단점
• 측정하고자 하는 한 개의 기준 치수마다 한 개의 게이지(gauge)가 필요하다.
• 제품의 실제 치수를 읽을 수가 없다.

3. 마이크로미터에 관한 설명 중 옳은 것은?

① 측정 범위는 0~150 mm, 0~300 mm 등 150 mm씩 증가한다.
② 본척의 어미자와 부척의 아들자를 이용하여 길이를 측정한다.
③ 딤블을 이용하여 측정 압력을 일정하게 하여 균일한 측정이 되도록 한다.
④ 외측 마이크로미터는 앤빌과 스핀들 사이에 측정물을 대고 길이를 측정한다.

해설 외측 마이크로미터는 아베의 원리가 적용되는 측정기로 앤빌과 스핀들 사이에 측정물을 접촉시켜 길이를 측정한다.

4. 다음 중 설비 보전에 대한 용어 설명이 올바른 것은?

① 사후 보전 : 생산성을 높이기 위한 보전
② 보전 예방 : 고장이 없고 보전이 필요하지 않은 설비를 설계 또는 제작하는 설비 보전
③ 개량 보전 : 설비의 유해한 성능 저하를 가져오는 상태를 발견하고 초기 단계에서 복구시키는 보전
④ 예방 보전 : 설비 효율을 최고로 하기 위하여 최고 경영자부터 최일선 종업원까지 전원이 참여하는 설비 보전

해설 ① 사후 보전 : 고장이 나서 설비의 정지 또는 유해한 성능 저하를 가져온 후에 수리를 행하는 보전
③ 개량 보전 : 설비의 수명이 길고 고장이 적으며 보전 절차가 없는 재료나 부품을 사용할 수 있도록 설비의 체질을 개선해서 열화 손실을 줄이도록 하는 보전

정답 1. ④ 2. ③ 3. ④ 4. ②

④ 예방 보전 : 고장, 정지 또는 유해한 성능 저하를 가져오는 상태를 발견하고 설비의 주기적인 검사로 초기 단계에서 제거 또는 복구시키기 위한 보전

5. 다음 중 윤활유의 작용과 기능의 관계가 옳은 것은?

① 감마 : 먼지 등의 유해 물질의 혼입을 방지한다.
② 방진 : 윤활 개소의 마찰을 감소하여 마찰 소음을 방지하고 마모와 소착을 방지한다.
③ 청정 : 녹 발생 및 부식을 방지한다.
④ 밀봉 : 밀폐 용기 내의 압력 누설 등을 방지한다.

해설 윤활유의 작용과 기능

작용	기능
감마	윤활 개소의 마찰을 감소하여 마찰 소음을 방지하고 마모와 소착을 방지한다.
냉각	열을 외부로 방출시켜 냉각시킨다.
밀봉	밀폐 용기 내의 압력 누설 등을 방지한다.
청정	혼입 이물을 무해한 형태로 바꾸거나 외부로 배출시켜 청정을 유지한다.
부식 방지	녹 발생 및 부식을 방지한다.
방진	먼지 등의 유해 물질의 혼입을 방지한다.
동력 전달	유압 작동유로서 동력 전달체의 작용을 한다.

6. 볼트와 너트의 풀림 방지 방법으로 적합하지 않은 것은? [06-5, 14-5]

① 테이핑을 하여 체결한다.
② 아연 도금 연철선에 의한 와이어 고정 방법을 사용한다.
③ 분할 핀, 홈달림 너트 등 풀림 방지용 너트를 사용한다.
④ 스프링, 이붙이, 혀붙이 등의 풀림 방지용 와셔를 사용한다.

해설 볼트, 너트의 이완 방지법에는 홈붙이 너트 분할 핀 고정에 의한 방법, 절삭 너트에 의한 방법, 로크 너트에 의한 방법, 특수 너트에 의한 방법, 와셔를 이용한 풀림 방지, 철사를 동여매는 방법, 코킹에 의한 방법 등이 있다.

7. 베어링 번호가 6305인 것에 대한 설명 중 옳지 않은 것은?

① 단열 깊은 홈형 볼 베어링이다.
② 안지름이 25 mm이다.
③ 자동 조심형이다.
④ 치수 계열은 중간 하중용이다.

해설 자동 조심형은 복렬이다.

8. 다음 중 미끄럼을 방지하기 위하여 안쪽 표면에 이가 있는 벨트로 정확한 속도가 요구되는 경우에 사용되는 것은? [16-2]

① 천 벨트 ② 가죽 벨트
③ 고무 벨트 ④ 타이밍 벨트

해설 타이밍 벨트(timing belt)는 정확한 속도가 요구되는 경우의 전동 벨트로 사용된다.

9. 물체를 올릴 때는 제동 작용을 하지 않고 클러치 작용을 하며, 물체를 아래로 내릴 때는 속도를 조절하거나 정지시킬 때 사용되는 브레이크는? [16-2]

① 블록 브레이크
② 밴드 브레이크

정답 5. ④ 6. ① 7. ③ 8. ④ 9. ③

③ 자동 하중 브레이크
④ 래칫 휠(rachet wheel)

해설 자동 하중 브레이크 : 정회전일 때에는 저항이 없고 역회전일 경우에 자동으로 제동되는 브레이크로 와이어 로프 하중 브레이크, 나사 브레이크, 웜 브레이크, 캠 브레이크, 원심 브레이크 등이 있다.

10. 다음은 주철관의 특징에 대한 설명이다. 틀린 것은?

① 파괴 강도가 강하다.
② 내식성이 우수하다.
③ 강관에 비하여 단위 길이당 무게가 무겁다.
④ 호칭 치수는 관의 안지름으로 나타낸다.

11. 밸브에서 주요 누설의 발생 부분이 아닌 것은?

① 플랜지 부분
② 밸브 시트
③ 밸브 봉 패킹 부분
④ 밸브 손잡이

해설 밸브에서 주요 누설의 발생 부분 : 플랜지 부분, 밸브 시트, 밸브 봉 패킹 부분

12. 다음 중 원심형 통풍기의 정기 검사 항목이 아닌 것은?

① 수랭식 냉각기의 작동
② 통풍기 벨트의 작동
③ 통풍기의 주유 상태
④ 후드 덕트의 마모, 부식

해설 원심형 통풍기의 정기 검사 항목
(1) 후드 덕트의 마모, 부식, 움푹 패임, 기타의 손상 유무 및 그 정도
(2) 덕트 배풍기의 먼지 퇴적 상태
(3) 통풍기의 주유 상태
(4) 덕트 접촉부의 풀림
(5) 통풍기 벨트의 작동
(6) 흡기·배기의 능력
(7) 여포식 제진 장치에서는 여포의 파손 풀림
(8) 기타 성능 유지상의 필요 사항

13. 송풍기에서 일정 풍량 영역에서만 진동이 발생하는 원인으로 옳은 것은? [14-5]

① 서징(surging)
② 축의 굽음(bending)
③ 언밸런스(unbalance)
④ 축정렬 불량(misalignment)

14. 입력 축과 출력 축에 드라이브 콘(drive cone)을 비치하고, 그 바깥 가장자리에 강구를 접촉시킨 형태의 변속기는? [06-5, 16-1]

① 가변 변속기
② 디스크 무단 변속기
③ 링 콘 무단 변속기
④ 컵 무단 변속기

해설 컵 무단 변속기

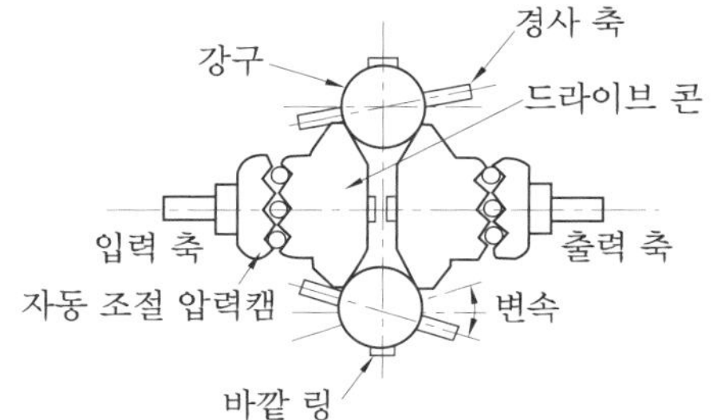

15. 압축기를 압축하는 방식에 따라 원심식과 왕복식으로 분류할 때, 원심식 압축기와 비교한 왕복식 압축기의 특징으로 옳지 않은 것은? [14-5]

① 소용량이다.

정답 10. ① 11. ④ 12. ① 13. ① 14. ④ 15. ④

② 윤활이 어렵다.
③ 기초가 견고해야 한다.
④ 고압 발생이 불가능하다.

해설 왕복식 압축기는 고압 발생이 가능하나, 설치 면적이 넓고, 기초가 견고해야 하며, 윤활이 어렵고, 압력 맥동이 있으며, 소용량이다.

16. '**액체에 전해지는 압력은 모든 방향에 동일하며 그 압력은 용기의 각 면에 직각으로 작용한다.'는 것은?** [05-5]

① 보일의 법칙
② 파스칼의 원리
③ 줄의 법칙
④ 베르누이의 정리

해설 파스칼의 원리는 정지된 유체 내에서 압력을 가하면 이 압력은 유체를 통하여 모든 방향으로 일정하게 전달된다는 것으로, 모든 유압 장치에 기본적으로 이용되는 원리이다.

17. 2개의 안정된 출력 상태를 가지고, 입력 유무에 관계없이 직전에 가해진 입력의 상태를 출력 상태로서 유지하는 회로는 어느 것인가? [10-5, 12-2]

① 부스터 회로
② 카운터 회로
③ 레지스터 회로
④ 플립플롭 회로

해설 플립플롭 회로(flip-flop circuit) : 2개의 안정된 출력 상태를 가지며, 입력의 유무에 관계없이 직전에 가해진 입력의 상태를 출력 상태로 유지하는 회로로 신호(세트) 입력이 가해지면 출력이 나타나고, 그 입력이 없어져도 그 출력 상태가 유지된다. 복귀 입력(리셋)이 가해지면 출력은 0으로 된다.

18. 순수 공압 제어 회로의 설계에서 신호의 트러블(신호 중복에 의한 장애)을 제거하는 방법 중 메모리 밸브를 이용한 공기 분배 방식은? [15-5]

① 3/2-way 밸브의 사용 방식
② 시간 지연 밸브의 사용 방식
③ 캐스케이드 체인 사용 방식
④ 방향성 리밋 스위치의 사용 방식

해설 캐스케이드 회로는 실린더와 이를 제어하는 전환 밸브를 그리며, 메모리 밸브를 사용하여 실린더를 제어한다.

19. ISO-1219 표준(문자식 표현)에 의한 공압 밸브의 연결구 표시 방법에 따라 A, B, C 등으로 표현되어야 하는 것은? [14-2]

① 배기구
② 제어 라인
③ 작업 라인
④ 압축 공기 공급 라인

해설 포트 기호

구분	ISO 1219	ISO 5509/11
작업 라인	A, B, C	2, 4, 6
압축 공기 공급 라인	P	1
배기구	R, S, T	3, 5, 7
제어 라인	Y, Z, X	10, 12, 14

20. 다음 중 압력 제어 밸브의 종류에 속하지 않는 것은? [16-4]

① 감압 밸브 ② 릴리프 밸브
③ 셔틀 밸브 ④ 시퀀스 밸브

해설 압력 제어 밸브의 종류에는 감압 밸브(리듀싱 밸브), 릴리프 밸브, 시퀀스 밸브, 압력 스위치, 유압 퓨즈, 언로딩 밸브 등이 있으며, 셔틀 밸브는 논 리턴 밸브이다.

정답 16. ② 17. ④ 18. ③ 19. ③ 20. ③

21. 다음 중 램형 실린더가 갖는 장점이 아닌 것은? [07-5, 16-2]

① 피스톤이 필요 없다.
② 공기 빼기 장치가 필요 없다.
③ 실린더 자체 중량이 가볍다.
④ 압축력에 대한 휨에 강하다.

해설 램형 실린더 : 좌굴 등 강성을 요할 때 사용하는 실린더로 피스톤 지름과 로드 지름 차가 없는 수압 가동 부분을 갖는 것이므로 실린더 자체 중량이 무겁다.

22. 일반적으로 사용되는 압력계는 대부분 어떤 것을 택하는가? [03-5]

① 게이지 압력 ② 절대 압력
③ 평균 압력 ④ 최고 압력

해설 일반적으로 사용되는 압력계는 대부분 게이지 압력계이다.

23. 유압 시스템의 장점이 아닌 것은?

① 정확한 위치 제어가 가능하다.
② 큰 힘을 낼 수 있다.
③ 속도가 빠르다.
④ 조절성이 좋다.

24. 기어 펌프 작동 시 오일의 일부가 기어의 맞물림에 의해 두 기어의 틈새에 갇혀서 다시 원래의 흡입측으로 되돌려지는 현상을 무엇이라 하는가? [15-5]

① 폐입 현상 ② 맥동 현상
③ 서지 현상 ④ 채터링 현상

해설 폐입 현상은 2개의 기어가 서로 물림에 의해서 압유가 되돌려지는 현상으로 이 현상에 따른 결과는 기포 발생 및 진동 소음 발생, 축동력 증가, 캐비테이션 등의 나쁜 영향이 있으며 해결법으로 톱니바퀴의 맞물리는 부분의 측면에 토출 홈을 파준다.

25. 유압 회로에서 주회로 압력보다 저압으로 해서 사용하고자 할 때 사용하는 밸브는 어느 것인가? [07-5 외 3회 출제]

① 감압 밸브
② 시퀀스 밸브
③ 언로드 밸브
④ 카운터 밸런스 밸브

해설 감압 밸브(pressure reducing valve)

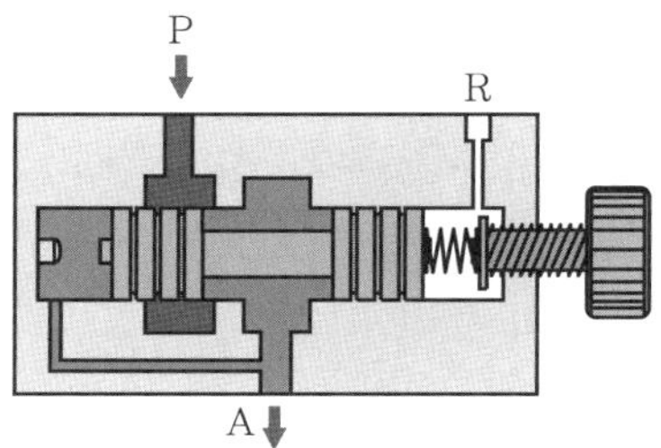

26. 유압 펌프 중에서 가변 체적형의 제작이 용이한 펌프는? [06-5]

① 내접형 기어 펌프
② 외접형 기어 펌프
③ 평형형 베인 펌프
④ 축방향 회전 피스톤 펌프

해설 피스톤 펌프(piston pump, plunger pump) : 피스톤을 실린더 내에서 왕복시켜 흡입 및 토출을 하는 것으로 고속, 고압에 적합하나, 복잡하여 수리가 곤란하며, 값이 비싸다. 이 펌프는 고정 체적형이나 가변 체적형 모두 할 수 있으며, 효율이 매우 좋고, 높은 압력과 균일한 흐름을 얻을 수 있어서 성능이 우수하다.

27. 유압 장치의 과부하 방지에 사용되는 기기는? [11-5]

① 시퀀스 밸브
② 카운터 밸런스 밸브
③ 릴리프 밸브

정답 21. ③ 22. ① 23. ③ 24. ① 25. ① 26. ④ 27. ③

④ 감압 밸브

해설 릴리프 밸브는 실린더 내의 힘이나 토크를 제한하여 부품의 과부하(over load)를 방지하고 최대 부하 상태로 최대의 유량이 탱크로 방출되기 때문에 작동 시 최대의 동력이 소요된다.

28. 다음 중 유압 탱크의 구비 조건이 아닌 것은? [15-3]

① 필요한 기름의 양을 저장할 수 있을 것
② 복귀관 측과 흡입관 측 사이에 격판을 설치할 것
③ 펌프의 출구측에 스트레이너가 설치되어 있을 것
④ 적당한 크기의 주유구와 배유구가 설치되어 있을 것

해설 스트레이너는 펌프 흡입측에 설치한다.

29. 직류 회로에서 옴(Ohm)의 법칙을 설명한 내용 중 맞는 것은? [07-5]

① 전류는 전압의 크기에 비례하고 저항값의 크기에 비례한다.
② 전류는 전압의 크기에 반비례하고 저항값의 크기에 반비례한다.
③ 전류는 전압의 크기에 비례하고 저항값의 크기에 반비례한다.
④ 전류는 전압의 크기에 반비례하고 저항값의 크기에 비례한다.

해설 옴의 법칙은 $I=\frac{V}{R}$[A]이므로 도체에 흐르는 전류(I)는 전압(V)에 비례하고 저항(R)에 반비례한다.

30. 옥내 배선의 지름을 결정하는 가장 중요한 요소는?

① 허용 전류 ② 전압 강하
③ 기계적 강도 ④ 공사 방법

해설 전선의 지름 결정 시 고려사항
(1) 허용 전류
(2) 전압 강하
(3) 기계적 강도
(4) 사용 주파수
※ 가장 중요한 요소는 허용 전류이다.

31. 저압 옥내 배선 검사의 순서가 맞게 배열된 것은?

① 절연 저항 측정－점검－통전 시험－접지 저항 측정
② 점검－절연 저항 측정－접지 저항 측정－통전 시험
③ 점검－통전 시험－절연 저항 측정－접지 저항 측정
④ 통전 시험－점검－접지 저항 측정－절연 저항 측정

32. 그림은 어떤 회로를 나타낸 것인가? [16-2]

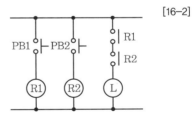

① OR 회로
② 인터록 회로
③ AND 회로
④ 자기 유지 회로

해설 이 회로는 PB1 스위치와 PB2 스위치를 같이 ON해야 릴레이 R1과 R2가 같이 여자되어 출력 L이 있는 AND 회로이다.

33. 온도를 저항으로 변환시키는 것은?

① 열전대 ② 전자 코일

정답 28. ③ 29. ③ 30. ① 31. ② 32. ③ 33. ④

③ 인덕턴스 ④ 서미스터

해설 서미스터(thermistor) : 전자 회로에서 온도 보상용으로 많이 사용되는 소자

34. 그림과 같이 자석을 코일과 가까이 또는 멀리하면 검류계 지침이 순간적으로 움직이는 것을 알 수 있다. 이와 같이 코일을 관통하는 자속을 변화시킬 때 기전력이 발생하는 현상을 무엇이라 하는가? [05-5]

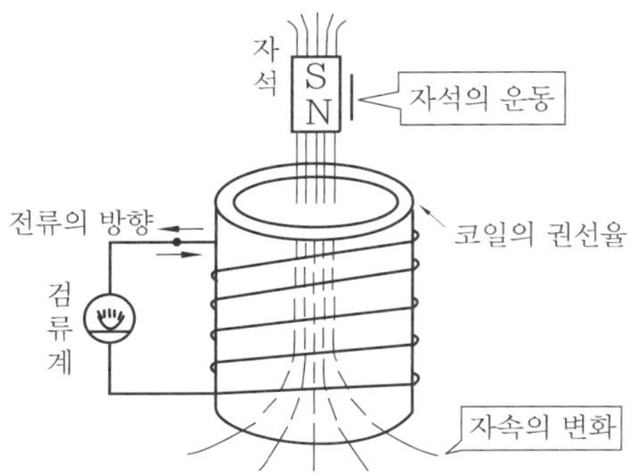

① 드리프트 ② 상호 유도
③ 전자 유도 ④ 정전 유도

해설 전자 유도 : 코일을 지나는 자속이 변화하면 코일에 기전력이 생기는 현상

35. 직류 전동기를 급정지 또는 역전시키는 전기 제동 방법은? [13-2, 16-4]

① 플러깅
② 계자 제어
③ 워드 레오나드 방식
④ 일그너 방식

해설 전동기를 전원에 접속된 상태에서 전기자의 접속을 반대로 하고 회전 방향과 반대 방향으로 토크를 발생시켜 급속 정지하거나 역전시키는 방법을 역전 제동(plugging)이라 한다.

36. 용접기의 설치 장소 중 옳지 않은 것은 어느 것인가?

① 통풍이 잘 되고 금속, 먼지가 적은 곳
② 해발 1000 m를 초과하지 않는 장소
③ 습기가 많아도 견고한 구조의 바닥
④ 직사광선이나 비바람이 없는 장소

해설 용접기는 습기가 많은 장소를 피해서 설치한다.

37. 용접기 사용 시 주의할 점이 아닌 것은?

① 용접기의 용량보다 과대한 용량으로 사용한다.
② 용접기의 V단자와 U단자가 케이블과 확실하게 연결되어 있는 상태에서 사용한다.
③ 용접 중에 용접기의 전류 조절을 하지 않는다.
④ 작업 중단 또는 종료, 정전 시에는 즉시 전원 스위치를 차단한다.

해설 ②, ③, ④ 외에 용접기 위에나 밑에 재료나 공구를 놓지 않으며, 용접기의 용량보다 과대한 용량으로 사용하지 않는다.

38. 다음 중 누전 차단기 설치 방법으로 틀린 것은?

① 전동 기계, 기구의 금속제 외피 등 금속 부분은 누전 차단기를 접속한 경우에 가능한 접지한다.
② 누전 차단기는 분기 회로 또는 전동 기계, 기구마다 설치를 원칙으로 할 것. 다만 평상시 누설 전류가 미소한 소용량 부하의 전로에는 분기 회로에 일괄하여 설치할 수 있다.
③ 서로 다른 누전 차단기의 중성선은 누전차단기의 부하측에서 공유하도록 한다.
④ 지락 보호 전용 누전 차단기(녹색 명

정답 34. ③ 35. ① 36. ③ 37. ① 38. ③

판)는 반드시 과전류를 차단하는 퓨즈 또는 차단기 등과 조합하여 설치한다.

해설 서로 다른 누전차단기의 중성선이 누전차단기의 부하측에서 공유되지 않도록 한다.

39. **전체 환기장치를 분진 등을 배출하기 위하여 설치할 때 틀린 것은?**

① 송풍기 또는 배풍기(덕트를 사용하는 경우에는 그 덕트의 흡입구를 말한다)는 가능하면 해당 분진 등의 발산원에 가장 가까운 위치에 설치할 것
② 송풍기 또는 배풍기는 직접 외부로 향하도록 개방하여 실내에 설치하는 등 배출되는 분진 등이 작업장으로 재유입되지 않는 구조로 할 것
③ 분진 등을 배출하기 위하여 국소배기장치나 전체 환기장치를 설치한 경우 그 분진 등에 관한 작업을 하는 동안 국소배기장치나 전체 환기장치를 가동할 것
④ 국소배기장치나 전체 환기장치를 설치한 경우 조정판을 설치하여 환기를 방해하는 기류를 없애는 등 그 장치를 충분히 가동하기 위하여 필요한 조치를 할 것

해설 송풍기 또는 배풍기는 직접 외부로 향하도록 개방하여 실외에 설치하는 등 배출되는 분진 등이 작업장으로 재유입되지 않는 구조로 할 것

40. **피복 아크 용접봉의 피복제의 주된 역할로 옳은 것은?**

① 스패터의 발생을 많게 한다.
② 용착 금속에 필요한 합금 원소를 제거한다.
③ 모재 표면에 산화물이 생기게 한다.
④ 용착 금속의 냉각 속도를 느리게 하여 급랭을 방지한다.

해설 ① 스패터의 발생을 적게 한다.
② 용착 금속에 필요한 합금 원소를 첨가하고 용융 속도 및 용입을 알맞게 조절한다.
③ 모재 표면의 산화물을 제거한다.

41. **연강용 피복 아크 용접봉의 심선에 대한 설명으로 옳지 않은 것은?**

① 주로 저탄소 림드강이 사용된다.
② 탄소 함량이 많은 것으로 사용한다.
③ 황(S)이나 인(P) 등의 불순물을 적게 함유한다.
④ 규소(Si)의 양을 적게 하여 제조한다.

해설 탄소 함량이 많은 것을 사용하면 용융 온도가 저하되고 냉각 속도가 커져 균열의 원인이 되기 때문에 적은 것을 사용한다.

42. **리벳 이음에 비교한 용접 이음의 특징을 열거한 것 중 틀린 것은?**

① 이음 효율이 높다.
② 유밀, 기밀, 수밀이 우수하다.
③ 공정의 수가 절감된다.
④ 구조가 복잡하다.

해설 용접 이음은 리벳 이음에 비해 구조가 단순하며, 작업 공정을 적게 할 수 있다.

43. **용접법의 분류 중에서 융접에 해당하지 않는 것은?**

① 저항 용접
② 스터드 용접
③ 피복 아크 용접
④ 서브머지드 아크 용접

해설 저항 용접은 압접이다.

정답 39. ② 40. ④ 41. ② 42. ④ 43. ①

44. 마이크로미터의 0점 조정용 기준봉의 방열 커버 부분을 잡고 0점 조정을 실시하는 가장 큰 이유는?

① 온도의 영향을 고려하기 위해서이다.
② 취급을 간편하게 하기 위해서이다.
③ 정확한 접촉을 고려하기 위해서이다.
④ 시야가 넓어진다.

45. 용접 준비에서 조립 및 가용접에 관한 설명으로 옳은 것은?

① 변형 혹은 잔류 응력을 될 수 있는 대로 크게 해야 한다.
② 가용접은 본용접을 실시하기 전에 좌우의 홈 부분을 임시로 고정하기 위한 짧은 용접이다.
③ 조립 순서는 수축이 큰 이음을 나중에 용접한다.
④ 용접물의 중립축에 대하여 용접으로 인한 수축력 모멘트의 합이 100이 되도록 한다.

46. 필터 유리 앞에 일반 유리를 끼우는 주된 이유는?

① 가시광선을 적게 받기 위하여
② 시력의 장애를 감소시키기 위하여
③ 용접 가스를 방지하기 위하여
④ 필터 유리를 보호하기 위하여

해설 차광 유리(필터 유리)를 보호하기 위해 앞뒤로 끼우는 유리를 보호 유리라 한다.

47. 200 V용 아크 용접기의 1차 입력이 30 kVA일 때 퓨즈의 용량은 몇 A가 가장 적당한가?

① 60 A ② 100 A
③ 150 A ④ 200 A

해설 퓨즈 용량 $= \dfrac{\text{용접기 입력(1차 입력)}}{\text{전원 입력}}$

$= \dfrac{30000\text{VA}}{200\text{V}} = 150\text{A}$

48. 가스 용접에 사용되는 가스가 갖추어야 할 성질 중 잘못된 것은?

① 불꽃의 온도가 용접할 모재의 용융점 이상으로 높을 것
② 연소 속도가 늦을 것
③ 발열량이 클 것
④ 용융 금속에 산화 및 탄화 등의 화학 반응을 일으키지 말 것

해설 연소 속도가 빨라야 발열량이 커진다.

49. 산소 용기의 용량이 30 L이다. 최초의 압력이 150 kgf/cm^{2}이고, 사용 후 100 kgf/cm^{2}로 되면 몇 L의 산소가 소비되는가?

① 1020 ② 1500
③ 3000 ④ 4500

해설 산소 용기의 소비량
=내용적×현재 사용된 기압
=30×(150−100)=1500 L

50. 산소 용기는 고압가스법에 어떤 색으로 표시하도록 되어 있는가? (단, 일반용)

① 녹색 ② 갈색
③ 청색 ④ 황색

해설 공업용 용기의 도색
(1) 암모니아 : 백색
(2) 산소 : 녹색
(3) 탄산가스 : 청색
(4) 수소 : 주황색
(5) 아세틸렌 : 황색
(6) 염소 : 갈색
(7) 기타 가스 : 회색

정답 44. ① 45. ② 46. ④ 47. ③ 48. ② 49. ② 50. ①

51. 용적 30 L의 아세틸렌 용기의 고압력계에서 60기압이 나타났다면, 가변압식 300번 팁으로 약 몇 시간을 용접할 수 있는가?

① 4.5시간 ② 6시간
③ 10시간 ④ 20시간

해설 가변압식 팁 번호는 1시간 동안에 표준불꽃으로 용접할 경우에 아세틸렌 가스의 소비량(L)을 나타낸다. 따라서 30 L×고압력계 60=1800 L로 이것을 300 L/h로 나누면 6시간이다.

52. 다음 중에서 산소-아세틸렌 가스 절단이 쉽게 이루어질 수 있는 것은?

① 판 두께 300 mm의 강재
② 판 두께 15 mm의 주철
③ 판 두께 10 mm의 10 % 이상 크롬(Cr)을 포함한 스테인리스강
④ 판 두께 25 mm의 알루미늄(Al)

해설 • 주철은 용융점이 연소 온도 및 슬래그의 용융점보다 낮고, 또 주철 중에 흑연은 철의 연속적인 연소를 방해한다.
• 스테인리스강의 경우에는 절단 중 생기는 산화물이 모재보다 고용융점의 내화물로 산소와 모재와의 반응을 방해하여 절단이 저해된다.

53. 분말 절단에서 미세하고 순수한 철분에 알루미늄 분말을 소량 배합하고 다시 첨가제를 적당히 혼합한 것을 사용하는 절단법이 사용되지 않는 금속은?

① 오스테나이트계 스테인리스강
② 페라이트계 스테인리스강
③ 100 mm 정도 이상의 두꺼운 판 페라이트계 스테인리스강
④ 마텐자이트계 스테인리스강

해설 분말 절단 중 철분 절단은 오스테나이트계 스테인리스강의 절단면에 철분이 함유될 위험성이 있어 행하지 않는다.

54. 아크 에어 가우징(arc air gouging) 작업에서 탄소봉의 노출 길이가 길어지고, 외관이 거칠어지는 가장 큰 원인은?

① 전류가 높은 경우
② 전류가 낮은 경우
③ 가우징 속도가 빠른 경우
④ 가우징 속도가 느린 경우

해설 아크 에어 가우징에서는 공기 압축기가 가우징 홀더를 통해 공기압을 분출하는 구조로 전류가 높은 경우 탄소봉의 노출 길이가 길어져 충분한 공기의 압력이 상쇄되어 외관이 거칠어진다.

55. 다음 중 기계를 운전하기 전에 해야 할 일이 아닌 것은?

① 급유 ② 기계 점검
③ 공구 준비 ④ 정밀도 검사

56. 연소의 3요소가 아닌 것은?

① 산소 ② 질소
③ 점화원 ④ 가연성 물질

해설 연소의 3요소는 가연성 물질, 산소, 점화원으로 이 중에서 한 가지라도 없으면 연소는 발생하지 않는다.

57. 사람의 시각을 가장 강하게 자극하고 긴장과 피로를 쉽게 느끼게 되는 색은?

① 흰색 ② 적색
③ 보라색 ④ 녹색

해설 적색 : 유해·위험 경고를 나타내는 색으로 작업장에서 전기 유해 가스 및 위험한 물건이 있는 곳을 식별하기 위한 색이다.

정답 51. ② 52. ① 53. ① 54. ① 55. ④ 56. ② 57. ②

58. 근로자가 상시 정밀 작업을 하는 장소의 작업면 조도는 몇 럭스(lx) 이상이어야 하는가?

① 75 lx ② 150 lx
③ 300 lx ④ 750 lx

해설 근로자가 상시 작업하는 장소의 작업면 조도(照度)

- 초정밀 작업 : 750 lx 이상
- 정밀 작업 : 300 lx 이상
- 보통 작업 : 150 lx 이상
- 그 밖의 작업 : 75 lx 이상

59. 다음 중 방진 마스크 선택상의 유의사항으로서 옳지 못한 것은?

① 여과 효율이 높을 것
② 흡기, 배기 저항이 낮을 것
③ 시야가 넓을 것
④ 흡기 저항 상승률이 높을 것

해설 방진 마스크를 사용함에 따라 흡·배기 저항이 커지며, 따라서 호흡이 곤란해지므로 흡기 저항 상승률이 낮을수록 좋다.

(1) 여과 효율(분진 포집률)이 좋을 것
(2) 중량이 작은 것(직결식의 경우 120 g 이하)
(3) 안면의 밀착성이 좋은 것
(4) 안면에 압박감이 되도록 적은 것
(5) 사용 후 손질이 용이한 것
(6) 사용적(死容積)이 적은 것
(7) 시야가 넓은 것(하방 시야 50° 이상)

60. 산업재해를 예방하기 위하여 잠재적 위험성을 발견하고 그 개선 대책을 수립할 목적으로 조사·평가하는 것을 무엇이라고 하는가?

① 작업환경측정 ② 위험성평가
③ 안전보건진단 ④ 건강진단

해설 "안전보건진단"이란 산업재해를 예방하기 위하여 잠재적 위험성을 발견하고 그 개선대책을 수립할 목적으로 조사·평가하는 것을 말한다.

정답 58. ③ 59. ④ 60. ③

3회 CBT 대비 실전문제

1. 스냅 링 또는 리테이닝 링의 부착이나 분해용으로 사용하는 공구는?

① 베어링 풀러
② 스톱 링 플라이어
③ 롱 노즈 플라이어
④ 조합 플라이어

해설 스톱 링 플라이어(stop ring plier) : 스냅 링(snap ring) 또는 리테이닝 링(retaining ring)의 부착이나 분해용으로 사용하는 플라이어이다.

2. 기계 제도에서 중심 마크의 굵기는?

① 0.1 mm ② 0.2 mm
③ 0.5 mm ④ 0.7 mm

해설 도면을 다시 만들거나 마이크로필름을 만들 때 도면 위치를 잘 잡기 위하여 4개의 중심 마크를 0.7 mm 굵기의 실선으로 그린다.

3. 회전축을 1회전시켰을 때 다이얼 게이지 눈금이 0.6 mm 이동하였다. 편심량은?

① 0.3 mm ② 0.6 mm
③ 1.2 mm ④ 0.06 mm

해설 $\text{편심량} = \frac{\text{측정값}}{2} = \frac{0.6\,\text{mm}}{2} = 0.3\,\text{mm}$

4. 고장의 유무에 관계없이 급유, 점검, 청소 등 점검 표(check list)에 의해 설비를 유지 관리하는 보전 활동을 무엇이라 하는가?

① 순회(petrol) 보전
② 정기 보전
③ 일상 보전
④ 재생(再生) 보전

해설 • 순회(petrol)보전 : 모든 기계에 예방보전을 행하면 비경제적이므로 설비의 이상 유무를 예지(豫知)하여 정기적으로 순회하며 간이 보전을 함으로써 고장을 미연에 방지하는 보전 활동
• 정기 보전 : 부분적인 분해 점검, 조정, 부품 교체, 정밀도 검사 등을 월간, 분기 등의 주기로 정기적인 보전을 함으로써 돌발 사고를 미연에 방지하는 보전 활동
• 재생(再生) 보전 : 설비 전체 분해, 각부 점검, 부품 교체, 정밀도 검사 등을 함으로써 설비 성능의 열화를 회복시키는 보전 활동

5. 윤활제가 구비해야 할 조건 중 틀린 것은 어느 것인가? [06-5, 10-5]

① 화학적으로 안정되고 고온에서 변화가 없을 것
② 인화점이 낮을 것
③ 윤활성이 좋은 것
④ 적당한 점도를 가질 것

해설 윤활제 구비 조건
(1) 충분한 점도를 가질 것
(2) 한계 윤활 상태에서 견디어 낼 수 있는 유성(油性)이 있을 것

정답 1. ② 2. ④ 3. ① 4. ③ 5. ②

(3) 산화나 열에 대한 안정성이 높고 가능한 한 화학적으로 불활성이며 청정, 균질할 것 등

6. **다음 중 회전력의 전달과 동시에 보스를 축 방향으로 이동시킬 수 있는 것은 어느 것인가?** [16-2]

① 접선 키 ② 반달 키
③ 새들 키 ④ 미끄럼 키

해설 미끄럼 키(sliding key)는 안내 키라고도 하며, 보스가 축과 더불어 회전하는 동시에 축방향으로 미끄러져 움직일 수 있도록 한 키로서 기울기가 없고 평행하다.

7. **내륜 회전하는 베어링을 축이나 하우징에 조립할 때 일반적인 끼워 맞춤의 관계가 적당한 것은?** [11-5, 15-1]

① 베어링 내륜과 축은 억지 끼워 맞춤 한다.
② 베어링 외륜과 축은 볼트로 끼워 맞춤 한다.
③ 베어링 내륜과 축은 헐거운 끼워 맞춤 한다.
④ 베어링 외륜과 하우징은 억지 끼워 맞춤 한다.

해설 일반적으로 베어링을 조립할 때 내륜과 축은 억지 끼워 맞춤, 외륜과 하우징은 헐거운 끼워 맞춤을 사용한다.

8. **3줄의 V 벨트 전동 장치 중 1줄의 V 벨트가 노후되었을 때 조치 방법은?** [15-2]

① 그냥 사용한다.
② 1줄만 교환한다.
③ 상태가 나쁜 것만 교체한다.
④ 3줄 전체를 세트로 교체한다.

해설 3줄의 V벨트 전동 장치 중 1줄의 V벨트가 노후되었을 때 3줄 전체를 세트로 교체한다.

9. **다음 중 코일 스프링의 도시 방법으로 옳은 것은?** [07-5, 14-5]

① 그림 안에 기입하기 힘든 사항은 일괄하여 표제란에 기입한다.
② 코일 스프링을 도시할 때에는 원칙으로 무하중인 상태에서 그린다.
③ 코일 스프링의 양 끝을 제외한 같은 모양 부분을 일부 생략하는 경우에는 생략된 부분을 한 개의 굵은 실선으로 나타낸다.
④ 코일 스프링의 종류 및 모양만을 간략하게 도시하는 경우에는 스프링의 중심선을 가는 1점 쇄선 또는 가는 2점 쇄선으로 표시한다.

해설 스프링을 도시할 때에는 겹판 스프링만 유하중 상태로 그리고, 그 외는 무하중 상태로 작도한다.

10. **열에 의한 관의 팽창 수축을 허용하고 축 방향으로 과도한 응력이 걸리지 않게 하기 위해 신축이 가능한 이음쇠는?** [14-1]

① 신축 이음쇠 ② 주철관 이음쇠
③ 나사형 이음쇠 ④ 유니언 이음쇠

11. **밸브 본체 내에서 디스크가 90도 회전하여 개폐하는 형식의 대표적인 밸브이고 특히 밸브 구경 대비 밸브 노즐면 간의 길이가 매우 짧고 콤팩트화 된 밸브는 어느 것인가?** [07-5]

① 글로브 밸브 ② 버터플라이 밸브
③ 체크 밸브 ④ 게이트 밸브

정답 6. ④ 7. ① 8. ④ 9. ② 10. ① 11. ②

12. 송풍기 축의 온도 상승에 의한 신장에 대한 대책은? [07-5, 11-5]

① 전동기측 베어링이 신장되도록 한다.
② 반전동기측(자유측) 방향으로 신장되도록 한다.
③ 양쪽이 모두 신장되도록 한다.
④ 신장되지 못하도록 제한한다.

해설 전동기측(고정측) 베어링은 고정하고 반전동기측(자유측) 방향으로 신장되도록 한다.

13. 밸브 플레이트(valve plate)의 교환 요령 중 틀린 것은? [11-5]

① 마모 한계에 달하였을 때는 파손하지 않았어도 교환한다.
② 교환 시간이 되었으면 사용한계의 기준치 내에서도 교환한다.
③ 플레이트의 두께가 0.3 mm 이상 마모되면 교체하여 사용한다.
④ 마모된 플레이트는 뒤집어서 사용한다.

해설 밸브 플레이트의 교환 요령
- 마모 한계에 달하였을 때는 파손되지 않았어도 교환한다.
- 교환 시간이 되었으면 사용한계의 기준치 내라 할지라도 교환한다.
- 두께가 0.3 mm 이상 마모되면 교체한다.
- 마모된 플레이트는 뒤집어서 사용해서는 안 된다.

14. 다음 중 평행 축형 기어 감속기에 해당하지 않는 것은? [08-5, 15-5]

① 스퍼 기어 감속기
② 헬리컬 기어 감속기
③ 하이포이드 기어 감속기
④ 더블 헤리컬 기어 감속기

해설 기어 감속기의 분류
(1) 평행 축형 감속기 : 스퍼 기어, 헬리컬 기어, 더블 헬리컬 기어
(2) 교쇄 축형 감속기 : 직선 베벨 기어, 스파이럴 베벨 기어
(3) 이물림 축형 감속기 : 웜 기어, 하이포이드 기어

15. 전동기가 기동하지 않는 원인으로 가장 적당한 것은? [11-5, 14-5]

① 모터의 발열
② 코일의 단선
③ 커플링의 마모
④ 베어링 내의 이물질 혼입

16. 다음 그림의 회로도는 어떤 회로인가? [12-2]

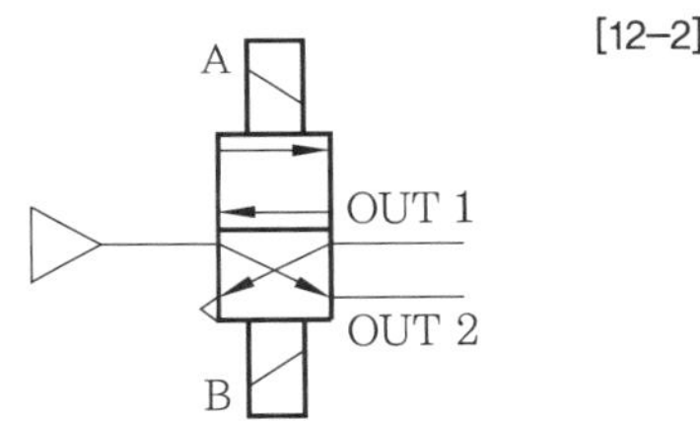

① 1방향 흐름 회로 ② 플립플롭 회로
③ 푸시 버튼 회로 ④ 스트로크 회로

17. 공압 시스템을 설계할 때 각종 기기의 선정 방법에 관한 사항으로 옳은 것은 어느 것인가? [14-2]

① 공압 필터는 통과 공기량보다 작은 것을 선정한다.
② 윤활기는 공기량에 대해 압력 강하가 가능한 작은 쪽이 좋다.
③ 솔레노이드 밸브의 유량은 실린더의 필요 공기량과 같아야 한다.
④ 압력 조정 밸브는 1차 압력의 부하 변동에 따른 유량 변화에 대하여 2차 압력의 변화가 커야 한다.

정답 12. ② 13. ④ 14. ③ 15. ② 16. ② 17. ②

18. 밸브의 전환 조작 방법을 나타내는 기호와 명칭이 바르게 연결된 것은? [15-2]

① : 롤러

② : 레버

③ : 솔레노이드

④ : 편측 작동 롤러

19. 기계적 에너지로 압축 공기를 만드는 장치는? [16-4]

① 공기 탱크 ② 공기 압축기
③ 공기 냉각기 ④ 공기 건조기

해설 공기 압축기는 공압 에너지를 만드는 기계로 대기압의 공기를 흡입, 압축하여 $1\,\mathrm{kgf/cm^2}$ 이상의 압력을 발생시키는 것을 말한다.

20. 실린더가 전진 운동을 완료하고 실린더 축에 일정한 압력이 형성된 후에 후진 운동을 하는 경우처럼 스위칭 작용에 특별한 압력이 요구되는 곳에 사용되는 밸브는 어느 것인가? [11-5]

① 3/2way 방향 제어 밸브
② 4/2way 방향 제어 밸브
③ 시퀀스 밸브
④ 급속 배기 밸브

21. 로드리스(rodless) 실린더에 대한 설명으로 적당하지 않은 것은? [12-2, 16-2]

① 피스톤 로드가 없다.
② 비교적 행정이 짧다.
③ 설치 공간을 줄일 수 있다.
④ 임의의 위치에 정지시킬 수 있다.

해설 로드리스 실린더 : 피스톤 로드가 없는 형식으로 테이블을 직선 운동시키는 실린더

22. 공기 마이크로미터 등의 정밀용에 사용되는 공기 여과기의 여과 엘리먼트 틈새 범위로 옳은 것은? [15-5]

① 5μm 이하 ② 5~10μm
③ 10~40μm ④ 40~70μm

해설 여과 엘리먼트 통기 틈새와 사용 기기의 관계

여과 엘리먼트 (틈새 : μm)	사용 기기	비고
40~70	실린더, 로터리 액추에이터, 그 밖의 것	일반용
10~40	공기 터빈, 공기 모터, 그 밖의 것	고속용
5~10	공기 마이크로미터, 그 밖의 것	정밀용
5 이하	순 유체 소자, 그 밖의 것	특수용

23. 불필요한 오일을 탱크로 방출시켜 펌프에 부하가 걸리지 않도록 하여 동력을 절감할 수 있는 회로는? [10-5, 13-2, 16-2]

① 감압 회로
② 시퀀스 회로
③ 카운터 밸런스 회로
④ 무부하 회로

해설 유압 펌프의 유량이 필요하지 않게 되었을 때, 즉 조작단의 일을 하지 않는 무부하 시 릴리프 밸브에서 탱크로 기름을 드레인시키면 효율이 저하된다. 따라서 이것을 방지하기 위해 작동유를 저압으로 탱크에 귀환시켜 펌프를 무부하로 만드는데,

정답 18. ① 19. ② 20. ③ 21. ② 22. ② 23. ④

이를 무부하 회로(unloading hydraulic circuit) 또는 언로드 회로(unload circuit)라고 한다. 언로드 회로는 펌프의 동력이 절약되고, 장치의 발열이 감소되며, 펌프의 수명을 연장시키고, 장치 효율의 증대, 유온 상승 방지, 압유의 열화 방지 등의 장점이 있다.

24. 방향 제어 밸브의 연결구 표시 중 공급 라인의 숫자 및 영문 표시(ISO 규격)는 어느 것인가? [14-2, 15-5]

① 1, A ② 2, B ③ 1, P ④ 2, R

해설 연결구 표시

연결구 약칭	라인	기호
A, B, C	작업 라인	2, 4, 6
P	공급 라인	1
R, S, T	배기 라인	3, 5, 7
L	누출 라인	9
Z, Y, X	제어 라인	12, 14, 16

25. 다음은 기어 펌프에 대한 설명이다. 틀린 것은? [13-5]

① 오염에 비교적 강하다.
② 가변 용량형으로 만들기가 쉽다.
③ 내접 기어 펌프와 외접 기어 펌프가 있다.
④ 폐입 현상에 대한 대책이 필요하다.

해설 기어 펌프의 특징

(1) 구조가 간단하며, 다루기가 쉽고 가격이 저렴하다.
(2) 기름의 오염에 비교적 강한 편이며, 흡입 능력이 가장 크다.
(3) 피스톤 펌프에 비해 효율이 떨어지고, 가변 용량형으로 만들기가 곤란하다.
(4) 일반적인 치형의 형태는 인벌류트 치형이다.

26. 다음 중 포핏(poppet)형 밸브의 구성 요소가 아닌 것은?

① 디스크 ② 원추
③ 볼 ④ 스풀

해설 스풀은 슬라이드형 밸브의 구성 요소이다.

27. 실린더를 이용하여 운동하는 형태가 실린더로부터 떨어져 있는 물체를 누르는 형태이면 이는 어떤 부하인가? [11-5]

① 저항 부하 ② 관성 부하
③ 마찰 부하 ④ 쿠션 부하

해설 압축력이 작용되는 저항 부하이다.

28. 다음 그림에서 I_1의 값은 얼마인가? [03-5, 12-2]

① 1.5A ② 2.4A
③ 3A ④ 8A

해설 전체 저항 $R = 6 + \dfrac{1}{\dfrac{1}{20}+\dfrac{1}{20}} = 16\,\Omega$

전체 전류 $I = \dfrac{48\text{V}}{16\,\Omega} = 3\text{A}$

$\therefore\ I_1 = \dfrac{3\text{A}}{2} = 1.5\text{A}$

29. 인입용 비닐 절연 전선을 나타내는 약호는 어느 것인가?

① OW ② EV
③ DV ④ NV

정답 24. ③ 25. ② 26. ④ 27. ① 28. ① 29. ③

해설 전선 및 케이블 약호
(1) OW : 옥외용 비닐 절연 전선
(2) EV : 폴리에틸렌 절연 비닐시스 케이블
(3) DV : 인입용 비닐 절연 전선
(4) NV : 비닐 절연 네온 전선
(5) VV : 비닐 절연 비닐시스 케이블
(6) OC : 옥외용 가교 폴리에틸렌 절연 전선
(7) OE : 옥외용 폴리에틸렌 절연 전선
(8) CV : 가교 폴리에틸렌 절연 비닐시스 케이블
(9) PV : EP 고무 절연 비닐시스 케이블
(10) CE : 가교 폴리에틸렌 절연 폴리에틸렌 시스 케이블
(11) MI : 미네랄 인슐레이션 케이블
(12) H : 경동선

30. 다음의 진리표에 따른 논리 회로로 맞는 것은? (입력 신호 : a와 b, 출력 신호 : c) [05-5]

입력 신호		출력
A	B	C
0	0	1
0	1	0
1	0	0
1	1	0

① OR 회로 ② AND 회로
③ NOR 회로 ④ NAND 회로

해설 2입력 NOR 게이트 회로의 진리표이다.

31. 단위 유닛 제작을 할 때 사용되는 것으로 납땜을 원활하게 해 주는 역할을 하며, 고온에서 작업하는 인두 팁은 시간이 지나면 산화하게 되어 납이 잘 붙지 않게 되는데, 이를 방지하는 역할을 하는 것은?

① 솔더 위크 ② 솔더 압착기
③ 솔더 스트리퍼 ④ 솔더링 페이스트

해설 • 솔더링 페이스트 : 납땜을 원활하게 해 주는 역할을 하며, 고온에서 작업하는 인두 팁은 시간이 지나면 산화하게 되어 납이 잘 붙지 않게 되는데, 이를 방지하는 역할을 한다.
• 솔더 위크 : 납 흡입기를 쓸 수 없는 환경에서 쉽게 납을 제거하는 일종의 심지이다.

32. 측온 저항체의 특징이 아닌 것은?

① 출력 신호는 전압이다.
② 최고 사용 온도가 600℃ 정도이다.
③ 전원을 공급하여야 한다.
④ 백금 측온 저항체는 표준용으로 사용한다.

해설 측온 저항체 중 백금 측온 저항체가 가장 안전하고 온도 범위가 넓으며 높은 정확도가 요구되는 온도 계측에 많이 사용된다. 측온 저항체는 백금, 니켈, 구리 등의 순금속을 사용하며, 표준 온도계나 공업 계측에 널리 이용되고 있는 것은 고순도(99.999 % 이상)의 백금선이다. 가격이 비싸고, 응답 속도가 느리며, 충격 진동에 약하고, 출력 신호는 저항이다.

33. 다음 그림과 같은 전동기 주회로에서 THR은? [08-5, 10-5]

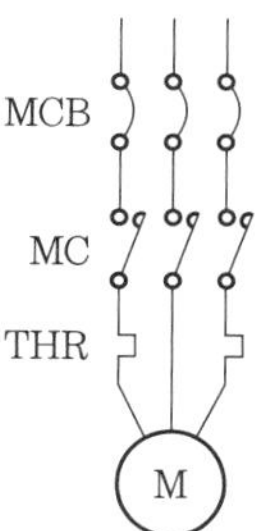

① 퓨즈 ② 열동 계전기
③ 접점 ④ 램프

해설 THR은 열동 계전기이다.

정답 30. ③ 31. ④ 32. ① 33. ②

34. 3상 유도 전동기의 회전 방향을 변경하는 방법은? [12-2]

① 1차측의 3선 중 임의의 1선을 단락시킨다.
② 1차측의 3선 중 임의의 2선을 전원에 대하여 바꾼다.
③ 1차측의 3선 모두를 전원에 대하여 바꾼다.
④ 1차 권선의 극수를 변환시킨다.

해설 3상 유도 전동기의 회전 방향을 변경하려면 3선 중 2선을 교환하여 연결하면 된다.

35. 용접기의 구비 조건 중 틀린 것은?

① 전류는 일정하게 흐르고, 조정이 용이할 것
② 아크 발생 및 유지가 용이하고 아크가 안정할 것
③ 용접기는 완전 절연과 필요 이상으로 무부하 전압이 높을 것
④ 사용 중에 온도 상승이 적고, 역률 및 효율이 좋을 것

해설 용접기는 완전 절연과 필요 이상으로 무부하 전압이 높지 않을 것

36. 용접기의 접지 목적에 맞지 않는 것은?

① 용접기를 대지(150 V)와 전기적으로 접속하여 지락 사고 발생 시 전위 상승으로 인한 장해를 방지한다.
② 접지는 위험 전압으로 상승된 전위를 저감시켜 인체 감전 위험을 줄이고 사고 전로를 크게 하여 차단기 등 각종 보호 장치의 동작을 확실히 할 수 있도록 한다.
③ 접지는 계통 접지, 기기 접지, 피뢰용 접지 등 안전을 위한 보호용 접지와 노이즈 방지 접지, 전위 기준용 접지 등 기능용 접지로 나눈다.
④ 보호용 접지는 대전류, 고주파 영역이고 기능용 접지는 소전류, 저주파 영역의 특성을 갖는다.

해설 보호용 접지는 대전류, 저주파 영역이고 기능용 접지는 소전류, 고주파 영역의 특성을 갖는다.

37. 용접기에 전격방지기를 설치하는 방법으로 틀린 것은?

① 반드시 용접기의 정격 용량에 맞는 분전함을 통하여 설치한다.
② 1차 입력 전원을 OFF시킨 후 설치하여 결선 시 볼트와 너트로 정확히 밀착되게 조인다.
③ 방지기에 2번 전원 입력(적색 캡)을 입력 전원 L1에 연결하고 3번 출력(황색 캡)을 용접기 입력 단자(P1)에 연결한다.
④ 방지기의 4번 전원 입력(적색 선)과 입력 전원 L2를 용접기 전원 입력(P2)에 연결한다.

해설 반드시 용접기의 정격 용량에 맞는 누전 차단기를 통하여 설치한다.

38. 용접 흄은 용접 시 열에 의해 증발된 물질이 냉각되어 생기는 미세한 소립자를 말하는데 다음 중 옳지 않은 것은?

① 용접 흄은 고온의 아크 발생 열에 의해 용융 금속 증기가 주위에 확산됨으로써 발생된다.
② 피복 아크 용접에 있어서의 흄 발생량과 용접 전류의 관계는 전류나 전압, 용접봉 지름이 클수록 발생량이 증가한다.
③ 흄 발생량은 피복제 종류에 따라서 라임티타니아계에서는 낮고 라임알루미나

정답 34. ② 35. ③ 36. ④ 37. ① 38. ④

이트계에서는 높다.

④ 용접 토치(홀더)의 경사 각도가 작고 아크 길이가 짧을수록 흄 발생량이 증가한다.

해설 용접 토치(홀더)의 경사 각도가 크고 아크 길이가 길수록 흄 발생량이 증가한다.

39. 석회석($CaCO_3$) 등의 염기성 탄산염을 주성분으로 하고 용착 금속 중의 수소 함유량이 다른 종류의 피복 아크 용접봉에 비교하여 약 1/10 정도로 현저하게 적은 용접봉은 어느 것인가?

① E 4303　② E 4311
③ E 4316　④ E 4324

해설 E 4316(저수소계)은 석회석($CaCO_3$)이 주성분이며, 용착 금속 중의 수소량이 다른 용접봉에 비해서 1/10 정도로 현저하게 적다.

40. 피복제 중에 산화티탄을 약 35 % 정도 포함하였고 슬래그의 박리성이 좋아 비드의 표면이 고우며 작업성이 우수한 특징을 지닌 연강용 피복 아크 용접봉은?

① E 4301　② E 4311
③ E 4313　④ E 4316

해설 피복제 중에 산화티탄(TiO_2)을 E 4313(고산화티탄계)은 약 35 %, E 4303(라임티타니아계)은 약 30 % 정도 포함한다.

41. 용접 용어에 대한 정의를 설명한 것으로 틀린 것은?

① 모재 : 용접 또는 절단되는 금속
② 다공성 : 용착 금속 중 기공이 밀집한 정도
③ 용락 : 모재가 녹은 깊이
④ 용가재 : 용착부를 만들기 위하여 녹여서 첨가하는 금속

해설 • 용락 : 모재가 녹아 쇳물이 떨어져 흘러내리면서 구멍이 생기는 것
• 용입 : 모재가 녹은 깊이

42. 다음 중 용접법 분류에서 융접에 속하는 것은?

① 전자 빔 용접　② 단접
③ 초음파 용접　④ 마찰 용접

해설 용접법은 융접(아크 용접, 가스 용접, 전자 빔 용접, 기타 특수 용접 등), 압접(저항 용접, 단접, 초음파 용접, 마찰 용접 등), 납땜(연납, 경납)으로 분류된다.

43. 측정압의 차이에 의한 개인 오차를 없애서 최소 측정값을 0.01 mm로 높일 수 있는 버니어 캘리퍼스는?

① 정압 버니어 캘리퍼스
② 오프셋 버니어 캘리퍼스
③ 만능 버니어 캘리퍼스
④ 다이얼 버니어 캘리퍼스

44. 가용접에 대한 설명으로 잘못된 것은?

① 가용접은 2층 용접을 말한다.
② 본용접봉보다 가는 용접봉을 사용한다.
③ 루트 간격을 가능한 작게 설정하도록 유의한다.
④ 본용접과 비등한 기량을 가진 용접공이 작업한다.

해설 균열, 기공, 슬래그 잠입 등의 결함을 수반하기 쉬우므로 본용접을 실시할 홈 안에 가접하는 것은 바람직하지 못하며, 만일 불가피하게 홈 안에 가접하였을 경우 본용접 전에 갈아내는 것이 좋다.

정답 39. ③　40. ③　41. ③　42. ①　43. ①　44. ①

45. 용접기의 특성에 있어 수하 특성의 역할로 가장 적합한 것은?

① 열량의 증가
② 아크의 안정
③ 아크 전압의 상승
④ 저항의 감소

해설 수하 특성(drooping characteristic)
(1) 부하 전류가 증가하면 단자 전압이 저하하는 특성
(2) 아크 길이에 따라 아크 전압이 다소 변하여도 전류가 거의 변하지 않는 특성
(3) 피복 아크 용접, TIG 용접, 서브머지드 아크 용접 등에 응용한다.

46. 아세틸렌 가스는 각종 액체에 잘 용해가 된다. 다음 중 액체에 대한 용해량이 잘못 표기된 것은?

① 석유 – 2배　② 벤젠 – 6배
③ 아세톤 – 25배　④ 물 – 1.1배

해설 아세틸렌 가스는 각종 액체에 잘 용해된다. 물은 같은 양, 석유는 2배, 벤젠은 4배, 알코올은 6배, 아세톤은 25배가 용해되며 용해량은 온도를 낮추고 압력이 증가됨에 따라 증가한다. 단, 염분을 함유한 물에는 거의 용해되지 않는다.

47. 용해 아세틸렌 병은 안전상 용기의 구조에 퓨즈 플러그(fuse plug)가 있고 어느 정도 온도가 올라가면 녹아서 가스를 분출한다. 몇 도에서 녹는가?

① 85±5℃　② 95±5℃
③ 105±5℃　④ 115±5℃

해설 아세틸렌 가스 용기의 구조는 밑부분이 오목하며 보통 2개의 퓨즈 플러그(fuse plug)가 있고 이 퓨즈 플러그는 중앙에 105±5℃에서 녹는 퓨즈 금속(성분 : Bi 53.9 %, Sn 25.9 %, Cd 20.2 %)이 채워져 있다.

48. 가스 용접에서 충전 가스 용기의 도색을 표시한 것으로 틀린 것은?

① 산소 – 녹색
② 수소 – 주황색
③ 프로판 – 회색
④ 아세틸렌 – 청색

해설 아세틸렌은 황색, 탄산가스는 청색, 아르곤은 회색, 암모니아는 백색, 염소는 갈색이다.

49. 구리 합금의 가스 용접에 사용되는 불꽃의 종류는 어느 것인가?

① 아세틸렌 불꽃
② 탄화 불꽃
③ 표준 불꽃
④ 산화 불꽃

해설 산화 불꽃은 표준 불꽃 상태에서 산소의 양이 많아진 불꽃으로 구리 합금(황동) 용접에 사용되는 가장 온도가 높은 불꽃이다.

50. 압축 공기나 산소를 이용하여 국부적으로 용융된 금속을 밀어내며 절단하는 절단법은 어느 것인가?

① 산소 – 아세틸렌 가스 절단
② 산소 – LPG 가스 절단
③ 아크 절단
④ 산소 – 공기 가스 절단

해설 아크 절단 : 아크의 열에너지로 피절단재(모재)를 용융시켜 절단하는 방법으로 압축공기나 산소를 이용하여 국부적으로 용융된 금속을 밀어내며 절단하는 것이 일반적이다.

정답 45. ②　46. ②　47. ③　48. ④　49. ④　50. ③

51. 다음 플라스마 제트 절단법의 설명 중 틀린 것은?

① 절단 개시 시에 예열 대기를 필요로 하지 않기 때문에 작업성이 좋다.
② 1 mm 정도 이하의 판재에도 정밀도가 좋다.
③ 피절단재의 재질을 선택하지 않고 수 mm부터 30 mm 정도의 판재에 고속·저 열변형 절단이 용이하다.
④ 아크 플라스마의 냉각에는 절단 재료의 종류에 따라 질소나 공기도 사용한다.

해설 레이저 절단법에 비교하면 1 mm 정도 이하의 판재에 정밀도가 떨어진다.

52. 다음 중 아크 절단법이 아닌 것은?

① 금속 아크 절단
② 미그 아크 절단
③ 플라스마 제트 절단
④ 서브머지드 아크 절단

해설 아크 절단법으로는 탄소 아크 절단, 금속 아크 절단, 아크 에어 가우징, 산소 아크 절단, 플라스마 제트 절단, MIG 아크 절단, TIG 아크 절단 등이 있다.

53. GMA 절단의 설명 중 틀린 것은?

① 전원은 직류 정극성이 사용된다.
② 보호 가스는 10~15 % 정도의 산소를 혼합한 아르곤 가스를 사용한다.
③ 알루미늄과 같이 산화에 강한 금속의 절단에 이용된다.
④ 금속 와이어에 대전류를 흐르게 하여 절단하는 방법이다.

해설 전원은 직류 역극성이 사용된다.

54. 연삭 숫돌을 고정시킬 때 플랜지의 크기는 연삭 숫돌 바퀴 바깥지름의 얼마로 하는 것이 안전한가?

① $\frac{1}{2}$ 이상 ② $\frac{1}{3}$ 이상
③ $\frac{1}{5}$ 이상 ④ $\frac{1}{10}$ 이상

55. 일반적으로 보호구인 장갑을 사용해선 안 되는 작업은?

① 고열 작업
② 드릴 작업
③ 용접 작업
④ 가스 절단 작업

해설 선반, 드릴, 목공 기계, 연삭, 해머, 정밀 기계 작업 등에는 장갑 착용을 금한다.

56. 연소 가스의 폭발이 발생되는 가장 큰 원인은?

① 물이 지나치게 많을 때
② 증기압력이 지나치게 높을 때
③ 중유가 불완전 연소할 때
④ 연소실 내에 미연소 가스가 충만해 있을 때

57. 회전하는 압연 롤러 사이에 물리는 것에 해당하는 재해 형태는?

① 깔림 ② 맞음
③ 끼임 ④ 압박

해설 용어
- "깔림·뒤집힘"(물체의 쓰러짐이나 뒤집힘)이라 함은 기대여져 있거나 세워져 있는 물체 등이 쓰러져 깔린 경우 및 지게차 등의 건설기계 등이 운행 또는 작업 중 뒤집어진 경우를 말한다.
- "맞음"(날아오거나 떨어진 물체에 맞음)이라 함은 기계 등에 고정되어 있던 물체가 중력, 원심력, 관성력 등에 의하여 고정부

정답 51. ② 52. ④ 53. ① 54. ② 55. ② 56. ④ 57. ③

에서 이탈하거나 또는 설비 등으로부터 물질이 분출되어 사람을 가해하는 경우를 말한다.

- "끼임"(기계설비에 끼이거나 감김)이라 함은 두 물체 사이의 움직임에 의하여 일어난 것으로 직선 운동하는 물체 사이의 끼임, 회전부와 고정체 사이의 끼임, 롤러 등 회전체 사이에 물리거나 또는 회전체·돌기부 등에 감긴 경우를 말한다.

58. 보호구의 사용을 기피하는 이유에 해당되지 않는 것은?

① 지급 기피
② 이해 부족
③ 위생품
④ 사용 방법 미숙

해설 비위생적이거나 불량품인 경우에도 사용을 기피하게 된다.

59. 가죽제 안전화의 구비 조건으로 맞지 않는 것은? [12-5]

① 신는 기분이 좋고 작업이 쉬울 것
② 잘 구부러지고 신축성이 있을 것
③ 가능한 가벼울 것
④ 디자인, 색상 등은 고려하지 말 것

60. 다음 중 산업안전보건법령상 중대재해가 아닌 것은?

① 사망자가 2명 발생한 재해
② 부상자가 동시에 10명 발생한 재해
③ 직업성 질병자가 동시에 5명 발생한 재해
④ 3개월의 요양이 필요한 부상자가 동시에 3명 발생한 재해

해설 중대재해의 범위

- 사망자가 1명 이상 발생한 재해
- 3개월 이상의 요양이 필요한 부상자가 동시에 2명 이상 발생한 재해
- 부상자 또는 직업성 질병자가 동시에 10명 이상 발생한 재해

정답 58. ③ 59. ④ 60. ③

4회 CBT 대비 실전문제

1. A : B로 척도를 표시할 때 A : B의 설명으로 옳은 것은? [09-5, 15-5]

A : B

① 도면에서의 길이 : 대상물의 실제 길이
② 도면에서의 치수값 : 대상물의 실제 길이
③ 대상물의 실제 길이 : 도면에서의 길이
④ 대상물의 크기 : 도면의 크기

해설 척도를 A : B로 표시할 때 1 : 2이면 축척, 2 : 1이면 배척을 나타낸다.
(1) 현척 : 실물과 같은 크기
(2) 축척 : 실물보다 작은 크기
(3) 배척 : 실물보다 큰 크기

2. 도면에서 2종류 이상의 선이 같은 장소에서 중복될 경우 최우선되는 종류의 선은 어느 것인가? [14-5, 16-2]

① 치수 보조선 ② 절단선
③ 외형선 ④ 숨은선

해설 선의 우선순위 : ① 외형선 – ② 숨은선 – ③ 절단선 – ④ 중심선 – ⑤ 무게 중심선 – ⑥ 치수 보조선

3. 키 맞춤을 위해 보스의 구멍 지름을 포함한 홈의 깊이를 측정할 때 적합한 측정기는 무엇인가?

① 강철자 ② 마이크로미터
③ 틈새 게이지 ④ 버니어 캘리퍼스

해설 버니어 캘리퍼스 : 직선 자와 캘리퍼스를 하나로 합친 것으로 길이, 바깥지름, 안지름, 깊이 등을 하나의 기구로 측정할 수 있고 측정 범위도 상당히 넓어 대단히 편리하게 사용된다.

4. 설비의 상태를 검사, 진단하는 설비 진단 기술에 의한 보전을 무엇이라 하는가?

① 보전 예방 ② 개량 보전
③ 사후 보전 ④ 예지 보전

해설 예지 보전 : 설비의 열화 상태를 진단기기를 사용하여 측정하고 이상 징조를 검출하여 설비의 상태에 따라 보전하는 방식

5. 유압 작동유에 관한 특성 중 일반적으로 가장 중요한 것은? [14-2]

① 점도 ② 효율
③ 온도 ④ 산화 안정성

해설 점도 : 유체 윤활 상태가 유지될 때 마찰에 영향을 주는 윤활유의 가장 큰 성질

6. 부러진 볼트를 빼내는 방법으로 옳은 것은?

① 볼트에 핸들을 용접하여 빼낸다.
② 정으로 쪼아 홈을 만든 후 빼낸다.
③ 스크루 익스트랙터를 사용하여 빼낸다.
④ 볼트 직경의 80 % 되는 지름의 드릴로 구멍을 뚫어 빼낸다.

해설 스크루 익스트랙터를 쓴다. 이것이 없을 경우에는 공구강의 환봉으로 수제(手製)의 것을 만들어 사용한다.

정답 1. ① 2. ③ 3. ④ 4. ④ 5. ① 6. ③

7. 베어링의 예압 목적에 대한 설명 중 옳은 것은?

① 베어링의 강성과는 무관하다.
② 폴스 브리넬링이 발생하게 된다.
③ 전동체의 선회 미끄럼을 억제한다.
④ 전동체의 정확한 위치 제어가 곤란하다.

해설 베어링의 예압이란 베어링을 장착한 상태에서 음(-)의 틈새를 주어 의도된 내부 응력을 발생시키는 경우를 말한다. 베어링의 강성이 향상되고, 폴스 브리넬링이 방지되며, 궤도륜에 대하여 전동체를 정확한 위치로 제어한다.

8. 파이프의 도시 방법 중 유체의 종류에서 공기를 뜻하는 기호는? [10-5, 13-5]

① A ② G
③ O ④ S

해설 유체의 종류 기호
(1) 공기 : A(air)
(2) 가스 : G(gas)
(3) 기름 : O(oil)
(4) 증기 : S(steam)
(5) 물 : W(water)

9. 주로 내압이 크거나 관의 지름이 큰 경우에 사용하는 분해, 조립용 관 이음은?

① 신축관 이음 ② 나사 이음
③ 플랜지 이음 ④ 용접 이음

해설 관경이 비교적 크거나 내압이 높은 배관을 연결할 때 나사 이음, 용접 등의 방법으로 부착하고 분해가 가능한 관 이음쇠는 플랜지 이음쇠이다.

10. 산성 등의 화학 약품을 차단하는 경우에 내약품, 내열 고무제의 격막 판을 밸브 시트에 밀어 붙이는 형식의 밸브로 유체 흐름 저항이 적고 기밀 유지에 패킹이 필요 없으며 부식의 염려도 없는 것은?

① 다이어프램 밸브
② 자동 밸브
③ 플립 밸브
④ 게이트 밸브

해설 산성 등 화학 약품을 차단하는 경우에 격막 판을 밸브 시트에 밀어 붙이는 다이어프램 밸브(diaphragm valve)가 사용된다.

11. 펌프 내부에서 흡입 양정이 높거나 흐름 속도가 국부적으로 빠른 부분 등은 압력이 저하, 유체가 증발되는 현상이 발생한다. 이와 같은 현상을 무엇이라 하는가? [11-5]

① 와류 현상 ② 서징
③ 캐비테이션 ④ 수격 현상

해설 캐비테이션 : 액체가 고속으로 회전할 때 압력이 낮아지는 부분이 생겨 기포가 형성되는 현상으로, 원심 펌프, 수력 터빈, 해상용 프로펠러 등 금속 표면에 가해 오목한 자국을 형성한다. 캐비테이션은 회전 날개의 과도한 침식과 노킹, 진동에 의한 소음을 유발하고 유동 형태를 변화시켜 효율을 급격히 감소시킨다.

12. 다음 중 압축기의 점검 및 관리 사항으로 잘못된 것은?

① 급유식 압축기는 윤활유의 유무를 매일 점검한다.
② 공기 탱크내 드레인을 매일 제거한다.
③ 흡입 필터의 점검 시 사용 기간, 여과 정도에 따라 교체한다.
④ 동절기에는 온도 상승을 위하여 규정 압력 이상으로 운전한다.

해설 동절기에는 충분한 워밍업을 한 후 압력을 서서히 높인다.

정답 7. ③ 8. ① 9. ③ 10. ① 11. ③ 12. ④

13. 웜 기어(worm gear) 감속기의 특징으로 옳지 않은 것은? [12-5, 15-2]

① 역전을 방지할 수 있다.
② 소음이 커서 정숙한 회전이 어렵다.
③ 적은 용량으로 큰 감속비를 얻을 수 있다.
④ 치면에서의 미끄럼이 커서 전동 효율이 떨어진다.

해설 웜 기어 감속기는 역전이 허용되지 않고, 소음이 작아 정숙 운전이 되며, 작은 크기로 큰 감속비를 얻을 수 있으나, 치면에서의 미끄럼이 커서 전동 효율이 떨어진다.

14. 전동기는 일상 점검, 정기 점검, 연간 점검 등으로 구분하여 점검하는 것이 좋다. 다음 중 일상 점검 항목으로 보기 어려운 것은? [10-5, 14-1]

① 축받이의 온도
② 축받이의 마모 검사
③ 전류계의 지시값
④ 전동기 회전음 점검

해설 전동기의 운전 중에 점검해야 할 사항은 각 상 전류의 밸런스, 전원 전압, 베어링 진동 데이터의 채취와 해석이며, 정지할 때 점검해야 할 사항은 절연 저항 측정, 설치 상태, 벨트, 체인, 커플링의 이상 유무, 윤활유의 양, 변색, 이물 혼입 유무이다.

15. 면적 $2\,m^2$의 평면상에 $1\,kgf/cm^2$의 압력이 균등히 작용할 때 평면에 작용하는 힘은 얼마인가? [13-5]

① 5톤 ② 10톤
③ 15톤 ④ 20톤

해설 $F = P \cdot A = 10000 \times 2 = 20000\ kgf$
$= 20$톤

16. 액추에이터의 공급 쪽 관로 내의 흐름을 제어함으로써 속도를 제어하는 그림과 같은 회로는 무슨 방식인가? [15-3]

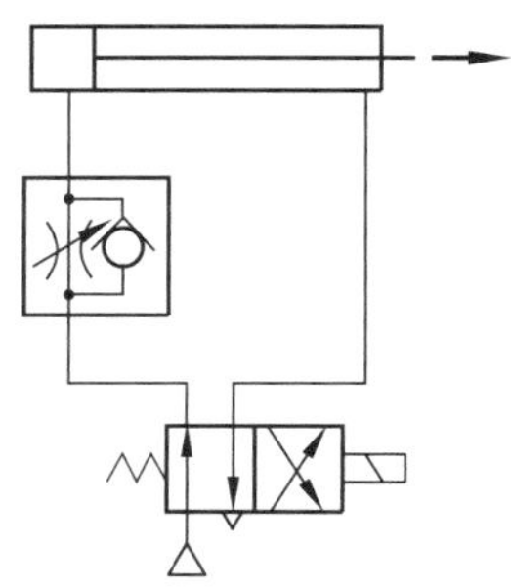

① 미터 인 ② 미터 아웃
③ 블리드 온 ④ 블리드 오프

해설 그림의 회로는 미터 인 실린더 전진 속도 제어 회로이다.

17. 도면에서 ①의 밸브가 ON되면 실린더의 피스톤 운동 상태는 어떻게 되는가? [10-5]

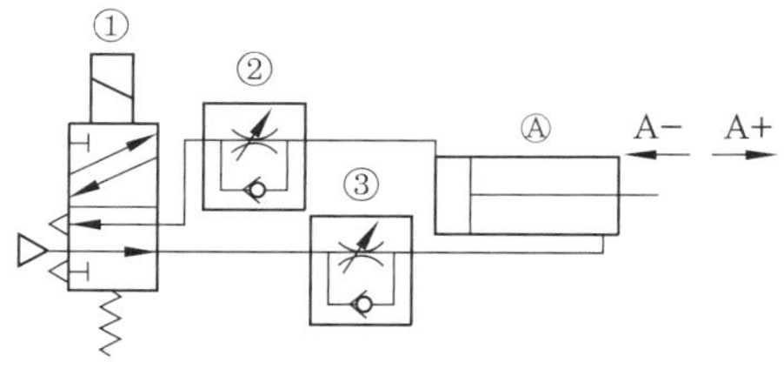

① A+ 쪽으로 전진 ② A− 쪽으로 복귀
③ 왕복 운동 ④ 정지 상태 유지

해설 방향 제어 밸브가 전환되어 실린더 전진측에 공압이 공급되면 실린더는 전진된다.

18. 다음 중 요동형 액추에이터의 기호는 어느 것인가? [15-5]

① 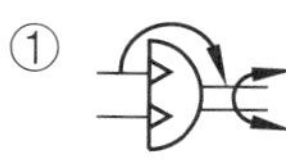
② 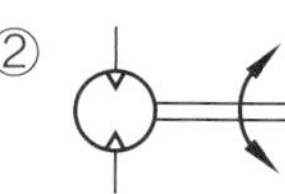
③ 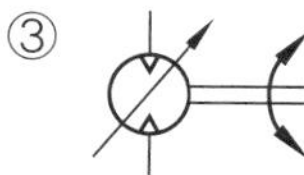
④ 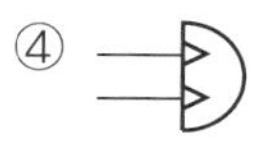

정답 13. ② 14. ② 15. ④ 16. ① 17. ① 18. ①

해설 ①은 요동형 액추에이터, ②는 정용량형 공압 모터, ③은 가변형 공압 모터이다.

19. **일반적으로 널리 사용되는 압축기로 사용 압력 범위는 10~100 kgf/cm^2 정도이며, 냉각 방식에 따라 공랭식과 수랭식으로 분류되는 압축기는?** [07-5, 12-5, 13-5]

① 터보 압축기
② 베인형 압축기
③ 스크루 압축기
④ 왕복 피스톤 압축기

해설 공기 압축기의 종류
(1) 왕복 피스톤 압축기 : 전동기로부터 크랭크축을 회전시켜 피스톤을 왕복운동시켜 압력을 발생시킨다.
(2) 베인형 압축기 : 편심 로터가 흡입과 배출 구멍이 있는 실린더 형태의 하우징 내에서 그 편심 로터의 방사선 홈에 베인이 삽입되어 있는데, 케이싱과 베인에 의해 둘러싸인 용적에 공기가 흡입되고 회전자의 회전에 의해 압축되어 토출된다.
(3) 스크루형 압축기 : 나선형으로 된 암수 두 개의 로터가 한 쌍이 되어 이 로터가 서로 반대로 회전하여 축방향으로 들어온 공기를 서로 맞물려 회전시켜 공기를 압축한다. 이 압축기는 스크루의 개수에 따라 single screw type과 twin screw type으로 분류된다.
(4) 터보 압축기 : 공기의 유동 원리를 이용한 것으로 터보를 고속으로 회전시키면 공기도 고속으로 되어 질량×유속이 압력에너지로 바뀌어 공기를 압축시킨다.
(5) 루트 블로어 : 두 개의 회전자를 90° 위상 변화를 주고, 회전자끼리 미소한 간격을 유지하면서 서로 반대 방향으로 회전하면 흡입구에서 흡입된 공기는 회전자와 케이싱 사이에서 밀폐되어 체적 변화 없이 토출구 쪽으로 이동되어 토출된다.

20. **공압 실린더의 배출 저항을 작게 하여 운동 속도를 빠르게 하는 밸브의 명칭은 어느 것인가?** [07-5 외 3회 출제]

① 급속 배기 밸브
② 시퀀스 밸브
③ 언로드 밸브
④ 카운터 밸런스 밸브

해설 급속 배기 밸브(quick release valve or quick exhaust valve) : 액추에이터의 배출저항을 작게 하여 속도를 빠르게 하는 밸브로 가능한 액추에이터 가까이에 설치하며, 충격 방출기는 급속 배기 밸브를 이용한 것이다.

21. **실린더 중 단동 실린더가 될 수 없는 것은?** [06-5]

① 피스톤 실린더 ② 격판 실린더
③ 탠덤 실린더 ④ 양 로드 실린더

해설 양 로드 실린더 : 행정이 긴 실린더가 요구될 경우, 양쪽 로드가 필요한 경우에 사용된다. 이 실린더는 왕복 모두 피스톤 면적이 같기 때문에 왕복 모두 같은 운동 상태를 얻기 쉽다.

22. **흡착식 건조기에 관한 설명으로 옳지 않은 것은?** [08-5 외 3회 출제]

① 건조제로 실리카 겔, 활성 알루미나 등이 사용된다.
② 흡착식 건조기는 최대 −70℃ 정도까지의 저이슬점을 얻을 수 있다.
③ 건조제가 압축 공기 중의 수분을 흡착하여 공기를 건조하게 된다.
④ 냉매에 의해 건조되며 2~5℃까지 냉각되어 습기를 제거한다.

해설 흡착식은 습기에 대하여 강력한 친화력을 갖는 실리카 겔, 활성 알루미나 등의

정답 19. ④ 20. ① 21. ④ 22. ④

고체 흡착 건조제를 사용하며, 최대 −70℃ 정도까지의 저노점을 얻을 수 있다.

23. 유관의 안지름을 2.5 cm, 유속을 10 cm/s로 하면 최대 유량(Q)은 약 몇 cm^3/s인가? [06-5 외 3회 출제]

① 49 ② 98
③ 196 ④ 250

해설 단면적 $A=\frac{\pi d^2}{4}=\frac{\pi\times2.5^2}{4}=4.9\,cm^2$
연속의 법칙에서 $Q=AV$이므로
유량 $Q=4.9\times10=49\ cm^3/s$이다.

24. 다음 그림에 관한 설명으로 옳은 것은 어느 것인가? [14-5]

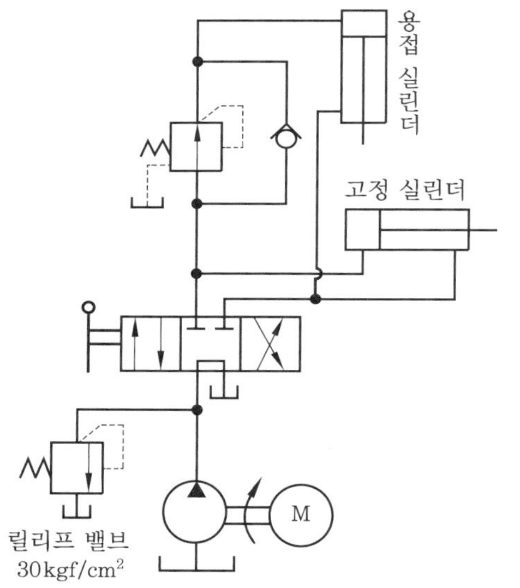

① 자유 낙하를 방지하는 회로이다.
② 감압 밸브의 설정 압력은 릴리프 밸브의 설정 압력보다 낮다.
③ 용접 실린더와 고정 실린더의 순차 제어를 위한 회로이다.
④ 용접 실린더에 공급되는 압력을 높게 하기 위한 방법이다.

해설 이 회로는 고정 실린더 측의 압력보다 용접 실린더 측의 압력을 감압하여 작업하는 자동 용접기 회로이다. ①은 카운터 밸런스 회로, ③은 시퀀스 밸브가 설치되어야 하는 시퀀스 회로에 대한 설명이며, ④는 조건이 성립되지 않는 것이다.

25. 조작력이 작용하고 있을 때의 밸브 몸체의 최종 위치를 나타내는 용어는 다음 중 어느 것인가? [12-5, 16-4]

① 노멀 위치 ② 중간 위치
③ 작동 위치 ④ 과도 위치

해설 ① 노멀 위치 : 조작력 또는 제어 신호가 걸리지 않을 때의 밸브 몸체의 위치
② 중간 위치 : 초기 위치와 작동 위치의 중간의 임의의 밸브 몸체의 위치
③ 작동 위치 : 조작력이 걸려 있을 때의 밸브 몸체의 최종 위치
④ 과도 위치 : 초기 위치와 작동 위치 사이의 과도적인 밸브 몸체의 위치

26. 구조가 간단하고 가격이 저렴하여 차량, 건설 기계, 운반 기계 등에 널리 사용되고 있는 저압용 대유량의 고정 용량형 펌프로 구조적으로 외접형과 내접형이 있는 것은 어느 것인가? [12-2, 15-2]

① 나사 펌프 ② 기어 펌프
③ 베인 펌프 ④ 피스톤 펌프

해설 기어 펌프 : 효율이 낮고 소음과 진동이 심하며 기름 속에 기포가 발생한다는 결점이 있다. 30~250 cSt 정도의 고점도액을 수송할 수 있어 오일의 수송 및 가압용으로 적합하다.

27. 다음 중 압력 제어 밸브의 특성이 아닌 것은? [12-2]

정답 23. ① 24. ② 25. ③ 26. ② 27. ①

① 크래킹 특성
② 압력 조정 특성
③ 유량 특성
④ 히스테리시스 특성

해설 크래킹 압(력) : 체크 밸브 또는 릴리프 밸브 등으로 압력이 상승하여 밸브가 열리기 시작하고 어떤 일정한 흐름의 양이 확인되는 압력

28. 축동력을 계산하는 방법에 대한 설명으로 틀린 것은? [11-5]

① 설정 압력과 토출량을 곱하여 계산한다.
② 효율은 안전을 위하여 약 75 %로 한다.
③ 효율은 체적 효율만을 고려한다.
④ 단위는 kW를 사용할 수 있다.

해설 펌프의 효율은 펌프에 공급된 동력과 펌프에 의하여 얻어진 동력의 비로 나타낸다.

(1) 체적 효율(volumetric efficiency) η_v : 이론적 배출 유량과 실제 배출 유량의 비율로서 이론적 토출량 Q_{th} =무부하 시 토출량으로 구할 수 있다.

(2) 기계 효율(mechanical efficiency) η_m : 베어링 또는 기계 부품의 마찰에 의한 손실로서 패킹, 기어, 피스톤, 베인 등의 접촉 마찰손실이다.

※ 체적, 기계 효율 외에 압력 효율(η_p)이 있으며 η_p=1로 취급한다.

(3) 전체 효율(overall efficiency) η_o : 펌프의 축동력 L_s가 펌프 내부에서 일만큼 유용한 펌프 동력 L_p로 변환되었는가를 나타내는 비율로 모든 에너지 손실을 고려한 전체효율(η_o)$=\eta_v \times \eta_m$이다.

29. 다음은 탱크의 단면을 나타낸 것이다. 스트레이너를 취부할 가장 좋은 위치는 어디인가? [06-5, 16-2]

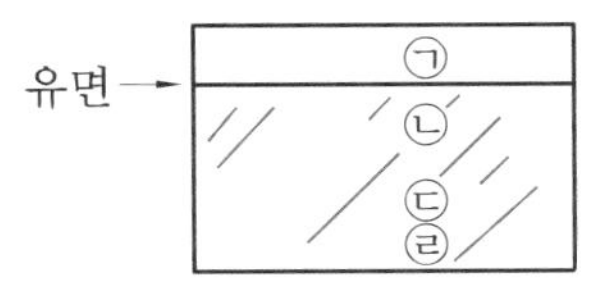

① ㉠과 같이 유면 위쪽
② ㉡과 같이 유면 바로 아래
③ ㉢과 같이 바닥에서 좀 떨어진 곳
④ ㉣과 같이 바닥

해설 스트레이너는 유면에서 10~15 cm 이상, 탱크 저면에서 10 cm 이상 떨어진 곳에 위치해야 한다.

30. 다음 휘트스톤 브리지 회로에서 X는 몇 Ω인가? [08-5]

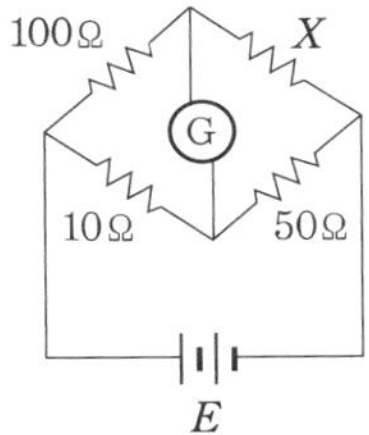

① 10 ② 50
③ 100 ④ 500

해설 $X \times 10 = 100 \times 50$
$\therefore X = 500\,\Omega$

31. 다음 중 방수용 콘센트의 그림 기호는?

① (콘센트 기호) EL ② (콘센트 기호) WP
③ (콘센트 기호) E ④ (콘센트 기호) LK

해설 ① 누전차단기 붙이 콘센트
② 방수용 콘센트
③ 접지극 붙이 콘센트
④ 빠짐 방지형 콘센트

32. 시스템을 안전하고 확실하게 운전하기 위한 목적으로 사용하는 회로로 두 개의 회

정답 28. ③ 29. ③ 30. ④ 31. ② 32. ①

로 사이에 출력이 동시에 나오지 않게 하는 데 사용되는 회로는? [12-2, 16-4]

① 인터록 회로 ② 자기 유지 회로
③ 정지 우선 회로 ④ 한시 동작 회로

해설 인터록 : 위험과 이상 동작을 방지하기 위하여 어느 동작에 대하여 이상이 생기는 다른 동작이 일어나지 않도록 제어 회로상 방지하는 수단

33. 다음 중에서 열전 온도계의 제작 원리로서 이용되는 것은?

① 제베크 효과 ② 펠티에 효과
③ 톰슨 효과 ④ 압전기 현상

해설 제베크 효과 : 재질이 다른 두 금속을 연결하고 양 접점 간에 온도차를 부여하면 그 사이에 열기전력이 발생하여 회로 내에 열 전류가 흐르는데 이러한 물질을 열전대(thermocouple)라 부른다.

34. 그림과 같은 전동기 정역 회로의 동작에 관한 설명으로 옳지 않은 것은? [14-5]

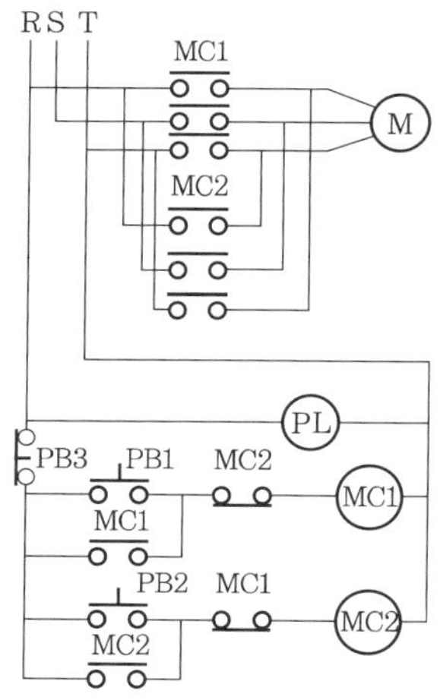

① PL은 전원이 투입되면 PB 스위치와 관계없이 항상 점등된다.
② PB1을 누르면 MC1이 여자되어 MC1-a 접점이 붙고 전동기 M이 정회전 운동을 한다.
③ PB2를 누르면 MC2가 여자되어 MC2-a 접점이 붙고 전동기 M이 역회전 운동을 한다.
④ PB3을 누르면 MC1, MC2가 여자되어 전동기 M이 자동으로 정·역회전 운동을 한다.

해설 정회전이나 역회전하고 있을 때 PB3을 ON-OFF하면 모터는 즉시 정지된다.

35. 4극의 유도 전동기에 50 Hz의 교류 전원을 가할 때 동기 속도(rpm)는? [11-5]

① 200 ② 750
③ 1200 ④ 1500

해설 $N_s = \frac{120f}{P} = \frac{120 \times 50}{4} = 1500\,\text{rpm}$

36. 용접기의 일상 점검이 아닌 것은?

① 케이블의 접속 부분에 절연 테이프나 피복이 벗겨진 부분은 없는지 점검한다.
② 케이블 접속 부분의 발열, 단선 여부 등을 점검한다.
③ 전원 내부의 송풍기가 회전할 때 소음이 없는지 점검한다.
④ 전원의 케이스에 접지선이 완전 접지되었는지 점검하고 이상 발견 시 보수를 한다.

해설 ①, ②, ③ 외에 용접 중에 이상한 진동이나 타는 냄새의 유무를 확인해야 하며, ④는 3~6개월 점검 내용이다.

37. 아크 빛으로 인해 눈에 급성 염증 증상이 발생하였을 때 우선 조치하여야 할 사항으로 옳은 것은?

① 온수로 씻은 후 작업한다.

정답 33. ① 34. ④ 35. ④ 36. ④ 37. ③

② 소금물로 씻은 후 작업한다.
③ 냉습포를 눈 위에 얹고 안정을 취한다.
④ 심각한 사안이 아니므로 계속 작업한다.

해설 아크 빛으로 인해 눈에 급성 염증 증상이 발생하였을 때 우선 냉습포를 눈 위에 얹고 안정을 취한 다음 병원에 방문해 치료를 받는다.

38. 교류 아크 용접기에 사용되는 전격방지기 역할 중 틀린 것은?

① 전격방지기는 용접 작업을 하지 않을 때에는 보조 변압기에 연결이 되어 용접기의 2차 무부하 전압을 20~30 V 이하로 유지한다.
② 용접봉을 모재에 접촉한 순간에만 릴레이(relay)가 작동하여 2차 무부하 전압으로 올려 용접 작업이 가능하도록 되어 있다.
③ 아크의 단락과 동시에 자동적으로 릴레이가 작동된다.
④ 2차 무부하 전압은 20~30 V 이하로 되기 때문에 전격을 방지할 수 있다.

해설 전격방지기는 교류 용접기의 무부하 전압(70~80 V)이 비교적 높아 감전의 위험으로부터 용접사를 보호하기 위하여 국제노동기구(ILO)에서 정한 규정인 안전 전압 24 V 이하로 유지하고, 아크 발생 시에는 언제나 통상 전압(무부하 전압 또는 부하 전압)이 되며, 아크가 소멸된 후에는 자동적으로 안전 전압을 저하시켜 감전을 방지하는 전격 방지 장치를 용접기에 부착하여 사용한다.
(1) 전격방지기는 용접 작업을 하지 않을 때에는 보조 변압기에 연결이 되어 용접기의 2차 무부하 전압을 20~30 V 이하로 유지한다.
(2) 용접봉을 모재에 접촉한 순간에만 릴레이(relay)가 작동하여 2차 무부하 전압으로 올려 용접 작업이 가능하도록 되어 있다.
(3) 아크의 단락과 동시에 자동적으로 릴레이가 차단된다.
(4) 2차 무부하 전압은 20~30 V 이하로 되기 때문에 전격을 방지할 수 있다.
(5) 주로 용접기의 내부에 설치된 것이 일반적이나 일부는 외부에 설치된 것도 있다.

39. 유독 가스에 의한 중독 및 산소 결핍 재해 예방 대책으로 틀린 것은?

① 밀폐 장소에서는 유독 가스 및 산소 농도를 측정 후 작업한다.
② 유독 가스 체류 농도를 측정 후 안전을 확인한다.
③ 산소 농도를 측정하여 16 % 이상에서만 작업한다.
④ 급기 및 배기용 팬을 가동하면서 작업한다.

해설 산소 농도를 측정하여 18 % 이상에서만 작업한다.

40. 피복 배합제의 종류에서 규산나트륨, 규산칼륨 등의 수용액이 주로 사용되며 심선에 피복제를 부착하는 역할을 하는 것은?

① 탈산제 ② 고착제
③ 슬래그 생성제 ④ 아크 안정제

해설 고착제 : 규산나트륨, 규산칼륨 등의 수용액이 주로 사용되며, 심선에 피복제를 고착시키는 역할을 한다.

41. 가스 발생식 용접봉의 특징에 대한 설명 중 틀린 것은?

① 전자세 용접이 불가능하다.
② 슬래그 제거가 손쉽다.

정답 38. ③ 39. ③ 40. ② 41. ①

③ 아크가 매우 안정된다.
④ 슬래그 생성식에 비해 용접 속도가 빠르다.

해설 가스발생식은 ②, ③, ④ 외에 다공성이며 아크 전압이 높아지는 경향이 있고, 스패터가 많으며 유독가스(CO_2)가 발생하는 경우가 있고, 전자세 용접에 적당하다.

42. 다음 중 전기저항열을 이용한 용접법은 어느 것인가?

① 일렉트로 슬래그 용접
② 잠호 용접
③ 초음파 용접
④ 원자 수소 용접

해설 일렉트로 슬래그 용접은 용융 용접의 일종으로 아크 열이 아닌 와이어와 용융 슬래그 사이에 통전된 전류와 저항열을 이용하여 용접을 하는 방식이다.

43. 버니어 캘리퍼스의 어미자의 1눈금이 1 mm이고 아들자는 어미자의 49 mm 눈금을 50등분했을 때일 경우 최소 측정치는 몇 mm인가?

① 0.1 ② 0.05
③ 0.02 ④ 0.01

해설 본척의 1눈금을 A, 부척의 1눈금을 B라 하면 1눈금의 차 C(최소 측정치)는 다음과 같다.

$$C = A - B = A - \frac{n-1}{n} \times A$$

$$= \frac{1}{n} \times A = \frac{1}{50} \times 1 = 0.02\,\text{mm}$$

44. 외측 마이크로미터를 0점 조정하고자 한다. 딤블(thimble)과 슬리브(sleeve)의 0점이 딤블의 한 눈금 간격에 1/2 정도 어긋나 있다면 어떻게 조정하는가?

① 앤빌을 돌려서 0점을 맞춘다.
② 슬리브를 돌려서 0점을 맞춘다.
③ 스핀들을 돌려서 0점을 맞춘다.
④ 래칫 스톱을 돌려서 0점을 맞춘다.

해설 적은 범위 이내의 0점을 조정할 경우 훅 스패너를 이용하여 슬리브를 돌려서 0점을 맞춘다.

45. 다음 중 직류 아크 용접기의 종류가 아닌 것은?

① 모터형 직류 용접기
② 엔진형 직류 용접기
③ 가포화 리액터형 직류 용접기
④ 정류기형 직류 용접기

해설 가포화 리액터형은 교류 아크 용접기로서 가변 저항의 변화로 용접 전류를 조정하며 원격 조정과 핫 스타트가 용이하다.

46. 2차 무부하 전압이 80 V, 아크 전류가 200 A, 아크 전압 30 V, 내부 손실 3 kW일 때 역률(%)은?

① 48.00 % ② 56.25 %
③ 60.00 % ④ 66.67 %

해설 $$\text{역률}(\%) = \frac{\text{소비 전력(kW)}}{\text{전원 입력(kVA)}} \times 100\%$$

$$= \frac{\text{아크 전압} \times \text{아크 전류} + \text{내부손실}}{\text{2차 무부하 전압} \times \text{아크 전류}} \times 100\%$$

$$= \frac{30 \times 200 + 3000}{80 \times 200} \times 100\% = 56.25\%$$

47. 직류 아크 용접 중 전압의 분포에서 음극 전압 강하를 V_K, 양극 전압 강하를 V_A, 아크 기둥의 전압 강하를 V_P라 할 때 아크 전압 V_a는?

① $V_a = V_K + V_A + V_P$

정답 42. ① 43. ③ 44. ② 45. ③ 46. ② 47. ①

② $V_a = V_K + V_A - V_P$
③ $V_a = V_K - V_A + V_P$
④ $V_a = V_K - V_A \times V_P$

48. 용접 장치가 모재와 일정한 경사각을 이루고 있는 금속 지주에 홀더를 장치하고 여기에 물린 길이가 긴 피복 용접봉이 중력에 의해 녹아 내려가면서 일정한 용접선을 이루는 아래보기와 수평 필릿 용접을 하는 용접법은?

① 서브머지드 아크 용접
② 그래비티 아크 용접
③ 퓨즈 아크 용접
④ 테르밋 용접

해설 그래비티 용접(gravity welding) 또는 오토콘 용접은 피복 아크 용접법으로 피더에 철분계 용접봉을 장착하여 수평 필릿 용접을 전용으로 하는 일종의 반자동 용접 장치이며 한 명이 여러 대(보통 최소 3~4대)의 용접기를 관리할 수 있으므로 고능률 용접 방법이다.

49. 압력 게이지의 압력 지시 진행 순서를 맞게 설명한 것은?

① 부르동관 → 캘리브레이팅 링크 → 섹터 기어 → 피니언 → 지시 바늘
② 섹터 기어 → 캘리브레이팅 링크 → 부르동관 → 피니언 → 지시 바늘
③ 피니언 → 캘리브레이팅 링크 → 섹터 기어 → 부르동관 → 지시 바늘
④ 캘리브레이팅 링크 → 부르동관 → 섹터 기어 → 피니언 → 지시 바늘

50. 연강용 가스 용접봉에 GA 46이라고 표시 되어 있을 경우, 46이 나타내고 있는 의미는 무엇인가?

① 용착 금속의 최대 인장강도
② 용착 금속의 최저 인장강도
③ 용착 금속의 최대 중량
④ 용착 금속의 최소 두께

해설 G A(B) 43 SR(NSR)

- G : 영어(Gas)의 첫머리 글자
- A : 용접봉 재질이 높은 연성, 전성인 것
- B : 용접봉 재질이 낮은 연성, 전성인 것
- 43 : 용착 금속의 최저 인장강도(kgf/mm^2)
- SR : 용접 후 625±25℃로서 1시간 응력을 제거한 것
- NSR : 용접한 그대로 응력을 제거하지 않은 것

51. 가스 용접에서 모재의 두께가 4.5 mm일 때 용접봉 지름은 몇 mm를 사용해야 하는가?

① 2.0 ② 2.4
③ 3.2 ④ 5

해설 $D = \frac{T}{2} + 1 = \frac{4.5}{2} + 1 = 3.25\text{mm}$이므로 3.2 mm가 적당하다.

52. 다음 중 가스 절단 속도에 관한 설명으로 틀린 것은?

① 절단 속도에 영향을 주는 것은 산소 압력, 산소의 순도, 모재의 온도, 팁의 모양 등이다.
② 절단 속도는 절단 산소의 압력이 높고, 산소 소비량이 많을수록 정비례로 증가한다.
③ 절단 속도는 절단 가스의 좋고 나쁨을 판정하는 데 중요한 요소이다.
④ 모재의 온도가 낮을수록 고속 절단이 가능하다.

해설 모재의 온도가 높을수록 고속 절단이 가능하다.

정답 48. ② 49. ① 50. ② 51. ③ 52. ④

53. 수중 절단 작업 시 예열 가스의 양은 공기 중에서의 몇 배 정도로 하는가?

① 1.5~2배 ② 2~3배
③ 4~8배 ④ 5~9배

해설 수중에서 작업할 때 예열 가스의 양은 공기 중에서의 4~8배 정도로 하고, 절단 산소의 분출구는 1.5~2배로 한다.

54. 다음 연삭기 중 안전 커버의 노출 각도가 가장 큰 것은?

① 평면 연삭기
② 휴대용 연삭기
③ 공구 연삭기
④ 탁상 연삭기

55. 공구 안전 수칙이 아닌 것은?

① 실습장(작업장)에서 수공구를 절대 던지지 않는다.
② 사용하기 전에 수공구 상태를 늘 점검한다.
③ 손상된 수공구는 사용하지 않고 수리를 하여 사용한다.
④ 수공구는 각 사용 목적 이외에 다른 용도로 사용할 수 있다.

해설 수공구는 각 사용 목적 이외에 다른 용도로 사용하지 않는다(멍키 스패너를 망치로 사용하지 않는다).

56. 공기 중의 탄산가스의 농도가 몇 %이면 중독 사망을 일으키는가?

① 30 % ② 35 %
③ 25 % ④ 20 %

57. 색을 식별하는 작업장의 조명색으로 가장 적절한 것은?

① 황색 ② 황적색
③ 황록색 ④ 주광색

해설 물건을 정확하게 보기 위해서는 ①, ②, ③의 광원색이 좋으나, 색의 식별에는 주광색(晝光色)이 좋다.

58. 방진 안경의 빛의 투과율은 얼마가 좋은가?

① 70 % 이상 ② 75 % 이상
③ 80 % 이상 ④ 90 % 이상

해설 렌즈의 구비 조건
(1) 줄이나 홈, 기포, 비틀어짐이 없을 것
(2) 빛의 투과율은 90 % 이상이 좋고 70 % 이하가 아닐 것
(3) 광학적으로 질이 좋아 두통을 일으키지 않을 것
(4) 렌즈의 양면은 매끈하고 평행일 것

59. 안전모를 쓸 때 모자와 머리끝 부분과의 간격은 몇 mm 이상 되도록 조절해야 하는가?

① 20 mm ② 22 mm
③ 25 mm ④ 30 mm

해설 모체와 정부의 접촉으로 인한 충격 전달을 예방하기 위하여 안전 공극이 25 mm 이상 되도록 조절하여 쓴다.

60. MSDS의 목적은?

① 근로자의 알권리 확보
② 경영자의 경영권 확보
③ 화학물질 제조상 비밀 정보 확보
④ 화학물질 제조자의 정보 제공

해설 MSDS란 물질안전보건자료로 근로자의 취급 화학물질에 대한 알권리를 보장하고 안전하고 쾌적한 작업환경을 조성함에 그 목적이 있다.

정답 53. ③ 54. ② 55. ④ 56. ① 57. ④ 58. ④ 59. ③ 60. ①

5회 CBT 대비 실전문제

1. 파이프에 나사를 깎는 기구는?

① 파이프 렌치　② 파이프 커터
③ 오스터　④ 플러링 툴

해설 • 오스터(oster) : 수도관, 배관 등 파이프에 나사를 깎는 공구이다.
• 파이프 커터(pipe cutter) : 파이프를 절단하는 공구이다.
• 파이프 벤더(pipe bender) : 파이프를 구부리는 공구로 180°까지 벤딩할 수 있다.
• 파이프 렌치(pipe wrench) : 파이프를 쥐고 회전시켜 조립, 분해하는 데 사용하는 공구이다.

2. 다음 그림에서 지시선이 가리키는 선의 명칭은? [02-6]

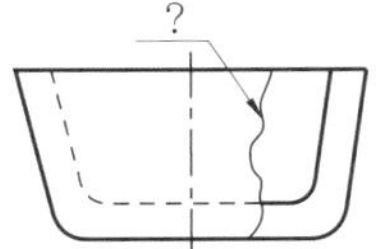

① 외형선　② 중심선
③ 파단선　④ 절단선

3. 어떤 양을 수량적으로 표시하려면 그 양과 같은 종류의 기준이 필요한데 이 비교 기준을 무엇이라 하는가?

① 오차　② 측정　③ 단위　④ 보정

해설 단위 : 어떤 양을 측정하여 기준이 되는 양의 몇 배인가를 수치로 표시하기 위해 기준이 되는 일정한 크기를 정하는데 이때 비교의 기준으로 사용되는 일정 크기의 양

4. 다음 중 정비용 측정기에 해당되는 것은?

① 파이프 렌치(pipe wrench)
② 오스터(oster)
③ 베어링 체커(bearing checker)
④ 플레어링 툴 세트(flaring tool set)

해설 ①, ②, ④는 배관용 공구이며, 정비용 측정기 종류에는 베어링 체커, 진동 측정기, 지시 소음계, 표면 온도계 등이 있다.

5. 다음 중 유압 작동유의 구비 조건으로 틀린 것은? [10-5]

① 온도에 따른 점도 변화가 작아야 한다.
② 방청성이 좋아야 한다.
③ 가급적 인화점이 낮아야 한다.
④ 산화 안정성이 높아야 한다.

해설 유압 작동유의 구비 조건
(1) 비압축성이어야 한다(동력 전달 확실성 요구 때문).
(2) 장치의 운전 유온 범위에서 회로 내를 유연하게 유동할 수 있는 적절한 점도가 유지되어야 한다(동력 손실 방지, 운동부의 마모 방지, 누유 방지 등을 위해).
(3) 장시간 사용하여도 화학적으로 안정하여야 한다(노화 현상).
(4) 녹이나 부식 발생 등이 방지되어야 한다(산화 안정성).
(5) 열을 방출시킬 수 있어야 한다(방열성).

정답 1. ③　2. ③　3. ③　4. ③　5. ③

(6) 외부로부터 침입한 불순물을 침전 분리시킬 수 있고, 또 기름 중의 공기를 속히 분리시킬 수 있어야 한다.

6. 고착된 볼트를 제거하는 방법으로 옳지 않은 것은? [10–5]

① 너트에 충격을 주는 법
② 볼트에 충격을 주는 법
③ 정으로 너트를 절단하는 방법
④ 토치로 가열하여 고착부를 이완시키는 방법

해설 고착된 볼트의 분해법
(1) 너트를 두드려 푸는 방법
(2) 너트를 잘라 넓히는 방법
(3) 죔용 볼트를 빼는 방법

7. 베어링의 장착을 열박음으로 할 때 베어링의 가열 온도로 가장 적절한 것은? [14–1]

① 50℃ ② 100℃ ③ 130℃ ④ 170℃

해설 죔새가 큰 베어링을 축에 설치할 때는 깨끗한 광유에 베어링을 90~120℃로 가열하여 내경을 팽창시켜 조립하는 방법을 널리 이용한다. 베어링의 경도는 130℃ 이상 과열되면 급속히 저하되므로 절대로 120℃ 이상을 초과해서는 안 된다.

8. 그리스의 사용 방법으로 부적당한 것은?

① 롤러 베어링 윤활
② 스퍼 기어 윤활
③ 롤러 체인 윤활
④ 공압 실린더 윤활

해설 롤러 체인은 액체 윤활유를 사용한다.

9. 한쪽 방향으로는 회전하고 반대 방향으로는 회전이 불가능하도록 만든 장치 또는 기구는? [11–5, 14–5]

① 링크(link) 기구
② 래칫(rachet) 기구
③ 블록 브레이크(brake) 장치
④ 밴드 브레이크(brake) 장치

해설 래칫 : 폴(멈춤쇠)의 작용에 의해 한쪽 방향으로만 회전을 전하고 반대 방향으로는 운동을 전하지 않는 톱니바퀴

10. 비교적 작은 배관이나 관의 살이 얇아 용접이 힘들 경우 사용하는 용접 이음 방법은? [06–5, 15–2]

① 웰드인서트법 ② 맞대기 용접식
③ 플레어 용접식 ④ 끼워넣기 용접식

해설 끼워넣기 용접식은 압력 배관, 고온, 저온 스테인리스 배관의 비교적 소구경의 경우 및 관의 살이 얇아 용접이 힘들 경우에 쓰인다.

11. 다음 중 역류 방지 밸브가 아닌 것은?

① 반전 밸브 ② 콕 밸브
③ 체크 밸브 ④ 플랩 밸브

해설 역류 방지 밸브의 종류 : 스윙형 체크 밸브, 리프트형 체크 밸브, 듀얼 플레이트 체크 밸브, 경사 디스크 체크 밸브, 플랩 밸브, 반전 밸브 등

12. 펌프를 운전할 때 주기적으로 양정, 토출량이 규칙적으로 변동하는 현상은 다음 중 어느 것인가? [08–5]

① 서징(surging) 현상
② 공동(cavitation) 현상
③ 플래싱(flashing) 현상
④ 수격 작용(water hammering) 현상

해설 펌프 운전 중에 토출측 관로의 하류에서 밸브를 천천히 닫으면서 유량을 감소시켜 가면 갑자기 압력계가 흔들리면서 토출

정답 6. ④ 7. ② 8. ③ 9. ② 10. ④ 11. ② 12. ①

량이 어떤 범위 내에서 주기적인 변동이 생기며 흡입, 토출 배관에서 주기적인 소음, 진동을 동반하는 현상을 서징(surging)이라 한다.

13. 임펠러의 진동 발생 시 임펠러에 시편을 붙여 진동을 교정하는 작업 방법은? [06-5]

① 밸런싱 작업 ② 센터링 작업
③ 풀러링 작업 ④ 코킹 작업

해설 이 경우의 결함은 질량 불평형, 즉 언밸런스이므로 밸런싱 작업을 한다.

14. 구름 베어링을 사용한 감속기 운전 중 발생하는 진동 유발 원인으로 옳지 않은 것은? [14-5]

① 이 접촉면이 불량한 경우
② 기어의 백래시가 작은 경우
③ 감속기 브래킷이 약한 경우
④ 베어링 내부에서 오일휠(oil whirl) 현상이 발생한 경우

15. 삼상 유도 전동기의 과열 원인으로 옳지 않은 것은? [13-5]

① 냉각팬의 절손
② 과부하 상태로 운전
③ 3상 중 1상의 퓨즈가 용단된 상태로 운전
④ 배선용 차단기(MFB)의 동작으로 인한 전원 차단

해설 배선용 차단기가 동작하면 전원이 차단되므로 전동기는 과열 방지가 된다.

16. 공압 장치에 부착된 압력계의 눈금이 5 kgf/cm^{2}를 지시한다. 이 압력을 무엇이라 하는가? (단, 대기 압력을 0으로 하여 측정함) [07-5, 12-2]

① 대기 압력 ② 절대 압력
③ 진공 압력 ④ 게이지 압력

해설 게이지 압력(gauge pressure) : 대기 압력을 0으로 하여 측정한 압력

17. 복동 실린더의 미터 아웃 방식에 의한 속도 제어 회로는? [14-5]

① 실린더로 공급되는 유체의 양을 조절하는 방식
② 실린더에서 배출되는 유체의 양을 조절하는 방식
③ 공급과 배출되는 유체의 양을 모두 조절하는 방식
④ 전진 시에는 공급 유체를, 후진 시에는 배출 유체의 양을 조절하는 방식

해설 미터 아웃 회로 : 실린더에서 나오는 공기를 교축시키는 회로

18. 다음의 공압 회로도는 공압 복동 실린더의 자동 복귀 회로이다. 1.2 스위치가 계속 작동되어 있을 경우, 복동 실린더의 작동 상태를 올바르게 설명하고 있는 것은 어느 것인가? [05-5]

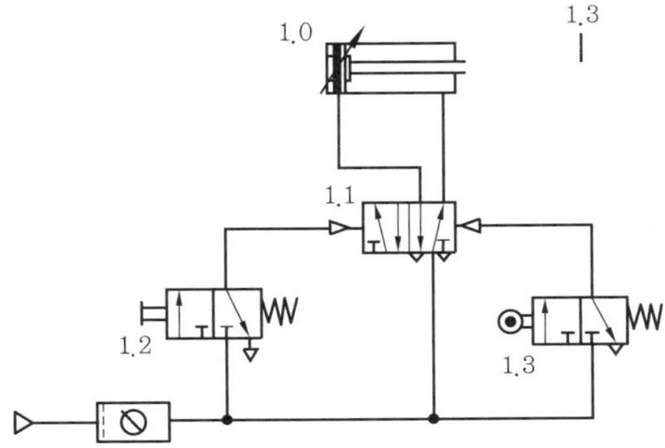

① 전진 위치에 있는 1.3 공압 리밋 스위치가 작동되면 복동 실린더는 후진하여 정지한다.
② 전진 위치에 있는 1.3 공압 리밋 스위

치가 작동되면 복동 실린더는 후진한 후 동일한 작동을 반복한다.
③ 전진 위치에 있는 1.3 공압 리밋 스위치가 작동된 후 복동 실린더는 정지한다.
④ 전진 위치에 있는 1.3 공압 리밋 스위치가 작동된 후 일정 시간 경과 후 후진한다.

해설 이 회로는 자동 귀환 회로인데 전진 신호가 계속 유효하면 후진 신호인 1.3이 동작되어도 실린더는 움직이지 않게 된다.

19. 다음 중 드레인 배출기 붙이 필터를 나타내는 기호는? [10-5]

① 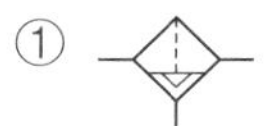 ② 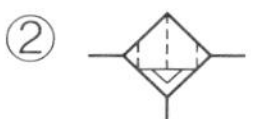

③ ④ 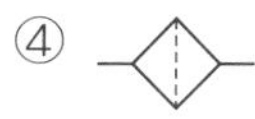

해설 ② : 자동 배수기가 부착된 필터
③ : 자동 배수기, ④ : 필터

20. 다음 공기 압축기에서 가장 깨끗한 공기를 만들 수 있는 압축기는? [08-5]

① 피스톤 압축기
② 다이어프램 압축기
③ 스크루 압축기
④ 축류식 압축기

해설 다이어프램 압축기 : 공기가 압축되는 부분과 피스톤이 운동하는 부분이 분리되어 있는 압축기

21. 다음 기호의 밸브 작동을 바르게 설명한 것은? [13-2]

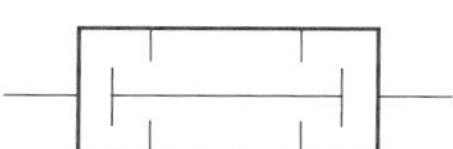

① 어느 한쪽만 유입될 때 출력된다.
② 양쪽에 공기가 유입될 때 폐쇄된다.
③ 양쪽에 공기가 유입될 때 고압 쪽이 출력된다.
④ 양쪽에 공기가 유입될 때 저압 쪽이 출력된다.

해설 그림의 밸브는 2압 밸브 또는 AND 밸브, 저압 우선형 셔틀 밸브라고도 한다.

22. 다른 실린더에 비하여 고속으로 동작할 수 있는 공압 실린더는? [08-5, 13-2, 16-2]

① 충격 실린더
② 다위치형 실린더
③ 텔레스코픽 실린더
④ 가변 스트로크 실린더

해설 충격 실린더는 공기 탱크에서 피스톤에 공기 압력을 급격하게 작용시켜 피스톤에 충격 힘을 고속으로 움직여 속도 에너지를 이용하게 된 실린더로 프레스에 이용된다.

23. 파스칼의 원리에 관한 설명으로 옳지 않은 것은? [13-5]

① 각 점의 압력은 모든 방향에서 같다.
② 유체의 압력은 면에 대하여 직각으로 작용한다.
③ 정지해 있는 유체에 힘을 가하면 단면적이 작은 곳은 속도가 느리게 전달된다.
④ 밀폐한 용기 속의 유체의 일부에 가해진 압력은 유체의 모든 부분에 똑같은 세기로 전달된다.

해설 파스칼의 원리
(1) 유체의 압력은 면(面)에 대해서 직각으로 작용한다.
(2) 각 점의 압력은 모든 방향에서 동일하다.
(3) 밀폐한 용기 속의 유체의 일부에 가해진 압력은 유체의 각부에 같은 세기를 가지고 전달된다.

정답 19. ① 20. ② 21. ④ 22. ① 23. ③

24. 도면에 나타낸 유압 회로에서, 실린더의 속도를 조절하는 방법으로 적당한 것은 어느 것인가? [03-5 외 3회 출제]

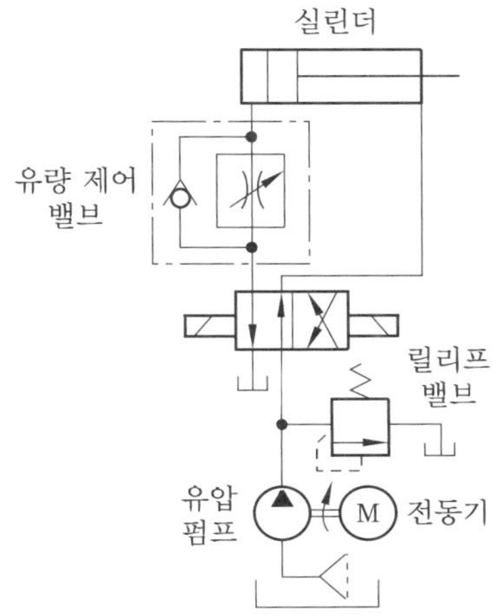

① 전동기의 회전수 조절
② 가변형 펌프의 사용
③ 유량 제어 밸브의 사용
④ 차동 피스톤 펌프의 사용

해설 유량 제어 밸브 : 실린더의 속도를 조절하는 밸브로서 교축 밸브와 속도 제한 밸브가 있으며, 속도 제한 밸브는 설치 방법에 따라 미터 인과 미터 아웃으로 나뉜다.

25. 유압 펌프에서 용적 효율이란? [09-5]

① 펌프의 이론적인 토출량과 실제 토출량과의 비
② 펌프 구동 동력과 소모 전력의 비
③ 펌프의 실제적인 토출량에서 이론적인 토출량을 제한 용적
④ 펌프의 이론적인 토출량에서 실제적인 토출량을 제한 용적

해설 펌프의 실제 토출량을 Q라 하면, 임펠러 내를 지나는 유량은 Q와 펌프 내부에서의 누설 유량 ΔQ의 합으로 나타내며, 용적 효율(η_v)은 다음과 같다.

$$\eta_v = \frac{\text{펌프의 실제 유량}}{\text{임펠러를 지나는 유량}} = \frac{Q}{Q+\Delta Q}$$

26. 다음 기호는 유량 조절 밸브이다. 이 밸브에 대한 설명으로 옳은 것은? [13-5]

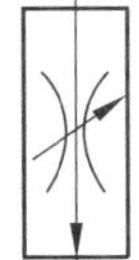

① 니들 밸브인 유량 조절 밸브를 조절하여 유량을 자유롭게 조절하는 밸브이다.
② 압력 조절 밸브와 온도 변화에 대응하기 위한 밸브이다.
③ 온도의 변화에 관계없이 유량을 설정된 값으로 유지하는 밸브이다.
④ 압력 보상 밸브를 내부에 설치하여 부하의 변동에 관계없이 유량을 일정하게 하는 밸브이다.

해설 이 기호는 압력 보상형 유량 조절 밸브이다.

27. 공유압 제어 밸브와 사용 목적이 틀린 것은? [12-2]

① 감압 밸브 : 어떤 부분 회로의 압력을 주회로의 압력보다 저압으로 할 때 사용된다.
② 2압 밸브 : 안전 제어, 검사 기능 등에 사용된다.
③ 압력 스위치 : 압력 신호를 높은 압력으로 만든다.
④ 시퀀스 밸브 : 다수의 액추에이터에 작동 순서를 결정한다.

해설 압력 신호를 높은 압력으로 만드는 것은 증폭기이다.

정답 24. ③ 25. ① 26. ④ 27. ③

28. **고압을 요하는 유압 장치에 가장 유리한 유압 모터는?** [08-5]

① 기어 모터 ② 스크루 모터
③ 베인 모터 ④ 피스톤 모터

해설 피스톤형 모터(piston type motor)
(1) 원리 : 압축 공기를 순차적으로 실린더 피스톤 단면에 공급하여 피스톤 사판이나 캠, 크랭크 축 등을 회전시켜, 왕복 운동을 기계적으로 회전 운동으로 변환함으로써 회전력을 얻는 것으로 운전을 원활하게 하기 위해서 여러 개의 피스톤이 필요하다. 변환 방식은 크랭크를 사용한 것(레이디얼 피스톤형), 경사판을 이용한 것(액시얼 피스톤형), 캠의 반력을 이용한 것(멀티 스트로크, 레이디얼 피스톤형) 등이 있다. 내부 구조에 따라 반경류와 축류 피스톤 모터로 구분된다.
(2) 특징 : 중저속 회전, 대용량, 고토크형으로 최고 회전 속도는 3000 rpm, 출력은 1.5~2.6 kW이다.
(3) 용도 : 각종 반송 장치에 이용

29. **어큐뮬레이터의 용도가 아닌 것은 어느 것인가?** [09-5]

① 에너지 축적
② 서지압 방지
③ 자동 릴레이 작동
④ 펌프 맥동 흡수

해설 어큐뮬레이터의 사용 목적
(1) 유압 에너지의 축적
(2) 2차 회로의 구동
(3) 압력 보상
(4) 맥동 제거
(5) 충격 완충
(6) 액체의 수송

30. **도선에 전류가 흐를 때 발생하는 열량은?** [03-5, 09-5]

① 저항의 세기에 반비례한다.
② 전류의 세기에 반비례한다.
③ 전류 세기의 제곱에 비례한다.
④ 전류 세기의 제곱에 반비례한다.

해설 줄의 법칙 : 도선에 전류가 흐르면 열이 발생하게 되는데, 이 열은 저항과 전류의 제곱 및 흐른 시간에 비례한다.
$H=0.24I^2Rt$[J]

31. **다음 중 검출 스위치가 아닌 것은 어느 것인가?** [03-5, 09-5, 16-4]

① 리밋 스위치 ② 광전 스위치
③ 버튼 스위치 ④ 근접 스위치

해설 검출용 스위치는 어떤 물체의 위치나 액체의 높이, 압력, 빛, 온도, 전압, 자계 등을 검출하여 조작 기기를 작동시키는 스위치이다. 따라서 검출용 스위치는 사람의 눈이나 귀 등의 감각에 응하는 작용을 하며, 구조에 따라 리밋 스위치, 마이크로 스위치, 근접 스위치, 광전 스위치, 온도 스위치, 압력 스위치, 레벨 스위치, 플로트 스위치, 플로트리스 스위치 등이 있다.

32. **전압과 주파수를 가변시켜 전동기의 속도를 고효율로 쉽게 제어하는 장치로 사용되는 것은?**

① 인버터 ② 다이오드
③ 배선용 차단기 ④ 카운터

33. **투광기와 수광기로 되어 있으며 검출 방식에 따라 투과형, 직접 반사형, 거울 반사형으로 구분되는 것은?**

① 광 센서 ② 리드 센서
③ 유도형 센서 ④ 정전 용량형 센서

해설 리드 스위치는 자계에 의해 작동하고 유도형 센서는 고주파 자계 중에 금속체가

정답 28. ④ 29. ③ 30. ③ 31. ③ 32. ① 33. ①

접근할 때 발생하는 전자 유도 현상으로 인해 생기는 와전류에 의해 물체 유무를 검출하며, 정전 용량형 센서는 분극 작용에 의한 정전 용량 변화로 물체 유무를 검출한다.

34. 직류 분권 전동기의 속도 제어 방법이 아닌 것은? [04-5, 12-2, 15-3]

① 계자 제어 ② 저항 제어
③ 전압 제어 ④ 주파수 제어

해설 계자 제어법, 저항 제어법, 전압 제어법은 직류 전동기의 속도 제어법이고 주파수 제어법은 주로 교류 전동기의 속도 제어법이다.

35. 전동기 운전 시퀀스 제어 회로에서 전동기의 연속적인 운전을 위해 반드시 들어가는 제어 회로는? [08-5]

① 인터록 ② 지연 동작
③ 자기 유지 ④ 반복 동작

해설 자기 유지 회로 : 메모리 기능으로 전자 릴레이에 부여된 입력 신호를 자체의 동작 접점에 의해 신호가 계속 유효하도록 바이패스하는 동작 회로를 만드는 것

36. 구조가 간단하고, 고장이 적고, 취급이 용이하며, 공장의 동력용 또는 세탁기나 냉장고뿐만 아니라 펌프, 재봉틀 등 많은 가전제품의 동력을 필요로 하는 곳에 사용되고 있는 것은? [13-2]

① 변압기 ② 스테핑 모터
③ 유도 전동기 ④ 제어 정류기

37. 용접기의 발생음이 너무 높을 때 고장 원인이 아닌 것은?

① 용접기 외함이나 고정 철심, 고정용 지지 볼트, 너트가 느슨하거나 풀렸을 때
② 용접기 설치 장소 바닥을 고르게 할 때
③ 가동 철심, 이동 축지지 볼트, 너트가 풀려 가동 철심이 움직일 때
④ 가동 철심과 철심 안내 축 사이가 느슨할 때

해설 용접기 설치 장소 바닥이 고르지 못할 때 → 용접기 설치 장소 바닥을 평평하게 수평이 되게 한 후 설치한다.

38. CO_2 가스 아크 용접 시 이산화탄소의 농도가 3~4 %이면 일반적으로 인체에는 어떤 현상이 일어나는가?

① 두통, 뇌빈혈을 일으킨다.
② 위험 상태가 된다.
③ 치사(致死)량이 된다.
④ 아무렇지도 않다.

해설 이산화탄소 농도가 인체에 미치는 영향
- 3~4 % : 두통, 뇌빈혈
- 15 % 이상 : 위험 상태
- 30 % 이상 : 극히 위험

39. 연강용 피복 아크 용접봉의 종류와 피복제 계통으로 틀린 것은?

① E 4303 : 라임티타니아계
② E 4311 : 고산화티탄계
③ E 4316 : 저수소계
④ E 4327 : 철분산화철계

해설 E 4311은 가스 발생제의 대표로 고셀룰로오스계이다.

40. 자동 전격방지기에는 마그네트 접점 방식과 반도체 소자 무접점 방식이 있는데 반도체 소자 무접점 방식의 장점은?

① 전압 변동이 적고, 무부하 전압차가 낮다.

정답 34. ④ 35. ③ 36. ③ 37. ② 38. ① 39. ② 40. ④

② 외부 자장에 의한 오동작 위험이 작다.
③ 고장 빈도가 적고, 가격이 저렴하다.
④ 시동감이 빠르고 작업도 용이하며 정밀용접이 가능하다.

해설 자동 전격방지기의 비교

구분	장점	단점
마그네트 접점 방식	• 전압 변동이 적고, 무부하 전압차가 낮다. • 외부 자장에 의한 오동작 위험이 작다. • 고장 빈도가 적고, 가격이 저렴하다.	• 시동감이 낮고, 마그네트 수명이 짧다. • 정밀 용접, 후판 용접용으로 부적합하다. • 중량이 무겁다.
반도체 소자 무접점 방식	• 시동감이 빠르고 작업도 용이하다. • 정밀 용접이 가능하다.	• 외부 자장에 의한 오동작이 우려된다. • 초기 전압 및 전압 변동에 민감한 반응을 보인다. • 분진, 습기에 약하다.

41. 다음 중 국소 배기 장치에 대한 설명으로 틀린 것은?

① 덕트는 되도록 길이가 길고 굴곡면을 적게 한 후 적당한 부위에 청소구를 설치하여 청소하기 쉬운 구조로 한다.
② 후드는 작업 방법 등 분진의 발산 상황을 고려하여 분진을 흡입하기에 적당한 형식과 크기를 선택한다.
③ 배기구는 옥외에 설치하여야 하나 이동식 국소 배기 장치를 설치했거나 공기 정화 장치를 부설한 경우에는 옥외에 설치하지 않을 수 있다.
④ 배풍기는 공기 정화 장치를 거쳐서 공기가 통과하는 위치에 설치한 후 흡입된 분진에 의한 폭발 혹은 배풍기의 부식 마모의 우려가 적을 때 공기 정화 장치 앞에 설치할 수 있다.

해설 덕트는 되도록 길이가 짧고 굴곡면을 적게 한 후 적당한 부위에 청소구를 설치하여 청소하기 쉬운 구조로 한다.

42. 모재를 녹이지 않고 접합하는 것은?

① 가스 용접
② 피복 아크 용접
③ 서브머지드 아크 용접
④ 납땜

해설 납땜은 모재가 용융되지 않고 땜납이 녹는다.

43. 다음 중 아베의 원리에 맞는 측정기는?

① 외측 마이크로미터
② 버니어 캘리퍼스
③ 캘리퍼형 내측 마이크로미터
④ 하이트 게이지

해설 아베의 원리는 측정 정도를 높이기 위해서는 측정 대상 물체와 측정 기구의 눈금을 측정 방향의 동일선상에 배치해야 한다는 것이다. 마이크로미터의 경우 눈금과 측정 위치가 동일선상에 있기 때문에 아베의 원리를 따르고 있어 측정 정도가 높다고 할 수 있다. 이 원리는 콤퍼레이터(comparator)의 원리라고도 하며, 측정기의 제작상 피할 수 없는 결함이 측정 오차에 미치는 영향을 최소로 하기 위한 것이다.

44. 다음 중 미세한 측정 조건의 변동으로 인한 오차는?

① 과실 오차 ② 우연 오차
③ 개인 오차 ④ 계기 오차

해설 측정 오차의 종류
(1) 계기 오차 : 측정기 본래의 기차(器差)에

정답 41. ① 42. ④ 43. ① 44. ②

의한 것과 히스테리시스(hysteresis)차에 의한 것이 있다.

(2) 개인 오차 : 눈금을 읽거나 계측기를 조정할 때 개인차에 의한 오차

(3) 환경 오차 : 주위 온도, 압력 등의 영향, 계기의 고정 자세 등에 의한 오차

(4) 계통 오차(systematic error) : 계기 오차와 환경 오차 등에 의한 오차

(5) 과실 오차 : 계측기의 이상이나 측정자의 눈금 오독 등에 의한 오차

(6) 우연 오차(random error) : 계측기 운동 부분의 마찰, 미세한 측정 조건의 변화, 측정자의 부주의 등에 의한 오차

45. 직류 아크 용접기 중 정류기형의 정류기는 셀렌(80℃), 실리콘(150℃), 게르마늄 등을 이용하는데 전류 조정으로 틀린 것은?

① 가동 철심형 ② 엔진형
③ 가동 코일형 ④ 가포화 리액터형

해설 정류기형의 전류 조정별 종류에는 가동 철심형, 가동 코일형, 가포화 리액터형이 있다.

46. 다음 중 허용 사용률을 구하는 공식은?

① 허용 사용률
$=\frac{(\text{정격 2차 전류})^2}{\text{실제 용접 전류}}\times\text{정격 사용률(\%)}$

② 허용 사용률
$=\frac{\text{정격 2차 전류}}{(\text{실제 용접 전류})^2}\times\text{정격 사용률(\%)}$

③ 허용 사용률
$=\frac{(\text{실제 용접 전류})^2}{\text{정격 2차 전류}}\times\text{정격 사용률(\%)}$

④ 허용 사용률
$=\frac{(\text{정격 2차 전류})^2}{(\text{실제 용접 전류})^2}\times\text{정격 사용률(\%)}$

47. 피복 아크 용접 시 안전 홀더를 사용하는 이유로 옳은 것은?

① 고무장갑 대용
② 유해 가스 중독 방지
③ 용접 작업 중 전격 예방
④ 자외선과 적외선 차단

해설 용접 작업 중이나 휴식 시간에도 전격(감전) 예방을 위해 노출부가 절연되어 있는 안전 홀더를 사용한다.

48. 산소용 압력 게이지는 보통 프랑스식과 독일식이 있는데 다음 설명 중 틀린 것은?

① 프랑스식은 스템형이라 불린다.
② 독일식은 노즐형이라 불린다.
③ 스템형은 스템과 다이어프램으로 예민하지 않다.
④ 노즐형은 에보나이트계 밸브 시트로 조정하여 예민하지 않다.

해설 스템형은 스템과 다이어프램으로 예민하게 작동된다.

49. 가스 용접에 쓰이는 토치의 취급상 주의사항으로 틀린 것은?

① 팁을 모래나 먼지 위에 놓지 말 것
② 토치를 함부로 분해하지 말 것
③ 토치에 기름, 그리스 등을 바를 것
④ 팁을 바꿀 때에는 반드시 양쪽 밸브를 잘 닫고 할 것

해설 토치의 취급상 주의사항

- 팁 및 토치를 작업장 바닥이나 흙 속에 방치하지 않는다.
- 점화되어 있는 토치를 아무 곳에나 방치하지 않는다.
- 토치를 망치 등 다른 용도로 사용하지 않는다.
- 팁 과열 시 아세틸렌 밸브를 닫고 산소 밸

정답 45. ② 46. ④ 47. ③ 48. ③ 49. ③

브만 약간 열어 물속에서 냉각시킨다.
- 팁을 바꿀 때에는 반드시 양쪽 밸브를 모두 닫은 다음 행한다.
- 작업 중 발생하기 쉬운 역류, 역화, 인화에 항상 주의하여야 한다.
- 토치에는 윤활제를 도포하지 않는다.

50. 산소-아세틸렌 용접법으로 전진법과 후진법이 있는데 다음 설명 중 틀린 것은?

① 열 이용률은 전진법이 좋다.
② 비드 모양은 전진법이 보기 좋다.
③ 용접 속도는 후진법이 빠르다.
④ 용접 변형은 후진법이 작다.

해설 열 이용률은 전진법이 나쁘다.

51. 최소 에너지 손실 속도로 변화되는 절단 팁의 노즐 형태는?

① 스트레이트 노즐
② 다이버전트 노즐
③ 원형 노즐
④ 직선형 노즐

해설 가스 절단에서 다이버전트 노즐의 지름은 절단 팁보다 2배 정도 크고 끝부분이 약간(약 15～25°) 구부러져 있는 것이 많다.

52. 절단 산소 중에 불순물 증가 시의 현상이 아닌 것은?

① 절단 속도가 빨라진다.
② 절단면이 거칠며 산소의 소비량이 많아진다.
③ 절단 가능한 판의 두께가 얇아지며 절단 시작 시간이 길어진다.
④ 슬래그 이탈성이 나쁘고 절단 홈의 폭이 넓어진다.

해설 절단 속도가 늦어진다.

53. 정 작업을 하면 안 되는 재료는?

① 연강 ② 구리
③ 두랄루민 ④ 담금질된 강

해설 정으로는 담금질된 재료를 가공할 수 없다.

54. 기계 조립 작업 시 주의사항으로 적절하지 않은 것은?

① 볼트와 너트는 균일하게 체결할 것
② 무리한 힘을 가하여 조립하지 말 것
③ 정밀 기계는 장갑을 착용하고 작업할 것
④ 접합면에 이물질이 들어가지 않도록 할 것

55. 다음은 스패너나 렌치 사용 시 주의사항이다. 잘못 설명한 것은?

① 너트에 맞는 것을 사용할 것
② 가동 조에 힘이 걸리게 할 것
③ 해머 대용으로 사용하지 말 것
④ 공작물을 확실히 고정할 것

해설 고정 조에 힘이 걸리게 할 것

56. 탱크 등 밀폐 용기 속에서 용접 작업을 할 때 주의사항으로 적합하지 않은 것은?

① 환기에 주의한다.
② 감시원을 배치하여 사고의 발생에 대처한다.
③ 유해 가스 및 폭발 가스 발생을 확인한다.
④ 위험하므로 혼자서 용접하도록 한다.

해설 밀폐 용기 속에서 용접 작업을 할 때는 반드시 감시원 1인 이상을 배치하여 사고를 예방하고 사고 발생 시 즉시 조치를 할 수 있도록 한다.

정답 50. ① 51. ② 52. ① 53. ④ 54. ③ 55. ② 56. ④

57. 공사 중이거나 번잡한 곳의 출구를 표시한 안전등의 빛깔은 무엇인가?

① 빨강　② 노랑
③ 초록　④ 자주색

해설 노란색이 주의를 잘 끈다.

58. 보건 표지의 색채에서 바탕은 노란색이고, 기본 모형, 관련 부호 및 그림은 검은색으로 되어 있는 표지판은 무슨 표지인가?

① 금지 표지　② 경고 표지
③ 지시 표지　④ 안내 표지

해설 경고 표지

59. 다음 중 안전 보호구가 아닌 것은?

① 안전대　② 안전모
③ 안전화　④ 보호의

해설 보호의는 위생 보호구이다.

60. 각재를 목재 가공용 둥근톱으로 절단하던 중 파편이 날아와 몸에 상해를 입힌 경우 기인물과 가해물이 맞게 연결된 것은?

① 기인물 – 둥근톱, 가해물 – 각재
② 기인물 – 절단편, 가해물 – 각재
③ 기인물 – 절단편, 가해물 – 둥근톱
④ 기인물 – 둥근톱, 가해물 – 절단편

해설 산업재해 기록, 분류에 관한 지침 : "맞음" 재해는 물체를 지탱하고 있던 물체 또는 장소의 불안전한 상태, 물체가 떨어지거나 날아오는 재해를 일으킨 동력원 등을 기인물로 분류하고, 신체와 직접 접촉·부딪힌 물체는 가해물로 분류한다.

예 각재를 목재 가공용 둥근톱으로 절단하는 작업 중 절단편이 날아와 얼굴에 상해를 입은 경우, "맞음" 재해의 동력원인 둥근톱을 기인물로 분류하고 절단편은 가해물로 분류한다.

정답 57. ② 58. ② 59. ④ 60. ④

설비보전기능사

PART 3 실기 공개문제 해설

1과제 공기압 회로 구성
2과제 유압 회로 구성
3과제 가스 절단 및 용접
4과제 기계 장치 분해 및 조립

1 과제 공기압 회로 구성

국가기술자격 실기시험문제

자격종목	설비보전기능사	과제명	공기압 회로 구성

※ 문제지는 시험 종료 후 본인이 가져갈 수 있습니다.

비번호		시험일시		시험장명	

※ 시험시간 : [제1과제] 40분

1 요구사항

※ 지급된 재료 및 시설을 사용하여 아래 작업을 완성하시오.

※ 한 번 제출한 작품의 재작업은 허용되지 않습니다.

(1) 공기압 회로도 구성

① 공기압 회로도와 같이 기기를 선정하여 고정판에 배치하시오.

㈎ 기기는 수평 또는 수직 방향으로 수험자가 임의로 배치하고, 리밋 스위치는 방향성을 고려하여 설치하시오.

② 공기압 호스를 적절한 길이로 절단 및 사용하여 기기를 연결하시오.

㈎ 공기압 호스가 시스템 동작에 영향을 주지 않도록 정리하시오.

③ 작업 압력(서비스 유닛)을 0.5±0.05 MPa로 설정하시오.

(2) 전기 회로도 구성 및 동작

① 전기 회로도와 같이 기기를 선정하여 배선하시오.

㈎ 전기 배선은 +는 적색으로, −는 청색 또는 흑색으로 연결하고, 전선이 시스템 동작에 영향을 주지 않도록 정리하시오.

㈏ 센서 사용 시 S1, S2는 정전 용량형 센서를 사용하시오.

② 각 스위치의 동작 설명에 따라 **변위 단계 선도**와 같이 동작되도록 시스템을 구성하고 시험감독위원에게 확인받으시오.

㈎ 지정되지 않은 누름 버튼 스위치는 자동 복귀형 스위치를 사용하시오.

(3) 정리 정돈

① 평가 종료 후 작업한 자리의 부품 정리, 공기압 호스 정리, 전선 정리 등 모든 상태를 초기 상태로 정리하시오.

2 수험자 유의사항

※ 다음의 유의사항을 고려하여 요구사항을 완성하시오.

※ 작업형 과제별 배점은 [공기압 회로 구성 25점, 유압 회로 구성 25점, 가스 절단 및 용접 30점, 기계 장치 분해 및 조립 20점]이며, 이외 세부 항목 배점은 비공개입니다.

① 시험 시작 전 시험감독위원의 지시에 따라 장비의 이상 유무를 확인합니다.

② 시험 중 반드시 시험감독위원의 지시에 따라야 하며, 시험감독위원의 지시가 없는 한 시험장을 임의로 이탈할 수 없습니다.

③ 시험에 필요한 기기 이외의 부품이나 장비에 임의로 접촉하지 않도록 주의하시기 바랍니다.

④ 공기압 호스의 제거는 공급 압력을 차단한 후 실시하시기 바랍니다.

⑤ 전기 합선 시에는 즉시 전원 공급 장치의 전원을 차단하시기 바랍니다.

⑥ 실린더의 작동 부분에는 전선 및 호스가 접촉되지 않도록 주의하여야 합니다.

⑦ 모든 작업을 완료한 후 시험감독위원에게 평가받습니다. (단, 각 동작의 평가는 전원이 유지된 상태에서 2회 이상 시도하여 동일하게 정상 동작이 되어야 하며, 1회만 동작하고 정상적으로 재동작하지 않으면 인정하지 않습니다.)

⑧ 평가 기회는 한 번만 부여되오니, 이 점 유의하여 평가를 요청하시기 바랍니다. (단, 평가가 불명확하여 재확인이 필요한 경우 시험감독위원의 판단에 따라 다시 동작시킬 수 있습니다. 회로를 변경 또는 수정할 수 없고, 동작만 재시도 합니다.)

⑨ 평가 종료 후 정리 정돈 상태에 따라 감점될 수 있음을 유의하시기 바랍니다.

⑩ 시험 중 작업복 및 안전보호구를 착용하여 안전수칙을 준수하여야 하며, 안전수칙 미준수로 인해 감점될 수 있음을 유의하시기 바랍니다. (단, 슬리퍼, 샌들 착용 등 복장이 작업에 부적합할 경우 응시가 불가능합니다.)

⑪ 다음 사항은 실격에 해당하여 채점 대상에서 제외됩니다.

(가) 수험자 본인이 수험 도중 시험에 대한 기권 의사를 표현하는 경우

(나) 실기시험 과정 중 1개 과정이라도 불참한 경우

(다) 시설 · 장비의 조작 또는 재료의 취급이 미숙하여 위해를 일으킬 것으로 시험감독위원 전원이 합의하여 판단한 경우

(라) 기능이 해당 등급 수준에 전혀 도달하지 못한 것으로 시험감독위원이 판단할 경우

(마) 부정행위를 한 경우

(바) 시험시간 내에 작품을 제출하지 못한 경우

(사) 공기압 · 전기 회로도와 다른 부품을 사용하거나 부품을 누락한 경우

국가기술자격 실기시험문제 ①

자격종목	설비보전기능사	과제명	공기압 회로 구성

3 도면

(1) 공기압 회로도

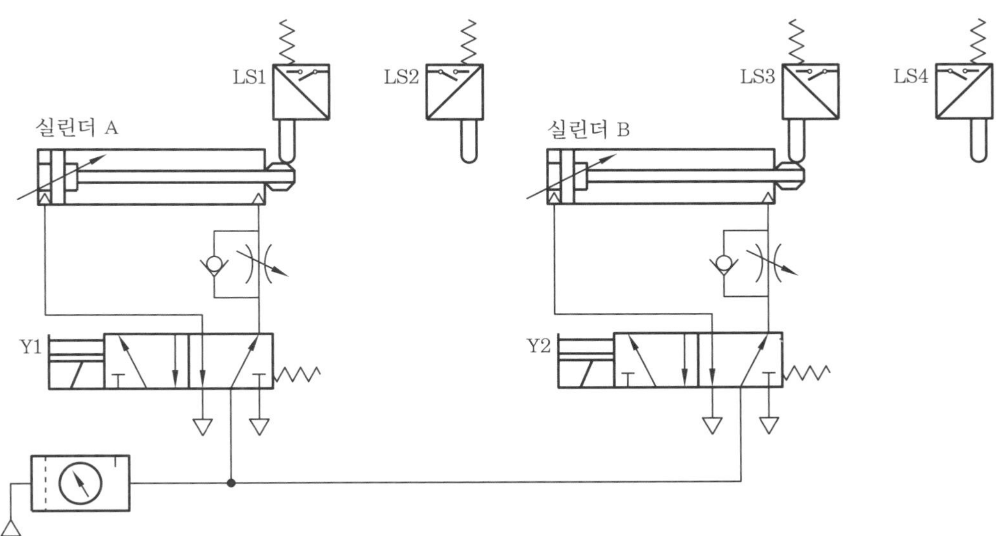

(2) 전기 회로도

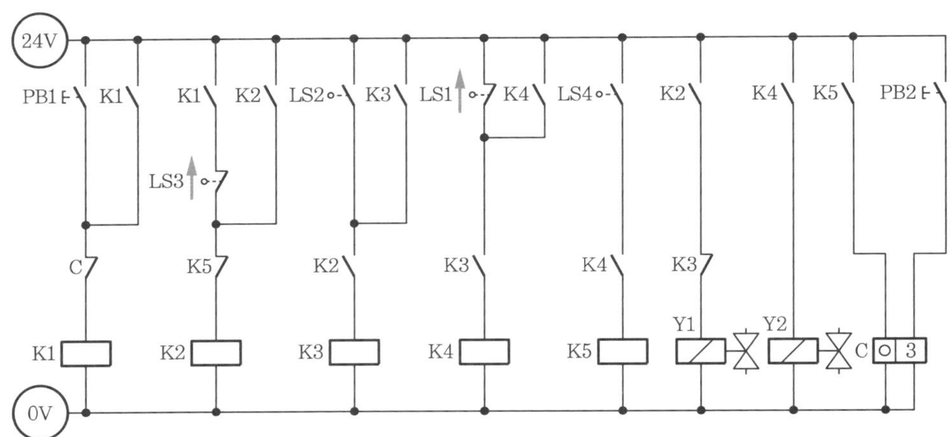

(3) 변위 단계 선도

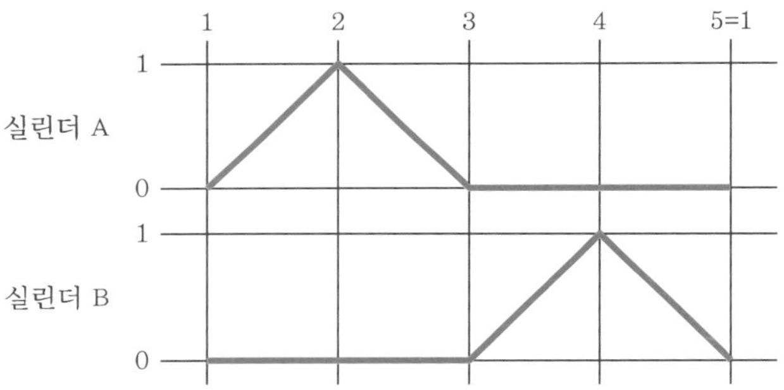

(4) 동작 설명

① 아래 표와 같이 스위치가 동작하도록 하시오.

스위치	기능	동작 설명
PB1	연속 운전	1회 ON – OFF하면 변위 단계 선도와 같이 3사이클 운전 후 정지
PB2	카운터 초기화	1회 ON – OFF하면 카운터 초기화

② 회로도의 유량 제어 밸브는 속도가 약 50% 정도가 되도록 조정하시오.

작업 중 Key point

① 작업 시작 전 서비스 유닛의 공기압을 0.5±0.05 MPa(5 bar)로 조정한다.

② 한방향 유량 제어 밸브의 체크 밸브 방향을 반드시 확인하여 설치 및 배관을 해야 한다.

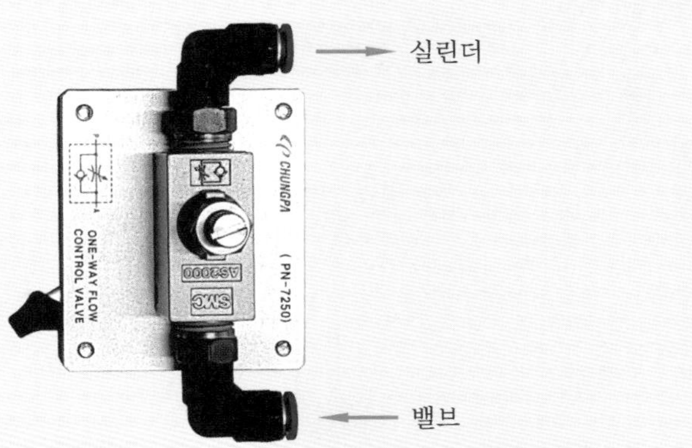

유량 제어 밸브의 배관과 기호

③ 리밋 스위치 롤러 방향을 확인하고 설치하여야 한다

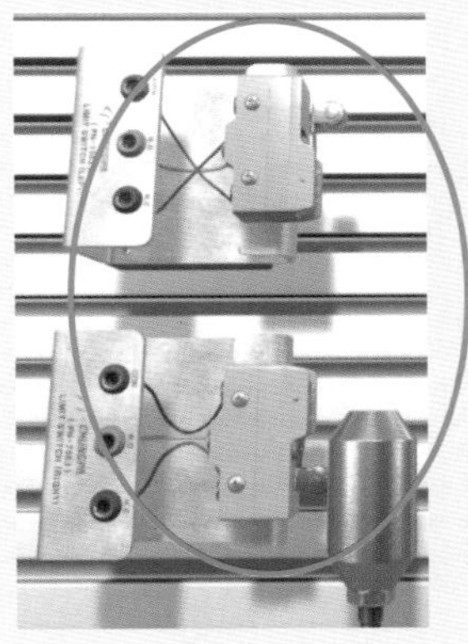

④ 리밋 스위치 기호 중 은 a 접점으로 배선한다.

⑤ 누름 버튼 스위치 PB1, PB2는 자동 복귀형 스위치를 사용한다.

⑥ 공압 기기 수평 배치와 배관

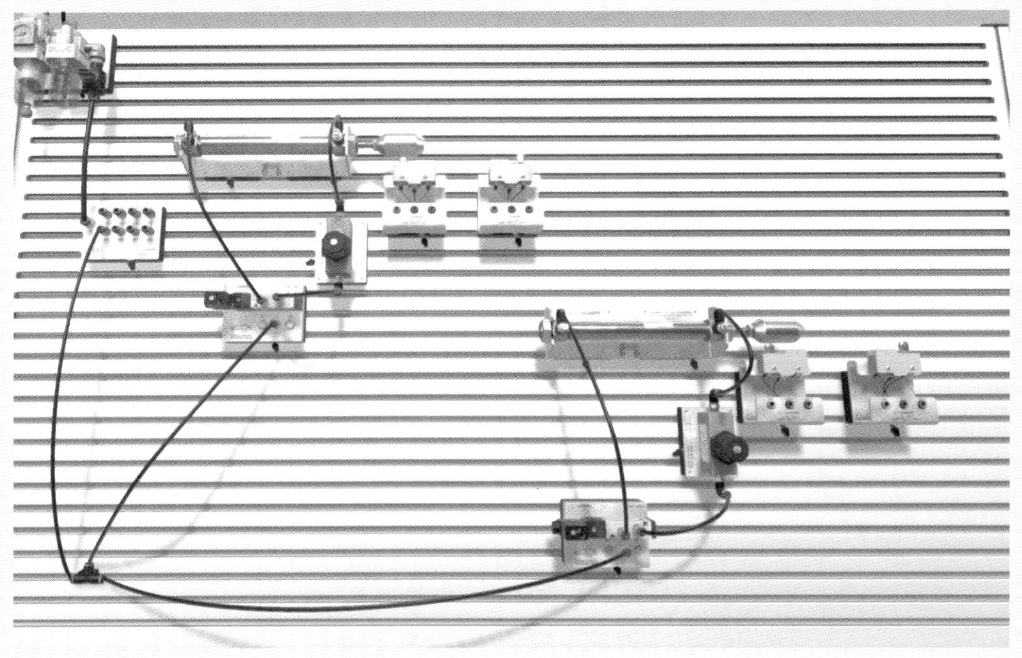

⑦ 공압 기기 수직 배치와 배관

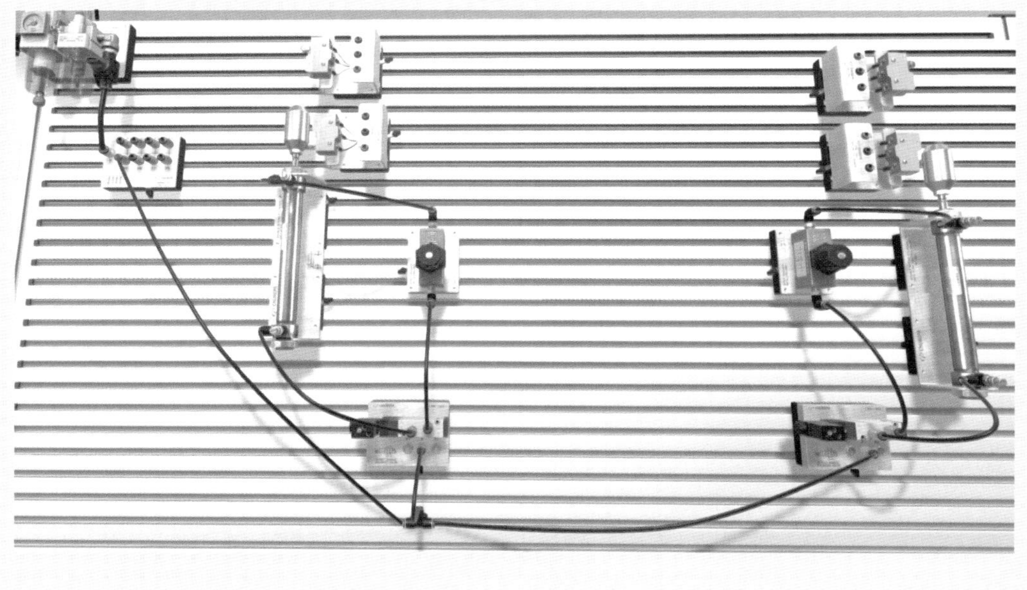

국가기술자격 실기시험문제 ②

자격종목	설비보전기능사	과제명	공기압 회로 구성

3 도면

(1) 공기압 회로도

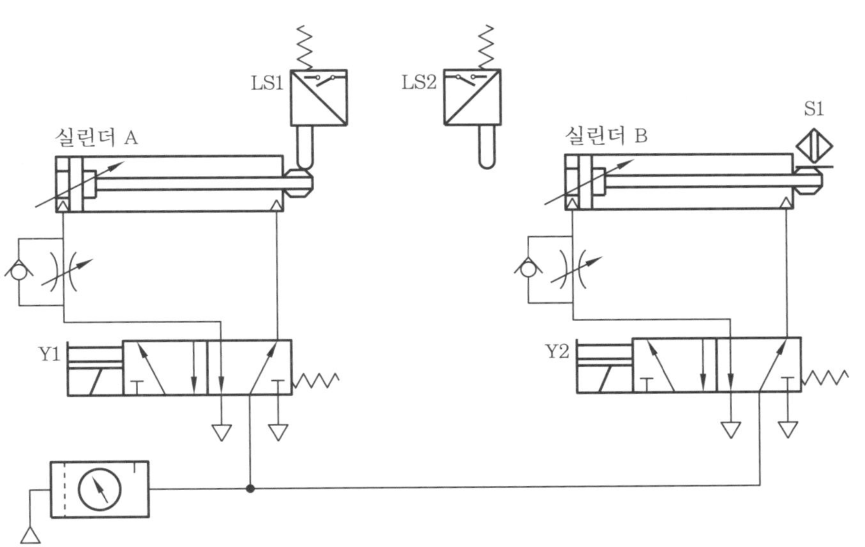

(2) 전기 회로도

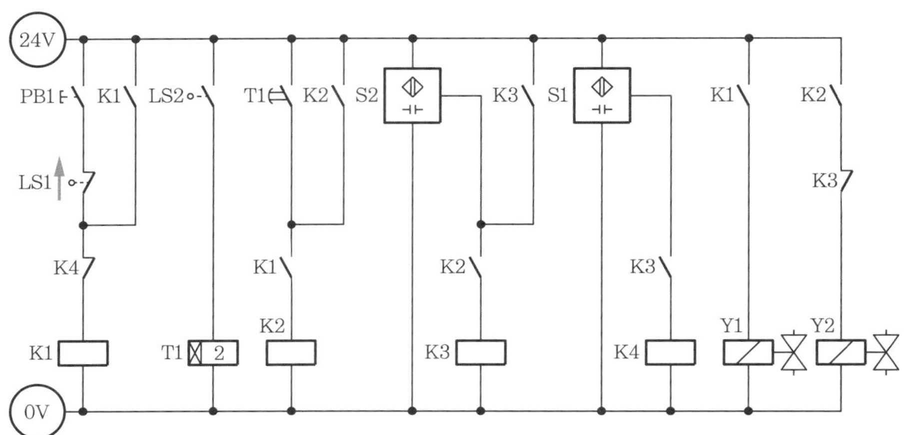

(3) 변위 단계 선도

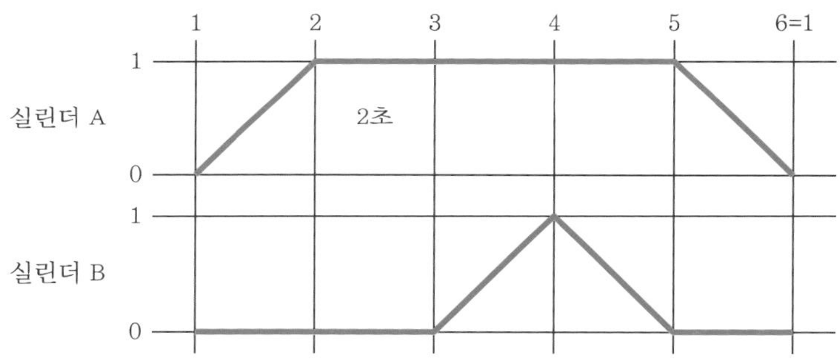

(4) 동작 설명

① 아래 표와 같이 스위치가 동작하도록 하시오.

스위치	기능	동작 설명
PB1	단속 운전	1회 ON－OFF하면 변위 단계 선도와 같이 운전 후 정지

② 회로도의 유량 제어 밸브는 속도가 약 50% 정도가 되도록 조정하시오.

작업 중 Key point

① 작업 시작 전 서비스 유닛의 공기압을 0.5±0.05 MPa(5 bar)로 조정한다.

② 한방향 유량 제어 밸브의 체크 밸브 방향을 반드시 확인하여 설치 및 배관을 해야 한다.

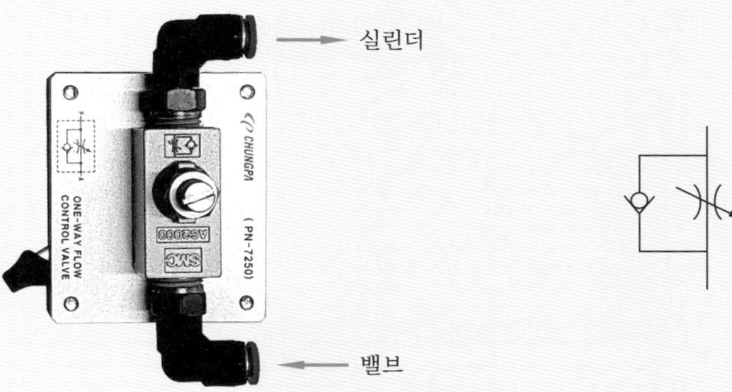

유량 제어 밸브의 배관과 기호

③ 리밋 스위치 롤러 방향을 확인하고 설치하여야 한다.

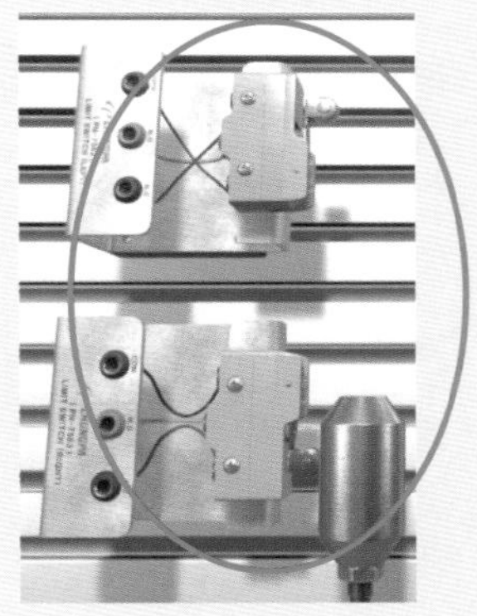

④ 리밋 스위치 기호 중 (기호)은 a 접점으로 배선한다.

⑤ 누름 버튼 스위치 PB1은 자동 복귀형 스위치를 사용한다.

⑥ 센서 사용법

용량형 센서의 외형

㈎ 센서의 감지부의 색상이 회색이어야 하며, 센서의 기호가 다음과 같아야 한다.

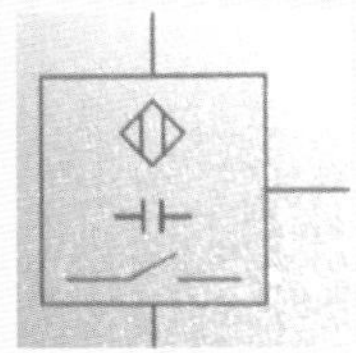

㈏ 센서의 "0 V" 단자는 전원 (−)기선에 청색 리드선을 사용하여 배선한다.

㈐ 센서의 "24 V" 단자는 리밋 스위치의 "com" 단자와 같이, 센서의 "OUTPUT" 단자는 리밋 스위치의 "a"(또는 "NO") 단자와 같이 적색 리드선을 사용하여 배선한다.

⑦ 공압 기기 수평 배치와 배관

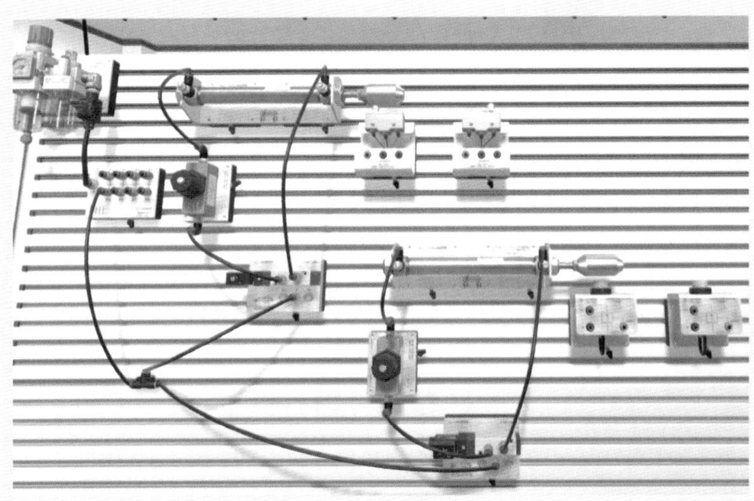

⑧ 공압 기기 수직 배치와 배관

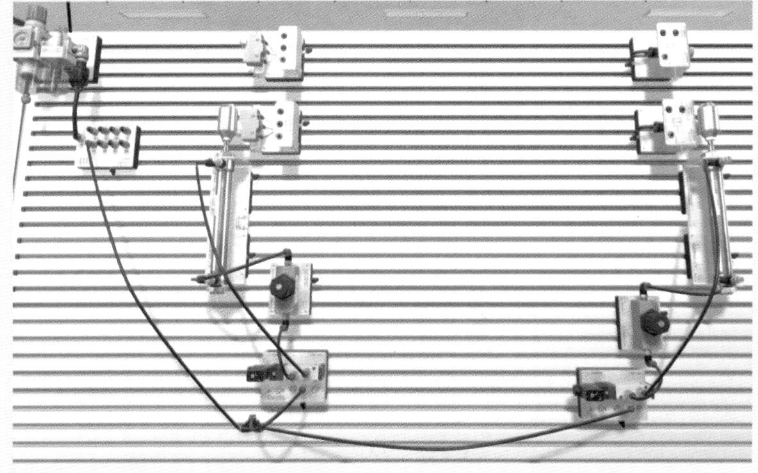

국가기술자격 실기시험문제 ③

자격종목	설비보전기능사	과제명	공기압 회로 구성

3 도면

(1) 공기압 회로도

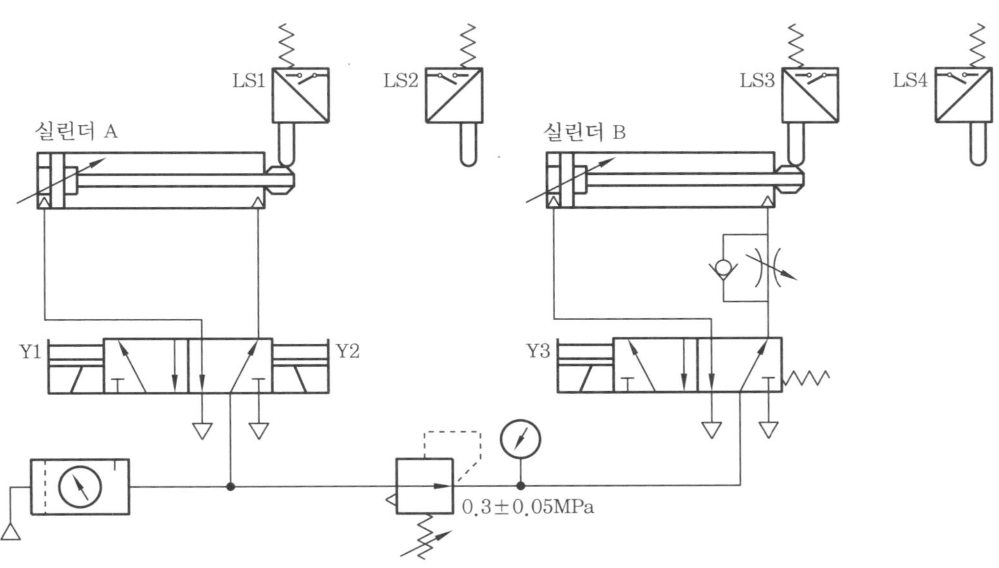

(2) 전기 회로도

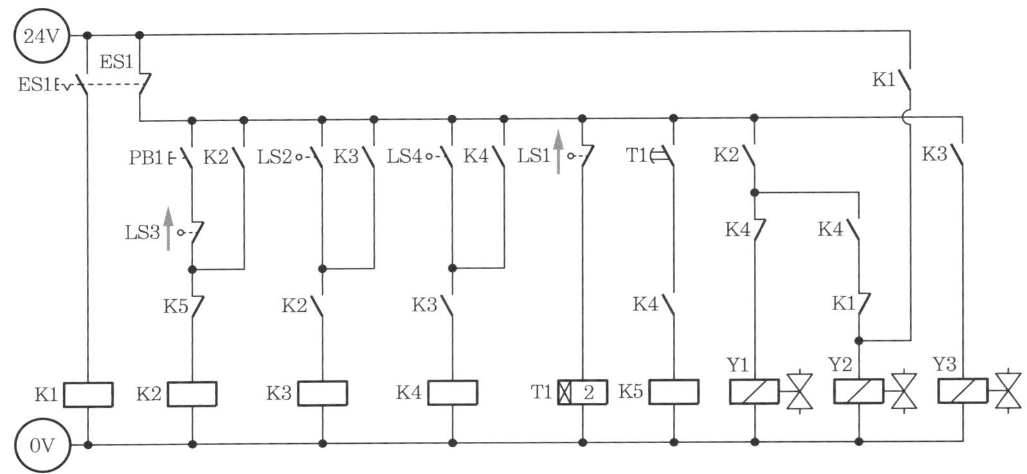

(3) 변위 단계 선도

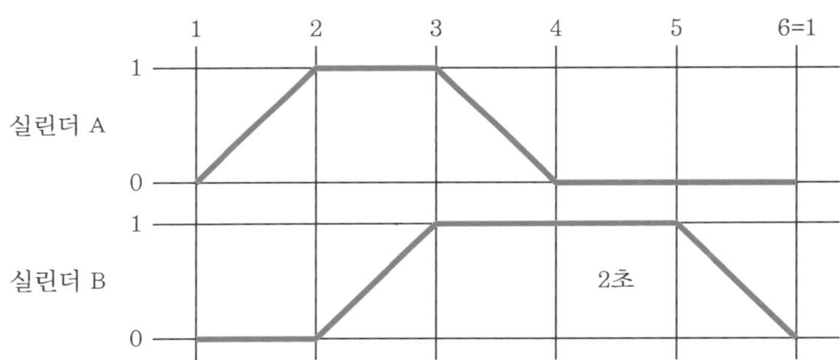

(4) 동작 설명

① 아래 표와 같이 스위치가 동작하도록 하시오.

스위치	기능	동작 설명
PB1	단속 운전	1회 ON – OFF하면 변위 단계 선도와 같이 운전 후 정지
ES1	비상 정지	1회 ON하면 모든 실린더 후진, OFF하면 시스템 초기화

② 회로도의 유량 제어 밸브는 속도가 약 50% 정도가 되도록 조정하시오.

③ 회로도의 감압 밸브는 압력이 0.3±0.05 MPa가 되도록 조정하시오.

작업 중 Key point

① 작업 시작 전 서비스 유닛의 공기압을 0.5±0.05 MPa(5 bar)로 조정한다.

② 감압 밸브는 서비스 유닛에서 공기압을 공급한 상태에서 감압 압력 0.3±0.05 MPa (3 bar)을 조절한다.

③ 한방향 유량 제어 밸브의 체크 밸브 방향을 반드시 확인하여 설치 및 배관을 해야 한다.

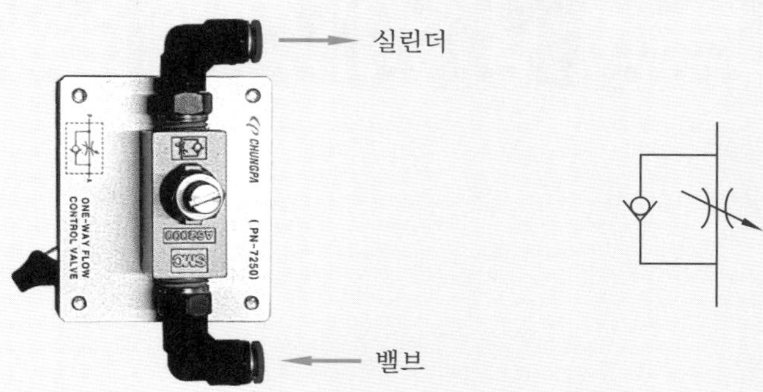

유량 제어 밸브의 배관과 기호

④ 리밋 스위치 롤러 방향을 확인하고 설치하여야 한다.

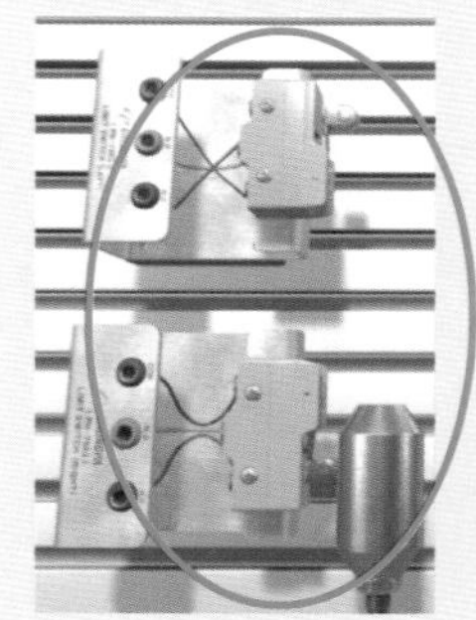

⑤ 리밋 스위치 기호 중 은 a 접점으로 배선한다.

⑥ 누름 버튼 스위치는 PB1은 자동 복귀형 스위치를 사용한다.

⑦ 비상 스위치 ES1의 배선 방법

(가) 비상 스위치 ES1이 1a 1b 또는 2a 2b일 경우 "(2) 전기 회로도"와 같이 배선한다.

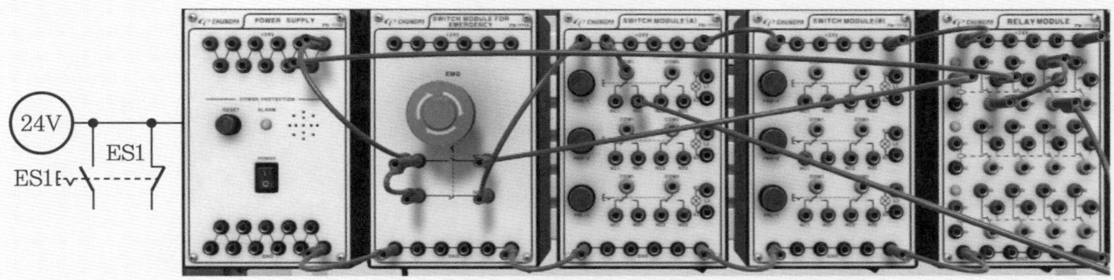

(나) 비상 스위치 ES10이 2c일 경우 다음과 같이 배선해도 된다.

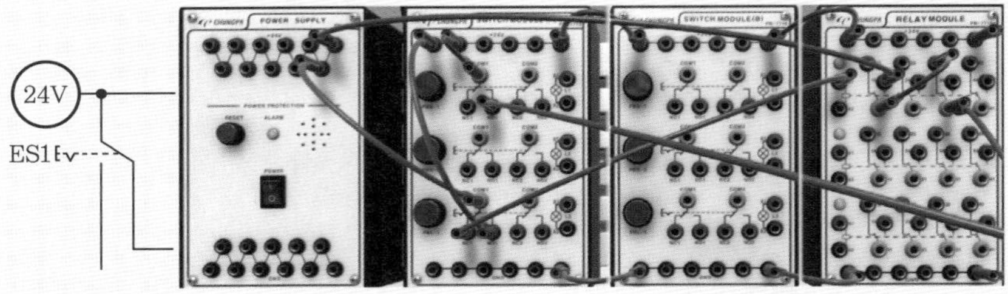

⑧ 11, 12열 배선 방법

(가) 릴레이 접점이 2a 2b일 경우 "(2) 전기 회로도"와 같이 배선한다.

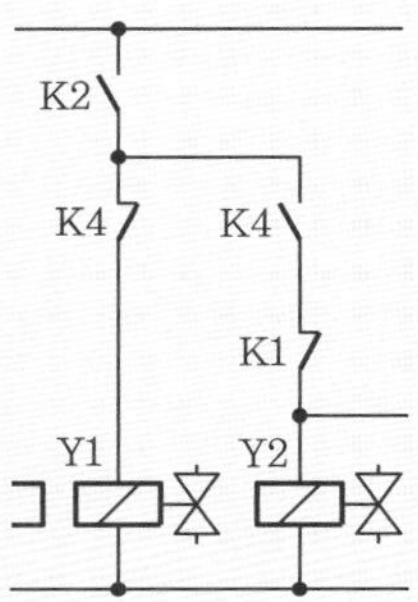

(나) 릴레이 접점이 4c일 경우 다음과 같이 배선해도 된다.

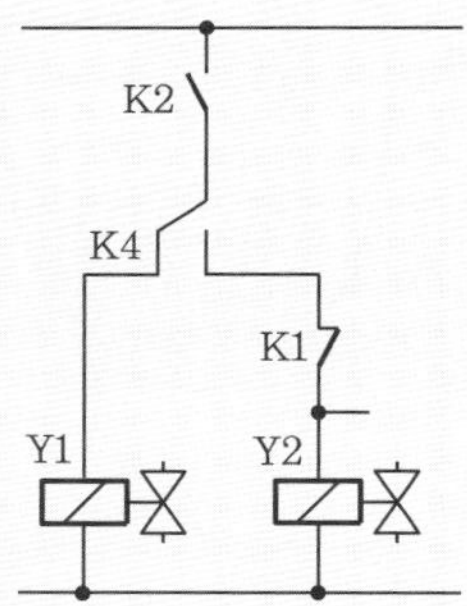

⑨ 센서 사용법

용량형 센서의 외형

㈎ 센서의 감지부의 색상이 회색이어야 하며, 센서의 기호가 다음과 같아야 한다.

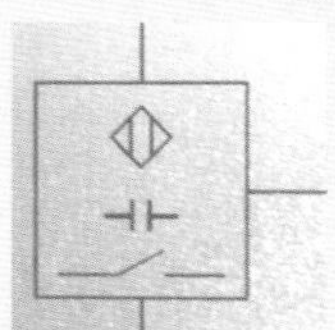

㈏ 센서의 "0 V" 단자는 전원 (–)기선에 청색 리드선을 사용하여 배선한다.

㈐ 센서의 "24 V" 단자는 리밋 스위치의 "com" 단자와 같이, 센서의 "OUTPUT" 단자는 리밋 스위치의 "a"(또는 "NO") 단자와 같이 적색 리드선을 사용하여 배선한다.

⑩ 공압 기기 수평 배치와 배관

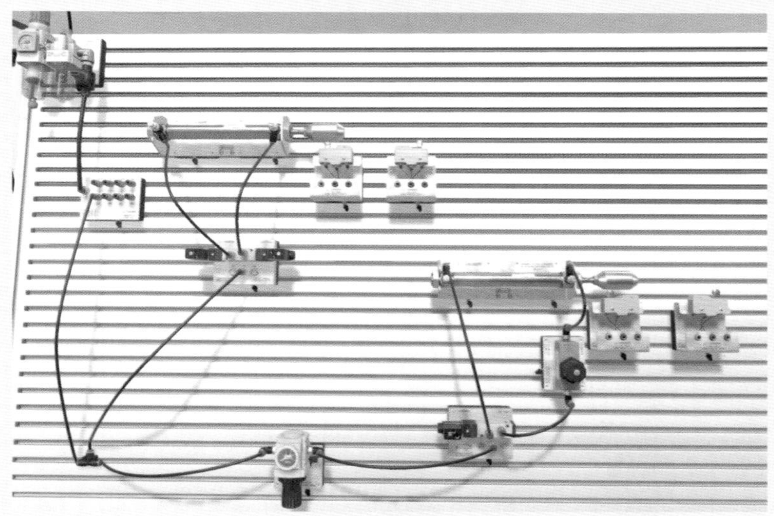

⑪ 공압 기기 수직 배치와 배관

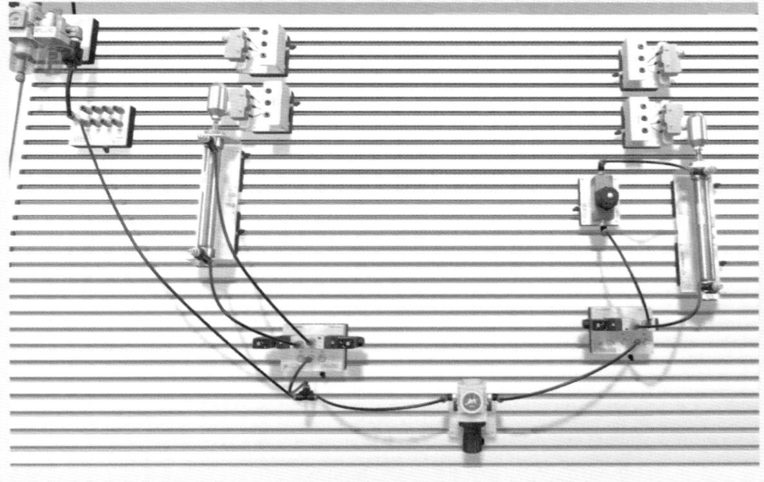

국가기술자격 실기시험문제 ④

자격종목	설비보전기능사	과제명	공기압 회로 구성

3 도면

(1) 공기압 회로도

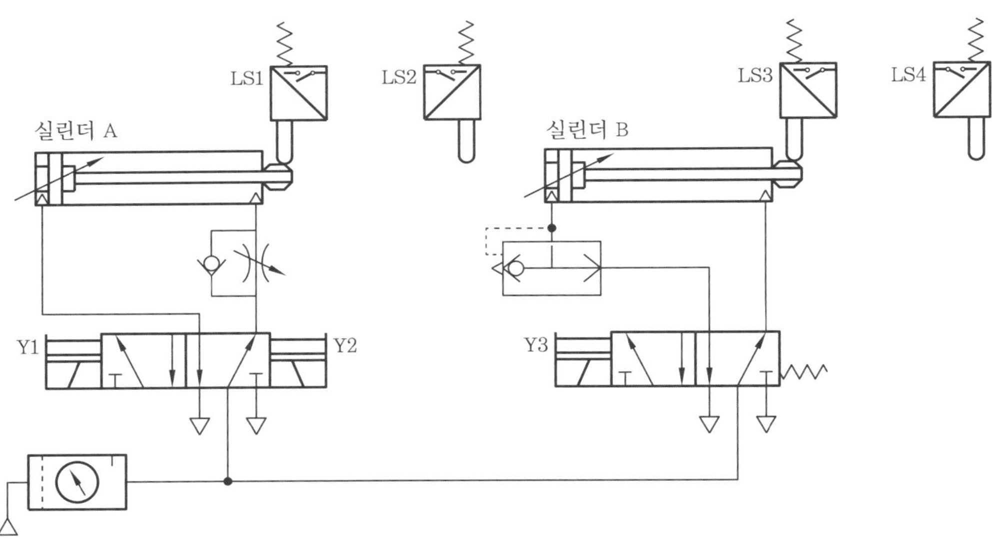

(2) 전기 회로도

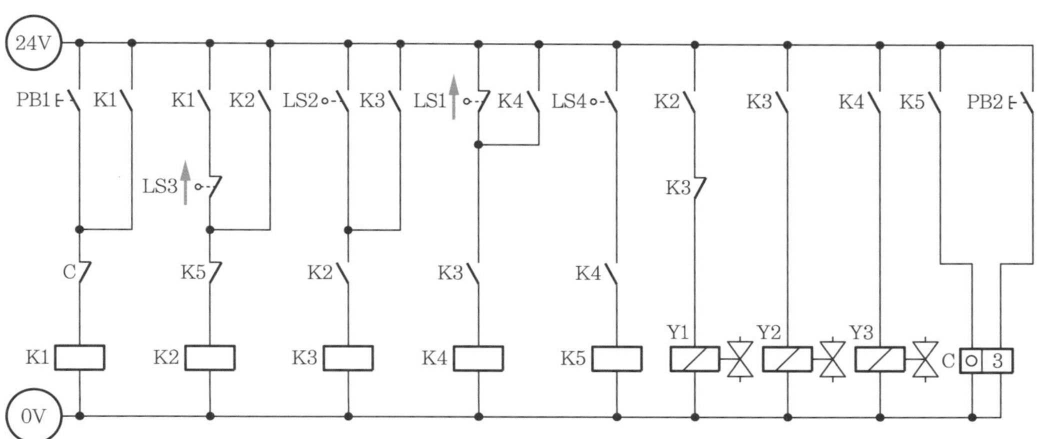

(3) 변위 단계 선도

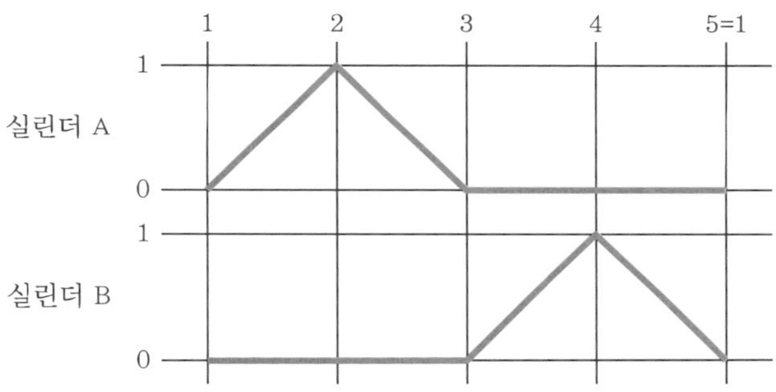

(4) 동작 설명

① 아래 표와 같이 스위치가 동작하도록 하시오.

스위치	기능	동작 설명
PB1	연속 운전	1회 ON－OFF하면 변위 단계 선도와 같이 3사이클 운전 후 정지
PB2	카운터 리셋	1회 ON－OFF하면 카운터 초기화

② 회로도의 유량 제어 밸브는 속도가 약 50％ 정도가 되도록 조정하시오.

작업 중 Key point

① 작업 시작 전 서비스 유닛의 공기압을 0.5±0.05 MPa(5 bar)로 조정한다.

② 한방향 유량 제어 밸브의 체크 밸브 방향을 반드시 확인하여 설치 및 배관을 해야 한다.

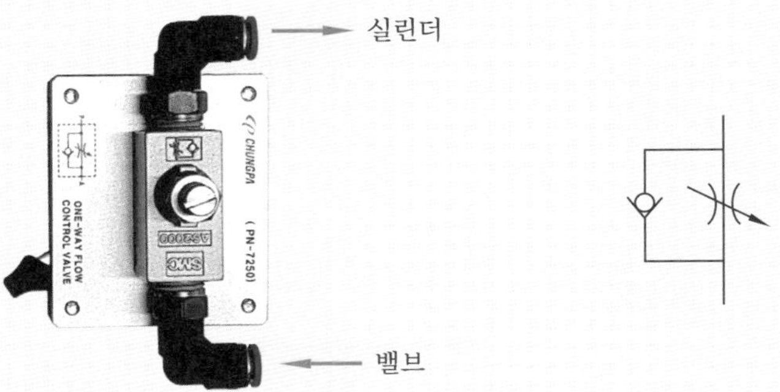

유량 제어 밸브의 배관과 기호

③ 급속 배기 밸브는 다음과 같이 배관한다.

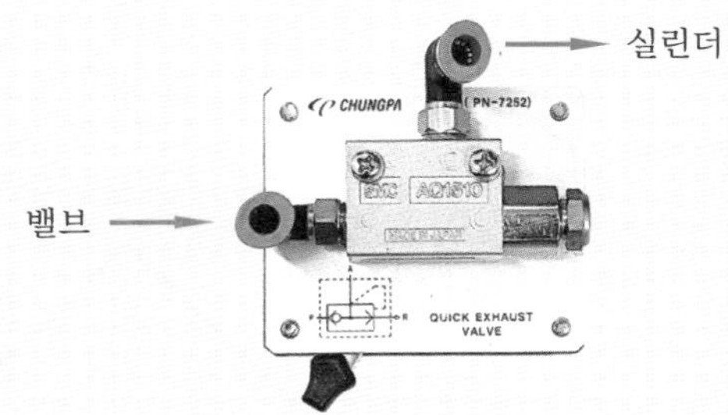

급속 배기 밸브의 배관

④ 리밋 스위치 롤러 방향을 확인하고 설치하여야 한다.

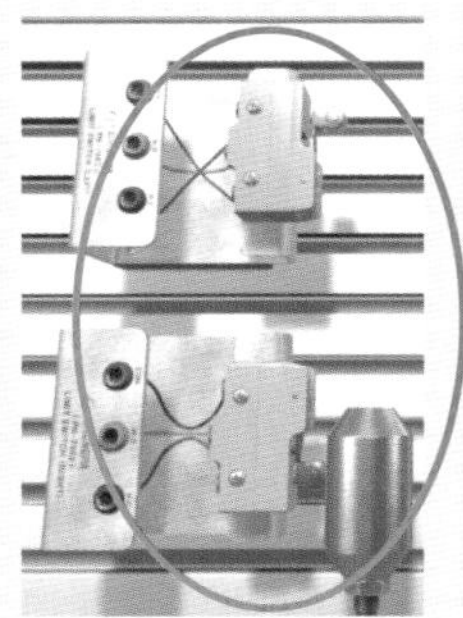

⑤ 리밋 스위치 기호 중 (기호) 은 a 접점으로 배선한다.

⑥ 누름 버튼 스위치 PB1, PB2는 자동 복귀형 스위치를 사용한다.

국가기술자격 실기시험문제 ⑤

자격종목	설비보전기능사	과제명	공기압 회로 구성

3 도면

(1) 공기압 회로도

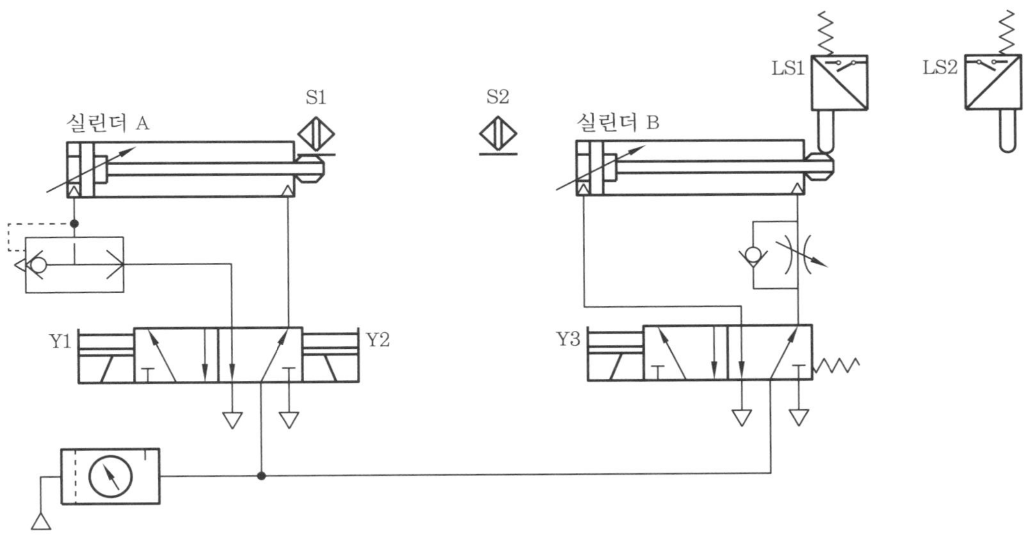

(2) 전기 회로도

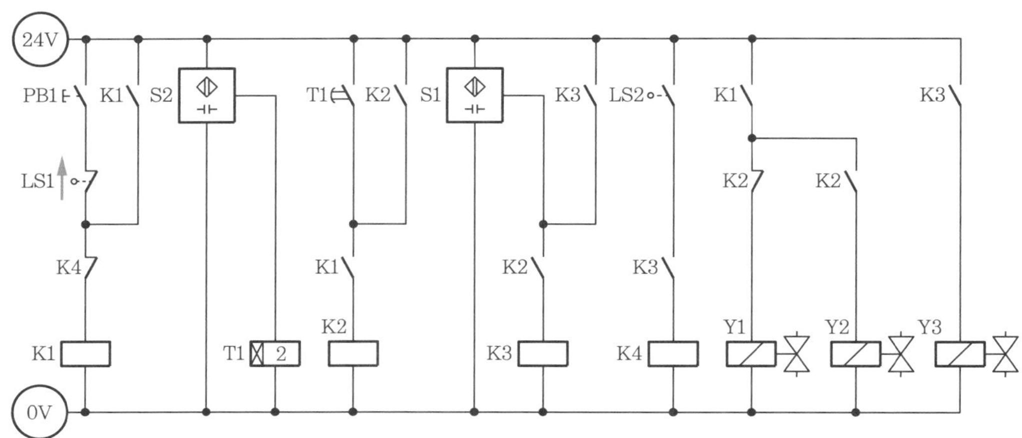

(3) 변위 단계 선도

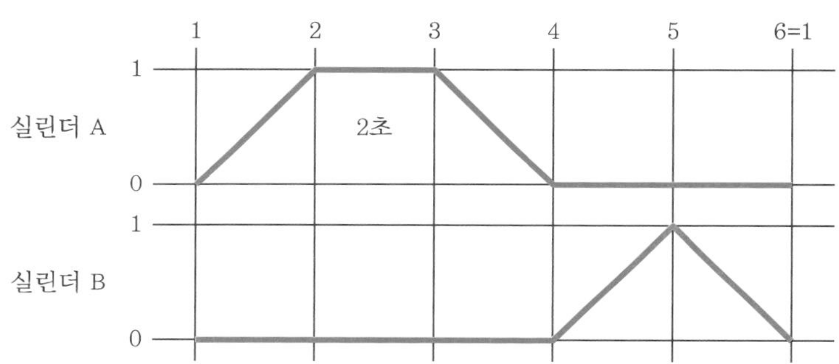

(4) 동작 설명

① 아래 표와 같이 스위치가 동작하도록 하시오.

스위치	기능	동작 설명
PB1	단속 운전	1회 ON – OFF하면 변위 단계 선도와 같이 운전 후 정지

② 회로도의 유량 제어 밸브는 속도가 약 50% 정도가 되도록 조정하시오.

작업 중 Key point

① 작업 시작 전 서비스 유닛의 공기압을 0.5±0.05 MPa(5 bar)로 조정한다.

② 한방향 유량 제어 밸브의 체크 밸브 방향을 반드시 확인하여 설치 및 배관을 해야 한다.

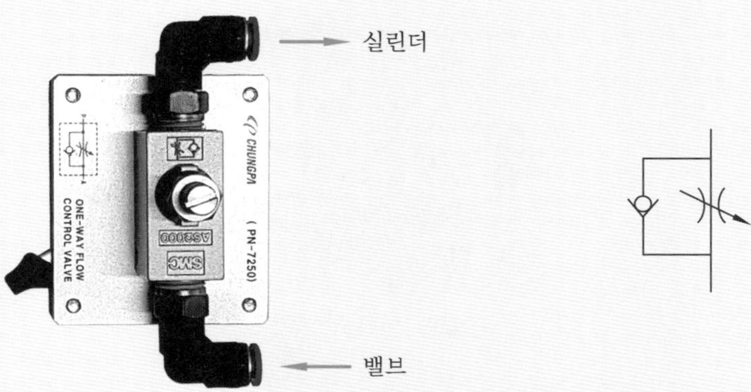

유량 제어 밸브의 배관과 기호

③ 급속 배기 밸브는 다음과 같이 배관한다.

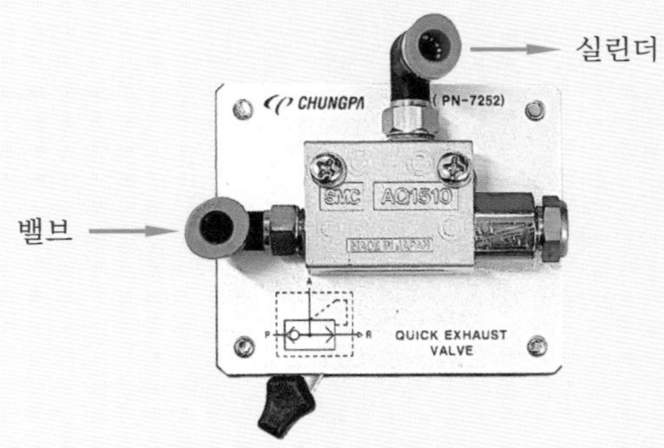

급속 배기 밸브의 배관

④ 리밋 스위치 롤러 방향을 확인하고 설치하여야 한다.

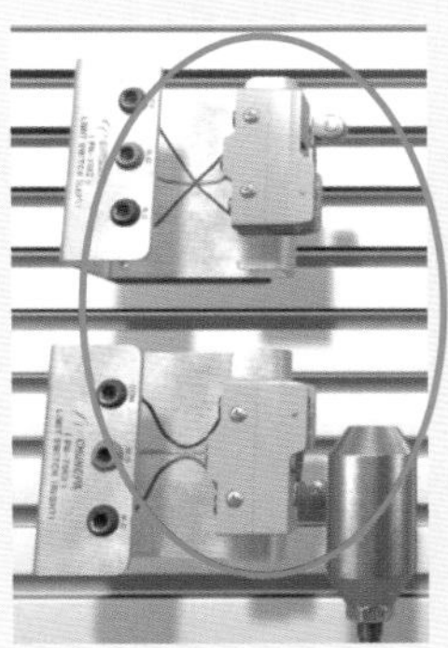

⑤ 리밋 스위치 기호 중 은 a 접점으로 배선한다.

⑥ 누름 버튼 스위치 PB1은 자동 복귀형 스위치를 사용한다.

⑦ 센서 사용법

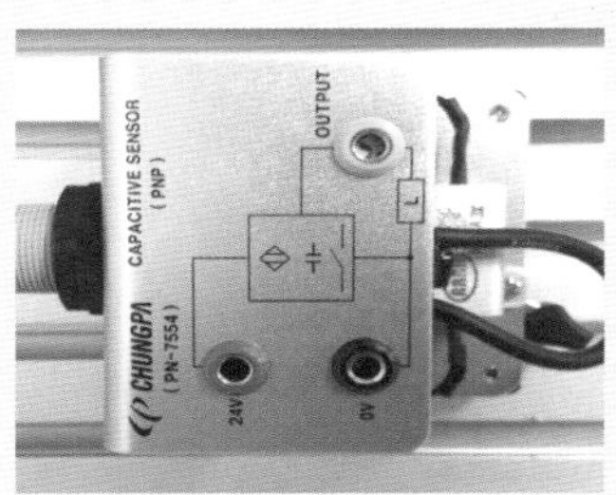

용량형 센서의 외형

(가) 센서의 감지부의 색상이 회색이어야 하며, 센서의 기호가 다음과 같아야 한다.

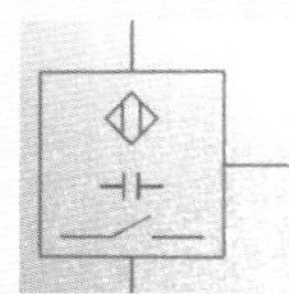

(나) 센서의 "0 V" 단자는 전원 (-)기선에 청색 리드선을 사용하여 배선한다.

(다) 센서의 "24 V" 단자는 리밋 스위치의 "com" 단자와 같이, 센서의 "OUTPUT" 단자는 리밋 스위치의 "a"(또는 "NO") 단자와 같이 적색 리드선을 사용하여 배선한다.

⑧ 11, 12열 배선 방법

(가) 릴레이 접점이 2a 2b일 경우 "(2) 전기 회로도"와 같이 배선한다.

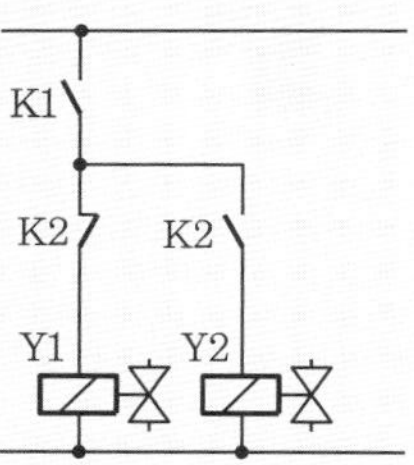

(나) 릴레이 접점이 4c일 경우 다음과 같이 배선해도 된다.

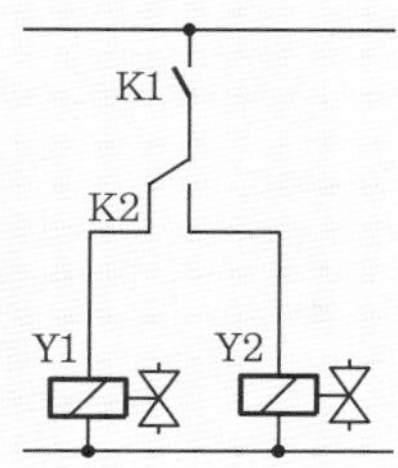

국가기술자격 실기시험문제 ⑥

자격종목	설비보전기능사	과제명	공기압 회로 구성

3 도면

(1) 공기압 회로도

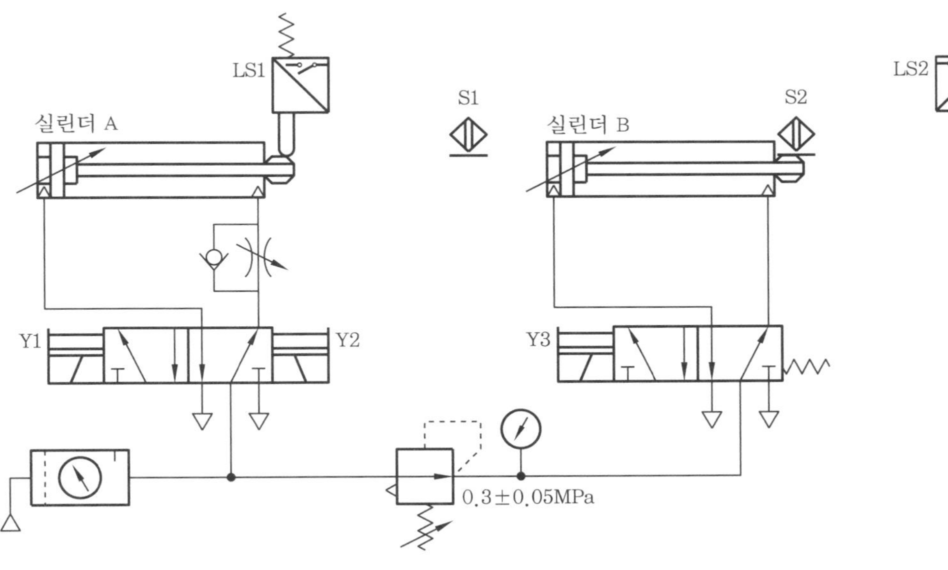

(2) 전기 회로도

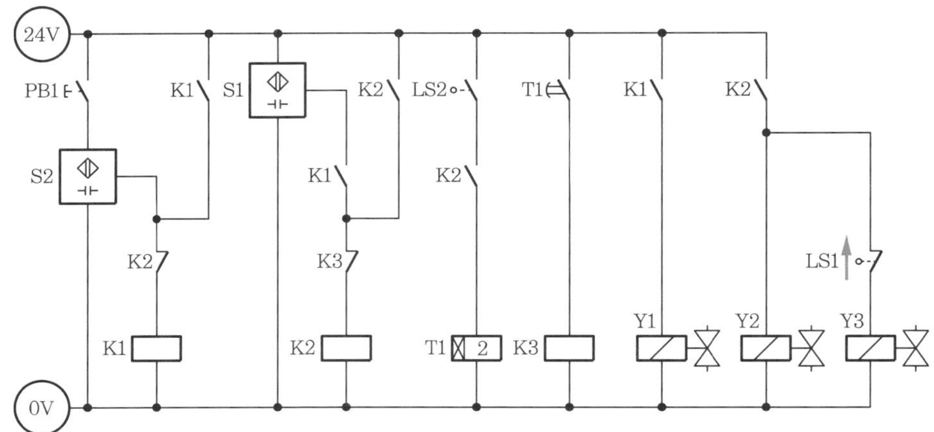

(3) 변위 단계 선도

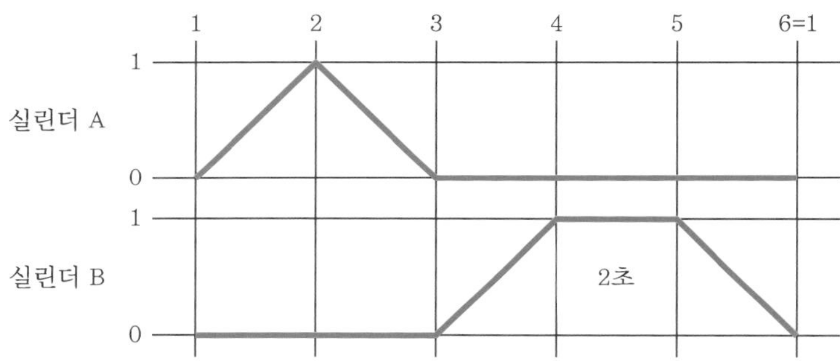

(4) 동작 설명

① 아래 표와 같이 스위치가 동작하도록 하시오.

스위치	기능	동작 설명
PB1	단속 운전	1회 ON – OFF하면 변위 단계 선도와 같이 운전 후 정지

② 회로도의 유량 제어 밸브는 속도가 약 50 % 정도가 되도록 조정하시오.

③ 회로도의 감압 밸브는 압력이 0.3±0.05 MPa가 되도록 조정하시오.

작업 중 Key point

① 작업 시작 전 서비스 유닛의 공기압을 0.5±0.05 MPa(5 bar)로 조정한다.

② 한방향 유량 제어 밸브의 체크 밸브 방향을 반드시 확인하여 설치 및 배관을 해야 한다.

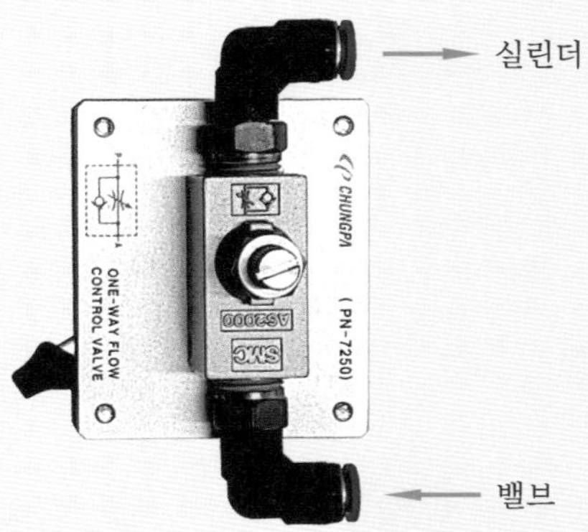

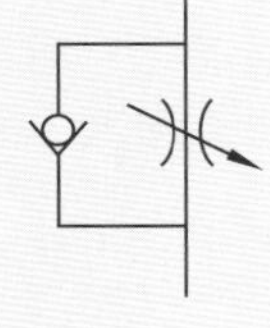

유량 제어 밸브의 배관과 기호

③ 리밋 스위치 롤러 방향을 확인하고 설치하여야 한다.

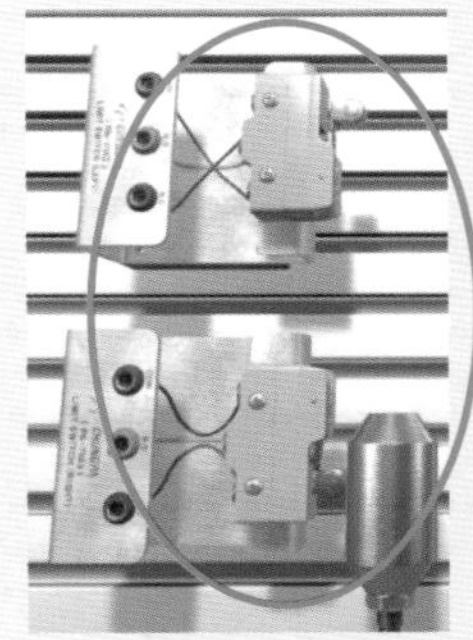

④ 리밋 스위치 기호 중 은 a 접점으로 배선한다.

⑤ 누름 버튼 스위치 PB1은 자동 복귀형 스위치를 사용한다.

⑥ 센서 사용법

용량형 센서의 외형

(가) 센서의 감지부의 색상이 회색이어야 하며, 센서의 기호가 다음과 같아야 한다.

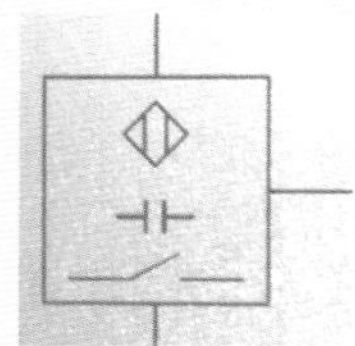

(나) 센서의 "0 V" 단자는 전원 (−)기선에 청색 리드선을 사용하여 배선한다.
(다) 센서의 "24 V" 단자는 리밋 스위치의 "com" 단자와 같이, 센서의 "OUTPUT" 단자는 리밋 스위치의 "a"(또는 "NO") 단자와 같이 적색 리드선을 사용하여 배선한다.

⑦ 감압 밸브는 서비스 유닛에서 공기압을 공급한 상태에서 압력을 조절한다.

⑧ 공압 기기 수직 배치와 배관

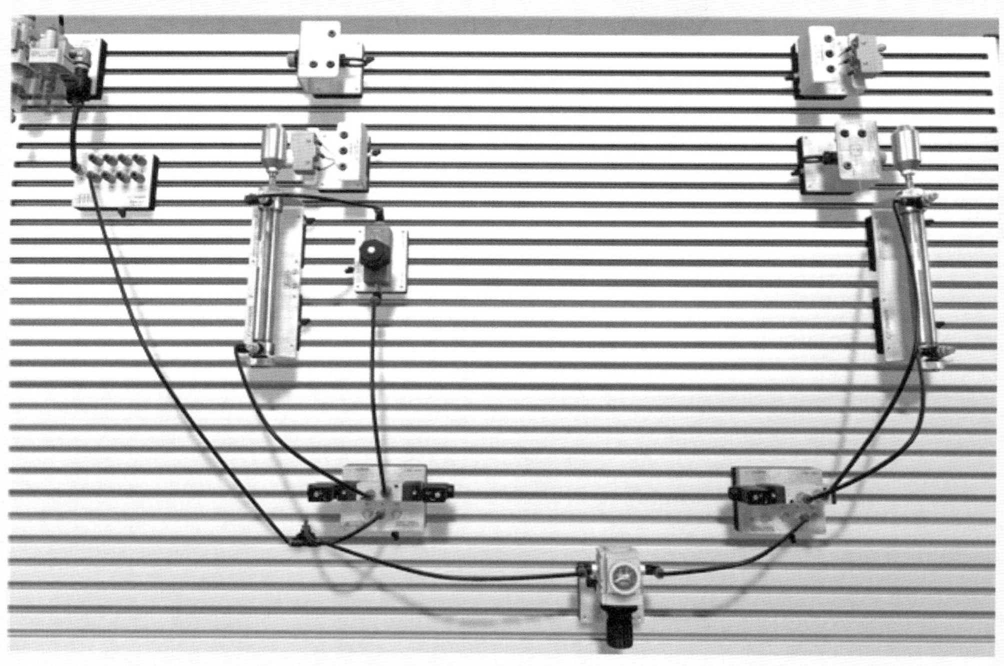

국가기술자격 실기시험문제 ⑦

자격종목	설비보전기능사	과제명	공기압 회로 구성

3 도면

(1) 공기압 회로도

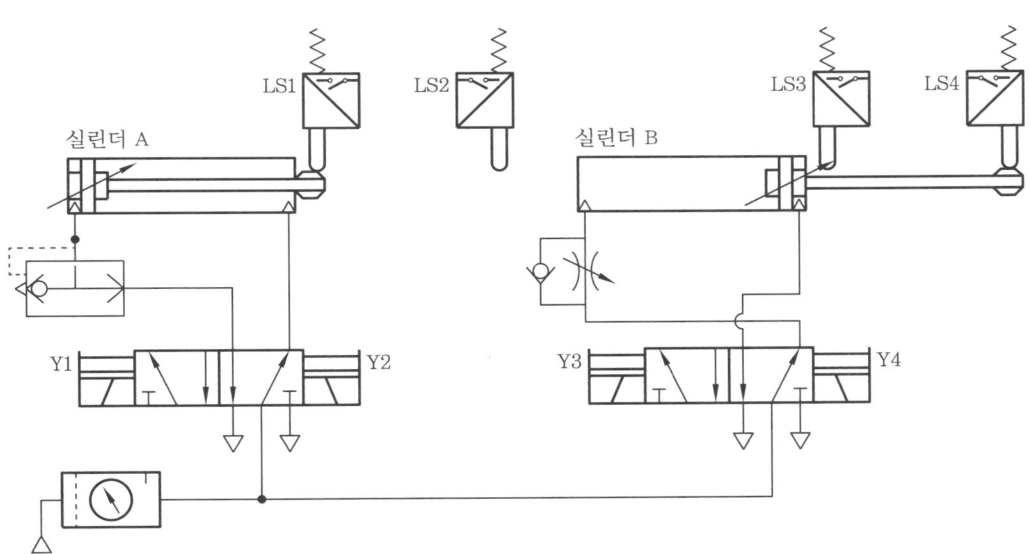

(2) 전기 회로도

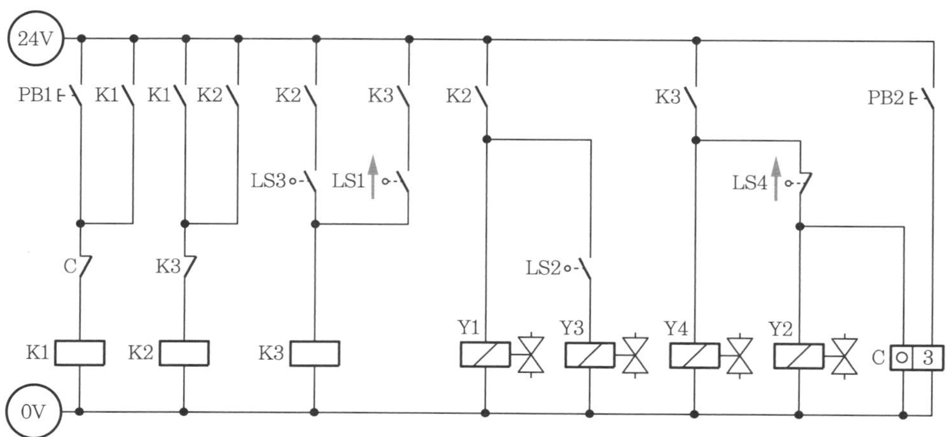

(3) 변위 단계 선도

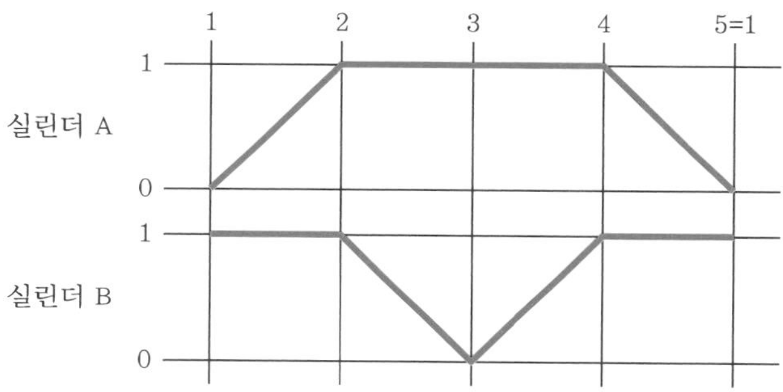

(4) 동작 설명

① 아래 표와 같이 스위치가 동작하도록 하시오.

스위치	기능	동작 설명
PB1	연속 운전	1회 ON – OFF하면 변위 단계 선도와 같이 3사이클 운전 후 정지
PB2	카운터 리셋	1회 ON – OFF하면 카운터 초기화

② 회로도의 유량 제어 밸브는 속도가 약 50% 정도가 되도록 조정하시오.

작업 중 Key point

① 작업 시작 전 서비스 유닛의 공기압을 0.5±0.05 MPa(5 bar)로 조정한다.

② 한방향 유량 제어 밸브의 체크 밸브 방향을 반드시 확인하여 설치 및 배관을 해야 한다.

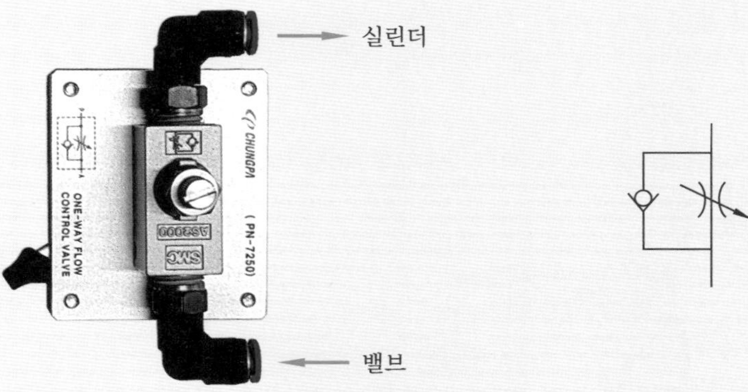

유량 제어 밸브의 배관과 기호

③ 급속 배기 밸브는 다음과 같이 배관한다.

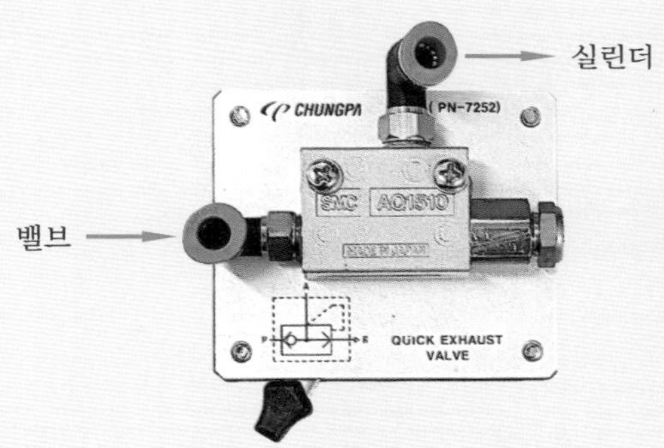

급속 배기 밸브의 배관

④ 리밋 스위치 롤러 방향을 확인하고 설치하여야 한다.

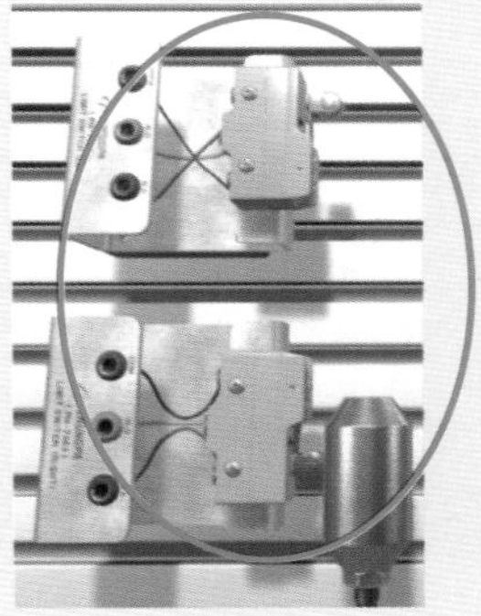

⑤ 리밋 스위치 접점 기호는 오른쪽 그림을 참고하여 배선한다.

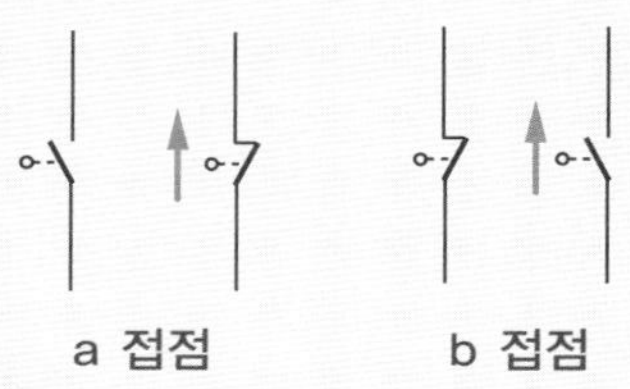

⑥ 누름 버튼 스위치 PB1과 PB2는 자동 복귀형 스위치를 사용한다.

⑦ 실린더 B의 공압 호스는 ⑧, ⑨와 같이 솔레노이드 밸브의 A 포트와 B 포트를 엇갈리게 연결한다.

⑧ 공압 기기 수평 배치와 배관

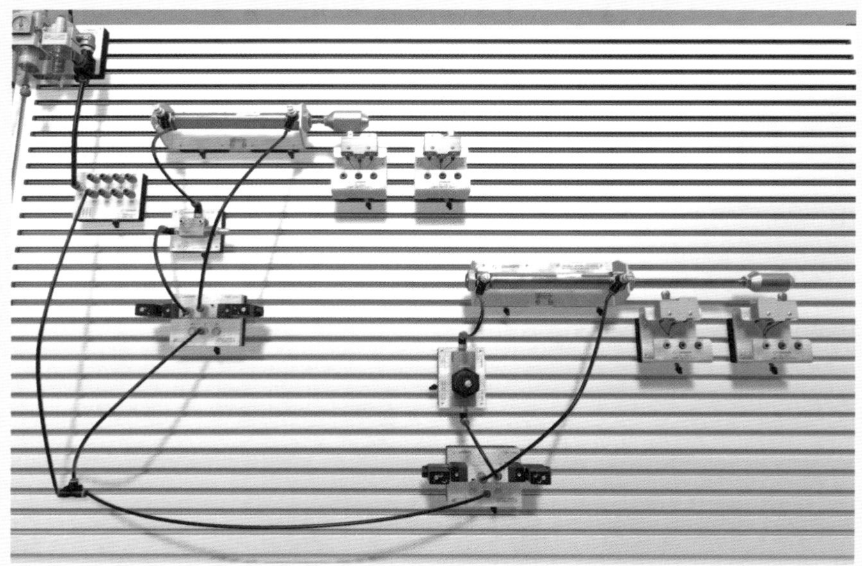

⑨ 공압 기기 수직 배치와 배관

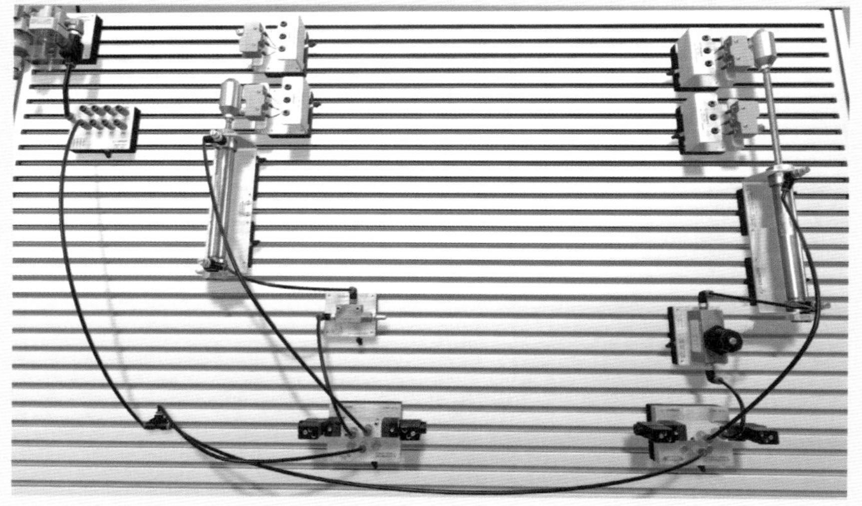

국가기술자격 실기시험문제 ⑧

자격종목	설비보전기능사	과제명	공기압 회로 구성

3 도면

(1) 공기압 회로도

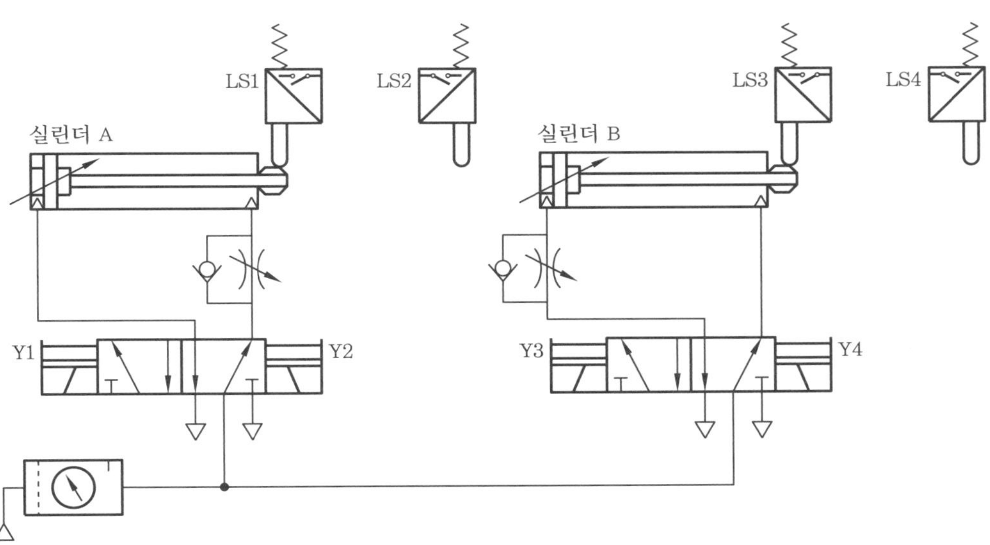

(2) 전기 회로도

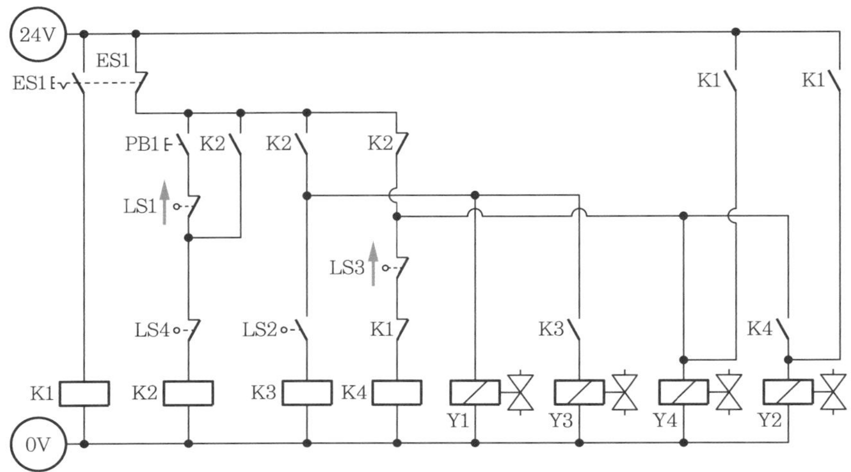

(3) 변위 단계 선도

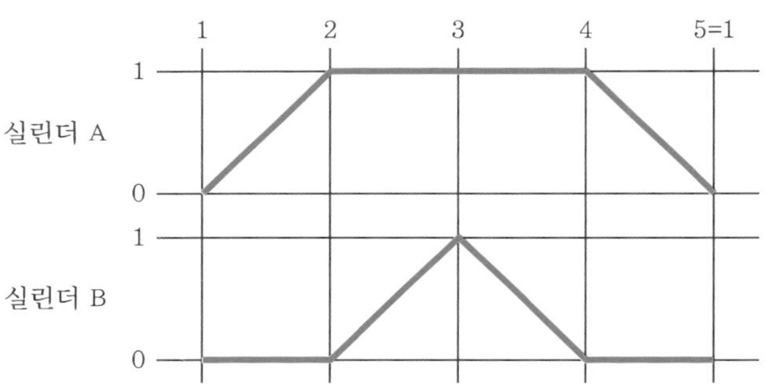

(4) 동작 설명

① 아래 표와 같이 스위치가 동작하도록 하시오.

스위치	기능	동작 설명
PB1	단속 운전	1회 ON－OFF하면 변위 단계 선도와 같이 운전 후 정지
ES1	비상 정지	1회 ON하면 모든 실린더 후진, OFF하면 시스템 초기화

② 회로도의 유량 제어 밸브는 속도가 약 50% 정도가 되도록 조정하시오.

작업 중 Key point

① 작업 시작 전 서비스 유닛의 공기압을 0.5±0.05 MPa(5 bar)로 조정한다.

② 한방향 유량 제어 밸브의 체크 밸브 방향을 반드시 확인하여 설치 및 배관을 해야 한다.

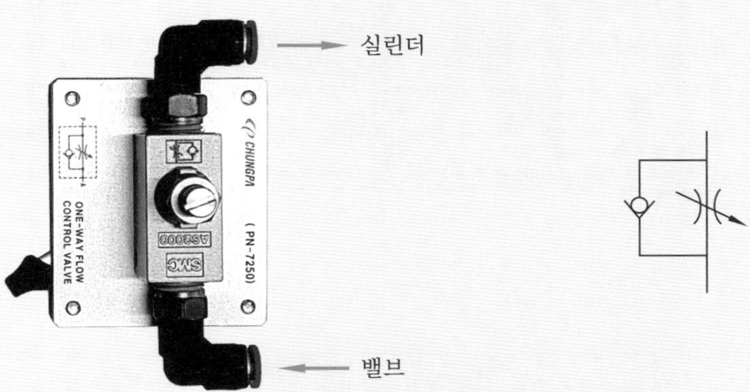

유량 제어 밸브의 배관과 기호

③ 리밋 스위치 롤러 방향을 확인하고 설치하여야 한다.

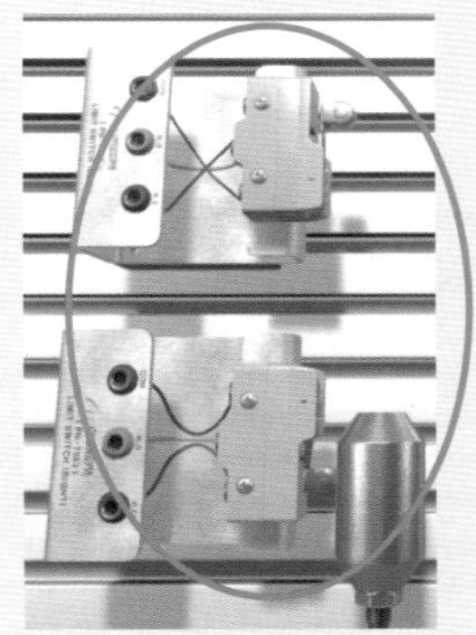

④ 리밋 스위치 기호 중 은 a 접점으로 배선한다.

⑤ 리밋 스위치 중 LS4는 b 접점으로 배선한다.

⑥ 누름 버튼 스위치 PB1은 자동 복귀형 스위치를 사용한다.

⑦ 비상 스위치 ES1의 배선 방법

(가) 비상 스위치 ES1이 1a 1b 또는 2a 2b일 경우 "(2) 전기 회로도"와 같이 배선한다.

(나) 비상 스위치 ES1이 2c일 경우 다음과 같이 배선해도 된다.

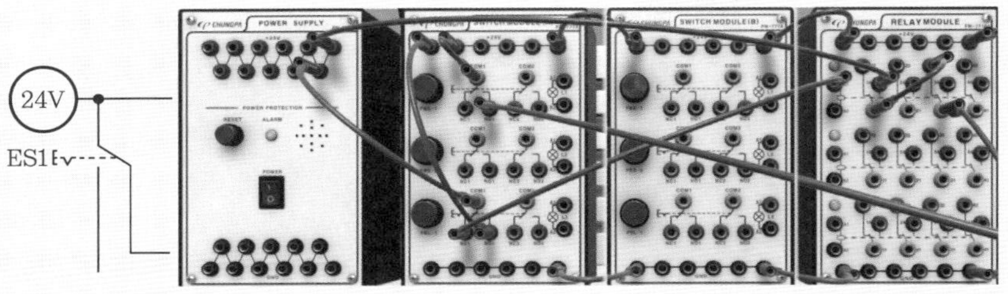

⑧ 공압 기기 수평 배치와 배관

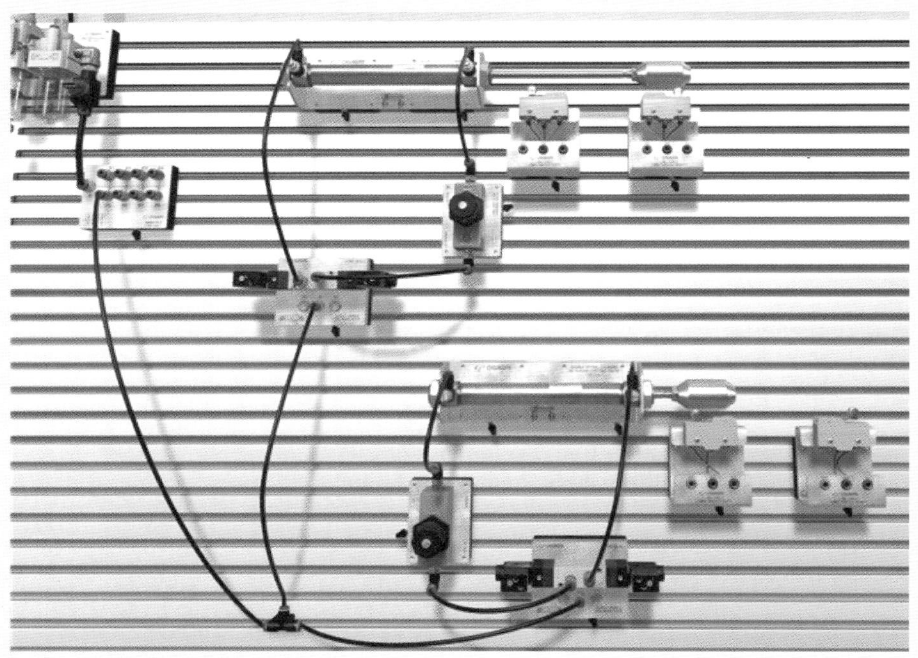

2 과제 유압 회로 구성

국가기술자격 실기시험문제

자격종목	설비보전기능사	과제명	유압 회로 구성

※ 문제지는 시험 종료 후 본인이 가져갈 수 있습니다.

비번호		시험일시		시험장명	

※ 시험시간 : [제2과제] 40분

1 요구사항

※ 지급된 재료 및 시설을 사용하여 아래 작업을 완성하시오.

※ 한 번 제출한 작품의 재작업은 허용되지 않습니다.

(1) 유압 회로도 구성

① 유압 회로도와 같이 기기를 선정하여 고정판에 배치하시오.

㈎ 기기는 수평 또는 수직 방향으로 수험자가 임의로 배치하고, 리밋 스위치는 방향성을 고려하여 설치하시오.

② 유압 호스를 적절한 길이로 절단 및 사용하여 기기를 연결하시오.

㈎ 유압 호스가 시스템 동작에 영향을 주지 않도록 정리하시오.

③ 유압 회로 내 최고 압력을 4±0.2 MPa로 설정하시오.

(2) 전기 회로도 구성 및 동작

① 전기 회로도와 같이 기기를 선정하여 배선하시오.

㈎ 전기 배선은 +는 적색으로, −는 청색 또는 흑색으로 연결하고, 전선이 시스템 동작에 영향을 주지 않도록 정리하시오.

② PB1을 1회 ON－OFF하면 **변위 단계 선도**와 같이 1사이클 단속 운전되도록 시스템을

구성하고 시험감독위원에게 확인받으시오.

㈎ 지정되지 않은 누름 버튼 스위치는 자동 복귀형 스위치를 사용하시오.

(3) 정리 정돈

① 평가 종료 후 작업한 자리의 부품 정리, 기름 제거, 유압 배관 정리, 전선 정리 등 모든 상태를 초기 상태로 정리하시오.

2 수험자 유의사항

※ 다음의 유의사항을 고려하여 요구사항을 완성하시오.

※ 작업형 과제별 배점은 [공기압 회로 구성 25점, 유압 회로 구성 25점, 가스 절단 및 용접 30점, 기계 장치 분해 및 조립 20점]이며, 이외 세부 항목 배점은 비공개입니다.

① 시험 시작 전 시험감독위원의 지시에 따라 장비의 이상 유무를 확인합니다.

② 시험 중 반드시 시험감독위원의 지시에 따라야 하며, 시험감독위원의 지시가 없는 한 시험장을 임의로 이탈할 수 없습니다.

③ 시험에 필요한 기기 이외의 부품이나 장비에 임의로 접촉하지 않도록 주의하시기 바랍니다.

④ 유압 배관의 제거는 공급 압력을 차단한 후 실시하시기 바랍니다.

⑤ 유압 펌프는 OFF 상태를 기본으로 하고, 회로 검증 등 필요한 경우에만 동작시키시기 바랍니다.

⑥ 유압 회로가 무부하 회로일 경우 압력 설정에 주의하시기 바랍니다.

⑦ 전기 합선 시에는 즉시 전원 공급 장치의 전원을 차단하시기 바랍니다.

⑧ 실린더의 작동 부분에는 전선 및 호스가 접촉되지 않도록 주의하여야 합니다.

⑨ 모든 작업을 완료한 후 시험감독위원에게 평가받습니다. (단, 각 동작의 평가는 전원이 유지된 상태에서 2회 이상 시도하여 동일하게 정상 동작이 되어야 하며, 1회만 동작하고 정상적으로 재동작하지 않으면 인정하지 않습니다.)

⑩ 평가 기회는 한 번만 부여되오니, 이 점 유의하여 평가를 요청하시기 바랍니다. (단, 평가가 불명확하여 재확인이 필요한 경우 시험감독위원의 판단에 따라 다시 동작시킬 수 있습니다. 회로를 변경 또는 수정할 수 없고, 동작만 재시도 합니다.)

⑪ 평가 종료 후 정리 정돈 상태에 따라 감점될 수 있음을 유의하시기 바랍니다.

⑫ 시험 중 작업복 및 안전보호구를 착용하여 안전수칙을 준수하여야 하며, 안전수칙 미준수로 인해 감점될 수 있음을 유의하시기 바랍니다. (단, 슬리퍼, 샌들 착용 등

복장이 작업에 부적합할 경우 응시가 불가능합니다.)

⑬ 다음 사항은 실격에 해당하여 채점 대상에서 제외됩니다.

㈎ 수험자 본인이 수험 도중 시험에 대한 기권 의사를 표현하는 경우

㈏ 실기시험 과정 중 1개 과정이라도 불참한 경우

㈐ 시설 · 장비의 조작 또는 재료의 취급이 미숙하여 위해를 일으킬 것으로 시험감독위원 전원이 합의하여 판단한 경우

㈑ 기능이 해당 등급 수준에 전혀 도달하지 못한 것으로 시험감독위원이 판단할 경우

㈒ 부정행위를 한 경우

㈓ 시험시간 내에 작품을 제출하지 못한 경우

㈔ 유압 · 전기 회로도와 다른 부품을 사용하거나 부품을 누락한 경우

국가기술자격 실기시험문제 ①

자격종목	설비보전기능사	과제명	유압 회로 구성

3 도면

(1) 유압 회로도

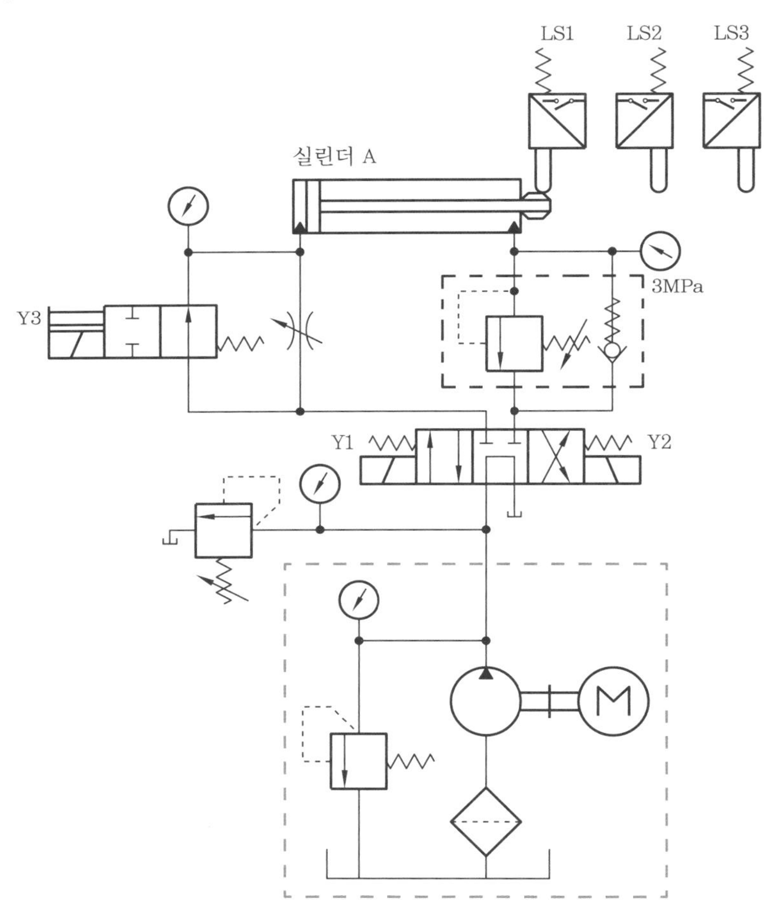

(2) 전기 회로도

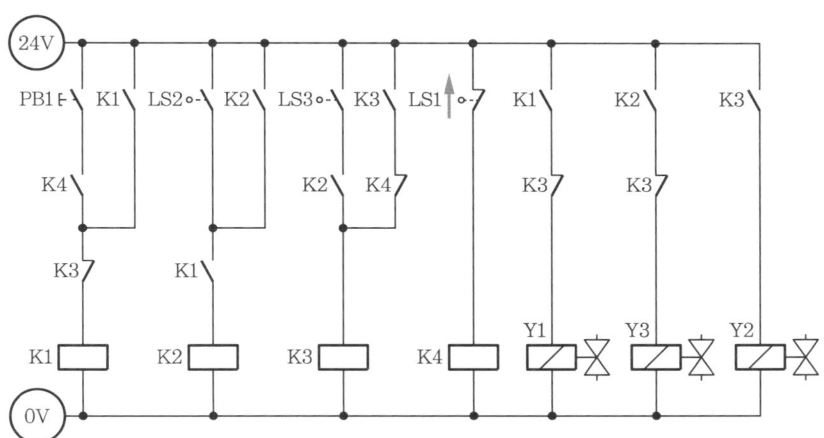

(3) 변위 단계 선도

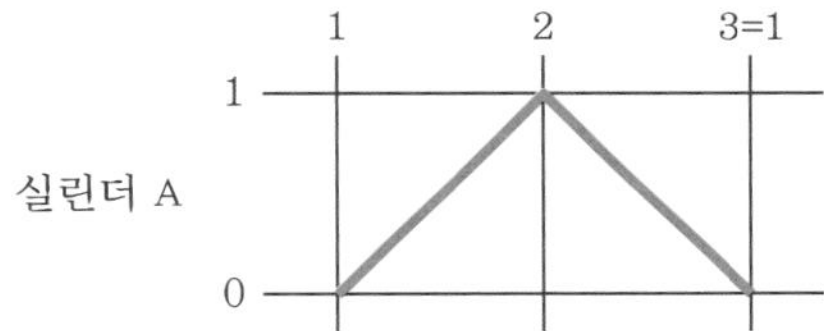

(4) 동작 설명

① PB1을 ON－OFF하면 변위 단계 선도와 같이 1사이클 운전하도록 하시오.

② B부분의 부품은 카운터 밸런스 밸브를 사용하고 압력은 3±0.5 MPa로 설정하시오.

③ 실린더 A 전진 동작 중 LS2가 감지되면 속도가 약 50 % 정도가 되도록 조정하시오.

작업 중 Key point

① 릴리프 밸브의 설치 및 배관과 같은 방법으로 카운터 밸런스 밸브를 설치하고 압력을 3 MPa로 조정한 후 해체하여 도면과 같이 설치한다.

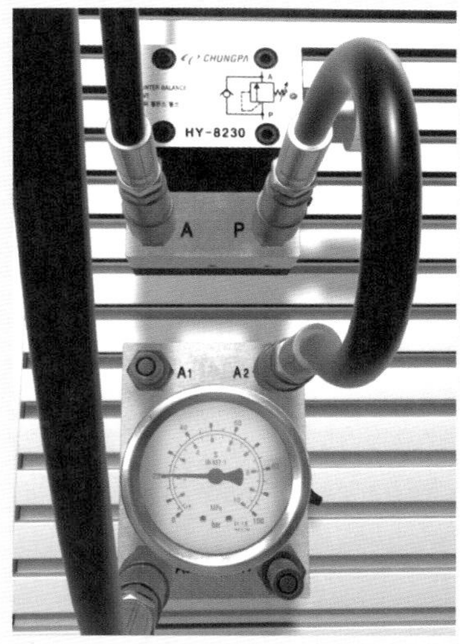

② 릴리프 밸브를 설치, 배관하고 유압을 4±0.2 MPa(40 bar)로 조정한다.

③ 리밋 스위치 롤러 방향을 확인하고 설치하여야 한다.

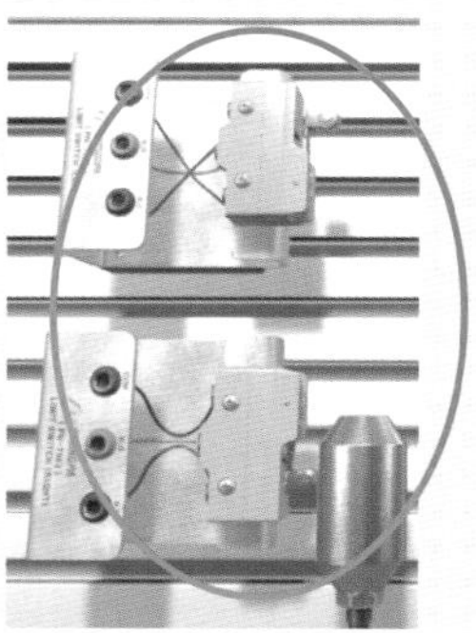

④ 솔레노이드 밸브 Y3의 2/2 WAY NO 밸브를 설치할 때 NC 밸브를 설치하지 않도록 주의한다.

⑤ 리밋 스위치 기호 중 은 a 접점으로 배선한다.

⑥ 누름 버튼 스위치 PB1은 자동 복귀형 스위치를 사용한다.

⑦ 유압 기기 수평 배치와 배관

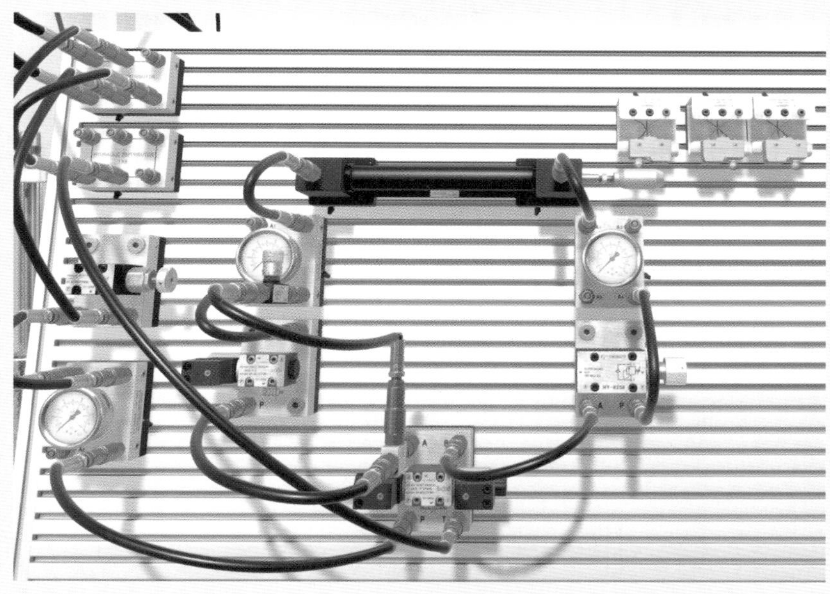

⑧ 유압 기기 수직 배치와 배관

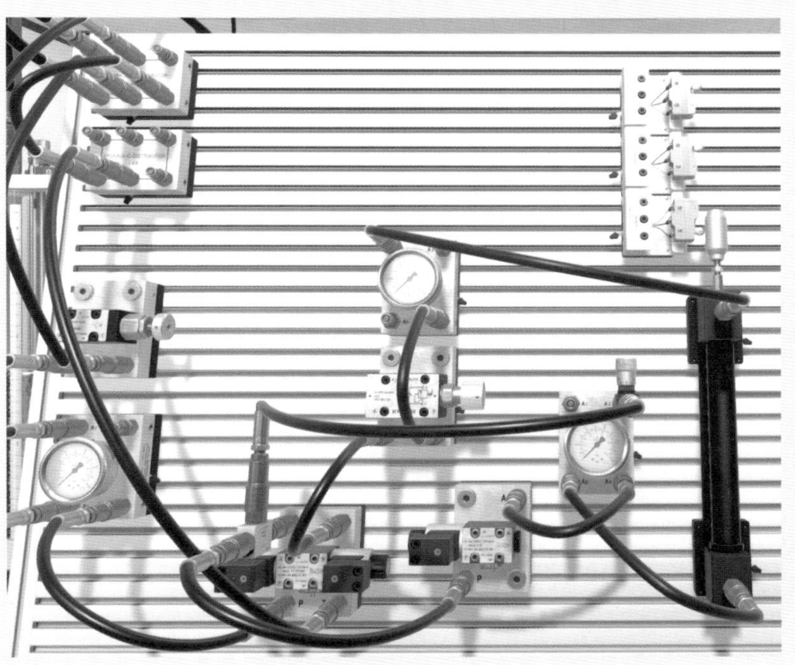

국가기술자격 실기시험문제 ②

자격종목	설비보전기능사	과제명	유압 회로 구성

3 도면

(1) 유압 회로도

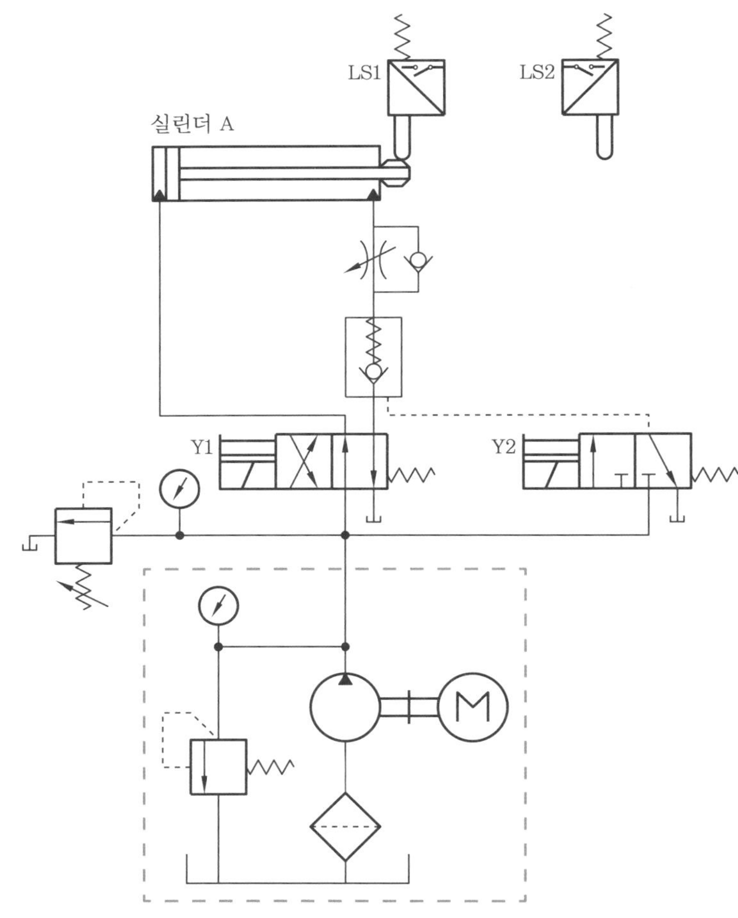

(2) 전기 회로도

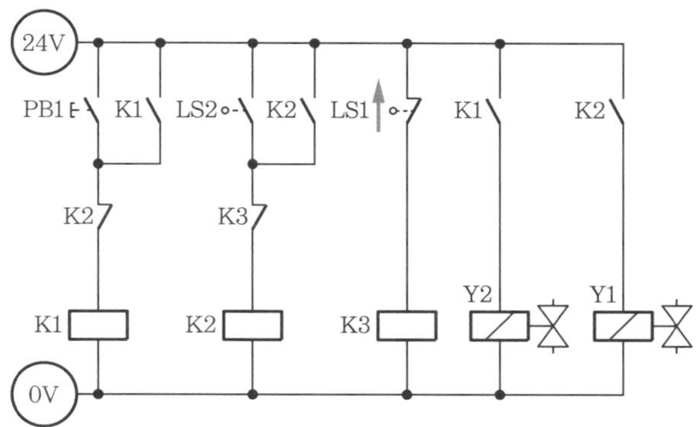

(3) 변위 단계 선도

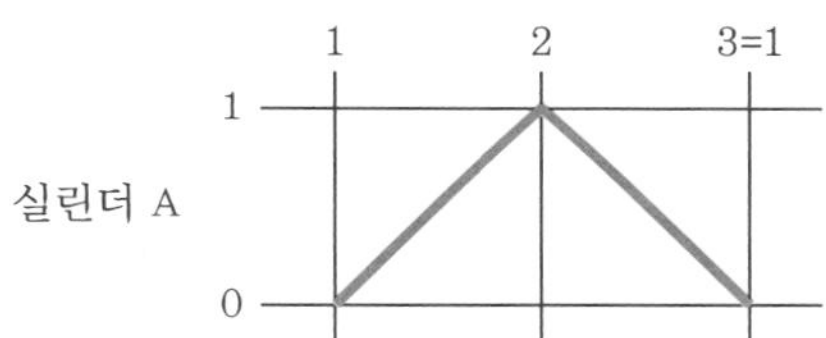

(4) 동작 설명

① PB1을 ON - OFF하면 변위 단계 선도와 같이 1사이클 운전하도록 하시오.

② 회로도의 유량 제어 밸브는 속도가 약 50 % 정도가 되도록 조정하시오.

작업 중 Key point

① 릴리프 밸브를 설치, 배관하고 유압을 4±0.2 MPa(40 bar)로 조정한다.

② 리밋 스위치 롤러 방향을 확인하고 설치하여야 한다.

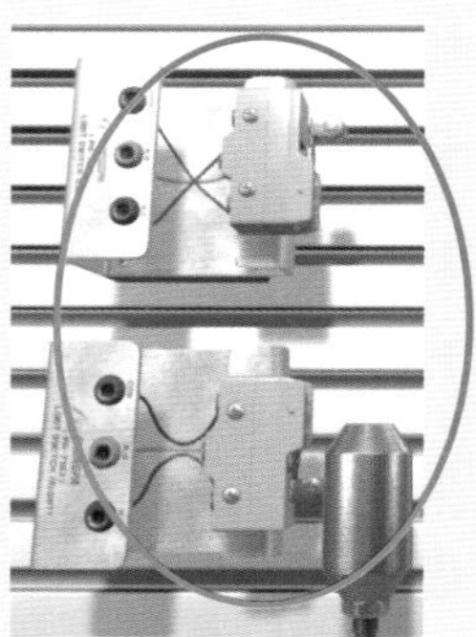

③ 4/2 WAY 단동 솔레노이드 밸브의 초기 상태가 NC일 경우 A 포트와 B 포트를 엇갈리게 배관한다.

④ 미터 아웃 회로이므로 라인형 한방향 유량 제어 밸브를 파일럿 작동 체크 밸브에 삽입하고 실린더와는 호스로 배관을 해야 한다.

⑤ 파일럿 작동 체크 밸브 배관은 다음과 같이 한다.

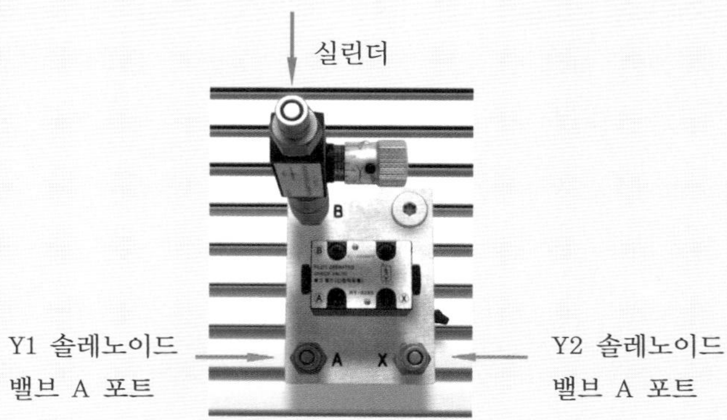

⑥ 리밋 스위치 기호 중 은 a 접점으로 배선한다.

⑦ 누름 버튼 스위치 PB1은 자동 복귀형 스위치를 사용한다.

⑧ 유압 기기 수평 배치와 배관

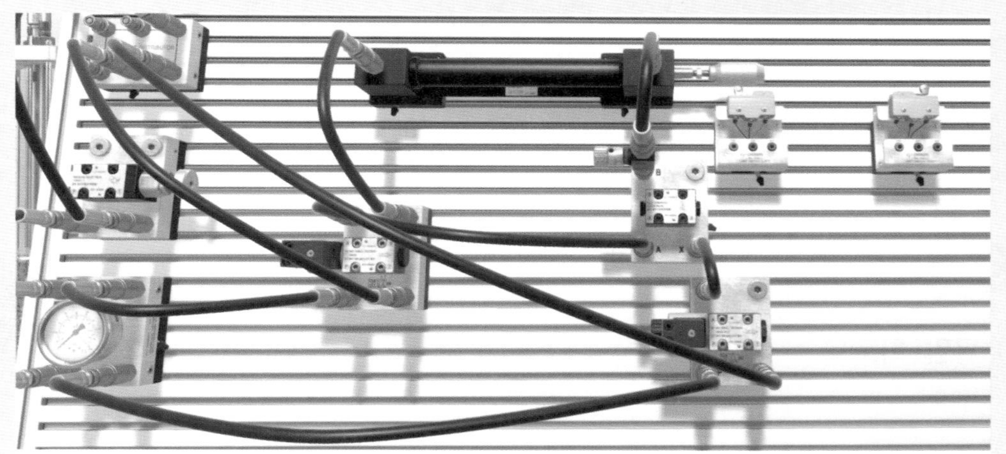

⑨ 유압 기기 수직 배치와 배관

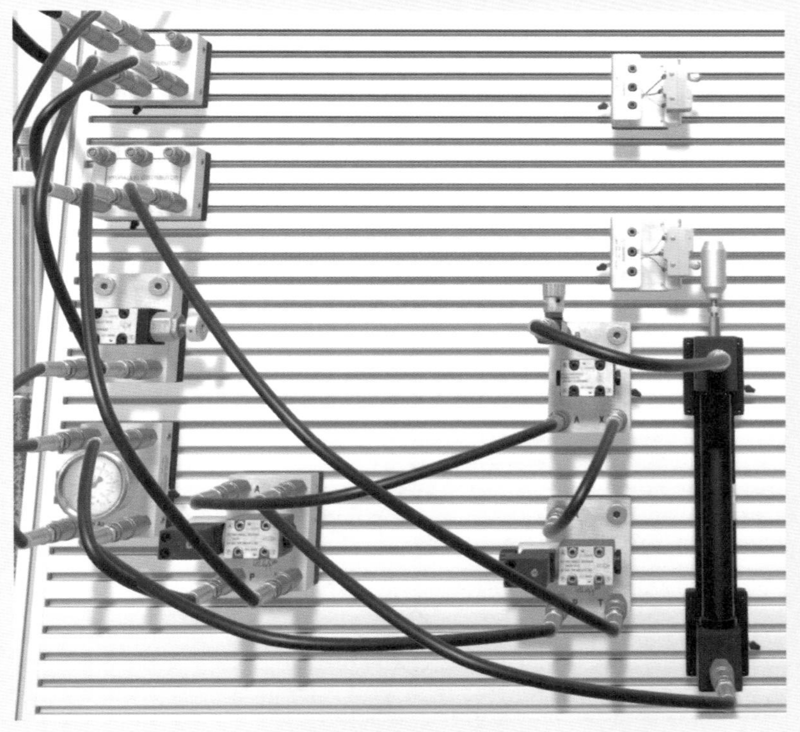

국가기술자격 실기시험문제 ③

자격종목	설비보전기능사	과제명	유압 회로 구성

3 도면

(1) 유압 회로도

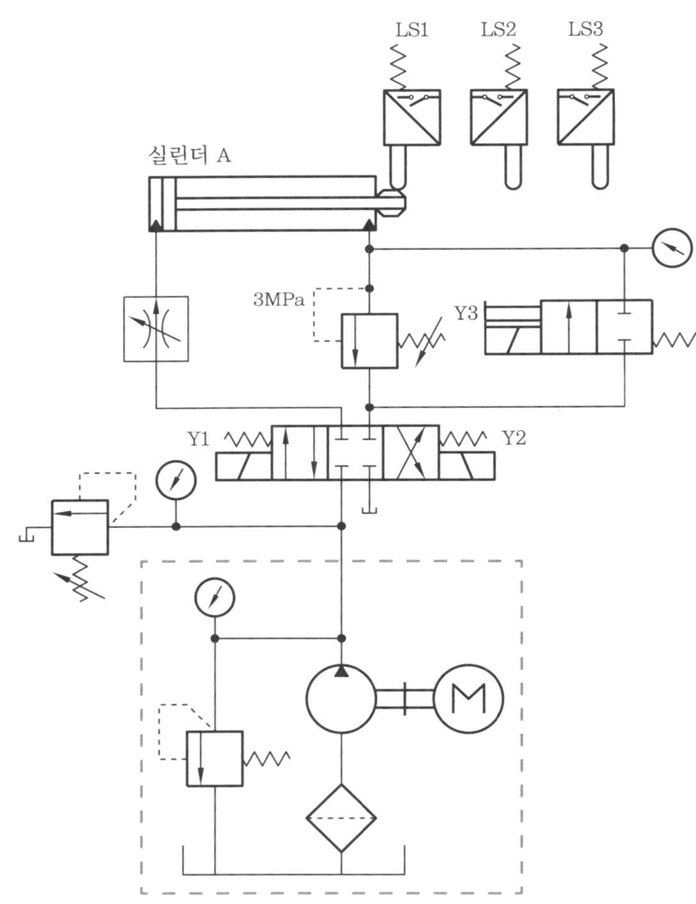

(2) 전기 회로도

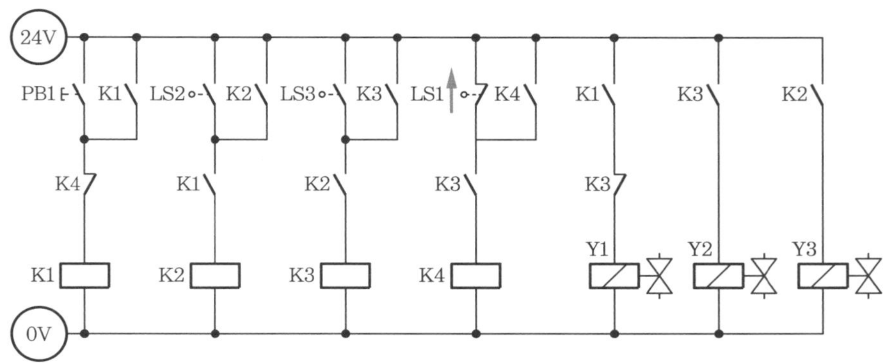

(3) 변위 단계 선도

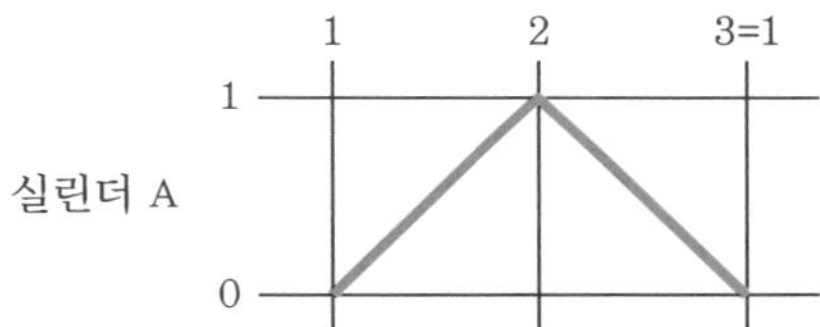

(4) 동작 설명

① PB1을 ON－OFF하면 변위 단계 선도와 같이 1사이클 운전하도록 하시오.

② 실린더 A 전진 동작 중 LS2가 감지되면 속도가 약 50％ 정도가 되도록 조정하시오.

작업 중 Key point

① 릴리프 밸브를 설치, 배관하고 유압을 3MPa(30bar)로 조정한 후 해체하여 도면과 같이 설치한다.

② 두 번째 릴리프 밸브를 설치, 배관하고 유압을 4±0.2MPa(40bar)로 조정한다.

③ 리밋 스위치 롤러 방향을 확인하고 설치하여야 한다.

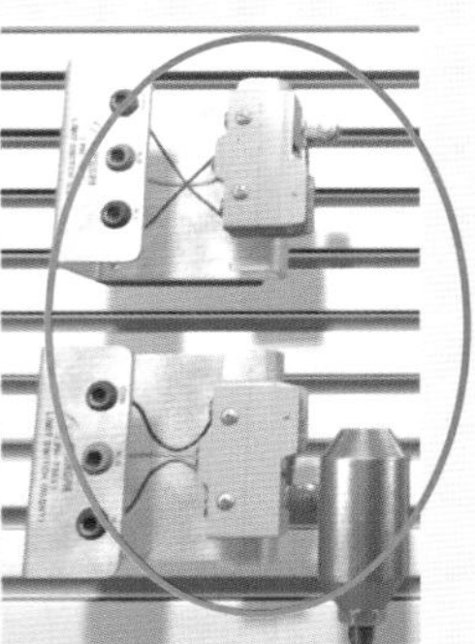

④ 실린더 피스톤 헤드측에 설치할 밸브는 압력 보상형 유량 제어 밸브이며, 밸브의 화살표가 실린더를 향하도록 설치하고 배관한다.

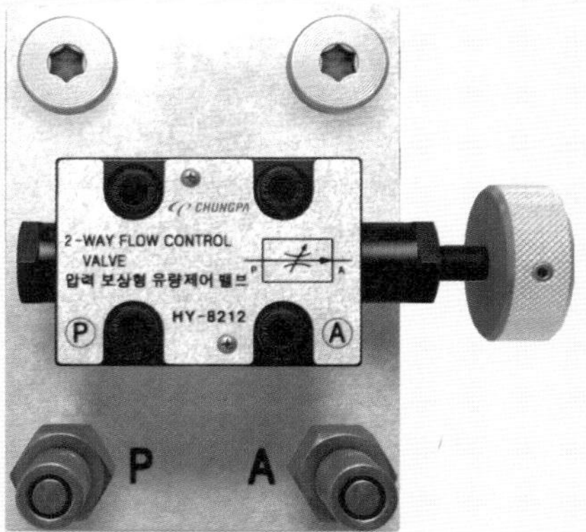

압력 보상형 유량 제어 밸브

⑤ 솔레노이드 밸브 Y3의 2/2 WAY NC 밸브를 설치할 때 NO 밸브를 설치하지 않도록 주의한다.

⑥ 리밋 스위치 기호 중 (기호)은 a 접점으로 배선한다.

⑦ 누름 버튼 스위치 PB1은 자동 복귀형 스위치를 사용한다.

⑧ 유압 기기 수평 배치와 배관

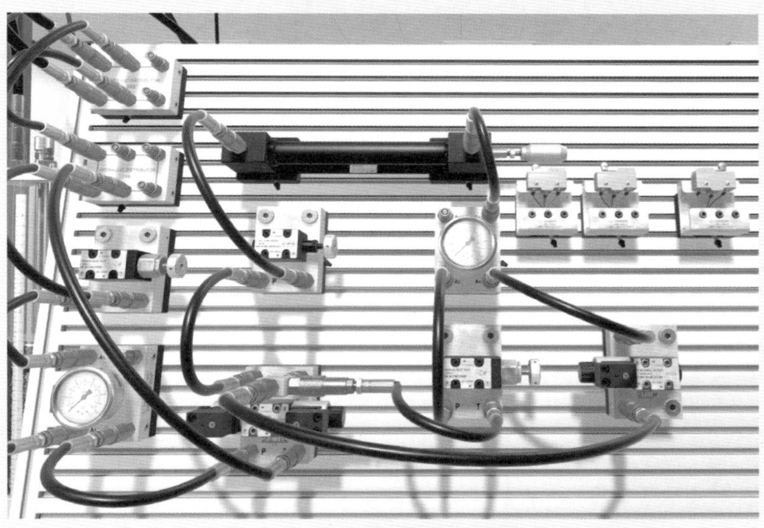

⑨ 유압 기기 수직 배치와 배관

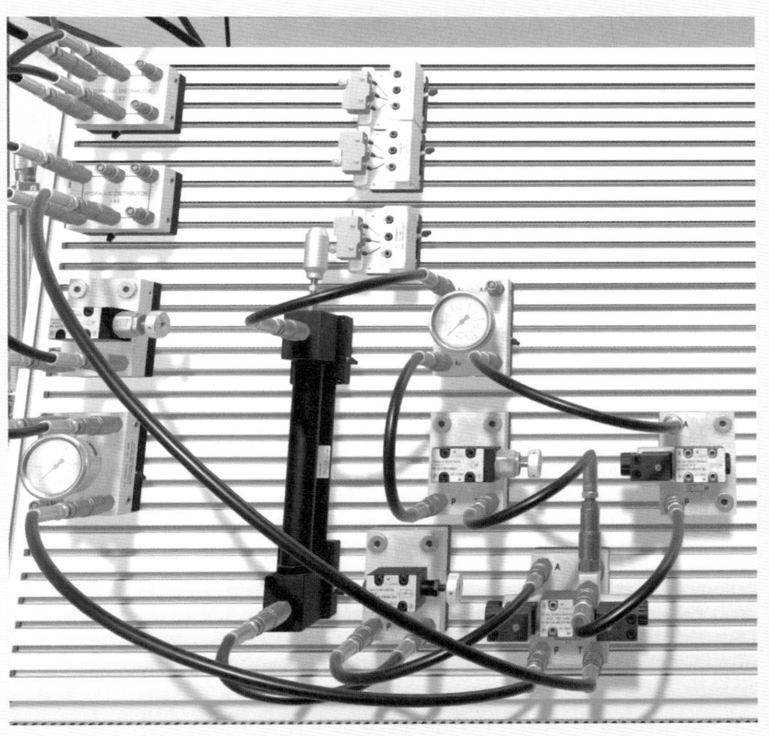

국가기술자격 실기시험문제 ④

자격종목	설비보전기능사	과제명	유압 회로 구성

3 도면

(1) 유압 회로도

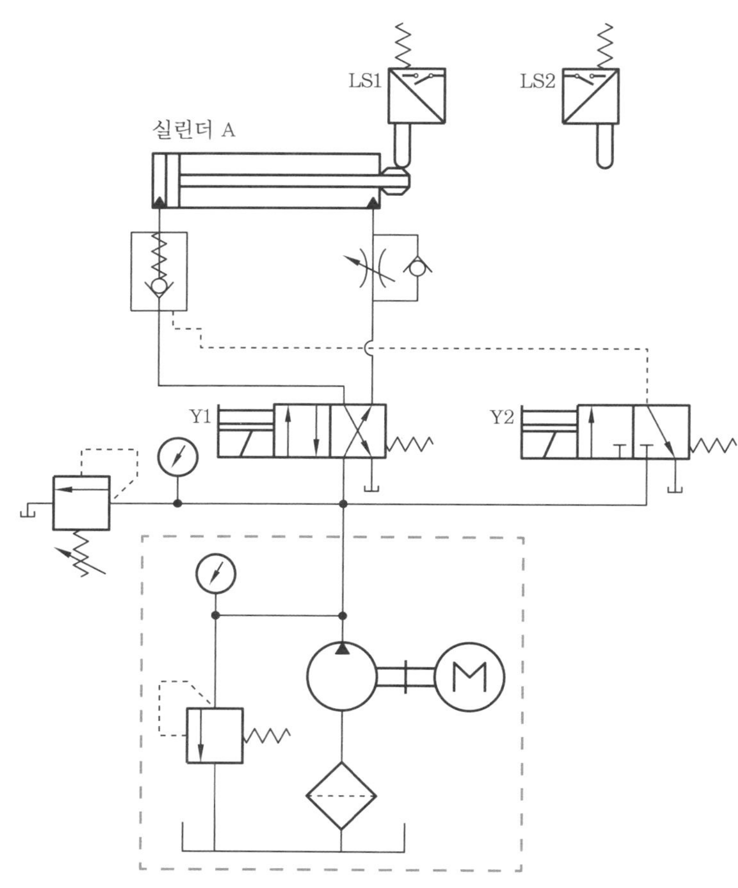

(2) 전기 회로도

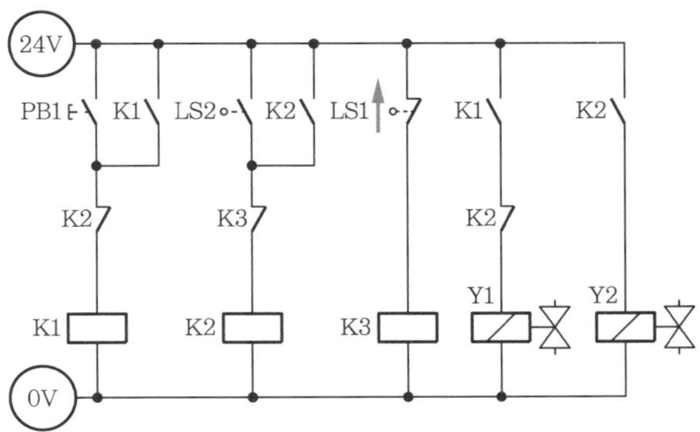

(3) 변위 단계 선도

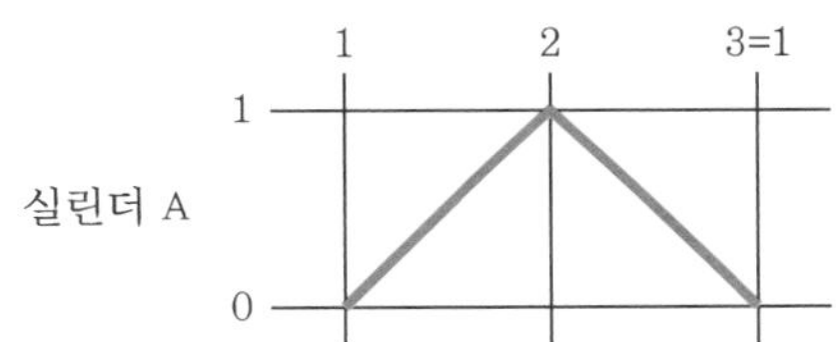

(4) 동작 설명

① PB1을 ON－OFF하면 변위 단계 선도와 같이 1사이클 운전하도록 하시오.

② 회로도의 유량 제어 밸브는 속도가 약 50% 정도가 되도록 조정하시오.

작업 중 Key point

① 릴리프 밸브를 설치, 배관하고 유압을 4±0.2 MPa(40 bar)로 조정한다.

② 리밋 스위치 롤러 방향을 확인하고 설치하여야 한다.

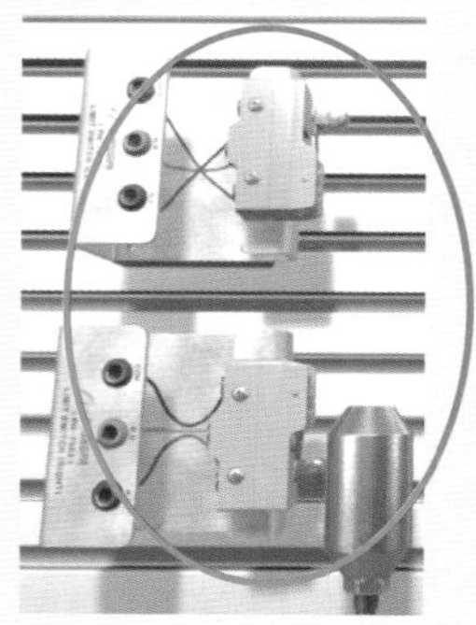

③ 한방향 유량 제어 밸브의 체크 밸브 방향을 반드시 확인하여 설치 및 배관을 해야 한다.

④ 리밋 스위치 기호 중 은 a 접점으로 배선한다.

⑤ 누름 버튼 스위치 PB1은 자동 복귀형 스위치를 사용한다.

⑥ 파일럿 작동 체크 밸브 배관은 다음과 같이 한다.

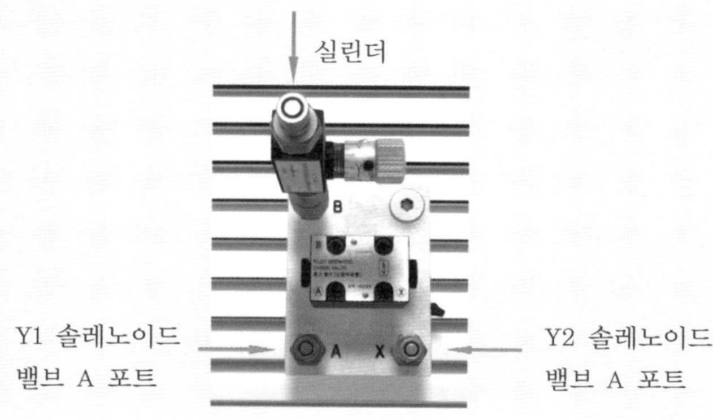

⑦ 유압 기기 수평 배치와 배관

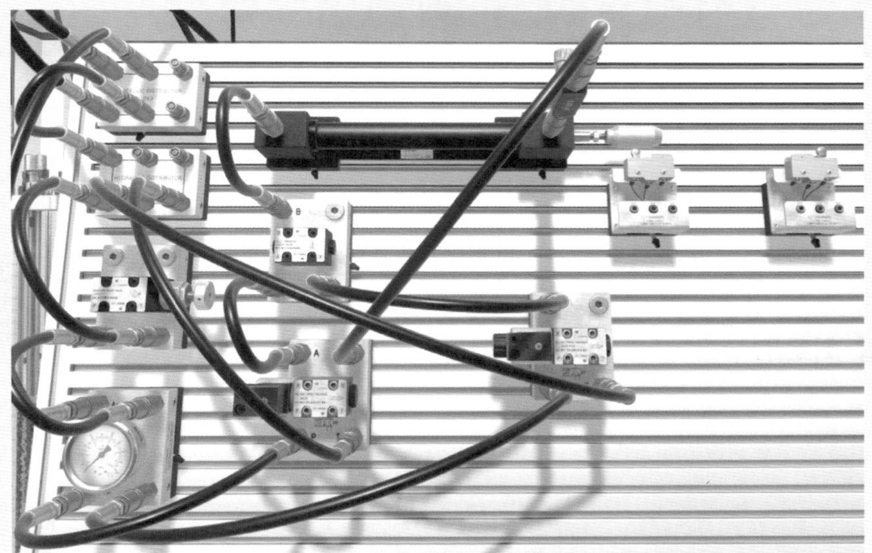

⑧ 유압 기기 수직 배치와 배관

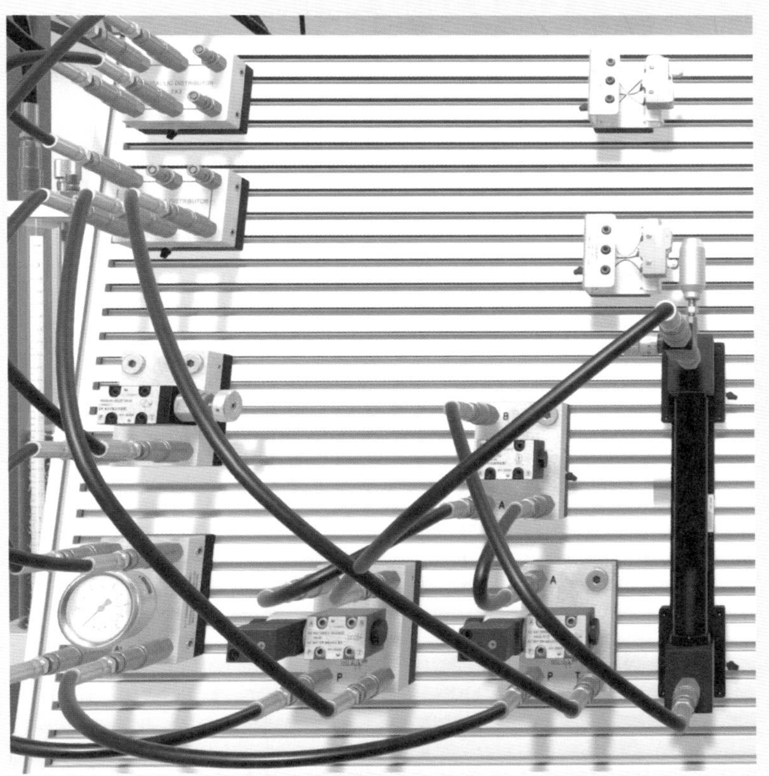

국가기술자격 실기시험문제 ⑤

자격종목	설비보전기능사	과제명	유압 회로 구성

3 도면

(1) 유압 회로도

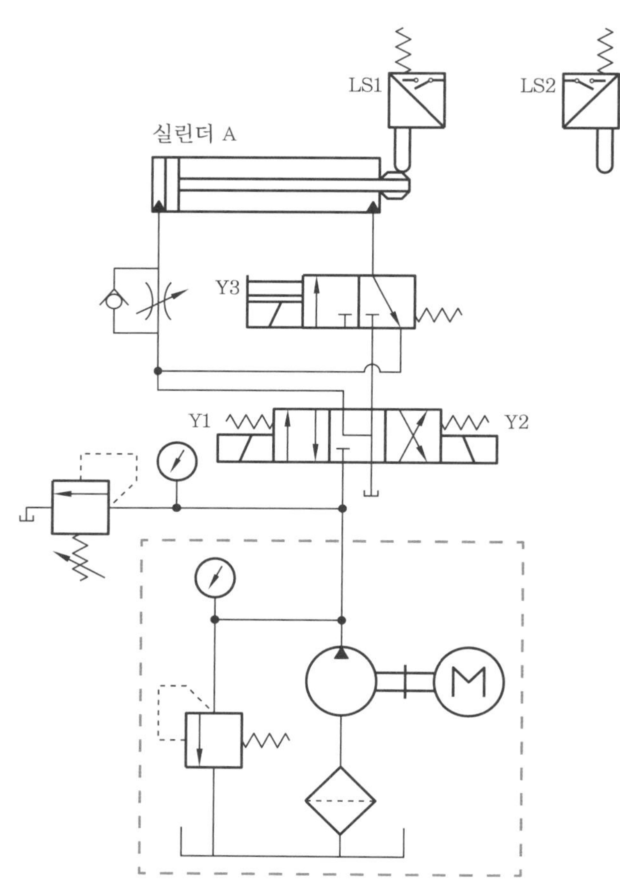

(2) 전기 회로도

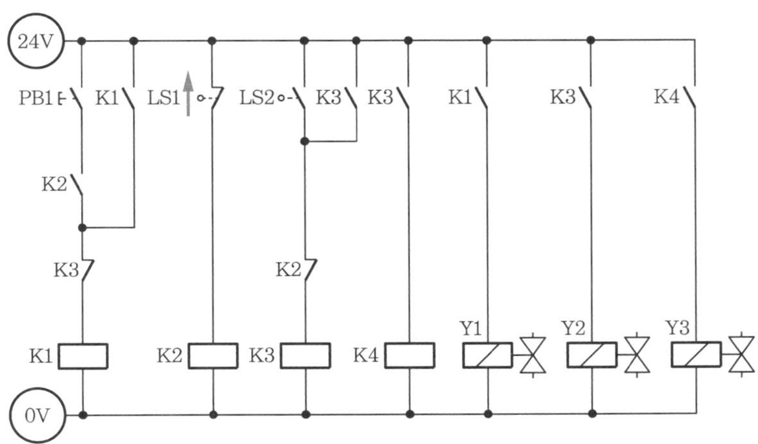

(3) 변위 단계 선도

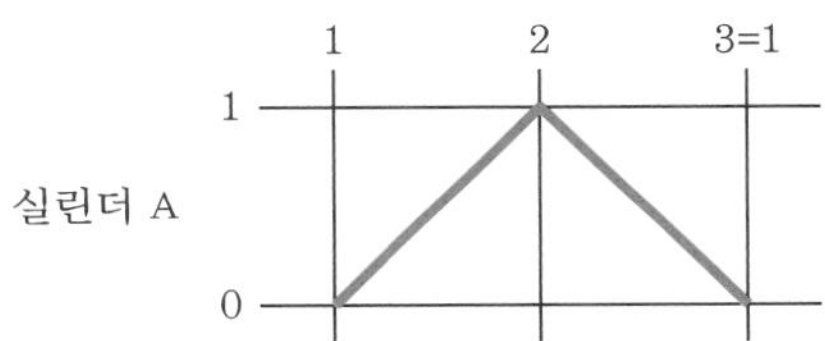

(4) 동작 설명

① PB1을 ON－OFF하면 변위 단계 선도와 같이 1사이클 운전하도록 하시오.

② 회로도의 유량 제어 밸브는 속도가 약 50％ 정도가 되도록 조정하시오.

작업 중 Key point

① 릴리프 밸브를 설치, 배관하고 유압을 4±0.2 MPa(40 bar)로 조정한다.

② 리밋 스위치 롤러 방향을 확인하고 설치하여야 한다.

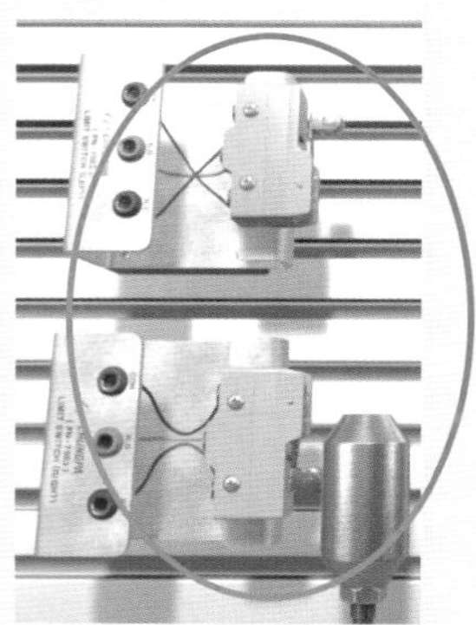

③ 미터 인 회로이므로 라인형 한방향 유량 제어 밸브를 실린더 피스톤 헤드측에 삽입하고 밸브와는 호스로 배관을 해야 한다.

④ 4/3 WAY 솔레노이드 밸브를 설치할 때 반드시 A–B–T 접속 밸브를 확인한다.

⑤ 리밋 스위치 기호 중 (기호)은 a 접점으로 배선한다.

⑥ 누름 버튼 스위치 PB1은 자동 복귀형 스위치를 사용한다.

⑦ 유압 기기 수평 배치와 배관

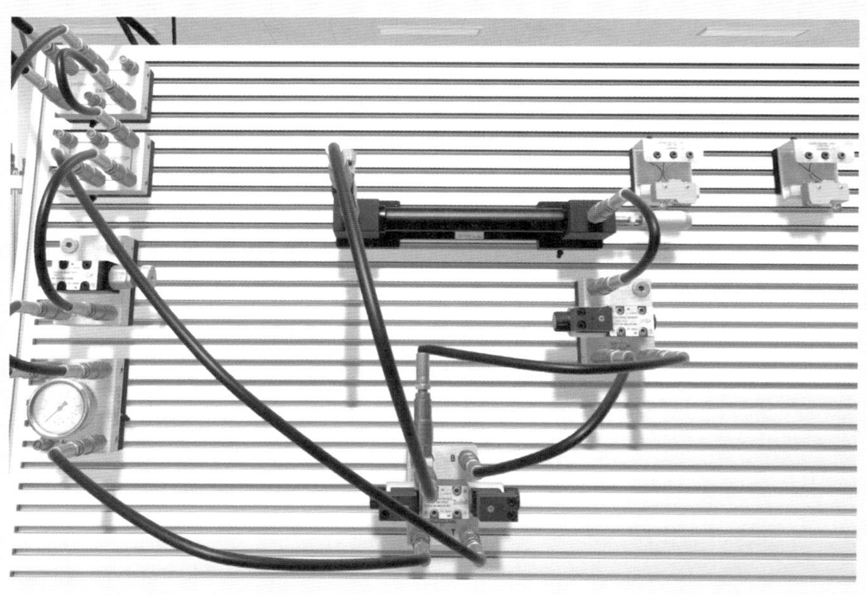

⑧ 유압 기기 수직 배치와 배관

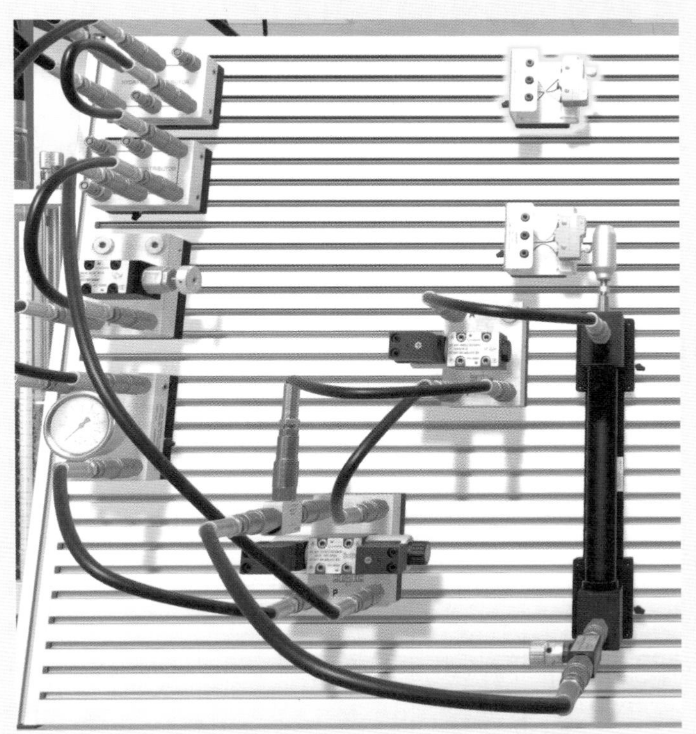

⑨ 솔레노이드 밸브 Y3를 제어하는 K4 a 접점은 K3 a 접점을 사용하거나, 솔레노이드 밸브 Y2를 제어하는 K3 a 접점을 이용하여 연결하여도 같은 동작이 이루어진다.

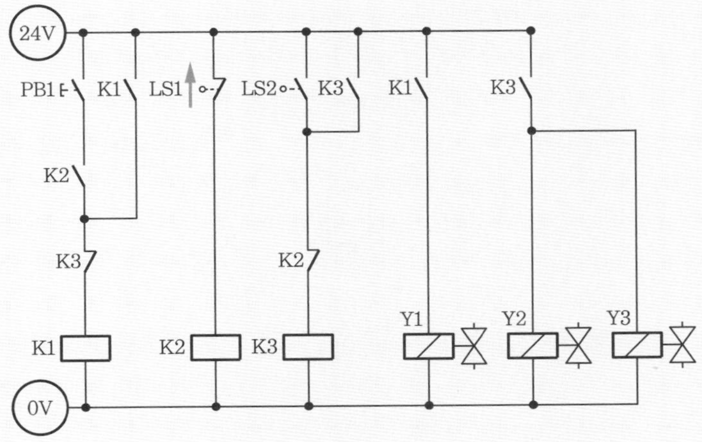

국가기술자격 실기시험문제 ⑥

자격종목	설비보전기능사	과제명	유압 회로 구성

3 도면

(1) 유압 회로도

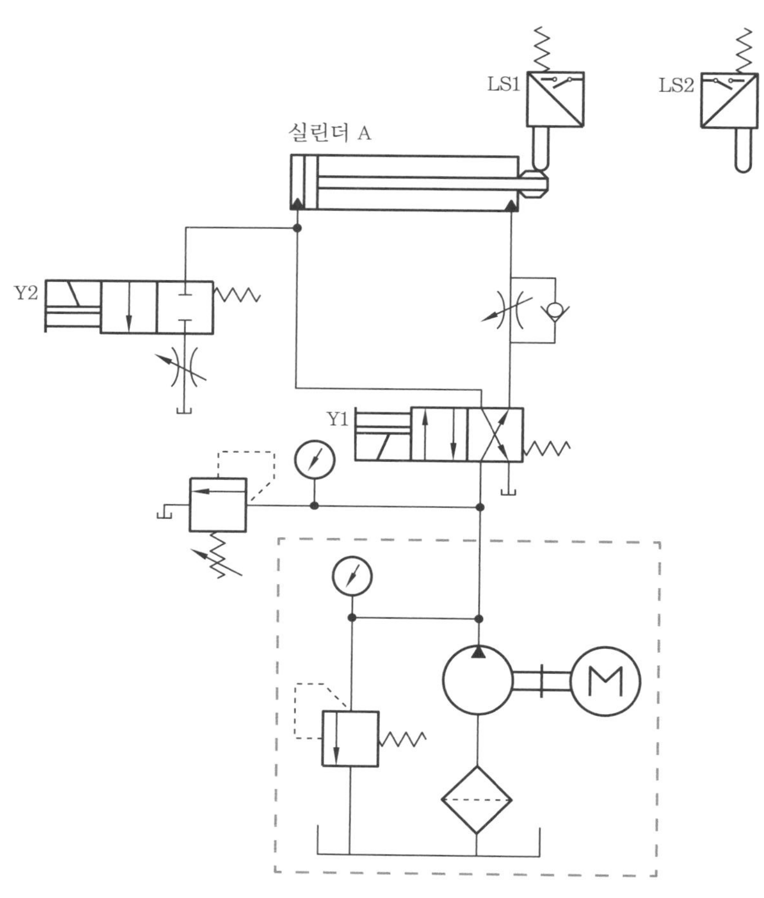

(2) 전기 회로도

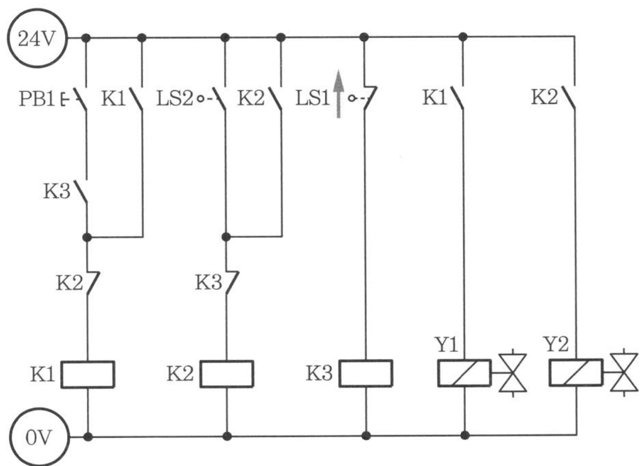

(3) 변위 단계 선도

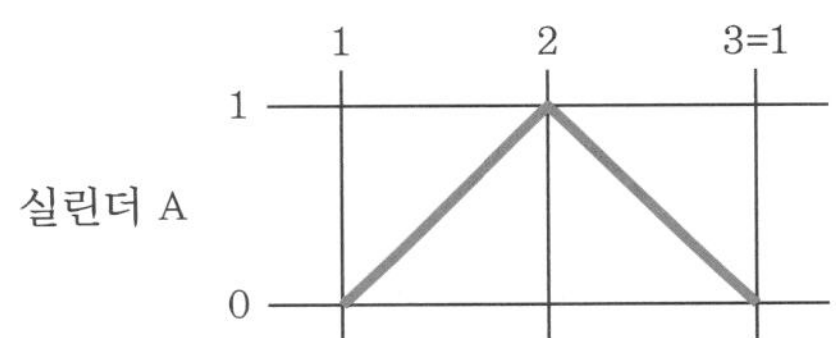

(4) 동작 설명

① PB1을 ON - OFF하면 변위 단계 선도와 같이 1사이클 운전하도록 하시오.

② 회로도의 유량제어밸브는 속도가 약 50% 정도가 되도록 조정하시오.

작업 중 Key point

① 릴리프 밸브를 설치, 배관하고 유압을 4±0.2 MPa(40 bar)로 조정한다.

② 리밋 스위치 롤러 방향을 확인하고 설치하여야 한다

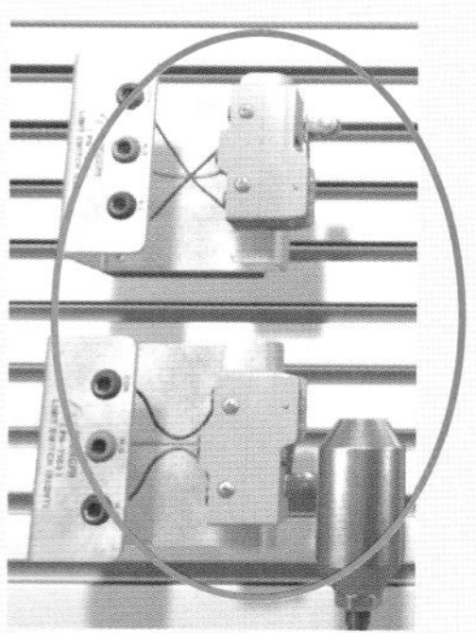

③ 미터 아웃 회로이므로 라인형 한방향 유량 제어 밸브를 4/2 밸브 B 포트에 삽입하고 실린더 로드측 포트와 호스로 배관을 해야 한다.

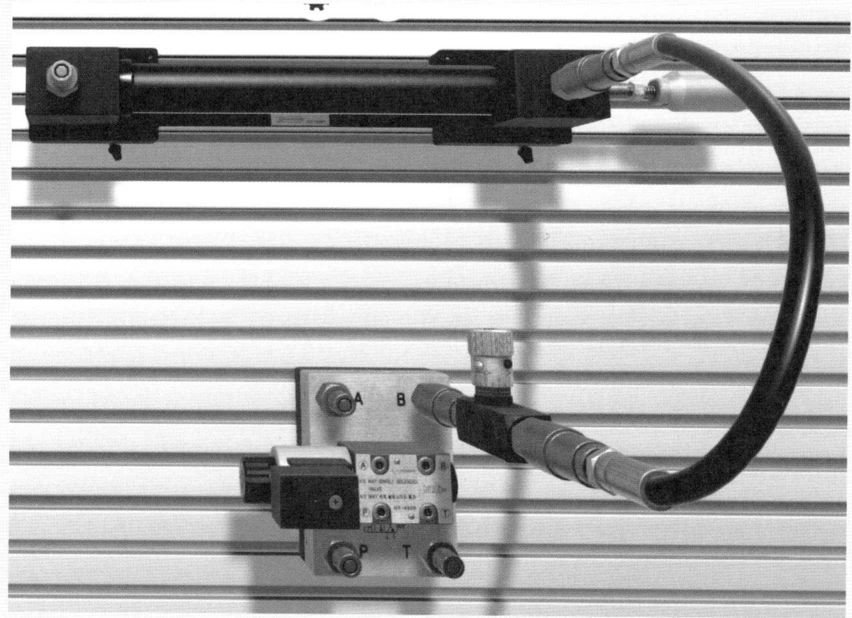

④ 솔레노이드 밸브 Y2의 2/2 WAY NC 밸브를 설치할 때 NO 밸브를 설치하지 않도록 주의한다.

⑤ 리밋 스위치 기호 중 [기호]은 a 접점으로 배선한다.

⑥ 누름 버튼 스위치 PB1은 자동 복귀형 스위치를 사용한다.

⑦ 유압 기기 수평 배치와 배관

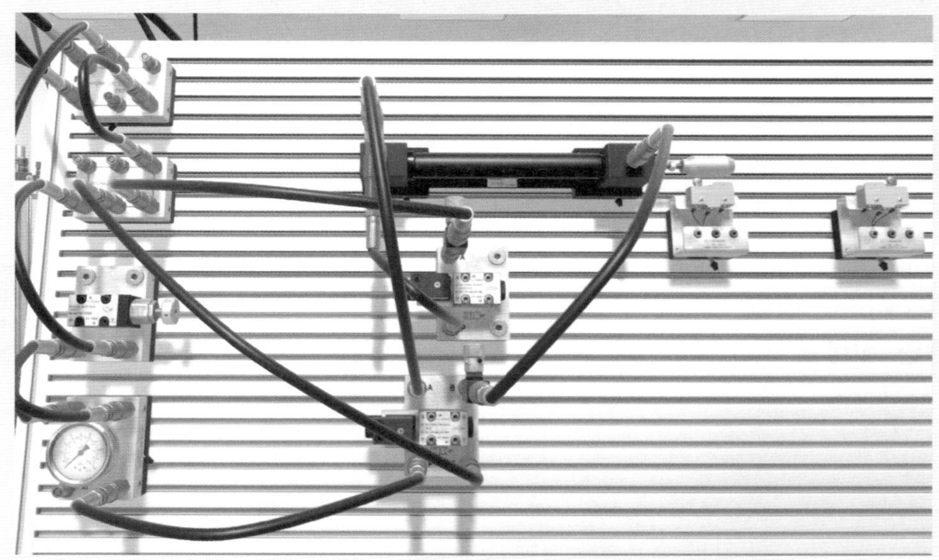

⑧ 유압 기기 수직 배치와 배관

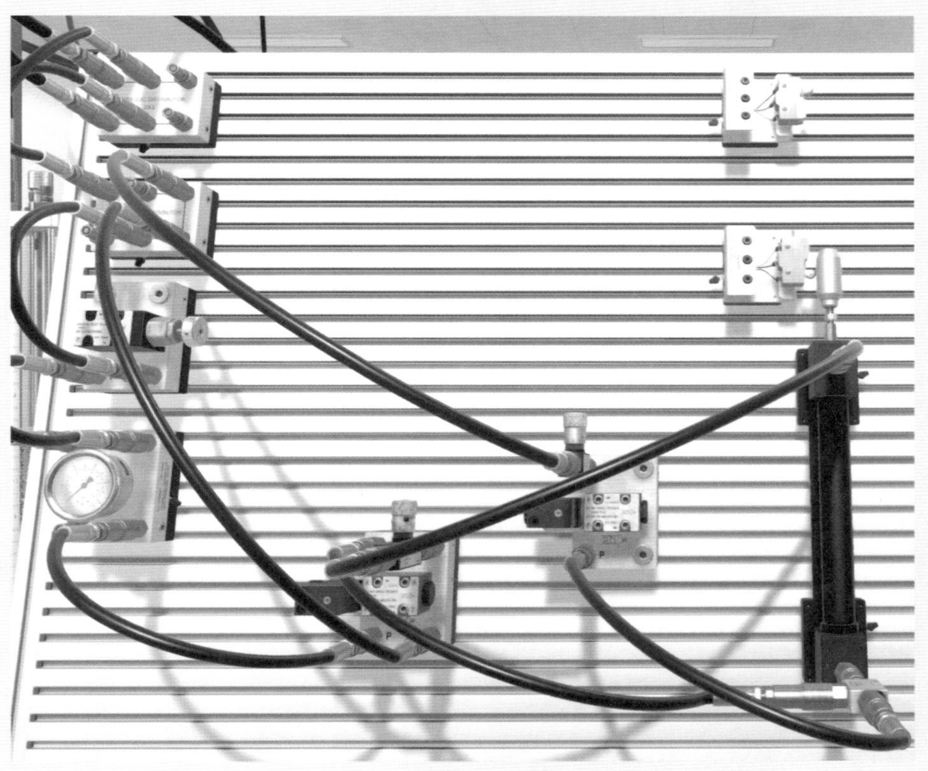

국가기술자격 실기시험문제 ⑦

자격종목	설비보전기능사	과제명	유압 회로 구성

3 도면

(1) 유압 회로도

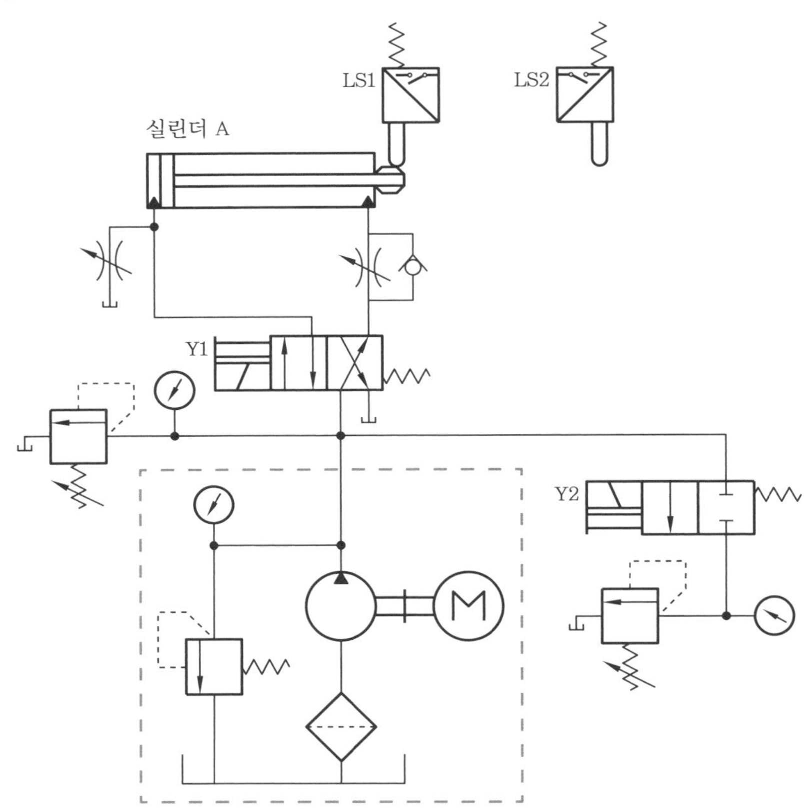

(2) 전기 회로도

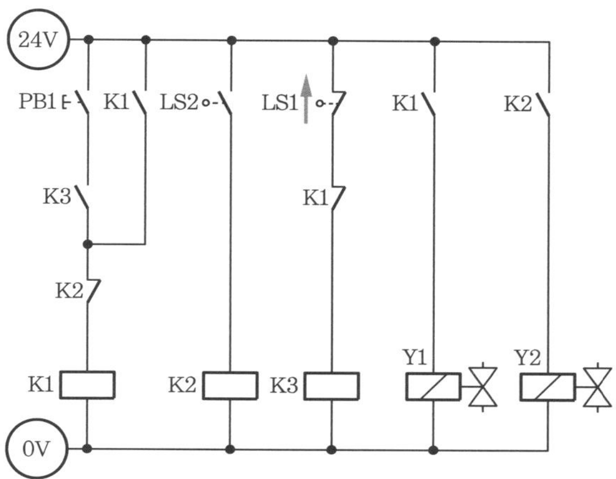

(3) 변위 단계 선도

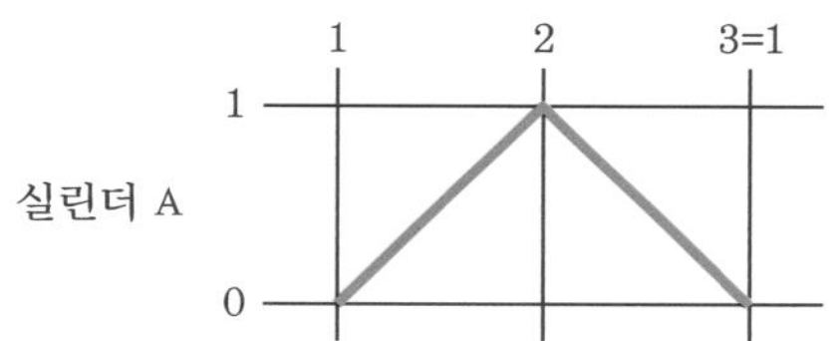

(4) 동작 설명

① PB1을 ON－OFF하면 변위 단계 선도와 같이 1사이클 운전하도록 하시오.

② 회로도의 유량 제어 밸브는 속도가 약 50％ 정도가 되도록 조정하시오.

작업 중 Key point

① 릴리프 밸브를 설치, 배관하고 유압을 3±0.5 MPa(20 bar)로 조정한 후 해체하여 도면과 같이 설치한다.

② 두 번째 릴리프 밸브를 설치, 배관하고 유압을 4±0.2 MPa(40 bar)로 조정한다.

③ 리밋 스위치 롤러 방향을 확인하고 설치하여야 한다.

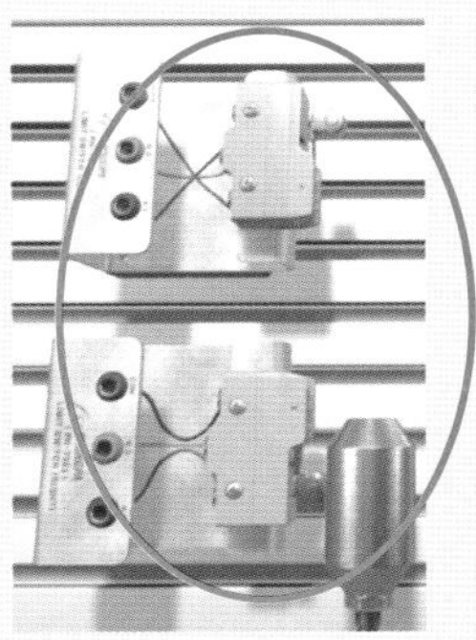

④ 미터 인 회로이므로 라인형 한방향 유량 제어 밸브를 실린더 로드측 포트에 삽입하고 솔레노이드 밸브 B 포트와 호스로 배관을 해야 한다.

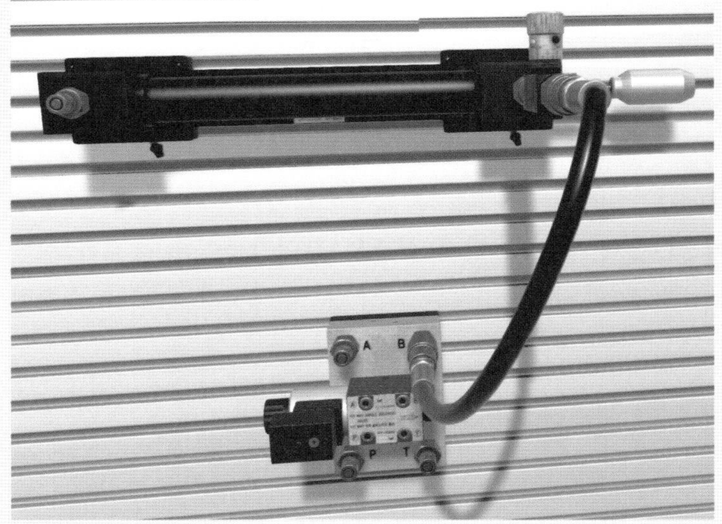

⑤ 솔레노이드 밸브 Y2의 2/2 WAY NC 밸브를 설치할 때 NO 밸브를 설치하지 않도록 주의한다.

⑥ 리밋 스위치 기호 중 은 a 접점으로 배선한다.

⑦ 누름 버튼 스위치 PB1은 자동 복귀형 스위치를 사용한다.

⑧ 유압 기기 수평 배치와 배관

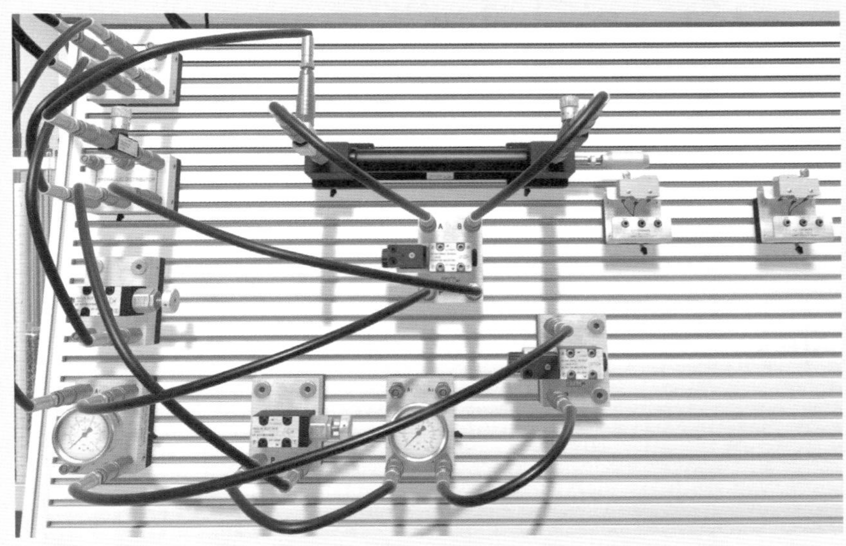

⑨ 유압 기기 수직 배치와 배관

국가기술자격 실기시험문제 ⑧

자격종목	설비보전기능사	과제명	유압 회로 구성

3 도면

(1) 유압 회로도

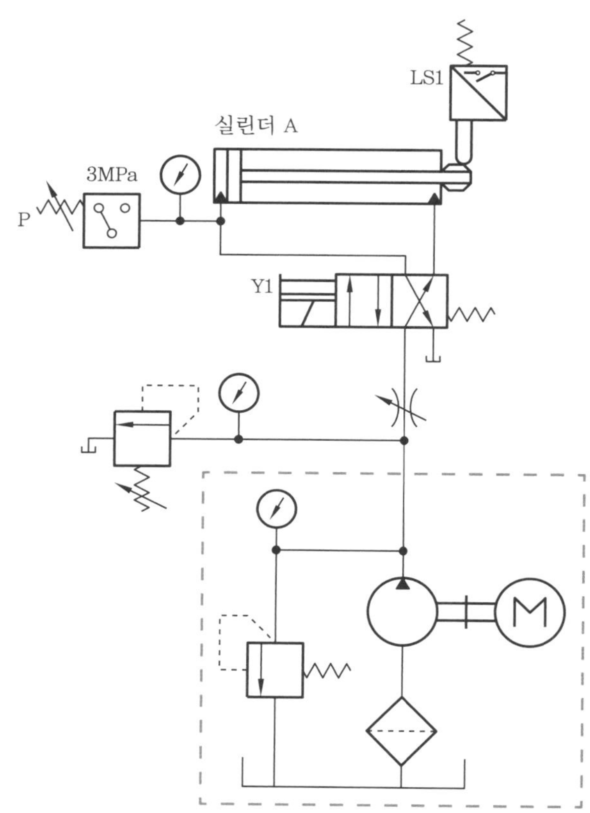

(2) 전기 회로도

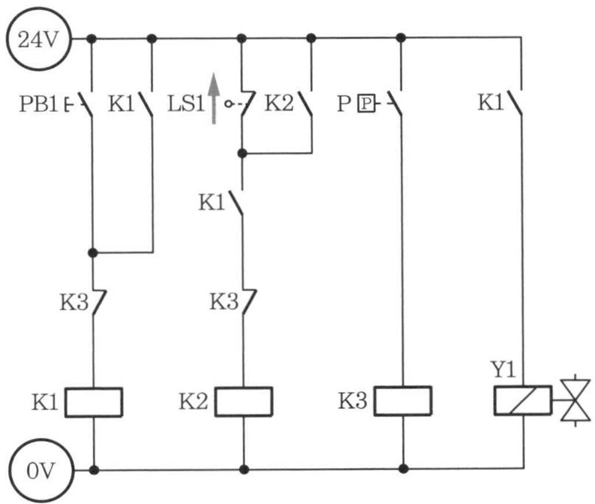

(3) 변위 단계 선도

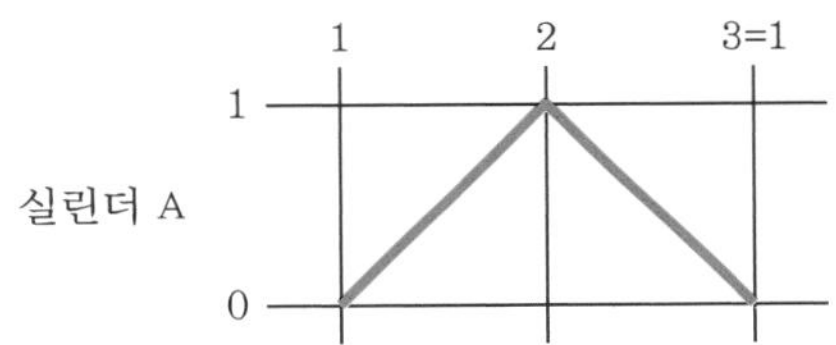

(4) 동작 설명

① PB1을 ON – OFF하면 변위 단계 선도와 같이 1사이클 운전하도록 하시오.

② 회로도의 유량 제어 밸브는 속도가 약 50 % 정도가 되도록 조정하시오.

작업 중 Key point

① 압력 스위치의 동작 압력 설정을 하기 위해 압력 스위치와 릴리프 밸브를 설치, 배관하고 유압을 3±0.5 MPa(30 bar)로 조정한 후 전원 공급기, 압력 스위치, 램프를 사용하여 배선한다.

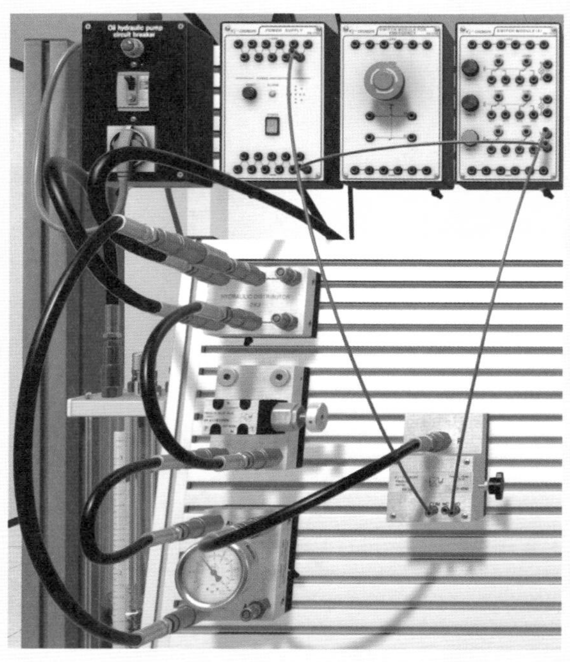

② 유압 펌프와 전원 공급기에 전원을 공급한 후 압력 스위치의 손잡이를 회전시킨다. 램프에 점등이 되지 않으면 시계 반대 방향으로 회전시켜 점등이 되도록 하고, 점등된 곳과 소등된 곳의 중간 위치에 손잡이가 위치되도록 손잡이를 조정한다.

③ 릴리프 밸브를 4±0.2 MPa(40 bar)로 다시 조정한다.

④ 압력 스위치의 호스를 해체하고, 유압 회로도와 같이 각 기기를 설치, 배관한다.

⑤ 리밋 스위치 롤러 방향을 확인하고 설치하여야 한다.

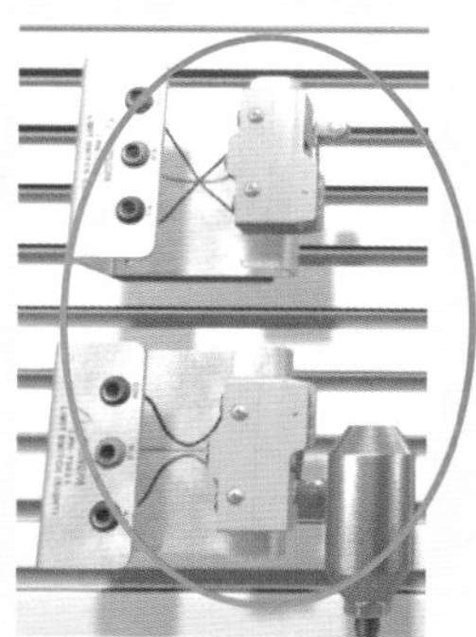

⑥ 리밋 스위치 기호 중 은 a 접점으로 배선한다.

⑦ 누름 버튼 스위치 PB1은 자동 복귀형 스위치를 사용한다.

⑧ 전기 배선 중 PS는 압력 스위치의 a 접점으로 배선한다.

⑨ 유압 기기 수평 배치와 배관

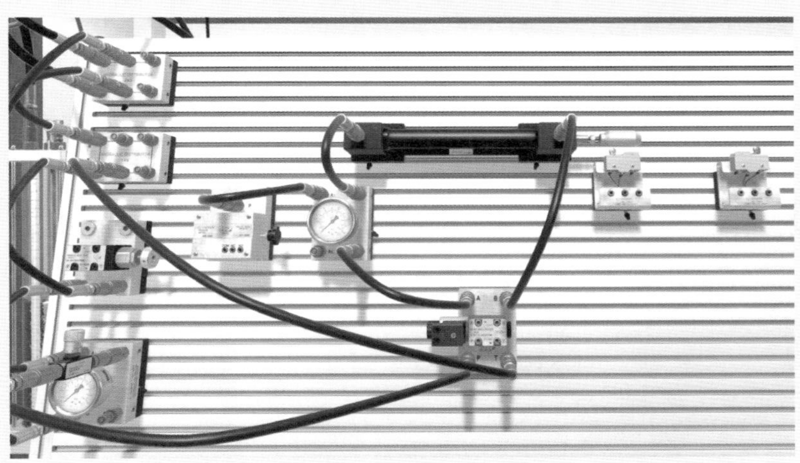

⑩ 유압 기기 수직 배치와 배관

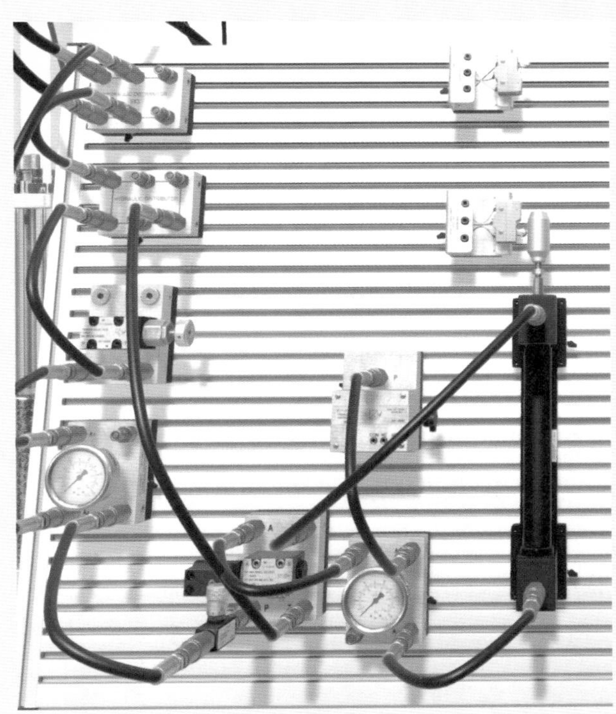

3 과제 가스 절단 및 용접

국가기술자격 실기시험문제

자격종목	설비보전기능사	과제명	가스 절단 및 용접

※ 문제지는 시험 종료 후 본인이 가져갈 수 있습니다.

비번호		시험일시		시험장명	

※ 시험시간 : [제3과제] 50분

1 요구사항

※ 지급된 재료 및 시설을 사용하여 아래 작업을 완성하시오.

※ 한 번 제출한 작품의 재작업은 허용되지 않습니다.

※ 작업 시작 전 지급된 연강판에 각인 여부를 반드시 확인하시오.

※ [가스 절단] → [구멍 가공] → [용접] → [조립] → [정리 정돈] 순서로 작업하시오.

(1) 가스 절단 및 구멍 가공

※ 가스 절단 작업은 10분 이내에 완료하여야 합니다.

① 주어진 연강판을 **절단 및 가공 도면**과 같이 절단하시오. (단, 작업 후 절단면 외관을 채점하므로 줄이나 그라인더 가공을 금합니다.)

㈎ 가스 절단 장치 또는 가스 집중 장치의 가스 누설 여부를 확인하시오.

㈏ 각 압력 조정기의 핸들을 조정하여 절단 작업에 사용 가능한 적정 압력으로 조절하시오.

㈐ 점화 후 가스 불꽃을 조정하여 도면과 같이 작업 수행 후 소화하시오.

㈑ 각 호스의 내부 잔류 가스를 배출시킨 후 작업 전의 상태로 정리하시오.

② 절단된 연강판을 **절단 및 가공 도면**과 같이 drilling 및 tapping 하시오.

(2) 용접 및 조립

① 절단 및 가공된 연강판을 용접 및 조립 도면과 같이 피복 아크 용접하시오.

(가) 용접 전류 · 전압 등 작업에 필요한 조건은 수험자가 직접 결정하여 설정하시오.

(나) **가용접은 2곳 이하, 가용접 길이는 10 mm 이내**로 용접하시오.

(다) 도면에서 지시하는 본 용접 구간 모두 필릿 용접하시오. (단, 비드 폭과 높이가 각각 요구된 **목길이(각장)의 −20∼+50 %** 범위에서 용접하시오.)

② 주어진 볼트(M10)를 이용하여 **용접 및 조립 도면**과 같이 조립하여 제출하시오.

(3) 정리 정돈

① 평가 종료 후 작업한 자리의 장비, 부품, 공기구 등을 초기 상태로 정리하시오.

2 수험자 유의사항

※ 다음의 유의사항을 고려하여 요구사항을 완성하시오.

※ 작업형 과제별 배점은 [공기압 회로 구성 25점, 유압 회로 구성 25점, 가스 절단 및 용접 30점, 기계 장치 분해 및 조립 20점]이며, 이외 세부 항목 배점은 비공개입니다.

① 시험 시작 전 장비 이상 유무를 확인합니다.

② 작업 중 안전수칙 준수 여부를 평가하므로, 안전수칙을 준수하여 작업합니다.

③ 전기 용접 작업 시 감전 및 화상 등의 재해가 발생하지 않도록 전기 케이블 및 안전보호구를 사전에 점검하여 사용하며, 필요한 안전수칙을 반드시 준수하시기 바랍니다. (단, 슬리퍼 · 샌들 착용, 보안경 미착용 등 복장이 작업에 부적합할 경우 응시가 불가능합니다.)

④ 구멍 가공 시 보안경을 반드시 착용하시기 바랍니다.

⑤ 시험 중에는 반드시 시험감독위원의 지시에 따라야 하며, 시험시간 동안 시험감독위원의 지시가 없는 한 시험장을 임의로 이탈할 수 없습니다.

⑥ 시험에 필요한 기기 이외에 임의로 접촉하지 않도록 주의하시기 바랍니다.

⑦ 가스 절단 작업 후 절단면 외관을 평가하므로 줄이나 그라인더 등 가공을 금합니다.

⑧ 공단에서 지정한 각인이 날인된 강판으로 작업하여야 합니다.

⑨ 수험자는 작업이 완료되면 시험감독위원의 확인을 받아야 합니다.

⑩ 다음 사항은 실격에 해당하여 채점 대상에서 제외됩니다.

㈎ 수험자 본인이 수험 도중 시험에 대한 기권 의사를 표현하는 경우

㈏ 실기시험 과정 중 1개 과정이라도 불참한 경우

㈐ 시설 · 장비의 조작 또는 재료의 취급이 미숙하여 위해를 일으킬 것으로 시험감독위원 전원이 합의하여 판단한 경우

㈑ 기능이 해당 등급 수준에 전혀 도달하지 못한 것으로 시험감독위원이 판단할 경우

㈒ 부정행위를 한 경우

㈓ 시험시간 내에 작품을 제출하지 못한 경우

㈔ 용접봉을 포함한 지급된 재료 이외의 재료를 사용한 경우

㈕ 강판에 각인이 날인되지 않은 경우

㈖ 결과물이 주어진 도면과 상이한 작품

㈗ 결과물의 직각도가 ±10 mm, 치수 및 단차가 한 부분이라도 ±10 mm를 초과한 경우

㈘ 필릿 용접부의 비드 폭과 높이가 각각 요구된 목길이(각장)의 범위를 벗어나는 작품

㈙ 용접 구간 내에 10 mm 이상 용접되지 않았거나, 완전히 절단되지 않은 경우

㈚ 시험감독위원이 판단하여 더 이상 가스 절단 작업을 수행할 수 없다고 인정하는 경우

㈛ 시험감독위원이 판단하여 전원 합의 하에 용접의 상태(언더컷, 오버랩, 비드 상태 등 구조상의 결함 등)가 채점 기준에서 제시한 항목 이외의 사항과 관련하여 용접 작품으로 인정할 수 없는 경우

(거) 용접 시 비드 내에서 전진법이나 후진법을 혼용하여 작업한 경우(용접 시점과 종점은 모두 동일해야 함)

(너) 외관 평가 전에 줄이나 그라인더 등으로 후가공한 경우

(더) 볼트 미체결 및 볼트를 훼손한 경우

국가기술자격 실기시험문제 ①

자격종목	설비보전기능사	과제명	가스 절단 및 용접

3 도면

구분	재료명	규격	수량	비고
1	연강판	200×80, 6t	1개	
2	연강판	100×80, 6t	1개	
3	절단 가스	LPG 또는 아세틸렌	–	
4	드릴	ϕ8.5, ϕ12	각 1개	
5	핸드 탭	M10×1.5	1세트	
6	육각머리 볼트	M10×20	2개	
7	전기 용접봉	E4301, ϕ3.2	3개	
8	용접기	직류 또는 교류	–	개인 지참 불가

(1) 절단 및 가공 도면

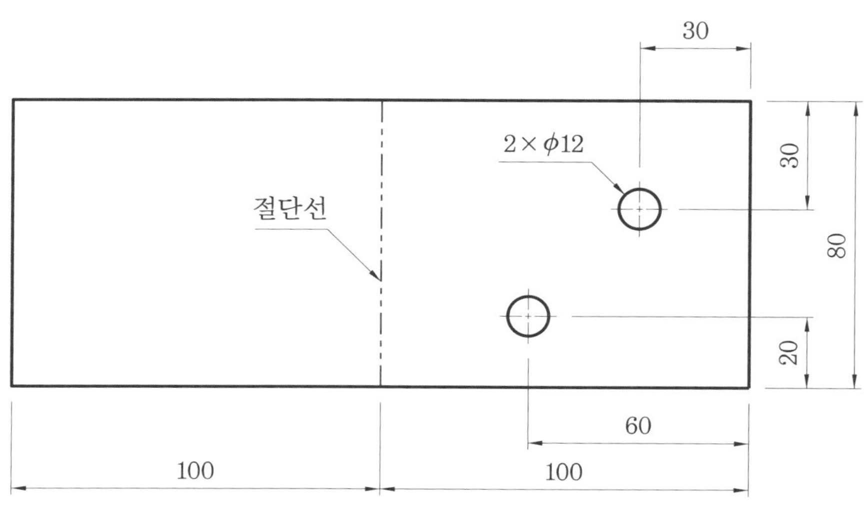

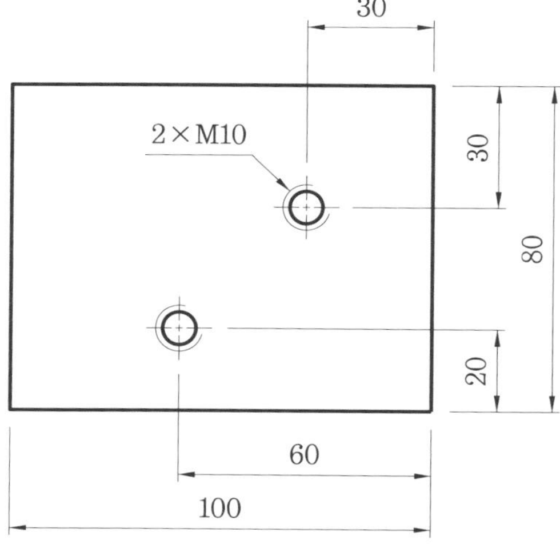

(2) 용접 및 조립 도면

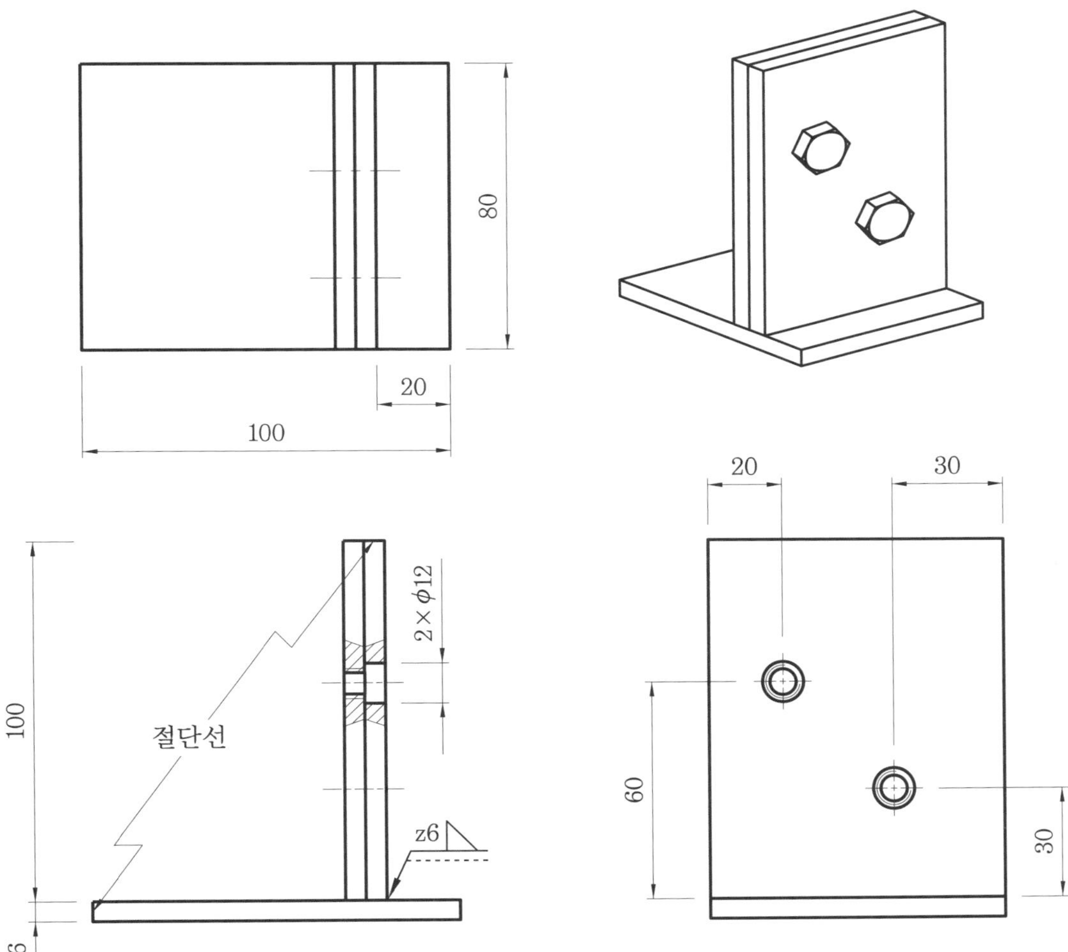

국가기술자격 실기시험문제 ②

자격종목	설비보전기능사	과제명	가스 절단 및 용접

3 도면

구분	재료명	규격	수량	비고
1	연강판	200×80, 6t	1개	
2	연강판	100×80, 6t	1개	
3	절단 가스	LPG 또는 아세틸렌	–	
4	드릴	ϕ8.5, ϕ12	각 1개	
5	핸드 탭	M10×1.5	1세트	
6	육각머리 볼트	M10×20	2개	
7	전기 용접봉	E4301, ϕ3.2	3개	
8	용접기	직류 또는 교류	–	개인 지참 불가

(1) 절단 및 가공 도면

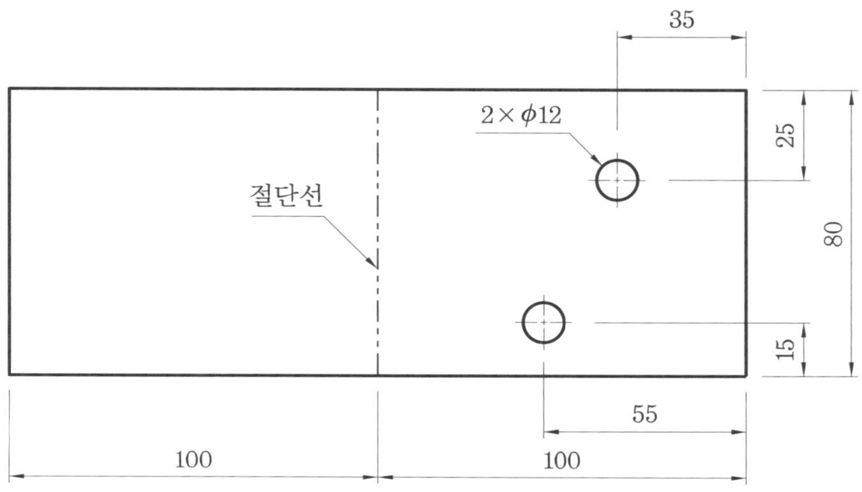

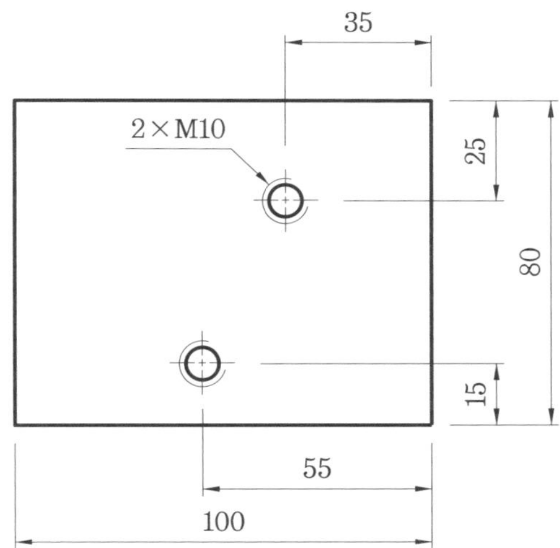

(2) 용접 및 조립 도면

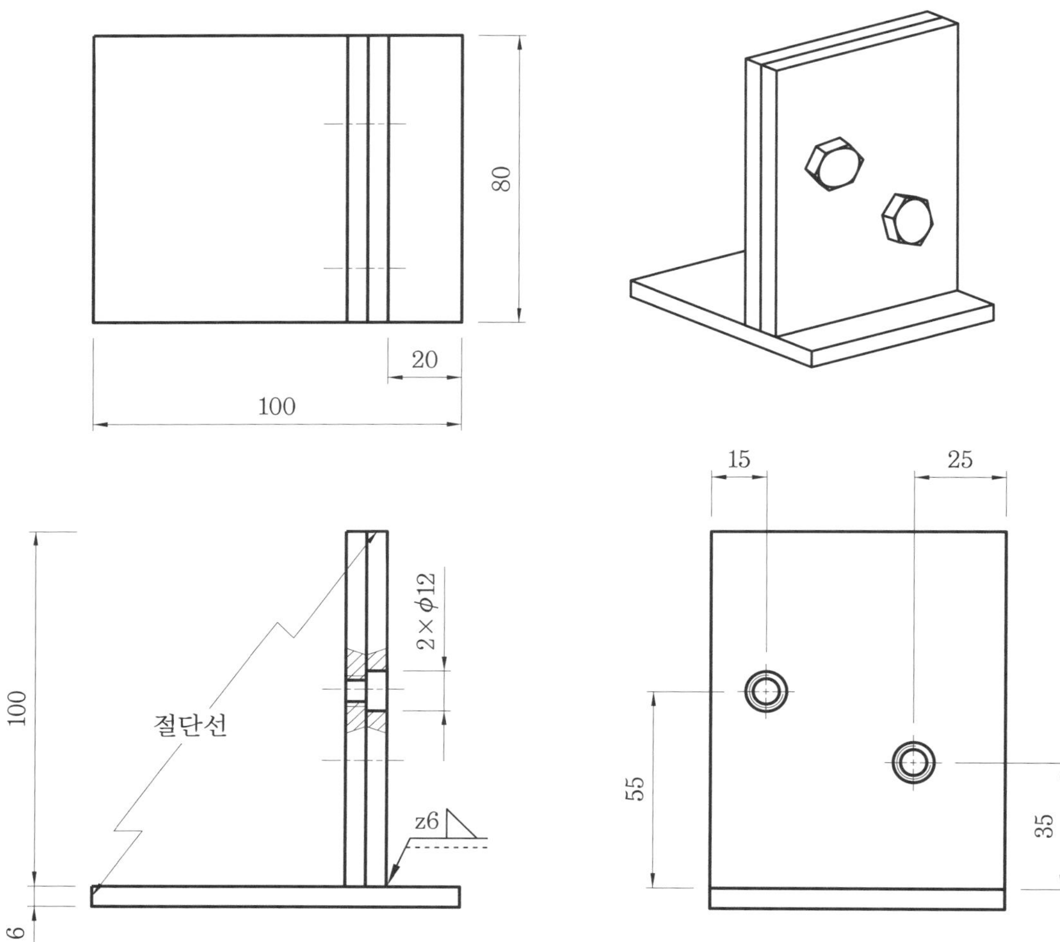

국가기술자격 실기시험문제 ③

자격종목	설비보전기능사	과제명	가스 절단 및 용접

3 도면

구분	재료명	규격	수량	비고
1	연강판	200×80, 6t	1개	
2	연강판	100×80, 6t	1개	
3	절단 가스	LPG 또는 아세틸렌	–	
4	드릴	ϕ8.5, ϕ12	각 1개	
5	핸드 탭	M10×1.5	1세트	
6	육각머리 볼트	M10×20	2개	
7	전기 용접봉	E4301, ϕ3.2	3개	
8	용접기	직류 또는 교류	–	개인 지참 불가

(1) 절단 및 가공 도면

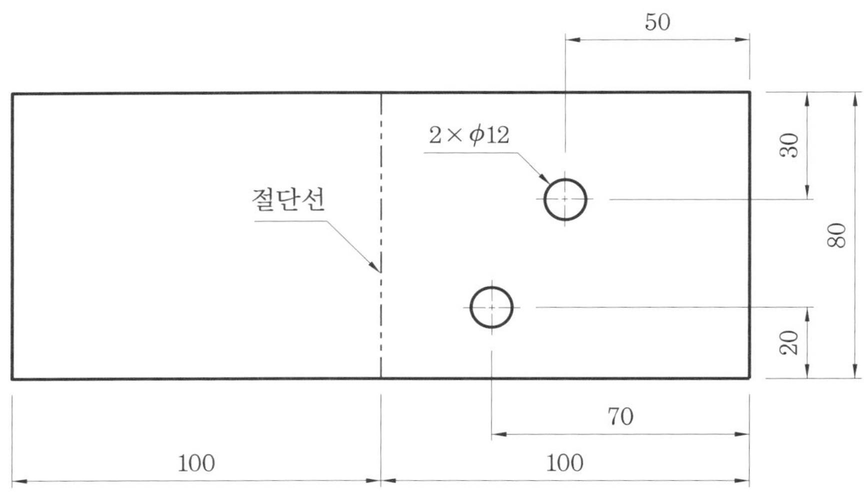

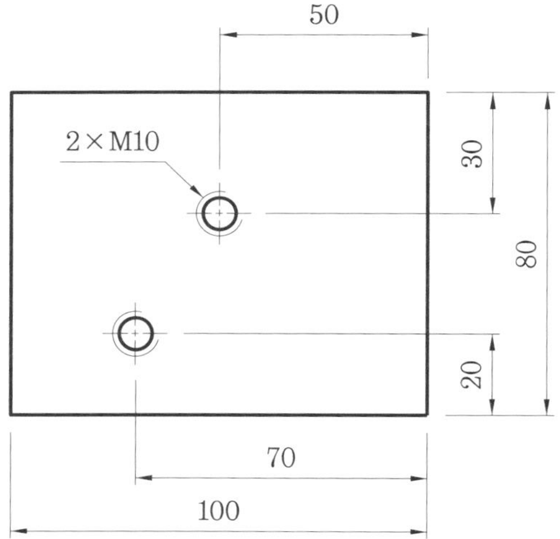

(2) 용접 및 조립 도면

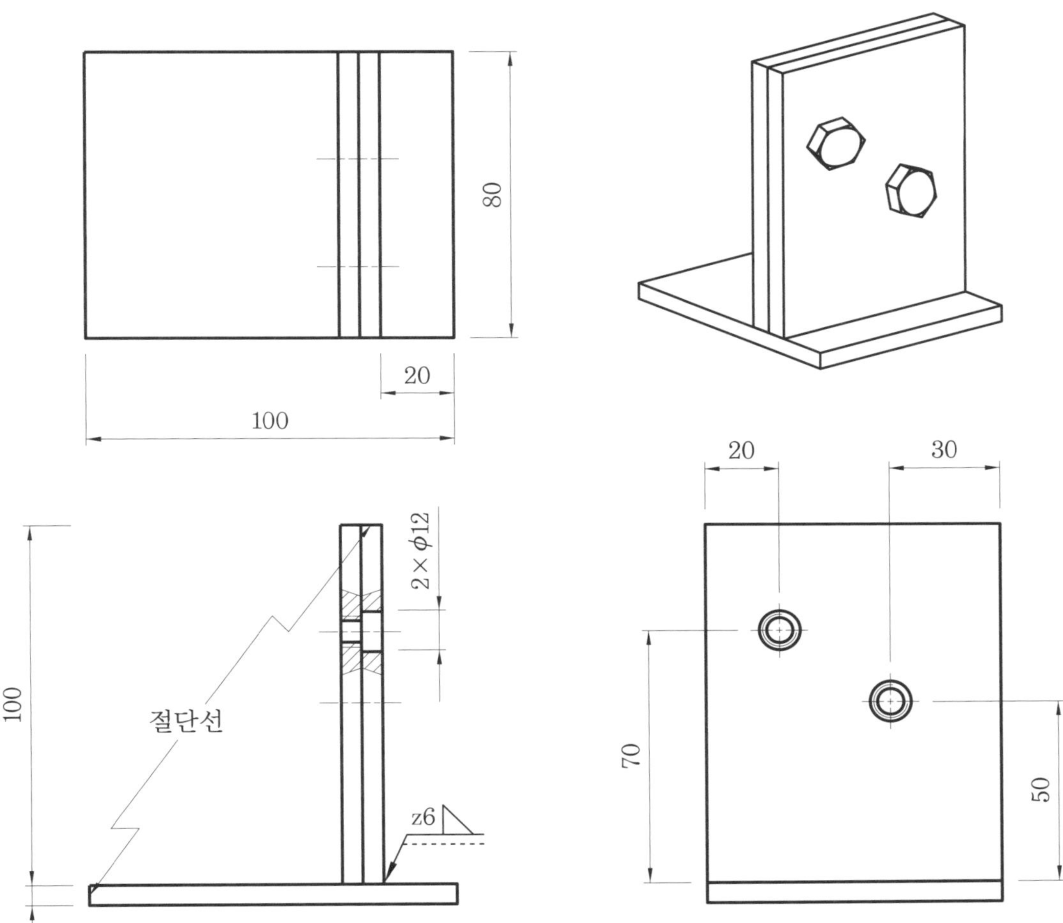

국가기술자격 실기시험문제 ④

자격종목	설비보전기능사	과제명	가스 절단 및 용접

3 도면

구분	재료명	규격	수량	비고
1	연강판	200×80, 6t	1개	
2	연강판	100×80, 6t	1개	
3	절단 가스	LPG 또는 아세틸렌	–	
4	드릴	ϕ8.5, ϕ12	각 1개	
5	핸드 탭	M10×1.5	1세트	
6	육각머리 볼트	M10×20	2개	
7	전기 용접봉	E4301, ϕ3.2	3개	
8	용접기	직류 또는 교류	–	개인 지참 불가

(1) 절단 및 가공 도면

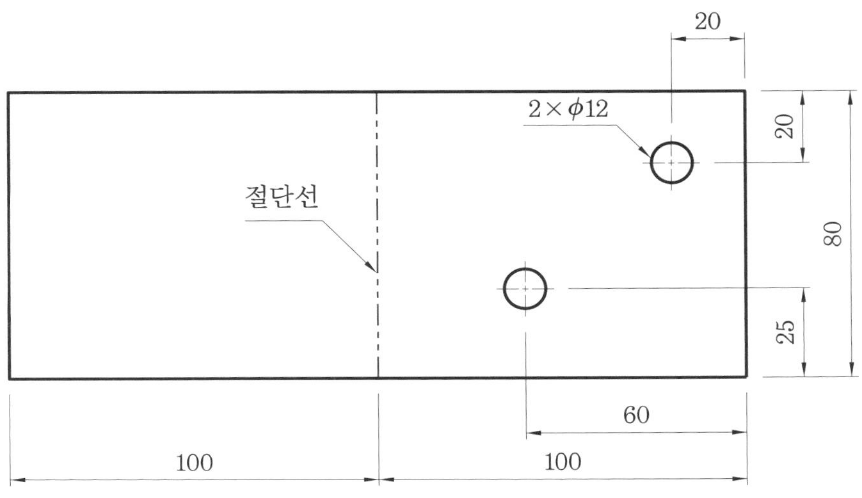

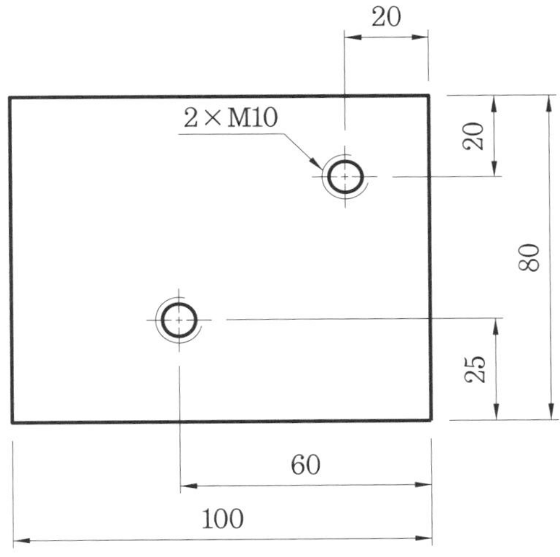

(2) 용접 및 조립 도면

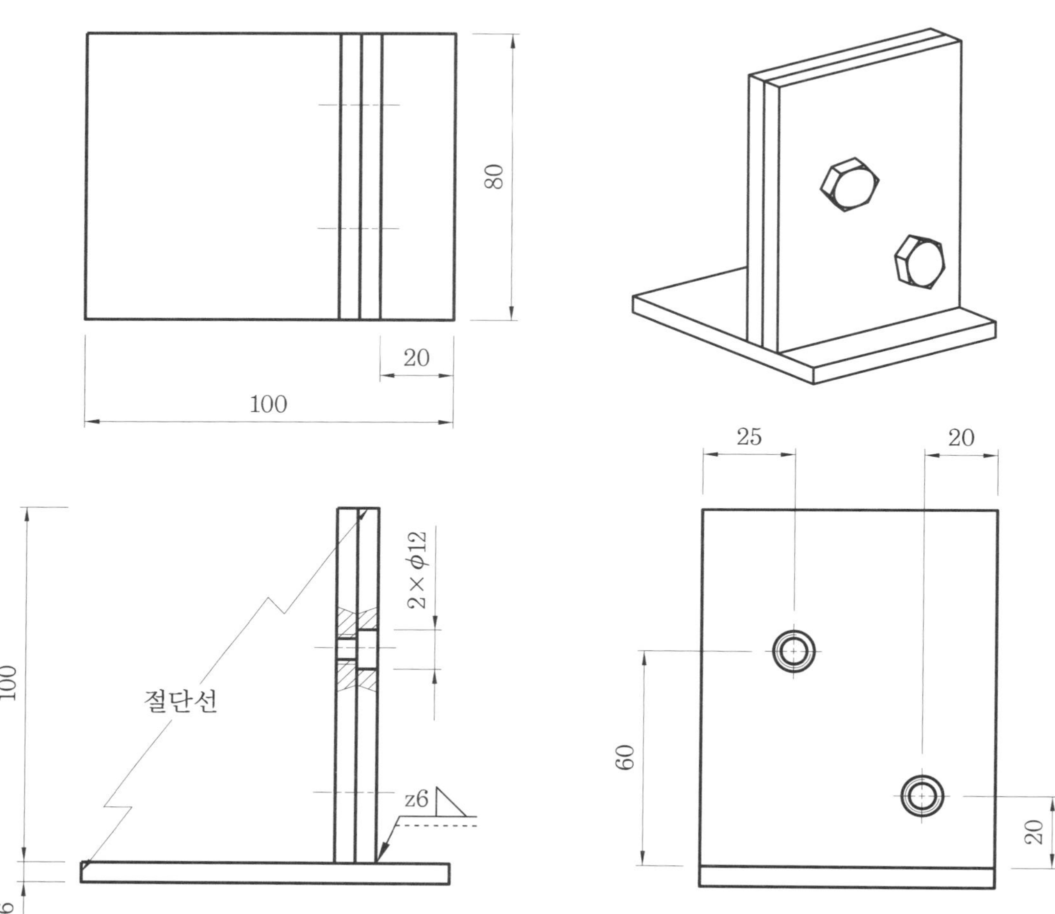

국가기술자격 실기시험문제 ⑤

자격종목	설비보전기능사	과제명	가스 절단 및 용접

3 도면

구분	재료명	규격	수량	비고
1	연강판	200×80, 6t	1개	
2	연강판	100×80, 6t	1개	
3	절단 가스	LPG 또는 아세틸렌	–	
4	드릴	ϕ8.5, ϕ12	각 1개	
5	핸드 탭	M10×1.5	1세트	
6	육각머리 볼트	M10×20	2개	
7	전기 용접봉	E4301, ϕ3.2	3개	
8	용접기	직류 또는 교류	–	개인 지참 불가

(1) 절단 및 가공 도면

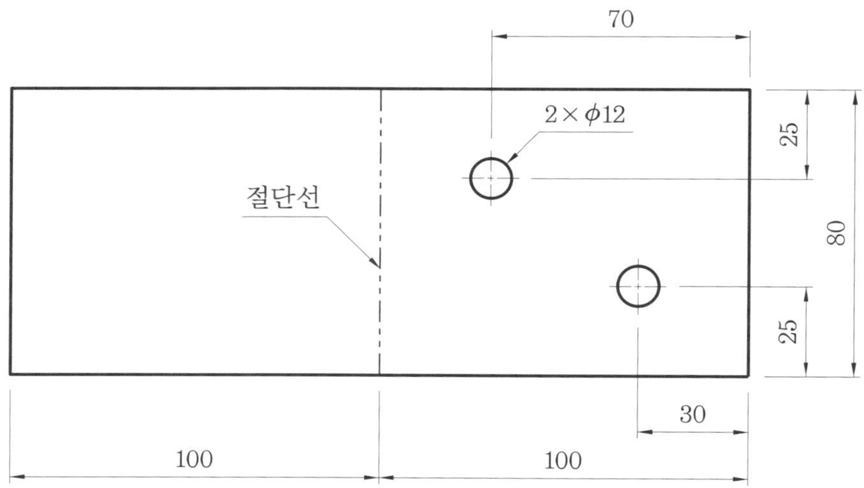

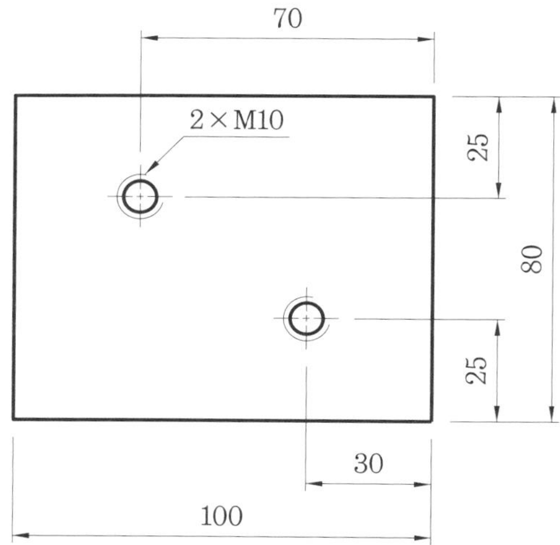

(2) 용접 및 조립 도면

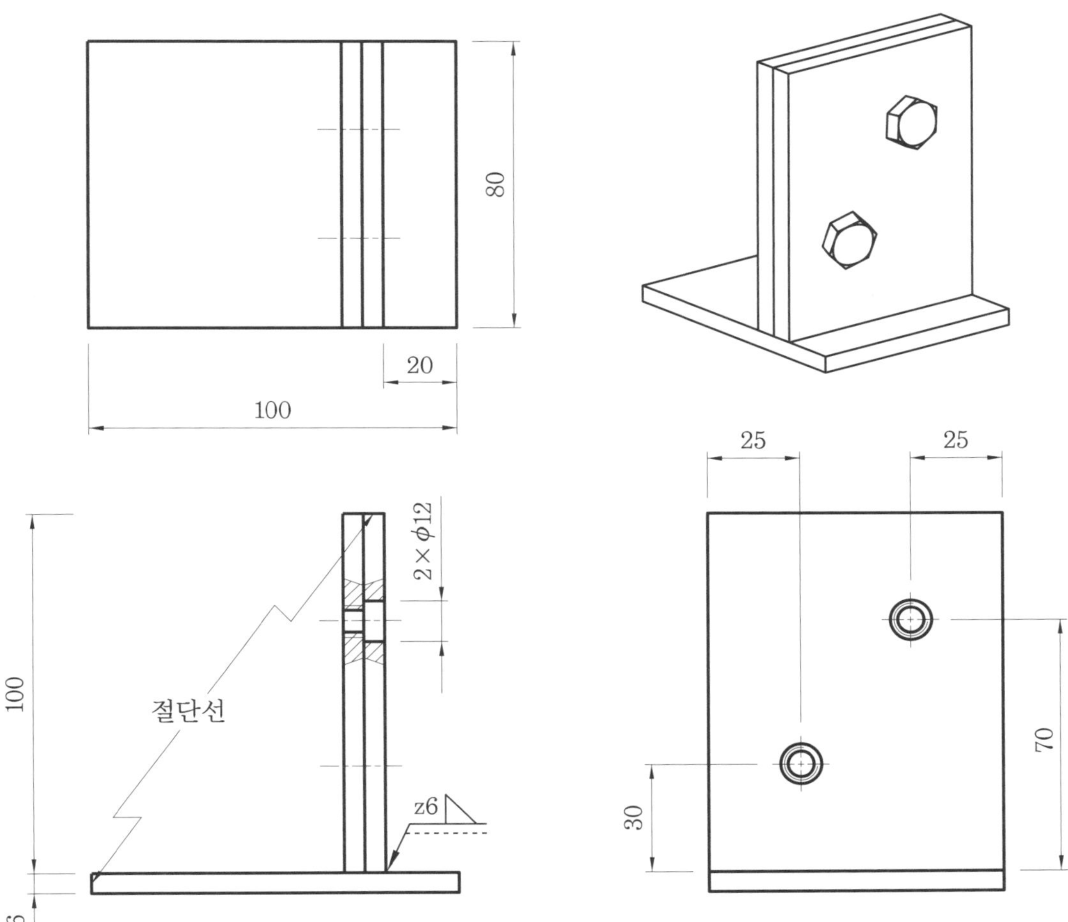

국가기술자격 실기시험문제 ⑥

자격종목	설비보전기능사	과제명	가스 절단 및 용접

3 도면

구분	재료명	규격	수량	비고
1	연강판	200×80, 6t	1개	
2	연강판	100×80, 6t	1개	
3	절단 가스	LPG 또는 아세틸렌	–	
4	드릴	ϕ8.5, ϕ12	각 1개	
5	핸드 탭	M10×1.5	1세트	
6	육각머리 볼트	M10×20	2개	
7	전기 용접봉	E4301, ϕ3.2	3개	
8	용접기	직류 또는 교류	–	개인 지참 불가

(1) 절단 및 가공 도면

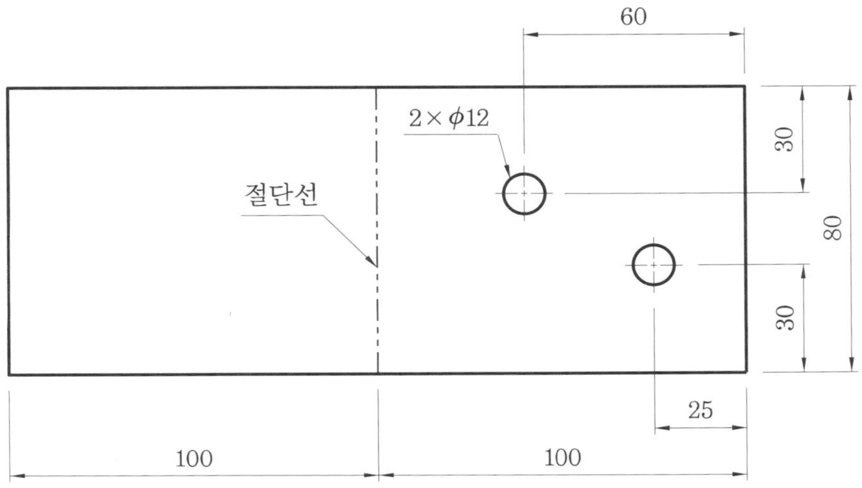

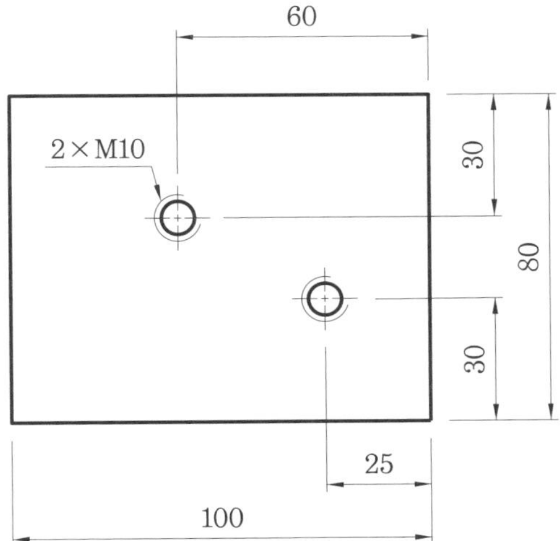

(2) 용접 및 조립 도면

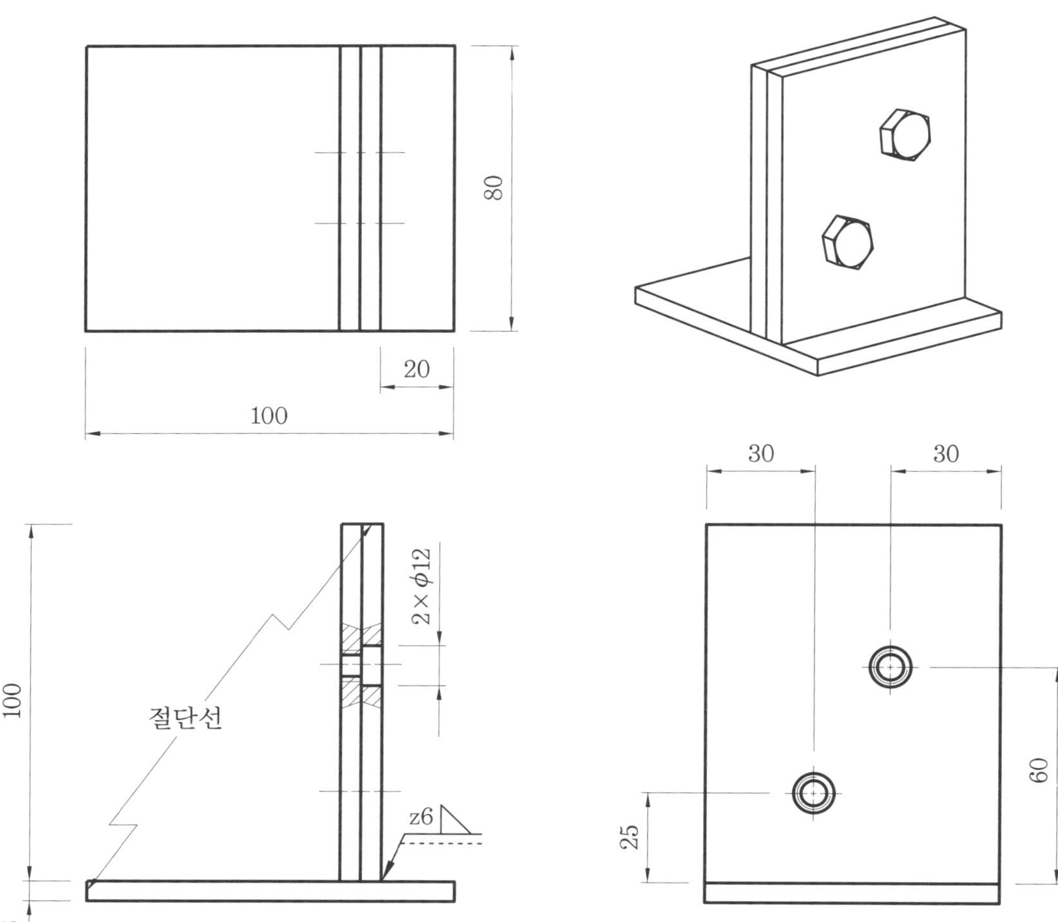

국가기술자격 실기시험문제 ⑦

자격종목	설비보전기능사	과제명	가스 절단 및 용접

3 도면

구분	재료명	규격	수량	비고
1	연강판	200×80, 6t	1개	
2	연강판	100×80, 6t	1개	
3	절단 가스	LPG 또는 아세틸렌	–	
4	드릴	ϕ8.5, ϕ12	각 1개	
5	핸드 탭	M10×1.5	1세트	
6	육각머리 볼트	M10×20	2개	
7	전기 용접봉	E4301, ϕ3.2	3개	
8	용접기	직류 또는 교류	–	개인 지참 불가

(1) 절단 및 가공 도면

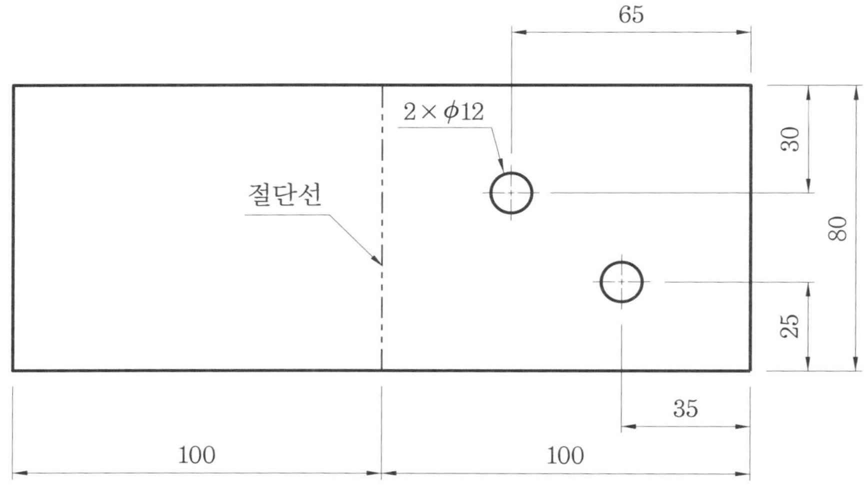

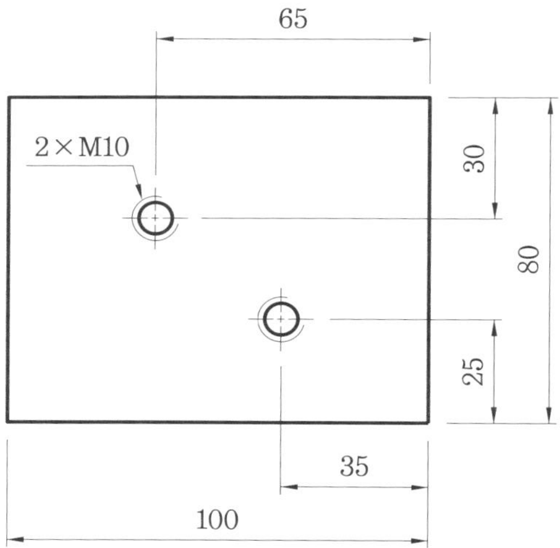

(2) 용접 및 조립 도면

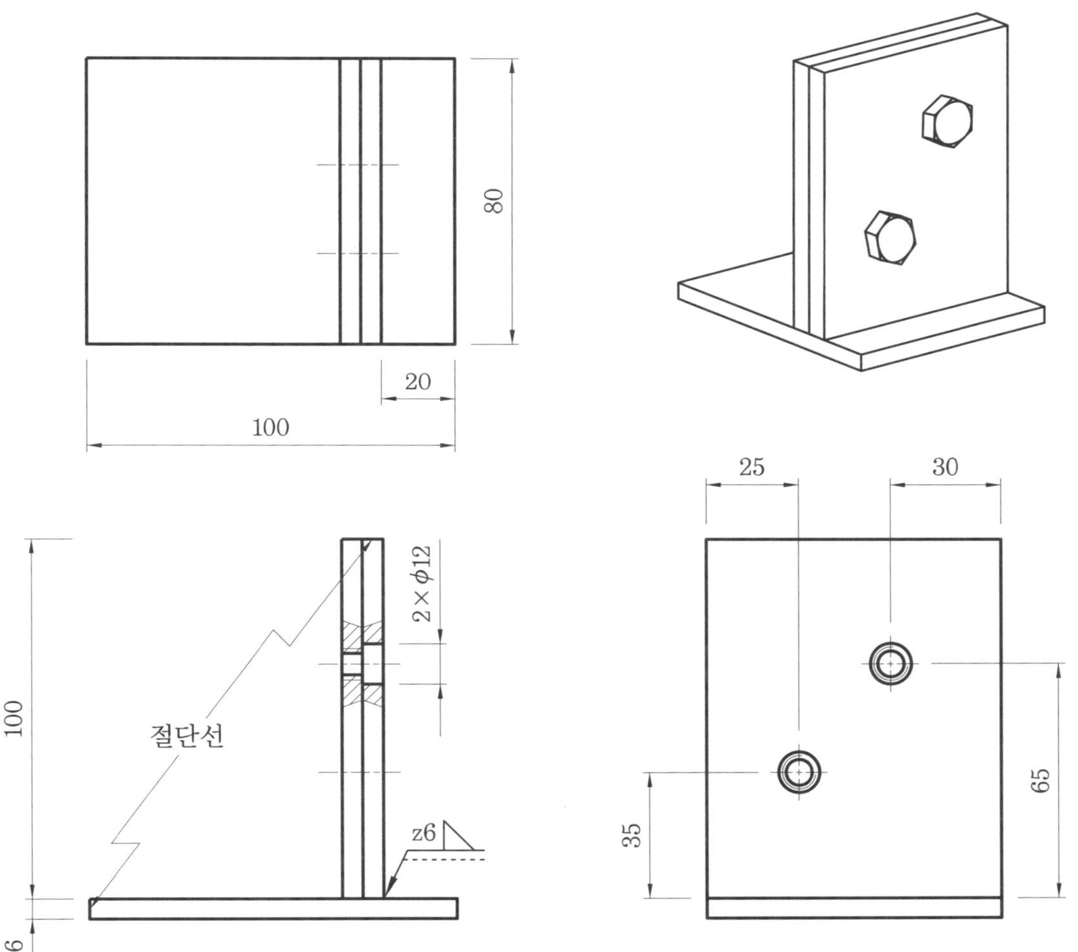

국가기술자격 실기시험문제 ⑧

자격종목	설비보전기능사	과제명	가스 절단 및 용접

3 도면

구분	재료명	규격	수량	비고
1	연강판	200×80, 6t	1개	
2	연강판	100×80, 6t	1개	
3	절단 가스	LPG 또는 아세틸렌	–	
4	드릴	ϕ8.5, ϕ12	각 1개	
5	핸드 탭	M10×1.5	1세트	
6	육각머리 볼트	M10×20	2개	
7	전기 용접봉	E4301, ϕ3.2	3개	
8	용접기	직류 또는 교류	–	개인 지참 불가

(1) 절단 및 가공 도면

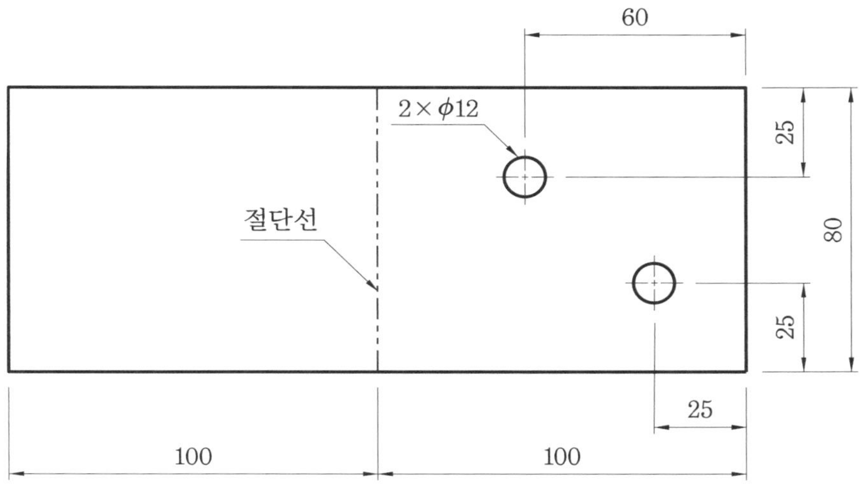

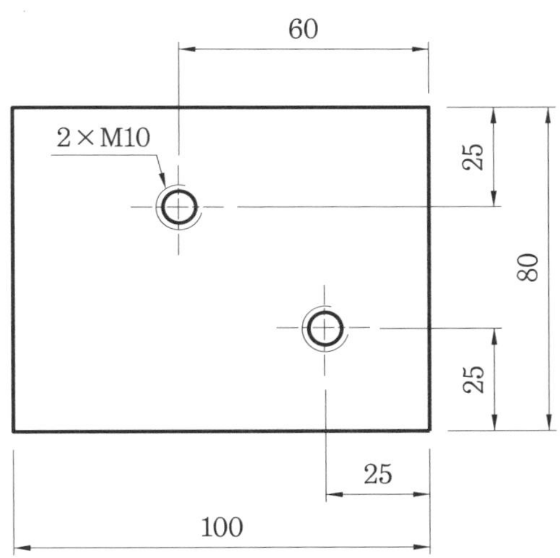

(2) 용접 및 조립 도면

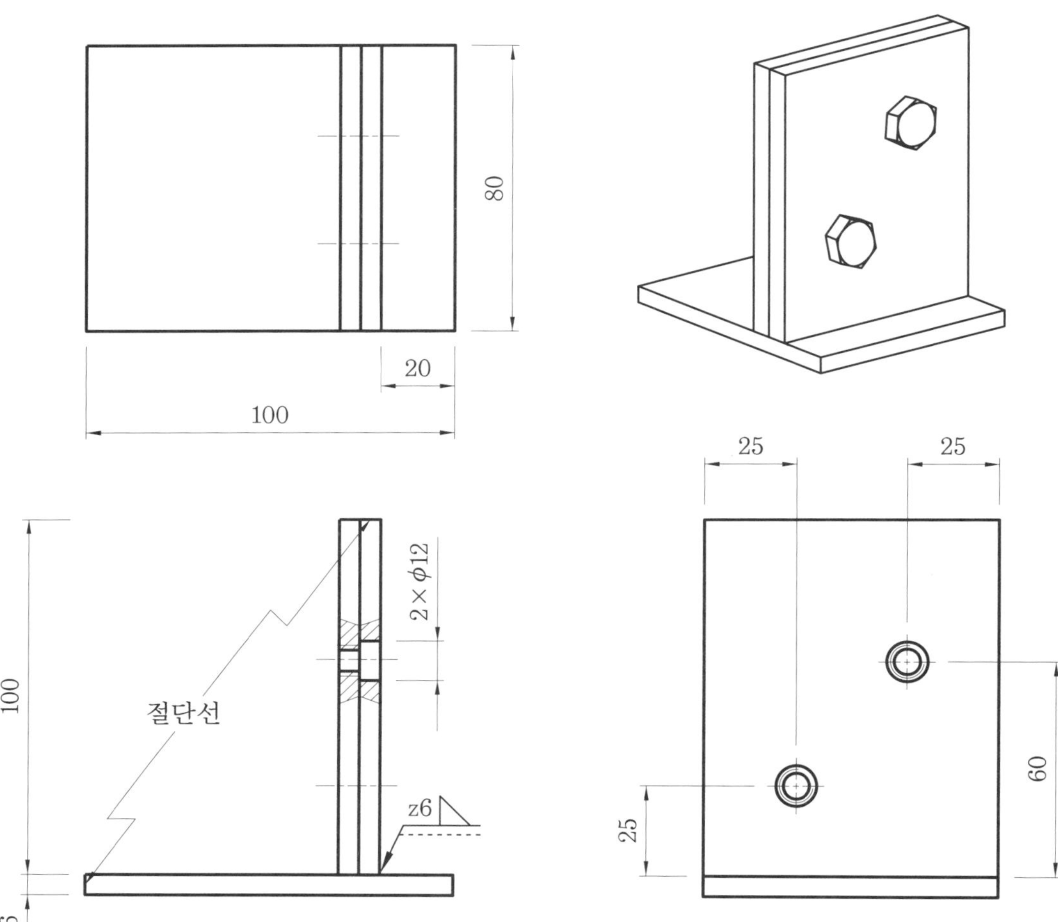

가스 절단 및 용접 작업의 순서 및 Key point

① 안전 복장을 하고 보호구를 착용하고 작업한다.

② 정반 위에서 하이트 게이지를 사용하여 절단할 100 mm 부위, M10 탭 작업할 ϕ8.5 및 ϕ12 구멍 가공할 위치에 금긋기를 한다.

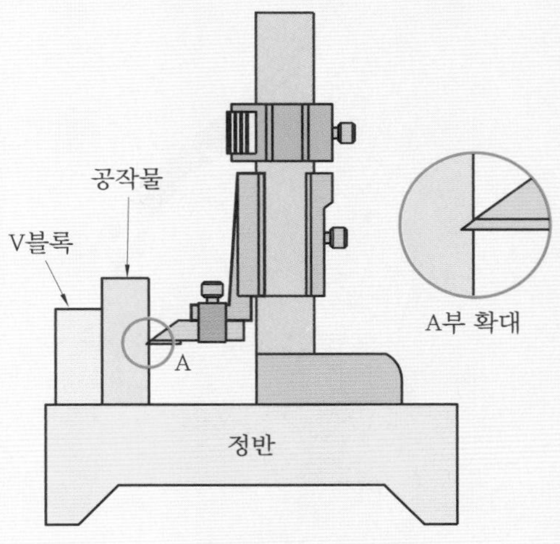

하이트 게이지 사용법

③ 구멍 가공할 위치에 센터 펀치나 자동 펀치를 사용하여 자국을 낸다.

④ 산소-아세틸렌은 저압 밸브가 닫혀 있는 상태에서 고압 밸브를 먼저 열고 저압 밸브를 열어야 한다.

⑤ 산소 압력 조정기의 조절 손잡이를 시계 방향으로 회전시켜 저압 게이지의 눈금 바늘이 2~3 kgf/cm^2 정도, 아세틸렌 압력 조정기는 저압 게이지의 눈금 바늘이 0.3 kgf/cm^2 정도가 되도록 조절한다.

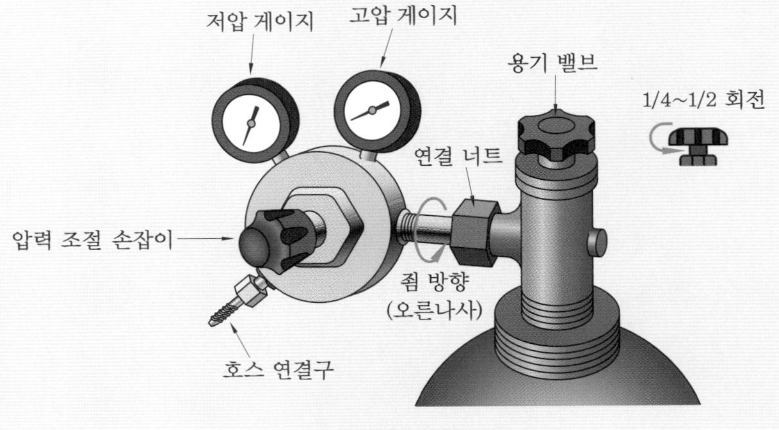

산소-아세틸렌 압력 조정

⑥ 토치를 가연성 물질이 없는 안전한 곳을 향하도록 잡는다(가스 용기와 4~5 m 이상 떨어질 것).

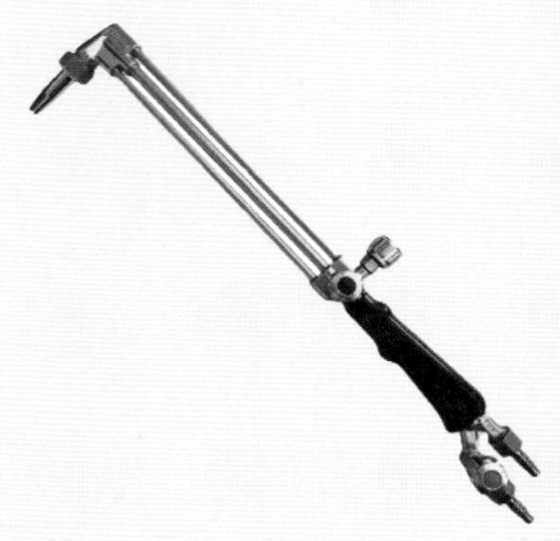

절단 토치

⑦ 불꽃을 조정한다.

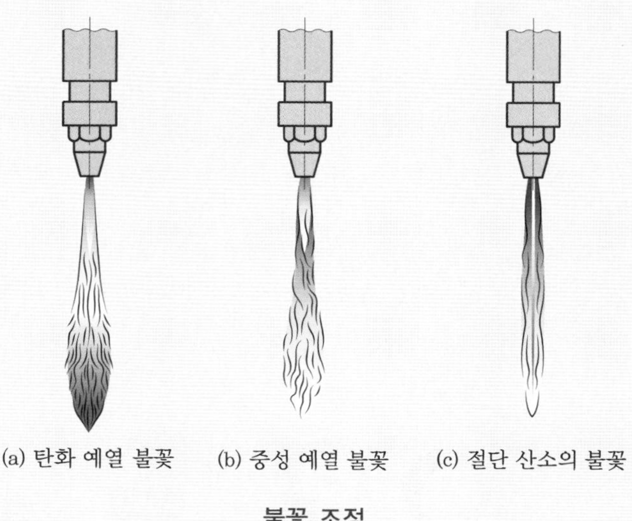

(a) 탄화 예열 불꽃 (b) 중성 예열 불꽃 (c) 절단 산소의 불꽃

불꽃 조정

⑧ 모재 표면을 깨끗이 하여 절단선이 확실히 보이도록 한다.

⑨ 절단될 곳에 예열을 한 번 하고 절단하도록 한다.

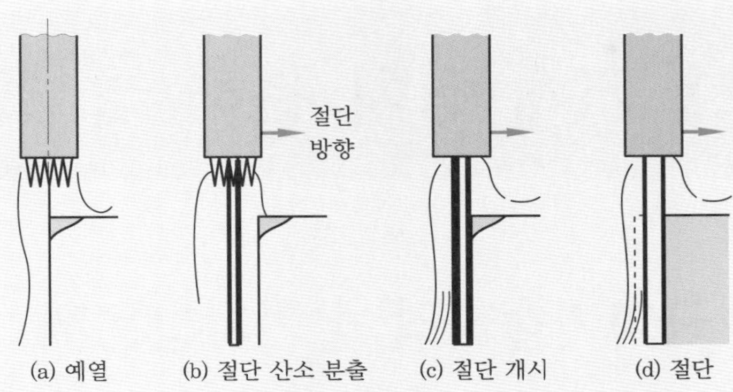

절단 작업의 시작 요령

⑩ 예열 불꽃의 크기는 작업에 지장을 주지 않는 범위 내에서 최소한의 크기로 조정한다.

⑪ 팁과 모재의 거리는 백심의 끝에서 2~3 mm를 유지한다.

⑫ 필요한 경우 절단 가이드 등을 이용하는 것이 좋다.

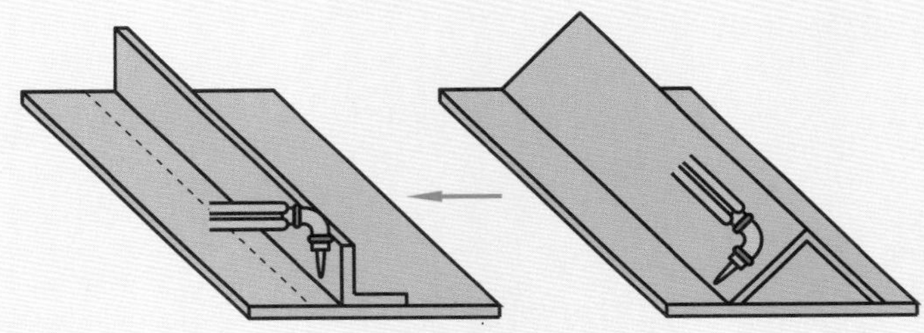

절단 가이드 사용 예

⑬ 작업이 끝나면 토치의 아세틸렌 밸브를 잠근 후 산소 밸브를 잠가 불을 끈다.

⑭ 두 모재를 C-클램프 등을 이용하여 겹쳐서 고정시키고 ϕ8.5 드릴로 구멍을 가공하고 ϕ12 구멍 부위에 드릴로 구멍을 뚫는다.

⑮ M10 탭 가공을 한다. 이때 탭은 등경 3번 탭이며, 1번 탭부터 가공을 하게 되고 이때 탭에 무리한 힘을 주면 부러지기 쉬우므로 조심히 가공한다.

⑯ M10 볼트를 가볍게 조립하여 모재의 위치를 확인한다.

⑰ 교류 아크 용접기의 전류를 90~120 A로 조정한다.

⑱ 가용접은 2곳 이하, 가용접 길이는 10 mm 이내로 용접한다.

⑲ 도면에서 지시하는 본 용접 구간 모두를 필릿 용접한다. (단, 비드 폭과 높이가 각각 요구된 목길이(각장)의 −20~+50 % 범위에서 용접한다.)

⑳ 슬래그를 제거한다.

㉑ M10 볼트로 조립 도면과 같이 조립하여 제출한다.

4 과제 기계 장치 분해 및 조립

국가기술자격 실기시험문제

자격종목	설비보전기능사	과제명	기계 장치 분해 및 조립

※ 문제지는 시험 종료 후 본인이 가져갈 수 있습니다.

비번호		시험일시		시험장명	

※ 시험시간 : [제4과제] 40분

1 요구사항

※ 지급된 재료 및 시설을 사용하여 아래 작업을 완성하시오.

※ 분해 → 검사 → 조립 → 검사 → 정리 정돈 순서로 작업하시오.

(1) 감속기 분해

① 감속기 구조도를 참고하여 부품 번호 1~12번 부품을 분해하시오. (단, 베어링, 오일실, 웜 휠 등 부품 분해 시 적절한 지그 및 공기구를 사용하시오.)

② 분해된 부품 및 공기구를 부품별로 정리 정돈 후 시험감독위원에게 확인받으시오.

(2) 감속기 조립

① 감속기 구조도를 참고하여 부품 번호 1~12번 부품을 조립하시오. (단, 베어링, 오일실, 웜 휠 등 부품 조립 시 적절한 지그 및 공기구를 사용하시오.)

② 조립이 완료되면 감속기 조립 및 작동 상태를 시험감독위원에게 확인받으시오.

(3) 정리 정돈

① 평가 종료 후 작업한 자리의 장비, 부품, 공기구 등을 초기 상태로 정리하시오.

2 수험자 유의사항

※ 다음의 유의사항을 고려하여 요구사항을 완성하시오.

※ 작업형 과제별 배점은 [공기압 회로 구성 25점, 유압 회로 구성 25점, 가스 절단 및 용접 30점, 기계 장치 분해 및 조립 20점]이며, 이외 세부 항목 배점은 비공개입니다.

① 시험 시작 전 장비 이상 유무를 확인합니다.

② 작업 중 안전수칙 준수 여부를 평가하므로, 안전수칙을 준수하여 작업합니다. (단, 슬리퍼, 샌들 착용 등 복장이 작업에 부적합할 경우 응시가 불가능합니다.)

③ 시험 중에는 반드시 시험감독위원의 지시에 따라야 하며, 시험시간 동안 시험감독위원의 지시가 없는 한 시험장을 임의로 이탈할 수 없습니다.

④ 시험에 필요한 기기 이외에 임의로 접촉하지 않도록 주의하시기 바랍니다.

⑤ 수험자는 작업이 완료되면 시험감독위원의 확인을 받아야 합니다.

⑥ 다음 사항은 실격에 해당하여 채점 대상에서 제외됩니다.

㈎ 수험자 본인이 수험 도중 시험에 대한 기권 의사를 표현하는 경우

㈏ 실기시험 과정 중 1개 과정이라도 불참한 경우

㈐ 시설 · 장비의 조작 또는 재료의 취급이 미숙하여 위해를 일으킬 것으로 시험감독위원 전원이 합의하여 판단한 경우

㈑ 기능이 해당 등급 수준에 전혀 도달하지 못한 것으로 시험감독위원이 판단할 경우

㈒ 부정행위를 한 경우

㈓ 시험시간 내에 작품을 제출하지 못한 경우

㈔ 지급된 재료 이외의 재료를 사용한 경우

㈕ 본인의 지참 공구 외에 타인의 공구를 빌려서 사용한 경우

㈖ 분해 대상 부품 중 분해하지 않은 부품이 있는 경우

㈗ 분해 전 상태와 같이 조립되지 않은 경우

㈘ 감속기 부품을 손상시킨 경우(베어링 파손, 오일 실 내측 스프링 손상 등)

3 감속기 구조도

※ 다음 구조도는 참고용이며, 실제 시험장의 감속기와 일부 구조가 다를 수 있음을 유의하여 시험장의 감속기를 기준으로 작업하시오.

- 부품 번호 1~12번에 해당하는 부품만 분해할 것
- 원동축(3번)과 유면창(17번)이 같은 방향에 조립되지 않도록 유의할 것

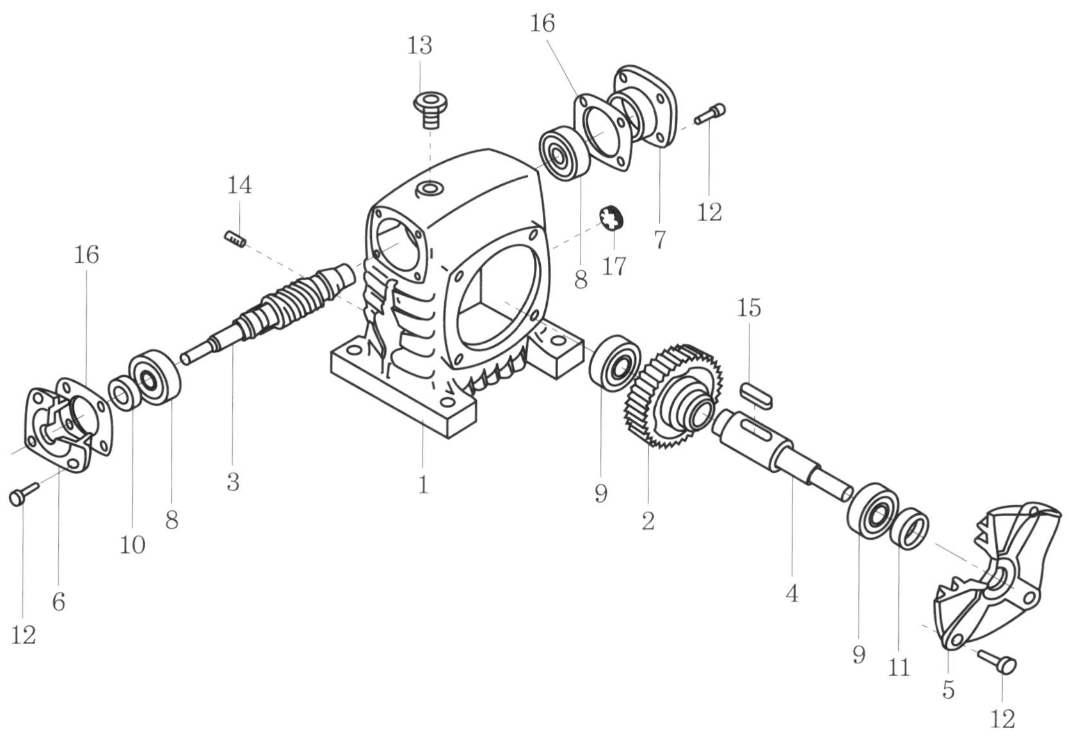

부품 번호	부품명	부품 번호	부품명
1	케이스(case)	10	오일 실(oil seal)
2	웜 휠(worm wheel)	11	오일 실(oil seal)
3	원동축	12	볼트
4	종동축	13	오일 캡(에어 벤트)
5	종동축 커버	14	드레인 플러그(drain plug)
6	원동축 커버	15	묻힘 키(sunk key)
7	원동축 커버	16	개스킷(gasket)
8	베어링(bearing)	17	유면창(유면계)
9	베어링(bearing)	–	

기계 장치 조립 및 분해 작업의 순서 및 Key point

(1) 감속기 이상 유무 확인

감속기의 원동축을 회전시켜 종동축이 원활하게 회전되고 있는지 확인한다.

감속기 확인

(2) 감속기 분해

① 감속기에 부착된 오일 캡과 축에 조립된 키를 분해한다.

② 감속기의 원동축 커버 및 종동축 커버의 볼트를 스패너나 L렌치를 이용하여 분해하고 커버를 분리시킨다.

종동축 커버 분해

커버

③ 웜 축과 웜 휠 축을 감속기로부터 분해한다.

웜 축(원동축)

웜 휠 축(종동축)

④ 웜 축(원동축)에 있는 베어링 2개와 웜 휠 축(종동축)에 있는 베어링 2개 및 웜 휠을 베어링 풀러를 이용하여 축으로부터 해체한다.

⑤ 분해된 부품을 정리한 후 확인을 받는다.

(3) 감속기 조립

① 베어링과 웜 휠을 축에 조립한다.

(가) 베어링 히터(인덕션, 고주파 가열기)를 이용하여 종동축에 웜 휠을 조립한다.

(나) 원동축에 베어링 내륜 2개, 종동축에 베어링 2개를 각각 조립한다.

② 축 조립

(가) 원동축을 베어링은 조립되지 않은 상태로 감속기에 삽입한다. 이때 원동축의 돌출부가 감속기의 왼쪽에 있도록 하여야 한다.

(나) 종동축을 감속기에 조립한다.

원동축 가조립

종동축 조립

(다) 원동축의 베어링과 커버를 삽입하고 볼트를 한 개씩 임시 조립한다.

(라) 원동축을 시계 방향으로 회전시켜 종동축이 원활하게 회전되는지 조립 상태의 이상 유무를 확인한다.

(마) 이상 없으면 종동축 및 원동축 커버를 조립하고 커버 3개에 있는 각각의 볼트를 체결하고, 원동축을 회전시켜 조립 상태의 이상 유무를 회전으로 확인한다.

(바) 감속기를 회전시켜 이상 없음을 확인 받는다.

(사) 주변 정리를 한다.

원동축 조립

조립 완성된 감속기

설비보전기능사 필기/실기

2025년 4월 5일 인쇄
2025년 4월 10일 발행

저자 : 설비보전시험연구회
펴낸이 : 이정일

펴낸곳 : 도서출판 **일진사**
www.iljinsa.com

(우) 04317 서울시 용산구 효창원로 64길 6
대표전화 : 704-1616, 팩스 : 715-3536
이메일 : webmaster@iljinsa.com
등록번호 : 제1979-000009호(1979.4.2)

값 29,000원

ISBN : 978-89-429-2005-1